铸造质量控制应用技术

第 2 版

樊自田　吴和保　董选普　编著

机 械 工 业 出 版 社

本书针对各种铸造工艺方法、造型材料、生产工序及铸造合金，全面系统地介绍了铸造质量控制原理及控制技术要点，为生产高质量的铸件提供了理论和技术支持。本书主要内容包括：砂型铸造质量控制、消失模铸造质量控制、特种铸造质量控制、铸造合金及其熔炼质量控制、铸件清理技术及质量控制。本书内容丰富，以介绍铸造质量控制原理为基础，以介绍典型的铸造质量控制技术为目的，体现了铸造技术的新成果，具有较高的学术及应用参考价值。

本书可供铸造行业的工程技术人员、工人阅读参考，也可作为铸造技术研究人员、高等院校铸造方向研究生或高年级本科生的教学参考用书。

图书在版编目（CIP）数据

铸造质量控制应用技术/樊自田，吴和保，董选普编著.—2版.—北京：机械工业出版社，2015.5（2025.1重印）
ISBN 978-7-111-50006-3

Ⅰ.①铸… Ⅱ.①樊…②吴…③董… Ⅲ.①铸造-质量控制 Ⅳ.①TG247

中国版本图书馆 CIP 数据核字（2015）第 081273 号

机械工业出版社（北京市百万庄大街22号 邮政编码100037）
策划编辑：陈保华 责任编辑：陈保华
封面设计：路恩中 责任校对：陈秀丽 李锦莉
责任印制：刘 岚
北京中科印刷有限公司印刷
2025年1月第2版·第2次印刷
169mm×239mm·28.5印张·555千字
标准书号：ISBN 978-7-111-50006-3
定价：68.00元

第2版前言

自2011年起，我国的铸件产量已超4000万t，80%～90%的铸件是采用砂型铸造工艺生产的。其中，灰铸铁件（含可锻铸铁件）2000余万t，球墨铸铁件1000余万t，铸钢件500余万t，非铁金属铸件500余万t。同时，铸造行业引起的环境问题也十分惊人。据不完全统计，我国铸造每年要产生废旧砂（废渣）等固体废弃物3000万～4000万t，废气300亿～600亿m^3。因此，粗放性地增加铸件产量已不再是我国铸造生产追求的目标，而高质量、少污染、低成本地实现清洁生产和绿色铸造，是我国新一代铸造工作者的主要任务。

《铸造质量控制应用技术》自2009年出版以来，印刷了3次，得到了读者的广泛关注与认同。为了适应铸造行业的发展和读者的需要，我们决定对《铸造质量控制应用技术》进行修订，出版第2版。第2版主要是精简第1版书中较为陈旧的内容，加强铸件质量的影响及控制内容，并增加绿色铸造方面的内容介绍。具体修订内容为：第1篇中，增加了“铸件质量的影响因素”“绿色铸造材料及工艺方法选择”；第2篇中，充实了三种砂型铸造（黏土砂、树脂砂、水玻璃砂）方法中的铸件质量控制内容；第3篇中，增加了“铝、镁合金消失模铸造新技术及质量控制”等内容；第4篇中，增加了“真空压铸及半固态压铸的质量控制”等内容。第5篇中，增加了“金属熔炼质量控制”等内容；第6篇中，增加了“铸件变形缺陷矫正及防治”等内容。

本书由樊自田教授、吴和保教授、董选普教授编著，由樊自田教授统稿、整理。刘富初博士和龙威博士参与了书稿的整理工作，在此表示衷心的感谢。

在此，感谢国家自然科学基金项目（51375187、51075163、50575085、50275058）、国家“863”计划项目（2007AA03Z113）的资助。

由于作者水平有限，书中难免有偏颇与错漏之处，恳请广大读者及专家批评指正。

樊自田
于华中科技大学

第1版前言

“铸造”是机械工业的基础。作为加工工具的各类机床，其重量的80%~90%来自于铸件；飞机、汽车的核心——发动机，其关键零件（涡轮叶片、缸体、缸盖等）均为铸件。我国已是铸件生产大国。2008年我国的铸件年产量已接近3000万t，年产量远远超过了铸造强国的美国、日本、德国等发达国家。但我国并不是铸造强国，所生产的铸件大多为档次不高的普通铸件，高质量的铸件尤其是高质量的铝合金、镁合金铸件的产量偏少。生产高质量的铸件是铸造生产的永恒目标，实现铸造强国的目标也是我国几代铸造工作者的理想。

本书根据铸造过程中不同的造型材料种类及其特点（黏土砂、水玻璃砂、树脂砂等）、不同的铸造工艺方法（砂型铸造、消失模铸造、特种铸造等）、不同的工序［金属液准备、铸型（芯）准备、落砂清理等］，全面系统地介绍了铸造质量控制原理及控制技术要点，为生产高质量的铸件提供了理论和技术支持。

据不完全统计，目前我国的各类铸造企业有数万家，从业人员近千万，各种介绍铸造技术的著作也很多，但大多数著作都为理论性著作，而以基层从业人员为读者对象、介绍铸造生产过程中质量控制的实用著作及资料较为缺乏。本书从繁杂的文献资料中总结出多种典型的铸造工艺方法生产铸件过程中的质量控制问题，结合作者多年的研究及应用成果与体会，奉献给读者，愿它为我国铸造事业的发展起到推动作用。

全书主要内容包括：砂型铸造质量控制、消失模铸造质量控制、特种铸造质量控制、铸造合金及其熔炼质量控制、铸件清理技术及质量控制等。全书内容丰富，涉及典型铸造生产的各个工序（熔化、造型、制芯、砂处理、落砂清理等）、各种铸造工艺方法（包括砂型铸造中的黏土砂型铸造、水玻璃砂型铸造、树脂砂型铸造，消失模精密铸造以及各种特种铸造）和各种铸造合金材料（铸铁、铸钢、铝镁合金等）。本书以介绍铸造质量控制原理为基础，以介绍典型工艺的铸造质量控制技术为目的，具有较高的学术及应用参考价值，可供铸造行业的工程技术人员、工人阅读参考，也可作为铸造技术研究人员、高等院校铸造方向研究生或高年级本科生的教学参考用书。

本书由樊自田、吴和保、董选普、龙威、李继强、王继娜、陈慧敏编写。具体编写分工为：第1篇概述由樊自田编写；第2篇砂型铸造质量控制由樊自田、龙威、陈慧敏编写；第3篇消失模铸造质量控制由樊自田、李继强编写；第4篇特种铸造质量控制由董选普编写；第5篇铸造合金及其熔炼质量控制由吴和保编写；第6篇铸件清理技术及质量控制由樊自田、王继娜、陈慧敏编写。全书由樊自田统稿、整理。

由于作者水平有限，加之时间紧迫，难免有偏颇或错漏之处，恳请广大读者批评指正。

樊自田
于华中科技大学

目 录

第1篇　概　　述

0.1 铸造质量及铸件质量标准

1. 铸造质量

铸件是铸造生产的产品，铸造质量的本质体现是各类铸件产品的质量。铸件质量也包含两方面的内容：一是铸件产品质量，二是铸件工程质量。铸件产品质量，即铸件满足用户要求的程度；或按其用途在使用中应取得的功效，这种功效是反映铸件结构特征、材质的工作特性和物理力学特性的总和，是评价铸件质量水平和技术水平的基本指标。铸件工程质量，是指铸件产品的生产过程对产品质量的保证程度，即铸件在具体使用条件下的可靠性，这个指标在相当大的程度上决定于所取得的功效，还与稳定性、耐用性和工艺性等指标有关。

2. 铸件质量标准

为了衡量铸件的质量，通常需要建立铸件质量标准。铸件质量标准是由国家承认的标准制订单位批准的对各种铸件产品规格、材料规格、试验方法、术语定义或推荐的工艺方法的规定。铸件质量标准定量地表示铸件满足一定要求的适用程度。铸件质量标准不仅包含交货验收技术条件标准、铸件质量分等通则（JB/JQ 82001—1990），还有材质、检验方法、工艺和材料规格等一般性规范。铸件质量标准主要包括精度标准、表面质量标准、功能质量标准三种。

（1）铸件精度标准　铸件几何形状精度决定于机械加工余量、铸件尺寸和重量公差，在其他条件相同场合下，几何形状精度从机械加工工作量和金属用量两方面来说，反映了工艺过程的先进程度。

铸件的尺寸、重量公差和铸件的机械加工余量，分别按 GB/T 6414—1999、GB/T 11351—1989 和订货的技术条件决定，而实际偏差按技术检查部门的数据判定。

铸件精度控制，即铸件尺寸控制，是在实测平均值与铸件名义尺寸符合的前提下，控制实测值的离散程度。这种离散原因通常是由于生产技术条件和原材料特性等随机变化或系统误差所引起的。应该根据误差性质判断和采取相应对策，提高尺寸精度满足标准要求。有时，整个铸件上只有1或2个尺寸要求较严格的毛坯尺寸公差，这时就没有必要将全部尺寸都按同一等级规定公差。

评定铸件几何形状精度时，除了加工面余量、铸件重量偏差需加规定外，最有代表性的壁厚和肋厚的公差范围或偏差范围也应给定。结构必需的壁厚由铸件设计者决定，最小容许壁厚由铸造工艺师确定。在大多数情况下，设计者的决定形成图样上标出的壁厚。这一设计壁厚与实际壁厚之间的容许偏差是表征铸件几何形状精度的重要指标。

为了提高铸件精度等级，一般可以改用金属模具或提高模具的加工精度；需要显著提高时则必须变换造型方法，如采用壳型铸造或其他精密铸造工艺。

（2）铸件表面质量标准　铸件的非加工表面和外观质量对铸件的商品性颇有影响，它们包括：①表面凹凸度（涨箱、缩陷和夹砂）；②表面或内腔清洁度（粘砂、粘“涂料层”）；③平面度偏差（非加工面起伏不平）；④表面粗糙度；⑤轮廓清晰度（凸台、脐子等结构单元的轮廓清晰度，用肉眼评定）。

上述的①、②属于铸件表面缺陷，将在后面的章节中加于讨论；表面平面度偏差与铸件重量及长度有关，不同的行业有不同的要求。

铸件加工表面粗糙度值可用 *Ra* 或 *Rz* 来表示。铸件非加工表面则是反映铸型表面的凹凸的状况，无规律可循，因此用方均根值方法测定铸件非加工表面粗糙度存在困难。目前，各国都采用标准对比块来评定铸件非加工表面的表面粗糙度（我国铸造表面粗糙度比较样块标准为 GB/T 6060. 1—1997），用 *Ra* 及 *Rz* 参数表示不同造型方法和合金铸件可能获得的表面粗糙度。

（3）铸件功能质量标准　铸件材料特性决定其功能和使用条件。功能质量是指在特定环境条件（高温、受压且以力学指标为考核依据）下工作可满足技术标准要求的特性总和，或是满足一般强度要求选用程度的质量指标。前者，如一般用途耐蚀钢铸件标准（GB/T 2100—2002）规定出化学成分、热处理和验收条件；后者，如球墨铸铁件标准（GB/T 1348—2009）规定出按强度分等的方法和检验规则。此外，还有用一些综合指标来评定铸件金属材料质量水平的。

适合一般工程用铸造碳钢件标准（GB/T 11352—2009）是通过规定力学性能（屈服强度、抗拉强度、断后伸长率）间接地限定化学成分。工厂应通过多元线性回归，找到以屈服强度、抗拉强度、断后伸长率为目的变数，以碳、锰、硅及硫、磷含量为独立变数的回归方程，使硫、磷含量一定，便可找到对应于屈服强度、抗拉强度的最佳碳、锰与硅含量搭配；或者在这些主要元素上限规定的条件下，获得要求强度下成分的变动范围。化学成分与性能之间关系通过回归分析，有利于进行过程控制。

0.2 铸件缺陷及分类

1. 铸件缺陷

在 JB/JQ 82001—1990 中，根据铸件的质量不同，将铸件分为合格品、一等品、优等品三个等级。对合格品要求“质量达到标准规定，铸件生产过程质量稳定，用户评价铸件能满足使用性能”。有一项不达标则为不合格，铸件存在缺陷的往往是不合格产品。

（1）铸件缺陷定义　广义的铸件缺陷是指铸件质量特性没有达到等级标准，铸件生产厂质量管理差，产品质量得不到有效保证。铸件上存在的缺陷是多方面的，这些缺陷也是铸件质量差的根本原因。广义的铸件缺陷实际上是全面评定铸件的质量，除对铸件实物质量进行检测外，还包括对技术管理和售后服务的评定。

狭义的铸件缺陷是铸件上可以检测出的、包括在GB/T 5611—1998《铸造术语》中的全部名目，有尺寸与重量超差、外观质量低、内部质量不健全、材质不符合验收技术条件及其他疵病等。狭义的铸件缺陷是通常意义上的缺陷，可以将其细分为宏观缺陷和微观缺陷。

铸件实物质量主要分为外部质量和内部质量，其内容相同于狭义的铸件缺陷。因此，提高铸件质量的实质应为消除铸件的各种缺陷。

（2）废品率　在铸件质量分等通则（JB/JQ 82001—1990）中，质量等级以外的铸件称为不合格品。铸件作为商品如不能满足订货合同规定的要求也是不合格品。不合格品也称不良品，它可分为废品、次品、返修品等。

废品是指不符合规定要求不能正常使用的产品，或是铸件缺陷无法修补或修补费用太高，经济上不合算的不合格品。在铸造生产中，废品还分为外废（件）和内废（件）。外废是指铸造车间以外的场所（如机械加工车间等）检验出来的废品；内废则是指在铸造车间内，由铸造工作者检查出来的废品。废品一般作为工业废料（又称“回炉料”）回收其残值。

次品是指存在缺陷但不影响产品主要性能的铸件，如外观有少量砂眼等。造成次品也不一定是由于有了铸件缺陷，机械损伤或加工差错也可能导致次品。

返修品是指在技术上可以修复，并在经济上值得修复的不合格产品。例如，气缸盖等需要承压的铸件发生渗漏时，在真空处理后，用浸渗剂加压填充缺陷可减少内废率。

在规定期内，铸件废品率 P_1 可用以下公式表示：

$$P_1 = \frac{W_1}{W + W_1 + W_2} \times 100\% \qquad (0\text{-}1)$$

式中，W 为合格铸件量，W_1 为铸件的废品量（内废量），W_2 为铸造车间自用件量（如砂箱、芯骨等）。

（3）缺陷率　有缺陷的铸件数量与生产总量之比称为缺陷率。缺陷率通常大于不合格品率，是铸造工厂进行质量管理时评估铸件质量是否稳定的指标。

缺陷有两类：一类是度量的，另一类是计数的。前者是可以用仪表尺度来测量的缺陷；后者是不能用仪表尺度来衡量的缺陷（如气孔缺陷等），而用计数的方法来得出缺陷数量。

计数数据的特点在于它们是不连续的、非负的整数。针对气孔这类缺陷，用计数来衡量这批产品的质量，这类计数数据称为计件数据。计件数据有两种表示方法：一种是直接把计件数据写出来（在质量管理中称为C数据），另一种是把它们折算成百分率数据写出来（简称P数据），如缺陷率。所以，缺陷的数量有三种方法进行衡量，即度量法、计数获得的C数据和P数据。

工厂检查铸件缺陷时，可以检查全部铸件，也可以从整批铸件中抽样检查。实践表明，即使对全部铸件进行检查，也不一定能把缺陷铸件全部检查出来。若采取正确的措施，使样组的检查结果能反映出整批铸件的缺陷情况，采取抽样检查能省工省时且效果也不错。

2. 铸件缺陷分类

铸件缺陷的种类很多，在GB/T 5611—1998《铸造术语》中，将铸件缺陷分为8类102种，各种缺陷的特征见表0-1。

表0-1　铸件缺陷的分类（GB/T 5611—1998）

分类	序号	名称	特　征
1. 多肉类缺陷	1.1	飞翅（飞边）	垂直于铸件表面上厚薄不均匀的薄片状金属突起物，常出现在铸件分型面和芯头部位
	1.2	毛刺	铸件表面上刺状金属突起物，常出现在型和芯的裂缝处，形状极不规则。呈网状或脉状分布的毛刺称脉纹
	1.3	外渗物（外渗豆）	铸件表面渗出来的金属物。多呈豆粒状，一般出现在铸件的自由表面上，例如，明浇铸件的上表面、离心浇注铸件的内表面等。其化学成分与铸件金属往往有差异
	1.4	粘模多肉	因砂型（芯）起模时，部分砂块粘附在模样或芯盒上所引起的铸件相应部位多肉
	1.5	冲砂	砂型或砂芯表面局部型砂被金属液冲刷掉，在铸件表面的相应部位上形成的粗糙、不规则的金属瘤状物，常位于浇注系统附近。被冲刷掉的型砂，往往在铸件的其他部位形成砂眼
	1.6	掉砂	砂型或砂芯的局部砂块在机械力作用下掉落，使铸件表面相应部位形成的块状金属突起物。其外形与掉落的砂块很相似。在铸件其他部位则往往出现砂眼或残缺
	1.7	胀砂	铸件内外表面局部胀大，重量增加的现象。由型壁退移引起
	1.8	抬型（抬箱）	由于金属液的浮力使上型或砂芯局部或全部抬起、使铸件高度增加的现象

（续）

分类	序号	名称	特　征
2. 孔洞类缺陷	2.1	气孔	铸件内由气体形成的孔洞类缺陷。其表面一般比较光滑，主要呈梨形、圆形和椭圆形。一般不在铸件表面露出，大孔常孤立存在，小孔则成群出现
	2.2	气缩孔	分散性气孔与缩孔和缩松合并而成的孔洞类铸造缺陷
	2.3	针孔	一般为针头大小分布在铸件截面上的析出性气孔。铝合金铸件中常出现这类气孔，对铸件危害很大
	2.4	表面针孔	成群分布在铸件表层的分散性气孔。其特征和形成原因与皮下气孔相同，通常暴露在铸件表面，机械加工1～2mm后即可去掉
	2.5	皮下气孔	位于铸件表皮下的分散性气孔。为金属液与砂型之间发生化学反应产生的反应性气孔。形状有针状、蝌蚪状、球状、梨状等。大小不一，深度不等。通常在机械加工或热处理后才能发现
	2.6	呛火	浇注过程中产生的大量气体不能顺利排出，在金属液内发生沸腾，导致在铸件内产生大量气孔，甚至出现铸件不完整的缺陷
	2.7	缩孔	铸件在凝固过程中，由于补缩不良而产生的孔洞。形状极不规则，孔壁粗糙并带有枝状晶，常出现在铸件最后凝固的部位
	2.8	缩松	铸件断面上出现的分散而细小的缩孔。借助高倍放大镜才能发现的缩松称为显微缩松。铸件有缩松缺陷的部位，在气密性试验时可能渗漏
	2.9	疏松（显微缩松）	铸件缓慢凝固区出现的很细小的孔洞。分布在枝晶内和枝晶间。其为弥散性气孔、显微缩松、组织粗大的混合缺陷，使铸件致密性降低，易造成渗漏
	2.10	渗漏	铸件在气密性试验时或使用过程中发生的漏气、渗水或渗油现象。多由于铸件有缩松、疏松、组织粗大、毛细裂纹、气孔或夹杂物等缺陷引起
3. 裂纹、冷隔类缺陷	3.1	冷裂	铸件凝固后在较低温度下形成的裂纹。裂口常穿过晶粒延伸到整个断面
	3.2	热裂	铸件在凝固后期或凝固后在较高温度下形成的裂纹。其断面严重氧化，无金属光泽，裂口在晶粒边界产生和发展，外形曲折而不规则
	3.3	缩裂（收缩裂纹）	由于铸件补缩不当、收缩受阻或收缩不均匀而造成的裂纹。可能出现在刚凝固之后或在更低的温度
	3.4	热处理裂纹	铸件在热处理过程中产生的穿透或不穿透的裂纹。其断面有氧化现象
	3.5	网状裂纹（龟裂）	金属型和压铸型因受交变热机械作用发生热疲劳。在型腔表面形成的微细龟壳状裂纹。铸型龟裂在铸件表面形成龟纹缺陷

（续）

分类	序号	名称	特　征
3. 裂纹、冷隔类缺陷	3.6	白点（发裂）	钢中主要因氢的析出而引起的缺陷。在纵向断面上，它呈现近似圆形或椭圆形的银白色斑点，故称白点，在横断面宏观磨片上，腐蚀后则呈现为毛细裂纹，故又称发裂
	3.7	冷隔	在铸件上穿透或不穿透，边缘呈圆角状的缝隙。多出现在远离浇注系统的宽大上表面或薄壁处、金属流汇合处，以及冷铁、芯撑等激冷部位
	3.8	浇注断流	铸件表面某一高度可见的接缝。接缝的某些部分熔合不好或分开。由浇注中断而引起
	3.9	重皮	充型过程中因金属液飞溅或液面波动，型腔表面已凝固金属不能与后续金属熔合所造成的铸件表皮折叠缺陷
4. 表面缺陷	4.1	表面粗糙	铸件表面毛糙、凹凸不平，其微观几何特征超出铸造表面粗糙度测量上限，但尚未形成粘砂缺陷
	4.2	化学粘砂	铸件的部分或整个表面上，牢固地粘附一层由金属氧化物、砂子和黏土相互作用而生成的低熔点化合物。硬度高，只能用砂轮磨去
	4.3	机械粘砂（渗透粘砂）	铸件的部分或整个表面上粘附着一层砂粒和金属的机械混合物。清铲粘砂层时可以看到金属光泽
	4.4	夹砂结疤（夹砂）	铸件表面产生的疤片状金属突起物。其表面粗糙，边缘锐利，有一小部分金属和铸件本体相连，疤片状凸起物与铸件之间夹有一层砂
	4.5	涂料结疤	由于涂层在浇注过程中开裂，金属液进入裂纹，在铸件表面产生的疤痕状金属突起物
	4.6	沟槽	铸件表面产生较深（>5mm）的边缘光滑的V形凹痕。通常有分枝，多发生在铸件的上、下表面
	4.7	粘型	熔融金属粘附在金属型型腔表面的现象
	4.8	龟纹（网状花纹）	1）磁粉探伤时熔模铸件表面出现的龟壳状网纹缺陷，多出现在铸件过热部位。因浇注温度和型壳温度过高，金属液与型壳内 Na_2O 残留量过高而析出的“白霜”发生反应所致 2）因铸型型腔表面龟裂而在金属型铸件或压铸件表面形成的网状花纹缺陷
	4.9	流痕（水纹）	压铸件表面与金属流动方向一致的。无发展趋势且与基本颜色明显不一样的微凸或微凹的条纹状缺陷
	4.10	缩陷	铸件的厚断面或断面交接处上平面的塌陷现象。缩陷的下面，有时有缩孔。缩陷有时也出现在内缩孔附近的表面
	4.11	鼠尾	铸件表面出现较浅（≤5mm）的带有锐角的凹痕
	4.12	印痕	因顶杆或镶块与型腔表面不齐平，而在金属型铸件或压铸件表面相应部位产生的凸起或凹下的痕迹
	4.13	皱皮	铸件上不规则的粗粒状或皱褶状的表皮。一般带有较深的网状沟槽
	4.14	拉伤	金属型铸件和压铸件表面由于与金属型啮合或黏结，顶出时顺出型方向出现的擦伤痕迹

（续）

分类	序号	名称	特　征
5. 残缺类缺陷	5.1	浇不到（浇不足）	铸件残缺或轮廓不完整或虽然完整但边角圆且光亮。常出现在远离浇注系统的部位及薄壁处。其浇注系统是充满的
	5.2	未浇满	铸件上部产生缺肉，其边角略呈圆形，浇冒口未浇满，顶面与铸件平齐
	5.3	型漏（漏箱）	铸件内有严重的空壳状残缺。有时铸件外形虽较完整，但内部的金属已漏空，铸件完全呈壳状，铸型底部有残留的多余金属
	5.4	损伤（机械损伤）	铸件受机械撞击而破损、残缺不完整的现象
	5.5	跑火	因浇注过程中金属液从分型面处流出而产生的铸件分型面以上的部分严重凹陷，有时会沿未充满的型腔表面留下类似飞翅的残片
	5.6	漏空	在低压铸造中，由于结晶时间过短，金属液从升液管漏出，形成类似型漏的缺陷
6. 形状及重量差错类缺陷	6.1	铸件变形	铸件在铸造应力和残余应力作用下所发生的变形，或由于模样或铸型变形引起的变形
	6.2	形状不合格	铸件的几何形状不符合铸件图样的要求
	6.3	尺寸不合格	在铸造过程中，由于各种原因造成的铸件局部尺寸或全部尺寸与铸件图样的要求不符
	6.4	拉长	由于凝固收缩时铸型阻力大而造成的铸件部分尺寸比图样尺寸大的现象
	6.5	挠曲	1）铸件在生产过程中，由于残余应力、模样或铸型变形等原因造成的弯曲和扭曲变形 2）铸件在热处理过程中因未放平正或在外力作用下而发生的弯曲和扭曲变形
	6.6	错型（错箱）	铸件的一部分与另一部分在分型面处相互错开
	6.7	错芯	由于砂芯在分芯面处错开，铸件孔腔尺寸不符合铸件的要求
	6.8	偏芯（漂芯）	由于型芯在金属液作用下漂浮移动，使铸件内孔位置、形状和尺寸发生偏错，不符合铸件图样的要求
	6.9	型芯下沉	由于芯砂强度低或芯骨软，不足以支撑自重，使型芯高度降低、下部变大或下弯变形而造成的铸件变形缺陷
	6.10	串皮	熔模铸件内腔中的型芯露在铸件表面，使铸件缺肉
	6.11	型壁移动	金属液浇入砂型后，型壁发生位移的现象
	6.12	撞移	由于舂移砂型或模样，在铸件相应部位产生的局部增厚缺陷
	6.13	缩沉	使用水玻璃石灰石砂型生产铸件时产生的一种铸件缺陷，其特征为铸件断面尺寸胀大

（续）

分类	序号	名称	特征
6. 形状及重量差错类缺陷	6.14	缩尺不符	由于制模时所用的缩尺与合金收缩不相符而产生的一种铸造缺陷
	6.15	坍流	离心铸造时，因转速低、停车过早、浇注温度过高等引起合金液逆旋转方向由上向下流淌或淋降，在离心铸件内表面形成的局部凹陷、凸起或小金属瘤
	6.16	铸件重量不合格（超重）	铸件实际重量，相对于公称重量的偏差值超出铸件重量公差
7. 夹杂类缺陷	7.1	夹杂物	铸件内部或表面上存在的和基体金属成分不同的质点。包括渣、砂、涂料层、氧化物、硫化物、硅酸盐等
	7.2	内生夹杂物	在熔炼、浇注和凝固过程中，因金属液成分之间或金属液与炉气之间发生化学反应而生成的夹杂物，以及因金属液温度下降，溶解度减小而析出的夹杂物
	7.3	外生夹杂物	由熔液及外来杂质引起的夹杂物
	7.4	夹渣	因浇注金属液不纯净，或浇注方法和浇注系统不当，由裹在金属液中的熔渣、低熔点化合物及氧化物造成的铸件中夹杂类缺陷。由于其熔点和密度通常都比金属液低，一般分布在铸件顶面或上部，以及型芯下表面和铸件死角处。断口无光泽，呈暗灰色
	7.5	黑渣	球墨铸铁件中由硫化镁、硫化锰、氧化镁和氧化铁等组成的夹渣缺陷。在铸件断面上呈暗灰色。一般分布在铸件上部、砂芯下表面和铸件死角处
	7.6	涂料渣孔	因涂层粉化、脱落后留在铸件表面而造成的，含有残留涂料堆积物质的不规则坑窝
	7.7	冷豆	浇注位置下方存在于铸件表面的金属珠。其化学成分与铸件相同，表面有氧化现象
	7.8	磷豆	含磷合金铸件表面渗析出来的豆粒或汗珠状磷共晶物
	7.9	内渗物（内渗豆）	铸件孔洞缺陷内部带有光泽的豆粒状金属渗出物。其化学成分和铸件本体不一致，接近共晶成分
	7.10	砂眼	铸件内部或表面带有砂粒的孔洞
	7.11	锡豆	锡青铜铸件的表面或内部孔洞中渗析出来的高锡低熔点相豆粒状或汗珠状金属物
	7.12	硬点	在铸件的断面上出现分散的或比较大的硬质夹杂物，多在机械加工或表面处理时发现
	7.13	渣气孔	铸件浇注位置上表面的非金属夹杂物。通常在加工后发现与气孔并存，孔径大小不一，成群集结

（续）

分类	序号	名称	特征
8. 成分、组织及性能不合格类缺陷	8.1	物理力学性能不合格	铸件的强度、硬度、伸长率、冲击韧度及耐热、耐蚀、耐磨等性能不符合技术条件的规定
	8.2	化学成分不合格	铸件的化学成分不符合技术条件的规定
	8.3	金相组织不合格	铸件的金相组织不符合技术条件的规定
	8.4	白边过厚	铁素体可锻铸铁件退火时，因氧化严重在表层形成的过厚的无石墨脱碳层
	8.5	菜花头	由于溶解气体析出或形成密度比铸件小的新相，铸件最后凝固处或冒口表面鼓起、起泡或重皮的现象
	8.6	断晶	定向结晶叶片，由于横向温度场不均匀和扭度较大等原因造成的柱状晶断续生长缺陷
	8.7	反白口	灰铸铁件断面的中心部位出现白口组织或麻口组织。外层是正常的灰口组织
	8.8	过烧	铸件在高温热处理过程，由于加热温度过高或加热时间过久，使其表层严重氧化，或晶界处和枝晶间的低熔点相熔化的现象。过烧使铸件组织和性能显著恶化，无法挽救
	8.9	巨晶	由于浇注温度高、凝固慢，在钢锭或厚壁铸件内部形成的粗大的枝状晶缺陷
	8.10	亮皮	在铁素体可锻铸铁的断面上，存在的清晰发亮的边缘。缺陷层主要是由含有少量回火碳的珠光体组成。回火碳有时包有铁素体壳
	8.11	偏析	铸件或铸锭的各部分化学成分或金相组织不均匀的现象
	8.12	反偏析	与正偏析相反的偏析现象。溶质分配系数 $K<1$ 且凝固区间宽的合金缓慢凝固时，因形成粗大枝晶，富含溶质的剩余金属液在凝固收缩力和析出气体压力作用下，沿枝晶间通道向先凝固区域流动，使溶质集中在铸锭或铸件的先凝固区域或表层，中心部分溶质较少
	8.13	正偏析	溶质分配系数 $K<1$ 的合金凝固时，凝固界面处一部分溶质被排出到液相中，随着温度的降低，液相中的溶质浓度逐渐增加，导致低熔点成分和易熔杂质从铸件外部到中心逐渐增多的区域偏析
	8.14	宏观偏析	铸件或铸锭中用肉眼或放大镜可以发现的化学成分不均匀性。分为正偏析、反偏析、V形偏析、带状偏析、重力偏析。宏观偏析只能在铸造过程中采取适当措施来减轻，无法用热处理和变形加工来消除
	8.15	微观偏析	铸件中用显微镜或其他仪器才能确定的显微尺度范围内的化学成分不均匀性。分为枝晶偏析（晶内偏析）和晶界偏析。晶粒细化和均匀化热处理可减轻这种偏析

（续）

分类	序号	名称	特征
8. 成分、组织及性能不合格类缺陷	8.16	重力偏析	在重力载离心力作用下，因密度差使金属液分离为互不溶合的金属液层，或在铸件内产生的成分和组织偏析
	8.17	晶间偏析（晶界偏析）	晶粒本体或枝晶之间存在的化学成分不均匀性。由合金在凝固过程中的溶质再分配导致某些溶质元素或低熔点物质富集晶界所造成
	8.18	晶内偏析	固溶合金按树枝方式结晶时，由于先结晶的枝干与后结晶的枝干及枝干间的化学成分不同所引起的枝晶内和枝晶间化学成分差异
	8.19	球化不良	在铸件断面上，有块状黑斑或明显的小黑点，愈近中心愈密，金相组织中有较多的厚片状石墨或枝晶间石墨
	8.20	球化衰退	因铁液含硫量过高或球化处理后停留时间过长而引起的铸件球化不良缺陷
	8.21	组织粗大	铸件内部晶粒粗大，加工后表面硬度偏低，渗漏试验时，会发生渗漏现象
	8.22	石墨粗大	铸铁件的基体组织上分布着粗大的片状石墨。机械加工后，可看到均匀分布的石墨孔洞。加工面呈灰黑色，断口晶粒粗大。有这种缺陷的铸件，硬度和强度低于相应牌号铸铁的规定值。气密性试验时会发生渗漏现象
	8.23	石墨集结	在加工大断面铸铁件时，表面上充满石墨粉且边缘粗糙的部位。石墨集结处硬度低，且渗漏
	8.24	铸态麻口	可锻铸铁的一种金相组织缺陷。其断口退火前白中带灰，退火后有片状石墨，降低铸件的力学性能
	8.25	石墨漂浮	在球墨铸铁件纵断面的上部存在的一层密集的石墨黑斑。和正常的银白色断面组织相比，有清晰可见的分界线。金相组织特征为石墨球破裂。同时缺陷区富有含氧化合物和硫化镁
	8.26	表面脱碳	铸钢件或铸铁件因充型金属液与铸型中的氧化性物质发生反应，使铸件表层含碳量低于规定值

0.3 铸造质量管理

铸造工厂的全面质量管理包括铸件质量控制和铸件质量保证两个部分。它是在铸件技术要求规范全面合理的前提下，在工厂推行的质量体系。铸造行业的特点是工序多，连贯性强，每道工序的变量多。这些变量检测难，不易控制，最终可能都反映到缺陷的成因上。因此，铸造质量管理对缺陷控制而言，应把预防其发生放在第一位，不断地研究、解决各项质量问题。还要通过积极的市场调查，不断地掌握用户对质量的要求，进行认真的售后服务，以保证市场质量。质量管理是全面的，是集研制开发、生产检验和销售服务于一体的活动的总和。

1. 铸件质量控制

铸件质量决定于每一道工艺过程的质量。对铸件质量进行控制，实际上是全过程质量控制，将过程处于严格控制之中，不出现系统误差（由异常原因造成的误差）。过程中由随机原因产生的随机误差，其频率分布是有规律的。利用数理统计方法将铸造过程中系统误差和随机误差区分开来的方法是质量控制的基本方法。这种方法又称为统计过程控制。

铸件质量控制首先在于稳定生产过程，避免系统误差的出现和随机误差的积累。其次要提高工艺过程精度，缩小误差频率分布范围或分散程度。

过程控制包括：技术准备过程、图样和验收条件的制订；铸造工艺、工装设计的验证；原材料验收；设备检查；工装几何形状、尺寸精度和装备关系检查等；另外，还包括熔炼、配砂、造型、制芯等工艺参数的控制。

控制方法是定期对记录工艺参数进行统计分析，判断车间参数误差频率分布及性质，对每一中间工序的结果进行检查。以铸件车间的铸造工艺过程为例，铸铁件生产过程质控站（质量控制站，QC）布置，如图 0-1 所示。

建立工艺过程质控站是质量管理中行之有效的措施。质控站能为缺陷分析提供生产过程背景材料以及原始记录和统计资料，凡是对铸件质量特性有重大影响的工序或环节，一般都应设置质控站。质控站的操作者应严格执行操作规程。工厂考核铸件质量，按铸件产生缺陷的原因，追究个人或生产小组的责任。

由于铸件产生缺陷的原因是多方面的和复杂的，有些缺陷是由于多个因素引起的，故不容易划分各自应承担责任的百分比。为了解决由于划分不公引起的争端，应该加强中间检查，应对每一道工序的质量（特别是主要工艺参数和执行操作规程的情况）进行严格的控制，从而确定个人或小组的质量责任。加强质控站的中间检查的另一优点是，将所有影响因素都置于严格控制之下，任何一道不合格操作，都消除在最后形成铸件之前。

过程中出现的问题就是铸件发生缺陷，一般都按 P（计划）、D（实行）、C（检查）、A（处理）质量体系活动模式的步骤进行改进。除此之外，分析具体的铸件缺陷时还需要明确问题、分析数据和设计试验等。

2. 铸件质量保证

质量保证（QA）因生产铸件质量要求不同而有差别。例如，超级合金铸件与无牌号铸件相比较，它们的质量要求当然不同；但是它们在不同质量要求或规格前提下，生产质量均需稳定，因而要在不同水平上建立起保证体系。这种

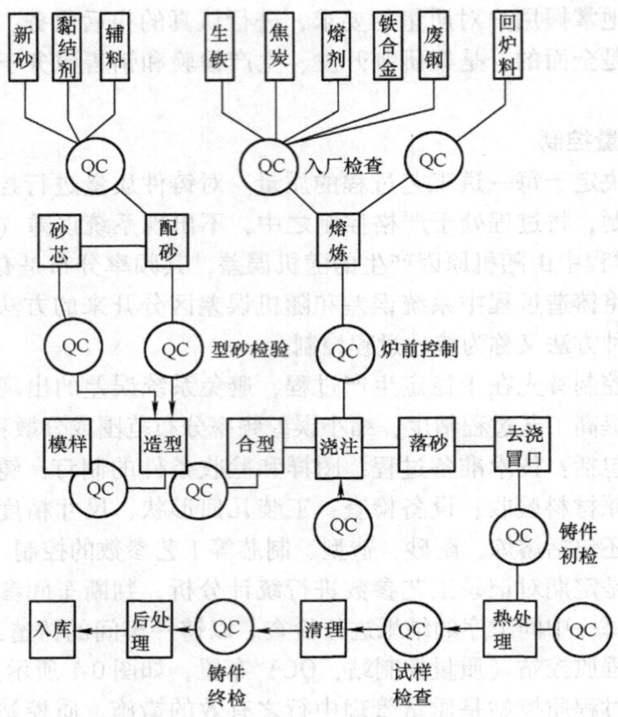

图 0-1　铸铁件生产过程质控站（质量控制站，QC）布置

体系主要是由用户对铸件生产者一方提出的：要求了解铸件承制方的质量保证体系水平与对铸件的要求相适应。如果质量保证的水准低于铸件质量所要求的，则不能保证铸件质量的可靠性。在此情况下，承制方得不到信任，应被更换。

质量保证体系构成分软件和硬件两部分。

在软件上要求承制方：质量管理机构健全；质量责任制度明确；质量信息网络全面、灵敏和功能齐全；有完善的标准化组织；计量工作完备；对从业人员的质量教育经常化；产品的技术档案详细，管理机能好。

承制方拥有的硬件设施和技术条件，也是保证铸件质量要求的必需手段。这些要求包括：①生产设备应根据铸件质量要求进行调整，铸件精度要求高，其造型设备的精度水平应相应提高；②在工艺装备方面，企业应具有一定的工装设计水平及制造、维修、保养、管理等能力；③生产过程中的监控是实施质量管理所需数据的来源，要求质控点足够、布置合理、符合经济生产原则；④产品检验手段完备，防止不合格铸件漏检出厂，这是完成质量保证体系中的关键环节。

除上述软、硬件内容外，一个企业中从业人员的素质往往在质量保证体系中起决定性作用，应该加强技术和岗位培训教育，来保证和提高员工的素质。

0.4 铸造成形方法及特点概述

常见的铸造成形方法分类如图 0-2 所示。铸造成形方法主要分为砂型铸造、特种铸造两大类。砂型铸造一般用硅砂制造铸型和砂芯，而特种铸造较少采用（或基本不用）硅砂型、芯。消失模铸造，按其工艺特征介于砂型铸造与特种铸造之间，它既有砂型铸造的特点，又有特种铸造的特点。

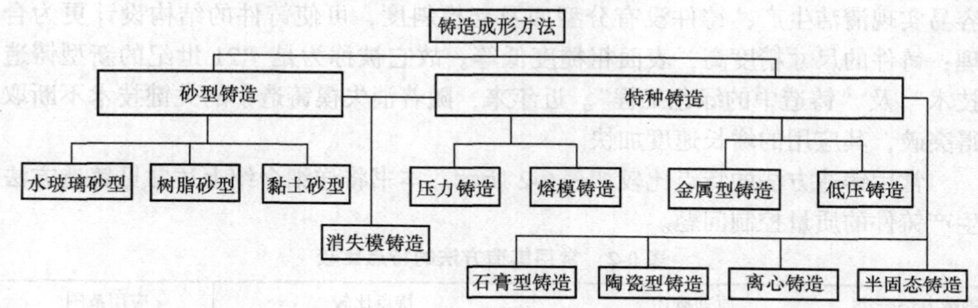

图 0-2 铸造成形方法分类

1. 砂型铸造

砂型铸造是指以硅砂为原砂、以黏结剂作为黏结材料，将原砂黏结成铸型，根据所用黏结剂的不同，砂型又可分为黏土砂型、树脂砂型、水玻璃砂型三大类。在砂型铸造中，黏土砂型铸造历史悠久，成本低，普通黏土砂型铸造零件的尺寸精度和表面精度较低，它广泛用于铸铁件、各类非铁合金铸件、小型铸钢件。为了提高铸件的尺寸精度和表面精度，20 世纪中期以后，世界上先后出现了化学黏结剂砂型：水玻璃砂型和树脂砂型。

黏土砂采用黏土做黏结剂，它通常由原砂、黏土（即膨润土）、附加物（有煤粉、淀粉等）及水按一定配比组成（又称湿型砂），通过物理加压紧实而获得具有一定形状和紧实度的砂型和砂芯。树脂砂型、水玻璃砂型，采用树脂及水玻璃等化学黏结剂，辅之固化剂（树脂砂常用磺酸，水玻璃砂常用 CO_2 和有机酯等）调节砂型的硬化速度，形成强度和精度更高的砂型。

2. 特种铸造

在铸造行业，砂型铸造以外的铸造方法统称为特种铸造。特种铸造的种类很多，它包括：精密熔模铸造、压力铸造、金属型铸造、离心铸造、反重力铸造（低压铸造、压差铸造）等。特种铸造大多采用金属铸型，铸型的精度高，表面粗糙度低，透气性差，冷却速度快。因此，与砂型铸造比较，特种铸造的零件的尺寸精度和表面精度更高，但制造成本也更高；特种铸造，大多为精密铸造的范畴。大量应用的常见特种铸造方法包括熔模精密铸造、压力铸造、金属型铸造、低压铸造四种。

3. 消失模铸造

笔者认为，消失模铸造是介于砂型铸造与特种铸造之间的铸造方法，它采用无黏结剂的砂粒作为填充，又采用金属模具发泡成形泡沫塑料模样，浇注及生产过程与砂型铸造过程相似，其铸件的精度和表面质量又与特种铸造相似。

消失模铸造（简称 EPC）是一种近无余量、精确成形的新型铸造技术，它具有许多的优点，例如：型砂不需要黏结剂，铸件落砂及砂处理系统十分简便，容易实现清洁生产；铸件没有分型面及起模斜度，可使铸件的结构设计更为合理；铸件的尺寸精度高，表面粗糙度低等。故它被称为是“21 世纪的新型铸造技术”及“铸造中的绿色工程”。近年来，随着消失模铸造中的关键技术不断取得突破，其应用的增长速度加快。

常用铸造方法的特点比较如表 0-2 所示。本书将详细介绍上述常见铸造方法生产铸件的质量控制问题。

表 0-2　常用铸造方法的特点比较

铸造方法分类		原理概述	特点比较	应用范围
砂型铸造	黏土砂型铸造	以硅砂为原砂，以黏土做黏结剂，辅之以煤粉、水等辅助材料，紧实成铸型	成本低，铸件清理容易；但铸件的尺寸精度和表面精度都不太高	适用于各种金属、各类大小铸件的生产
	水玻璃砂型铸造	以硅砂为原砂，以水玻璃做黏结剂，以 CO_2 和有机酯为固化剂，紧实硬化成铸型	铸型的强度和精度较高，旧砂的溃散性不太好，成本较低，工作环境友好	常用于铸钢件的大量生产
	树脂砂型铸造	以硅砂为原砂，以呋喃或酚醛树脂做黏结剂，以对磺酸或酯为固化剂，紧实硬化成铸型	铸型的强度和精度高，旧砂的溃散性好，成本较高，工作场地有气味	主要用于各类铸铁件、铸钢件的生产
特种铸造	熔模精密铸造	液态金属在重力作用下注入由蜡模熔失后形成的中空型壳并在其中成形，又称失蜡铸造	铸件的精度高，表面粗糙度低（少无加工）；但工序复杂、生产周期长，成本高	最适于 50kg 以下的高熔点、难加工的中小合金铸件的大量生产
	压力铸造	在高压作用下将液态或半固态金属快速压入金属压铸型内，在压力下凝固成形	生产率高，自动化程度高，铸件的精度和表面质量高；但设备投资大，压铸型的成本高，加工难度大，压铸件通常不能进行热处理	主要用于锌、铝、镁等合金的小型、薄壁、形状复杂件的大量生产

（续）

铸造方法分类		原理概述	特点比较	应用范围
特种铸造	金属型铸造	液态金属在重力作用下注入金属铸型中成形的方法。金属可重复使用，又称永久型铸造	工艺过程较砂型铸造简单，铸件的表面质量较好；但金属铸型的透气性差、无退让性、耐热性不太好	锡、锌、镁等，用灰铸铁做金属型；铝、铜等用合金铸铁或钢做金属型
	低压铸造	介于金属型与压力铸造之间的一种铸造方法，充型气压为0.02~0.07MPa	可弥补压力铸造的某些不足：浇注速度、压力便于调节，便于实现定向凝固，金属利用率高，铸件的表面质量高于金属型，设备投资较小；但生产率较低，升液管寿命较短	主要用于铝合金铸件的大量生产
消失模铸造		用泡沫模样代替木模等，用干砂或水玻璃砂等进行造型，无须起模，直接将高温液态金属浇注到型中的模样上，使模样燃烧汽化消失而成铸件	无须起模、无分型面、无型芯，铸件的尺寸精度和表面精度接近熔模精铸；铸件结构设计自由度大，工序较砂型铸造和熔模铸造简化	目前主要用于铸铁、铸钢、铸铝件生产，低碳钢的消失模铸造易产生增碳作用，镁合金的消失模铸造正在研究之中

0.5 铸造质量的影响因素

铸造是将金属熔炼成符合一定要求的液体，浇入铸型内，经冷却凝固、清整处理后得到有预定形状、尺寸和性能的铸件（零件或毛坯）的复杂工艺过程。铸造涉及的工序多、材料多、工装设备多，影响铸件质量的因素很多。笔者将影响铸件质量的主要因素分为五大类，即液态金属质量、铸型（芯）质量、铸造工艺质量、工装设备质量、生产操作质量。液态金属质量包括合金成分、纯净度（杂质含量）、浇注温度等；铸型（芯）质量包括铸型（芯）材料的质量与性能、铸型（芯）的紧实度等；铸造工艺质量主要指铸造工艺（浇注及冒口系统）设计的合理性；工装设备质量包括工装模具质量和精度、生产设备精度及可靠性等；生产操作质量主要是工人的操作水平与熟练程度等。

在影响铸造质量的众多因素中，除有单因素影响铸造质量外，还有不少因素对铸造质量影响是互相作用和互为条件的。例如：造成气孔缺陷的可能因素有铁液的浇注温度、铁液的化学成分、型（芯）砂的水分、铸型（芯）的排气是否通畅等。因此，在分析铸造质量问题时，要根据具体情况综合研判。

铸造质量的影响因素及其与缺陷对应关系如表0-3所示。

表 0-3 铸造质量的影响因素及其与缺陷对应关系

影响因素大类	具体质量因素	可产生的缺陷种类	高质量要求
液态金属质量	合金成分的准确度；金属液的纯净度（即杂质含量）；浇注温度高低	合金成分、组织及性能不合格类缺陷；夹杂类缺陷；浇不足或缩孔缩松缺陷等	合金成分准确；金属液的纯净度高；浇注温度适当
铸型（芯）质量	1）砂型（芯）：砂型（芯）的成型性、尺寸精度、强度及表面稳定性；砂型（芯）的透气性、发气性、环境性等	1）砂型（芯）：多肉类缺陷；孔洞（主要是气孔类）类缺陷；表面缺陷；残缺类缺陷；形状及重量差错类缺陷	1）砂型（芯）的成型性好，尺寸精度及强度高，表面稳定性好；砂型（芯）的透气性好，发气性小，受环境影响少
	2）金属型：金属型的尺寸精度、表面质量，金属型的耐热性、耐用性、模具温度等	2）金属型：表面缺陷；残缺类缺陷；形状及重量差错类缺陷；裂纹、冷隔类缺陷	2）金属型的尺寸精度高，表面质量好；金属型的耐热及耐用性好，模具温度适当
铸造工艺质量	铸型（芯）材料特性的掌握；工艺方案及浇注系统设计的准确性；冒口、冷铁选择及设置的合理性	由铸型（芯）材料引起的各类缺陷（常见有表面缺陷、气孔类缺陷等）；因浇冒系统不正确引起的缩孔、缩松缺陷等	铸型（芯）材料特性的掌握正确；工艺方案选择合理、浇注设计准确；冒口、冷铁选择合理，设置正确
工装设备质量	造型（制芯）模具（芯盒）的精度及表面质量；砂箱质量及定位精度；机械装备运行的可靠性及稳定性等	形状及重量差错类缺陷；表面缺陷；生产率与企业效益等	造型（制芯）模具（芯盒）的精度高、表面质量好；砂箱质量及定位精度高；机械装备运行的可靠性及稳定性好
生产操作质量	工人操作水平与熟练程度；人为因素及认真程度；管理水平等	因操作引起的机械碰撞损坏；因疲劳大意引起各种缺陷与事故；因管理水平低下引起的各类缺陷及效率低下问题	工人操作熟练、操作水平较高；生产程序规范、管理水平较高；安全生产素质较高

0.6 绿色铸造材料及工艺方法选择

自 2011 年起，我国的铸件产量已超过 4000 万 t。据不完全统计，我国铸造每年要产生废旧砂（废渣）等固体废弃物 3000 万～4000 万 t、废气 300 亿～600 亿 m^3，铸造行业引起的环境问题十分惊人，高质量、少污染、低成本地实现清洁生产和绿色铸造，一直是铸造工作者的奋斗目标，也是21世纪铸造工业的发展趋势。

铸造生产中，采用绿色铸造新工艺、新材料、新技术以减少能耗与污染源，特别重视砂型铸造的绿色清洁生产（减排、节能）实现铸造废旧砂全部再生利用，重视非铁金属铸造的技术发展及应用，重视铸造生产的自动化、精密化、少（无）铸造缺陷，重视先进计算机及信息技术在铸造生产过程中的采用，是现代社会对铸造工作者的必然要求。

因此，在选用铸造材料及工艺方法时，应尽量选用少环境污染的砂型铸造黏结剂（如无机黏结剂等），低成本地实现铸造废旧砂全部再生回用，尽量采用绿色铸造新工艺新技术（如消失模铸造等），多采用非铁金属铸件（取代钢铁铸件）降低铸造能耗，广泛采用计算机模拟仿真铸造过程提高成品率等。

1. 选用少污染无机黏结剂

目前，有机黏结剂在铸造工业中应用较大，它具有生产产量大、能耗小、铸件表面质量和尺寸精度高、换模速度快、便于柔性化生产等诸多优点，但是，有机黏结剂也存在着有害气体排放、生产成本较高等缺点，无（少）有害气体排放、高质量、低成本的无机黏结剂的大量使用是铸造生产的一个趋势。

水玻璃黏结剂是典型的无机铸造黏结剂，它具有不燃烧、耐高温、资源丰富、成本低廉、不析出各种有毒气体和冷凝物、不污染作业环境和铸造工装等许多优点。水玻璃砂不仅作业环境好，而且改善铸件质量和降低生产成本，备受铸造工作者的重视和青睐，被认为21世纪最有可能实现绿色铸造的型砂。德国HA化学公司和ASK化学公司分别开发了Cordis系列和Inootec系列的新型改性水玻璃砂工艺，国内也开发了多种型号的新型改性水玻璃成功应用于批量化的铸造生产，在环境、质量和经济等方面都取得了令人满意的效果。

近年来，国内外水溶性动物胶类黏结剂的应用研究十分重视，已有动物胶黏结剂应用的报道。水溶性动物蛋白质具有无毒害、强度高、原料丰富、成本低廉等优点，开发水溶性动物蛋白质黏结剂在铸造生产中的应用，将有利于降低铸件生产的成本和有害气体排放，提高企业经济效益，对于实现绿色铸造具有重大理论与实际意义。

2. 低成本地实现铸造废旧砂全部再生回用

我国每年产生的铸造旧砂超过3000万t，一些大型铸造企业年排放铸造废旧砂都在10万t以上，废旧砂的丢弃造成了硅砂资源的大量浪费，同时给企业带来巨大的经济负担，也给我国的资源和环境带来巨大压力。因此，铸造废旧砂的处理和回收再利用已成为我国迫切需要解决的问题，对于我国铸造产业的绿色可持续发展具有重大意义。

目前，低成本无排放的旧砂再生回用技术主要包括旧砂再生新技术和高效再生设备的开发。针对目前现有的干法、湿法、热法再生技术与设备多仅针对单一旧砂再生的现状，开发出了基于混合废旧砂的复合再生方法，如干法—湿法、干法—热法、干法—湿法—热法等复合再生新技术，利用复合再生技术可实现低成本、高质量、无二次排放地再生回用废旧砂。

在现有的旧砂再生回用技术中，湿法再生无机类黏结剂旧砂、热法再生有机类黏结剂旧砂，获得的再生砂的质量高、性能好，可代替新砂使用。根据废旧砂种类及特性，可选择采用高效湿法再生设备系统（包括高效湿法再生机、湿砂脱水设备、水砂分离、污水处理等关键设备）、带余热利用的高效热法再生设备系统，构建高效的湿法再生生产线、热法再生生产线及热法—湿法复合再生设备生产线，可实现各类铸造旧砂（或多种混合铸造废旧砂）的低成本再生回用，大大降低铸造废旧砂的对外排放及其对环境的影响。

3. 推荐采用消失模铸造等绿色铸造新技术

消失模铸造技术是一种近无余量、精确成形的新技术，被称为是代表21世纪的铸造新技术之一。它是采用泡沫塑料制作成与零件结构和尺寸完全一样的实型模具，经浸涂耐火黏结涂料，烘干后进行干砂造型，振动紧实，然后浇入金属液使模样受热汽化消失，从而得到与模样形状一致的金属零件的精密铸造方法。与传统砂型空腔铸造工艺相比，它具有铸件表面粗糙度低，尺寸精度高，散砂紧实造型，不需要黏结剂，铸件生产工序简化，劳动生产率高，容易实现清洁生产的许多优点。因此，消失模铸造是值得推荐采用的绿色铸造新技术、新工艺。

经过数十年的发展，发达国家采用消失模铸造技术生产铸铁、铸钢、铝合金等材质零件的技术已较为成熟。我国消失模铸造技术的应用主要集中在铸铁和铸钢上，铝合金消失模铸造应用相对较少。消失模铸造低碳钢铸件时一直存在增碳缺陷问题，消失模铸造铝合金零件时往往存在针气孔缺陷偏多问题，应从泡沫模样材料、金属液质量及铸造工艺等方面加以解决。

消失模铸造工艺较适合大量生产形状较复杂的箱体、壳体、管状零件，在汽车行业中，如发动机的缸体、缸盖、箱体、电动机壳体、进气歧管等复杂零件的生产中已获得了广泛应用。

4. 重视提高非铁金属铸件产量

与欧美发达国家比较，我国铸造产量中，钢铁材料铸造（砂型铸造）偏多、非铁金属（铝、镁合金等）铸件（金属型铸造）偏少。发展高附加值的非铁金属（铝、镁合金等）铸造技术是我国铸造技术发展的优先方向。

航空航天及汽车工业的快速发展，使得铸件生产轻量化、以非铁金属代钢铁材料成为必然趋势，各类高质量要求、高尺寸精度、高复杂度的铝（镁）合金铸件的生产需求增加，极其复杂的铝（镁）合金航空航天铸件（如航空发动机匣）、大量生产的汽车铝（镁）合金铸件（如缸体缸盖）等对非铁金属铸造技术与材料都提出更高、更新的挑战，也是未来我国铸造工业及技术发展的重要领域。

压力铸造技术、低压铸造技术、金属型铸造技术、复杂组芯铸造技术等是当前生产高质量铝（镁）合金铸件的主要方法。铸造工作者应重视并采用高性能的铸造铝（镁）合金材料，高真空压铸技术与装备系统，先进的低压或差压铸造、金属型铸造及复杂精密砂型铸造技术及装备等。

5. 推广应用计算机模拟仿真铸造技术

铸造过程的模拟仿真技术包括铸件充型过程（流场）数值模拟、凝固过程（温度场）数值模拟、微观组织数值模拟、热应力数值模拟及铸造缺陷（如缩孔、缩松及热裂等）预测等。铸造充型凝固过程的数值模拟，可以帮助工程技术人员在铸造工艺设计阶段对铸件可能出现的各种缺陷及大小、部位和发生的时间予以有效的预测，从而优化铸造工艺设计，确保铸件的质量，缩短试制周期，降低生产成本。

经过数十年研究开发，尤其是得益于计算机技术进步的大力支撑，铸件充型凝固过程计算机模拟仿真的发展已全面进入工程实用化阶段。从简单到复杂、从温度场发展到流动场、应力场，从宏观模拟深入到微观领域，从普通的重力铸造拓展到低压、压铸等特种铸造，都进入到工业化实际应用。发达国家的铸造企业普遍应用了模拟技术，铸件生产商几乎全部装备了仿真系统，成为确定工艺的固定环节和必备工具。

与此同时，各类在线智能检测与质量控制系统投入使用，对降低铸造行业能耗和废品率起到了关键作用，也对促进铸造行业提高产品质量的经济效益、节能降耗、实现铸造绿色清洁生产具有重要意义。

第 2 篇　砂型铸造质量控制

第 1 章　黏土砂型铸造质量控制

在我国，按铸造生产产量计算，砂型铸造占整个铸造产量的 80% ~ 90%，而黏土砂型铸造又占砂型铸造的 80% 以上。因此，黏土砂型铸造是铸造生产的主体，它主要用于各类中小型铸铁件、小型铸钢件的生产，还可用于非铁合金铸件的生产。

1.1 黏土砂型铸造工艺过程及特点

按生产工部分类，黏土砂型铸造又可分为造型工部、制芯工部、砂处理工部、熔化工部、清理工部五大部分。每个工部所采用的工艺、材料、装备、控制方式等都会影响铸件的生产质量。

1. 造型工部

造型工部是铸造车间及生产的核心工部，典型的黏土砂造型工艺流程如图 1-1 所示。

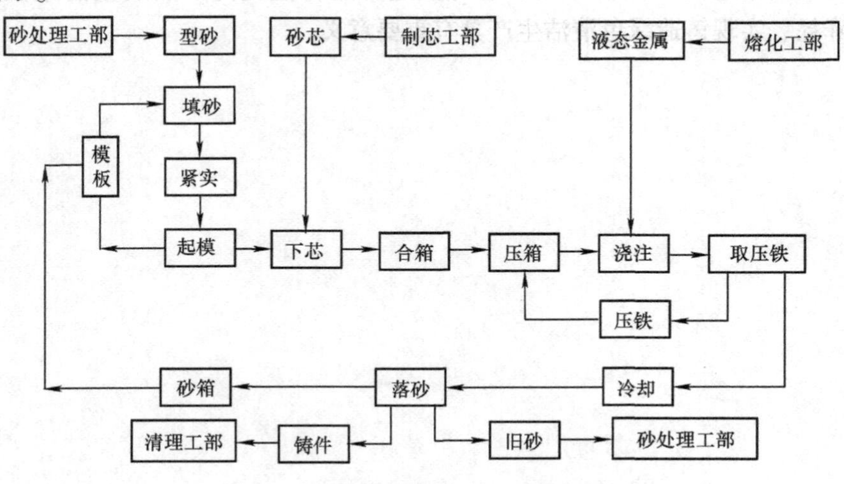

图 1-1　典型的黏土砂造型工艺流程

造型工部的主要生产工序是造型、下芯、合箱、浇注、冷却和落砂。在铸造生产过程中，由熔化工部、制芯工部和砂处理工部供给造型工部所需的液态金属、砂芯和型砂；造型工部将铸件和旧砂分别运送给清理工部和砂处理工部。

获得高精度和足够紧实度铸型是造型工部的主要任务，也是生产高表面质量和内在质量铸件的前提之一。目前的实际生产中，除少量手工造型方法外，常用的机器造型有：震压式造型、多触头高压造型、射压造型、静压造型、气冲造型等。不同的铸件产品、质量要求和生产率，可选择不同的造型方法及装备。

2. 制芯工部

制芯工部的任务是生产出合格的砂芯。典型的制芯工部工艺流程如图 1-2 所示。

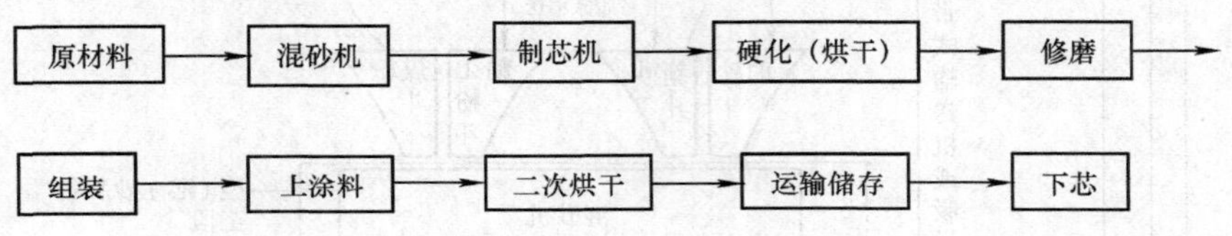

图 1-2　典型的制芯工部工艺流程

由于采用的黏结剂不同，芯砂的性能（流动性、硬化速度、强度、透气性等）都不相同，型芯的制造方法及其所用的设备也不相同。根据黏结剂的硬化特点，制芯工艺有如下几种：

1）型芯在芯盒中成形后，从芯盒中取出，再放进烘炉内烘干。属于此类制芯工艺的芯砂有黏土砂、油砂、合脂砂等。

2）型芯的成形及加热硬化均在芯盒中完成。属于这类制芯工艺的有热芯盒及壳芯制芯等。

3）型芯在芯盒里成形并通入气体而硬化。属于这类制芯工艺的有水玻璃 CO_2 法及气雾冷芯盒法等。

4）在芯盒中成形并在常温下自行硬化到形状稳定。这类制芯工艺有自硬冷芯盒法、流态自硬砂法等。

在制芯工部中，制芯机是核心设备。但砂芯的质量除与制芯机装备水平有直接关系外，还与芯砂种类、硬化方式、砂芯的形状结构等有关。

3. 砂处理工部

砂处理工部的任务是提供造型、制芯工部所需要的合乎一定技术要求的型砂及芯砂。机械化黏土砂的砂处理工艺流程如图 1-3 所示。

在砂处理工部中，混砂机是本工部的核心设备，不同的型（芯）砂种类要采用不同的混砂机，其砂处理工艺过程也不尽相同（如水玻璃砂、树脂砂等）。高性能的混砂机是获得高质量型砂的保障。

在现代化铸造车间中，废旧砂的再生利用是砂处理工部的重要环节，尤其

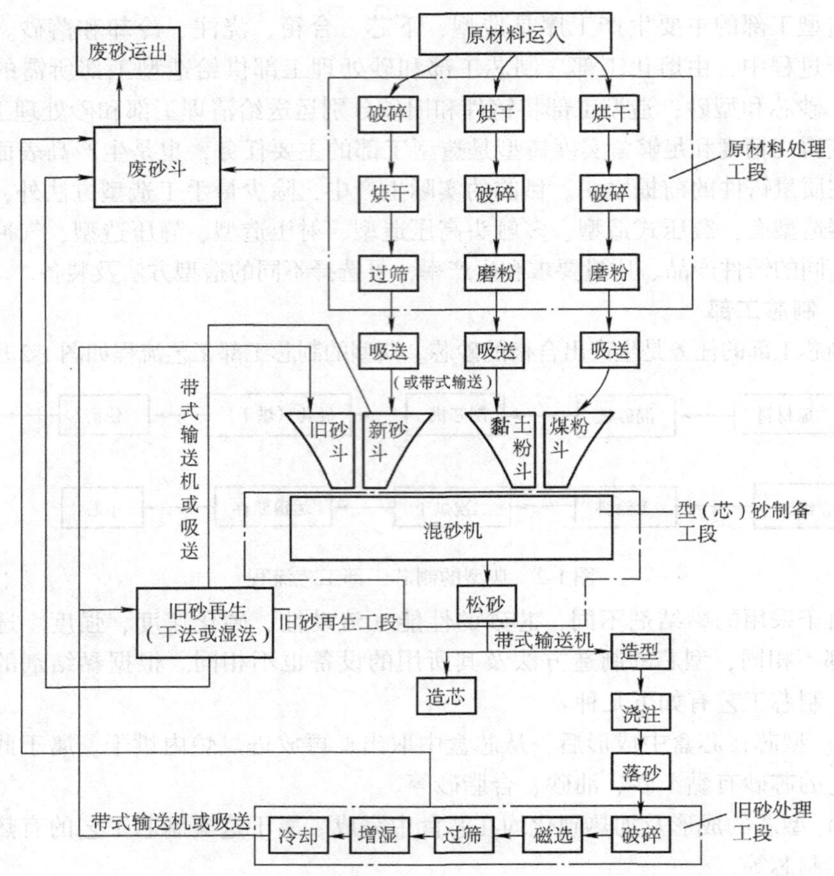

图1-3 黏土型砂的砂处理工艺流程

是在水玻璃砂和树脂砂等化学黏结剂砂的铸造车间。再生砂的性能会直接影响铸型、砂芯的性能，从而直接影响铸件的生产质量。有关“旧砂再生”的内容将在本篇的第2章、第3章有专门的介绍。

4. 熔化工部

熔化工部根据熔炼合金的种类不同可分为铸钢、铸铁和非铁金属三种。国内的铸造生产中，铸铁熔炼以冲天炉为主，铸钢熔炼以工频（或中频）电炉和电弧炉为主，非铁金属则以电阻炉熔化为主。熔化工部的任务是提供浇注所需的合格的液态金属，不同熔化设备具有不同的控制要求。金属液的质量取决于原材料的品质及对熔化设备的操作控制。以铸铁冲天炉熔化工部为例，它的工艺流程如图1-4所示。

近年来，由于对铸件材质的要求提高和对环境保护措施的重视，采用电炉熔炼或双联熔炼（冲天炉—电炉）铸铁的工艺有所发展。但电炉熔炼的设备投

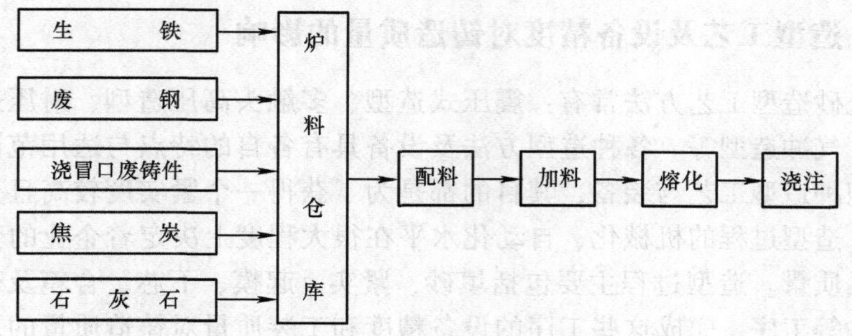

图 1-4　熔化工部工艺流程

资较高，附属电气设备庞杂，多用于大型铸造车间。在选择各种熔炼工艺方案及其设备时，应根据对金属液的质量要求，并进行经济分析，最后选择合理的设计方案。

5. 清理工部

清理工部的主要工序如图 1-5 所示。它的主要任务是去浇冒口、铸件表面清理、缺陷修补等。

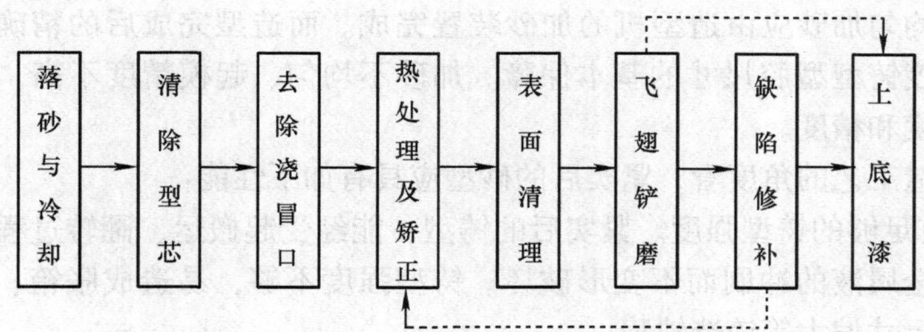

图 1-5　清理工部的主要工序

清理工部的特点是：工作劳动强度大，噪声、粉尘危害严重，劳动条件差。因此，清理工部需要采取隔声、防尘等环境保护措施。

用于铸件整理的设备，应根据金属种类，铸件的大小、形状、重量和复杂程度等选定。不同类型的铸件应选择不同型号的清理设备，组成清理流水线。采用合理的清理方法及装备，对提高铸件的最终质量具有重要作用。

1.2　影响黏土砂型铸造质量的因素

影响黏土砂型铸造质量的因素很多。由于黏土砂型铸造过程可分为造型工部、制芯工部、砂处理工部、熔化工部、清理工部五大部分，数十个工序，因此，凡是影响铸件生产过程中每个工序质量的原材料、工艺设备、过程控制等，都会最后影响铸造产品的质量。

1.2.1 造型工艺及设备精度对铸造质量的影响

黏土砂造型工艺方法常有：震压式造型、多触头高压造型、射压造型、静压造型、气冲造型等。各种造型方法及设备具有各自的特点与适用范围，但不管采用何种造型工艺与装备，其目的都是为了获得一个紧实度较高且分布均匀的砂型。造型过程的机械化、自动化水平在很大程度上决定着企业的劳动生产率和产品质量。造型过程主要包括填砂、紧实、起模、下芯、合箱及砂型、砂箱的运输等工序。完成这些工序的设备精度和工装质量对铸造质量的形成具有重要影响。

1. 造型机

造型机是整个造型过程的核心装备，它的作用为：填砂、紧实和起模。其中，紧实是关键的一环。所谓的紧实就是将包覆有黏结剂的松散砂粒在模型中形成具有一定强度和紧实度的砂块或砂型。常用紧实度来衡量型砂被紧实的程度。一般用单位体积内型砂的质量或型砂表面的硬度表示。

为了获得均匀的铸型紧实度，造型紧实前，在砂箱内实现均匀填砂是重要的前提，均匀加砂应由造型机的加砂装置完成。而造型完成后的精确起模，是获得高精度铸型型腔尺寸的基本保障。加砂不均匀、起模精度不高，都会影响铸型的强度和精度。

从铸造工艺的角度看，紧实后的砂型应具有如下性能：

1）有足够的铸型强度。紧实后的铸型，能经受起搬运、翻转过程中的振动或浇注时金属液的冲刷而不变形破坏。铸型强度不够，易造成胀箱、砂眼、铸件超重、尺寸偏大等铸造缺陷。

2）容易起模。起模时不能损坏或脱落，能保持型腔的精确度。

3）有必要的透气性，避免产生气孔等缺陷。铸型的紧实度过大，其透气性降低，易产生气孔等缺陷。

上述对铸型紧实度的要求，有时是互相矛盾，例如，紧实度高的砂型透气性差。因此，应根据具体情况对不同的要求有所侧重，或采取一些辅助补偿措施，例如，高压造型时，用扎通气孔的方法解决透气性的问题。

2. 模样精度

造型模样的尺寸精度和表面质量对铸型及铸件的尺寸精度和表面质量有直接的影响。通常，造型模样的尺寸精度和表面质量越高，铸件的尺寸精度和表面质量也会越高。由于金属模样的铸型质量要高于木模、塑料模等的铸型质量，因此采用高质量的金属模样有利于获得高质量的铸件。

3. 下芯及合箱定位

造型完成后，紧接的工序是下箱下芯、上箱翻转、上下箱合箱、落箱等，下芯及合箱定位要求准确到位。如果下芯及合箱定位不准，会产生偏芯、错箱、漏箱等铸造缺陷。采用专用机械（如下芯机械手、合箱机、落箱机等）来完成下芯、合箱、落箱等工序，可减少人工操作中的失误，提高生产的稳定性及铸造产品的质量。

4. 砂型及砂箱的运输

浇注前及浇注凝固过程中，应平稳地将砂型及砂箱运输至浇注工部待浇。该过程中，砂型及砂箱如受过大的振动冲击力，易造成砂型损坏和相应的铸件缺陷。视铸件的结构尺寸和重量大小，凝固冷却足够时间后，才能打箱落砂。凝固冷却时间过短，易产生裂纹、硬度过高、白口等铸造缺陷。

1.2.2 砂芯材料、工艺及制芯设备对铸造质量的影响

砂芯主要用来形成铸件的内腔、孔洞和凹坑等部分。浇注时，砂芯的大部分表面被液态金属包围，经受铁液的热作用、机械作用较强烈，排气条件差，出砂、清理困难。因此，与型砂比较，对芯砂的性能要求更高。

1. 砂芯的分级

过去很长一段时间，采用植物油（如桐油）等有机黏结剂制备的芯砂应用较多，它使用加热方式使砂芯固化。但近几十年来，随着化学工业的发展和对铸件产量和精度要求的提高，化学黏结剂已广泛用于砂芯制备。根据砂芯形状特征及在浇注期间的工作条件和产品质量条件，生产上常将砂芯分为5级，见表1-1。

对各类砂芯的性能要求，取决于砂芯特点和制芯工艺。如果砂芯在芯盒内硬化成形（Ⅰ、Ⅱ级砂芯)，则要求芯砂湿强度较低，以保证有好的流动性和减

表1-1 砂芯的形状特征及性能要求分级

砂芯级别	形状、特征	性能要求	应用实例
Ⅰ级砂芯	砂芯剖面细薄，形状复杂，芯头窄小，浇注时大部分表面被金属液包围；铸件内腔不加工，要求表面质量好、内腔光洁	应具有很高的干强度、好的断裂韧度和高温强度，好的透气性、出砂性、防粘砂性和低的发气性	缸盖的水套、液压件的多路阀体等铸件的砂芯
Ⅱ级砂芯	砂芯大部分表面被金属液包围，形状较复杂，有局部薄断面，芯头比Ⅰ级砂芯大；铸件内腔不完全加工，要求表面质量好、内腔光洁	应具有高的干强度、高温强度、耐火度、防粘砂性、透气性、出砂性，以及低的发气性	排气管、暖气片、叶轮、阀体等铸件的砂芯
Ⅲ级砂芯	形状中等复杂，没有很薄的部分，局部有凸台、棱角、肋片等，在铸件中构成重要的不加工表面和各种体积较大的砂芯	应具较好的干强度、透气性、出砂性、容让性和较高的表面强度	车床溜板箱、缸体等铸件的砂芯，大铸件的浇道砂芯等

（续）

砂芯级别	形状、特征	性能要求	应用实例
Ⅳ级砂芯	外形不复杂，在铸件中构成还需机械加工的内腔，或形成对表面粗糙度要求不很严格的非加工内腔表面；一般复杂或中等复杂程度的外轮廓砂芯也属此级别	在表面强度足够的条件下，应具有适度的干强度、良好的容让性	离合器外壳、车床主轴箱体等铸件的砂芯
Ⅴ级砂芯	大型铸件中构成很大内腔的简单大砂芯。此类砂芯受热作用较小，黏结剂不能完全燃烧分解	要求有较好的出砂性和很高的容让性	机床床身等铸件的砂芯

轻制芯时的劳动强度；如果砂芯脱模后硬化（Ⅲ、Ⅳ、Ⅴ级砂芯），则要求砂芯有高的湿强度。对于Ⅰ、Ⅱ级砂芯，着重要求砂芯制备时的流动性好，浇注时的发气性低，对砂芯的湿强度要求可低一些。

2. 常用砂芯黏结剂及制芯工艺的分类

由于对砂芯的要求不同，目前，铸造生产上应用于制芯的黏结剂和制芯工艺种类繁多，见表1-2。

表1-2 常用制芯工艺方法

冷硬化				热硬化			
吹气冷芯盒法		自硬冷芯盒法		模具内热硬化法		模具外烘干硬化法	
硬化温度	方法名称	硬化温度	方法名称	硬化温度	方法名称	硬化温度	方法名称
室温	酚醛尿烷-胺法	室温	呋喃-酸法	100℃（属温芯盒法）	改进的酚醛尿烷-胺法	800～900℃，焙烧	水溶芯（氢氧化钡）法
	呋喃－SO_2法		酚醛-酸法	150～175℃	温芯盒法：呋喃磺酸金属盐	300～360℃，烘干	黏土砂法
	丙烯酸尿烷－SO_2法		酚醛-酯法	200～250℃	热芯盒法：呋喃-酸性盐；酚醛-酸性盐；酚尿醛-酸性盐	200～220℃，烘干	干性油砂制芯；合脂砂制芯
	酚醛－SO_2法		室温尿烷法				
	酚醛-酯法		多元醇尿烷法				
	酚醛－CO_2法		钠水玻璃-酯法	250～300℃	热壳芯法	160～180℃，烘干	纸浆砂法
	钠水玻璃－CO_2法		磷酸盐-碱性氧化物法	450℃	热冲击法		

由于各类砂芯黏结剂及制芯工艺相差较大，应根据不同黏结剂的特点和制芯工艺的要求，严格控制工艺参数和制芯过程，才能获得尺寸精确、表面光整、强度高、紧实度均匀的高质量砂芯，这也是获得高质量铸件的重要保证之一。

3. 制芯设备及模具对铸件质量的影响

制芯设备的精度和机械化、自动化程度，很大程度上影响着制芯的生产率、砂芯的质量及其稳定性。在设备工艺参数调定的前提下，制芯设备的机械化、自动化程度越高，生产率越高，砂芯质量越容易保障；而人工制芯，砂芯质量受人为因素的影响较多，其稳定性降低。另外，如果制芯设备出现故障，制芯工艺参数控制不稳定，废品砂芯也会增加。保证制芯设备正常工作，是获得高质量砂芯的基本条件。

制芯模具或芯盒的精度及表面粗糙度对砂芯的精度及表面粗糙度有直接的影响，因此为了获得合格质量的铸件，必须保障制芯模具或芯盒具有良好的精度和较低的表面粗糙度。制芯模具或芯盒要定期检查，损坏处要及时修复，损坏较严重的芯盒模具要及时更换。

1.2.3 型砂材料的组成及其性能对铸造质量的影响

在黏土砂铸造中，型砂材料的组成较多，其性能及混合工艺是高质量铸型制造的关键，对铸件质量有重要影响。

1. 黏土型砂的组成

黏土型砂通常由原砂、黏土（即膨润土）、附加物（有煤粉、淀粉等）及水按一定配比组成，又称湿型砂。其中，原砂是骨料，黏土是黏结剂，附加物用于提高型砂的某些特殊性能。型砂组分经过混碾后，黏土、附加物和水混合成浆，包覆在砂粒表面形成一层黏结膜。黏结膜的黏结力决定了型砂的强度、韧性、流动性，砂粒间的孔隙决定型砂的透气性。为了混制性能合乎要求的型砂，应考虑如下因素：

1）原材料的选择。选用高质量的各种原材料是能否制成高质量型砂的先决条件。

2）型砂配方。型砂配方中，各种材料组分要有一个合理的配比。其中，在规模生产的黏土砂铸造车间，旧砂被大量回用，旧砂含量占型砂组分的90%（质量分数）以上，因此回用旧砂的性能对型砂质量具有重要影响。

3）混砂工艺。混砂的目的在于使各种材料分布均匀，并使黏土膜完整地包覆在砂粒表面上，型砂质地松散无团块。

铸造用各种原材料（硅砂、黏土、煤粉等）的性能都有严格的质量要求，每一种生产用的原材料，入厂前都要按使用要求和国家标准检验其产品质量，合格者方能投入使用。要选择产品质量稳定的供应商提供种类原材料。

2. 型砂原材料的性能要求

由于黏土砂的回用性良好，实际的型砂组分中，回用的旧砂占90%（质量分数）以上，每批次再加入少量的新砂、膨润土、煤粉及水，混制成达到性能要求的型砂。旧砂中又含有原硅砂、有效膨润土、有效煤粉、杂质灰粉等。旧砂回用（或再生）处理时，杂质灰粉被除灰器部分去除，其含量希望越低越好。其余各加入组分都有一定的性能测试要求。

（1）硅砂的常用性能检测指标　黏土型砂中的原砂通常采用以SiO_2为主要成分的天然硅砂。硅砂的常用性能检测指标包括：硅砂的组成及化学成分、含泥量、粒度分布、原砂烧结点、颗粒组成、颗粒形状等。

首先要根据所浇注的合金种类确定原砂的SiO_2含量，通常SiO_2含量越高，型砂的耐火度越高，铸件的浇注温度可以较高，如铸钢件比铸铁件要求更高的原砂SiO_2含量。其次要控制原砂的含泥量，采用水洗砂时，泥的质量分数最好在1%以下，含泥量较高时，型砂的透气性和强度下降。最后还要根据铸件大小确定原砂粒度，湿型砂所用原砂一般较细，粒度主要有50/100、70/140和100/200筛号等，通常采用三筛砂或四筛砂来达到合适的粒度要求，原砂的粒度不宜过于集中。

实践表明，对高密度造型的湿型砂，为了减少砂型受热时的膨胀，避免引起夹砂等铸件缺陷，原砂的SiO_2含量不必过高，其粒形也不必很圆，可以采用多角形原砂。

我国的铸造用砂标准已经过两次修订。根据GB/T 9442—2010《铸造用硅砂》，铸造用硅砂的分级情况表示方法如下：

1）按二氧化硅含量分级。铸造用硅砂二氧化硅含量及含泥量分级，分别见表1-3、表1-4。

2）按颗粒形状分类。铸造用硅砂的颗粒形状根据角形因数分类，见表1-5。

3）粒度。铸造用硅砂的粒度采用铸造用试验筛进行分析，其筛号与筛孔的尺寸应符合表1-6的规定。

表1-3　铸造用硅砂按二氧化硅含量分级

分级代号	最小二氧化硅含量（质量分数,%）	分级代号	最小二氧化硅含量（质量分数,%）
98	98	85	85
96	96	83	83
90	90		

表1-4　铸造用硅砂按含泥量分级

代号	最大含泥量（质量分数,%）	代号	最大含泥量（质量分数,%）
0.2	0.2	1.0	1.0
0.3	0.3	2.0	2.0
0.5	0.5		

表 1-5 铸造用砂角形因数分类

形状	圆形	椭圆形	钝角形	方角形	尖角形
分类代号	○	○-□	□	□-△	△
角形因数	≤1.15	≤1.30	≤1.45	≤1.63	>1.63

表 1-6 铸造用试验筛筛号与筛孔尺寸的关系

筛号	6	12	20	30	40	50	70	100	140	200	270
筛孔尺寸/mm	3.350	1.700	0.850	0.600	0.425	0.300	0.212	0.150	0.106	0.075	0.053

（2）铸造用膨润土的常用性能检测指标　在黏土型砂中，黏土是湿型砂的主要黏结剂，它根据黏土矿物种类的不同，又可分为铸造用黏土和铸造用膨润土两类。铸造用膨润土的性能较好，主要由蒙脱石组矿物组成，是湿型砂的主要和常用黏结剂；铸造用黏土是主要指含高岭石或依利石类的矿物，它用作性能要求较低的干砂型和修炉、修包材料的黏结剂。

一般来说，铸造用膨润土的常用性能指标有：亚甲基蓝吸附量（吸蓝量）、胶质价、膨润值、膨胀容、膨润土复用性、湿压强度和热湿拉强度七种。

1）亚甲基蓝吸附量（吸蓝量）。膨润土中蒙脱石具有吸附亚甲基蓝的能力，其吸附量称为吸蓝量，以100g试样吸附的亚甲基蓝的重量（g）表示。吸蓝量是衡量膨润土中蒙脱石含量的一个重要指标。

2）胶质价。膨润土试样颗粒分散与水化程度，是膨润土分散性、亲水性和膨胀性的综合表现，它的大小与膨润土矿的属型和蒙脱石的含量密切相关。胶质价是鉴定膨润土矿石属型和评估膨润土质量的重要技术指标之一。主要测试方法是将膨润土与水按照一定比例混合后，搅拌均匀后放置一定时间，测定形成的凝胶层占整个混合物的体积百分数，即为胶质价。

3）膨润值。膨润值是反映膨润土在一定量电解质盐类存在下的水中的分散悬浮性能，膨润值越大，说明膨润土的悬浮性能越好。和胶质价一样，膨润值也是评估膨润土性能的重要技术指标之一。测试时，将膨润土与水充分混合后，加入一定量电解质盐类，所形成的凝胶体体积（mL），称之为膨润值。膨润值的大小，可以用来判断膨润土的属性和热湿黏结力。

4）膨胀容。膨润土的膨胀性能以膨胀容表示。膨胀容能反映膨润土在酸性介质中的分散、膨胀和水化性能。测试时，将膨润土试样置于盛有一定浓度盐酸的量筒中，混匀后放置沉降24h，试样形成的沉降物体积称为膨胀容（或膨胀倍数）。

5）膨润土复用性。铸造生产中，在金属液浇注后，型砂中的膨润土在高温受热下，黏结力会有不同程度的下降，甚至是失去黏结力而变成“死黏土”。复用性好的膨润土受多次热作用后，黏结力下降比复用性差的膨润土要少。实际生产中一般可以通过浇注试验法、工艺试样法和吸蓝量法来测定膨润土的复用性。

6）湿压强度。在湿型砂中，膨润土的主要作用是将松散的砂粒黏结在一起，使砂型具有适当的强度、硬度、韧性。如果铸造厂所使用的膨润土黏结力差，为了使湿型砂具有所要求的性能就必须加入较多的膨润土。这不仅使生产成本提高，而且增加了型砂的含水量，还会引起铸件产生气孔缺陷。影响膨润土湿态黏结力的因素有多种，其中主要是受膨润土纯度的影响。此外，膨润土磨粉的粗细、分散程度高低、蒙脱石晶体的晶粒大小等因素也有很大影响。

7）热湿拉强度。在金属液浇入湿型中之后，型砂由于受高温烘烤，SiO_2 在573℃发生相变而急剧膨胀；同时砂型表面水分向内迁移产生水分凝聚区，使膨润土的黏结力下降。由于经受不住 SiO_2 膨胀所产生的横向剪切力和向外凸的拉力，砂型表面开裂而造成铸件表面夹砂、结疤、鼠尾等缺陷。这时膨润土应当具有的黏结力是一种热态（100℃左右）和过湿态（含水量大约为通常型砂含水量的2~3倍）下的热湿态黏结力。不论是天然的或是人工活化的膨润土，其所含交换性钠、钾离子越多，型砂的热湿态强度就越高，抗夹砂能力就越强。此外，膨润土的纯度也影响其热湿拉强度。

选用膨润土时，首先应考虑膨润土的纯度，即其中的有效蒙脱石含量。由于膨润土中的蒙脱石具有吸附亚甲基蓝的能力，通常用亚甲基蓝吸附量（吸蓝量）的多少来衡量膨润土中蒙脱石含量。实际应用中，还常测定由所用膨润土混制型砂的湿压强度和热湿拉强度，来比较膨润土性能的优劣。湿压强度和热湿拉强度越高的膨润土，其性能更好；但有时型砂的湿压强度高并不一定其热湿拉强度就高。

为了防止铸件夹砂，最好采用热湿拉强度较高的膨润土，如天然的或人工活化的钠基膨润土。也可以采用部分活化的钠基膨润土，或将钠基膨润土与钙基膨润土按一定比例混合后加入，以达到型砂对热湿拉强度的要求。

(3) 煤粉的常用性能检测指标　湿型砂中加入煤粉，可以防止铸件表面产生粘砂缺陷，改善铸件的表面光洁程度。它所起的作用主要为：在铁液的高温作用下，煤粉产生大量还原气体，防止金属液被氧化，并使铁液表面的氧化铁还原，减少了金属氧化物与造型材料进行化学反应的可能性；产生的气体在砂型孔隙中形成压力，使金属液不易渗入型砂中；煤粉受热后变成为胶质体，具有可塑性，并能充填堵塞砂型表面颗粒间的孔隙，使金属液不能渗入；煤粉在受热时产生的碳氢化合物挥发成分在650~1000℃的高温下，于还原性气氛中发生气相热解，而在金属与铸型界面上析出一层带有光泽的碳（又称“光亮碳”），这层光亮碳阻止了型砂与铁液的界面反应，使型砂不易被金属液所润湿，对防止机械粘砂有显著作用。

铸造生产中常用的煤粉检测指标主要包括以下几种：

1）挥发分。煤粉在限定条件下隔绝加热后，挥发性有机物的产率称为挥发分，主要是由水分、碳氢的氧化物和碳氢化合物组成，但煤粉中的物理吸附水和二氧化碳不属挥发分之列。

煤粉挥发分的高低是衡量煤粉质量好坏的主要指标之一，质量好的煤粉，挥发分含量较高，浇注铸件时，在型腔内易形成还原性气体，析出大量光亮碳，可以得到表面光洁的铸件。但挥发分并非越高越好，挥发分的质量分数超过40%，易导致型砂发气量增大，铸件易产生气孔、浇不到等缺陷，所以煤粉的挥发分的质量分数一般控制在31%～38%为较佳。

2）焦渣特征。焦渣是测定挥发分后坩埚中的残留物。焦渣特征共分为8级，它反映煤粉在加热干馏过程中软化，熔融形成胶质体，并固化黏结成焦的特性。

焦渣特征是衡量煤粉好坏的重要指标，煤粉受热后产生液、固、气三相胶质体，胶质体的体积膨胀可部分堵塞砂型表面砂粒间的孔隙，使铁液不易渗入。但是，高焦渣的煤粉容易以焦炭形式与死黏土一起烧结在砂粒表面，形成多孔性薄壳，影响型砂其他性能。因此实际生产中各单位应根据自己的实际情况和使用效果来控制焦渣特征，手工造型应控制在4～5级，高压造型应控制在2～3级。

3）光亮碳。煤粉在受热时产生的碳氢挥发物在400℃以上的高温下裂解，而在金属和铸型界面上析出一层带有光泽的碳称为光亮碳。光亮碳的析出量与材料本身的挥发分有关。煤粉的光亮碳的质量分数一般应控制在8%～13%，一般企业光亮碳的质量分数控制在8%左右，就可获得较满意的铸件。

选择煤粉时，首先要检测煤粉的挥发分，其次是测定煤粉的光亮碳含量和焦渣特征。为了保持较好的造型性能，可将煤粉与重柴油或渣油配合使用。国内外的一些铸造厂，还将膨润土、煤粉及其他高挥发分的碳质材料按一定比例制成混合物代替煤粉使用。

(4) 旧砂的常用性能检测指标　通常的型砂中，回用旧砂的含量占90%（质量分数），旧砂的质量直接影响型砂的性能。旧砂的常用性能检测指标主要包括：有效膨润土含量、有效煤粉含量、含泥量、残留芯砂量等。

1）有效膨润土含量。金属液进入砂型后，紧靠铸件表面的型砂被迅速加热，受热温度约500℃以上的膨润土迅速失去水而使蒙脱石的结构被破坏，变成失去黏结力的死黏土。钙基膨润土的耐热性比天然钠基膨润土差，受热后较易烧损。未被烧损的膨润土称为有效膨润土，其所含蒙脱石具有强烈的吸附亚甲基蓝的能力，可用来检测型砂中的有效膨润土含量，简称为吸蓝量法。

2）有效煤粉含量。浇注后靠近型腔表面型砂中的煤粉被烧掉，砂型其他部分的煤粉仍然保留在回用的旧砂中，这些未被烧损的煤粉称为有效煤粉。每次混砂时，只需补充少量的煤粉即可。铸铁件型砂中的有效煤粉量因铸件大小和壁厚、浇注温度、砂铁比、面砂或单一砂、造型方法、紧实度等因素不同而不同，更随煤粉质量的不同而不同。有效煤粉含量的测定，通常采用测定型砂中各组分的发气量来进行。实际中，也有的通过控制型砂的发气量，来估计型砂中的有效煤粉含量。高紧实度型砂的有效煤粉含量为4%～5%（质量分数），其发气量为14～20mL/g。

3）含泥量。旧砂中直径小于20μm的微细颗粒称为泥分。旧砂中的泥分是由有效的膨润土、煤粉及灰分等组成。所谓的灰分包括失效的膨润土和煤粉，由新砂、煤粉、膨润土等原材料带进来的粉尘，以及硅砂颗粒破碎而成的细粉。含泥量过多会使型砂的含水量增高，透气性下降，铸件易产生针孔、气孔类缺陷。而且在湿压强度维持不变的情况下，型砂的韧性、热湿拉强度降低，铸件容易产生砂孔类和夹砂类缺陷。含泥量的测定，采用冲洗、沉淀、虹吸法测定。

4）残留芯砂量。在许多复杂的铸件（如发动机缸体、缸盖等）生产中，通常要采用较多的砂芯，故会有一定量的残留芯砂混入黏土型砂中，残留芯砂量的过高，会降低型砂的强度和韧性，提高型砂的发气性，铸件容易产生夹砂、冲砂、砂孔、气孔及针孔等缺陷。减少旧砂中块状或颗粒状残留芯砂量的主要方法，通常是采用较细小的筛网对旧砂进行过筛。残留芯砂量的测定，目前还没有统一和准确的方法，粗略的方法是将一定量的旧砂烘干，用6号筛或12号筛过筛烘干的旧砂，称量筛面上大颗粒块砂的重量。

3. 黏土型砂的性能要求

不同的合金种类、铸件重量、壁厚大小、浇注温度、金属液压头、紧实方法、紧实比压、起模方式、浇注系统等，对湿型砂性能具有不同的要求，最主要的黏土型砂性能指标有紧实率、强度、透气性、流动性、韧性、抗粘砂性、抗夹砂性、发气性等。为了达到满意的性能要求，必须对旧砂中的含泥量、有效黏土含量、有效煤粉含量，型砂中的含水量、砂温、强度等进行实时监控检测。而实际生产中，需实时检测的型砂性能指标常为紧实率（含水率）、湿压强度（热湿拉强度）、透气性等。

（1）含水量及紧实率　含水量是表示型砂中所含水分的质量分数，它对型砂各方面的性能都有直接的影响。含水量过低时，型砂湿压强度高，但韧性差，不容易起模且易掉砂；含水量过高时，型砂韧性好，但流动性差，砂型硬度和湿强度较低，容易引起气孔、胀砂或夹砂，浇注后砂块较硬。为了获得较好的流动性和较高的湿强度，高密度造型用的湿型砂水的质量分数通常控制在3.2%～4.5%；普通机器造型用的湿型砂水的质量分数一般为4.5%～5.5%；而手工造型用的湿型砂水的质量分数可高达5.0%～6.0%。

紧实率是指湿型砂用1MPa压力压实或在锤击式制样机上打击三次，其试样体积在紧实前后的变化百分率，用试样紧实前后高度变化的数值表示。一般情况下，混砂时的加水量应按固定的紧实率范围来控制。通常，手工造型用型砂的紧实率控制范围为45%～55%，普通机器造型用型砂的紧实率为40%～50%，高压造型和气冲造型用型砂的紧实率为35%～45%，挤压造型用型砂的紧实率为35%～40%。

我国各种造型方法用型砂的常用性能控制指标见表1-7。而有的外国公司，除控制型砂的紧实率（含水率）外，通常将湿剪强度作为造型线型砂性能的控制指标，它们认为型砂的湿剪强度更能反映型砂的性能要求。

表1-7　各种造型方法用型砂的性能控制指标

<table>
<tr><th rowspan="2">造型方法</th><th rowspan="2">含水量(质量分数,%)</th><th rowspan="2">紧实率(%)</th><th rowspan="2">湿压强度/kPa</th><th colspan="3">透气性</th></tr>
<tr><th>面砂</th><th>背砂</th><th>单一砂</th></tr>
<tr><td>手工造型</td><td>5.0～6.0</td><td>45～55</td><td>80～150</td><td rowspan="4">40～100</td><td rowspan="4">100～200</td><td rowspan="4">100～120</td></tr>
<tr><td>普通机器造型(压实、震击)</td><td>4.5～5.5</td><td>40～50</td><td>60～150</td></tr>
<tr><td>高密度造型(多触头高压、气冲、静压)</td><td>3.0～4.5</td><td>35～45</td><td>120～180</td></tr>
<tr><td>无箱挤压造型</td><td>3.0～4.0</td><td>35～40</td><td>120～200</td></tr>
</table>

（2）强度　型砂必须具备一定的强度以承受各种外力的作用。如强度不足，在起模、搬运砂型、下芯、合型等过程中，铸型可能破损塌落；浇注充型时可能承受不住高温金属液的冲刷或冲击，造成砂眼等缺陷，或造成胀砂、跑火等现象。但强度也不宜过高，因为高强度的型砂需要加入更多的黏土，不但增加了不适宜的水分和降低透气性，还会使铸件的生产成本增加，给混砂、紧实、落砂、清理等工序带来困难。

型砂的强度又分为常温强度和热态强度。型砂的常温强度是湿型砂试样在室温下测得的强度，它包括抗压强度、抗拉强度、抗剪强度和抗弯强度等。抗湿压强度是型砂最重要的性能之一，其控制指标见表1-7。对于无箱挤压造型型砂，由于需要承受输送过程中的夹紧力，湿压强度应更高一些，最高可达200kPa。热湿拉强度系指模拟湿型在液态金属的高温作用下，发生水分迁移，在砂型内表层水分凝聚区的抗拉强度。对于那些容易出现夹砂、结疤和鼠尾缺陷的铸件，其湿型砂的热湿拉强度应大于2 kPa，最高可达4 kPa以上。

（3）透气性　紧实的型砂能让气体通过而逸出的能力称为透气性。铸造过程中，铸型在液体金属的热作用下产生大量气体，如砂型、砂芯不具备良好的排气能力，会使铸件产生气孔、浇不到等缺陷。砂型的排气能力，一方面靠冒口和穿透或不穿透的出气孔来提高；另一方面取决于型砂的透气性。而透气性的高低又受砂粒的大小、粒度分布、粒形、含泥量、黏结剂种类及加入量、混砂质量、型砂紧实度等多因素影响。

湿型砂从排气的角度希望透气性要高一些，但从降低铸件表面粗糙度值的角度则希望透气性不要过高。根据不同的情况，型砂的透气性应选择不同的控制值，面砂的透气性一般控制在40～100，背砂的透气性一般控制在100～200，单一砂的透气性一般控制在100～120。对于高密度砂型，砂型的透气性通常较低，浇注后产生的气体主要靠开设在分型面上的排气系统排出。

（4）流动性或可紧实性　型砂在外力或自重力作用下，沿模样表面及砂粒间互相移动和紧密靠近的能力称为型砂流动性或可紧实性。具有良好流动性的型砂能够保证砂型的紧实度高、硬度分布均匀、表面密实、棱角清晰、无疏松和空洞、铸件表面光洁，还能减轻造型紧实的劳动强度，提高生产率和便于实现造型、制芯过程的机械化。

型砂的充填紧实方法种类很多，所要求的流动性或可紧实性并不完全相同。通常降低含水量和紧实率有利于提高型砂的流动性。而提高膨润土含量、加入糊精等能提高型砂的强度和韧性，降低型砂的流动性；但加入渣油也能提高型砂紧实时的流动性，还能增加型砂的韧性。

流动性的测定方法有如下几种：

1）试样硬度差法。用湿型硬度计测量试样上下两端的硬度，硬度差别小的表明其流动性或可紧实性好。

2）阶梯试样硬度差法。在标准圆柱形试样筒中放置一块高25mm的半圆形金属块，测定阶梯试样两平面的硬度差值，两者的硬度差别越小则流动性越好。

3）试样重量法。对比测定紧实率后的试样重量，体积密度越大，则流动性越好。

4）侧孔法。测定在冲击型砂试样时自圆柱试样筒侧面ϕ12mm小孔中挤出的型砂质量，挤出的型砂质量越多，则流动性越好。

（5）可塑性与韧性　可塑性是指型砂在外力作用下变形，外力去除后仍保持所赋予形状的能力。可塑性好的型砂，其造型、起模、修型方便，铸件表面质量较高。型砂可塑性的获得是由于黏土被水润湿后，在砂型表面形成一层薄膜，外力作用时砂粒沿着薄膜产生滑动的结果。型砂中黏土含量越多，砂粒越细，可塑性就越好。一般来说，凡是增加型砂湿强度的因素，均可使可塑性提高。

韧性是指型砂抵抗外力破坏的性能。它是材料强度与变形量的综合。韧性差的型砂起模时铸型容易损坏。增加黏土加入量和相应地增加含水量可明显地提高型砂的韧性。型砂中失效黏土、粉尘的含量及残留芯砂量增加等，都会使型砂的变形量减小、韧性变差、起模困难。

型砂可塑性常用型砂极限应变值来衡量，即采用标准圆柱试样在测定湿压强度的同时，用千分表测出试样破坏前高度的减小量。

型砂韧性常用型砂的破碎指数来间接反映，用破碎指数测定时，留在网里的型砂重量占整个试样重量的百分数表示。型砂的破碎指数越大，表明韧性越好。

(6) 抗粘砂性与抗夹砂性 湿型铸铁件和铸钢件的表面粘砂基本上是机械粘砂，为了消除这些机械粘砂，除了控制型砂的透气性和保证砂型各部位的紧实度外，在湿型砂中常常加入煤粉作为抗机械粘砂的附加物。加入煤粉所产生的还原性气体还可以防止铁液氧化，使已有的氧化物杂质还原并冲淡型腔表面的水蒸气，防止球墨铸铁件生成反应性皮下气孔。因此，型砂中的煤粉含量越多，其抗粘砂性越强。

湿型铸铁件中，常出现夹砂结疤、鼠尾、沟槽等缺陷。D. Boenisch 等经研究后认为，型砂的热湿拉强度是控制铸件产生夹砂结疤类缺陷的关键。因此，提高型砂的热湿拉强度可提高型砂的抗夹砂结疤能力。

(7) 黏土砂的常见型砂配方 黏土型砂通常由原砂、黏土（即膨润土)、附加物（有煤粉、淀粉等）及水按一定配比组成，根据不同的铸件，改变黏土型砂各组分的含量，可以得到不同的黏土型砂配方。

1）我国一些工厂部分的典型铸铁件湿型砂配比见表 1-8。

表 1-8 典型铸铁件湿型砂配比

工厂	配比（质量比）					用　途
	旧砂	新砂	膨润土	煤粉	水	
东风汽车公司	96	4	1.32	1.24	3~4	高压造型单一砂，铸造灰铸铁缸体、缸盖
	96	4	1.35~1.8	0.75~1.1	3	高压造型单一砂，铸造灰铸铁缸体、缸盖
	95	5	1.0	0.8	3	高压造型单一砂，铸造球墨铸铁后桥
	95	5	1.0~2.0	0.3~0.7	3	高压造型单一砂，铸造球墨铸铁底盘、支架
一汽铸造有限公司	94	6	1.1	1.74	3	震压造型单一件，铸造灰铸铁中小件
	88	12	2.5	1.6	3	高压造型单一砂，铸造灰铸铁缸体
沈阳第一机床厂	95	5	0.4	4	3.5~4.2	机器造型活化砂，铸造机床铸件
	95	5	0.4		3.5~4.2	机器造型单一砂，铸造机床铸件

2）铸钢件湿型砂配比见表 1-9。

表 1-9 铸钢件湿型砂配比

序号	配比（质量比）					用　途
	旧砂	新砂	膨润土	糊精	其他	
1		100	7	7	α 淀粉 0.8	高压造型面砂
2	100		0.2	0.2	α 淀粉 0.8	高压造型背砂
3		100		11~14	纸浆废液 0.6~1.2，重柴油 2	机器造型面砂
4	50	50		3		机器造型单一砂
5		100		9~11		小型铸钢件
6		100		7.5		<100kg 碳钢件
7		100		4.5	煤粉 2~4	<100kg 耐热钢件

3）非铁合金铸件湿型砂的配比见表1-10。

表1-10　非铁合金铸件湿型砂的配比

序号	配比（质量比）							用　途
	旧砂	新砂	红砂	黏土	膨润土	氟化物	其他	
1	70～90	10～30		8～12			重柴油1～1.5	铜合金铸件
2	30	47	23		5			
3	70～85	10～20	5～10		2～3			铜、铝合金铸件
4	80～85	15～20	5		0.5			铝合金铸件
5	75	15	15					
6	67	33			10～12			
7		100				6～8		镁合金铸件
8	85～90	10～15		0～1.5		1～3	硫黄0～3	
9	90～95	5～10		0～1.5		0.35～0.5	尿素防腐剂0.59～0.98	

1.2.4　金属液熔炼质量及浇注对铸造质量的影响

1. 金属液的化学成分及纯净度

不同的金属铸件具有不同的化学成分。对所有的金属铸件，化学成分都是十分重要的，它决定了铸件的组织与力学性能。在大多数情况下，化学成分都是铸件验收的重要指标之一。为了获得合格的铸件化学成分，必须在金属液熔炼过程中加以控制和调整，尽量减少金属液中的有害杂质含量，提高金属液的纯净度。

由于熔化配料上的差异，金属液的化学成分因炉次不同而存在差异。对每炉次金属液化学成分的取样化验称为炉次分析，其结果都应符合金属液的化学成分及纯净度范围。如果超出了金属液的化学成分及纯净度要求范围，必须对金属液进行调整。

2. 金属液的处理

许多熔化后的金属液在浇注前要实施处理工艺，如灰铸铁的孕育处理、球墨铸铁的球化处理、铝合金的变质处理等。实践表明，浇注前实施这些金属液的处理工艺是改善铸件组织性能的有效、简便及经济的方法，生产中被大量采用。各种金属液的处理工艺、处理材料均不相同，应根据对各种金属液材料的要求，严格执行处理工艺参数，为获得高质量铸件提供保障。

3. 浇注温度

浇注温度的高低对铸件质量也有较大影响。浇注温度过低，会产生浇不到、冷隔、流痕、皱皮等缺陷；而浇注温度过高，又会产生缩孔、缩松、气孔、飞翅等缺陷。为此，需制订合适的浇注温度工艺范围，并确保“开始浇温度”和

“结束浇温度”都在浇注温度的范围内。

1.2.5 铸件清理质量对铸造质量的影响

1. 浇注系统的去除

常用气割的方法去除铸钢件上的浇注系统，如气割铸钢件与浇注系统连接部位时操作控制不当，会将铸件的有效部分与浇注系统一起被割掉而造成铸件的损伤。

灰铸铁件主要用锤击的方法去除浇注系统。锤击不慎或方法不当，浇注系统被打掉时会带走铸件上的部分金属，使铸件形成“缺肉”损伤。

因此，在去除浇注系统时，应按铸件图上的技术要求谨慎操作；在设计铸件的浇注系统时，应留有浇注系统去除余量，便于浇注系统的去除。

2. 清理方法

常用的铸件清理方法有滚筒清理、抛丸清理、喷丸清理等。各种清理方法及装备具有各自的特点，应根据不同铸件及要求进行选择。

为了避免清理过程中给铸件带来质量上的损害，应按工艺要求克服不当的操作。待清理的铸件温度不宜过高，铸件搬运过程中应避免与其他铸件叠压；温度过高或铸件互相叠压都易造成铸件变形。薄壁铸件不应与厚重铸件混装于同一清理滚筒内，易损伤铸件不宜采用清理滚筒清理。

1.3 黏土砂型铸造常见缺陷及防止措施

铸造缺陷是影响铸件质量的主要因素之一。铸件缺陷的分类见表0-1。黏土砂型铸造的典型缺陷包括：气孔缺陷、铸件体积亏损缺陷、裂纹和变形缺陷、表面粗糙和粘砂缺陷、膨胀缺陷、充填缺陷、夹杂类缺陷、操作缺陷、尺寸和重量超差缺陷、组织异常缺陷等。

1.3.1 气孔缺陷及防止措施

气孔是铸件内由气体形成的孔洞。气孔可分为：侵入气孔、裹携气孔（或卷入气孔）、析出气孔等。

1. 侵入气孔

从浇注到铸件表面凝固成固体壳的期间，外部气体源（型砂、芯砂等）发生的气体侵入型腔内的金属液中，形成气泡而产生的气孔，称为侵入气孔。形成该气孔的气体来自外部气体源，所以侵入气孔又称为外生式气孔。

（1）目视特征

1）形状呈圆球形、团球形；有时呈梨形，梨形的侵入气孔如图1-6所示。

2）孔壁平滑。对于铸钢、铸铁件：当侵入气孔的主要成分为CO时，孔壁呈蓝色；主要成分为氢气时，孔壁呈金属本色，是发亮的；主要成分为水蒸气时，孔壁呈氧化色，是发暗的。

3）尺寸通常较大，最大尺寸达几毫米以上。

4）常为内部气孔，按浇注位置，常处于铸件上表面的截面中。

5）大多数情况下，是单个或几个聚集的尺寸较大的气孔。有时成为局部聚集的蜂窝状气孔，很少成为弥散性气孔或针孔。

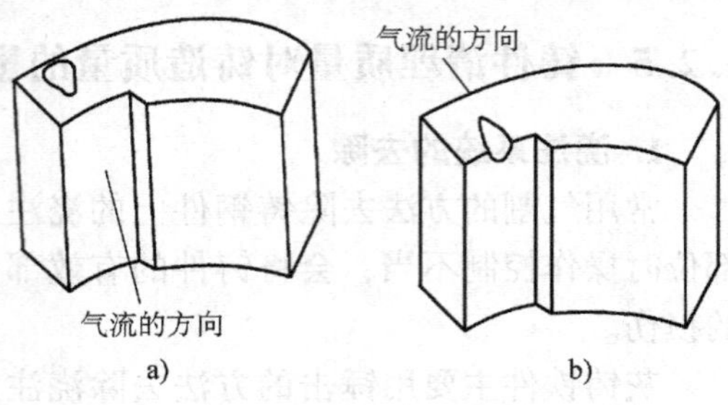

图 1-6　梨形的侵入气孔

a）梨形气孔小头指出外部气体源在铸件内圆处

b）梨形气孔小头指出外部气体源在铸件外圆处

（2）形成机理　侵入气孔分三个阶段形成：第一阶段，气体侵入金属液；第二阶段，型壁上气泡形成；第三阶段，气泡在型腔金属液中的滞留或排出。侵入性气孔形成的条件如下：

$$p_A > (p_0 + p_m + p_z)$$

式中，p_A 为“金属—铸型”界面上气泡所在处的压力；p_0 为型腔中的气体压力，一般为标准大气压力；p_m 为金属液静压力；p_z 为金属液的表面阻力。

（3）防止措施　防止侵入气孔产生应主要从减小 p_A，增加气体进入金属液的阻力和使气泡容易从金属液中浮出等方面入手。具体措施如下：

1）减少砂型（芯）在浇注时的发气量，严格控制湿型的含水量等。

2）使浇注时产生的气体容易从砂型（芯）中排出，如多扎出气孔等。

3）提高气体进入金属液的阻力，如表面施用涂料等。

2. 裹携气孔（或卷入气孔）

浇注系统中的金属液流裹携着气泡，气泡随液流进入型腔，或液流冲击型腔内金属液面，将气泡卷入金属液中。当气泡不能从型腔金属液中排除，就会使铸件产生气孔，又称卷入气孔。

（1）目视特征

1）气孔尺寸较大，可达几毫米；通常为圆球形、团球形或扁球形；以浇注位置为基，气孔越趋于铸件上部，其尺寸越大，越易成为扁球形气孔。

2）弥散性地分布于内浇道作用区的铸件截面积中。内浇道作用区和裹携气孔如图 1-7 所示。

3）孔壁平滑，卷入的气体主要为空气，气孔壁呈氧化色，是发暗的。

（2）形成原因和防止措施

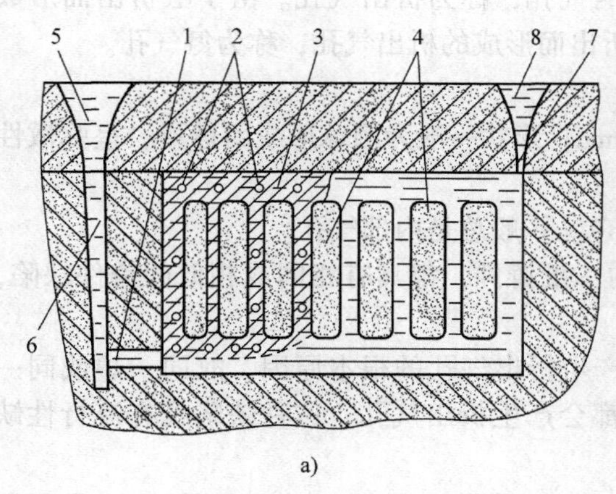

a)

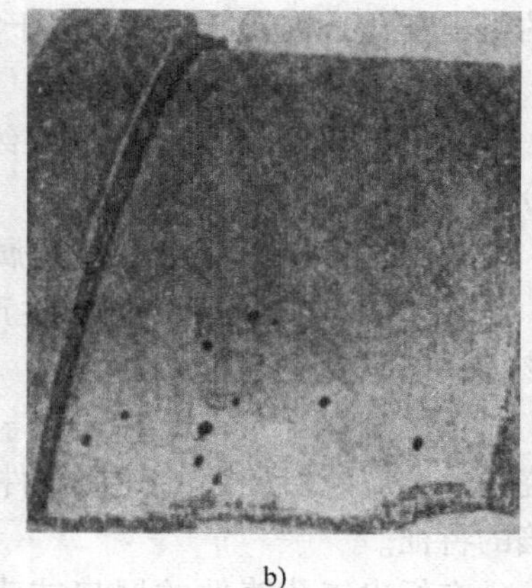

b)

图 1-7 内浇道作用区和裹携气孔

a）内浇道作用区 b）灰铸铁件的裹携气孔（机械加工后暴露出来的）

1—内浇道 2—气泡（裹携气泡） 3—内浇道作用区 4—砂芯

5—浇口杯 6—直浇道 7—明通气孔 8—溢流杯

1）液流自由下落裹入气泡，如图 1-8 所示。在图 1-8 中，H 和 d 越大，裹入气泡越多，气泡进入金属液的深度越深，越不易上浮，则易产生裹携气孔。

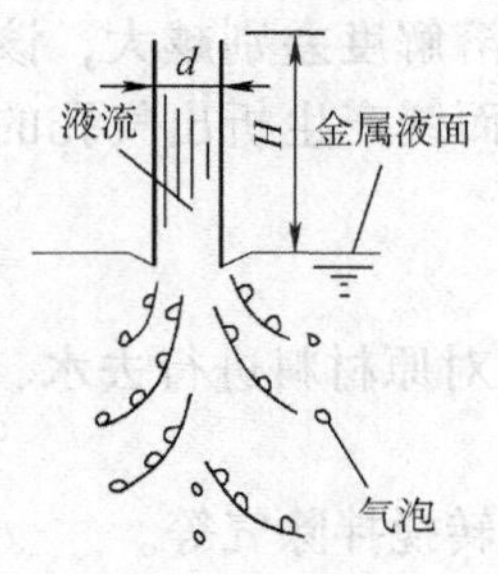
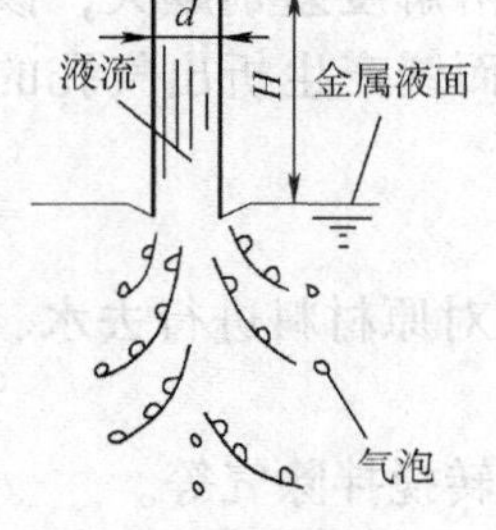

图 1-8 液流自由下落裹入气泡

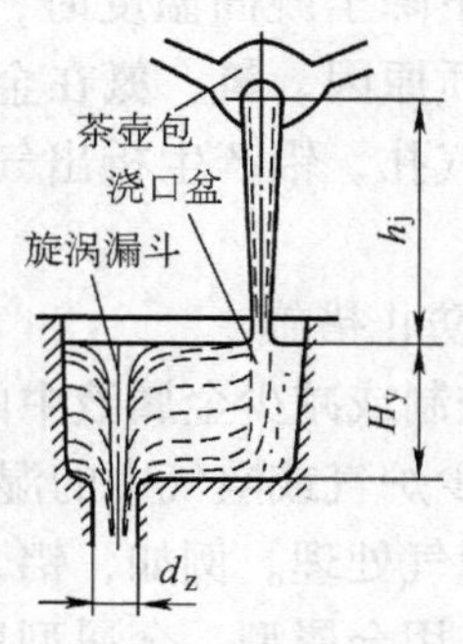

图 1-9 形成旋涡漏斗而裹入气泡

2）形成旋涡漏斗而裹入气泡，如图 1-9 所示。在图 1-9 中，为了防止裹入气泡，h_j 不能过高，H_y 应设计为（2.7～3.0）d_z，用扁椭圆形浇口杯取代倒圆锥形浇口杯。

3）不充满浇注系统而裹入气泡。充满式浇注系统（直浇道为上大下小的倒锥形），比不充满式浇注系统（直浇道为圆柱形）有利于克服裹入气泡。

3. 析出气孔

以原子态溶解于金属液中的氢、氮气体元素，金属液凝固时它们以分子态气相析出，形成气泡而使铸件产生的气孔，称为析出气孔。由于氢析出而形成的析出气孔，称为氢气孔；由于氮析出而形成的析出气孔，称为氮气孔。

（1）目视特征

1）析出气孔孔洞小，直径约1mm；形状一般为圆球形或团球形，呈弥散性分布。

2）孔壁平滑、发亮，呈金属本色。一般总是内部气孔。

3）在相同条件下，同时生产的一批铸件，都具有相同或相似的铸件缺陷，该种缺陷称为流行性缺陷。

金属液本身含气量高，是铸件产生析出气孔的根本原因，故同一炉或同一浇包的金属液所浇注的一批铸件，都会产生析出气孔。这种缺陷具有流行性缺陷的特征。

有析出气孔铸件的冒口或直浇道顶面鼓起，上胀，发生所谓的“冒顶现象”。

（2）形成机理　铸件中的气体主要是氧、氢、氮三种气体元素。气体元素在铸件中的存在形式有三种：溶解于液态或固态金属中；与金属中其他元素形成化合物；金属液凝固时，以分子态气体析出，形成气泡。

在一定温度和压力下，金属中气体元素处于平衡时的饱和浓度，称为溶解度。当液态金属浇入铸型中后，氢、氮的溶解度会随温度的下降而减小。当金属液温度下降至凝固温度时，氢、氮的溶解度会突然变小，这也是产生析出性气孔的本质原因。氢、氮在金属中固态和液态的溶解度差别越大，该铸件越易产生析出气孔。铝产生析出气孔的可能性最大，而镁产生析出气孔的可能性最小。

（3）防止措施

1）控制或减少金属液中的气体含量。例如，对原材料进行去水、脱脂、除锈等，减少炉气或空气中的湿度。

2）脱气处理。例如，铝合金的脱气精炼、旋转搅拌除气等。

3）采用金属型。金属型比砂型更能有效地防止产生析出气孔。

4）浇注后使金属液在压力下凝固，阻止已溶解的气体析出，可防止产生析出气孔。

1.3.2　铸件体积亏损缺陷及防止措施

金属液浇入铸型，冷却至常温成为铸件，它所发生的体积缩减，称为铸件的体积亏损。矩形铸件体积亏损如图1-10所示。铸件体积亏损缺陷有三类：缩孔、缩松、缩陷。其中，缩孔、缩松最为常见。

1. 目视特征

(1) 缩孔 铸件中容积大、孔壁表面粗糙、形状极不规则的孔洞，称为缩孔。

(2) 缩松 铸件截面积上分布着弥散的、大量的形状不规则的微小孔眼或裂隙状孔洞，称为缩松。

(3) 缩陷 如图1-10中4所示，缩陷是铸件表面上的一种塌陷的瘪坑。

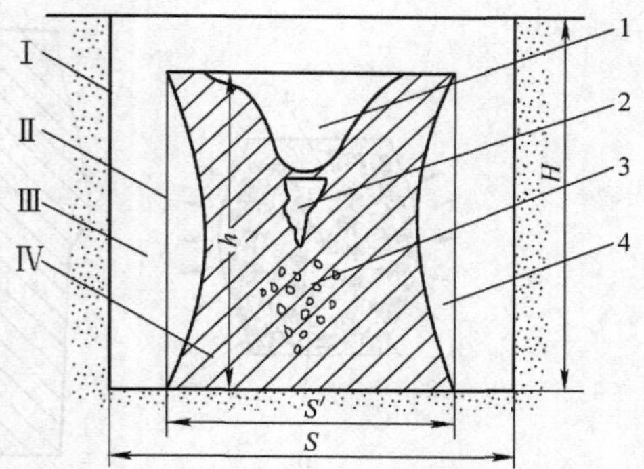

图1-10 矩形铸件体积亏损
Ⅰ—型腔容积，即金属液原始体积 $V_{原始}$，$V_{原始}=SSH$
Ⅱ—常温下铸件假想轮廓外形体积 $V_{假}$，$V_{假}=S'S'h$
Ⅲ—铸件轮廓体积亏损 $V_{亏}$，$V_{亏}=V_{原始}-V_{假}$
Ⅳ—常温下铸件轮廓外形体积 $V_{轮廓}$
1—外缩孔 2—内缩孔 3—缩松 4—缩陷
缩陷容积 $=V_{假}-V_{轮廓}$

2. 铸件体积亏损缺陷及防止措施

(1) 缩孔 缩孔分为内缩孔和外缩孔两大类，具体又分为：热节缩孔、冒口颈缩孔、内浇道缩孔、轴线分散缩孔、凹角缩孔、砂芯缩孔、移砂缩孔等。

1) 热节缩孔。热节是指铸件几何形状结构同相邻结构比较，金属堆积体积最大，凝固时释放热量最多的节点。如果设计不当，此处易产生缩孔。

2) 冒口颈缩孔。冒口颈是指冒口下端同铸件连接的部分。如果设计不当，此处易产生缩孔。

3) 内浇道缩孔。浇注系统的内浇道截面积太大、浇注温度偏高时，铸件易产生内浇道缩孔。

4) 轴线分散缩孔。如图1-11所示，冒口有效补缩距离 = 冒口区 + 末端区 $=2T+2.5T=4.5T$。如果冒口有效补缩距离小于需补缩的长度，易形成轴线分散缩孔。

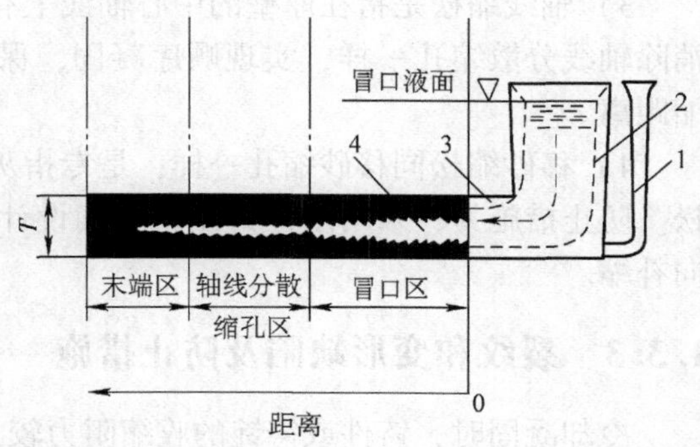

图1-11 板形铸钢件 [w(C) $=0.2\%\sim0.3\%$] 的轴线分散缩孔的形成
1—直浇道 2—明侧冒口 3—侧冒口颈 4—液相补缩通道

5) 凹角缩孔。在铸件的凹角处易形成凹角缩孔。

6) 砂芯缩孔。砂芯旁肥厚的热节处，金属液发生液态和凝固时，如果体收缩得不到补偿，金属液中形成真空空间而出现缩孔。

7) 移砂缩孔。对具有共晶膨

胀现象的球墨铸铁、灰铸铁、铝合金而言，凝固时，如铸型壁的刚性不足，就会发生型壁的外位移，形成移砂缩孔。采用高紧实度的铸型，有利于克服移砂缩孔。移砂缩孔如图 1-12 所示。

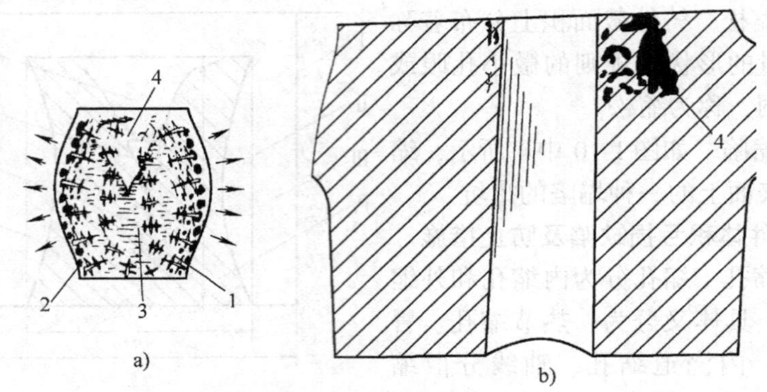

图 1-12　移砂缩孔

a）球墨铸铁件移砂缩孔形成示意图　b）湿型灰铸铁件的移砂缩孔

1—γ（奥氏体）枝晶　2—球状石墨　3—液相金属　4—移砂缩孔

（2）缩松　缩松分为两类，即肉眼可见的宏观缩松、借助显微镜才能观察到的显微缩松。具体又分为：晶间缩松、热节缩松、轴线缩松、移砂缩松等。

1）晶间缩松产生于几个晶粒汇合的晶界上的孔洞，宽凝固温度范围合金极易产生晶间缩松。防止措施为：强化铸型冷却能力，改变合金凝固方式；添加合金元素，缩小凝固温度范围；提高铸型刚性等。

2）热节缩松是指在铸件工艺热节或结构热节处产生的缩松。防止措施为：在热节处放外冷铁、内冷铁，实现热节同其连接壁的同时凝固。

3）轴线缩松是指在厚壁的中心轴线上有弥散分布的缩松。防止措施为：同消除轴线分散缩孔一样，实现顺序凝固，保证冒口补缩长度等于冒口的有效补缩距离。

4）移砂缩松同移砂缩孔一样，是专指灰铸铁、球墨铸铁件所产生的一种缩松。防止措施为：采用刚性铸型；正确设计补缩冒口，实现铸件自身的异区逆向补缩。

1.3.3　裂纹和变形缺陷及防止措施

冷却凝固时，铸件或铸锭的收缩阻力较大时，易产生裂纹和变形缺陷。

1. 裂纹和变形缺陷分类

（1）热裂　高温下产生的裂纹称为热裂。温度范围为线收缩开始温度至实际固相线温度。热裂又分为：外热裂、内热裂、皮下热裂。其中，外热裂最常见。热裂的特征为：裂纹为单条或多条，长度短，走向曲折，互不连续。铸钢件和铸铝件易产生热裂，铸钢件热裂纹呈黑氧化色，铸铝件热裂呈暗灰氧化色。

（2）温裂　合金在实际固相线温度以下，至裂口裂壁被渗入的空气氧化，但不呈现明显氧化色的温度范围内产生的裂纹，统称为温裂。温裂可分为：缩裂、热处理裂纹、焊补裂纹等。

（3）冷裂　在常温或略高于常温条件下产生的裂纹，称为冷裂。冷裂纹长、连续陡直，裂口没有氧化色、呈金属光泽，裂纹多产生于应力集中处。

（4）发裂（白点）　钢锭轧制型材和锻件中容易出现这种缺陷。其特征是，该类裂纹很细，断面上呈圆形或椭圆形的银白色斑点，其直径等于发裂的长度，又称为“白点”。

（5）变形　铸件产生变形时，一般是两端或一端翘起，中间部分凹下。

2. 铸造应力

铸造过程中，铸件固态线收缩因各种因素而受阻，发生变形，合金材料中就产生应力，这种应力统称为铸造应力。

铸件打箱、落砂清理后，所有导致产生铸造应力的原因（如温度差、固相相变、阻碍固态线收缩的外部因素）都已消失，且已获得完整无损的铸件，但铸件中可以存在着处于力的平衡状态下的残余应力。按形成的原因不同，残余应力可分为：热应力型残余应力、相变应力型残余应力、收缩应力型残余应力。不论哪种应力，其形成的根源是：铸件上温度超过弹塑性转变临界温度 t_K 的部分，在大于屈服强度，小于抗拉强度的临时应力作用下，各自发生不均一的塑性变形。当铸件温度降低到 t_K 以下后，不均一的塑性变形就导致铸件上产生了残余应力。当该残余应力大于此时材料的抗拉强度时，便引发裂纹。

三种残余应力的分布特点如表 1-11 所示。

表 1-11　三种残余应力的分布特点

种　　类	厚实处（粗棒或横截面中心部分）	细薄处（细棒或横截面外层部分）
热应力型残余应力	拉应力	压应力
相变应力型残余应力	压应力	拉应力
收缩应力型残余应力	压应力	拉应力

3. 防止措施

（1）热裂及防止措施　产生热裂的下限温度为略高于实际（非平衡态）固相线温度。形成热裂的原因很多，最根本的原因有以下两点：

1）铸件的凝固方式。宽凝固温度范围，糊状凝固方式的合金材料最容易产生热裂；而凝固温度范围窄的合金材料，最不易形成热裂。

2）凝固时期的铸件热应力和收缩应力。一般认为，热裂形成于铸件凝固时期；热裂形成与否，取决于铸件凝固时期的热应力和收缩应力。铸件凝固区域固相晶粒骨架中的热应力，易使铸件产生内热裂或皮下热裂；外部阻碍因素造成的收缩应力，则是铸件产生外热裂的主要条件。热节处、收缩应力集中处，最容易产生外热裂。

热裂防止措施如下：

1）合金的化学成分。为了防止热裂，首先要控制好化学成分。以铸钢件为例，高碳钢［w（C）≥0.5%］属于宽凝固温度范围，热裂倾向大；钢中的S、P严重地增大铸钢件的热裂倾向；脱氧充分，氧化夹杂少，可减少铸钢件的热裂倾向。

2）铸造工艺。良好高温退让性的造型材料可以减少热裂倾向(如水玻璃砂比树脂砂抗热裂性好)；提高浇注温度会增大铸件的热裂倾向；对于易产生热裂的铸件，要设置防裂肋等。干型、法兰铸钢管的外热裂及防止措施如图1-13所示。

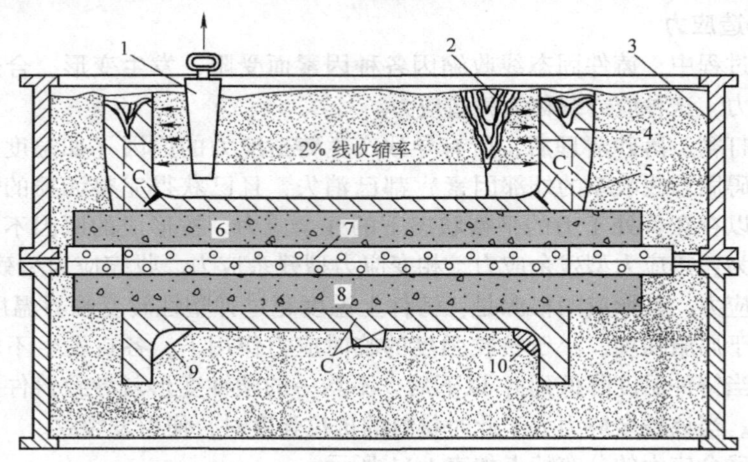

图1-13　干型、法兰铸钢管的外热裂及防止措施

1—用木模造的容让空腔　2—手工挖出容让空腔　3—砂箱　4—明顶冒口
5—金属补贴　6—绕编稻草绳　7—通气的芯铁管　8—砂芯
9—防（热）裂肋　10—外冷铁　C—外热裂

（2）冷裂及防止措施

1）冷裂是铸件还未落砂，尚在铸型中，其温度已近于常温或等于常温时产生的。此时，金属材料以弹性变形为主，当铸造应力超过该温度下的抗拉强度时，就产生冷裂。冷裂通常发现在打箱落砂后。

2）冷裂形成的原因可归纳为如下几方面：

①铸件结构。像热裂一样，冷裂多发生在铸件的应力集中部位，箱体铸件、轮形铸件易发生冷裂；而板条状、半圆形铸件不易产生冷裂。

②合金材料因素。韧性材料不易产生冷裂（如低碳钢等），脆性材料易产生冷裂（如含磷量较高的灰铸铁等）。

③铸件内部孔洞类缺陷和非金属夹杂物增大冷裂倾向。

3）冷裂防止措施如下：

①铸件结构设计要合理，壁厚应较均匀，以减少铸造应力和冷裂倾向。

②采用正确的铸造工艺。顺序凝固有利于防止热裂和冷裂，延长在砂型内的保温时间可降低热应力，增加砂型的退让性可减少阻力。

③进行去应力退火。

（3）变形及防止措施　铸件打箱落砂后，其几何结构形状与图样不符，这种缺陷称之为铸态变形。铸态变形可分为：技术铸态变形、操作铸态变形两类。技术铸态变形是由于铸件结构设计不合理，铸造工艺不恰当，铸造过程失控而产生的。操作铸态变形是由于人为因素（模样制作有误、模样久存变形等）、合型时砂芯下错等引起的。几种典型的翘曲变形如图 1-14 所示。

变形的防止措施如下：

1）正确设计铸件结构。例如，端面铸齿齿轮的设计如图 1-15 所示。

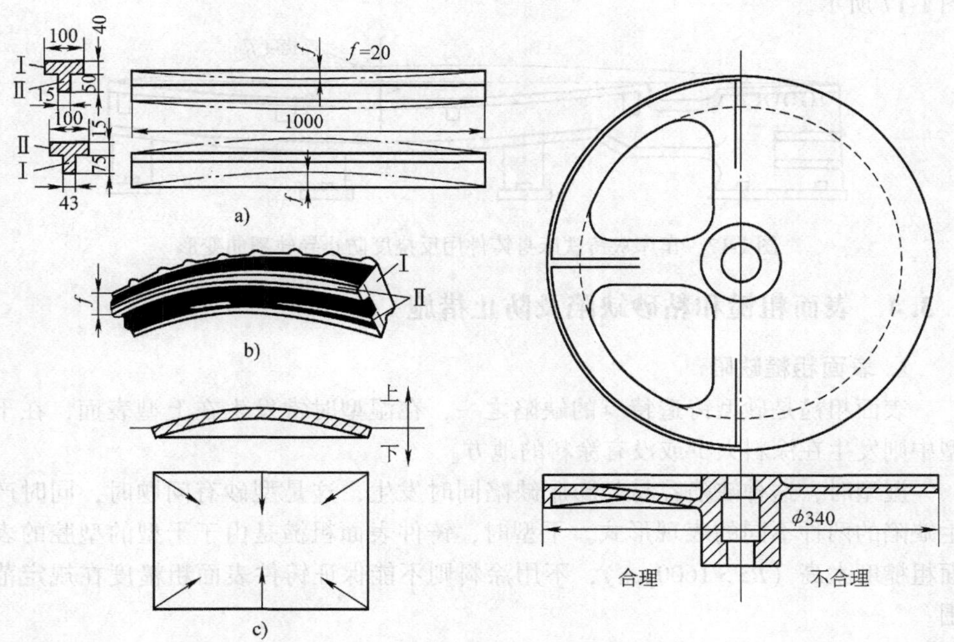

图 1-14　几种典型的翘曲变形

a）T 形梁条形铸件的翘曲变形　b）碳、硅含量高的装配式灰铸铁导轨　c）板形铸件上拱翘曲变形

Ⅰ—厚实断面的粗杆　Ⅱ—细薄断面的细杆

图 1-15　端面铸齿齿轮的设计

2）正确设计铸造工艺。例如，防止板形铸件上拱翘曲变形的浇注系统方案如图 1-16 所示。

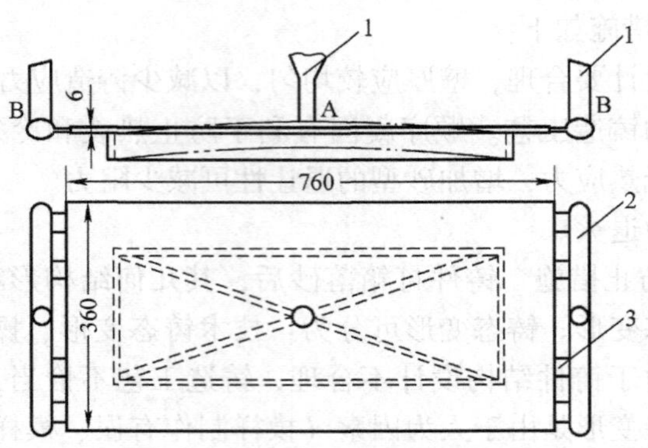

图 1-16　防止板形铸件上拱翘曲变形的浇注系统方案

A—不合理的浇注系统方案　B—合理的浇注系统方案

1—直浇道　2—横浇道　3—内浇道

3）采用反挠度。例如，车床灰铸铁床身铸件用反挠度防止导轨翘曲变形如图 1-17 所示。

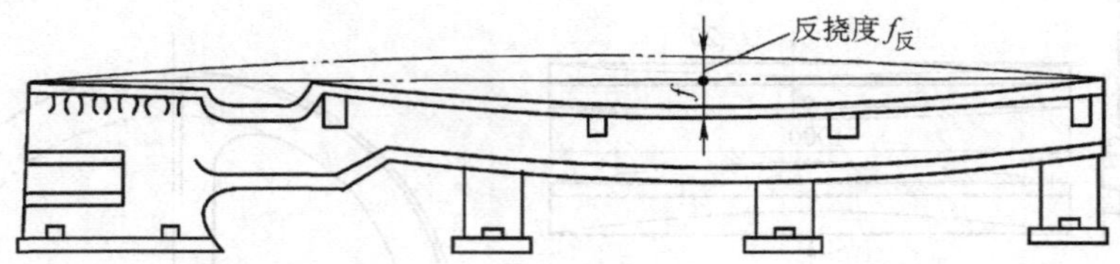

图 1-17　车床灰铸铁床身铸件用反挠度防止导轨翘曲变形

1.3.4　表面粗糙和粘砂缺陷及防止措施

1. 表面粗糙缺陷

表面粗糙是砂型铸造特有的缺陷之一，在湿型时常发生在上型表面，在干型中则发生在涂料太少或没有涂料的地方。

湿型时，这种缺陷容易与膨胀缺陷同时发生，这是型砂有问题时，同时产生缺陷的两种不同的表现形式。干型时，铸件表面粗糙是由于干型的型腔的表面粗糙度太高（$Rz>1600\mu m$），不用涂料则不能保证铸件表面粗糙度在规定范围。

提高砂型的强度和表面紧实度，有利于克服铸件表面粗糙缺陷。

其他表面粗糙缺陷及成因还有：金属刺、鳄鱼皮（橘皮）、模样粗糙、砂雨现象。

1）金属刺是指铸件表面出现的片状伸出物，常见于复杂铸件内腔中，又分为飞刺、毛刺（脉纹状）两种。飞刺由机械的原因造成砂型或砂芯开裂，形成的裂缝宽度足以使金属流入而产生；毛刺（脉纹状）是由造型材料热膨胀造成的缺陷。

提高砂型的强度可克服飞刺缺陷，降低造型材料的热膨胀性可减少毛刺缺陷。

2）鳄鱼皮（橘皮）的特征表现为整个铸件表面覆盖着类似天花麻面状的凹斑，在圆柱体（铸件）表面布满了尺寸均匀、连续分布的麻点。

这种缺陷通常是化学反应造成的，化学反应是金属氧化物与铸型中的酸性物质的中和反应。温度越高，化学反应越完全。例如铁合金，金属/铸型界面间的中和反应会使铸件产生橘皮状的表面粗糙缺陷。

3）如果模样粗糙，铸型表面必定粗糙。采用光滑的模样、较细的造型材料及涂料等，都有利于克服或减小表面粗糙缺陷。

4）砂雨现象（或砂眼）。浇注时，砂型型腔表面的砂粒脱落，称为砂雨现象。砂雨会造成铸件表面粗糙。其目视特征是：铸件表面散布砂粒，数量多；砂粒在表面留下的凹坑或大或小，或聚或散，致使铸件表面粗糙度差别较大。

砂雨缺陷的原因有膨胀性和非膨胀性两种。膨胀性砂雨是由于浇注充型时，砂型表面受液体金属的热作用而迅速膨胀产生膨胀力，该膨胀力对砂粒造成挤压而导致砂粒从型腔表面酥落，形成浇注时型腔中的砂雨现象。克服膨胀性砂雨的措施是，延长混砂时间、增加型砂的强度和韧性。非膨胀性砂雨是因热砂引起的。造型时，热砂遇到冷模板，紧贴模板的热砂层中的水汽发生水分凝结而使型砂黏结模板。砂型脱模时，型腔表层砂会粘附在模板上，产生称为“塌型”的造型缺陷。充分冷却，降低砂温，是克服该类缺陷的有效措施。

2. 粘砂缺陷

粘砂是常见的铸件表面缺陷。这种缺陷是金属液与铸型间发生界面反应的结果，金属液注入铸型以后，在界面上，金属液、铸型材料和型内气氛之间要发生一系列物理的、化学的和物理化学的作用，粘砂是这许多作用的综合结果。

根据引起粘砂的原因，粘砂缺陷可分为如下几种：机械粘砂、化学粘砂、气态粘砂、爆炸性粘砂、共晶渗出粘砂。常见的有机械粘砂和化学粘砂两种。

（1）机械粘砂（渗透粘砂） 机械粘砂是金属液在压力作用下，渗入铸型型壁砂粒孔隙中，产生金属和砂粒互相掺合、互相黏着的现象。

1）铸件产生机械粘砂的条件是：铸型中某个部位受到的金属液的压力大于渗入临界压力，即

$$p_{金} > p_{临} = p_{气} - p_{毛} - p_{腔} = p_{气} - \frac{2\sigma\cos\theta}{r}p_{毛} - p_{腔}$$

式中，$p_{金}$ 为铸型中金属液的动压力和静压力；$p_{临}$ 为渗入临界压力，是指液态金属开始渗入砂粒间的微孔中所需压力；$p_{气}$ 为铸型内微孔中的气体压力（背压），

其作用方向是阻碍金属液渗入砂型微孔；$p_{毛}$ 为液态金属在铸型微孔中产生的毛细压力；$p_{腔}$ 为微型腔内气体的压力；σ 为金属液的表面张力；θ 为金属液对铸型的润湿角；r 为毛细管的半径。

2）影响机械粘砂的因素有：金属液对铸型表面的润湿性（表面张力）、型（芯）表面的微孔尺寸、铸型内微孔中的气体压力（背压）、金属液压力及铸件表面金属液处于液态的时间等。

3）防止机械粘砂的措施（铸型方面）为：减小铸型表面的微孔尺寸，型砂中加入能适当提高铸型背压或能产生隔离层的附加物。

（2）化学粘砂　化学粘砂是铸件的部分或整个表面上粘附一层由金属氧化物和造型材料相互作用生成的低熔点化合物。这些化合物有的容易从铸件表面剥离，称为易剥离的粘砂；不容易从铸件表面上剥离的，称为难剥离粘砂。

1）形成化学粘砂的基本化学反应是铁橄榄石的生成反应：

$$2Fe + SiO_2 \rightarrow 2FeO \cdot SiO_2 \text{（铁橄榄石）}$$

在高温下，金属—铸型界面层生成的铁橄榄石，会使界面层在常温下呈现高的残留强度，常温下把它从铸钢件表面剥离下来是困难的。

2）防止化学粘砂有以下两条途径：

①尽量避免在铸件和铸型界面产生形成低熔点化合物的化学反应，如采用耐火度高、热化学稳定性好的造型材料（锆砂、铬铁矿砂、涂料等）。

②促使形成易剥离性粘砂层或易剥离的烧结层。采用水玻璃砂生产铸钢件时，由于浇注温度高，钢液表面易氧化，生成了大量的FeO，进而生成易剥离的粘砂层，粘砂缺陷较少。而铸铁件浇注温度低，铁、锰等不易氧化，粘砂层中氧化物较少，主要为晶体结构，粘砂层不易清除，粘砂严重。

1.3.5　膨胀缺陷及防止措施

浇注金属时，砂型（芯）表面层受热而发生膨胀和强度的变化，因此而引起的铸件缺陷，统称为膨胀缺陷。湿砂型时，主要产生夹砂和鼠尾缺陷。有机物黏结剂的砂型或砂芯中易产生毛刺缺陷。

1. 夹砂

夹砂缺陷在类型上有两种：夹砂与结疤，如图1-18所示。

型砂的膨胀与其矿物组成及紧实程度有关。

1）硅砂的膨胀随温度的升高而不断增大。在573℃温度时，发生β相向α相的转变，线膨胀总量达1.375%，这种膨胀又称“低温膨胀”。

2）型砂紧实度不太高时，砂粒间孔隙大，砂型受热砂粒“低温膨胀”时可以无阻地自由微观膨胀，砂型的宏观膨胀就小，犹如砂型能自行适应和吸收“低温膨胀”。如果型砂的紧实度较大，砂型的受热膨胀受阻，会导致砂型宏观

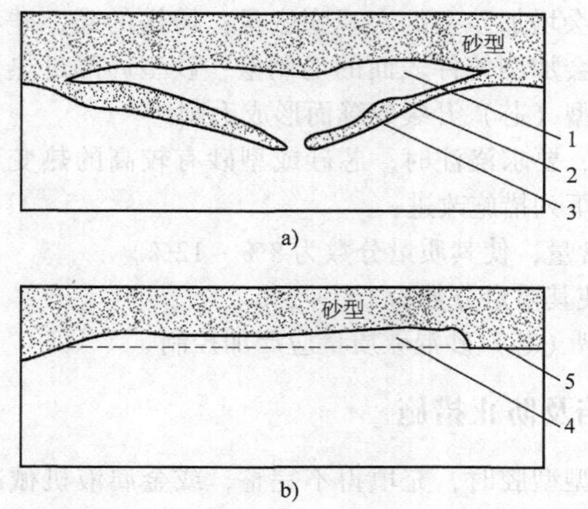

图 1-18　夹砂缺陷

a）夹砂　b）结疤

1—金属凸起　2—砂壳　3—铸件表面凹痕

4—金属疤　5—铸件正常表面

膨胀增大，出现膨胀缺陷的可能性增大。

3）高湿度弱砂带的热湿拉强度越低，产生夹砂的倾向越大。提高型砂热湿拉强度对防止夹砂缺陷效果较好。

2. 鼠尾

鼠尾的形成过程如图 1-19 所示。它常出现在铸件的平面上，特别是铸件的下平面上。

消除鼠尾的根本措施是减少膨胀力，可在型砂中加入减少砂型膨胀量的附加物，最有效的措施是加入纤维物和木屑。

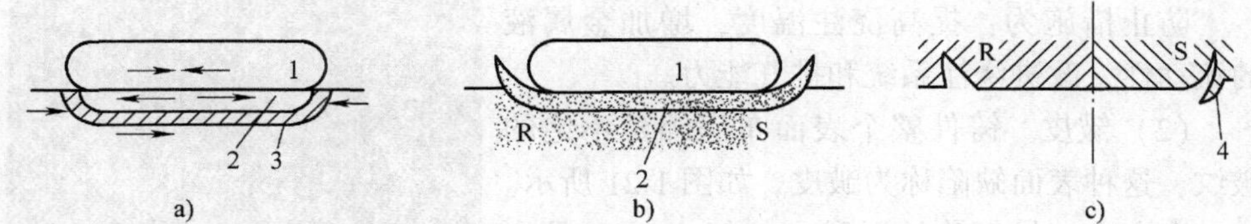

图 1-19　鼠尾（R）和有刺夹砂（S）形成示意图

a）加热阶段　b）缺陷形成　c）缺陷铸件

1—金属液　2—干燥层　3—水分凝聚层　4—金属毛刺

3. 毛刺

由于砂型（芯）受热膨胀导致开裂成缝，金属液渗入缝中所形成的刺状金属突起物称为毛刺。砂型（芯）的工作表面开裂缝呈网状时，所形成的网状金属毛刺称为脉纹。

硅砂的受热膨胀，是产生毛刺与脉纹的根本原因。型砂组成不合理（如颗粒筛号比较集中）会增加砂型的宏观膨胀量；铸铁的碳、硅和磷含量高，金属液的流动性好，都会加剧铸件表面的毛刺量；砂型局部过热，冒口太接近砂芯头部位等都易使砂型（芯）开裂成缝而形成毛刺。

为了防止毛刺，要求浇注时，芯砂或型砂有较高的热变形量。砂型热变形量过低时，可采用下列措施改进：

1）控制细粉含量，使其质量分数为8%～12%。

2）加木屑，使其质量分数为1%～2%。

3）对水分和型（芯）砂混碾质量应严加控制。

1.3.6　充填缺陷及防止措施

金属液充填铸型型腔时，充填得不完整，或金属液机械冲击或冲刷而导致铸型损坏所产生的铸件缺陷，称为充填缺陷。充填缺陷可分为：金属液流动缺陷、金属液机械致损缺陷两类。

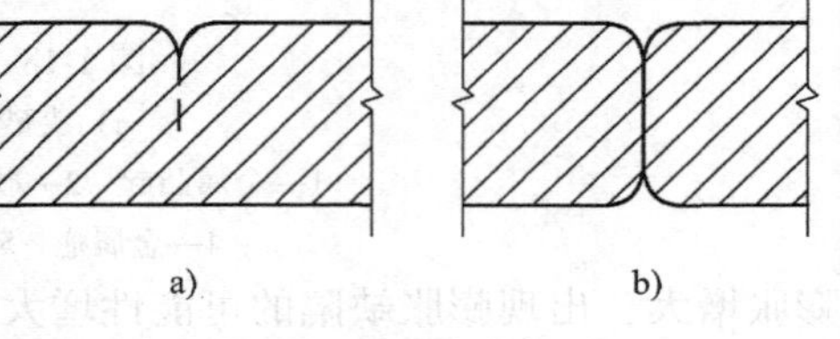

图1-20　冷隔示意图

a）轻度冷隔　b）严重冷隔

1. 金属液流动缺陷

流动缺陷是指金属液充填铸型型腔不完整造成的铸件缺陷。流动缺陷主要包括：冷隔、皱皮、浇不到、飞翅等。

（1）冷隔　冷隔呈“裂纹”状缝隙，但缝隙带有圆角的棱边，如图1-20所示。

产生冷隔的原因是：金属液流动能力弱，浇注速度过慢，型腔内空气未驱赶尽。

防止措施为：提高浇注温度，增加金属液的流动性，改进浇注系统和排气能力。

（2）皱皮　铸件整个表面布满绵延不绝的皱纹，这种表面缺陷称为皱皮，如图1-21所示。

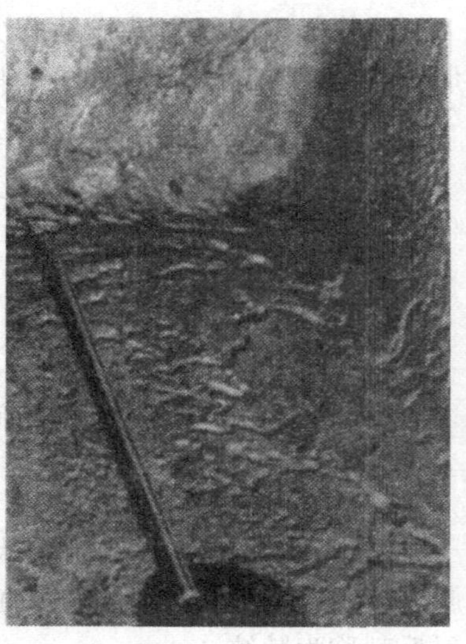

图1-21　皱皮

合金中有易氧化的元素（如Mn、Si）且含量较高时（像硅锰低合金钢ZG20MnSi），极易形成皱皮。其形成过程为：在钢液的充型过程中，随着型腔内上升液面温度的降低液面形成氧化膜，液面继续上升使氧化膜粘附于型壁上，钢液面漫过氧化膜留下痕迹；当液面温度下降到凝固温度范围时，液面结壳，更严重地阻碍型腔内液面的上升运动，但型腔内液面克服阻力，突破液面壳之阻力漫过它继续上升，结果在金属—铸型界面上留下痕迹，即皱皮。

铸钢薄壁件表面上易出现的这种皱皮缺陷。其防止的根本措施为：提高钢液在型腔内的上升速度（不低于18mm/s）；采用还原性气氛保护上升的金属液面，使型腔中CO与CO_2、H_2与H_2O的比值增大。

（3）浇不到缺陷 铸件不完整，有停止流动的流头残迹。

浇不到缺陷形成的主要原因是：浇注温度不够，浇道过小，排气孔数量不够。

浇不到缺陷的防止措施有：提高浇注温度，加大浇道尺寸，改进排气系统。

（4）飞翅 垂直于铸件表面上的薄片状金属突出物，称为飞翅（或称飞边）。

飞翅缺陷形成的主要原因是：上、下分型面或铸型芯座与型芯芯头之间的装配间隙过大，浇注时造成液态金属钻入缝隙中。

飞翅缺陷的防止措施有：控制上、下分型面或铸型芯座与型芯芯头之间的装配间隙，对工艺缝隙进行填补等。

2. 金属液机械致损缺陷

金属液机械致损缺陷，是指液态金属对砂型型腔表面的冲击、冲刷，造成砂型被损坏而产生的铸件缺陷。金属液机械致损缺陷主要包括：冲砂、胀砂、抬箱、跑火、钻芯等。

（1）冲砂 指充型金属液将砂型或砂芯表面砂粒或局部砂块冲刷掉。冲砂引起的缺陷，通常位于铸件的浇口附近。引起冲砂缺陷的首要原因是型砂的干强度太低，浇注时间过长。

（2）胀砂 指铸件形状与图样不符，铸件外表面、内表面局部胀大的多肉缺陷，同时伴随缩孔、缩松、重量超差等缺陷，如图1-22所示。

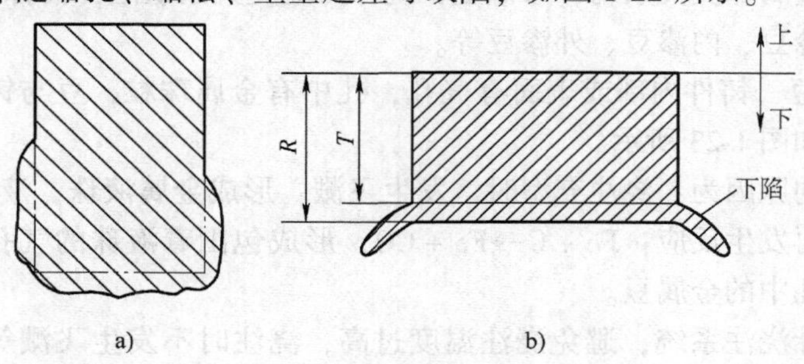

图1-22 铸件产生的胀砂缺陷

a）外表面胀砂 b）下陷胀砂

T—铸件高度 R—下陷胀砂时铸件的高度

胀砂是砂型不能抵挡金属液施加的压力，发生二次紧实而产生的缺陷。铸铁件凝固时，共晶转变产生共晶膨胀压力。在这种压力下，砂型被二次紧实发生型腔整体扩大。紧实度或硬度较大的铸型，如高压造型、干型、化学黏结剂砂等有较高的抗胀砂能力。

(3) 抬箱　铸件在分型面处存在着极为严重的飞边，即有厚片状的、表面光滑的、周边不规则的金属凸出物，其厚度有时与铸件所增加的高度相等，这种缺陷称为抬箱。抬箱缺陷产生的原因是：砂型的压铁重量太轻，或上、下型夹紧不当，液态金属静压力过高等。

(4) 跑火　又称型漏，“火”代表金属液，是指金属液充型超过分型面进入上砂型后，分型面处，由于种种原因有泄漏口使金属液决口流出型外。跑火缺陷的主要原因是：砂型浇注前泥封分型面不严，压铁太轻，落砂太早等。

(5) 钻芯　型腔内金属液钻入型芯内的通气道流入型芯内部。钻芯缺陷的主要原因是：型芯头与砂型芯座之间，或型芯顶面与型壁之间的装配间隙太大，内浇道直冲砂芯，产生偏芯等。

针对金属液机械致损缺陷的产生原因，可采取相应的防止措施，防止上述缺陷的产生。

1.3.7　夹杂类缺陷及防止措施

在铸件内部或表面存在着化学成分、物理性能不同于基体金属的组成，这种组成物称为夹杂。按尺寸大小分类，可分为宏观夹杂物和微观夹杂物。按夹杂物来源分类，可分为内生夹杂物和外来杂物。内生夹杂物主要是氧化物、硫化物、氢化物和低熔点渗出物，外来夹杂物主要是渣滓、型砂、芯砂、涂料等。

1. 豆类夹杂物

铸件内部或表面有孔洞（气孔或缩孔），孔洞中有金属珠；或铸件表面有金属珠，这些金属珠类夹杂物，形似豆，统称为豆类夹杂缺陷，俗称“铁豆”。主要类型有：冷豆、内渗豆、外渗豆等。

(1) 冷豆　铸件内部或表面有气孔，孔中有金属珠粒，豆与铸件本体不熔合但相连，如图 1-23 所示。

其形成的原因为：浇注充型时，发生飞溅，形成金属液珠，液珠表面氧化，有氧化膜；再发生反应：Fe + C→Fe + CO，形成包围着液珠的气孔，液珠凝固后，成为气孔中的金属豆。

正确设计浇注系统，避免浇注温度过高，浇注时不发生飞溅等，可克服冷豆缺陷。

(2) 内渗豆　铸件的内部孔洞类缺陷（气孔、缩孔）的孔壁上，有金属珠，即金属豆附壁而生。其目视特征与冷豆相似，主要差异是：内渗豆的化学成分与铸件本体不一致，是一种低熔点的熔体成分。灰铸铁件最容易产生内渗豆缺

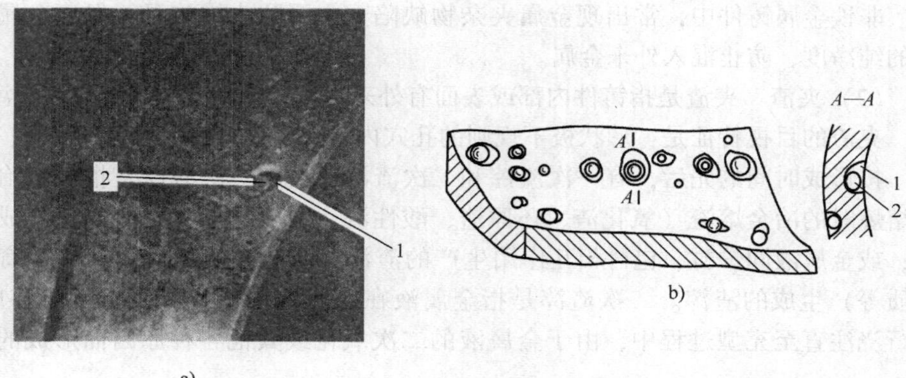

图 1-23 冷豆和豆痕

a）湿型，灰铸铁件内部的冷豆 b）铸件表面的冷豆，专称为豆痕

1—气孔 2—金属豆

陷。

其形成的原因，同冷豆的形成相反。它是铸件内部在凝固时期，先形成孔洞类缺陷（如气孔、缩孔等）；再在铸铁件凝固时，共晶团晶间的磷含量高的低熔点共晶成分熔体，在铸铁内、外压力作用下，被挤入气孔或缩孔的孔洞中，渗在孔壁上，形成金属豆。

消除铸铁件凝固时形成内部自由表面的孔洞类缺陷，如气孔、缩孔等，可以防止内渗豆缺陷。

（3）外渗豆 铸件外表面上有渗出物，形成数目众多的金属珠，称为外渗豆。锡青铜铸件最易产生外渗豆缺陷，犹如铸件外表面上的“汗粒”，故称为“锡汗”。

形成的主要原因是区域偏析中的一种反向偏析缺陷。用金属型代替砂型，可以提高铸型冷却能力，防止反向偏析，不易产生外渗豆缺陷。

2. 夹杂缺陷

夹杂缺陷可分成：金属夹杂物、夹渣、砂眼、氧化膜夹杂等。

（1）金属夹杂物 主要是指熔炼时中间合金未熔尽以小颗粒形式存在于合金熔液中；或炉前孕育或变质处理用的中间合金颗粒，未熔化浇注随着液流进入型腔而形成金属夹杂物。图 1-24 所示为灰铸铁件断口中的金属夹杂物。

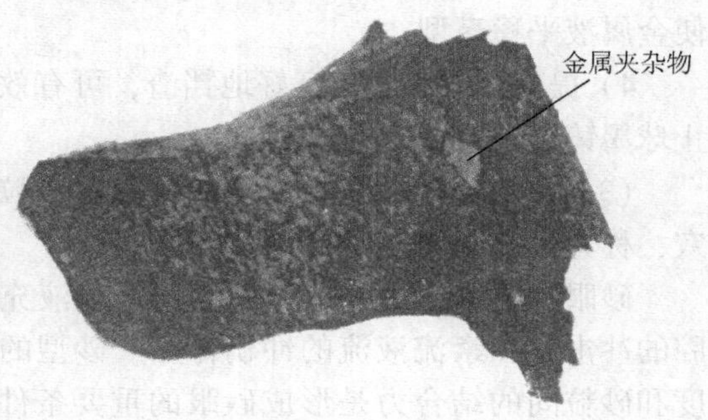

图 1-24 灰铸铁件断口中的金属夹杂物

非铁金属铸件中，常出现金属夹杂物缺陷。主要防止措施是：保证金属炉料的纯净度，防止混入外来金属。

（2）夹渣　夹渣是指铸件内部或表面有外来的非金属夹杂物，统称为渣滓。

夹渣的目视特征是：形状极不规则的孔穴内，包容着渣滓。

按形成时间的先后，有一次渣滓和二次渣滓两类。一次渣滓是指合金冶炼或熔炼时的冶金熔渣（氧化渣、还原渣、酸性渣、碱性渣等）或熔剂所形成渣滓；或金属液同炉衬、包衬相互作用生产的渣滓；或金属液炉前处理（孕育或变质等）生成的渣滓。二次渣滓是指金属液在浇包内挡住或除去一次渣滓后，进行浇注直至充型过程中，由于金属液的二次氧化或其他各种原因而形成的渣滓。

图1-25所示为球墨铸铁曲轴的夹渣缺陷——黑渣。黑渣由多种氧化物（MgO、FeO、Al_2O_3、SiO_2、稀土氧化物）组成，是一种二次渣滓的夹渣缺陷，实际上是氧化膜的夹杂类缺陷。

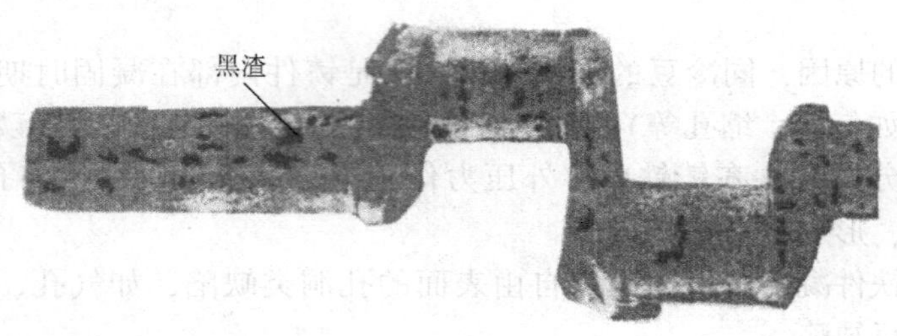

图1-25　球墨铸铁曲轴的夹渣缺陷——黑渣

防止夹渣缺陷的措施如下：

1）金属液进行过滤，净化金属液。

2）在熔炼工艺方面，控制金属炉料，尽量少带入夹杂物。

3）合理设计浇注系统，使之具有挡渣功能，使金属液平稳充型。

4）提高浇注温度，良好地挡渣，可有效地防止球墨铸铁黑渣的产生。

（3）砂眼　铸件表面或内部包容着砂粒的孔穴，称为砂眼，如图1-26所示。

图1-26　铸件在下砂型的表面上有砂眼

砂眼缺陷形成的主要原因是：金属液充填型腔的冲击力和紊流液流的冲刷作用。砂型的紧实度和砂粒间的结合力是形成砂眼的重要条件。砂型的紧实度不足，砂粒间的孔隙大，金属液就易钻入；砂粒间结合力弱，钻入砂粒间的金属液就会把砂粒挤出来形成砂眼。

（4）氧化膜夹杂　铸件表面或内部有金属液充型时形成的氧化膜，称为氧化膜夹杂。易生成氧化膜的有铝合金、纯铜、球墨铸铁（二次渣滓）。

防止措施为：浇注时，金属液应避免液流表面发生二次氧化；对于球墨铸铁，过高的残余镁量，会增大氧化膜夹杂形成的倾向，因此，应尽量降低残余镁量。

1.3.8 尺寸和重量超差缺陷及防止措施

铸件的毛坯尺寸的实测偏差，超过了铸件尺寸规定的上、下极限偏差，这种铸件缺陷称为尺寸超差。铸件的尺寸超差，必然导致铸件的重量超差。

形成尺寸和重量超差的原因有四个方面，即铸造工艺、铸造线收缩率的确定、铸造工艺装备、铸件表面状况。因此，尺寸和重量超差的防止措施也应从这四个方面考虑。

（1）铸造工艺　铸件上的关键尺寸，应尽量由两个不能相互移动的砂型组元形成；要保证机械加工基准面的质量；注意造型、起模、砂型损坏和修型的误差；控制金属液浇注、充型时的“胀砂”缺陷。

（2）铸造线收缩率的确定　铸造线收缩率的设计要尽量准确。

（3）铸造工艺装备　木模样造型比金属模样造型的精度差，为提高铸件精度可采用金属模样造型。砂箱与模板的定位销准确对位可以提高铸件尺寸精度。

（4）铸件表面状况　铸件表面是否粘砂、铸件表面的粗糙度及铸件表面的清理方法等，都会影响铸件的尺寸和重量精度。

1.4 黏土砂型铸造规模生产中的质量控制

稳定地保证黏土型砂质量是大批量黏土砂铸造生产中的关键问题之一。目前，汽车铸铁件采用黏土砂湿型铸造占有主导地位，大批量流水线式生产是其主要生产方式。因此，黏土型砂的质量稳定直接影响铸件生产质量，控制好型砂质量对于黏土砂湿型铸造有着重要的意义。

在实际生产中，应严格控制好型砂性能。从目前国内部分大型铸造厂的生产情况来看，在型砂质量控制方面还存一些问题，如残留芯砂含量偏高、循环使用的旧砂温度过高、生产配方单一、缺少有效的实时监测设备等。针对这些问题，可以从以下几个方面入手来提高型砂质量，减少铸件缺陷率。

1. 合理选用原材料

湿砂型铸造所用型砂由旧砂、原砂、黏土、煤粉及水等原材料混制而成，这些材料的性能和质量将直接关系到型砂的性能和质量。若想制备出高质量的型砂，则必须选用优质的原材料，并处理好回用的旧砂。

(1) 造型用原砂　选用优良的原砂，可以减少黏结剂的用量，减少铸件废品率，提高铸件表面质量，减少清理费用，其经济效益大大超过采购好砂的超出费用。

(2) 膨润土（黏土）　膨润土在型砂中起黏结剂的作用，同时在高温时可以抵消硅砂的体积膨胀。型砂中加入量多时呈干燥状态，流动性降低，容易产生掉砂冲砂缺陷；加入量少时则型砂强度受到影响，砂型的回弹性也变大。为追求铸件尺寸准确，要把铸型的膨胀、收缩、回弹等减少到最小程度，故对膨润土提出以下要求：

1) 湿强度、干强度、热态强度综合性能好。

2) 水分变化时对湿强度影响小。

3) 浇注后溃散性好。

4) 受热后能恢复原有湿态性能。

2. 合理控制型砂组分

湿型砂经反复使用，硅砂有受热开裂，粒度变小，以及砂粒受黏土包围结壳，粒度变大的倾向，膨润土及煤粉受热而部分失效。因此，回用时如不及时调整型砂成分，会出现起模性能下降、铸件表面粘砂、气孔、砂眼、夹砂等现象。合理控制型砂成分并维持连续地动态平衡，是型砂管理中的关键。

1) 限制细粉量。型砂中的细粉量随循环次数的增多也逐渐增加。其细粉越多，需水量也越多，在保证型砂强度、韧性、紧实率等要求前提下，含水量应为2.5%～3%（质量分数）。为此，必须采取措施限制细粉含量，如采取限制无效泥分的进入和充分除尘等措施。

2) 适当补充原材料。在使用过程中应适当补充新砂、膨润土、煤粉及辅加材料。为提高型砂性能，可加入质量分数为0.2%～0.4%的淀粉。

3) 合理控制型砂水分。型砂含水量对型砂性能起着重要作用。型砂中水分多了，导致浇注时汽化引起水爆而使铸件浇不到、气孔和铸件表面粘砂；水分少了难以起模。水分的控制绝不是仅指在混砂时加水量的控制，而是要从落砂时就开始控制，并在旧砂回用的整个环节都要进行有效的控制。

4) 合理控制型砂温度，降低和控制回用旧砂的温度。可实施多级冷却方式，在每条旧砂传送带转换处，设置喷水冷却装置，靠水的蒸发来带走热量，这是最节省的办法。砂中每蒸发1%（质量分数）的水，砂温能下降大约25℃。这样能使旧砂进入混砂机前的温度尽量降低。可以增加多个小型沸腾冷却、冷却提升等装置，达到冷却目的；在旧砂回用过程中，要有破碎机、松动机、滚筒筛等，使砂层间彼此分离翻腾，形成一个都能被冷风冷却的空间，促进水分的挥发以带走砂中的潜热。目前很多工厂的旧砂混砂机中有自动测温装置，可以自动显示当前旧砂温度。适当增加自动控温控水系统，降低旧砂的温度，对于减少铸件的缺陷率有着实际意义。

3. 合理选用型砂配方

1）针对不同的气候和不同的旧砂温度选用不同（合理）的型砂配方。不同的气候和不同的旧砂温度，应有不同的型砂配方，并应根据实际情况变化而进行实时变化。在夏、秋季气温高时，应该适当增加型砂配方中的加水量，以适量补偿型砂在生产线上运转时因气温高而引起的失水量；而在春、冬季，因为气温比较低，水分蒸发比较慢，可以适当减少一点型砂配方中的加水量，以保证型砂配方中的含水量控制在一个合理的范围里，从而控制型砂质量。

2）针对不同铸件执行不同（合理）的型砂配方。不同的铸件，铁砂比不相同。当由一种铸件生产转为另一种铸件生产时，铁砂比往往相差较大，对落砂后的旧砂温度影响也较大，所以应有不同的型砂配方，并应根据实际生产情况变化而进行实时变化来控制型砂性能，保证铸件质量。

4. 对型砂性能进行实时检测

实时检测型砂的各项性能是混制高性能的造型型砂、提高铸件质量的前提。工厂应该增加现场实时检测设备，对生产线上的型砂的含水量、旧砂温度和型砂温度进行实时快速检测，根据检测结果及时调整型砂配方来控制型砂质量，提高铸件质量，降低废品率。

5. 国内外典型黏土砂型铸造生产线的型砂性能

发动机（铸铁）缸体、缸盖是黏土砂型铸造大规模生产（线）的典型铸件，需要对生产过程中的型砂性能进行严格监控。表 1-12 所示为国内外典型的发动机缸体、缸盖砂型铸造的型砂性能要求。高型砂性能要求是高质量、低废品率铸件生产的基本保障。

表 1-12　国内外典型的发动机缸体、缸盖砂型铸造的型砂性能要求

生产线	型砂性能								
	含水量（质量分数,%）	紧实率（%）	透气性/Pa	湿压强度/kPa	热湿拉强度/kPa	含泥量（质量分数,%）	有效膨润土含量（质量分数,%）	有效煤粉含量（质量分数,%）	4 筛粒度分布（%）
KW 静压造型线	2.5～3.5	30～42	90～130	160～220	3.0～4.0	≤13	7.0～9.0	4.0～6.0	≥85
HWS 静压造型线	3.5～4.0	36～42	120～130	130～170	3.5～4.0	10～13	7.0～8.5	4.0～6.0	≥85
EFA-SD6 静压造型线	3.0～4.0	38～42	110～140	140～160	3.0～3.5	11～12	6～8%	4.0～5.5	≥85

（续）

生产线	型砂性能								
	含水量（质量分数,%）	紧实率（%）	透气性/Pa	湿压强度/kPa	热湿拉强度/kPa	含泥量（质量分数,%）	有效膨润土含量（质量分数,%）	有效煤粉含量（质量分数,%）	4筛粒度分布（%）
KW静压造型线	3.0～3.5	35～42	120～140	150～180	2.5～3.5	11～13	6.0～8.0	5.0～7.0	≥85
DISA生产线	保证紧实率即可	38～42	≥50	170～210	≥2	≤13	≥7	4～5	≥90
SPO高压造型线	3.0～3.8	35～45	75～90	218～246	>2.5	10.0～12.5	6.0～7.5	3.8～4.5	≥90
气冲造型线	3.0～3.4	36～39	90～110	170～200	>2.5	12～13.5	6.4～8.6	3.5～4.5	≥90

第 2 章 树脂砂型铸造质量控制

树脂砂型（芯）是通常是由原砂、合成树脂黏结剂、固化剂等按一定的比例混合，混好的型（芯）砂经紧实和一定工艺条件、时间后，固化成铸型和砂芯。常用的树脂砂铸型为自硬树脂砂型，可分为三类：酸固化（呋喃或酚醛）树脂自硬砂、酯固化碱性酚醛树脂自硬砂、酚醛尿烷树脂自硬砂。树脂砂的砂芯种类繁多，铸型和砂芯可以采用同一种树脂砂工艺，也可以采用不同的树脂砂工艺。在能满足使用要求的情况下，推荐型砂和芯砂尽量采用同一种树脂砂制造，以便工艺和材料管理。

2.1 自硬树脂砂型的特点及常用种类

2.1.1 自硬树脂砂型的特点

自硬树脂砂是指在室温条件下，以新砂（或再生砂）为原砂、合成树脂为黏结剂，在相应固化剂的作用下，混合好的型砂成形后自行硬化的一类型（芯）砂。其基本特点如下：

1）型砂的硬化无须加热烘干，比覆膜砂、热芯盒砂等更节省能源，同时可以采用木质或塑料芯盒和模板。

2）铸件精度和表面质量好。铸铁件的尺寸精度可达 CT8 ~ CT10，铸钢件达 CT9 ~ CT11；铸钢件的表面粗糙度 *Ra* 为 25 ~ 100μm，铸铁件的 *Ra* 为 25 ~ 50μm，比黏土砂、水玻璃砂好。

3）型砂的流动性好、易紧实，旧砂的溃散性好、好清理、易再生回用，因而大大地减轻了劳动强度，简化了生产设备组成，使单件批量生产车间容易实现机械化。

4）树脂的价格较贵，同时要求使用优质原砂，因而型砂的成本比黏土砂和水玻璃砂高。

5）起模时间一般为几分钟至几十分钟，生产率比干型（黏土）砂高，但比覆膜砂、热芯盒砂低。工艺过程受环境温度、湿度的影响大，要求比较严格的工艺控制。

6）混砂、造型、浇注时，有刺激性的气味，应注意操作工人的劳动保护。

自硬树脂砂特别适合于单件，小批量的铸铁、铸钢和非铁合金铸件的生产，在国内外的应用较为广泛。三种常用的自硬树脂砂型的特点比较如表2-1所示。常用的树脂砂芯的制芯工艺及适用范围如表2-2所示。

表2-1　三种常用的自硬树脂砂型的特点比较

树脂砂种类	主要组成	优　点	缺　点	成本及目前的应用情况
酸固化呋喃或酚醛树脂砂	呋喃或酚醛树脂、磺酸类固化剂等	树脂加入量少（质量分数约为1.0%），黏结强度大，耐热性好，铸件的表面质量好，落砂性能好，旧砂易再生。用于铸铁件生产工艺成熟	造型、浇注时有刺激性气味（含有害气体十余种），劳动环境较差；高温下型砂的退让性差，铸钢件的裂纹倾向大	在我国，广泛用于铸铁件生产，铸钢件由于产生裂纹缺陷而应用较少
酯固化碱性酚醛树脂砂	酚醛树脂、甘油酯等固化剂	树脂中不含N、P、S元素，高温下有“二次硬化现象”，裂纹倾向比呋喃树脂砂小，不放出有刺激性气味，生产环境友好，落砂清理性能好	型砂强度比呋喃树脂砂低，树脂的加入量较高（质量分数为1.5%~2.5%），成本比呋喃树脂砂高；旧砂再生比较困难，铸型（芯）的存放稳定性较差	成本较高，应用相对较少；在欧美国家使用较多；近年来在我国应用不断增加
胺固化酚醛尿烷树脂(Pep-Set)砂	苯基醚酚醛树脂Ⅰ、聚异氰酸酯Ⅱ、叔胺固化剂Ⅲ	树脂砂可使用时间长，型（芯）砂流动性好，可用射砂制芯，硬化速度快，1h可合箱浇注，落砂性能好，裂纹倾向较呋喃树脂小，旧砂再生较容易	树脂的加入量较高（质量分数为1.4%~2.0%），成本比呋喃树脂砂高；制芯时有二甲苯等有毒气体放出，作业环境较差；含N量较高，对铸钢件易产生气孔缺陷	成本较高，目前在我国的应用主要限于较高质量要求的铸铁件

表2-2　常用的树脂砂芯的制芯工艺及适用范围

<table>
<tr><th>制芯法</th><th>制芯工艺</th><th>主要组成</th><th>紧实方法</th><th>固化温度/℃</th><th>适用范围</th></tr>
<tr><td rowspan="4">热　法</td><td rowspan="2">热芯盒</td><td>呋喃-酸</td><td rowspan="4">用射芯机制芯</td><td rowspan="3">200~250</td><td rowspan="4">大批量生产Ⅰ、Ⅱ级小型砂芯</td></tr>
<tr><td>酚醛-酸</td></tr>
<tr><td>壳芯</td><td>酚醛-胺</td></tr>
<tr><td>温芯盒</td><td>呋喃-磺酸盐</td><td>150~170</td></tr>
<tr><td rowspan="4">自硬法（室温）</td><td rowspan="4">自硬砂</td><td>呋喃-磺酸</td><td rowspan="4">用震动紧实台或手工等方法紧实</td><td rowspan="4">室温下自行固化</td><td rowspan="4">小批量生产Ⅱ、Ⅲ、Ⅳ、Ⅴ级中大型砂芯</td></tr>
<tr><td>酚醛-磺酸</td></tr>
<tr><td>酚尿烷</td></tr>
<tr><td>酯-酚醛</td></tr>
<tr><td rowspan="4">冷　法（吹气硬化）</td><td>三乙胺法</td><td>酚醛-异氰酸酯</td><td rowspan="2">用射芯机制芯</td><td rowspan="4">室温下用气体或气雾进行固化</td><td rowspan="2">大批量生产Ⅰ、Ⅱ级小型砂芯</td></tr>
<tr><td>呋喃-SO_2</td><td>呋喃-H_2O_2</td></tr>
<tr><td>酚醛-CO_2</td><td>碱性酚醛</td><td rowspan="2">用手工紧实制芯</td><td rowspan="2">小批量生产Ⅲ、Ⅳ、Ⅴ级中大型砂芯</td></tr>
<tr><td>丙烯酸-CO_2</td><td>聚丙烯酸钠</td></tr>
</table>

2.1.2　酸固化呋喃树脂自硬砂型

酸固化呋喃树脂自硬砂主要由原砂、呋喃树脂、磺酸固化剂、添加剂等组成。

1. 原砂

对原砂的性能要求主要包括：较高的 SiO_2 含量，含泥量越低越好（质量分数小于0.2%），酸耗值尽量低（应小于5mL），含水量低（水的质量分数小于0.2%），角形系数小，粒形较圆整，粒度适中。

2. 树脂

酸固化呋喃自硬树脂，由尿素、甲醛和糠醇以一定的配比和合成工艺参数缩聚而成。与呋喃热芯盒不同的是，它的相对分子质量相对小些，糠醇加入量高些，游离糠醇多些，从而有很低的黏度。该树脂常温下遇酸缩聚交联固化，它的特点是强度高，黏度低，毒性小和旧砂再生利用率高，是应用最广泛的一类自硬树脂。一般依据铸件的大小和材质来选用不同含氮量的呋喃自硬树脂；选择时，还要考虑铸件的合金特征及其对型砂性能要求（如硬化时间、高温强度、含氮量等）和成本。表2-3至表2-6为呋喃自硬树脂的分类、分级及性能指标。

表2-3　呋喃自硬树脂的分类

分类代号	含氮量（质量分数，%）	适用范围
W（无氮）	≤0.3	要求较高的铸钢件
D（低氮）	>0.3~2.0	各种铸钢
Z（中氮）	>2.0~5.0	铸铁
G（高氮）	>5.0~13.5	非铁合金

表2-4　呋喃自硬树脂按强度分级

等级代号	工艺试验抗拉强度/MPa			
	W（无氮）	D（低氮）	Z（中氮）	G（高氮）
1（一级）	≥0.8	≥1.3	≥2.2	≥1.9
2（二级）	≥0.5	≥1.0	≥1.8	≥1.6

表2-5　呋喃自硬树脂其他性能指标

性能指标	比例　　氮含量分类			
	W（无氮）	D（低氮）	Z（中氮）	G（高氮）
黏度（20℃）/mPa·s	≤100			≤200
密度20℃/（g/cm^3）	1.15~1.25			
pH值（20℃）	7.0±0.5			

表 2-6　呋喃自硬树脂按游离甲醛分级

等级代号	游离甲醛（质量分数,%）
04（一级）	≤0.4
08（一级）	>0.4～0.8

铸钢件浇注温度高，要求型砂热稳定性好，同时为减少气孔缺陷，希望型砂中含氮量低，故选用高糠醇、低氮或无氮树脂；而非铁合金铸件浇注温度低，型砂高温强度要求不高，但应有好的溃散性，故多选择高氮、低糠醇树脂；对于硬化速度要求较快的型砂，可选用含氮量偏高的树脂。

在选用树脂时，对树脂的黏度、游离甲醛含量、pH 值等性能指标，也应提出严格要求。黏度不仅影响到混砂设备计量的稳定性和准确性，也影响到树脂膜对砂粒的包覆程度，因而影响到树脂砂的比强度，一般黏度应小于等于 100mPa·s。游离甲醛主要影响混砂和制芯的劳动条件，故应尽可能低，要求质量分数在 0.5% 以下。pH 值过低将使树脂存放时变稠，缩短储存期，pH 值一般以 6.5～7.5 为宜。树脂中水的质量分数通常在 2%～10% 的范围内（铝合金用高氢呋喃树脂水的质量分数可能高达 20%），呋喃树脂的密度一般为 1.15～1.25g/cm³。

3. 固化剂

在酸固化呋喃树脂自硬砂中，常用的是磺酸类固化剂，它是由甲苯、二甲苯经过磺化制成的磺酸盐溶液，为呋喃自硬树脂、酚醛改性呋喃自硬树脂、酚醛自硬树脂的通用固化剂。通过改变苯类及其配比、溶剂的种类，可控制固化剂的主要性能指标，制成不同固化速度的磺酸固化剂，以适应不同季节的生产条件。

磺酸固化剂都是由铸造树脂生产厂与树脂配套供应的。表 2-7 为几种国产磺酸固化剂的性能指标。通过调整固化剂的种类和加入量可以调节自硬砂的硬化速度。

表 2-7　几种国产磺酸固化剂的性能指标

型　号	密度/（g/cm³）	黏度（20℃）/mPa·s	总酸度（质量分数,%）	游离酸（质量分数,%）	适用范围
GS03	1.20～1.30	10～30	24.0～26.0	7.0～10.0	春天、秋天
GS04	1.20～1.30	10～30	18.0～20.0	0.0～1.5	夏天
GC08	1.20～1.40	170～200	29.0～31.0	4.5～7.5	冬天
GC09	1.20～1.40	60～80	24.5～27.5	2.5～4.5	冬天

通常用固化剂的总酸度来衡量其活性大小，按活性大小有机磺酸排序如下：氯苯磺酸＜酚磺酸＜萘磺酸＜对甲苯磺酸＜二甲苯磺酸＜苯磺酸。固化剂的浓

度越大，其活性也就越大。

固化剂的加入量依所要求的硬化速度、气温、湿度、砂温和树脂种类调整。对呋喃树脂、固化剂加入量一般为树脂用量的25% ~50%；对酚醛树脂，通常为树脂量的30% ~55%。加入量增加，硬化速度加快，但不能过量；否则，树脂膜焦化，强度明显降低。

4. 添加剂

为了改善酸自硬树脂砂的某些性能，有时在配比中加入一些添加剂，常用的添加剂见表2-8。

表2-8　树脂自硬砂用添加剂

序号	名称	加入量（占树脂的质量分数,%）	作用
1	硅烷	0.1 ~0.3	偶联剂，提高强度、降低树脂加入量
2	氧化铁粉	1 ~1.5	防冲砂
3	氧化铁粉	3 ~5	防止气孔
4	甘油	0.2 ~0.4	增加砂型（芯）韧性
5	苯二甲酸二丁酯	≈0.2	增加砂型（芯）韧性
6	邻苯二甲酸二丁酯	≈0.2	增加砂型（芯）韧性

硅烷增加树脂与原砂的附着强度，从而使树脂耗量降低1/3左右（见表2-9）。同时，硅烷还可以使树脂砂的抗湿性得到明显改善。

表2-9　硅烷对树脂砂强度的影响　（单位：MPa）

硬化时间/h	w（树脂）=1.2%，w（硅烷）=0%	w（树脂）=0.8%，w（硅烷）=0.2%
1	0.19	0.19
2	0.29	0.47
4	0.58	0.83
24	1.17	1.19

不同结构的树脂要求不同的偶联剂与之匹配，如KH-550对脲醛呋喃树脂的增强效果好，而对于酚醛树脂最为有效的则是苯氧基硅烷。KH-550硅烷对不同含氮量树脂的增强效果也有差异（见表2-10），很明显，它对无氢树脂的增强效果最好。

表2-10　KH-550硅烷对不同含氮量树脂增强效果对比（单位：MPa）

硅烷加入情况	无氮树脂	低氮树脂	中氮树脂
未加时抗拉强度	1.35	1.43	2.1
加0.3%（占树脂的质量分数）硅烷时抗拉强度	2.31	1.92	2.7

注：型砂的配比（质量比）为，标准砂100、树脂1.5（占原砂的质量分数）、固化剂50（占树脂的质量分数）。

硅烷会水解，并变成高聚物沉淀出来，因而使其增强作用随时间延长逐渐减弱，一般有效期为5～7d，因此最好在使用前加入硅烷，搅拌均匀放置4h后立即使用。

几种典型的酸自硬树脂砂的配方实例见表2-11。

表2-11 酸自硬呋喃树脂砂配方实例

编号	成分（质量比）					性能		用途	使用单位
	新砂	再生砂（旧砂）	树脂占原砂的质量分数（%）	固化剂占树脂的质量分数（%）	硅烷占树脂的质量分数（%）	24h抗拉强度/MPa	850℃发气量/（mL/g）		
1	25（水洗大林砂）	75	0.8（中氮呋喃）	40（对甲苯磺酸）	0.1～0.3	>1.0	<10	10kg～16t各类机床铸铁件	沈阳一机床厂
2	5～10（晋江水洗砂）	95～90	1.0～1.2（型）1.2～1.4（芯）（低氮呋喃）	30～60（对甲苯磺酸）	0.1～0.3	0.6～0.8（型）0.8～1.0（芯）	10～11	机车铸铁件、球墨铸铁件	四方机车车辆厂
3	20（水洗大林砂）	80	1.0～1.5	30～45	0.2～0.3	≥0.98	—	摇枕、侧架等低合金钢件	齐齐哈尔车辆厂
4	5（平潭砂）	95	0.85	30～36	0.2～0.3	1.8～2.2	1.5～2.2①	各类不锈钢合金钢阀门	温州龙清阀门有限公司
5	5～10	95～90	0.8～1.1	25～60	0.25～0.3	0.4～0.9	10～12	电动机座、端盖、套筒等25Mn钢件	株洲电力机车厂
6	0～5	95～100	0.85～1.0	40	0.1～0.3	0.4～0.5	2.5～3.0①	灰铸铁、球墨铸铁件	柳州工程机械厂

① 灼烧减量（质量分数,%）。

2.1.3 酯固化碱性酚醛树脂自硬砂型

碱性酚醛树脂是苯酚和甲醛在强碱催化下缩聚而成的酚醛树脂，由于其pH值为12～14，故称为碱性酚醛。它采用有机酯（甘油醋酸为主）作为固化剂。表2-12和表2-13为国内外碱性酚醛树脂及配套固化剂的主要性能指标。

表 2-12 国内外碱性酚醛树脂性能指标

指标	黏度/mPa·s	游离甲醛（质量分数,%）	游离酚（质量分数,%）	保质期	pH
我国	≤120	≤0.2	≤0.5	半年	≥13
国外	70～95	≤0.2	≤0.2	半年	13～13.5

表 2-13 国内外碱性酚醛用有机酯固化剂性能指标

指 标	我国 A	我国 B	我国 C	国外 D	国外 E	国外 F	国外 G	国外 H	国外 I	国外 J	国外 K
密度/(g/cm³)	1.2	1.2	1.2	1.2	1.18	1.17	1.13	1.11	1.15	1.12	1.12
酯（质量分数,%）	≥98.2	≥98	≥98	—	—	—	—	—	—	—	—
黏度（20℃）/mPa·s	≤50	≤50	≤50	10～20	10～20	10～20	10～20	10～20	10～20	10～20	10～20
游离酸（质量分数,%）	≤0.2	≤0.2	≤0.2	—	—	—	—	—	—	—	—
适应范围	夏天	春天，秋天	冬天	快 ——————→ 慢							

酯硬化碱性酚醛树脂自硬砂除具有呋喃树脂自硬砂所具有的溃散性好、硬化速度快、可使用时间能在较大范围内调整等优点外，还具有以下特点：

1）高温性能好，浇注时具有其他树脂不可比拟的热塑性和高温二次硬化现象，同时黏结剂系统中不含 N、P、S 等有害元素，因而可以有效地防止铸钢件气孔、裂纹等缺陷，并能保证铸件的尺寸精度。

2）对原砂的适应性广。不仅可适用于硅砂，对酸耗值高的镁橄榄石砂、铬铁矿砂等都可适应。

3）对铸造合金的适应性强。由于它不含 N、P、S 等有害元素，不仅适用于普通铸铁、球墨铸铁、非铁合金，尤其还适应于普通碳钢和合金钢铸件。

4）混砂和浇注时不放出刺激性气味，有利于环境保护。

5）树脂砂的比强度偏低，因而加入量较大［如采用硅砂时树脂加入量 2.5%（质量分数），24h 抗压强度为 3.15MPa］，成本比呋喃树脂砂高。

6）旧砂再生回用比呋喃树脂自硬砂困难。再生砂中的碱性物降低型砂的强度，缩短可使用时间。

由于碱性酚醛树脂自硬砂具有优良的综合工艺性能，并提供了生态学、工人操作和铸件质量上的很多优点，它的应用增长较快，尤其在英国。它特别适用于水泵、阀门、化工设备、核工业设备等铸钢件的生产。

碱性酚醛树脂自硬砂的树脂加入量为1.5%～2.5%（质量分数），固化剂的加入量为树脂量的20%～30%（质量分数），像酸催化法一样，先加入酯固化剂。直到完全包覆砂子，再加树脂。中小砂芯可采用碗形混砂机，造型或较大砂芯可采用连续式混砂机。

砂温通常控制在20～30℃，几种固化剂的可使用时间和起模时间如表2-14所示。酯硬化碱性酚醛树脂砂的硬化特征为：当硬化开始，型（芯）内外几乎同时硬化。

表2-14　几种固化剂的可使用时间和起模时间　　（单位：min）

名称	γ-丁内酯	甘油二乙酸酯	甘油三乙酸酯	甘油单乙酸酯
可使用时间	1～2	5～7	9～11	30～35
起模时间	3～4	12～15	20～25	60～65

注：使用条件：气温20℃，相对湿度50%。

2.1.4　胺固化酚醛尿烷树脂自硬砂型

酚醛尿烷树脂黏结剂系统中，采用了一种专利的苯基醚酚醛（PEP）树脂，故这种工艺简称为Pep-Set法。该法在北美、西欧应用十分广泛。目前我国也有同类树脂供应，使用范围在不断扩大，使用量逐年增加。

1. 组成与特点

黏结剂由三部分组成：组分Ⅰ——苯基醚酚醛树脂；组分Ⅱ——聚异氰酸脂；组分Ⅲ——三乙胺催化剂。组分Ⅰ中的羟基与组分Ⅱ中的异氰酸根在组分Ⅲ的催化作用下发生加成缩合反应，生成脲烷缩合物，从而使砂型（芯）硬化。

树脂中组分Ⅰ与组分Ⅱ的加入比例（质量比）一般为1:1，也可以根据工艺要求作适当调整，如55:45，60:40。其中组分Ⅰ占的比例越高，含氮量越低，高温稳定性越好。为适应铝合金铸件对型（芯）砂高溃散性的特殊要求，可选择组分Ⅱ占的比例高的Pep-Set5000系列黏结剂。固化剂的选择主要根据环境温度、砂温和工艺要求的硬化速度来确定。

与其他自硬树脂砂比，该类自硬砂的主要特点如下：

1）可使用时间长。型（芯）砂的流动性好，有利于混合料硬化前的造型（芯）操作，能适应较复杂铸件的造型和制芯。

2）由于硬化是加成缩合反应，硬化过程不产生任何副产物，同时，硬化反应几乎是在表面和内部同时进行的，硬化进行得很快，而且不受形状或壁厚的制约，因而，有利于缩短起模时间，提高生产效率。

Pep-Set法适用于钢、铁、非铁合金等各类金属的各种铸件，尤其适用于生产批量较大的中小尺寸复杂铸件（如汽车、农机的缸体、缸盖等）的自硬砂生产。

2. 配方及混制工艺

典型配方（质量份）如下：

1）原砂 100［大都采用新砂与再生砂掺和使用，如按质量比 30∶70 等；再生砂微粉含量（质量分数）≤0.8%，灼烧减量（质量分数）≤3.0%，水分（质量分数）≤0.2%；新砂和再生砂温度 20～30℃，由砂温加热器和冷却器调节］。

2）组分Ⅰ为砂重量的 0.7%～1.0%。

3）组分Ⅱ为砂重量的 0.7%～1.0%。

4）组分Ⅲ一般为组分Ⅰ重量的 0.4%～10%，随环境和所用原砂而定。

为了保证树脂的黏结效率得到充分发挥，混砂机必须高效混砂，使多组分分布均匀；每次混碾后，要保持最小的残留砂，以免残留砂硬化堵塞混砂机。生产线上一般采用连续式混砂机，其能力与速度与整条生产线各工序应同步。为保持适当的流动性，使定量准确，混砂均匀，树脂和催化剂都要加热并保持在 18～30℃的范围内。树脂齿轮泵的定量精度范围为 ±2%，催化剂定量泵精度范围为 ±1%。

某汽车厂 Pep-Set 自硬砂配方见表 2-15。原砂采用擦洗砂，新砂与旧砂的质量比为 30∶70，砂平均的抗拉强度为 0.9MPa，平均发气量为 10mL/g。

表 2-15 某汽车厂 Pep-Set 自硬砂配方

产品名称	组分Ⅰ	组分Ⅱ	组分Ⅲ	总加入量
	占砂重量的百分数（%）	占砂重量的百分数（%）	占组分Ⅰ重量的百分数（%）	占砂重量的百分数（%）
EQ 153 缸盖	0.7～0.8	0.6～0.7	1～2	1.3～1.5
EQ 153 凸轮轴	0.5～0.6	0.4～0.5	3～4	0.9～1.1

3. 造型（制芯）工艺

混砂机每次开始混砂的头砂，往往均匀性较差，应用小铲接出作背砂使用；造型（或制芯）的紧实一般用振击方法，以缸盖、凸轮轴造型为例，振动频率为 45～55Hz，振击力为 40～60kN，振击时间为 7～10s；型（芯）砂的硬化速度与环境温度和湿度有很大关系，在新砂和再生砂温度控制在 25～30℃的情况下，主要通过催化剂的数量和种类来调节硬化速度。

起模时间可用砂型 B 型硬度计控制。当 B 型硬度达到 70～80 时，砂型（芯）还有一定的韧性，正好起模。当硬度过大（如 90 时），往往由于刚性过大，造成起模困难。该类自硬砂的硬化特征与酯硬化碱性酚醛树脂砂的硬化特征相似：当硬化开始，型（芯）内外几乎同时硬化。

为了加速硬化，便于随后的下芯操作，起模后的砂型（芯）应通过连续式气流烘干炉，在100~150℃烘烤10min。

由于Pep-Set黏结剂系统在高温下会分解出光亮碳，具有一定的防粘砂能力，很多情况下不必上涂料。在需要上涂料时，自干或点火烘干的醇基涂料应在起模后至少硬化10min才能涂覆，以防损坏型（芯）表面。水基涂料则可在起模后立即涂覆，并直接在烘炉中烘干，烘干温度为100~150℃，烘干时间为40~60min。

为了降低材料消耗和成本，通常将砂铁质量比控制在0.8:1.0~2.5:1.0的范围内，它主要取决于铸件复杂程度，以及是否采用砂箱等因素。

模样或芯盒材料选用的范围较宽，常用的有铝、木材、环氧树脂、尿烷塑料、铸铁等。所用模具清洁剂和脱模剂必须与模具材料相适应，以减少模具的化学腐蚀。

2.2 影响树脂砂型铸造质量的因素

2.2.1 原材料质量的影响

树脂砂原材料（原砂、树脂黏结剂、固化剂等）的质量会直接影响树脂砂铸造产品铸件的质量，要获得高质量的铸件必须采用合格质量的树脂砂原材料。

1. 原砂

除少量特殊要求之外，自硬树脂砂的原砂通常都采用硅砂，对原砂的质量要求具体如下：

1）原砂 SiO_2 含量要高，一般铸钢件，w（SiO_2）≥97%；铸铁件，w（SiO_2）≥90%；非铁合金铸件，w（SiO_2）≥85%。

2）酸耗值应尽可能低，一般不大于5mL。

3）含泥量越小越好，一般质量分数小于0.2%，颗粒表面应干净、不受污染，以保证砂粒与树脂膜之间有高的附着强度。因此，应尽可能采用经过擦洗处理、去除了表面包覆黏土和金属氧化物的擦洗砂。

4）原砂粒度适中，通常采用以筛号70为中心，主要部分集中在上下3或4个筛号上的原砂。根据铸件大小，材质不同，原砂粒度大小应有所变化。

5）小于筛号140的细粉应尽量少，一般不得超过1%（质量分数）。

6）原砂应保持干燥，水分含量不大于0.2%（质量分数）。

7）角形因数要小，粒形越接近圆形越好。角形系数最好在1.3以下，尽可能不用1.45以上的硅砂。

8）硅砂的灼烧减量不得超过0.5%（质量分数）。

表 2-16 列举了树脂自硬砂用原砂的技术参数。应根据不同的铸件要求，选择适用的原砂。

表 2-16　树脂自硬砂用原砂的技术参数

种类	粒度（筛号）	SiO_2（质量分数，%）	含泥量（质量分数，%）	含水量（质量分数，%）	微粉量①（质量分数，%）	酸耗值（质量分数，%）	灼烧减量（质量分数，%）	适用范围	
								材质	铸件类型
硅砂	30/50	>97	<0.2	<0.1~0.2	<0.5~1	<5	<0.5	铸钢	重大型及大型热节铸件
硅砂	40/70	>97	<0.2	<0.1~0.2	<0.5~1	<5	<0.5	铸钢	重大型及大型热节铸件
硅砂	40/70	>96	<0.2	<0.1~0.2	<0.5~1	<5	<0.5	铸钢	大、中型热节件
硅砂	50/100	>96	<0.2~0.3	<0.1~0.2	<0.5~1	<5	<0.5	铸钢	中、小型件
硅砂	40/70	>90	<0.2	<0.1~0.2	<0.5~1	<5	<0.5	铸铁	重大及大型件
硅砂	50/100	>90	<0.2~0.3	<0.1~0.2	<0.5~1	<5	<0.5	铸铁	重大及大型件
硅砂	50/100	>90	<0.2~0.3	<0.1~0.2	<0.5~1	<5	<0.5	铸铁	一般件
硅砂	100/200	>90	<0.3	<0.1~0.2	<0.5~1	<5	<0.5	铸铁	一般件
硅砂	70/140	>85	<0.2~0.3	<0.1~0.2	<0.5~1	<5	<0.5	铸造非铁合金	各类铸件
硅砂	100/200	>85	<0.3	<0.1~0.2	<0.5~1	<5	<0.5	铸造非铁合金	各类铸件

① 微粉 30/50、40/70 为筛号 140 以下；50/100、70/140 为筛号 200 以下；100/200 为筛号 270 以下。

2. 树脂黏结剂

树脂黏结剂的质量，除含氮量外，还有黏度、密度、游离甲醛含量、pH 值等技术指标。实际应用中，树脂砂的强度、可使用时间等性能与树脂黏结剂的质量和性能有很大关系。在保证型砂强度足够的前提下，应尽量降低树脂黏结剂的加入量，以减少型砂的发气量和灼热减量，达到提高铸件质量的目的。

呋喃自硬树脂的常用技术性能指标范围见表 2-3 至表 2-6，表 2-17、表 2-18 为国内外常用呋喃树脂的技术参数，其他种类的树脂黏结剂也有类似的技术参数，应根据需要选用质量合格的树脂黏结剂。

表 2-17　国内常用呋喃自硬树脂的技术参数

型　号	含氮量（质量分数，%）≤	黏度/mPa·s	密度/（g/cm^3）	游离醛（质量分数，%）≤	含水量（质量分数，%）≤	pH 值	FA 加入量（质量分数，%）
A	4.2	30	1.15~1.20	0.3	5.5	6.5~8.0	83
B	6	45	1.15~1.20	0.5	11.0	6.5~8.0	75
C	3.0	20	1.15~1.18	0.3	5.0	6.5~8.0	86
D	1.5	15	1.12~1.18	0.3	30	6.5~8.0	90
E	1.0	15	1.12~1.18	0.3	3.0	6.5~8.0	92

3. 固化剂

固化剂通常与树脂黏结剂配合使用，固化剂的种类及质量对树脂砂型铸造质量也有较大影响。以呋喃自硬树脂砂为例，可用的固化剂有无机固化剂（如磷酸、硫酸乙酯等)、有机固化剂（如各种磺酸）两大类。磺酸类有机催化剂易分解，树脂砂的溃散性和旧砂再生性能都好；而磷酸等无机酸高温下不易分解，溃散性稍差，在再生砂中磷酸盐易沉积，导致树脂砂强度下降。因此，普遍采用有机磺酸类固化剂。磺酸固化剂是由甲苯、二甲苯经过磺化制成的磺酸盐溶液，它是呋喃自硬、酚醛改性呋喃自硬、酚醛自硬树脂的通用固化剂。通过改变苯类及其配比溶剂的种类和可以控制固化剂的主要性能指标，制成不同固化速度的磺酸固化剂，以适应不同季节的生产条件。

表 2-18　国外呋喃自硬树脂的技术参数

序　号	含氮量（质量分数，%）	黏度/mPa·s	密度/（g/cm³）	游离醛（质量分数，%）	含水量（质量分数，%）	pH 值	FA 加入量（质量分数，%）
A	≤4.5	≤30	1.17~1.21	—	≤7	7.0~8.0	81
B	≤4.4	≤45	1.17~1.19	≤0.2	—	—	76
C	≤3.4	≤25	1.16	≤0.3	≤7.5	—	71
D	≤2.0	≤25	1.16	≤0.2	≤2.4	—	86
E	≤2.0	≤50	1.13~1.18	≤0.6	—	7.7~8.7	—
F	≤1.0	≤25	1.15	≤0.2	≤2.5	—	93
G	≤11	≤200	1.2~1.25	≤1.0	—	7~8	—

树脂砂中的常用磺酸固化剂见表 2-7。

2.2.2　旧砂再生质量的影响

与黏土旧砂的复用性能不同，自硬树脂旧砂必须进行再生处理后才能回用。由于自硬树脂再生砂的回用比例较大（通常达 70%~95%），因此旧砂再生的质量对自硬树脂砂型铸造质量影响很大。

1. 旧砂再生方法

旧砂再生是指将用过的旧砂块经破碎，并去除废旧砂粒上包裹着的残留黏结剂膜及杂物，恢复近于新砂的物理和化学性能，以代替新砂使用。对旧砂进行再生回用，不仅可以节约宝贵的新砂资源，减少旧砂抛弃引起的环境污染，还可节省成本（新砂的购置费和运输费)，具有巨大的经济和社会效益。旧砂再生已成为现代化铸造车间不可缺少的组成部分。

旧砂再生的方法很多，根据其再生原理可分为：干法再生、湿法再生、热法再生、化学再生四大类。适于自硬树脂砂旧砂再生的方法主要是干法再生和热法再生。国内最常用的是干法再生，国外有的企业为了获得高质量的再生砂实施热法再生旧砂。

1）干法再生是利用空气或机械的方法将旧砂粒加速至一定的速度，靠旧砂粒与金属构件间或砂粒互相之间的碰撞、摩擦作用再生旧砂。干法再生的设备简单，成本较低；但不能完全去除旧砂粒上的残留黏结剂，再生砂的质量不太高。

干法再生的形式多种多样，有机械式、气力式、振动式等，但干法再生机理都是碰撞—摩擦，碰撞—摩擦的强度越大，干法再生的去膜效果越好，同时砂粒的破碎现象也加剧。除此之外，旧砂的性质、铁砂比等对干法再生效果也有很大影响。

2）热法再生是通过焙烧炉将旧砂加热到800～900℃，除去旧砂中可燃残留物的再生方法。再生树脂旧砂等有机黏结剂旧砂的效果好，再生质量高；但能耗大，成本高。我国一般用于壳型旧砂等，较少用于自硬树脂旧砂的再生。

为了降低能耗和成本，近年来我国一些企业尝试采用了“低温热法再生（将旧砂加热到300℃～400℃）＋干法再生”酯硬化碱性酚醛树脂旧砂，效果较好。

2. 旧砂再生工序

树脂旧砂再生过程通常分为：预处理（去磁、破碎）、再生处理（去除旧砂粒上的残留黏结剂膜）、后处理三大工序，其中的每个工步对再生砂质量都有影响，主要工步为破碎、再生处理、微粉分离和调温等。

3. 树脂旧砂再生典型系统

常见的树脂旧砂再生机或系统有三大类：振动破碎干法再生机、离心撞击式干法再生系统、热法再生系统。目前我国常用的是振动摩擦式干法再生机和离心撞击式干法再生系统，前者多用于小型树脂砂铸造厂，后者多用于中、大型树脂砂铸造厂。

4. 旧砂再生系统的控制参数

不同的再生方法及设备系统对于同一种旧砂具有不同的效果，在生产过程中，应该严格监控如下参数以保证再生砂的质量。

（1）再生脱膜率　再生设备去除砂粒表面树脂惰性膜的能力可表示为

$$\alpha = \frac{A - B}{A} \times 100\% \tag{2-1}$$

式中，α为再生脱膜率；A为再生前平均灼烧减量；B为再生后平均灼烧减量。

再生脱膜率α值越高，通常认为再生系统的再生除膜效果越好，可减少再生砂中的残留黏结剂积累和灼烧减量，也有利于克服树脂砂铸件常见的气孔类缺陷等。再生脱膜率α也是衡量再生设备系统优劣的主要技术指标之一。

（2）再生砂粒度变化　旧砂再生时的热作用和机械作用，可能造成砂粒破碎，多次再生循环后的再生砂粒有细化之趋势，因此再生砂循环使用过程中对再生砂的粒度变化需进行砂粒分析测试。一般要求经两次再生后的砂子，粒度分布与原砂粒度分布相差不得大于一个筛号。这就不仅要求再生设备减少砂粒的破碎，也希望原砂本身具有足够的抗压破碎性，为此要求 SiO_2 的质量分数在90%以上。

（3）再生装置的旧砂回收率　旧砂再生后的回收砂量与投入再生机的旧砂量（不包括砂块及磁选废料）的百分比，称为再生装置的旧砂回收率，即

$$\beta = \frac{C}{D - E} \times 100\% \tag{2-2}$$

式中，β 为旧砂回收率；C 为回收再生砂的重量；D 为投入的旧砂总重量；E 为不能破碎砂块及废料重。

一般情况下，树脂旧砂的再生砂回收率应大于90%（质量分数）。

5. 再生砂质量的控制指标

再生砂质量除了受再生设备系统的结构、再生方法及工艺、再生效率等因素直接影响外，还受黏结剂和固化剂的种类及加入量、浇注金属的种类、浇注温度、铸件的大小及壁厚、砂铁比、从浇注至落砂的时间长短、原砂的形貌及粒度分布等因素的影响。通常情况下，各种再生砂的质量控制指标见表2-19。实际生产中，需要随时监控的再生砂质量指标主要包括：再生砂的粒度分布、灼烧减量、砂温、再黏结强度、发气量等。

表2-19　再生砂质量控制指标

用　途	材 质	灼烧减量（质量分数，%）＜	酸耗值/mL＜	pH 值＜	筛号200～底盘（质量分数，%）＜	底盘（质量分数，%）＜	含水量（质量分数，%）＜	含氮量（质量分数，%）＜
酚醛尿烷类	灰铸铁	3.0	—	8	1.0	0.5	0.2	—
呋喃树脂类	灰铸铁	3.0	2.0	5	0.8	0.2	0.2	0.1
呋喃树脂类	碳钢	1.5	2.0	5	0.8	0.2	0.2	0.03
呋喃树脂类	铸铝	4.0	1.0	6	0.8	0.2	0.2	—
呋喃树脂类	铸铜	2.5	1.0	6	0.8	0.2	0.2	—
多元醇尿烷类	铸铝	5.0	—	7	—	0.4	0.2	—

（1）粒度分布　再生砂中，筛号140号以下的微粉含量是一个十分重要的指标，它不仅影响树脂砂的强度（质量分数每增加0.5%，树脂砂强度下降20%），而且还会降低树脂砂的表面稳定性。由于要增加黏结剂的含量才能达到强度的要求，故使再生砂灼烧减量增大，容易引起气孔等缺陷，因此要严加控制。当旧砂再生系统运行中除尘系统出现问题时，往往会造成微粉量激增。如果除尘系统正常，经过多次除尘后，再生砂中的微粉应该比新砂低，要求微粉质量分数小于0.8%（其中底盘上的粉尘质量分数＜0.2%）。

此外，要求再生砂的水的质量分数＜0.2%，特别是在潮湿季节，大气湿度高，再生砂中的水分更要严加控制。当采用风力除尘时，由风带入的水分往往

使再生砂残留水量升高，应予足够重视。一般粒度分布、微粉含量、含水量至少每月测定一次，最好每周检测一次。

（2）灼烧减量（LOI）与残留含氮量　灼烧减量是存在于砂粒中可以烧掉的有机物质的量，它与发气量几乎呈直线关系。过大，往往容易产生气孔，但再生砂表面残留一层薄薄的残留黏结剂覆盖层，对提高再生砂的强度有好处。一般铸钢体，灼烧减量质量分数控制在小于1.5%；铸铁件，质量分数小于3.0%；铸铝件，质量分数小于4.0%。

灼烧减量与残留含氮量成正比（见图2-1）。旧砂中残留含氮量，开始时随着自硬砂反复回用次数的增加而增加，不久即达到饱和稳定状态（见图2-2）。

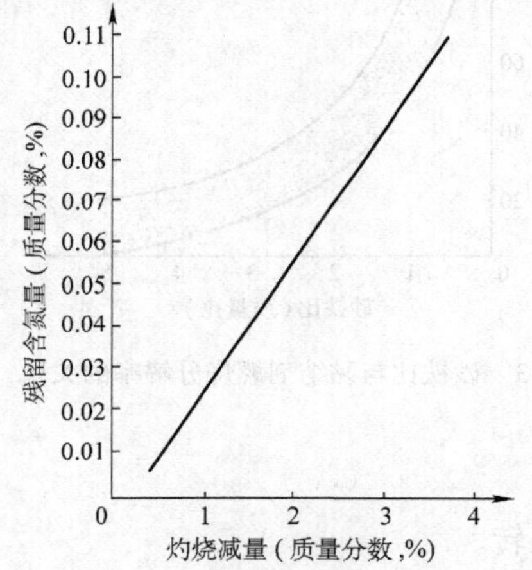

图2-1　反复回用的旧砂灼烧减量与残留含氮量关系

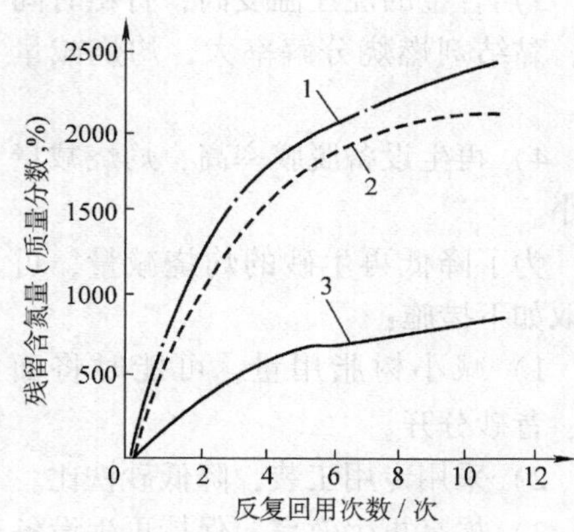

图2-2　自硬树脂旧砂中残留含氮量与反复回用次数的关系

1—低呋喃树脂砂　2—酚醛尿烷树脂砂　3—高呋喃树脂砂

从图2-2可看出，高呋喃树脂砂残留含氮量少，低呋喃树脂砂残留含氮量最高，其含氮量随脲醛树脂含量增加而增大，酚尿烷树脂砂残留含氮量随聚异氰酸酯加入量增加而增大。

当再生砂中残留含氮量超过一定的极限值，铸件就会产生氮气孔。表2-20列出了树脂砂中允许的含氮量。

表2-20　树脂砂中允许的含氮量

合　金	允许的含氮量（质量分数，%）	
	在树脂砂中	在黏结剂中
灰　铸　铁	0.15～0.25	8～15
球墨铸铁、低合金铸铁	0.06～0.10	3～6
钢、高合金铸铁	0.01～0.02	0.5～1.0

在日常管理中，对于残留含氮量可每月测定一次，平时则可通过测定灼烧减量来控制残留含氮量。

影响灼烧减量的主要因素如下：

1）砂铁比与黏结剂燃烧分解率的关系见图2-3，当砂铁比（质量比）为3、4、5时，黏结剂的燃烧分解率分别为20%、15%和10%。显而易见，随着砂铁比变大，灼烧减量也减小。

2）铸件表面积与体积的比值，比值越大，黏结剂烧失越多，即灼烧减量越小。

3）合金的浇注温度高，打箱时间长，黏结剂燃烧分解率大，灼烧减量小。

4）再生设备脱膜率高，灼烧减量就小。

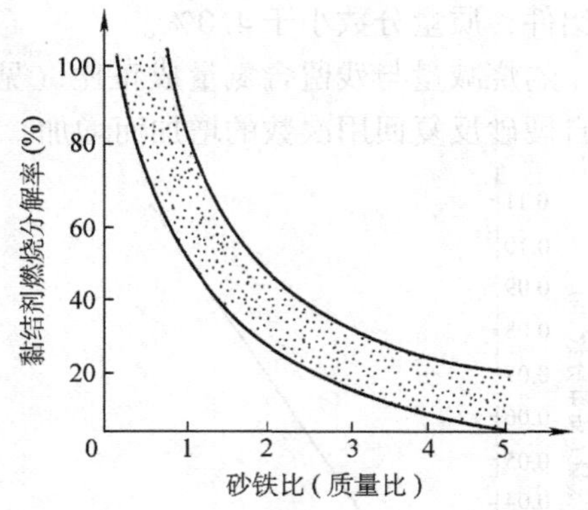

图2-3　砂铁比与黏结剂燃烧分解率的关系

为了降低再生砂的灼烧减量，可采取如下措施：

1）减小树脂用量，可能时将面砂、背砂分开。

2）采用专用工装，降低砂铁比。

3）提高再生效率，保持再生设备正常运转。

4）补加新砂。

（3）酸耗值与pH值　新砂和再生砂的酸耗值对比举例见表2-21。由表2-21可见，再生砂的耗酸值比新砂低得多。一般要求再生砂的酸耗值在2mL以下，使配制的自硬呋喃树脂砂的pH值控制在3～6。

表2-21　新砂与再生砂酸耗值对比举例

砂　种　类	pH=3	pH=5	pH=7
50g新砂酸耗值/mL	13.6	12.95	12.74
50g再生砂酸耗值/mL	0.41	-1.64	-2.68

（4）砂温　树脂再生砂的温度一般控制在20～30℃，此时可以直接放入混砂机内，否则将严重影响硬化速度。当砂温高于30℃时或低于20℃时，需要起动砂温调节器使砂温保持在20～30℃，以保证生产的正常运行。

（5）强度　表2-22为新砂、再生砂以及树脂和固化剂加入量对酸自硬呋喃树脂砂强度的影响。从表中可以看出，在树脂加入量都为1%（质量分数）的情况下，再生树脂砂的强度明显高于新砂树脂砂。而且在树脂加入量为0..8%（质量分数）时再生树脂砂的强度，也比1%（质量分数）的新砂树脂砂高，即树脂加入量可以减少20%以上。与此同时，再生砂的酸耗量明显降低，硬化速度也有很大提高，可节省较多的固化剂。因此，采用较高质量的再生砂对降低生产成本、减少污染和气孔缺陷等都是有利的。

表2-22　新砂、再生砂以及树脂和固化剂加入量对酸自硬树脂砂强度的影响

砂种类	树脂加入量（质量分数,%）	催化剂加入量（质量分数,%）	抗压强度/MPa					表面稳定性（%）	造型密度/（g/cm³）
			1h	2h	3h	4h	5h		
新砂	1	40①	0.44	2.2	3.37	4.6	5.0	89.3	1.55
		45	0.767	2.03	2.93	3.9	4.63	89.5	1.52
		50	0.93	2.27	2.47	3.55	4.5	88.8	1.54
再生砂		25	0.66	3.1	4.03	5.1	5.63	89.8	1.53
		30①	1.1	3.4	4.47	5.4	6.3	93.1	1.58
		35	1.8	3.67	4.43	5.3	5.63	92.5	1.54
	0.8	25	1.07	3.47	4.07	4.6	5.03	88.8	1.59
		30①	1.67	3.83	4.43	4.5	5.67	89.4	1.54
		35	1.63	4.0	4.1	4.4	5.1	89.1	1.52

注：砂温24℃；室温23～24℃；湿度68%～77%。

①　为合适的催化剂加入量。

（6）发气量、发气速度　灼烧减量与发气量、发气时间的关系见表2-23。从表中可以看出，由于再生砂的灼烧减量比新砂高，用它们配制的自硬树脂砂在其他条件相同时，发气量也比新砂树脂砂高，发气速度也更大。

表2-23　灼烧减量与发气量、发气时间的关系

砂种类	树脂加入量（质量分数,%）	催化剂加入量（占树脂的质量分数,%）	灼烧减量（质量分数,%）	发气总量（1000℃）/mL	发气时间/s	发气量累计/mL							
						发气时间累计/s							
						5	10	15	20	25	30	35	40
新砂	0	0	0.23	2.6	35	1.5	1.9	2.3	2.7	2.9	3.2	3.3	—
	1	40	1.38	6.0	40	2.6	3.5	4.7	5.4	6.2	6.8	7.3	7.6
再生砂	0	0	1.79	5.4	35	3.3	4.2	4.9	5.5	6.1	6.4	6.7	—
	1	30	2.88	8.3	40	4.4	6.2	7.6	8.5	9.4	10	10.2	10.5
	0.8	30	2.68	7.9	40	4.3	5.8	7	8.1	9	9.5	9.7	10

2.2.3 环境温度、湿度的影响

自硬砂（包括树脂砂和水玻璃砂）的最大缺点是可使用时间、起模时间及终强度受环境温度和湿度变化的影响大，容易造成生产的不稳定。由于自硬树脂砂的黏结及固化机理是黏结剂在固化剂作用下的化学反应，化学反应的环境温度和湿度对反应速度及反应结果有重要影响。因此，树脂砂铸造生产过程中，必须对原砂和再生砂的温度、湿度进行随时监控，将生产工艺、原材料的种类及加入量随生产场地的环境温度和湿度进行变化。

混砂机上方储砂斗中的树脂再生砂或新砂的温度，通常由安放于砂斗中的砂温调节器控制在20~30℃，以便稳定生产；再根据季节和环境气温的调节固化剂的种类及加入量，以适应各种天气和环境温度下的稳定操作。

树脂砂工艺对原砂中的水分含量有严格的限制，通常要求新砂或再生砂中的含水量小于0.2%（质量分数）。在潮湿的季节，大气中的湿度较高，此时再生砂中的水分更要严加控制；否则会较大影响型砂的强度和表面稳定性。对于自硬树脂砂工艺，干燥的天气和原材料有利于铸造生产和铸件质量。

环境温度（含原砂温度）增高，树脂自硬砂固化速度增加。在其他条件不变的情况下，砂温每上升10℃，固化速度要加快1倍；相同固化剂含量的树脂砂，砂温每升高5℃，因固化时间加快会使起模时间缩短1/4~1/3。环境的相对湿度（含原砂湿度）增加，树脂自硬砂的硬化速度减慢，终强度通常要降低。在环境湿度较大时生产，水分蒸发受阻而使硬化速度变慢。

实际生产中，解决环境温度和湿度变化影响的主要方法如下：

1）环境温度每上升或下降10℃，固化剂应减少或增加0.5%~1.0%（质量分数），如果相对湿度同时增加，固化剂应略微相应增加，一般可按环境温度变化5℃为一调整间隔。

2）环境温度为+10℃以上时，只需调整固化剂的用量；环境温度为+10℃以下时，宜采用低温用固化剂。

3）在低温、高湿的条件下，通过调节砂温，增加树脂和固化剂的温度，配合高浓度、高活性的固化剂的采用，是切实可行的措施。

2.3 树脂砂型铸造常见缺陷及防止措施

树脂砂型铸造的缺陷种类与黏土砂型铸造的缺陷种类相似，但因黏结剂和工艺方法的不同，其常见缺陷及防止措施又有所不同。

2.3.1 酸固化呋喃树脂自硬砂型铸造常见缺陷及防止措施

酸固化呋喃树脂自硬砂型铸造常见缺陷及防止措施见表2-24。

表 2-24　酸自硬树脂砂型铸造常见缺陷及防止措施

缺陷名称	产生原因	防止措施
气孔	1）树脂或固化剂加入量过多，树脂含氮量过高，型（芯）未完全硬化就浇注，使发气量大 2）涂料质量不良或干燥不充分，使型（芯）中残留水分过高 3）旧砂再生不良，微粉的灼烧减量超标使透气性降低，发气量增大 4）造型（芯）和合箱操作不当，使通气道被堵塞或砂芯出气不良 5）浇注系统设计不当。浇注速度过慢，压头过低，断流，使浇注系统未被金属液充满 6）金属冶炼质量欠佳，含氧量高	1）将黏结剂、固化剂的加入量降到最低限度，选用低氮或无氮树脂，在型（芯）充分硬化后再浇注 2）严格控制涂料质量，严格执行涂料烘干工艺。醇基快干涂料中溶剂含水量不大于5%（质量分数）。保证涂料有足够的浓度。合型前用喷枪进行一次全面烘烤 3）严格控制再生砂的灼烧减量与微粉含量在规定的允许范围之内 4）加强技术培训，严格执行工艺规程，保证型（芯）排气通畅 5）优化工艺方案设计，尤应重视浇注系统及排气系统设计，浇注时控制好速度，不能断流，浇注后及时点火引气 6）加强金属液脱氧。加入质量分数为0.05%的Ti，形成TiN，防止氮气孔折出
机械粘砂	1）原砂粒度太粗或分布过于集中，砂粒间间隙大 2）型（芯）砂流动性差或使用超过可使用期的树脂砂，使型（芯）砂紧实度不够，表面稳定性差 3）涂料耐火度不够，涂层太薄或施涂不当 4）金属液温度过高，静压头大	1）采用细砂、粒度分布在4、5个筛号的原砂 2）提高型（芯）砂的流动性，保证型（芯）砂的充填紧实度和表面稳定性；必要时在型砂中加入0.5%～2.0%氧化铁粉以减少孔隙率，提高热强度，对厚大铸钢件还可采用高温下产生固相烧结的铬铁矿砂，防止钢液渗透 3）保证涂料有足够的耐火度、厚度和渗入深度，严重受热的部位可涂双层或多层涂料 4）浇注温度不宜过高，尤其是对铸钢件
毛刺（脉纹飞翅）	硅砂的高温相变膨胀系数（6%）大大超过涂层的高温相变膨胀系数（2%），将涂层拉裂，金属液沿裂纹渗入	1）采用反复回用的旧砂，可显著降低型砂的膨胀系数 2）型砂中加入1%～2%的Fe_2O_3粉，可增加热塑性，减少膨胀率 3）适当降低浇注温度 4）锆砂铬铁矿砂热膨胀系数小，很少产生脉纹缺陷
裂纹	1）呋喃树脂砂冷却速度慢，浇注后树脂焦化形成坚硬的炭化骨架，退让性差，使铸件收缩受阻 2）硬化剂中的硫渗入铸件表层，使热强度下降，在热节缩孔部位形成裂纹源 3）铸钢件固-液相共存宽，收缩率大，发生热裂的倾向最严重，尤其是结构复杂、壁厚差大和薄壁框形零件在收缩阻力大的部分，最容易产生裂纹缺陷	1）提高型（芯）的退让性，如在型砂中添加2%～3%（质量分数）的木粉等溃散剂；造型时在背砂中埋入泡沫塑料块，尽量减薄型（芯）的吃砂量，做空心芯 2）优化浇注系统设计，加强补缩，减少缩松缩孔引起的裂纹。合理使用冷铁和其他激冷措施或在易发生裂纹的部位，用膨胀系数低、传热速度快的锆砂与铬铁矿砂代替硅砂 3）在易发生裂纹处设置防裂肋，在允许时加大圆角半径 4）采用具有屏蔽能力的涂料，防止型（芯）砂中的硫渗入铸件

（续）

缺陷名称	产生原因	防止措施
渗碳、渗硫、球化不良	1）由于树脂炭化，低碳钢和低碳不锈钢铸件表面出现2~3mm的渗碳层 2）采用磺酸类固化剂时，在不锈钢或球墨铸铁件表层出现1~3mm的渗硫层，造成球化不良，铸件表面性能恶化	1）在砂型或涂料中添加适量氧化剂（如氧化铁粉），采用屏蔽性强的涂料，加大涂层厚度，减少渗碳层深度 2）开发多种含强力脱硫剂的特种涂料，采用屏蔽性好的涂料。在球化处理时，适当增加一些球化剂用量
铸件尺寸精度超差	1）由于模样用木材未干燥透，含水量超标引起模样变形，或损坏后未及时修复 2）工装砂箱刚度不够，模板或砂箱定位不准或松动 3）工艺参数选择不当，如芯头间隙过大，收缩率选择不恰当 4）造型操作不当，如起模时间过早，型（芯）强度不够引起变形	1）制模木材经过充分干燥，控制含水率，发现模样破损必须及时修复 2）保证砂箱刚性，箱档可简化，但不能省掉；工装模板定位应始终保持准确 3）合理选择工艺参数，不要照搬黏土砂的工艺设计参数 4）起模不宜过早，起模后型（芯）安放平稳，防止变形

2.3.2 酯固化碱性酚醛树脂自硬砂型铸造常见缺陷及防止措施

酯固化碱性酚醛树脂自硬砂型铸造常见缺陷及防止措施如表2-25所示。

表2-25 酯固化碱性酚醛树脂自硬砂型铸造常见缺陷及防止措施

缺陷名称	产生原因	防止措施
型砂可使用时间短	1）原砂或再生砂的温度较高 2）再生砂的加入量偏多，质量不高 3）固化剂配比不当，快速固化剂比例偏多	1）降低或控制型砂温度 2）适当减少再生砂的加入量，增加新砂的加入量 3）调整固化剂比例，减少快速固化剂加入量
型砂强度偏低	1）原砂或再生砂质量差 2）树脂加入量偏低 3）再生砂的加入量过大	1）检查和提高原砂或再生砂的质量，减少并控制砂中的粉尘及残留黏结剂含量 2）适当增加树脂的加入量 3）适当增加新砂的加入量，减少再生砂的加入量
铸件产生冲砂、夹砂缺陷	1）浇注系统设置不当 2）砂型（芯）强度太低 3）浇道及砂型中有浮砂	1）设置浇注系统时，不使金属液直接冲击砂型（芯）；大、中铸件浇注系统采用耐火砖 2）调整型砂配比，提高砂型（芯）的强度，加强造型操作管理 3）合型前吹净浇道和型腔中的浮砂

（续）

缺陷名称	产生原因	防止措施
硬化速度太慢，可使用时间过长	1）环境温度过低 2）固化剂配比不当，慢速固化剂比例偏多	根据环境温度和气候变化，适时地调整固化剂的配比，增加快速固化剂的比例
砂型（芯）产生蠕变、塌落	1）型砂配比不合适，硬化反应不完全 2）原砂（或再生砂）水分过高 3）原材料定量不准、定量失控	1）调整配比，适当增加（快速）固化剂加入量 2）加强对原材料（或再生砂）质量的检测和监控，不用不合格的原材料 3）加强对混砂机定量系统的监控，保证原材料加入量的定量准确
铸件气孔	1）再生砂的灼烧减量偏高，残留黏结剂含量过大 2）树脂加入量偏高 3）型砂吸湿，其中的水分含量偏大	1）增加新砂用量，控制再生砂的灼烧减量 2）控制和减少树脂的加入量 3）采取防止砂型（芯）回潮吸湿的措施，采用热风烘干原砂工艺
铸件表面粘砂	1）涂料质量差，涂层薄 2）砂型紧实率度低 3）砂型强度低，表面发酥 4）造型材料耐火度不高	1）选用质量好的涂料，涂刷到规定的厚度 2）适当提高砂型紧实度 3）加强配砂和造型工序的质量管理控制 4）在铸件热节大、散热条件差的部位使用特种砂

2.3.3 胺固化酚醛尿烷树脂自硬砂型铸造常见缺陷及防止措施

酚醛脲烷自硬树脂砂型铸造常见缺陷及防止措施见表2-26。

表2-26 酚醛脲烷自硬树脂砂型铸造常见缺陷及防止措施

缺陷名称	产生原因	防止措施
型（芯）砂硬化不良	1）各组分定量不正确，固化剂加入量太低 2）水分超过限度 3）砂温、芯盒温度太低	1）对各组分加入量进行校对，确认3个泵处于正常工作状况 2）检查原砂水分并严格控制在规定范围内 3）应提高砂温和芯盒温度
型（芯）砂可使用时间短	砂温高，固化剂过量，混砂时间过长，原砂pH值过低	确定主要原因后，采取相应对策
型（芯）易破碎，废损大	树脂加入量太少，固化剂用量过大，砂温太高或砂中粉尘量太多	应采取相应对策

（续）

缺陷名称	产 生 原 因	防 止 措 施
气孔	组分Ⅱ中含有氰酸基，氮的质量分数为6.0%～7.6%，是氮气孔的来源	1）应尽量降低树脂加入量，降低组分Ⅱ的比例，将组分Ⅰ∶组分Ⅱ（质量比）调整到55∶45或60∶40 2）混合料中加入氧化铁（质量分数为：铸铁件，0.25%～2.0%；铸钢件，2%～3%）
表面光亮碳缺陷	黏结剂分解放出碳氢化合物，再分解为碳沉积在铸件表面形成皱纹、折叠缺陷	提高浇注湿度，缩短浇注时间，加强排气，加入氧化铁，采用溢流冒口排除沉积物
脉纹、粘砂	组分Ⅱ过多，浇温过高，浇速过快，型（芯）紧实不充分	采用相应对策，并加入质量分数为1%～3%的氧化铁粉

2.4 树脂砂型铸造生产的质量控制

自硬树脂砂自20世纪50年代末期开发研究后，已在铸造业中获得广泛的应用。该工艺的特点是铸型和型芯可自硬，工艺简单，节约能源，生产率高，浇注后溃散性好，所得铸件尺寸精度高，表面质量好，适用于各种合金铸件的生产。

我国自20世纪70年代初也开始对自硬树脂砂进行了大量的研究和试验，目前已在生产中应用，但从生产情况来看，铸件的质量，特别是尺寸精度和表面质量与国外产品相比差距较大。这不仅影响其使用性能，而且直接影响其在国内外市场的竞争能力，所以提高铸件表面质量是亟待解决的问题。而该问题的解决与自硬树脂砂的性能密切相关，因此对自硬树脂砂生产的质量控制就显得尤为重要。

从目前国内的生产情况来看，大批量应用树脂砂的生产主要集中在铸钢件上，而小批量的镁合金铸件和铝合金铸件也常用到树脂砂。而不论是大批量的应用树脂砂的铸钢件生产还是小批量的生产，树脂砂质量的好坏都直接影响着最终铸件的质量。综合来看，可以从以下几个方面来控制树脂砂的质量。

1. 型砂质量的控制

树脂砂质量的好坏将直接影响到铸件质量，所以必须严格控制树脂砂的质量。一般可以从原材料质量的控制、型砂工艺参数的控制和再生砂的质量控制三个方面来进行控制。

(1) 原材料的选择及要求

1) 原砂。树脂砂工艺对原砂的要求很高，原砂的粒度应根据主要产品的壁厚来确定。一般厚大铸件多选用了粒度为30/70目的烘干擦洗砂。

2) 树脂、固化剂。国内生产树脂、固化剂的厂家很多，但具有自主研发能力、具备完善的检测设备和严密可靠的质量保证体系的厂家屈指可数。所以选择质量好的树脂、固化剂对于型砂质量显得很重要。同时也要根据气温的变化，应选用不同总酸含量的固化剂，固化剂的加入量与固化剂的总酸含量、环境温度和型砂温度有直接关系，其加入量一般为树脂加入量的30%～65%。

(2) 型砂工艺参数的控制

1) 可使用时间。通常把型砂24h的抗拉强度只剩下80%的试样制作时间称为型砂的可使用时间。在生产过程中，可以将型砂表面开始固化的时间作为型砂的可使用时间。一般情况下，型砂的可使用时间应控制在6～10min。对于大型铸型或砂芯，可使用时间可延长至15min，通过调整固化剂的加入量来控制型砂的可使用时间。

2) 型砂强度。可分为初强度和终强度。初强度是指型砂在1h的抗拉强度，型砂的初强度应控制在0.1～0.4MPa。终强度是指型砂在24h的抗拉强度，型砂的终强度应控制在0.6～0.9MPa，决不要追求过高的终强度，否则会增加树脂的加入量、生产成本、气孔缺陷倾向，同时也会给旧砂再生处理增加麻烦。

3) 起模时间。起模时间与型砂强度、型砂温度、环境温度、湿度、砂箱温度、铸型的复杂程度等诸多因素有关。在生产过程中，往往以与砂箱接触的型砂强度作为判断依据。如果用通气针沿箱壁往下扎，扎入深度平均小于20mm时，即可起模。随着季节和气温的变化，起模时间一般控制在0.5～1.5h。

(3) 再生砂的质量控制

1) 灼烧减量的控制。灼烧减量过高会增加型砂的发气量，一般应将再生砂的灼烧减量控制在3%以下。可通过补加新砂、向铸型中填充废砂块、降低砂铁比等手段降低灼烧减量。在正常情况下，再生砂的灼烧减量每两周检测一次。为保证检测的准确性，要求在砂温调节器上的筛网上，在不同的时间段分三次取样，以平均值作为判断依据。

2) 微粉含量的控制。微粉含量是指再生砂中140目以下物资的含量。微粉含量越高，型砂的透气性越差，强度越低。要控制微粉含量，必须保证除尘器处于良好的工作状态，并每天定期反吹布袋，清理灰尘。再生砂的微粉含量每两周检测一次，微粉含量应不大于0.8%（质量分数）。

3) 砂温的控制。理想的砂温应控制在15～30℃，如砂温超过35℃，将使型砂的固化速度急剧加快，影响造型操作，导致型砂强度偏低，无法满足生产要求。在夏季，环境温度最高会达到40℃，在此情况下将砂温降到30℃以下是十分困难的，因此必须采用水冷系统对再生砂进行降温。如果循环水的入水温度<25℃，就能将砂温降到32℃以下；但当循环水的入水温度≥25℃时，降温效率将急剧下降。若配备冷冻机组，在炎热的夏季，就可将循环水的入水温度控制在7~12℃，砂温控制在25~30℃。在冬季的正常生产情况下，砂温不会低于5℃，不会出现因砂温偏低而影响生产的情况。

2. 造型过程的质量控制

（1）混砂过程的质量控制　要按规范要求对设备进行检查、润滑和液料回流。按规范要求振打、反吹除尘布袋，及时清运除尘器中聚积的粉尘。每天清理1~2次混砂槽，每次清理完成后都应在混砂槽内壁和刀杆、刀片上刷脱模剂。混砂刀片的角度和刀片距混砂槽内衬的距离应符合规范要求。当混砂槽内衬和混砂刀片因过度磨损而无法正常使用时，应及时更换。

（2）脱模剂涂刷过程的质量控制　由于树脂砂没有退让性，起模相对比较困难，因此，模样在首次使用前，必须刷脱模剂，在脱模剂未完全干燥前，严禁填砂造型，否则，型砂易和模样粘连在一起，难以起模。对于不易起模的模样，在每次造型前，均应刷脱模剂，相对容易起模的模样，应根据使用情况每隔一定次数刷一次脱模剂。刷脱模剂前，应将模样表面清理干净，打磨平整。

（3）冷铁使用过程的质量控制　使用醇基涂料时，冷铁部位的涂料层不易点燃，极易在放置冷铁的部位产生蜂窝状气孔。为避免出现气孔缺陷，铸铁冷铁在使用的前一天或使用当天应进行抛丸处理，严禁使用表面锈蚀或有明显孔洞类缺陷的冷铁。冷铁在使用前应进行烘干处理，待使用的冷铁应放在支架上，以防吸潮。所有使用冷铁的铸型，在点燃涂料时应采用燃气喷枪对冷铁部位进行助燃、烘烤。合箱前，必须对铸型再次烘烤。

（4）填砂过程的质量控制　潮湿的砂箱在使用前应进行烘干。造型前，应将模底板垫平、垫实，避免造型填砂时底板变形。当砂箱表面温度≥40℃时，严禁造型填砂，否则与砂箱相接触的型砂会因固化速度过快，导致型砂强度急剧下降。树脂砂虽然有良好的流动性，填砂时，仍应用手或木棒对型砂进行紧实，以提高铸型的紧实度；特别是凹部、角部、活块、凸台下部以及浇注系统等部位，必须舂实，否则容易产生机械粘砂和冲砂缺陷。为降低生产成本，在吃砂量较大的空间应填充旧砂块，流到砂箱外面的型砂应作为背砂及时使用。为提高铸型（芯）的透气性，应严格按工艺要求放置冒口；铸型填砂完成后，应在砂箱表面扎通气眼；对体积较大或出气不畅的砂芯，制芯时应预埋通气绳或通气管；如果砂芯的填砂面为工作面，应将该面压光或用砂轮片修光。

（5）涂料涂刷过程的质量控制　由于树脂砂的高温溃散性好，对涂料的刷涂质量要求很高，如果涂料层不致密或涂料附着力不强，将极易造成冲砂或粘砂缺陷。因此，刷涂料时涂料层应致密，尤其要保证浇注系统和铸型侧面的刷涂质量。为提高铸件表面质量，应将非加工面的涂料层打磨平整，不能有明显的刷痕。

（6）合箱过程的质量控制　对采用“一箱多件”生产工艺且单件重量≤50kg的薄壁小铸件，如果在中午12点前起模，允许在造型当日合箱，其余产品必须在造型次日合箱，以减少产生气孔缺陷的概率。为避免铸型返潮、吸气，应尽可能缩短合箱到浇注的时间。合箱前，应将陶瓷管中和冒口根部的型砂清理干净。应按工艺要求选用合适的浇口箱或浇口杯。为避免铁液外溢，应在冒口部位放置冒口圈并用型砂固定。打卡子或紧固螺栓时，一定要插上定位销，以防错箱。合箱结束后，应向定位销套中灌散砂子，以防铁液流入。为便于浇注，相同材质的铸型要集中放置，砂箱间距要合适。合箱当日未浇注的铸型，如果铸型或砂芯内放置冷铁，必须在第二天开箱烘烤，以避免出现气孔缺陷。

3. 熔注过程的质量控制

因树脂砂发气量大，极易产生气孔和夹渣缺陷，故对熔注操作过程应严格控制，应坚持“高温熔炼，适温浇注”的原则。应提高铁液包的修砌质量，修包时应将包壁上粘附的熔渣清理干净，铁液包在使用前应进行充分烘烤。应严格控制每包铁液的浇注数量，以保证浇注温度符合工艺要求。浇注前，要认真扒渣。浇注时，要精心操作，避免熔渣浇入铸型，避免铁液溢流过多。

4. 清理过程的质量控制

应按工艺要求严格控制开箱时间，避免因开箱时间过早导致铸件变形。开箱时，要精心操作，及时将定位销套、冷铁和芯铁管捡出。铸件在脱箱后应进行预抛丸清理，以清除附着在铸件表面的浮砂，应根据铸件的结构确定吊挂方式和抛打时间。预抛后的铸件内外表面不应有明显的粘砂、氧化皮及铁锈。对于非全加工的铸件，在清铲、打磨及热处理工序完成后应进行二次抛丸清理，清理后的铸件内外表面不应有粘砂、夹渣、氧化皮、铁锈以及其他异物存在。抛丸清理后应将铸件中的铁丸清理干净。

5. 落砂、再生过程的质量控制

为避免损伤铸件和砂箱，不允许将铸件带入落砂机，应尽量避免砂箱与落砂机台面的剧烈撞击，应及时将落砂机上的浇冒口、冷铁、定位销套等杂物清理干净。落砂时应避免将砂温≥150℃的型砂带入落砂机，以免损伤输送带。加新砂时，严禁将湿砂加入提升机。如果发现湿砂，应将其倒入落砂区并摊开，使其自然干燥。

砂再生系统起动前，操作者应将储气罐和油水分离器中的水全部放出，并按规定给所有润滑点加油。除尘器每天起动前都应进行反吹，除尘系统运行正常后，才可起动砂再生系统。除尘布袋应定期更换。如果砂温调节器的工作效能有所降低，就应该用压缩空气对砂温调节器进行反吹，将散热片上粘附的灰尘和杂物清理掉，必要时要对砂温调节器的水路系统进行除垢处理。

6. 树脂砂设备选型和改造过程中应注意的几个问题

1）除尘器的除尘能力至少要比正常要求高出40%，应选择合适的过滤风速。优先选用布袋除尘器，避免使用滤筒式除尘器。

2）落砂机不安装在地坑内。振动电动机的位置应高于地面。振动电动机的密封装置要安全可靠。

3）在场地许可的情况下，应优先选用移动混砂机。

4）砂温调节器的能力至少要比正常要求高出20%。必要时，应配备冷冻机。砂温调节器下部应安装反吹接头。应动态显示砂温调节器的进水和出水温度。

5）混砂机的混砂槽应选用对开式结构，混砂槽内应附衬套，衬套应分成2或3节。砂斗的储砂总量应满足5d以上的使用量。

6）在混砂机大臂驱动电动机上应安装变频软起动装置，避免混砂时因频繁换向导致减速机损坏。

7）在传送带机和斗式提升机的从动辊上应安装光电感应联锁保护装置，避免因传送带打滑导致型砂堆积。

除上述措施外，适当增加型砂实时检测设备，随时监控型砂的性能也是很必要的。另外，完善的生产管理也有助于减少铸件缺陷，提高铸件质量。

第3章　水玻璃砂型铸造质量控制

3.1　水玻璃砂型的特点与工艺

3.1.1　水玻璃砂型的特点

与黏土砂比较，水玻璃砂具有型砂流动性好、易紧实、操作简便、能耗低、劳动强度低、劳动条件好、型（芯）尺寸精度高、铸件质量好、铸件缺陷少等优点。与树脂砂比较，水玻璃砂又具有成本低、硬化速度快、生产现场无毒无味、劳动条件好等优点。

水玻璃砂的主要缺点是：旧砂溃散性差，落砂清理困难；旧砂再生回用性差，旧砂废弃容易造成环境污染；型（芯）砂的吸湿性较强，储放稳定性较差等。随着水玻璃砂工艺的缺点不断得到克服，其性能也不断得到改进与提高，水玻璃砂将成为21世纪绿色铸造的希望。

根据硬化方式及所采用的硬化剂的不同，水玻璃砂型工艺的分类如图3-1所示。目前，实际应用较多的水玻璃砂工艺是普通 CO_2 硬化法和液态有机酯自硬法，少量采用的有 VRH-CO_2 法和粉末硬化剂自硬法，而微波加热硬化工艺可能成为未来水玻璃砂工艺的发展方向。

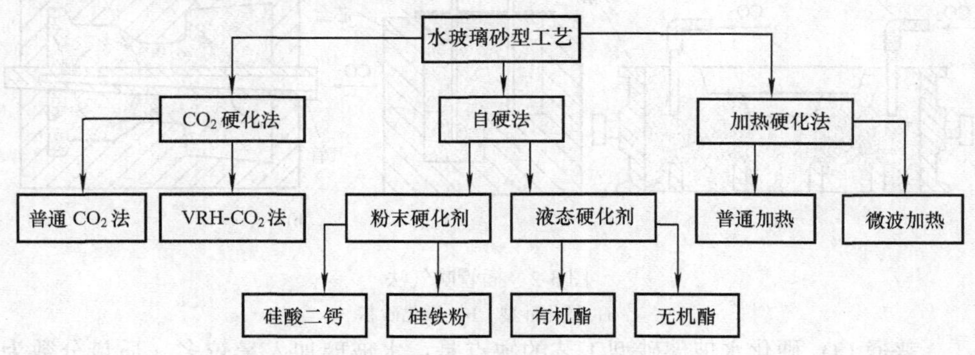

图3-1　水玻璃砂型工艺的分类

3.1.2　CO_2 硬化水玻璃砂型工艺

CO_2 硬化水玻璃砂型工艺又分为普通 CO_2 硬化水玻璃砂型工艺和真空 CO_2 硬化水玻璃砂型工艺（VRH-CO_2 法）两种。

1. 普通 CO_2 硬化水玻璃砂型工艺

普通 CO_2 硬化水玻璃砂型，大都由纯净的人造（或天然）硅砂加入 6.0%~8.0%（质量分数）的钠水玻璃配制而成。对于几十吨的大型铸件或质量要求高的铸钢件砂型（芯），全部面砂或局部采用镁砂、铬铁矿砂、橄榄石砂、锆砂等特种砂代替硅砂较为有利。为了使水玻璃砂具有一定的湿强度和可塑性，以便脱模后再吹 CO_2 硬化，可加入 1%~3%（质量分数）的膨润土或 3%~6%（质量分数）的普通黏土；为了改善水玻璃砂的溃散性或出砂性，可加入一定量（质量分数一般为 1%~5%）的溃散剂或溃散性物质（如木屑、石棉粉等）。

水玻璃砂可采用各类混砂机混制，如碾轮式混砂机、叶片式混砂机等。混好的砂通常放在有盖的容器内或覆盖有湿麻袋的场地待用，以免砂中的水分挥发和与空气中的 CO_2 接触而硬化。

水玻璃砂具有良好的流动性，造型、制芯时可采用手工紧实，也可采用振动紧实。通常是吹 CO_2 气体硬化后起模；再硬化一定时间后，组芯、合箱等浇注。

CO_2 吹气硬化的方式也多种多样，有插管吹气法（见图 3-2）、盖罩吹气法（见图 3-3）等。要求 CO_2 能迅速均匀地进入型（芯）的各个部位，以最少的 CO_2 消耗达到均匀硬化型（芯）各部位的目的，避免出现不能硬化（或硬化不良）的死角。

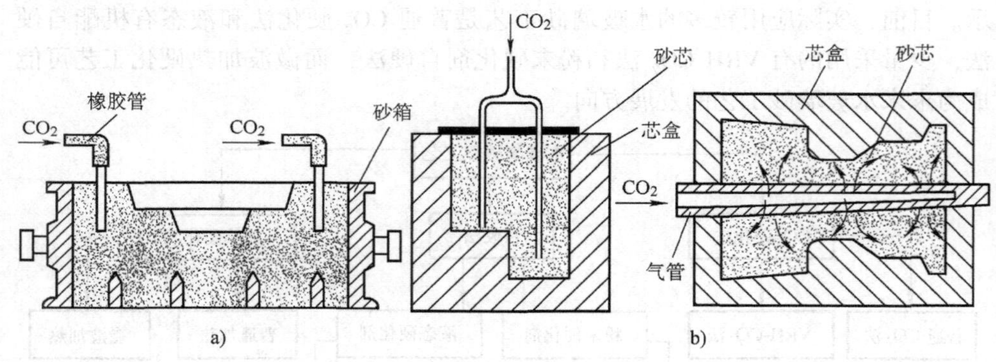

图 3-2　插管吹气法

a）硬化砂型　b）硬化砂芯

普通 CO_2 硬化水玻璃砂型工艺的缺点是：水玻璃加入量较多（质量分数为 7.0%~9.0%），溃散性较差，旧砂再生困难；硬化过程不太稳定，会使铸型（芯）产生“过吹”现象，导致铸型（芯）强度的下降；对于大型铸件的型（芯）表面易粉化，而内部又难以硬透，使铸件形成夹砂、鼠尾、砂眼等缺陷；型（芯）砂的吸湿性较强，在湿度较大的气候下，储放的稳定性较差。

2. 真空 CO_2 硬化水玻璃砂型工艺

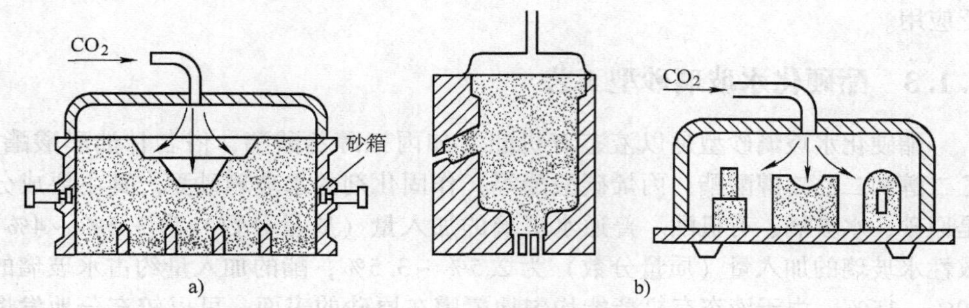

图 3-3　盖罩吹气法

a）砂型硬化　b）砂芯硬化

真空 CO_2 硬化水玻璃砂型工艺（Vacuum Replace Hardening），简称为 VRH-CO_2 法。它是将造型紧实后的水玻璃砂型（芯），连同模板一起送入一真空室内抽气，当达到一定的真空度后，向箱内通入 CO_2 气体，几分钟后铸型（芯）即可硬化达到一定的强度。VRH-CO_2 法示意图如图 3-4 所示。铸型（芯）从真空室内取出，进行起模，2～4h 后即可浇注。

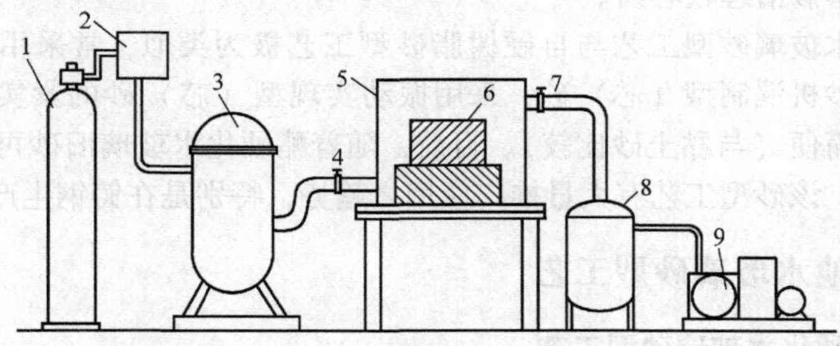

图 3-4　VRH-CO_2 法示意图

1—液体 CO_2 瓶　2—汽化器　3—CO_2 储气罐　4、7—控制阀　5—真空室　6—芯盒　8—水、粉尘分离器　9—真空泵

CO_2 吹气硬化之前对型（芯）抽真空，有两个优点：一是抽真空时，水玻璃中的水分蒸发，促使水玻璃脱水硬化；二是砂粒间隙中的空气几乎被抽净，当通入 CO_2 时，气体迅速进入间隙中与砂粒表面的水玻璃均匀反应，进一步使之硬化。由于 VRH-CO_2 法是一定真空度的条件下，CO_2 气体以极高的浓度与水玻璃接触，反应充分、迅速、均匀，用较少的水玻璃和 CO_2 气体即可达到足够的铸型（芯）强度。VRH-CO_2 法的水玻璃加入量可降至 3%～4%（质量分数），CO_2 气体的消耗比普通 CO_2 硬化水玻璃砂工艺减少 1/2～2/3。因此，VRH-CO_2 法既是来源于普通 CO_2 硬化水玻璃砂的工艺，又是优于普通 CO_2 硬化水玻璃砂的工艺。

VRH-CO_2 法的缺点是设备投资大，操作和维修要求严格，固定的真空室尺寸对于不同大小和不同形状铸型（芯）的适应能力差，因而制约了该工艺的广泛应用。

3.1.3 酯硬化水玻璃砂型工艺

酯硬化水玻璃砂型是以液态有机酯（如丙三醇乙酸酯，俗名甘油醋酸酯；乙二醇和二乙二醇酸酯，丙烯碳酸酯等）作固化剂的水玻璃砂型。其主要成分是原砂、水玻璃、有机酯。普通水玻璃的加入量（质量分数）为3.5%～4%，改性水玻璃的加入量（质量分数）为2.5%～3.5%，酯的加入量约占水玻璃的10%～15%。由于液态有机酯能均匀地覆膜在原砂的表面，可以较充分地发挥水玻璃的黏结效率，使得该工艺水玻璃加入量大大降低。它具有水玻璃砂和自硬树脂砂的综合优势。

1）硬化剂（有机酯）无毒，无气味，黏度低，定量准，易混合均匀。

2）型砂的强度高，硬化速度可调，型砂的稳定性提高。

3）成本低，操作方便，劳动条件好，符合绿色环保要求。

4）降低了水玻璃加入量，铸型浇注后的溃散性及旧砂的可再生性大为提高，铸件的落砂清理较容易。

酯硬化水玻璃砂型工艺与自硬树脂砂型工艺极为类似，常采用连续式混砂机或球形混砂机混制型（芯）砂，采用振动实现型（芯）砂的紧实，生产流水线的组成较简便（与黏土砂比较）。目前，随着酯硬化水玻璃旧砂再生回用问题的基本解决，该砂型工艺有大量推广应用之趋势，特别是在铸钢生产领域。

3.1.4 其他水玻璃砂型工艺

1. 粉末硬化水玻璃砂型工艺

粉末硬化水玻璃砂型是以硅酸二钙（$2CaO \cdot SiO_2$）、硅铁粉、赤泥、铬矿渣、各种水泥及氟硅酸钠等粉状硬化剂为主体的水玻璃自硬砂型。

粉末状硬化剂的共同特点是能够吸附水，颗粒小，表面积大，脱水后引起水玻璃黏度增加，从而产生黏结力。此外，粉末硬化剂的化学性能也会对黏结力的形成产生很大的影响。一些粉末硬化剂与水玻璃均匀混合，经造型紧实后，由于硬化剂与水玻璃发生化学反应而硬化，在很短的时间内就可获得很高的型（芯）砂强度，且有较好的抗吸湿性和抗蠕变性等。这种自硬水玻璃砂的操作简便，成本低，能生产尺寸精度高、铸造缺陷少的铸件，特别是对中大型铸件的生产有利。但是，粉末状硬化剂与水玻璃的化学反应仅发生在粉末颗粒的表面，颗粒内部被反应生成的硅凝胶所屏蔽，不能充分发挥效益，所以粉末状硬化剂的加入量一般都偏大（如硅铁粉的加入量为水玻璃加入量的20%～30%）。粉末硬化剂的加入，使型砂的总比面积增大，也使水玻璃的用量无法降低［水玻璃加入量（质量分数）为5%～6%］，它们的溃散性不比CO_2水玻璃砂好；加之粉尘污染加剧，因而大大限制了粉末硬化剂在铸造生产中的应用。

2. 微波硬化水玻璃砂型工艺

加热硬化水玻璃砂型是人们最早使用的水玻璃砂型硬化工艺，它具有强度高，水玻璃加入量较少等优点。但没有固化之前的型砂初期强度很低，砂型（芯）不能起模、搬运（需要随炉加热硬化后起模），硬化时间也比 CO_2 的时间长。为了解决脱模问题，常不得不加黏土来提高初期强度，从而增加了水玻璃的加入量，还带来了许多其他问题。另外，普通加热炉的加热水玻璃砂型（芯），型（芯）表层通常先受热失水硬化，结成硬壳，热量渗入型（芯）内部的速度较慢，型（芯）内部的水蒸气也不易扩散出来，故大、中型铸型（芯）的内部烘不透，型（芯）砂表层又易受过度烘烤。因此，实际生产中采用加热硬化的普通水玻璃砂工艺很少。

与传导性质的加热相比，微波加热可以使物体的更大部分得到加热，且由于微波能透入型砂的内部，由内向外逐步加热，有利于水分从型（芯）的内部向外迁移挥发，因而水玻璃砂的硬化速度快。微波加热能充分发挥水玻璃的黏结效率，水玻璃的加入量低（质量分数为1.0% ~2.0%），具有速度快、操作简便、加热均匀、强度高、水分去除充分等许多优点。该工艺有着广泛的应用前景。

目前，铸钢件生产大量采用 CO_2 硬化水玻璃砂工艺和有机酯硬化水玻璃砂工艺，其他硬化形式的水玻璃砂工艺使用量相对较少（如加热硬化水玻璃砂等）。

3.2 水玻璃砂的性能及其影响因素

水玻璃砂型铸造的质量主要取决于各类水玻璃砂的工艺性能，影响这些工艺性能的因素将直接影响铸件的质量。

3.2.1 CO_2 硬化水玻璃砂的性能及其影响因素

CO_2 气体在钠水玻璃中的硬化过程既包括化学变化，也包含物理变化。所谓化学变化，是指 CO_2 与钠水玻璃之间相互作用生成硅胶的过程，其反应方程式为

$$Na_2O \cdot 2SiO_2 + CO_2 + 4H_2O \longrightarrow Na_2CO_3 + 2Si(OH)_4$$

这是一个放热过程。所谓物理变化，是指 CO_2 流经黏结膜时，使黏结膜中的水分蒸发的一个吸热反应过程。物理变化和化学变化的程度，决定着黏结膜中硅胶层（黏结膜表层）与水玻璃胶体层（黏结膜里层）的相对比例和失水程度，因而也决定着黏结膜的常温强度、存放强度和残留强度。为了充分发挥 CO_2 钠水玻璃砂的黏结和硬化效率，获得综合性能好的黏结膜，必须通过对 CO_2 吹气工艺参数的调整，来控制 CO_2 在钠水玻璃中的硬化行为，实现对物理变化和化学变化程度的严

格控制。同时对水玻璃黏结剂的模数、密度、加入量、附加物等的性质和加入量进行严格的控制，才能使得水玻璃砂型芯的性能得到最好的优化。

CO_2 气体硬化钠水玻璃砂的使用性能包括：操作性能（可使用时间、不粘模性等），湿强度，硬化强度（常温硬化强度、存放性等），高温性能（高温强度、热膨胀、发气性、黏结性等），硬化速度（硬透性等），表面稳定性，溃散性等。不同性能之间会互相影响。其中，最为重要性能（或最引人关注）的是钠水玻璃砂的常温硬化强度、溃散性、表面稳定性等。

1. 硬化强度

吹 CO_2 气体硬化水玻璃砂的硬化强度取决于原砂的质量及含水量，水玻璃的模数、密度、加入量，吹气时间、吹气压力、吹气流量等。

（1）模数和吹气时间　CO_2 气体硬化钠水玻璃砂的即时强度 σ_0（吹 CO_2 气体硬化后即时测定的强度）和水玻璃模数 m 与吹气时间的关系如图 3-5 所示。由该图可以看出，达到相同即时强度需要的吹气时间随钠水玻璃模数降低而延长。

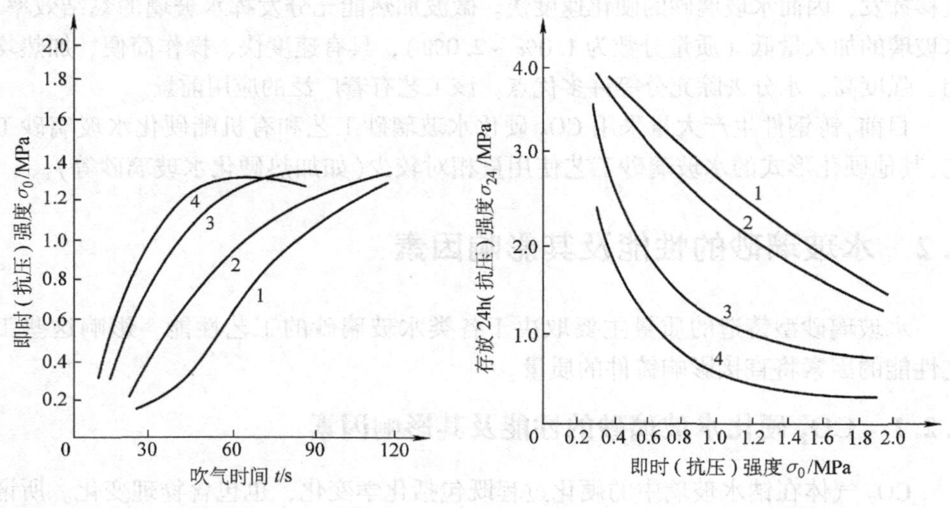

图 3-5　即时强度 σ_0 和水玻璃模数 m 与吹气时间的关系

1—$m=2.0$　2—$m=2.2$

3—$m=2.4$　4—$m=2.6$

图 3-6　即时强度 σ_0 和存放强度 σ_{24} 与水玻璃模数 m 的关系

1—$m=2.0$　2—$m=2.2$

3—$m=2.4$　4—$m=2.6$

吹 CO_2 气体硬化后存放 24h 测定强度（即 24h 存放强度 σ_{24}），存放强度 σ_{24} 和即时强度 σ_0 与水玻璃模数 m 的关系如图 3-6 所示。由该图可以看出，存放强度 σ_{24} 随即时强度 σ_0 增加而降低，但模数高的水玻璃降低幅度更大，这说明模数高的水玻璃容易产生过吹，过吹使存放强度降低。

（2）吹 CO_2 工艺参数　吹 CO_2 工艺参数对硬化强度的影响如图 3-7 所示。

测试用型砂配比及吹 CO_2 工艺见表 3-1。

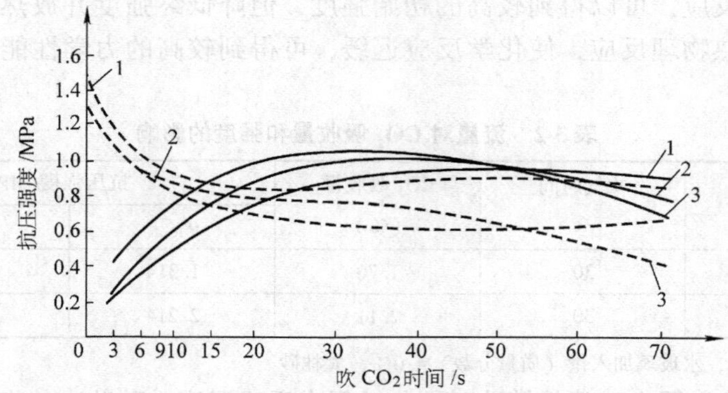

图 3-7　吹 CO_2 工艺参数对水玻璃砂（抗压）强度的影响

注：1. 图中曲线编号所对应的型砂配比见表 3-1。

2. 实线为初强度，虚线为终强度。

表 3-1　试验用型砂配比及吹 CO_2 工艺

图 3-7 中曲线编号	型砂配比(质量比)			吹 CO_2 工艺	
	新砂(40/70 筛号)	水玻璃(ρ =1.42g/cm^3)	水	压力/MPa	流量/(m^3/h)
1	100	5(普通的 m=2.25)	1	0.2	1.0
2	100	5(改性的 m=2.74)	1	0.2	1.0
3	100	5(改性的 m=2.74)	1	0.15	0.5

流量是 CO_2 吹气工艺中较为重要的因素之一。流量对反应温度的影响如图 3-8 所示。由图 3-8 可见，当流量较小时，曲线变化平缓（0.6m^3/h），在试验吹气时间内反应温度一直处于砂芯原始温度之上。其原因在于化学反应剧烈，产生了大量的热量，而物理反应较弱，因而水分蒸发所带走的热量少。当流量较大时，物理反应明显增强，砂芯吸热大于放热，温度下降迅速。同时，随着流量的逐渐增加，反应温度的最高值降低，而且达到温度最高值的时间缩短。

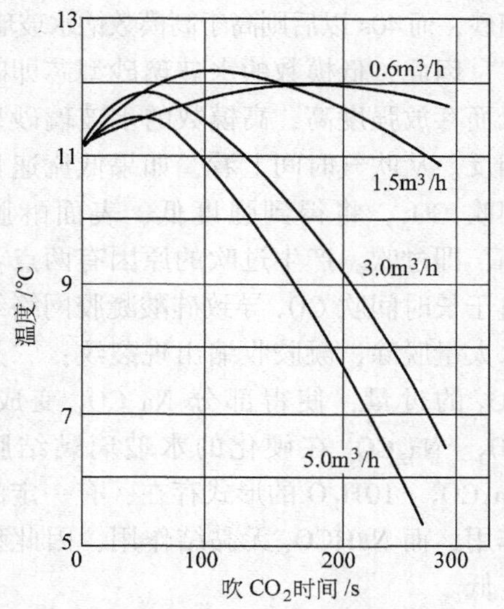

图 3-8　流量对反应温度的影响

表 3-2 给出了流量对 CO_2 吸收量和强度影响的结果。由表 3-2 可以看出，流量大时，砂芯所吸收的 CO_2 量也增加，由于化学反应增快所产生的硅胶厚

度增大，因此即时强度 σ_{10min} 增大而存放强度 σ_{24h} 降低。因此，低流速有利于钠水玻璃化学反应，可以得到较高的初始强度，但降低终强度并放热；高流速促进脱水及吸热物理反应，使化学反应迟缓，可得到较高的力学性能及较好的存放性。

表 3-2　流量对 CO_2 吸收量和强度的影响

吹气流量 / (m^3/h)	吹气时间 /s	CO_2 吸收量 (%)	抗压强度/MPa	
			σ_{10min}	σ_{24h}
1.5	30	1.70	1.314	3.300
5.0	30	2.11	2.214	2.548

注：m=2.8，水玻璃加入量（质量分数）4.0%，大林砂。

图 3-9 给出了水玻璃的模数对硬化过程中反应温度、砂芯中的 CO_2 吸收量和砂芯强度影响的测试结果。从图 3-9 中可以看出：

1）低模数钠水玻璃砂芯中，CO_2 吸收量曲线达到一定程度后，出现平台，不再增加。高模数钠水玻璃砂芯中，CO_2 吸收量在短期内不会趋于稳定，而且在吹气约 100s 后，其存放 24h 的 CO_2 吸收量比即时测定的 CO_2 吸收量要小。

2）低模数钠水玻璃的反应温度比高模数的反应温度要高。

3）低模数钠水玻璃砂芯的即时强度在试验吹气时间范围内总比高模数钠水玻璃的要低，而存放强度在 40s 以前低于高模数钠水玻璃砂，而 40s 以后则高于高模数钠水玻璃砂。

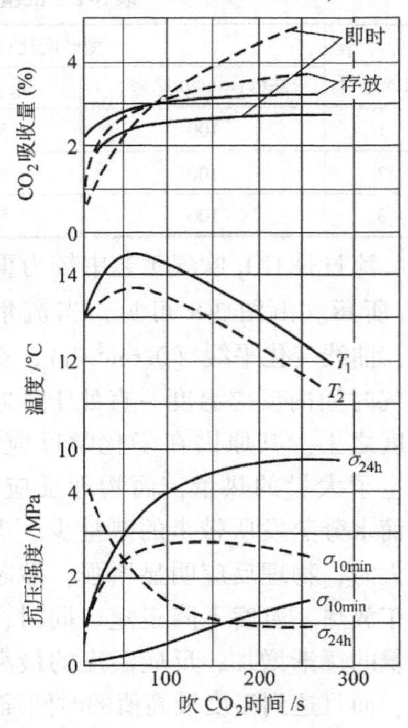

图 3-9　模数对反应温度、CO_2 吸收量及砂芯（抗压）强度的影响

注：水玻璃加入量（质量分数）为 4.0%；虚线：m=2.8，实线：m=1.75。

因此，低模数的水玻璃砂型芯即时强度低而存放强度高，高模数的水玻璃砂型芯则相反。从吹气时间上看，如果低流速且长时间吹 CO_2，将得到强度低、表面酥脆的型芯，即过吹。产生过吹的原因有两点：一是由于长时间吹 CO_2 导致硅酸凝胶网络结构的水大量脱除，凝胶收缩出现裂纹；二是由于 CO_2 的过量，使得部分 Na_2CO_3 变成 $NaHCO_3$。Na_2CO_3 在硬化的水玻璃黏结膜中以 $Na_2CO_3 \cdot 10H_2O$ 的形式存在，有一定的黏结作用，而 $NaHCO_3$ 无黏结作用，因此型芯强度低。

（3）原砂的质量　原砂对硬化强度的影

响如表3-3所示。通常，含泥量低、粒形系数小的原砂其硬化强度高；而含泥量较高、粒形系数大的原砂其硬化强度较低。因此，提高原砂的质量，可以降低水玻璃的加入量。

（4）加入量。水玻璃加入量对硬化（抗压）强度的影响如图3-10所示。水玻璃含量越高，硬化强度也越高；但需要较长的吹气时间和消耗较多的CO_2气体，水玻璃加入量过多还会造成铸件的落砂清理困难。

（5）密度。水玻璃密度大，表明其中含有的硅酸钠固体多，因而硬化后的强度高。但密度过大时，黏性过大，难以混砂均匀；密度过小，含水量大，型砂的强度低，容易使铸件产生气孔缺陷。我国铸造用CO_2气体硬化水玻璃模数通常为2.2～2.6，密度为1.48～1.52g/cm³（即48～52°Be′）。高模数水玻璃的黏度对水分比较敏感，通常其水分含量较高，密度较低。

表3-3　原砂对硬化强度的影响

原　砂	钠水玻璃（$m=2.74$，$\rho=1.42g/cm^3$）加入量（质量分数,%）	型砂水分（质量分数,%）	吹CO_2气体硬化强度/MPa	
			即时强度σ_0	存放强度σ_{24}
长沙砂（40/70）100	5	3.8	0.59	0.95
海城砂（40/70）100	5	3.4	0.57	1.02
大林标准砂（55/100）100	5	3.5	0.50	1.10

（6）型砂水分。水玻璃砂应有适当的含水量。水分过低的水玻璃不能充分水解，因而吹CO_2气体硬化后强度较低，而且导致水玻璃砂的保存性较差；水分过高时由于吹硬后的残留水分较多，强度也不高，且易使铸件产生气孔缺陷。水分的适宜含量随水玻璃的模数而异，高模数的适宜水分比低模数的高，如图3-11所示。一般将水玻璃砂的水分质量分数控制在3.0%～5.5%。

总之，对CO_2水玻璃砂常温强度（即时强度σ_0、存放强度σ_{24h}）的要求，由型（芯）大小和生产条件决定。在操作仔细的条件下，常温强度有0.5～0.7MPa就能满足要求，即普通CO_2水玻璃砂的水玻璃加入量（质量分数）可降至5%以下。但我国一些工厂的水玻璃加入量偏高（有的质量分数高达8%～10%），其主要原因是：原砂的质量差，砂温过高；要求的可使用时间过长；吹CO_2时间不加控制，经常过吹；模具的质量差，操作不够细致；要求很高的常温强度等。增加水玻璃加入量可以使上述问题得到解决，但恶化了溃散性及旧砂再生性。

2. 溃散性

溃散性是指型砂在加热后失去强度容易溃散的性能，通常是在实验室条件下测定的。出砂性则指浇注后砂芯是否容易出砂的性能。一般来说，溃散性好，出砂性也好；但由于砂芯的加热冷却条件和试样不同，有芯骨妨碍出砂等，故两者并不完全相同。

CO_2 水玻璃砂的溃散性通常较差。其主要原因是：加热到800℃左右时，水玻璃黏结膜即出现液相，使膜的内应力、裂纹、气孔等缺陷消失，冷却后成为完整的玻璃黏结膜；在高温下发生有液相参加的烧结，使砂粒间的接触面积增加。这两者都使烧结后的水玻璃砂有很高的残留强度。

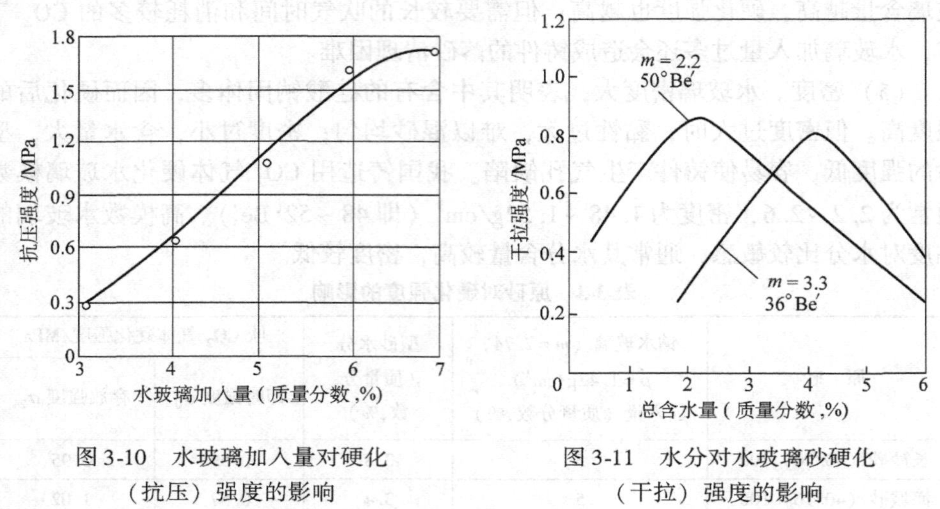

图3-10 水玻璃加入量对硬化（抗压）强度的影响

图3-11 水分对水玻璃砂硬化（干拉）强度的影响

改善水玻璃砂溃散性，主要是降低加热到800℃以上的残留强度。主要措施有：

1）降低水玻璃的加入量。在保证常温强度的条件下，尽量降低水玻璃的加入量是改善水玻璃砂溃散性的基本措施和重要方法，如图3-12所示。

2）适当提高水玻璃的模数和降低水玻璃的密度。高模数的水玻璃砂具有残留强度低、抗吸湿性好、吹 CO_2 时间短等优点；而水玻璃的密度低，水玻璃的加入量相对减少。

3）采用改性水玻璃。改性水玻璃能提高水玻璃的常温强度，减少水玻璃的相对加入量。

4）采用新的水玻璃砂工艺，如真空 CO_2 水玻璃砂、脉冲 CO_2 水玻璃砂、酯硬化水玻璃砂等新工艺，能较大幅度地减少水玻璃的加入量，其溃散性较普通 CO_2 水玻璃砂大为提高。

5）加入附加物。在水玻璃砂中加入木屑、煤粉等，能降低200～300℃的残留强度；加入铝矾土、高岭土、镁砂粉、石灰石粉、氧化铁粉等，可以降低800℃以上的残留强度。

水玻璃砂的常温硬化强度和残留强度（溃散性）存在着一定的关系，通常表现为常温硬化强度越高，其残留强度也高，其溃散性就差。硬化强度高，溃散性好是人们追求的目标和理想。但不应以追求过高的常温硬化强度（即加入

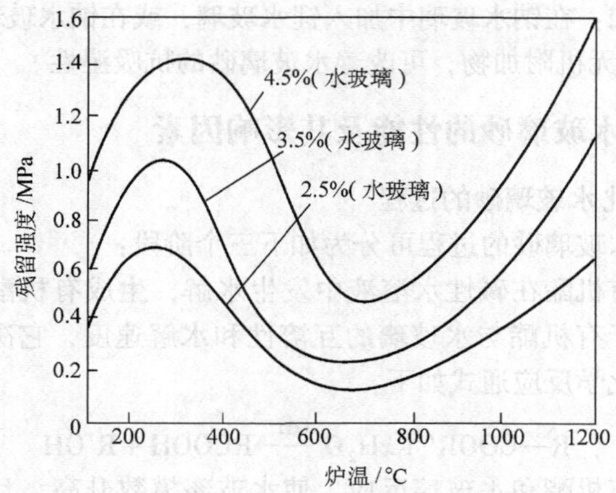

图 3-12　水玻璃加入量对 CO_2 水玻璃砂试样残留强度的影响

注：原砂平均细度 AFS55，水玻璃模数 $m=2.4$，水玻璃固体含量 47%；试样加热前，吹气硬化到抗压强度 0.7MPa。

过量的水玻璃）为代价而恶化水玻璃砂的溃散性；相反，应在保证足够的常温强度的前提下，尽量减少水玻璃的加入量。实践和研究结果表明，减少水玻璃的加入量是改善水玻璃砂溃散性最有效的方法。

3. 表面稳定性

硬化后的 CO_2 水玻璃砂型（芯）在存放一定时间后，型（芯）的棱角或表面容易发酥，用手擦抹较容易掉砂，而砂型（芯）的整体强度并未显著降低。表面稳定性不好的水玻璃砂型（芯）很容易造成铸件表面的砂眼缺陷，因此表面稳定性有时比硬化强度还重要。

表面稳定性随水玻璃的加入量增加而提高；原砂质量差，CO_2 气体过吹，水玻璃的模数高，环境的相对湿度大等，都会使表面稳定性降低。

水玻璃砂的表面稳定性差是因为在潮湿环境下存放水玻璃砂型（芯），钠水玻璃会重新发生水合作用，水玻璃中的 Na^+ 和 OH^- 吸收水分并且侵蚀黏结桥，最后使硅氧键 Si—O—Si 断裂重新溶解，因而使钠水玻璃砂黏结强度大大降低。除从工艺上采用措施提高水玻璃砂的表面稳定性外，还可以从使用抗湿性水玻璃砂型涂料和新型改性水玻璃两个方面来提高水玻璃砂的表面稳定性。

1）减小硬化后水玻璃砂型在潮湿空气中的存放时间。在硬化后的水玻璃砂型表面，施于抗湿性醇基涂料。醇基涂料点燃后在水玻璃砂型表面形成抗湿性涂料层，以屏蔽空气中的水汽。可在一般铸造水玻璃砂醇基快干涂料中加入有机硅防水剂或憎水剂等提高抗潮性，将其涂刷在砂样表面，避免水分进入砂型中，同时提高砂样的表面稳定性。

2）采用新型（抗湿性）改性水玻璃，使硬化后的水玻璃砂型黏结剂膜呈现出憎水性能。例如：在钠水玻璃中加入锂水玻璃，或在钠水玻璃中加入Li(OH)、$CaCO_3$、$ZnCO_3$ 等无机附加物，可改善水玻璃砂的抗吸湿性。

3.2.2 酯硬化水玻璃砂的性能及其影响因素

1. 有机酯硬化水玻璃砂的过程

有机酯硬化水玻璃砂的过程可分为如下三个阶段：

第一阶段，有机酯在碱性水溶液中发生水解，生成有机酸或醇。这个阶段时间的长短取决于有机酯与水玻璃的互溶性和水解速度，它决定了型砂的可使用时间的长短。化学反应通式如下：

$$R—COOR' + xH_2O \xrightarrow{OH^-} RCOOH + R'OH$$

第二阶段，有机酯和水玻璃反应，使水玻璃模数升高，且整个反应过程为失水反应，当反应时水玻璃的黏度超过临界值，型砂便失去流动性而固化。化学反应通式如下：

$$Na_2O \cdot mSiO_2 \cdot nH_2O + xRCOOH \rightleftharpoons (1-x/2)\ Na_2O \cdot mSiO_2 \cdot (n+x/2)\ H_2O + xRCOONa$$

以上两步总的反应式如下：

$$xRCOOR' + Na_2O \cdot mSiO_2 \cdot nH_2O + xH_2O \rightleftharpoons (1-x/2)\ Na_2O \cdot mSiO_2 \cdot (n+x/2)\ H_2O + xR'OH + xRCOONa$$

第三阶段，水玻璃进一步失水硬化。

由于反应产物的有机盐一般为结晶水化物，而生成的醇也要吸收溶剂水，再加上挥发失水，有机酯能使水玻璃模数—浓度升高到临界值以上，即可促进固化。有机酯加入量一般为水玻璃质量的 10% ~12%，水玻璃模数偏低的有机酯加入量取上限，水玻璃模数偏高的有机酯加入量取下限。

有机酯水玻璃自硬砂的硬化剂在型砂中是反应物，必须具备一定的量使反应达到一定的程度，砂型才能硬化。这个量不但与水玻璃加入量有关，还与水玻璃的模数、浓度、有机酯的种类及纯度等有关。硬化剂加入量过多，会使反应过度，型砂强度下降；硬化剂加入量不足，硬化反应不充分，砂型强度也低。

通常，有机酯的加入量只需水玻璃加入量的10%，但实际生产时，还应根据水玻璃模数、浓度、有机酯的种类及纯度等因素作必要的调整。例如，对于厚大型（芯）应适当增加酯的加入量，并推迟铸型的脱模时间。

2. 有机酯硬化水玻璃砂的性能及其影响因素

有机酯硬化水玻璃砂的主要性能包括：硬化强度、硬化速度、可使用时间、溃散性、表面稳定性等。影响这些性能的因素有：水玻璃的模数及密度、水玻璃的加入量、有机酯的种类、原砂的品质、环境温度、环境湿度等等。

（1）水玻璃模数的影响　水玻璃模数对有机酯硬化水玻璃砂的硬化（抗压）

强度及硬化速度的影响如图 3-13 所示。

从图 3-13 中可看出，水玻璃模数对有机酯硬化水玻璃砂的硬化过程有很大影响。水玻璃模数高，则型砂的硬化速度快，可使用时间短，但 24h 后型砂达到的终硬化强度较低。另外，水玻璃模数高，型砂的高温残留强度较低，即其溃散性较好。

（2）水玻璃的加入量　水玻璃加入量对有机酯硬化水玻璃砂硬化程度的影响如表 3-4 所示。从该表中可以看出：水玻璃的加入量越大，型砂的硬化强度越高，同时其残留强度越高（即溃散性更差）；反之，水玻璃的加入量较少，型砂的硬化强度较小，其残留强度较低（即溃散性较好）。另外，从表中的数据可以看出，在温度 20℃、相对湿度 66% 的环境条件下，水玻璃加入量为 2.5% 时，酯硬化水玻璃砂已有足够的强度。

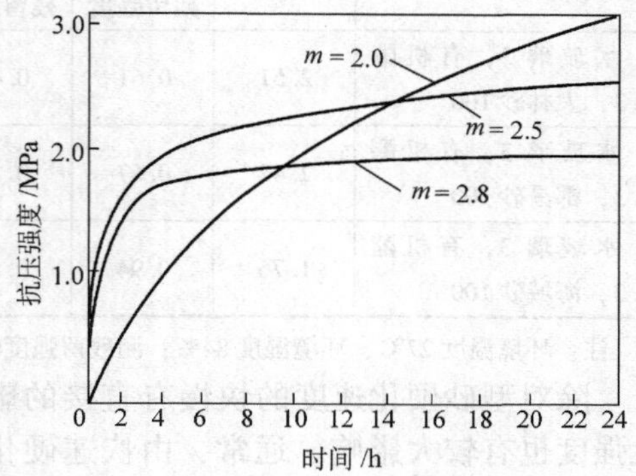

图 3-13　水玻璃模数对有机酯硬化水玻璃砂硬化过程的影响

表 3-4　水玻璃加入量对有机酯硬化水玻璃砂强度的影响

海城砂（40/70）	水玻璃加入量（质量分数，%）	不同硬化时间的抗压强度/MPa				1000℃残留强度/MPa
		1h	2h	4h	24h	
100	4	0.39	0.68	0.85	2.7	0.45
100	3.5	0.34	0.63	0.79	2.6	0.41
100	3.0	0.33	0.51	0.64	2.4	0.34
100	2.5	0.2	0.36	0.51	2.1	0.16

注：水玻璃模数 $m=2.6$，环境温度 20℃，环境湿度 66%，测残留强度时的试样在一定温度下，保温 0.5h 后，取出空冷。

酯硬化水玻璃砂的残留强度大小，除与水玻璃加入量有直接关系外，还与型砂的受热温度和保温时间、原砂的种类等密切相关，如表 3-5 所示。对于大林砂和海城砂来讲，受热 400 ~ 600℃型砂的残留强度较低；而对于都昌砂来讲，受热 800 ~ 1000℃型砂的残留强度很低。另外，酯硬化水玻璃砂的残留强度还与型砂的受热保温时间的长短有很大关系。

（3）有机酯种类的影响　不同种类的有机酯与水玻璃的反应速度是不相同的，所获得型砂的硬化强度也不一样。以丙三醇乙酸酯硬化剂为例，丙三醇二乙酸酯的硬化速度较快，丙三醇三乙酸酯的硬化速度较慢，这两种酯按不同的配比可组成快、中、慢三种硬化速度的有机酯硬化剂。不同硬化速度的有机酯硬化剂与不同模数的水玻璃一起，共同完成对生产中各种环境条件下型砂的硬化速度及可使用时间的调控。

表 3-5 型砂的受热温度对溃散性的影响 （单位：MPa）

配方（质量份）	24h 硬化强度	受热 200℃ 残留强度	受热 400℃ 残留强度	受热 600℃ 残留强度	受热 800℃ 残留强度	受热 1000℃ 残留强度	受热 1200℃ 残留强度
水玻璃 3，有机酯 0.3，大林砂 100	2.51	0.61	0.42	0.54	1.14	1.00	2.68
水玻璃 3，有机酯 0.3，都昌砂 100	2.42	0.67	0.39	0.36	0.05	0.06	1.55
水玻璃 3，有机酯 0.3，海城砂 100	1.76	0.94	0.51	0.56	1.09	0.78	1.56

注：环境温度 27℃，环境湿度 84%；测残留强度时的试样在一定温度下，保温 1h 后，取出空冷。

除对型砂硬化速度的快慢有直接的影响外，不同种类的有机酯对型砂的硬化强度也有较大影响。通常，由快速硬化剂获得的型砂终硬化强度较低，而由慢速硬化剂获得的型砂终硬化强度较高。

（4）原砂质量的影响 原砂的质量对水玻璃砂的硬化强度及溃散都有很大的影响。含泥量少、粒形圆整系数高的原砂（如大林砂等），其硬化强度高；反之，含泥量多、粒形圆整系数低的原砂（如海城砂、岳阳砂等），其硬化强度低。最近的研究表明，不同的原砂对水玻璃型砂的溃散性也有较大影响，如表 3-5 所示。

（5）环境温度与环境湿度的影响 环境温度和环境湿度对酯硬化水玻璃砂硬化性能的影响如表 3-6 所示。从该表中可以看出：不同的环境温度和环境湿度，对水玻璃砂的硬化速度及终硬化强度的影响。环境温度越高，硬化速度越快；而在相同环境温度下，湿度越大，通常 24h 的硬化强度（终强度）下降。

表 3-6 不同温度、湿度下水玻璃砂硬化强度

型砂配方（质量份）			环境条件		抗压强度/MPa		
水玻璃黏结剂	硬化剂	原砂	温度/℃	湿度（%）	1h	6h	24h
3.0	0.3 快酯	100 岳阳砂	15	87	0.26	1.14	1.78
3.0	0.3 快酯		8	85	0.08	0.69	1.45
3.0	0.3 中酯	100 都昌砂	16	87	0.64	1.89	2.52
3.0	0.3 中酯		16	95	0.56	1.52	1.81
3.0	0.3 中酯	100 海城砂	8	85	0.07	0.72	1.45
3.0	0.3 中酯		18	93	0.61	1.62	1.88
3.0	0.3 慢酯		28	92	0.68	1.72	1.83

注：水玻璃 $m=2.2\sim2.3$，波美度≈50°Be′。

实践表明，环境湿度对酯硬化水玻璃砂铸型的表面稳定性有较大影响。在

高环境湿度的气候条件下，酯硬化水玻璃砂铸型的表面稳定性下降，铸型表面发酥，用手擦抹铸型表面较容易掉砂。我国南方的春天（尤其是下雨天），环境湿度有时达95%以上，此时，铸型不能停留太长的时间，应在12h以内完成合箱浇注。

3.2.3 真空 CO_2 硬化水玻璃砂的性能及其影响因素

1. VRH-CO_2 法工艺的主要特点

1）水玻璃加入量少。当型砂中水玻璃占原砂质量的2.5%～3.5%时，抽真空后吹 CO_2，2min后的砂型强度可达1～2MPa，并可以立即进行浇注。

2）型砂的流动性好，易于造型紧实。

3）能显著改善型砂的溃散性，尽管VRH-CO_2 法型砂比树脂砂的溃散性差，但溃散性及旧砂再生性能比普通 CO_2 吹气水玻璃砂有明显改善，可采用干法再生，再生回收率可达90%以上。

4）能提高铸件质量。VRH-CO_2 法可实现先硬化后起模的工艺，砂型（芯）尺寸、形状精确，提高了铸件尺寸精度；同时硬化后的砂型（芯）水分含量低，铸件的气孔、针孔等缺陷相应减少。

5）降低了水玻璃黏结剂和 CO_2 气体的消耗，降低了造型材料费用，提高了经济效益。

6）VRH法的不足之处是：设备投资大，固定尺寸的真空室不能适应过大或过小的砂箱或芯盒。

由于水玻璃加入量减少，CO_2 消耗量降低，旧砂回用率提高，降低新砂耗量等因素，VRH-CO_2 法与普通水玻璃 CO_2 工艺相比，每吨铸件可节约型砂费用15%～20%。

2. 影响性能的主要因素

（1）真空度 在VRH-CO_2 法中，真空度对 CO_2 气体硬化水玻璃砂型强度的影响如图3-14所示。

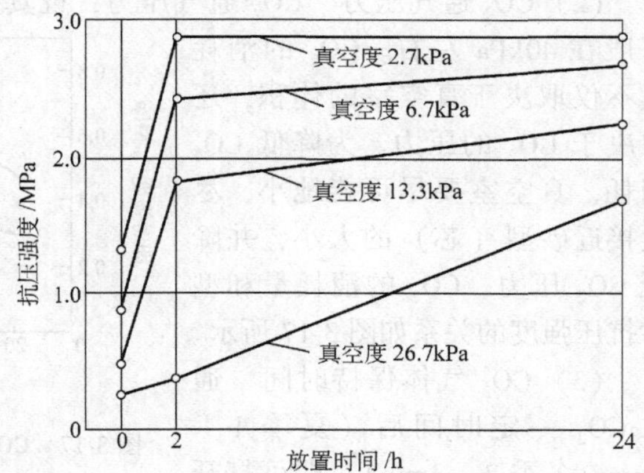

图3-14 真空度对 CO_2 气体硬化水玻璃砂型强度的影响

抽真空时要迅速，应在数分钟内达到所需真空度，此时型砂处于过冷状态。若抽真空的速度不够快，水分缓慢释出，水蒸气压抵消部分真空度，使真空度难以达到规定要求。同时要求管道系统宜短而粗，弯曲部分尽量减少以降低排气阻力。为防止从真空室里吸收粉尘而设置的水分分离器的面积应尽量大，以减少压头损失。真空室内的真空度最好要达到水的饱和蒸汽压（即2.6kPa）以下，但要注意低于1kPa时型砂强度反而下降。

由图3-15和图3-16可以看出：真空度越高，型砂脱水率越高；随着脱水率的增加，其存放强度增大到一定值后又下降。脱水率为30%，真空度为2.0kPa时，24h存放强度最好。真空度过高导致脱水率加大，使得水玻璃膜出现裂纹，从而使型砂强度下降。

通常，铸型进入真空室后，抽气到2.6～2.7kPa的真空度，进行真空脱水硬化和通入CO_2硬化。涂料以酒精系列为好，硅溶胶更容易干透。

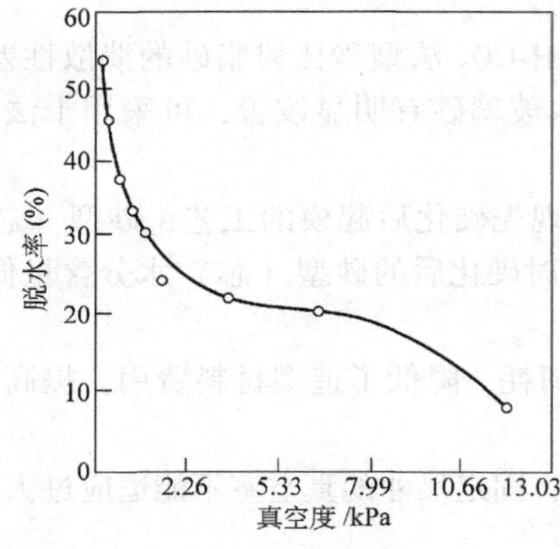

图3-15　真空度与脱水率的关系

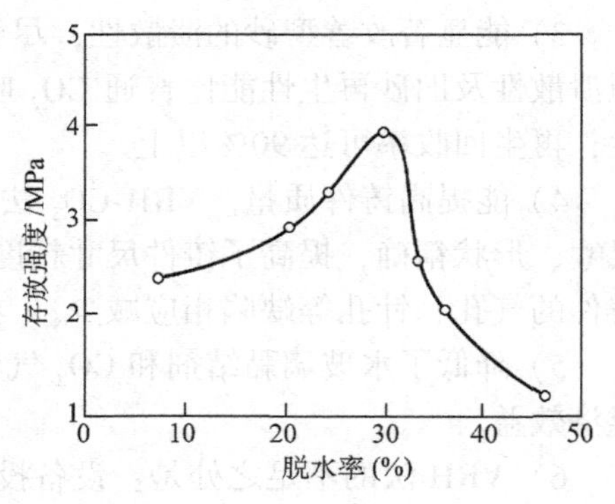

图3-16　脱水率与存放强度的关系

（2）CO_2通气压力　CO_2通气压力，视真空室剩余空间的大小而增或减，一般在40kPa左右。CO_2的消耗量不仅取决于真空室的体积，还取决于CO_2的压力。为降低CO_2消耗，真空室要尽可能地小，尽量接近砂型（芯）的大小，并降低CO_2压力。CO_2的消耗量和型砂抗压强度的关系如图3-17所示。

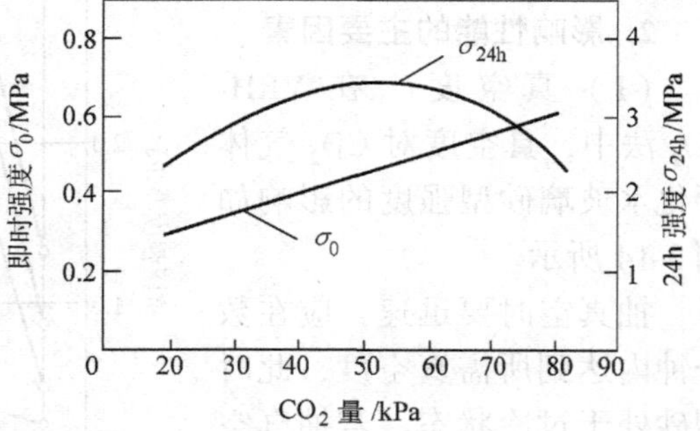

图3-17　CO_2的消耗量和型砂抗压强度的关系

（3）CO_2气体保持时间　通入CO_2一定时间后（夏季1～2min，冬季2～3min），即可打开真空室导入空气，然后型（芯）砂即可取出合箱浇注。表3-7为CO_2保持时间与砂型强度的关系。

表 3-7　CO_2 保持时间对砂型强度的影响　（单位：MPa）

CO_2 保持时间/s	型砂试样存放时间/h				
	0	2	4	6	24
0	0.21	0.66	0.97	1.37	2.08
30	0.43	0.95	1.25	1.92	2.95
60	0.54	1.04	1.46	1.7	2.05
90	0.73	1.22	1.31	1.09	0.62

（4）其他因素　VRH-CO_2 法的型砂可用新砂配制面砂，背砂可以用再生砂。砂温以20℃左右为佳。温度过高，水分蒸发快难以形成真空；温度太低，反应减慢达不到足够强度。但低温时可以采取加热，或添加硅酸钾等措施。采用的硅酸钠水玻璃模数为2.3～2.5，波美度为40～45°Be′，VRH 法中采用硅酸钾也不会发生 CO_2 过吹，所以推荐使用低公害的硅酸钾或混合钾钠水玻璃黏结剂。添加量（质量分数）为2.5%～3.0%（面砂）或2.0%～2.5%（背砂）。对于用极细砂配制轻合金铸件型砂时，添加量（质量分数）可达6%～8%。

3.3　水玻璃旧砂再生及质量控制

水玻璃旧砂再生是水玻璃铸造生产的重要组成部分，再生砂的质量控制直接影响到水玻璃砂生产铸件的质量。与黏土旧砂和树脂旧砂比较，水玻璃旧砂的再生相对困难，这主要归结为水玻璃旧砂的特点。水玻璃旧砂再生与树脂旧砂再生的主要过程相同，通常有：预处理（去磁、破碎）、再生处理（去除旧砂粒上的残留黏结剂膜）、后处理三大工序。

3.3.1　水玻璃旧砂的特点及其再生方法

1. 水玻璃旧砂的特点

1）水玻璃旧砂粒上的残留黏结膜在高温浇注后不能燃烧分解，而是形成一种低熔点的硅酸钠胶牢固地粘附在砂粒表面，使得干法再生（对旧砂粒进行机械碰撞、摩擦处理）水玻璃旧砂的除膜效率较低。由于铸件浇注温度及铸型砂铁比的不同，铸型中各部位型砂的受热温度大不相同，也使得浇注后不同受热温度部分的旧砂粒上残留黏结剂所表现出的性能有较大差异，从而影响旧砂干法再生的难易程度。

2）旧砂块破碎后，旧砂粒表面上的残留硅酸钠胶、盐等具有很强的吸湿性，在潮湿的空气中使得水玻璃旧砂很易回潮，其干法再生的效果较差。干法再生前对旧砂进行加热预处理可提高干法再生的除膜效果；而不同的旧砂预热温度，对干法再生砂性能具有较大的影响。当旧砂的受热温度大于300℃以上时，水玻璃旧砂粒上的残留黏结剂开始分解、钝化，其吸湿性明显降低。

3）水玻璃旧砂粒表面上的残留物（残留水玻璃黏结剂、盐、酯等）溶于水，故采用水溶解、擦洗的湿法再生水玻璃旧砂，再生效果好，残留黏结剂的脱除率高，再生砂的质量好。

4）再生砂粒表面上残留的高模数水玻璃、酯、盐等对再生砂的性能（强度、可使用时间等）具有重大影响。与新砂的性能相比较，水玻璃再生砂（尤其是干法再生砂）的可使用时间短，再黏结强度低。因此，去除上述残留物（或降低其影响程度）是水玻璃旧砂再生的主要任务。

2. 水玻璃旧砂的再生方法

根据水玻璃旧砂的特点，一般认为，可采用干法再生和湿法再生。

(1) 干法再生　干法再生又有普通干法再生和加热干法再生两大类。普通干法再生水玻璃旧砂，设备结构和系统布置较简单，投资也较少，灰尘的二次污染问题较易解决；但由于水玻璃旧砂的吸湿性，常使得干法再生水玻璃旧砂的除膜率低（5%～10%），其再生砂的质量不高（再生砂的再黏结强度低，可使用时间短），一般只能用作背砂。

如果干法再生前对水玻璃旧砂进行120～200℃的加热预处理后，可以提高干法再生的除膜效果（除膜率增至15%～25%）；对水玻璃旧砂进行320～350℃的加热预处理，还可以较大地消除再生砂粒上的残留物对再生砂性能（强度、可使用时间等）的影响，从而较大地提高水玻璃再生砂的再黏结强度，延长再生砂型（芯）砂的可使用时间。但再生前对旧砂进行加热，又会增加旧砂再生的能耗和成本，再生后对再生砂的冷却也需要增加设备和能源消耗。

另外，在干法再生过程中，风选除尘是必需的环节，以便及时地去除从旧砂粒表面剥离下来的残留黏结剂膜。水玻璃旧砂的干法再生的系统组成如图3-18所示。

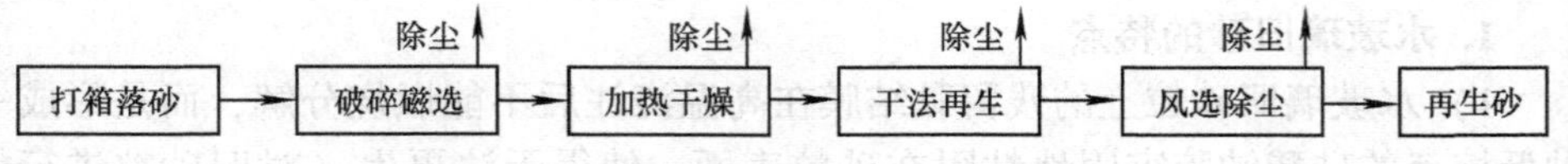

图3-18　水玻璃旧砂的干法再生的系统组成

(2) 湿法再生　利用水玻璃旧砂粒表面上的残留物（残留水玻璃黏结剂、盐、酯等）溶于水的特点使得水玻璃旧砂较适宜湿法再生方法。湿法再生水玻璃旧砂的除膜率高，旧砂的回用率高（水玻璃旧砂的除膜率可大于90%，旧砂的回收率达90%以上）；湿法再生水玻璃砂的质量高（再生砂的再黏结强度、可使用时间、耐火度等性能指标可接近新砂），可代替新砂作面砂和单一砂使用，循环中新砂的加入量（质量分数）为10%～20%。湿法再生的不足是，再生工艺和设备系统较复杂，湿砂需脱水烘干，热砂需冷却，湿法再生的污水需经处理后循环回用或无害排放。

水玻璃旧砂的湿法再生的系统组成如图3-19所示。

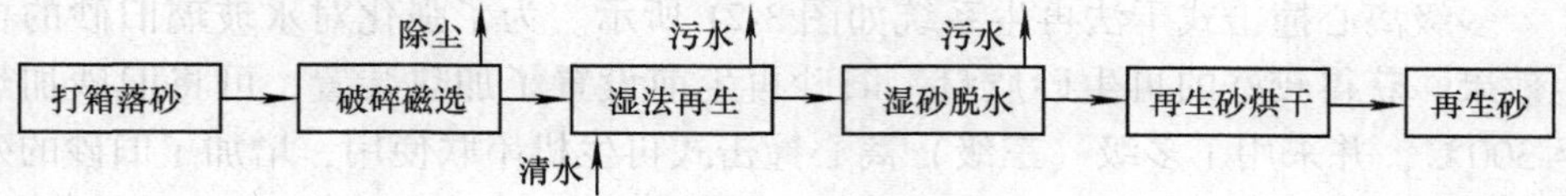

图3-19 水玻璃旧砂的湿法再生的系统组成

3.3.2 水玻璃旧砂再生的典型设备系统

从原理上讲，各种干法再生设备系统都可用于水玻璃旧砂的再生，只是再生除膜率的高低问题。由于水玻璃旧砂粒上的残留黏结剂与砂粒的结合力较为牢固，通常需要有较大再生强度（即碰撞力和摩擦力）的再生机，才能迫使残留黏结剂从原砂粒上剥离下来。考虑到水玻璃旧砂表面残留黏结剂的吸湿性和受低温作用的旧砂表面残留黏结剂的可塑性，在一些再生设备系统中，再生前安排了对旧砂的烘干加热设备。

1. “振动破碎球磨—加热干燥—气流冲击”干法再生系统

“振动破碎球磨—加热干燥—气流冲击”干法再生系统如图3-20所示。该系统采用振动破碎球磨（预再生）和气流冲击再生的组合再生方案，并根据水玻璃旧砂的特点，在气流冲击再生前对旧砂粒进行加热处理，以提高水玻璃旧砂的再生效果。该再生系统是专门针对水玻璃旧砂特点而设计的，其工艺原理较为先进，生产率较高（连续式再生旧砂）；但系统组成较为复杂，能耗较大。

该再生系统由于采用二次组合再生和旧砂加热方案（加热温度150~200℃），再生除膜率有所提高（15%~30%）。但实践表明，其再生砂的质量与旧砂的加热温度有很大关系，再生砂通常仍只能用作背砂或填充砂。

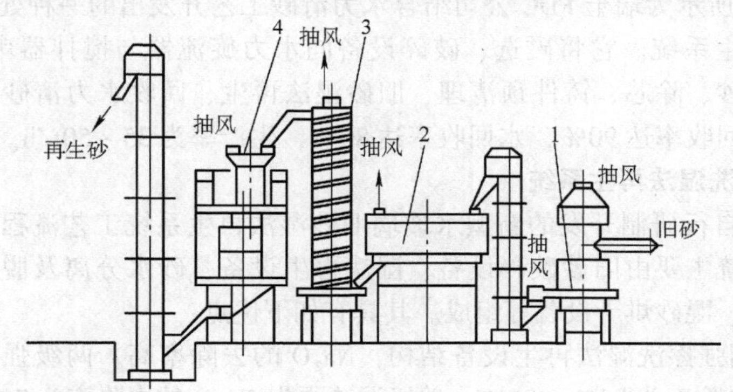

图3-20 “振动破碎球磨—加热干燥—气流冲击”干法再生系统

1—振动破碎球磨再生机 2—流化床加热器
3—冷却提升筛分设备 4—气流冲击再生机

2. 多级离心撞击式干法再生系统

多级离心撞击式干法再生系统如图 3-21 所示。为了强化对水玻璃旧砂的再生效果，获得较好的再生砂质量，旧砂再生前设置了加热装置，可将旧砂加热至 300℃，并采用了多级（三级）离心撞击式再生机串联使用，增加了旧砂的残留黏结剂去除率。

该干法再生系统主要由旧砂破碎、磁选、输送、储存、加热、再生、冷却等设备组成，是目前国内较流行的酯硬化水玻璃旧砂的干法再生设备系统布置。

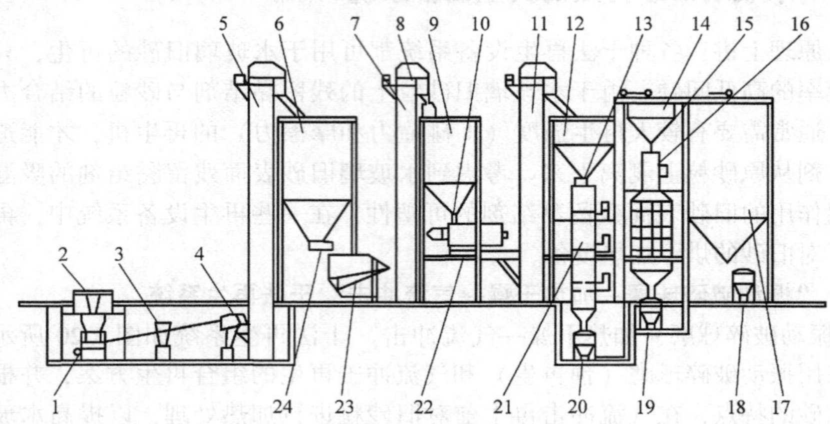

图 3-21　多级离心撞击式干法再生系统

1、24—振动输送机　2—落砂机　3—磁选机　4—磁选头轮　5、7、11—斗提机　6、9、12、14、17—中间砂库　8—磁选机　10、13、15—气控阀门　16—冷却装置　18、19、20—气送装置　21—再生机　22—加热装置　23—破碎机

3. 国外较完整的湿法再生系统

图 3-22 所示为瑞士 FDC 公司结合水力清砂工艺开发出的一种处理水玻璃旧砂的湿法再生系统。它将磁选、破碎设备同水力旋流器与搅拌器串联在一起，系统具有落砂、除芯、铸件预清理、旧砂湿法再生、回收水力清砂用水五个功能。砂子的回收率达 90%，水回收率达 80%，生产率为 35～50t/h。

4. 强擦洗湿法再生系统

由我国自行研制开发的新型水玻璃旧砂湿法再生系统工艺流程图如图 3-23 所示。该系统主要由旧砂破碎设备、湿法再生设备、砂水分离及脱水设备、污水处理设备、湿砂烘干设备等组成。其具有如下优点：

1）采用强擦洗湿法再生设备结构，Na_2O 的去除率高。两级强擦洗湿法再生 Na_2O 的去除率为 85%～95%；单级湿法再生 Na_2O 的去除率为 70%～80%。

2）湿法再生砂的质量好，可代替新砂作面砂或单一砂使用。

3）湿法再生的耗水量小，每吨再生砂耗水 2～3t；污水经处理后可循环使用或达标排放。

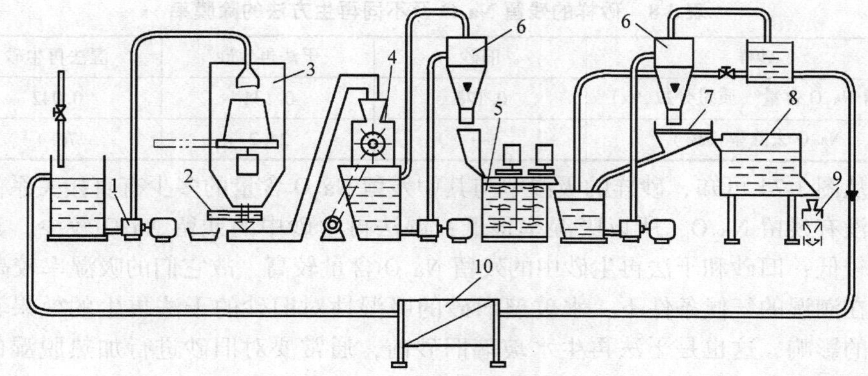

图 3-22 FDC 公司的水玻璃旧砂湿法再生系统

1—供水设备（高压泵） 2—磁铁分离 3—水力清砂室 4—破碎机 5—搅拌再生机 6—水力旋流器 7—振动给料机 8—烘干冷却设备 9—气力压送装置 10—澄清装置

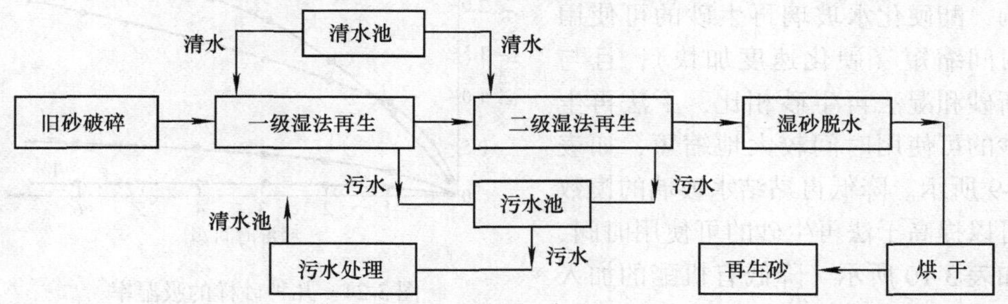

图 3-23 新型水玻璃旧砂湿法再生系统工艺流程图

3.3.3 水玻璃再生砂的性能特征

再生砂与新砂的主要区别在于，再生砂粒上带有残留的黏结剂。由于再生原理及去膜效果的不同，水玻璃旧砂经干法再生或湿法再生后，所获得的干法再生砂或湿法再生砂，其砂粒上残留黏结剂含量有较大的不同，从而使得不同再生砂的性能特征与新砂有很大的不同。下面以酯硬化水玻璃再生砂为例，介绍其干法再生砂、湿法再生砂与新砂性能的区别。

1. 吸湿性

将浇注后的酯硬化水玻璃旧砂块振动破碎成砂粒，然后经干法再生设备或湿法再生设备的再生分别获得干法再生砂样与湿法再生砂样，砂样中的（可溶性）残留 Na_2O 及不同再生方法的除膜率如表 3-8 所示。

将表 3-8 中的砂样在恒湿瓶中（相对湿度为 98%～100%）测其吸湿率，结果如图 3-24 所示。吸湿率 =［（存放后砂样重量－存放前砂样重量）/存放前砂样重量］×100%。

表 3-8　砂样的残留 Na_2O 及不同再生方法的除膜率

砂样	旧砂	干法再生砂	湿法再生砂
残留 Na_2O 含量（质量分数,%）	0.178	0.134	0.042
Na_2O 去除率（%）	—	24.7	76.4

从图 3-24 可知，砂样的吸湿率与其中残留 Na_2O 含量的多少有直接关系。新砂中没有残留 Na_2O，所以吸湿率很低；湿法再生砂中的残留 Na_2O 较少，其吸湿率较低；旧砂和干法再生砂中的残留 Na_2O 含量较高，故它们的吸湿率较高。

在潮湿的气候条件下，水玻璃旧砂的吸湿性对旧砂的干法再生的效果具有很大的影响，这也是干法再生水玻璃旧砂前，通常要对旧砂进行加热脱湿的主要原因。

2. 可使用时间

由于残留酯和残留水玻璃的影响，酯硬化水玻璃再生砂的可使用时间缩短（硬化速度加快），且与新砂和湿法再生砂相比，干法再生砂的可使用时间较大地缩短，如表 3-9 所示。降低再黏结水玻璃的模数可以提高干法再生砂的可使用时间，如表 3-10 所示。降低有机酯的加入量，使用慢硬化酯等也有延长干法再生砂可使用时间的作用。

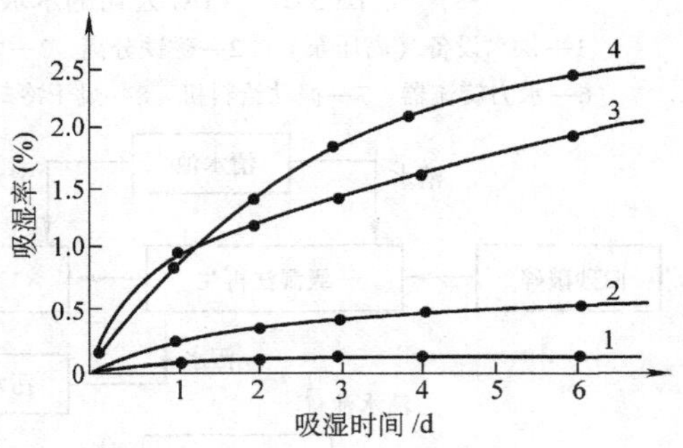

图 3-24　几种砂样的吸湿率

1—新砂　2—湿法再生砂

3—干法再生砂　4—旧砂

表 3-9　几种砂样的可使用时间

砂样	可使用时间/min	测试环境及条件
新砂	35 ~ 40	温度 26℃，相对湿度 90%；质量分数为 4% 的水玻璃（$m=2.5$，波美度 = 46°Be′），质量分数为 0.4% 的 1#酯
湿法再生砂	25 ~ 30	
干法再生砂	5 ~ 10	

表 3-10　水玻璃模数对干法再生砂可使用时间的影响

水玻璃	$m=2.25$，波美度 = 50°Be′	$m=2.5$，波美度 = 46°Be′	$m=2.83$，波美度 = 42°Be′
可使用时间/min	>10	5 ~ 10	<5

注：温度 24℃，相对湿度 92%，质量分数为 4% 的水玻璃，质量分数为 0.4% 的 1#酯。

除采用低模数水玻璃外，干法再生前对水玻璃旧砂进行 320℃ 以上的加热，可以较大地提高干法再生砂的可使用时间，如表 3-11 所示。其主要原因是，水玻璃旧砂受热温度大于 300℃ 以后，旧砂中残留酯受热分解，残留水玻璃中的结晶水也受热挥发，从而大大降低了残留酯和残留水玻璃对干法再生砂可使用时间的影响，使得干法再生砂的可使用时间较大地提高。

表 3-11　不同受热温度的旧砂，其干法再生砂的可使用时间变化

砂　样	新　砂	不同受热温度旧砂的对应干法再生砂			
		120℃	220℃	320℃	420℃
可使用时间/min	≈25	≈5	≈5	≈15	≈20

注：温度 27℃，相对湿度 87%，质量分数为 4% 的水玻璃（$m=2.5$，波美度 = 46°Be′），质量分数为 0.4% 的 1#酯。

酯硬化水玻璃干法再生砂可使用时间的缩短，还可以从酯硬化水玻璃砂的硬化机理上得到解释。因为酯硬化水玻璃砂的硬化反应通常被认为分两步进行：首先有机酯在水玻璃的碱性作用下水解成相应的酸或醇；然后有机酯水解生成的酸与水玻璃作用，析出硅胶，硅胶失水而形成凝胶。其中硬化速度更多地取决于有机酯的水解速度。而干法再生砂中的残留黏结剂含量较多，且具有较强的吸湿性和强碱性，故有利于有机酯的水解过程，甚至在新的有机酯和水玻璃加入前，干法再生砂中的残留酯已经完成了硬化反应的第一步（水解反应），故较大地提高了干法再生水玻璃砂的酯硬化速度。

3. 再生砂的黏结强度

再生砂的黏结（抗压）强度与所采用的水玻璃的模数有很大关系，如图 3-25、图 3-26 所示。水玻璃的模数越高，其强度越低。

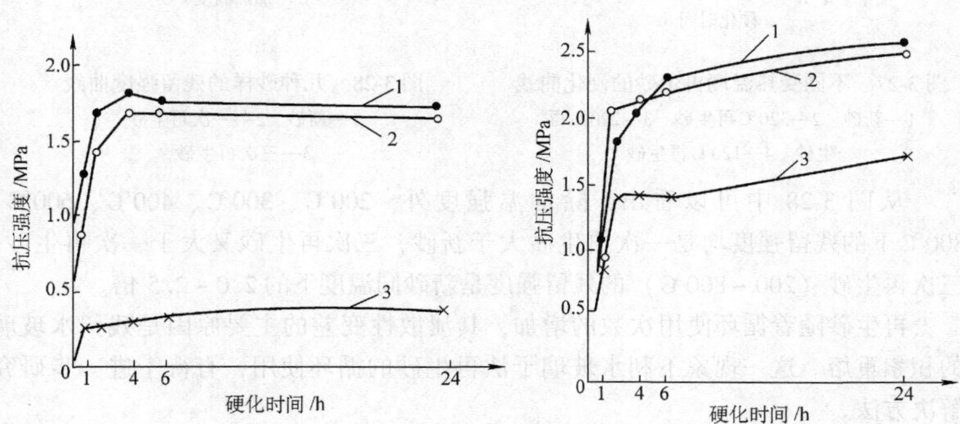

图 3-25　模数 $m=2.83$、波美度 = 42°Be′ 时的几种砂样的硬化曲线

1—新砂　2—湿法再生砂　3—干法再生砂

图 3-26　模数 $m=2.25$、波美度 = 50°Be′ 时的几种砂样的硬化曲线

1—新砂　2—湿法再生砂　3—干法再生砂

干法再生前对水玻璃旧砂进行 320℃以上的加热，不仅可以较大地延长干法再生砂的可使用时间，还可以较大地提高干法再生砂的黏结（抗压）强度，如

图3-27所示。

4. 再生砂循环使用后的溃散性

虽然受热温度大于320℃的干法再生砂，可以满足可使用时间和黏结强度的要求，但实践和研究的结果都表明，随着循环次数的增加，再生砂的溃散性有恶化的趋势，如图3-28所示（再生前，旧砂的加热温度为320℃；每次再生循环中，加入20%的新砂；试验条件为温度27℃、相对湿度89%、水玻璃加入量4%（质量分数，$m=2.5$，波美度$=46°$Be′）、有机酯加入量0.4%（质量分数，1#酯）。

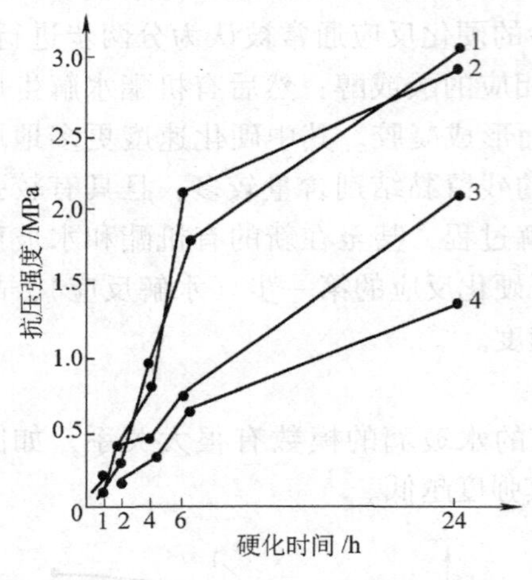

图3-27　不同受热温度再生砂的硬化曲线

1—新砂　2—320℃再生砂　3—220℃再生砂　4—120℃再生砂

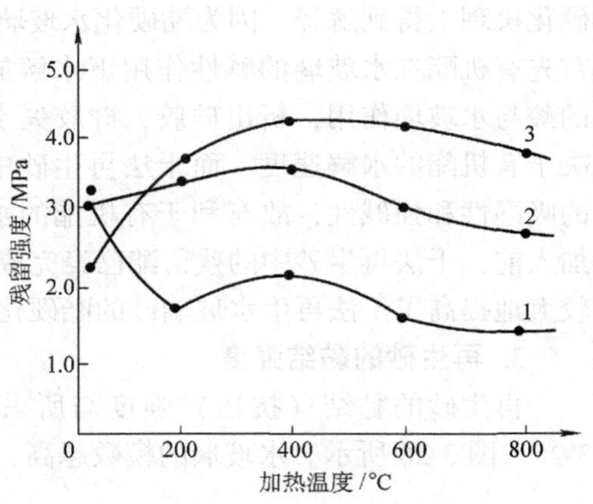

图3-28　几种砂样的残留强度曲线

1—新砂　2—一次再生砂　3—三次再生砂

从图3-28中可以看出，除常温强度外，200℃、300℃、400℃、600℃、800℃下的残留强度均是一次再生砂大于新砂，三次再生砂又大于一次再生砂。三次再生砂（200～800℃）的残留强度是新砂同温度下的2.0～2.5倍。

再生砂随着循环使用次数的增加，其溃散性变差的主要原因是残留水玻璃的积累重熔。这一现象不利水玻璃干法再生砂的循环使用，有待于进一步研究解决方法。

3.3.4　水玻璃旧砂再生的质量控制

1. 水玻璃旧砂再生的质量控制指标

对于水玻璃旧砂来讲，通常由Na_2O去除率（即残留黏结剂的去除率）、砂粒的破碎率（即粒度分布）、旧砂的回用率（即废砂的排放率）等指标来评价或表述再生效率。这些指标也是评判一种再生方法或再生设备性能优劣的主要依据。

（1）Na_2O 去除率　水玻璃旧砂再生中，残留黏结剂的去除率越高，则 Na_2O 去除率越高，也表明其再生砂中的 Na_2O 含量越低（与旧砂相比），再生效果也越好。Na_2O 去除率的大小，也是衡量再生设备（或再生方法）好坏的关键性指标，通常 Na_2O 去除率越高，表明再生设备的再生性能或再生效果越好。

水玻璃旧砂再生中的 Na_2O 去除率 Φ，可由式（3-1）计算。

$$\Phi = [(V_1 - V_2)/V_1] \times 100\% \tag{3-1}$$

式中，V_1 为再生前旧砂中的残留 Na_2O 的含量，V_2 为再生后再生砂中的残留 Na_2O 的含量。

（2）砂粒的破碎率　砂粒的破碎率，是指旧砂再生中再生设备构件对砂粒作用而产生的砂粒的破碎程度。通常由再生砂与原新砂（或上一轮再生砂）的粒度分布比较而得，目前还没有具体的砂粒破碎率的测定方法。可以先测定再生砂与原新砂（或上一轮再生砂）的粒度分布，再采用砂粒平均细度的计算方法，计算再生砂与原新砂（或上一轮再生砂）的平均细度。如再生砂粒的平均细度数值越大，则表明再生砂粒越细，砂粒的破碎率越高。

砂粒的破碎率越高，表明再生装备或机构对原砂粒的破碎性越大，再生强度越大；此外，砂粒的破碎率还与原砂自身的强度性能有密切关系，原砂自身的强度越低，其破碎率越高。破碎性高的原砂不宜反复再生回用。

（3）旧砂的回用率　旧砂的回用率，是指打箱落砂后的旧砂块，经过破碎、筛分、再生、风选（除尘）等过程损失后的砂粒的回收率。它取决于不能再生回用的旧砂块及由风选（除尘）去除的细砂和灰尘的多少。旧砂的回用率越高，则表明废砂的排放率越低。旧砂的回用率 δ 的计算可由式（3-2）计算。

$$\delta = [(Q_1 - Q_2)/Q_1] \times 100\% \tag{3-2}$$

式中，Q_1 为再生回用前旧砂的总质量，Q_2 为再生回用后再生砂的质量。

2. Na_2O 含量的测定方法及其影响因素

（1）现有测定方法的不足　由于多种原因，现采用的 Na_2O 含量的测定方法不够严谨、准确，同一种砂样由不同的人进行测试，可能会产生不同的测试数据（或结果）。造成 Na_2O 含量测定误差的原因，是由于现有的测试方法存在如下的不足。

1）测试时，对搅拌时间、搅拌方式没有量的规定，容易引起误差。

2）砂、水搅拌后为混浊的溶液，直接加入指示剂，且随后滴入盐酸中和，其变色点不明显（尤其是测定旧砂中的 Na_2O 含量），因此误差较大。

3）所选用的混合指示剂（甲基红与亚甲基蓝的混合溶液）的变色点也不明

显。

因此，应选用较准确的 Na_2O 含量测定方法来检测水玻璃旧砂及再生砂中的 Na_2O 含量，真实把握水玻璃再生砂的质量。水玻璃旧砂及再生砂中的 Na_2O 含量测定方法详见参考文献［31］。

（2）残留黏结剂中的可溶部分与不可溶部分　在水玻璃旧砂或再生砂中，其残留黏结剂（含残留 Na_2O）包括可溶与不可溶两部分。采用上述“用水溶解—盐酸滴定”的方法测得的水玻璃旧砂或再生砂中的 Na_2O 含量，可认为只是可溶的残留 Na_2O 部分，不可溶的残留 Na_2O 应采用加热酸洗的方法测定。可溶与不可溶残留黏结剂两者之和才是总的残留黏结剂含量（即残留 Na_2O 含量）。

（3）影响 Na_2O 含量测定精度的因素　在残留黏结剂的可溶部分与不可溶部分中，常常是可溶的残留黏结剂（即残留 Na_2O）对再生砂的性能影响更大。而在水玻璃旧砂和再生砂的性能测试中，从简单实用出发，实际生产中，通常只是测定可溶的残留 Na_2O 含量。因此，测得的（可溶性的）残留 Na_2O 与旧砂（或再生砂）中的实际残留的 Na_2O 含量有较大的误差。这些误差可以受下述因素的影响：

1）受热温度的影响。图 3-29 受热温度对水玻璃旧砂及其干法再生砂中残留 Na_2O 含量的影响。从该图中可以看出，同一种旧砂（其中的 Na_2O 真实含量应该相同）因其受热的温度不同，所测得的（可溶）Na_2O 含量值相差很大；不同受热温度的再生砂中的（可溶）Na_2O 含量也大不相同。

2）搅拌（或溶解）时间及搅拌方式的影响。在 Na_2O 含量的测定中，所采用的搅拌方式及搅拌时间的长短不同，对测量值的大小都有较大的影响。由于是采用溶解的方式进行测定，因此溶解时间和搅拌强度等对溶解速度的快慢都有直接的影响。溶解时间越长，搅拌强度越大，溶解越充分，Na_2O 含量的测定也越准确，但测试所耗的时间也越长。

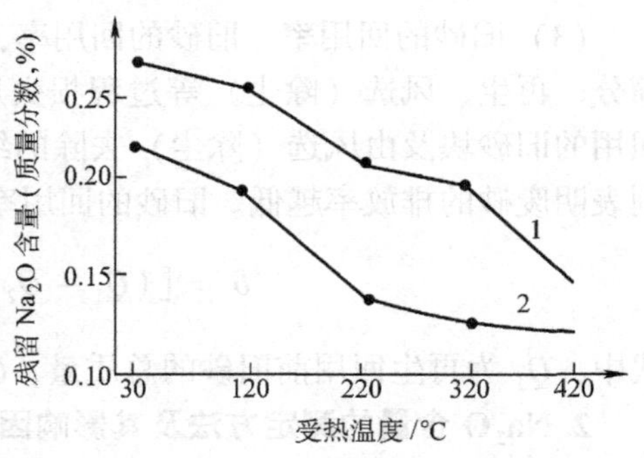

图 3-29　受热温度对水玻璃旧砂及其干法再生砂中残留 Na_2O 含量的影响

3）其他因素。测试水的温度、过滤与否、指示剂的种类、滴定盐酸的浓度误差等因素对 Na_2O 含量的测定精度都有一定的影响。

3. Na_2O 含量累积的理论计算

水玻璃再生砂与新砂的区别在于再生砂粒表面有积累的残留黏结剂。尽管残留 Na_2O 含量的测定不很准确，也不能全面反映再生砂中残留黏结剂的组成和特征（一般认为，残留黏结剂通常由残留水玻璃、残留盐、残留酯等组成）。但国内外至今尚无更好的测试方法，只能以 Na_2O 含量测定来表示再生砂中残留黏结剂的积累量。

除了实际测定外，反复使用的水玻璃再生砂中的残留 Na_2O 含量，还可以用理论计算来估算。

设水玻璃中 Na_2O 含量为 A，型砂配方中水玻璃的加入量占砂重的 B，再生设备的除膜率为 C，再生砂的回用率为 D，循环使用中新砂的加入量为 $1-D$。

第 1 次再生后的再生砂的残留 Na_2O 含量 Q_1：

$$Q_1 = AB(1-C)$$

第 2 次再生后的再生砂的残留 Na_2O 含量 Q_2：

$$Q_2 = [AB(1-C)D + AB](1-C) = AB(1-C)[(1-C)D+1]$$

……

第 n 次再生后的再生砂的残留 Na_2O 含量 Q_n：

$$Q_n = AB(1-C)[1-(1-C)^n D^n]/[1-(1-C)D]$$

由于 $1-C<1$、$D<1$，则当 $n\to\infty$ 时，$Q_n \to Q$，即再生砂的极限 Na_2O 含量 Q：

$$Q = AB(1-C)/[1-(1-C)D]$$

在水玻璃生产循环中，设水玻璃的模数 $m=2.3$、波美度 $=50°Be'$，其中的 Na_2O 标准含量为 $A=12.8\%$。如水玻璃加入量为 $B=3.0\%$，则采用新砂生产后的旧砂中 Na_2O 的含量：

$$Q_0 = AB = 12.8\% \times 3.0\% = 0.384\%$$

在新砂中加入不同量水玻璃后，其旧砂中的 Na_2O 含量计算值如表 3-12 所示。

表 3-12 不同水玻璃加入量的旧砂中 Na_2O 含量计算值

序号	水玻璃加入量（质量分数,%）	旧砂中 Na_2O 含量（质量分数,%）
1	2.0	0.256
2	3.0	0.384
3	4.0	0.512
4	5.0	0.640
5	6.0	0.768
6	7.0	0.896

由表 3-12 可知，水玻璃的加入量越多，其旧砂中的 Na_2O 含量也越多。当水玻璃的加入量为 4% 时，其旧砂中的 Na_2O 含量已超过 0.5%。采用 CO_2 工艺时，水玻璃的加入量至少为 5.0%~6.0%，当水玻璃的加入量 6.0% 时，其旧砂中的 Na_2O 含量达 0.768%。

从型砂的耐火度和溃散性要求看，生产铸钢件时再生砂中的 Na_2O 含量一般不能超过 0.5%（生产铸铁件时再生砂中的 Na_2O 含量一般不能超过 0.8%）。因此，如果不对旧砂实施再生处理，水玻璃加入量为4.0%时其旧砂即不可循环用于生产铸钢件，水玻璃加入量为6.5%时其旧砂也不能循环用于生产铸铁件，故水玻璃旧砂重复使用的条件是对旧砂进行再生处理，减少 Na_2O 含量。

目前，我国 CO_2 硬化水玻璃砂工艺水玻璃加入量为6%～8%，酯硬化水玻璃砂工艺水玻璃加入量为2.5%～3.5%。所以 CO_2 硬化水玻璃砂工艺的旧砂通常很难再生，而当水玻璃加入量为3.0%（酯硬化水玻璃砂工艺）时，再生砂循环使用后的极限 Na_2O 含量 Q 如表3-13所示。

表3-13　再生砂循环使用后的极限 Na_2O 含量 Q

再生方式	除膜率 C (%)	回用率 D (%)	极限 Na_2O 含量 Q (质量分数,%)
干法再生	20	70	0.698
	20	80	0.853
	20	90	1.097
	30	70	0.527
	30	80	0.611
	30	90	0.725
	40	70	0.397
	40	80	0.443
	40	90	0.501
湿法再生	60	80	0.226
	60	90	0.240
	70	80	0.152
	70	90	0.158
	80	80	0.091
	80	90	0.094
	90	80	0.0417
	90	90	0.0422

注：$A=12.8\%$，$B=3.0\%$。

从表3-13中可以看出：再生设备的除膜率越低，回用率越高，则 Na_2O 的积累含量越大；反之，再生设备的除膜率越高，回用率越低，则 Na_2O 的积累含量越小。湿法再生的除膜率大大高于干法再生。在再生设备除膜率一定的条件下，调整再生砂的回用率，便可控制再生砂循环使用过程中 Na_2O 积累含量的极限值。另外，降低水玻璃的加入量，可以明显降低极限 Na_2O 含量 Q。

4. 再生砂性能的指标及其综合评价

衡量水玻璃再生砂性能的好坏，除了常用的残留 Na_2O 指标外，还有再生砂的强度性能、可使用时间、溃散性、粒度分布、耐火度、透气性等指标。各个性能指标既相对独立，又相互影响。例如：再生砂的强度性能就与其粒度分布有密切的联系，而再生砂的可使用时间、溃散性、耐火度等都与其残留 Na_2O 含量有着直接的关系。

由于性能指标较多，实际生产中，常常不测试所有的水玻璃砂的性能，通常只需测定关键的再生砂的性能，因此，应根据不同用户的使用要求，对所有的水玻璃再生砂的性能，进行综合评价，选择主要的再生砂的性能指标进行控制和测定。一般情况下，常温下的强度性能和可使用时间、高温下的耐火度和溃散性等比较引人关注。最终目标应是获得无缺陷的、高质量铸件。

水玻璃再生砂的性能还与原砂、水玻璃黏结剂、硬化剂（有机酯、CO_2 等）的性能有密切关系。采用不同的原砂、水玻璃黏结剂、硬化剂等，可以综合调配水玻璃再生砂的性能，达到所需要的性能指标。

另外，水玻璃再生砂性能指标的控制还与所铸造的金属种类、铸件的形状特征与大小等有关。例如：复杂的铸钢件要求良好的溃散性；而大型的铸件则要求有足够的可使用时间；铸铁件要求的型砂耐火度要低于铸钢件的要求（即前者的残留 Na_2O 可高于后者）等。因此，实际生产中，控制和测试哪些再生砂的性能要视具体情况加以确定。

3.4 水玻璃砂型铸造常见缺陷及防止措施

3.4.1 CO_2 硬化水玻璃砂型铸造常见缺陷及防止措施

常见的 CO_2 硬化水玻璃砂缺陷有：粘砂、表面粉化（白霜）、吸湿性、出砂性差、旧砂再生回用困难等。

1. 粘砂

CO_2 水玻璃砂广泛应用于铸钢件，所产生的粘砂多属于化学粘砂。粘砂层很容易从铸件上清除下来不会产生粘砂缺陷。浇注铸铁件时，则常产生严重粘砂，这限制了它在铸铁件上的应用。对于一般中小型铸钢件，只要选用粒度较细、SiO_2 含量高的硅砂，通常都可获得表面光洁的铸件。而厚大铸钢件或高合金钢铸件，需要采取特殊措施才能防止粘砂缺陷。

钠水玻璃砂的粘砂往往是机械粘砂与化学粘砂并存。钠水玻璃砂中的 Na_2O、SiO_2 等与液态金属在浇注时产生的铁的氧化物，形成低熔点的硅酸盐。如果这种化合物中含有较多易熔性非晶态的玻璃体，它与铸件表面结合力很小，而且收缩系数也不相同，它们之间会产生较大应力，因而易于从铸件表面清除，不产生粘砂。如果在铸件表面形成的化合物中 SiO_2 含量高，FeO、MnO 等含量少，它的凝固组织基本上具有晶体结构，就会与铸件牢固地结合在一起，产生粘砂。表3-14是对铸钢件和铸铁件表面粘砂层的化学成分。铸钢件由于浇注温度高，钢液表面易氧化，粘砂层中氧化铁、氧化锰等含量高，粘砂层易于清除。而铸铁件浇注温度低，铁、锰等不易氧化，粘砂层是晶体结构，粘砂层不易清除。

表3-14 粘砂层的化学成分

牌号	粘砂层的成分(质量分数,%)				粘砂层特点
	$w(SiO_2)\times100$	$w(Fe_2O_3)\times100$	$w(FeO)\times100$	$w(MnO)\times100$	
HT150	89. 56	3. 45	2. 27	1. 34	不易清除
ZG270-500	80. 6	5. 91	4. 63	3. 22	易清除

为了防止粘砂，可在铸型表面刷涂料，而且最好刷醇基快干涂料。一般铸铁件也可在钠水玻璃砂中加入适量（如质量分数为3%～6%）的煤粉或焦炭粉。如某石油机械厂用水玻璃砂生产1. 0t 的铸铁件，粘砂严重，在水玻璃砂中加入3%（质量分数）的焦炭粉后表面光洁，不产生粘砂；加2%（质量分数）有填料效能的高岭土式黏土，也可得到了表面光洁的铸件。

对于厚大的铸钢件，钢液对砂的热作用强烈，使钠水玻璃砂严重烧结，型砂表面孔多，钢液浸入孔隙中，造成严重粘砂。此时，由于浇注温度高(1500℃以上)，金属压头大，型芯受热时间长，常常出现渗透性粘砂缺陷。严重时钢液与型芯砂熔合成一体，不仅用风铲无法清理，甚至用氧乙炔焰喷烧也十分困难，使得清砂费用大大增加，劳动条件显著恶化，有时还把铸件烧裂造成报废。

厚大铸钢件的渗透性粘砂缺陷的形成机理可作如下解释：当液体金属向砂型（芯）渗透时，铸型涂层受高温钢液的热、化学和机械冲刷等多种作用而剥蚀或产生裂纹，如钢液冲破涂层进入到型砂砂粒的空隙中，砂粒会受到金属氧化物的浸润而使砂粒间空隙扩大，产生所谓“松孔现象”并使得临界渗透压显著下降。因而钢液轻而易举地渗入到砂粒间，从而形成渗透粘砂缺陷。

从防渗透粘砂缺陷出发，选择造型材料时，应遵循如下原则：

1）型砂和涂料都必须具备高的耐火度和化学稳定性，而且型砂与涂料应很好地匹配，结合牢固不开裂。

2）设计型（芯）砂配方时，要考虑到型砂的防渗透性粘砂的特性，并兼顾型砂的溃散性。

我国许多研究人员在克服厚大铸钢件的粘砂方面做了大量的研究工作，取得了很好的应用效果。采用国内常用的材料，配合优化的工艺，开发了以棕刚玉水玻璃砂及其配套涂料的工艺，很好地解决了厚大铸钢件的粘砂问题。表3-15所示为棕刚玉水玻璃砂的配比及其性能，表3-16所示为所采用的刚玉涂料的配比。

表 3-15　棕刚玉水玻璃砂配比及其性能

序号	水玻璃（质量分数,%）	矿粉附加物（质量分数,%）	CO_2 硬化后24h强度/MPa	1200℃高温强度/MPa	1200℃残留强度/MPa	浸泡烧结评级	溃散性评级
1	7	—	5.8		6.27	D	
	5	—	2.02	0.05	2.76	C	C
2	7	2	4.90		1.90	C	
	5	2	1.83	0.06	0.6	CB	B
	6	2～3（LK 溃散剂）	2.20	0.05	1.64	C	C

表 3-16　刚玉涂料的配比（占骨料质量比）　　　　（%）

编号	涂料名称	耐火骨料	常温黏结剂	高温黏结剂	悬浮剂	附加物	其余
GC-01	水基涂料	刚玉粉 100	0.4	6	0.8	1	水适量
GA-03	醇基涂料	刚玉粉 100	1.5	5	0.8	0.4	酒精适量

目前，刚玉质砂型（芯）配合刚玉质水基或醇基涂料，已经在湖北及武汉地区一些工厂广泛应用，代替铬铁矿砂、锆石粉涂料生产壁厚 200～300mm、浇注重量从几吨到十余吨的厚大铸钢件，解决了厚大铸钢件的粘砂难题，获得了很好的经济效益和社会效益。

2. 表面粉化（白霜）

钠水玻璃砂吹 CO_2 气体硬化后，放置一段时间，有时在型、芯表面会出现一种白色的粉末状物质，称之为“白霜”。“白霜”严重降低该处表面强度，用手轻轻一擦就会有砂粒落下，浇注时易产生冲砂缺陷。根据分析，这种白色物质的主要成分是 $NaHCO_3$，可能是由于钠水玻璃砂中含水分或 CO_2 过吹而引起的，其生成的反应如下：

$$Na_2CO_3 + H_2O \longrightarrow NaHCO_3 + NaOH$$

$$Na_2O + 2CO_2 + H_2O \longrightarrow 2NaHCO_3$$

$NaHCO_3$ 易随水分向外迁移，使型、芯表面出现类似霜的粉状物。

解决的方法是控制钠水玻璃砂的水分不要过高（特别是雨季和冬季），吹 CO_2 时间不宜长，型、芯不要久放。另据有的工厂经验，在钠水玻璃砂中加入占砂重 1% 左右、密度为 $1.3g/cm^3$ 的糖浆，可以有效地防止表面粉化。

3. 吸湿性

CO_2 水玻璃砂的吸湿性是一个长期以来难以解决的问题，尤其在我国南方的梅雨季节，型砂的吸湿性给生产带来了很大的麻烦。为了解决吸湿性的问题，人们力图寻找一种既不破坏强度又能提高抗吸湿性的吸湿剂，但收效甚微。

表 3-17　不同模数对水玻璃砂吸湿性的影响

模　数	吹气时间/s	抗压强度/MPa			强度损耗率（%）
		σ_{10min}	σ_{24h}（70%）	σ_{24h}（98%）	
$m=1.75$	10	0.04	2.87	0.008	99.7
	30	0.084	3.36	0.014	99.6
	100	0.25	3.98	0.045	98.9
$m=2.82$	10	1.14	4.78	1.3	73.7
	30	1.92	2.43	1.86	23.4
	100	2.89	1.56	2.76	-76.9

注：吹气方式为连续吹气。

在潮湿环境中存放水玻璃砂失去强度的原因，是钠水玻璃重新发生水合作用，基体中的 Na^+ 与 OH^- 吸收水分并且侵蚀基体，最后使硅氧键 Si—O—Si 断裂重新溶解，因而使钠水玻璃砂黏结强度大大降低。人们从多个方面探索解决吸湿性的措施。

表 3-17 说明了在不同模数对水玻璃砂吸湿性的影响。$m=1.75$ 的低模数钠水玻璃砂吹气后即时强度低，如果在合适的环境（相对湿度为 70%）下存放，则存放强度上升很快；但在高湿度（相对湿度 90%）下强度损失殆尽，几乎达 100%。对于 $m=2.82$ 的高模数水玻璃砂，情况就不一样。当吹气时间短时，强度损失也较大。随着吹气时间的延长，强度损耗率下降。当吹气时间很长时，砂芯的即时强度高，在正常湿度下存放，强度由于过吹而下降；但如果在 90% 的高湿度的情况下存放，强度下降得不多。这表明高模数水玻璃砂在高湿度条件下吹气时间长有利于砂型的存放。

与连续吹气相比，脉冲吹气对于抗吸湿性并不能有很大的改善。在湿度较低的情况下，应以短时间吹气为好；在湿度较高的情况下，尤其注意应避免使用低模数水玻璃黏结剂，并且延长吹气时间，以获得较好的砂型强度。

在实际生产中，人们为了提高水玻璃砂的抗吸湿性，往往采用涂料的方法，尤其是刷醇基快干涂料可以避免水分进入砂型中。在水玻璃砂中加入淀粉水解液，可以较大地提高水玻璃砂的存放性，如图 3-30 所示。

另外，提高水玻璃砂抗吸湿性的措施还有：①在钠水玻璃中加入锂水玻璃，或在钠水玻璃中加入 Li（OH）、$CaCO_3$、$ZnCO_3$ 等无机附加物，由于能形成相对不溶的碳酸盐和硅酸盐，以及可减少游离的钠离子，因而可改善钠水玻璃黏结剂的抗吸湿性。②在钠水玻璃中加入少量有机材料或加入具有表面活性剂作用的有机物、黏结剂硬化时，钠水玻璃凝胶内亲水的 Na^+ 和 OH^- 或被有机憎水基取代，或相互结合，外露的为有机憎水基，从而改善其吸湿性。

4. 出砂性差

水玻璃砂清砂不仅劳动强度大，效率低，而且 SiO_2 粉尘威胁工人的健康。在大部分使用水玻璃砂的工厂中，清砂的问题一直是制约正常生产的瓶颈，因此改善水玻璃砂的出砂性是十分迫切的问题。解决 CO_2 硬化水玻璃砂出砂性差的解决办法是，采用新的水玻璃砂工艺（如酯硬化水玻璃砂工艺等），降低水玻璃的加入量。在 CO_2 硬化水玻璃砂工艺的条件下，采用溃散剂是常用的方法之一。

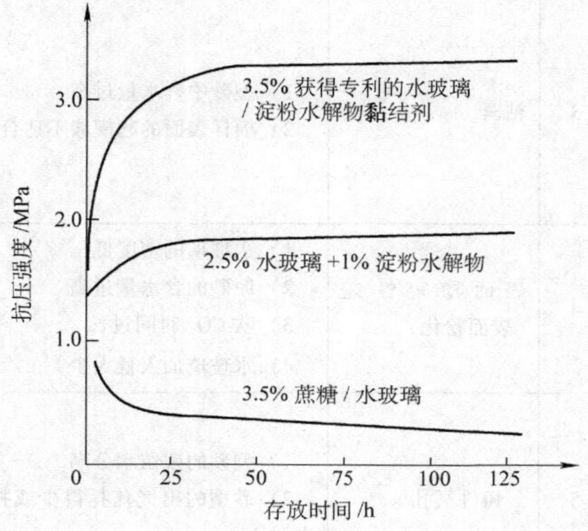

图 3-30　水玻璃砂型芯存放性的比较

5. 旧砂再生回用困难

由于 CO_2 硬化水玻璃砂工艺的水玻璃加入量较大（质量分数通常为 6%～8%），使得 CO_2 硬化水玻璃砂的残留强度高，溃散性差，旧砂粒上的残留黏结剂去除量大，旧砂的再生问题一直没有很好的解决办法。实践表明，干法再生 CO_2 硬化水玻璃砂通常只能作为背砂或填充砂使用，而湿法再生 CO_2 硬化水玻璃砂可以作为面砂或单一砂使用。

6. 常见缺陷的防止措施

CO_2 硬化水玻璃砂使用中的常见缺陷及防止措施如表 3-18 所示。

表 3-18　水玻璃 CO_2 硬化砂使用中的常见缺陷及防止措施

序号	产生问题	产生原因	防止措施
1	可使用时间太短	1）原砂烘干后没有冷却到室温 2）水玻璃的模数及密度过高 3）混砂时间过长 4）出砂后型砂保存不好	1）烘干的原砂应冷却到室温后使用 2）夏季应用低模数水玻璃 3）混砂时间应尽量短，混匀即可 4）混砂时加水 0.5%～1.0%（质量分数） 5）出碾后型砂应在容器中保存，并用湿麻袋盖好
2	吹不硬（常在冬季、温度低于 10℃时发生）	1）型砂出碾后水的质量分数过高 2）水玻璃的模数和密度低 3）室温及砂温过低	1）选用模数和密度较高的水玻璃 2）将原砂烘干后使用 3）冬季原砂预热到 30℃左右 4）在混砂时加入硫酸亚铁（质量分数约为 0.5%） 5）适当提高水玻璃的模数和密度

（续）

序号	产生问题	产生原因	防止措施
3	粘模	1）型砂中含水量过高 2）模样表面的起模漆不适合	1）原砂应烘干后使用 2）水玻璃的密度应合适 3）模样表面涂耐碱的保护漆，如过氯乙烯漆、外用磁漆、聚氨酯漆 4）在起模漆表面再涂脱模剂
4	表面稳定性差（表面粉化）	1）水玻璃的密度低 2）原砂的含水量过高 3）吹 CO_2 时间过长 4）水玻璃加入量太少	1）选用模数和密度合适的水玻璃 2）将含水量过高的原砂烘干后使用 3）控制吹 CO_2 的压力和流量 4）适当增加水玻璃加入量
5	铸件气孔	1）型砂的残留水分高 2）砂型的出气孔扎得少或扎得太浅	1）采用经烘干的原砂 2）尽量降低水玻璃加入量 3）多扎出气孔或采取其他有利排气的措施 4）必要时将砂型（芯）烘干
6	铸件粘砂	1）砂型表面没有舂实 2）原砂粒度太粗 3）涂料质量不好和涂刷操作不当	1）选用粒度较细的原砂 2）砂型（芯）要舂实 3）采用优质涂料或涂膏并注意涂刷质量 4）厚壁铸钢件采用铬铁矿砂或锆砂做面砂并刷涂料
7	出砂困难	1）水玻璃加入量过高 2）原砂的 SiO_2 含量偏低，微粉和泥含量偏高	1）采用符合要求的原砂 2）尽量降低水玻璃加入量 3）采用溃散性好的改性水玻璃 4）加入合适的溃散剂 5）采用石灰石砂做原砂 6）采用铬铁矿砂、锆砂配制面砂 7）采用优质涂料或涂膏

3.4.2 酯硬化水玻璃砂型铸造常见缺陷及防止措施

在酯硬化水玻璃砂工艺的铸造缺陷中，有许多缺陷与 CO_2 水玻璃砂工艺类似，由于硬化工艺及水玻璃的加入量的不同，其缺陷又有一定的特点。

1. 回潮

在潮湿环境下（如春、夏天的雨季），人们会发现，型（芯）的24h强度会明显下降。与在湿度较小的环境下相比，在湿度较大的条件下型砂的强度下降的主要原因是，脱水硬化后的水玻璃重新发生不同程度的水合作用，环境湿度越大，型砂的强度降低得越明显。钠水玻璃黏结剂基体中的Na^+与OH^-吸收环境中的水分并侵蚀基体，最后使硅氧键Si—O—Si断裂重新溶解，致使钠水玻璃砂黏结强度显著下降。对于水玻璃砂在湿度较大的环境下产生回潮的问题，目前还缺乏根本解决的措施，比较有效的方法有：

1）在钠水玻璃中加入锂水玻璃，或在钠水玻璃中加入Li_2CO_3、$CaCO_3$、$ZnCO_3$等无机附加物，由于能形成相对不溶的碳酸盐和硅酸盐，以及可减少游离的钠离子，故可改善钠水玻璃黏结剂的抗吸湿性。

2）在钠水玻璃中加入少量有机材料或加入具有表面活性剂作用的有机物，黏结剂硬化时，钠水玻璃凝胶内亲水的Na^+和OH^-或被有机憎水基团取代，或相互结合，外露的为有机憎水基团，从而改善水玻璃砂的抗吸湿性。

3）采取表面烘干措施等，即将铸型（芯）经过表面烘干后进行浇注。

2. 粘砂

实践表明，与CO_2水玻璃砂工艺相似，采用酯硬化水玻璃砂工艺生产铸钢件时不容易粘砂，而用酯硬化水玻璃砂型浇注铸铁件时容易粘砂。经化学检验粘砂层的成分，可发现粘砂性质多为化学粘砂。化学粘砂是金属氧化物和造型材料相互作用的产物。它们与铸件相结合的牢固程度不同，有的容易从铸件表面剥离，称为易剥离的粘砂；有的不容易从铸件表面剥离，称为难剥离的粘砂。

一般而言，浇注时水玻璃砂中的Na_2O、SiO_2等会与液态金属产生的铁氧化物，形成低熔点的硅酸盐。如果这些化合物中含有较多的易熔性非晶态的玻璃体，则这层玻璃体与铸件表面结合力就很小，易于从铸件表面清除，而形成易剥离的化学粘砂层；如果表面形成的化合物中SiO_2含量高，FeO、MnO等含量少，它的凝固组织具有晶体结构，则会与铸件牢固结合在一起，产生难剥离的化学粘砂层。采用水玻璃砂生产铸钢件时，由于浇注温度高，钢液表面易氧化，生成了大量的FeO、MnO等氧化物，易生成剥离的粘砂层，因而粘砂缺陷较少。而铸铁件浇注温度低，铁、锰等不易氧化，粘砂层中氧化物较少，主要为晶体结构，因而粘砂层不易清除，粘砂严重。

克服酯硬化水玻璃砂工艺粘砂缺陷的主要措施是，在型（芯）表面涂上醇基涂料。

3. 蠕变、塌箱

当制造中大型的酯硬化水玻璃砂铸型（芯）时，即使达到可脱模强度（0.4~0.5MPa），脱模后有时还会出现蠕变、塌箱的现象。表现为砂型（芯）沿高度方向向下陷落、腰部鼓胀。其原因主要有如下几方面：

1）砂型（芯）的尺寸较大时，型（芯）内部的砂子不易硬透（型砂中的水分不利于散发、迁出），水玻璃砂型（芯）建立起的断面硬化强度还不足于支持它自身的重量，起模后在重力的作用下砂型（芯）产生蠕变，蠕变形量达到一定的程度时，砂型（芯）就会产生塌箱。

2）砂型（芯）的内部和外部硬化程度不均匀，通常外部硬化速度较快，而其内部的硬化速度较慢。虽然砂型（芯）的外部达到了脱模强度，但砂型（芯）的内部还未达到可脱模强度，在此时脱模必然产生塌箱。

3）蠕变、塌箱的现象常发生在潮湿的天气下（春、夏雨季较多），原砂中的水分含量较高时（特别是使用再生砂时，水玻璃再生砂更易吸水回潮），砂型（芯）硬化环境的湿度过大，不利于硬透，型（芯）就容易产生蠕变、塌箱。

克服酯硬化水玻璃砂铸型（芯）蠕变、塌箱的主要措施是：提高水玻璃砂的硬化速度（例如：采用快速有机酯硬化剂，适当提高有机酯的用量，提高水玻璃的模数等）；延长脱模时间；加强通风除湿，降低环境的湿度；降低原砂中的水分含量（对原砂进行烘干）；采用浓度较高的水玻璃；CO_2 辅助硬化等。

4. 表面散砂

型（芯）表面发酥，用手搓擦型（芯）表面时容易掉砂，表现为型（芯）表面的散砂多，容易造成铸件表面的砂眼缺陷。其根本的原因是型（芯）的表面强度过低。而造成型（芯）表面强度过低的主要原因如下：

1）水玻璃砂的硬化强度过低或型（芯）的紧实度不够。

2）型（芯）表面的稳定性不够，如在湿度较大的环境下，型（芯）表面吸湿回潮，使得型（芯）表面强度降低。

3）型砂的可使用时间较短，造型、制芯时间过长。

克服铸型（芯）表面散砂的主要措施为：采用增加水玻璃含量，使用高品质的原材料（包括原砂、水玻璃、有机酯等）以提高水玻璃砂的表面强度；采取措施来提高水玻璃砂的抗吸湿性；造型、制芯在水玻璃砂的可使用时间内完成。

5. 常见缺陷的防止措施

有机酯硬化水玻璃砂使用中的常见缺陷及防止措施如表 3-19 所示。

表 3-19　有机酯硬化水玻璃砂使用中的常见缺陷及防止措施

序号	缺陷的表征	产生原因	防止措施
1	可使用时间短（常发生在高温季节），砂型强度低，型（芯）表面发酥	1）水玻璃模数太高 2）所用有机酯不合适（硬化速度过快） 3）混砂时间过长 4）原砂温度太高 5）生产组织和混砂设备不配套	1）采用较低模数的水玻璃 2）采用硬化速度慢的有机酯 3）缩短混砂时间 4）给原砂冷却降温，不使用热砂 5）调整生产节奏，在可使用时间内完成造型、制芯

（续）

序号	缺陷的表征	产生原因	防止措施
2	硬化速度太慢（常在低温季节出现）	1）水玻璃模数太低 2）所用有机酯不合适（硬化速度太慢） 3）原材料的温度太低	1）采用较高模数的水玻璃 2）采用硬化速度快的有机酯 3）预热原砂、水玻璃、模板等 4）提高生产环境下的温度
3	砂型（芯）产生蠕变、塌落	1）型砂配比不合适，硬化反应不完全 2）原砂水分过高 3）原材料定量不准、定量失控 4）水玻璃、有机酯质量失控，如：水玻璃的模数偏低，有机酯的加入量不足，杂质含量大等	1）调整配比，增加有机酯加入量，或提高水玻璃的模数 2）加强对原材料质量的检测和监控，不用不合格的原材料 3）加强对混砂机定量系统的监控，保证原材料加入量的定量准确 4）注意小试样强度性能测试时的假象（受空气中 CO_2 和风干的影响）
4	粘模	1）模具表面粗糙；模具表面油漆不合适 2）起模时砂型（芯）的强度太低	1）修整模具表面；模具表面涂刷不被有机酯重溶的油漆，如树脂漆等 2）待砂型（芯）硬化强度更高后起模
5	铸件冲砂、夹砂	1）浇注系统设置不当 2）砂型（芯）强度太低 3）浇道及砂型中有浮砂	1）设置浇注系统时不使金属液直接冲击砂型（芯），在直浇道底部垫耐火砖片 2）大、中铸件浇注系统采用耐火砖 3）调整型砂配比，提高砂型（芯）的强度，加强造型操作管理 4）合型前吹净浇道和型腔中的浮砂
6	铸件表面粘砂	1）涂料质量差，涂层薄 2）砂型紧实度低 3）砂型强度低，表面发酥 4）造型材料耐火度不高	1）选用质量好的涂料，涂刷到规定的厚度 2）提高砂型紧实度，舂砂操作在型砂的可使用时间内完成 3）加强配砂和造型工序的质量管理控制 4）在铸件热节大、散热条件差的部位使用特种砂（如铬铁矿砂等）

（续）

序号	缺陷的表征	产生原因	防止措施
7	铸件气孔	1）原砂水分含量高 2）型砂混合不均匀，局部水分高 3）砂型吸湿	1）加强原材料质量检测，严禁使用湿原砂 2）加强设备维修管理，确保运转正常 3）选用混砂功能好的设备 4）采取防止砂型（芯）回潮吸湿的措施，采用热风烘干原砂工艺
8	残留强度偏高	1）水玻璃加入量过高 2）原砂质量不合格、易烧结	1）尽量降低水玻璃加入量，采用高质量原砂 2）采用改性水玻璃 3）加溃散剂

3.5 水玻璃砂型铸造生产的质量控制

3.5.1 CO_2 硬化水玻璃砂型铸造生产的质量控制

1. CO_2 硬化水玻璃砂型大量生产过程

（1）普通 CO_2 硬化水玻璃砂型生产线　我国普通 CO_2 吹气硬化的水玻璃砂型通常是采用手工造型或震实造型机造型和制芯。型芯的搬运方式小件用手工搬运，大件用桥式起重机吊运。混砂机大多采用碾轮式混砂机，根据产品种类、生产规模、场地大小等实际情况决定生产设备和工装的选用。图 3-31 所示为

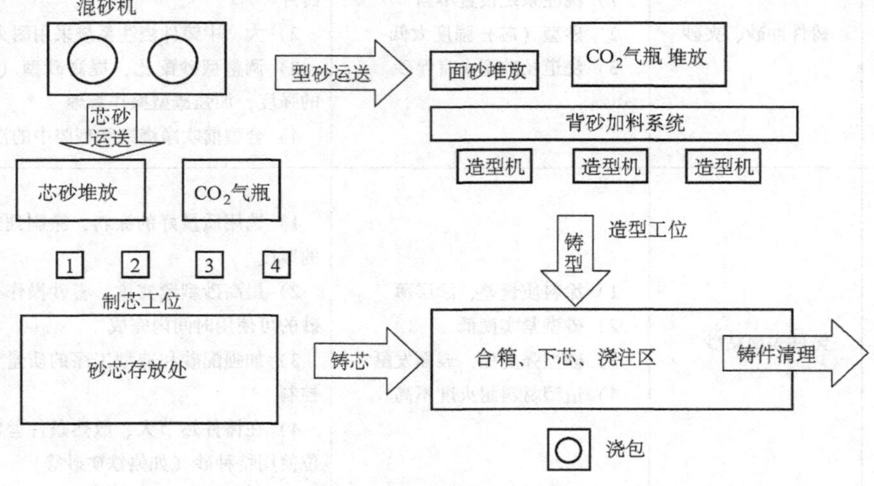

图 3-31　CO_2 硬化水玻璃砂型生产工序平面布置图

CO_2 硬化水玻璃砂型生产工序平面布置图。

国外的相关工艺使用简单的生产线，常用连续式混砂机组成机械化生产线。图 3-32 所示为由 ST. Pancas 工程有限公司设计的 CO_2 吹气水玻璃砂型铸造生产线，它由两条造型线组成：一条直线型和一条曲线型。两条造型线共用一台连续式混砂机（出砂量为 74kg/min）。直线型造型线主要用于质量超过 100kg 的型芯，曲线型造型线主要用于批量较大的型芯。该生产线的特点是一个半循环系统，芯盒和砂箱在斜坡辊道上靠重力推进；生产线结构简洁，效率高，易于操作。

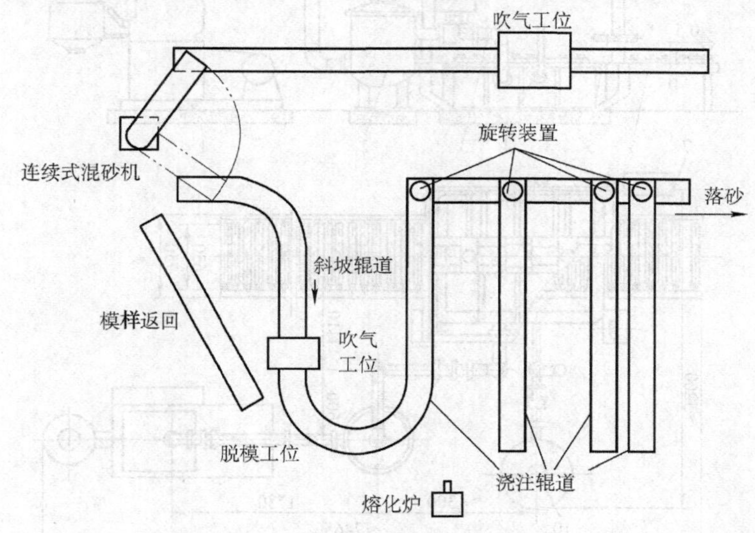

图 3-32　CO_2 吹气水玻璃砂型铸造生产线

（2）VRH-CO_2 硬化水玻璃砂型生产线　VRH-CO_2 真空硬化装置是 VRH-CO_2 硬化法的核心设备。其工作原理是：当砂型（芯）进入真空室后，抽到一定的真空度后型（芯）在负压状态下，通入 CO_2 气充填到砂粒间隙中并均匀扩散，使砂型得到硬化。因此，在真空硬化装置中，抽真空系统和通入 CO_2 气体装置是该设备的主要组成单元。图 3-33 所示为小型真空硬化装置结构简图。真空硬化装置由硬化室、真空系统、硬化气（CO_2）储罐、电控系统四部分组成。真空硬化室一般做成可升降的箱柜，升降方式有气缸提升式和机械提升式两种。对于大型铸型，也可做成通过式，真空室开门，铸型通过辊道进入，再关门密闭。更简单的还有砂箱式（以铸造砂箱作为真空室）和定量式（把具有气密性的塑料薄膜罩在铸型上抽真空）。铸型进出硬化室通常在手动或机动辊道上进行。真空系统包括真空泵、过滤器、真空管路和冷却水系统，真空泵通常采用油压式、往复式或水环式。表 3-20 列出了 VRH-CO_2 真空硬化装置的主要技术规格。硬化室的尺寸可根据用户要求确定。

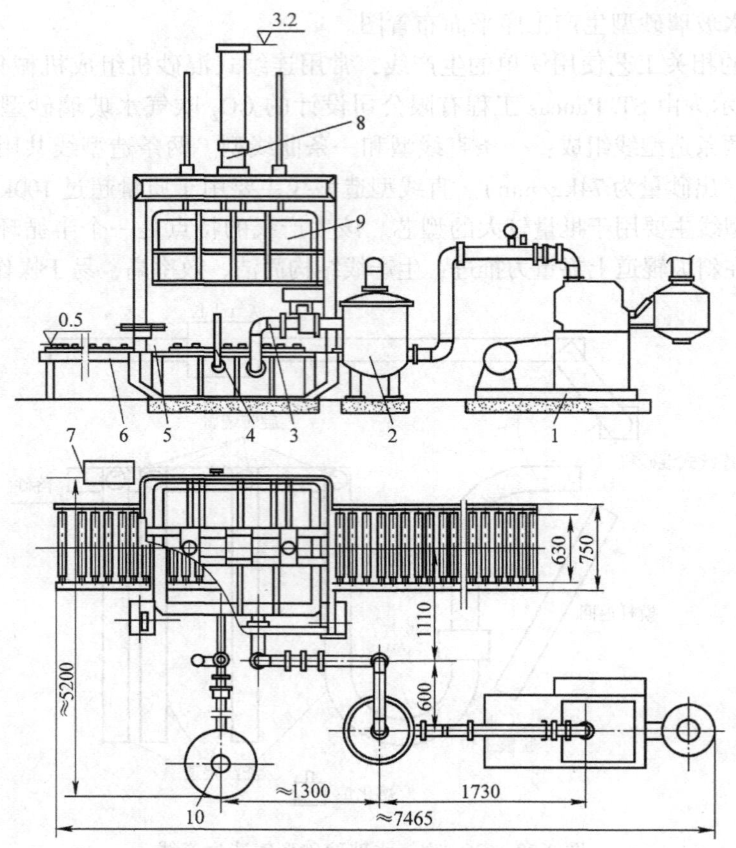

图 3-33　小型真空硬化装置结构简图

1—真空泵　2—过滤器　3—真空管路系统　4—CO_2 管路系统　5—压缩空气管路系统　6—非机动辊道　7—电控箱　8—提升机构　9—真空室　10—CO_2 气罐

表 3-20　VRH-CO_2 真空硬化装置主要技术规格

型号	ZZ-1	ZZ-1.5	ZZ-2	ZZ-3	ZZ-5	ZZ-7.5	ZZ-10
真空室容积/m^3	1	1.5	2	3	5	7.5	10
真空室基本尺寸：（长/m）×（宽/m）×（高/m）	1.3×1.1×0.7	1.6×1.2×0.8	1.8×1.4×0.8	2.0×1.8×0.85	2.5×2.2×0.9	3.0×2.5×1.0	3.2×2.8×1.1
生产周期/min	5	5	5	6	8	10	15
空载时最大真空度/kPa	2~3						
功率/kW	7.5	13	13	22	37	55	74
压缩空气耗量/（m^3/h）	2	4	8	10			
冷却水流量/（m^3/h）	2.5	3	4	5	6	7	9
设备重量/t	2.5	3	3.5	5.5	10	16	24

真空硬化装置的工作程序为：真空室升起$\xrightarrow{\text{铸型运入}}$真空室落下密闭$\xrightarrow{\text{真空阀打开}}$抽真空（≤3kPa 真空阀关闭）$\xrightarrow{CO_2\text{ 阀打开}}$充 CO_2 硬化气体（充气压力 2～3kPa，充气时间≤15s）⟶保压（20～40s）$\xrightarrow{\text{放气阀打开}}$解除真空⟶真空室上升$\xrightarrow{\text{铸型运出}}$第二周期开始。

VRH-CO_2 法多用于批量生产，一般将真空硬化装置布置在造型线中。图 3-34 所示为某桥梁厂 VRH-CO_2 造型线平面图。该造型线用于生产锰钢辙叉铸件，年产为 1500t。代表铸件毛重为 1.25t，外形尺寸为 5922mm×480mm×176mm，采用两班制工作，设计生产率为 4 型/h，上、下型分别在两条线上进行，真空硬化室尺寸为 9000mm×2000mm×900mm。造型线采用直线开放式布置，全线分 5 个工位，分别完成模板准备、加砂、紧实、真空硬化、起模等工作。翻箱、修型及上涂料在紧靠造型线的车间场地上进行。真空硬化室为贯通式结构，有效容积为 15m³。

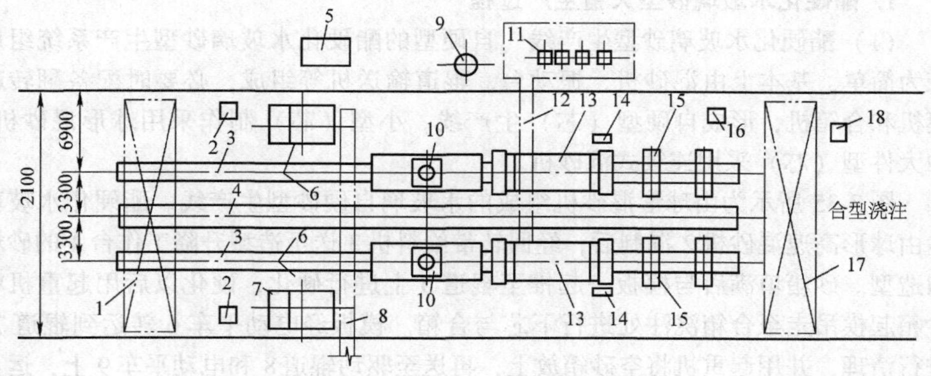

图 3-34 某桥梁厂 VRH-CO_2 造型线平面图

1—桥式起重机 2—水玻璃罐 3—机动辊道 4—模板返回机动辊道 5—除尘器 6—连续式混砂机 7—保温砂斗 8—新、旧气力输送管道 9—CO_2 气罐 10—砂型紧实机 11—真空泵 12—抽真空管道 13—真空硬化箱 14—总控制盘 15—起模机 16—液压站 17—桥式起重机（20t/5t） 18—翻箱机

2. CO_2 硬化水玻璃砂型生产质量控制要点

CO_2 硬化水玻璃砂型工艺实际生产时的质量控制要点如下：

1）尽量采用高质量的原砂和水玻璃黏结剂。原砂要求耐火度高，强度好，圆整度较高，含泥小；水玻璃黏结剂要求纯净度高，杂质含量少。在保证使用强度足够的条件下，尽量降低水玻璃的加入量，以提高水玻璃旧砂的溃散性。

2）严格控制型砂温度和混砂时间。避免型砂温度过高，混砂时间过长，出砂后型砂的保存不好，以使型砂的可使用时间过短。

3）严格控制水玻璃的模数及浓度。水玻璃的模数及浓度应随环境温度变化而变化，避免水玻璃的模数及密度过高或过低而影响水玻璃砂的强度及可使用时间。

4）较准确地控制吹气时间，避免 CO_2 吹气时间过长或过短。吹气时间过长，会使砂型表面粉化，型砂的表面稳定性下降；吹气时间过短，会出现硬化强度不够等现象。

5）严格控制型砂中的水分含量。型砂中的水分含量过高，易产生粘模、铸件气孔等缺陷。

6）要保证足够的型砂紧实度，避免铸件出现表面粗糙、粘砂等缺陷。

7）生产铸铁件和厚大铸钢件时，通常要涂刷防粘砂涂料，以防铸件粘砂缺陷。

3.5.2 酯硬化水玻璃砂型铸造生产的质量控制

1. 酯硬化水玻璃砂型大量生产过程

（1）酯硬化水玻璃砂型生产线　自硬型的酯硬化水玻璃砂型生产系统组成较为简单，基本上由混砂机、振动台、辊道输送机等组成，必要时配备翻转起模机和合箱机，形成自硬型（芯）生产线。小型（芯）制作采用球形混砂机，中大件型（芯）采用连续式混砂机。

图 3-35 所示为由球形混砂机组成的水玻璃自硬砂型生产线。酯硬化水玻璃砂由球形高速混砂机 2 混制后，经回转带给料机 3 送至造型升降工作台 4 的砂箱内造型。砂箱填满后与模板一起推至辊道 5 上进行硬化，硬化以后用起重机将砂箱起模吊走至合箱浇注处进行下芯与合箱。模板经电动平车 6 转运到辊道 7，进行清理，并用起重机将空砂箱放上，再送至驱动辊道 8 和电动平车 9 上，运至造型升降台处继续造型。该生产线的特点是设备结构简单，数量少，它用于生产 5t 以下的铸件。

图 3-36 所示为采用连续混砂机组成的酯硬化水玻璃自硬砂型生产线（类似于自硬树脂砂型生产线）。它适合于批量生产、中大型铸件的生产。以连续混砂机为主体，配备起模翻转机、振动紧实台，并配以机动或手动辊道等设施，组成机械化程度较高的生产线。

（2）酯硬化水玻璃砂制芯生产线　图 3-37 所示为封闭式酯硬化水玻璃砂制芯生产线，它由斗式提升机、连续混砂机、振动紧实台、辊道、加热罩等组成。制芯用（新）砂由斗式提升机提至砂斗，经连续式混砂机混制的芯砂加入芯盒后振动紧实，紧实刮平后的芯盒在环式辊道上停留 5～15min 后取模。在气温较低的天气（如冬天）可经加热罩加热（以加快酯硬化水玻璃砂的硬化速度）后取模。取模后的泥芯放在泥芯架上进一步硬化（8～24h 后）待用。

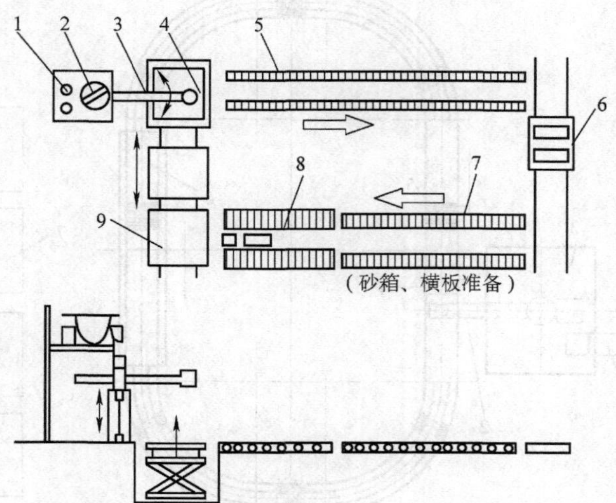

图 3-35　由球形混砂机组成的水玻璃自硬砂型生产线

1—水玻璃和硬化剂容器　2—球形混砂机　3—回转带给料机
4—升降工作台　5、7—辊道　6、9—电动平车　8—驱动辊道

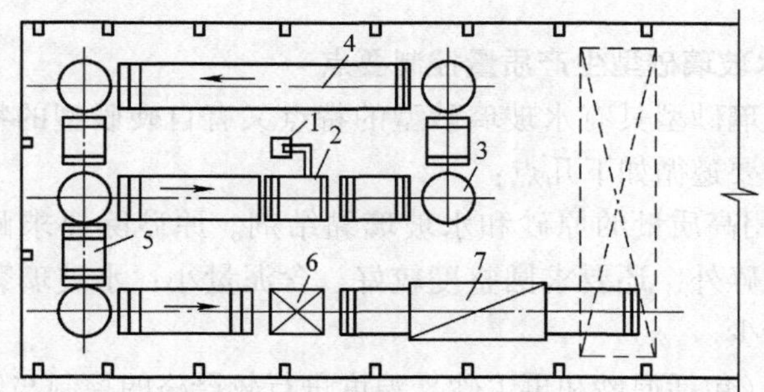

图 3-36　采用连续混砂机组成的酯硬化水玻璃自硬砂型生产线

1—连续式混砂机　2—振动紧实台　3—转台　4—辊道
5—翻箱机　6—涂料机　7—烘炉

对于采用“面砂—背砂”制（即用新砂或湿法再生砂作面砂，而用干法再生砂作背砂）的酯硬化水玻璃砂工艺的用户，可使用两台混砂机分别混制面砂和背砂，组成生产流水线。这种生产线适用于大批量生产。

与黏土砂工艺相比，酯硬化水玻璃砂的造型工艺及装备简单（这与自硬树脂砂工艺很相似），但要完成流水式工业生产，必须很好地解决酯硬化水玻璃旧砂的再生回用问题，水玻璃旧砂再生是水玻璃砂工艺的重要组成部分。

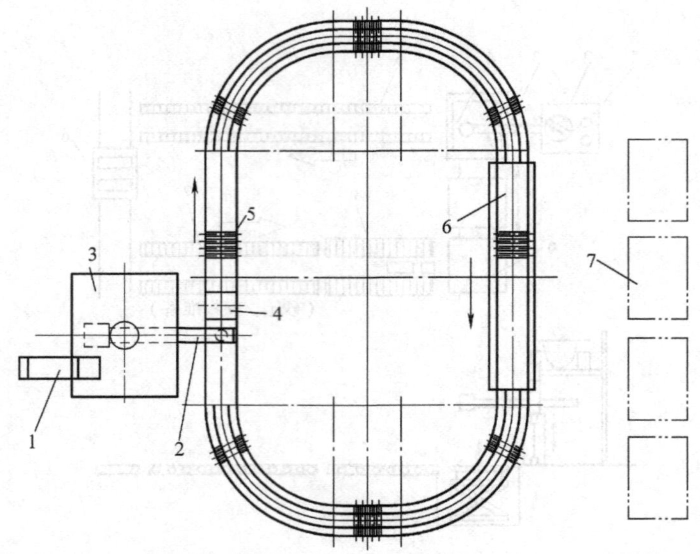

图 3-37　封闭式酯硬化水玻璃砂制芯生产线

1—斗式提升机　2—连续混砂机　3—砂斗　4—振动紧实台
5—辊道　6—加热罩　7—型芯架

2. 酯硬化水玻璃砂型生产质量控制要点

酯硬化水玻璃砂型具有水玻璃砂型的特点又有自硬砂型的特点。其实际生产中的质量控制要遵循如下几点：

1）尽量采用高质量的原砂和水玻璃黏结剂。原砂除要求耐火度高，强度好，不易磨损破碎外，还要求圆整度较好，含泥量小；水玻璃黏结剂要求纯净度高，杂质含量少。

2）对型砂（包括原砂和再生砂）温度进行较严格的控制与管理。型砂的温度通常控制在10～30℃。过高的砂温，会加快型砂的硬化速度，缩短可使用时间，有时会降低型砂强度；而过低的砂温，会减缓型砂的硬化速度，增加可使用时间，降低生产率。

3）根据气候及环境温度变化调整水玻璃黏结剂的模数及固化剂的种类。气候及环境温度较低时，通常采用较高模数水玻璃和快速固化剂；反之，通常采用较低模数水玻璃和慢速固化剂。

4）严格控制水玻璃再生砂中的残留黏结剂含量（即残留 Na_2O 含量）和粉尘含量。它们对型砂的强度及可使用时间、型砂的耐火度等性能都具有重大影响。

5）对新砂和再生砂采用不同种类的水玻璃及固化剂。再生砂中通常不同程度地含有一定量的残留 Na_2O 和残留酯，它们对型砂的强度及可使用时间都有较大影响，应根据再生砂的质量适当地调整。

6）尽量减少环境湿度对型砂性能的影响。水玻璃旧砂具有较强的吸湿性，含一定水分的水玻璃旧砂会大大降低水玻璃旧砂干法再生除膜率，从而降低干法再生砂的质量。应采用隔离等措施，减少环境湿度对旧砂及再生砂的影响。再生前后对旧砂或再生砂进行干燥，对保证型砂质量具有积极的意义。

7）采用附加吹气（CO_2、热空气等）方式防止大型型芯的蠕变。在雨季潮湿的天气下生产大型型芯时，容易发生砂型（芯）的蠕变甚至塌陷，可以在厚大部位插通气孔，附加吹气（CO_2、热空气等）辅助硬化。

第3篇 消失模铸造质量控制

第4章 消失模铸造工艺过程及关键技术

4.1 消失模铸造工艺过程及特点

消失模铸造（Expendable Pattern Casting，EPC），又称汽化模铸造（Evaporative Foam Casting）或实型铸造（Full Mold Casting）。它是采用泡沫塑料模样代替普通模样紧实造型，造好铸型后不取出模样而直接浇入金属液，在高温金属液的作用下，泡沫塑料模样受热汽化、燃烧而消失，金属液取代原来泡沫塑料模样占据的空间位置，冷却凝固后即获得所需的铸件。消失模铸造的工艺过程如图4-1所示，消失模铸造零件及泡沫模样如图4-2所示。

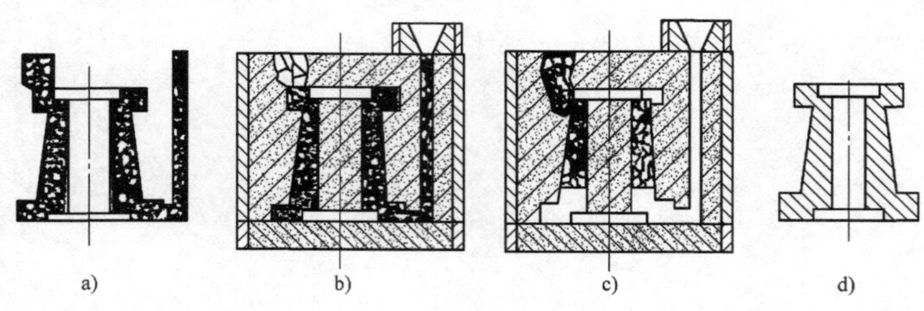

图4-1 消失模铸造的工艺过程

a）组装后的泡沫塑料模样 b）紧实好的待浇铸型 c）浇注充型过程 d）去除浇冒口后的铸件

消失模铸造工艺的本质特征是在金属浇注成形过程中，留在铸型内的模样汽化分解，并与金属液发生置换。与金属液接触时，泡沫塑料模样总是按“变形收缩—软化—熔化—汽化—燃烧”的过程进行。在金属液与泡沫塑料模样之间存在着气相、液相，离液态金属越近，温度越高，气体相对分子质量越小。浇注时液体金属前沿的气体成分变化趋势，如图4-3所示。这些过程及变化与铸件的质量密切相关。

与砂型铸造相比，消失模铸造方法具有如下主要特点：

1）铸件的尺寸精度高，表面粗糙度低。铸型紧实后不用起模、分型，没有铸造斜度和活块，取消了砂芯，因此，避免了普通砂型铸造时因起模、组芯、合箱等引起的铸件尺寸误差和错箱等缺陷，提高了铸件的尺寸精度；同时由于泡沫塑料模样的表面光整，其表面粗糙度值可以较低，故消失模铸造的铸件的表面粗糙度值也较低。铸件的尺寸精度可达 CT5 ~ 6 级，表面粗糙度 *Ra* 为 6.3 ~ 12.5μm。

图 4-2　六缸缸体消失模铸造零件及泡沫模样

2）增大了铸件结构设计的自由度。在进行产品设计时，必须考虑铸件结构的合理性，以利于起模、下芯、合箱等工艺操作，以及避免因铸件结构而引起的铸件缺陷。消失模铸造由于没有分型面，也不存在下芯、起模等问题，许多在普通砂型铸造中难以铸造的铸件结构，在消失铸造中不存在任何困难，增大了铸件结构设计的自由度。

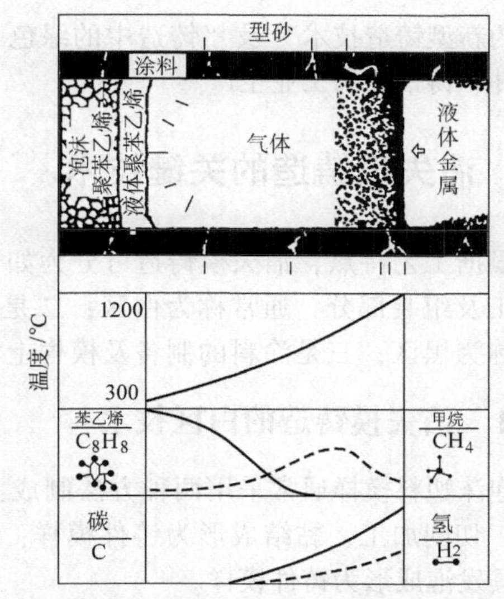

图 4-3　液态金属前沿的气体成分变化趋势

3）简化了铸件生产工序，提高了劳动生产率，容易实现清洁生产。消失模铸造不用砂芯，省去了芯盒制造、芯砂配制、砂芯制造等工序，提高了劳动生产率；型砂不需要黏结剂，铸件落砂及砂处理系统简便；同时，劳动强度降低，劳动条件改善，容易实现清洁生产。消失模铸造与普通砂型铸造的工艺过程比较，如图 4-4 所示。

4）减少了材料消耗，降低了铸件成本。消失模铸造采用无黏结剂干砂造型，可节省大量型砂黏结剂，旧砂可以全部回用。型砂紧实及旧砂处理设备简单，所需的设备也较少。因此，大量生产的机械化消失模铸造车间投资较少，铸件的生产成本较低。

消失模铸造是一种近无余量的液态金属精确成形的技术，它被认为是“21

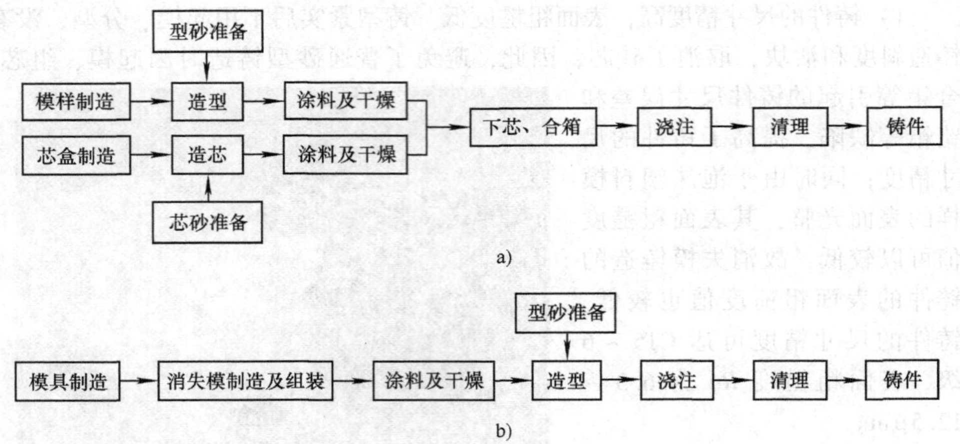

图 4-4　消失模铸造与普通砂型铸造的工艺过程比较
a）普通砂型铸造工艺过程　b）消失模铸造工艺过程

世纪的新型铸造技术”及“铸造中的绿色工程”，目前它已被广泛用于铸铁件、铸钢件、铸铝件的工业生产。

4.2　消失模铸造的关键技术

根据工艺特点，消失模铸造可分为如下几个部分：一是泡沫塑料模样的成形加工及组装部分，通常称为白区；二是造型、浇注、清理及型砂处理部分，通常称为黑区；三是涂料的制备及模样上涂料、烘干部分，通常称为黄区。

4.2.1　消失模铸造的白区技术

泡沫塑料模样通常采用两种方法制成：一种是采用商品泡沫塑料板料（或块料）切削加工、黏结成形为铸件模样；另一种是商品泡沫塑料珠粒预发后，经模具发泡成形为铸件模样。

泡沫塑料模样的成形方法如图 4-5 所示。由原材料（泡沫塑料珠粒）制成铸件模样的工艺过程如图 4-6 所示。图 4-7 所示为一种采用蒸缸式发泡成形的模具及成形后的泡沫塑料模样照片。

对于复杂模样，需要分片成形，再组装成整体模样（铸件形状），如图 4-8 所示。组装后的整体泡沫塑料模样，再配上浇注系统（见图 4-9，通常采用热熔胶或冷粘胶黏结组装），即完成了消失模铸造模样的制造工作。进入下一工序的上涂料、涂料干燥、造型紧实、浇注工作。

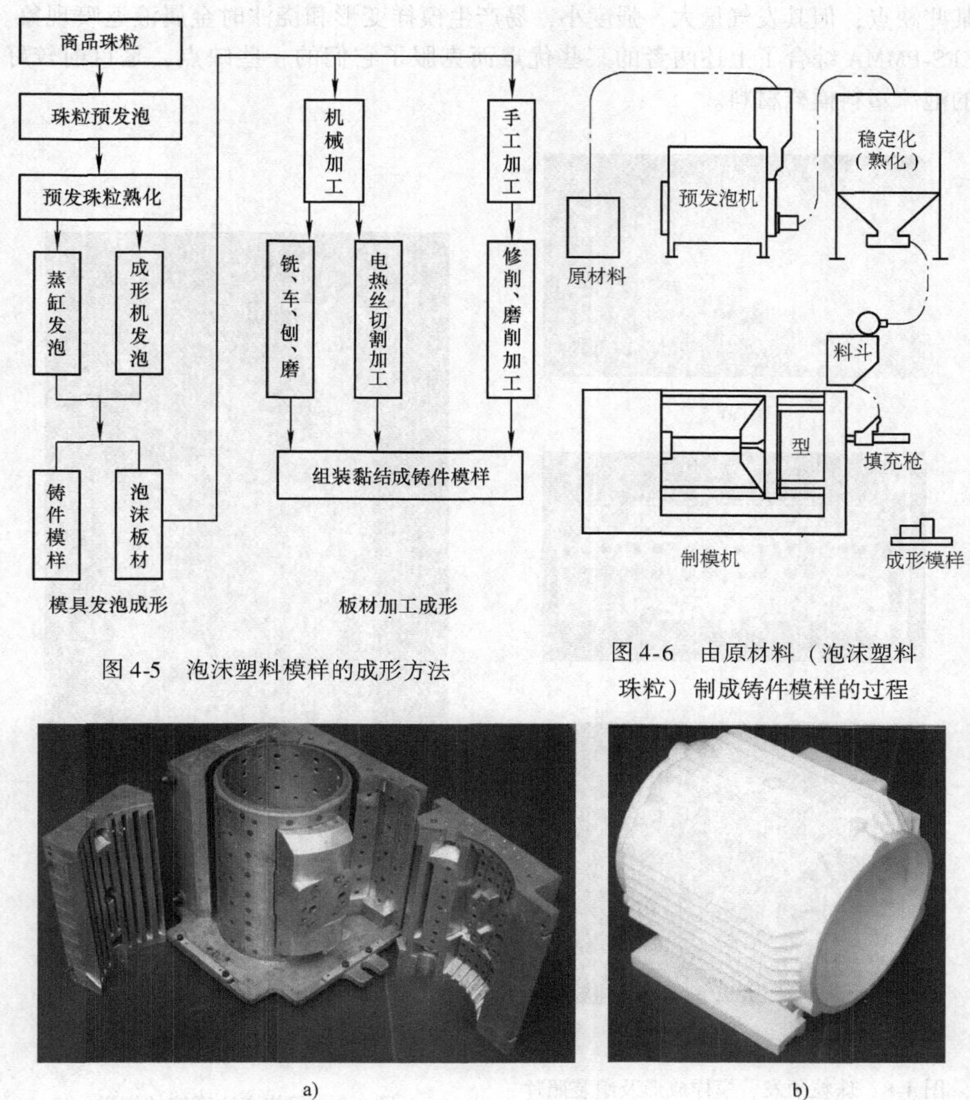

图 4-5　泡沫塑料模样的成形方法

图 4-6　由原材料（泡沫塑料珠粒）制成铸件模样的过程

a)　b)

图 4-7　发泡成形模具及成形后的泡沫塑料模样照片
a）发泡成形模具　b）泡沫塑料模样

泡沫塑料模样的材料种类及性能（密度、强度、发气量等）对消失模铸件的质量具有重大影响。泡沫塑料的种类很多，但能用于消失模铸造工艺的泡沫塑料种类却较少，目前常用于消失模铸造工艺的泡沫塑料见表 4-1。

EPS 的热解产物中大分子气体和单质碳含量较多，铸件易产生冷隔、皱皮和增碳等缺陷。PMMA 热解产物的小分子气体较多，单质碳较少，克服了 EPS 的某些缺点；但其发气量大，强度小，易产生模样变形和浇注时金属液返喷现象。EPS-PMMA综合了上述两者的某些优点而克服了它们的一些缺点，是目前较好的泡沫塑料模样材料。

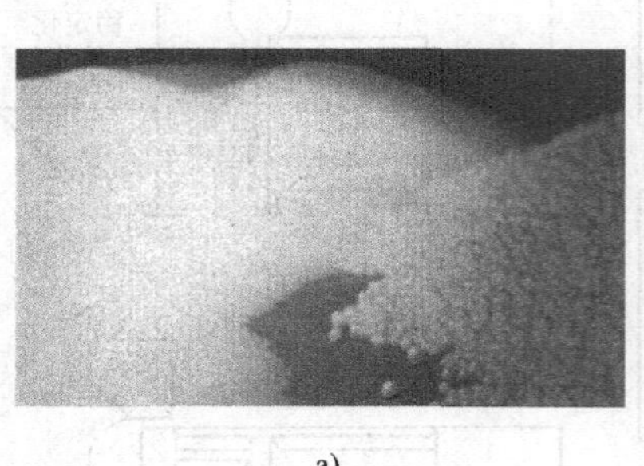

a)

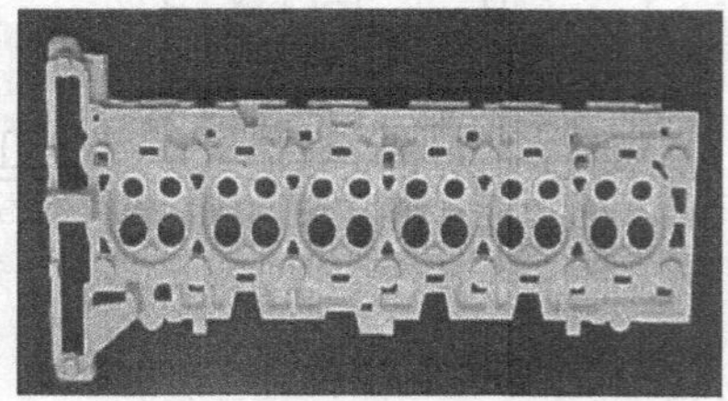

b)

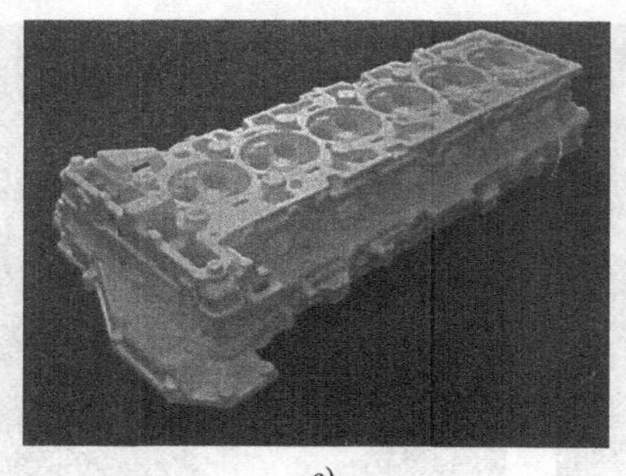

c)

图4-8　珠粒预发、模样成形及组装照片

a）珠粒预发　b）模样片成形　c）模样组装

图4-9　配装浇注系统的模样

表4-1　常用于消失模铸造工艺的泡沫塑料

名　　称	英文缩写	强度	发气量	主要热解产物	价格	应用情况
聚苯乙烯	EPS	较大	较小	相对分子质量较大的毒性芳香烃气体较多，单质碳较多	便宜	广泛
聚甲基丙烯酸甲酯	PMMA	较小	大	小分子气体较多，单质碳较少	较贵	较广泛
共聚物	EPS-PMMA	较大	较大	小分子气体较多，单质碳较少	较贵	较广泛

较理想的泡沫塑料模样材料应具有如下性能特点：成形性好，密度小，刚性高，具有一定的强度；较好的机械加工性能，加工时不易脱珠粒，加工表面光洁；汽化温度较低，受热作用分解汽化速度快；被液态金属热作用生成的残留物少，发气量小，且对人体无害等。

4.2.2 消失模铸造的涂料技术

泡沫塑料模样及其浇注系统组装成形后，通常都要上涂料，将模样、涂料烘干后才能造型浇注。涂料在消失模铸造工艺中具有十分重要的作用。

1）涂层将金属液与干砂隔离，可防止冲砂、粘砂等缺陷。

2）浇注充型时，涂层将模样的热解产物气体快速导出，可防止浇不到、气孔、夹渣、增碳等缺陷产生。

3）涂层可提高模样的强度和刚度，使模样能经受住填砂、紧实、抽真空等过程中力的作用，避免模样变形。

为了获得高质量的消失模铸件，消失模铸造涂料应具有如下性能：

1）良好的透气性（模样受热汽化生成的气体容易通过涂层，经型砂之间的间隙由真空泵强行抽走）。

2）较好的涂挂性（涂料涂挂后能在模样表面获得一层厚度均匀的涂层）。

3）足够的强度（常温下能经受住搬运、紧实时的作用力使涂层不会剥落，高温下能抵抗金属液的冲刷作用力）。

4）发气量小（涂料层经烘干后，在浇注过程中与金属液作用时产生的气体量小）。

5）低温干燥速度快(低温烘干时，干燥速度快，不会产生龟裂、结壳等现象)。

消失模铸造涂料与普通砂型铸造涂料的组成相似，主要由耐火填料、分散介质、黏结剂、悬浮剂及改善某些特殊性能的附加物组成；但消失模铸造涂料的性能不同于一般的铸造涂料，消失模铸件的质量和表面粗糙度在很大程度上依赖于涂料的质量。研究开发适于不同铸件材质的消失模铸造优质涂料，仍是我国消失模铸造技术研究及应用的重要课题，而采用高性能的消失模铸造涂料是生产高质量消失模铸件的重要条件。

根据分散介质（溶剂）的不同，消失模铸造涂料又可分为：水基涂料和有机溶剂快干涂料两大类。几种典型的消失模铸造涂料配方见表4-2。

表4-2 几种典型的消失模铸造涂料配方

涂料种类及编号		配方（质量份）	适用场合
快干涂料	1	铝矾土40~50，土状石墨粉5~10，片状石墨粉0~10，乙醇35~45，PVB3.0~3.5	铸铁件
	2	石英粉50，乙醇50，PVB4.0，电木漆10，硼酸10~12	铸铁件

（续）

涂料种类及编号		配方（质量份）	适用场合
快干涂料	3	石英粉 40～50，铝矾土 10～20，乙醇 35～45，PVB3.0～3.5	碳钢件
	4	锆石粉 100，乙醇适量，酚醛树脂 2，松香 1，膨润土 1.5	铸钢件
	5	锆石粉（或刚玉粉）40～50，铝矾土 10～20，乙醇 35～45，PVB3.0～3.5	合金钢、厚大件
	6	滑石粉 46，汽油 43，101 树脂 6，8～45 胶 5	非铁合金件
水基涂料	1	石英粉 100，CMC2.5，滑石粉 2.0，膨润土 2.7，碳酸钠 0.1，水适量	铸铁件
	2	铝矾土 90，石英粉 10，CMC2.5，滑石粉 2.5，膨润土 2.7，碳酸钠 0.1，水适量	铸铁件
	3	镁橄榄石粉 100，CMC2.0，滑石粉 2.0，膨润土 2.0，碳酸钠 0.1，水适量	高锰钢件
	4	石英粉 70，云母粉 30，凹凸棒土 1，膨润土 1.5，白乳胶 8，水适量，消泡剂微量	铸铁件
	5	棕刚玉 100，CMC0.3，硅溶胶 6，白乳胶 3，悬浮剂 8，水适量	铸钢件
	6	硅藻土 40，珠光粉 60，硅溶胶 9，白乳胶 2，PAM10，CMC0.3，凹凸棒土 2，水适量	非铁合金件

几种国外典型的消失模铸造涂料性能见表 4-3。不同种类的涂料，其性能有差别。从表 4-3 可知，铸铁涂料 A 的常温强度低于铸铁涂料 B，但高温强度明显高于后者，而透气性稍差。不同合金用消失模铸造涂料，其性能要求也不同。铸铁的浇注温度远高于铸铝，所以铸铁用消失模涂料的强度和透气性均要高于铸铝用消失模铸造涂料。

表 4-3　典型的消失模铸造涂料性能

涂料种类	强度/MPa		透气性/[cm^4/(g·min)]		发气量/(mL/g)	烧失量/g				密度/(g/cm^3)	滴淌性		其他
	常温	600℃	常温	600℃烧后		200℃	300℃	400℃	500℃		滴淌量/g	滴淌时间/s	
铸铁涂料 A	1.99	2.50	0.91	1.67	61	0.24	2.21	2.53	3.12	1.48	0	0	涂料在干燥后不开裂，韧性好
铸铁涂料 B	2.74	0.64	1.20	2.34	89	0.11	3.11	5.43	6.13	1.50	2.8	116	
铝合金涂料	2.29	0.44	1.72	0.86	117	0.25	5.76	7.50	8.39	1.50	0.95	20	

4.2.3 消失模铸造的黑区技术

消失模铸造的黑区包括：加砂、造型、浇注、清理及型砂处理等部分。

(1) 消失模铸造用砂　消失模铸造通常采用无黏结剂的硅砂来充填、紧实模样，砂粒的平均粒度为 AFS25 ~ 45 较常见。粒度过细不利于浇注时塑胶残留物的逸出；粗砂粒则会造成金属液渗入，使得铸件表面粗糙。砂子粒度分布集中较好（最好都在一个筛号上），以便保证型砂的高透气性。

(2) 雨淋式加砂　在模样放入砂箱内紧实之前，砂箱的底部要填入一定厚度的型砂作为放置模样的砂床（砂床的厚度一般约为 100mm）；然后放入模样，再边加砂、边振动紧实，直至填满砂箱、紧实完毕。为了避免加砂过程中因砂粒的冲击使模样变形，由砂斗向砂箱内加砂常采用柔性管加砂、雨淋式加砂两种方法。前者是用柔性管与砂斗相接，人工移动柔性管陆续向砂箱内各部位加砂，可人为地控制砂粒的落高，避免损坏模样涂层；后者是砂粒通过砂箱上方的筛网或多管孔雨淋式加入。雨淋式加砂均匀，对模样的冲击较小，是生产中常用的加砂方法。

(3) 型砂的振动紧实　消失模铸造中干砂的加入、充填和紧实是得到优质铸件的重要工序。砂子的加入速度必须与砂子紧实过程相匹配，如果在紧实开始前将全部砂子都加入，肯定会造成变形。砂子填充速度太快会引起变形；但砂子填充太慢造成紧实过程时间过长，生产速度降低，并可能造成变形。消失模铸造中型砂的紧实一般采用振动紧实的方式。紧实不足会导致浇注时铸型壁塌陷、胀大、粘砂和金属液渗入，而过度紧实振动会使模样变形。振动紧实应在加砂过程中进行，以便使砂子充入模型束内部空腔，并保证砂子达到足够紧实而又不发生变形。

根据振动维数的不同，消失模铸造振动紧实台的振动模式可分为：一维振动、二维振动、三维振动三种。研究表明：①三维振动的充填和紧实效果最好；二维振动在模样放置和振动参数选定合理的情况下，也能获得满意的紧实效果；一维振动通常被认为适于紧实结构较简单的模样（但由于振动维数越多，振动台的控制越复杂且成本越高，故目前实际用于生产的振动台以一维振动居多）。②在一维振动中，垂直方向振动比水平方向振动效果好。③垂直方向与水平方向两种振动的振幅和频率均不相同或两种振动存在一定相位差时，所产生的振动轨迹有利于干砂的充填和紧实。

影响振动紧实效果的主要振动参数包括：振动加速度、振动方向、振幅和频率、振动时间等。振动台的激振力大小和被振物体总质量决定了振动加速度的大小，振动加速度在 1 ~ 2g 范围内较佳，小于 1g 对提高紧实度没有多大效果，而大于 2.5g 容易损坏模样。在激振力相同的条件下，振幅越小，振动频率越高，充填和紧实效果越好。实践表明，频率为50Hz、振动电动机转速为2800～3000r/min、振幅为0.5～1mm较合适。振动时间过短，干砂不易充满模样各部位，特别是带水平空腔的模样的充填紧实不够；但振动时间过长，容易使模样变形损坏（一般振动时间控制在30～60s较宜）。

常用的消失模铸造振动台的结构示意图如图4-10所示。一种常见的三维振动台的外形照片如图4-11所示。

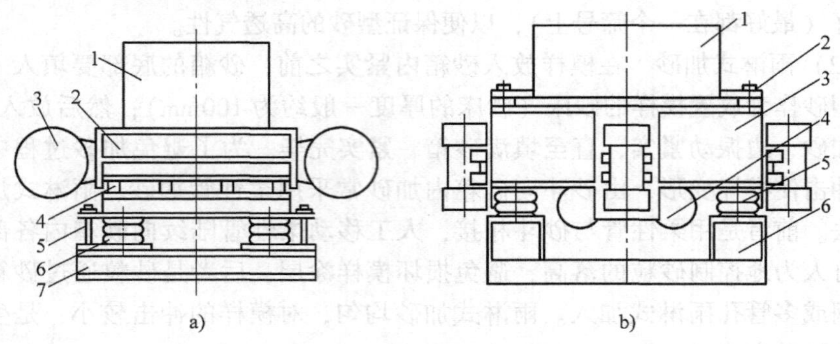

图4-10　消失模铸造振动台的结构示意图

a）一维振动

1—砂箱　2—振动台体　3—振动电动机　4—橡胶弹簧　5—高度限位杆　6—空气弹簧　7—底座

b）三维振动

1—砂箱　2—砂箱夹紧装置　3—振动台体　4—振动电动机　5—空气弹簧　6—底座

（4）真空抽气系统　型砂紧实后的浇注通常在抽真空下进行。消失模铸造中的真空抽气系统如图4-12所示。抽真空的作用是，将砂箱内砂粒间的空气抽走，使密封的砂箱内部处于负压状态，因此砂箱内部与外部产生一定的压差。在此压差的作用下，砂箱内松散流动的干砂粒可变成紧实坚硬的铸型，具有足够高的抵抗液态金属作用的抗压强度、抗剪强度。抽真空的另一个作用是，可以强化金属液浇注时泡沫塑料模汽化后气体的排出效果，避免或减少铸件的气孔、夹渣等缺陷。

图4-11　一种常见的三维振动台的外形照片

真空度大小是消失模铸造重要工艺参数之一，真空度大小的选定主要取决于铸件的重量、壁厚及铸造合金和造型材料的类别等，过大和过小的真空度都不利于获得优质铸件。通常真空度的使用范围为0.02～0.08MPa。

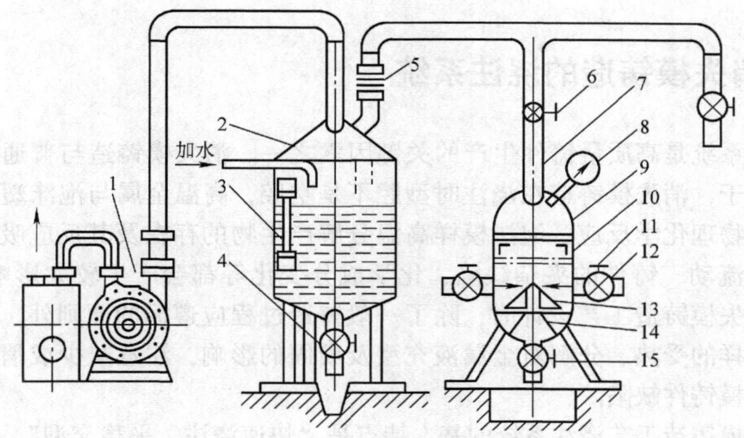

图 4-12　消失模铸造中的真空抽气系统

1—真空泵　2—水浴罐　3—水位计　4—排水阀　5—球阀　6—止回阀　7—3in（1in = 25.4mm）管　8—真空表　9—滤网　10—滤砂与分配罐　11—止阀（若干个）　12—进气管（若干个）　13—挡尘罩　14—支托　15—排尘阀

（5）型砂的冷却　消失模铸件落砂后的型砂温度很高，由于是干砂，其冷却速度相对也较慢。对于规模较大的流水生产的消失模铸造车间，型砂的冷却是消失模铸造正常生产的关键之一，型砂的冷却设备是消失模铸造车间砂处理系统的主要设备。砂温过高会使泡沫模样损坏，造成铸件缺陷。

用于消失模铸造型砂的冷却设备主要有：振动沸腾冷却设备、振动提升冷却设备、砂温调节器等。常把振动沸腾冷却或振动提升冷却作为初级冷却，而把砂温调节器作为最终砂温的调定设备，以确保待使用的型砂的温度不高于50℃。常用的振动沸腾冷却设备和砂温调节器的结构示意图，如图 4-13 和图 4-14 所示。

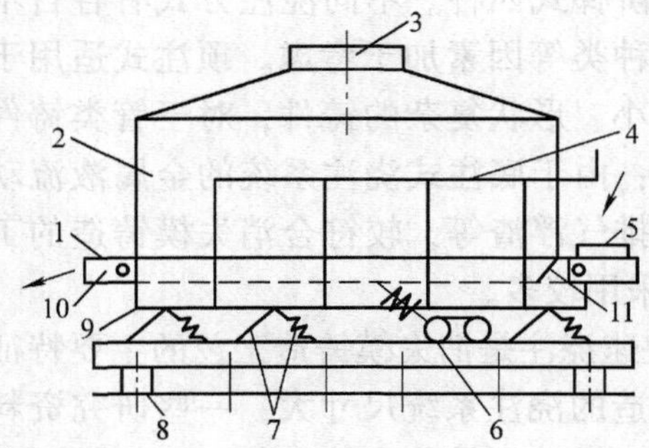

图 4-13　振动沸腾冷却设备结构示意图

1—振动槽　2—沉降室　3—抽风除尘口　4—进风管　5—热砂进口　6—激振装置　7—弹簧系统　8—橡胶减振器　9—余砂出口　10—出砂口　11—进砂活门

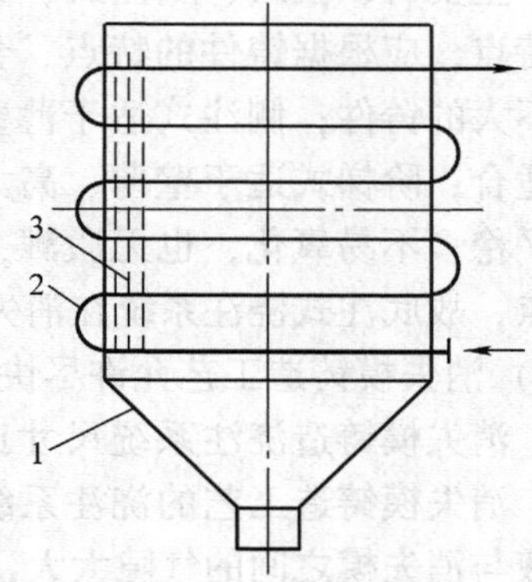

图 4-14　砂温调节器结构示意图

1—壳体　2—调节水管　3—散热片

4.3 消失模铸造的浇注系统

浇注系统是高质量铸件生产的关键因素之一。消失模铸造与普通铸造的本质不同在于，消失模铸造在浇注时型腔不是空腔，高温金属与泡沫塑料模样发生复杂的物理化学反应，泡沫模样高温分解产生物的存在及其反应吸热，对液态金属的流动、铸件的夹杂缺陷、化学成分变化等都会产生较大影响。因此，在进行消失模铸造工艺设计时，除了一般铸造过程应遵循的原则外，尤其要注意泡沫模样的受热、分解对金属液充型及凝固的影响，注意减少或消除由此造成的消失模铸件缺陷。

消失模铸造工艺浇注系统的基本特点是“快速浇注、平稳充型”。由于泡沫塑料模样的存在，与普通砂型铸造相比，消失模铸造工艺的浇注系统具有如下特点：

1）常采用封闭式浇注系统。封闭式浇注系统的特点是，流量控制的最小截面处于浇注系统的末端，浇注时直浇道内的泡沫塑料迅速汽化，并在很短的时间内被液体金属充满，浇注系统内易建立起一定的静压力使金属液呈层流状充填，可以避免充型过程中金属液的搅动与喷溅。浇注系统各单元截面积比例一般为：

对于钢铁铸件，$A_{直}:A_{横}:A_{内}=(2.2\sim1.6):(1.25\sim1.2):1$；对于非铁金属铸件，$A_{直}:A_{横}:A_{内}=(2.7\sim1.8):(1.30\sim1.2):1$。

由于影响的因素很多，目前还没有计算消失模铸造工艺浇注系统参数的公式及方法，浇注系统最小截面积通常都由生产经验来确定。

2）常采用底注式浇注系统。与普通铸造方法相同，金属液注入消失模内的位置，主要有顶注式、底注式、侧注式和阶梯式四种。不同浇注方式有各自不同的特点，应根据铸件的特点、金属材质种类等因素加于考虑。顶注式适用于高度不大的铸件；侧注式适于薄壁、质量小、形状复杂的铸件，对于管类铸件尤为适合；阶梯式适于壁薄、高大的铸件；由于底注式浇注系统的金属液流动充型平稳，不易氧化，也无激溅，有利于排气浮渣等，较符合消失模铸造的工艺特点，故底注式浇注系统在消失铸造中采用较多。

3）消失模铸造工艺允许尽快浇注。快速浇注是消失模铸造工艺的主要特征之一。消失模铸造浇注系统尺寸比常规铸造的浇注系统尺寸大，一些研究资料介绍，消失模铸造工艺的浇注系统的截面积比砂型铸造大约1倍，主要原因是金属液与消失模之间的气隙太大，充型浇注速度太慢有造成塌箱的危险。

4）采用较高的浇注温度。由于汽化泡沫塑料模样需要热量，消失模铸造的浇注温度比普通砂型铸造的浇注温度通常要高20～50℃。不同材质的浇注温度为：灰铸铁件 1370～1450℃，铸钢件 1590～1650℃，铸铝合金件 720～790℃，铸镁合金件 730～800℃。浇注温度过低，夹渣、冷隔等缺陷明显增多。对于钢铁铸件，提高浇注温度对获得高质量的铸件都十分有利；但对铝（镁）合金铸件，浇注温度不宜超过 800℃，否则易产生铸件的针孔和氧化夹杂缺陷。由于液态铝（镁）合金的浇注温度及热容量较低，浇不到缺陷也成了消失模铸造铝（镁）合金铸件缺陷的主要种类之一，为了克服该类铸造缺陷的产生，又应在足够的浇注温度下完成浇注。因此，平衡（较高的）浇注温度与铝（镁）合金消失模铸件针孔和氧化夹杂缺陷之间的关系，是铝镁合金消失模铸造工艺的重要任务，同时应加强熔化浇注时对液态铝镁合金的保护。

4.4 铝、镁合金消失模铸造新技术及质量控制

4.4.1 铝、镁合金消失模铸造技术特点

由于汽车节能、轻量化的要求，铝、镁合金已被广泛用于汽车零件的生产。用消失模铸造技术生产复杂的铝、镁合金汽车铸件具有独特的优势。但由于铝、镁合金的浇注温度、热容量等与钢铁材料相差甚远，使得铝、镁合金消失模铸造的技术难度更大。由此产生了一系列的铝、镁合金消失模铸造新技术。

1. 铝合金消失模铸造技术特点

在美国，消失模铸造已广泛用于铝合金铸件的生产，尤其是汽车零件（缸体、缸盖等）。通用汽车的消失模铸造铝合金缸体、缸盖如图 4-15 所示。

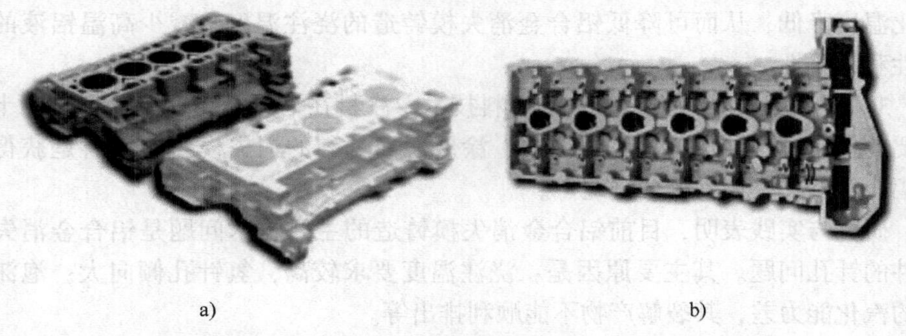

a)　　b)

图 4-15　通用汽车的消失模铸造铝合金缸体、缸盖

a）GM Vortec 3. 5L 轻型载货汽车 5 缸缸体　b）GM Vortec 4. 2L 载货汽车 6 缸缸盖

与钢铁材料相比，铝合金消失模铸造的主要特征及技术难点如下：

1）液态铝合金的熔化温度比钢铁材料低许多，而金属液浇注时模样的热解汽化将吸收大量的热量，造成合金流动前沿温度下降，故凝固冷却时易形成冷

隔、皮下气孔等铸件缺陷。因此，足够的浇注温度和浇注速度对获得优质铝合金铸件至关重要，尤其是薄壁铝铸件。

2）为了达到汽化泡沫模样、顺利充填浇注的目的，铝合金消失模铸造的浇注温度往往需要在750℃以上。而此时，高温铝液的吸（氢）气性强，易使铸件产生（氢）针孔（铸件的致密性差）。因此，必须加强高温铝液的除气精炼处理。

3）铝合金铸件较好的浇注温度应在750℃以下，因为此时高温铝液的吸（氢）气性较小。因此，需要采用适于铝合金的低温汽化的泡沫模样材料。

4）浇注铝合金铸件时，泡沫模样的汽化产物主要是CO、CO_2等还原性气氛。因此，浇注时产生的不是黑烟雾，而是白色雾状气体，也不会像钢铁铸件那样形成特有的增碳或皱皮缺陷。

5）热解产物对铝合金的成分、组织、性能影响较小，但由于分解产物的还原气氛与铝件的相互作用，会使铝件表面失去原有的银白色光泽。

根据铝合金消失模铸造的特征，铝合金消失模铸造的关键技术包括如下几方面：

1）铝合金高温熔体处理技术。高温下，铝合金熔体易氧化、吸气。因此，浇注前对高温铝合金熔体进行充分的精炼、除气是获得高质量的铝合金消失模铸件的条件之一。精炼、除气后的铝液应尽量减少与潮湿空气的接触，及时地浇注。

2）适于铝合金消失模铸造的泡沫模样材料技术。为了降低铝合金消失模铸造的浇注温度（750℃左右），国外已开发了一种低温汽化的泡沫模样材料，它通过在普通的泡沫粒珠（EPS、PMMA等）中加入一种添加剂，可使泡沫模样的汽化温度降低，从而可降低铝合金消失模铸造的浇注温度，减少高温铝液的吸气性和氧化性。

3）适于铝合金消失模铸造的涂料技术。涂料在消失模铸造工艺中具有十分重要的控制作用。透气好、强度高、涂层薄而均匀的消失模铸造涂料是获得优质铝合金消失模铸件的关键之一。

研究与实践表明，目前铝合金消失模铸造的主要技术问题是铝合金消失模铸件的针孔问题。其主要原因是：浇注温度要求较高，氢针孔倾向大；泡沫模样的汽化能力差，其裂解产物不能顺利排出等。

金属液的浇注温度越高，则铸件的孔隙率越高。一般来说，消失模铸造工艺比树脂砂工艺的孔隙率要高一些。

2. 镁合金消失模铸造技术特点

试验研究表明，镁合金的特点非常适合消失模铸造工艺，因为镁合金的消失模铸造除具有近无余量、精确成形、清洁生产等特点外，它还具有如下独特的优点：

1）镁合金在浇注温度下，泡沫模样的分解产物主要是烃类、苯类和苯乙烯等气雾物质，它们对充型成形时极易氧化的液态镁合金具有自然的保护作用。

2）采用干砂负压造型避免了镁合金液与型砂中水分的接触，以及由此而引起的铸件缺陷。

3）与目前普遍采用的镁合金压铸工艺相比较，其投资成本大为降低，干砂良好的退让性大大减轻了镁合金铸件凝固收缩时的热裂倾向。

4）金属液较慢和平稳的充型速度避免了气体的卷入，使铸件可经热处理进一步提高其力学性能。

因此，镁合金的消失模铸造具有良好的应用前景，近年来已引起人们的广泛关注。

为了适合铝、镁合金消失模铸造的特点，国内外研究人员开发了一些适用于铝、镁合金的消失模铸造新技术。

4.4.2 压力消失模铸造技术

压力消失模铸造技术是消失模铸造技术与压力凝固结晶技术相结合的铸造新技术，它是在带砂箱的压力灌中，浇注金属液使泡沫塑料汽化消失后，迅速密封压力灌，并通入一定压力的气体，使金属液在压力下凝固结晶成形的铸造方法。这种铸造技术的特点是能够显著减少铸件中的缩孔、缩松、气孔等铸造缺陷，提高铸件致密度，改善铸件力学性能。这是因为在加压凝固时，外力对枝晶间液相金属的挤滤作用而使初凝枝晶发生显微变形，并且大幅度提高了冒口的补缩能力，使铸件内部缩松得到改善。另外，加压凝固使析出氢需更高的内压力才能形核形成气泡，从而抑制针孔的形成，同时压力增加了气体在固相合金中的溶解度，使可能析出的气泡减少。

图 4-16 所示为不同压力下凝固铝合金消失模试样的横截面照片和对应二色图。由图 4-16 可以看出，随着施加压力的增加，ZL101 铝合金铸件断面孔隙率显著降低，铸件不断变得致密。图 4-17 所示为不同外加压力对 ZL101 铝合金抗拉强度与伸长率的影响。由图 4-17 可看出，随着外加压力的增大，试样的抗拉强度、断后伸长率逐渐提高。当外加压力达到 0.5MPa 以上时，抗拉强度提高幅度逐渐减缓。其中，0.5MPa 压力下凝固的 ZL101 铝合金试样与常压下消失模铸造试样比较，抗拉强度从 137MPa 提高到了 177MPa，提高了 33.9%。

美国的 Mercury Castings 公司建立了第一条工业上自动化程度很高的压力凝固消失模铸造生产线（见图 4-18），以降低铝合金铸件的气孔率。其特点是，重力浇注后，将装有砂箱的压力容器密封，让铝合金液体在 1.01MPa（10atm）的压力下凝固，产生的缩孔和气孔程度是传统消失模铝合金铸件的 1/100，是金属型铝合金铸件的 1/10。

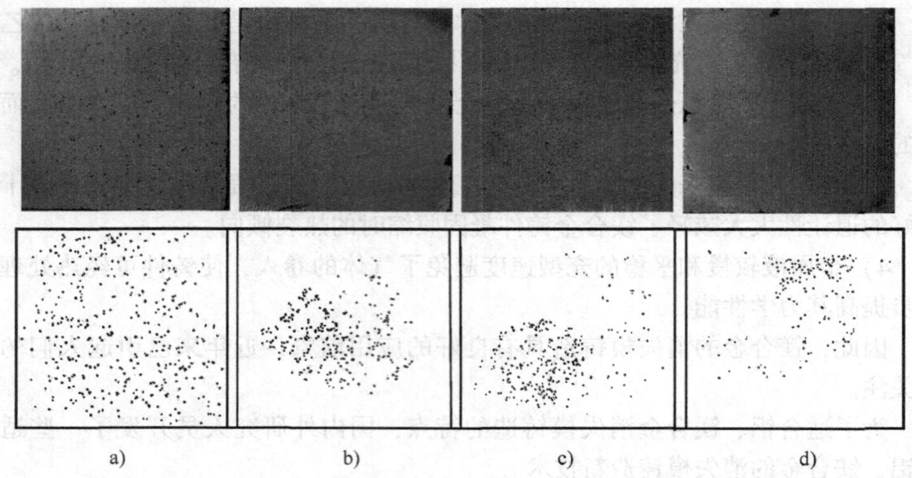

图 4-16　不同压力下凝固铝合金消失模试样横截面照片和对应二色图

a）0MPa　b）0.2MPa　c）0.4MPa　d）0.6MPa

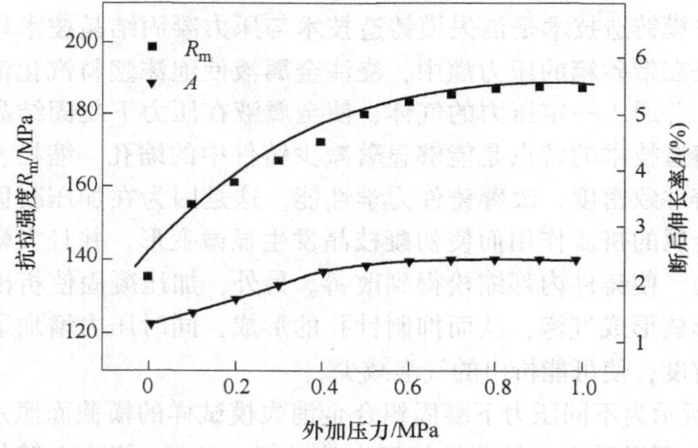

图 4-17　外加压力对 ZL101 试样抗拉强度与断后伸长率的影响

图 4-18　Mercury Castings 公司的全自动化压力凝固消失模铸造生产线

4.4.3 真空低压消失模铸造技术

真空低压消失模铸造技术是将负压消失模铸造方法和低压反重力浇注方法复合而发展的一种新铸造技术。该方法是将上涂料后的泡沫塑料模样埋入干砂，振动紧实造型，然后将砂箱迅速和带升液管的低压浇注系统连接密封，并向坩埚炉中通入干燥的压缩空气，金属液在气体压力的作用下，沿升液管上升，进入砂箱底部浇道，同时打开消失模砂箱上的真空装置，金属液在真空和低压作用下上升使泡沫模样汽化而填充模腔，模样分解气体被真空负压抽走，浇注完成后保持压力一定时间至铸件完全凝固，解除金属液面上的气体压力，关闭真空，使升液管中的未凝固金属液流回坩埚中，推出砂箱，取出铸件。图 4-19 所示为真空低压消失模铸造技术工作原理图。

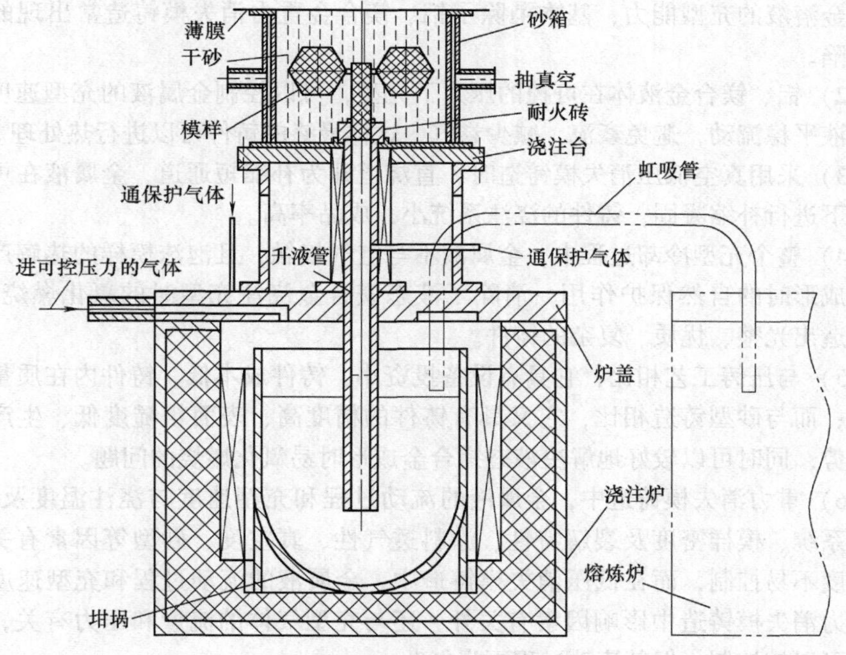

图 4-19 低压消失模铸造工艺原理图

真空低压消失模铸造技术的特点是：综合了低压铸造与真空消失模铸造的技术优势，在可控的气压下完成充型过程，大大提高了液态合金的铸造充型能力；与压铸相比，设备投资小，铸件成本低，铸件可热处理强化；而与砂型铸造相比，铸件的精度高，表面粗糙度低，生产率高，性能好；反重力作用下，直浇道成为补缩短通道，浇注温度的损失小，液态合金在可控的压力下进行补缩凝固，合金铸件的浇注系统简单有效、成品率高、组织致密；真空低压消失模铸造的浇注温度低，适合于多种非铁合金。

该新技术将真空低压消失模技术应用到铝、镁合金成形，可以解决现有反重力铸造对铸型要求高、调压方法相对复杂、液态合金浇注时易氧化的问题。其工艺过程为：①将消失模铸造模样放入底注式砂箱，加入型砂振动紧实；②镁、铝合金液送入浇注炉，并通入保护性气体；③浇注炉内通入可控压力的惰性气体，在其作用下合金液进入砂箱，将消失模铸造模样汽化，实现浇注。其综合了真空消失模铸造和反重力铸造的技术优势，适用于高精度复杂的镁、铝合金铸件的规模生产。

真空低压消失模铸造的工艺特点概括如下：

1）真空低压消失模铸造，具有低压铸造与真空消失模铸造的综合技术优势，使得铝、镁合金消失模铸造在可控的气压下完成充型过程，大大提高了铝、镁合金溶液的充型能力，基本消除了铝、镁合金重力消失模铸造常出现的浇不到缺陷。

2）铝、镁合金液体在可控的压力下充型，可以控制金属液的充型速度，让金属液平稳流动，避免紊流，减少卷气，这样最终的铸件可以进行热处理。

3）采用真空低压消失模铸造时，直浇道即为补缩短通道，金属液在可控的压力下进行补缩凝固，铸件的浇注系统小，成品率高。

4）整个充型冷却过程中，金属液不与空气接触，且泡沫模样的热解产物对铸件成形时的自然保护作用，消除了液态镁合金浇注充型时的氧化燃烧现象，可铸造出光整、优质、复杂的铸件。

5）与压铸工艺相比，它具有设备投资小、铸件成本低、铸件内在质量好等优点；而与砂型铸造相比，它又具有铸件的精度高、表面粗糙度低、生产率高的优势，同时可以较好地解决液态镁合金成形时易氧化燃烧的问题。

6）重力消失模铸造中，金属液的流动过程和充型速度与浇注温度及速度、浇注系统、模样密度及裂解特性、涂料透气性、真空度、砂型等因素有关，充型速度不易控制，而在低压消失模铸造中，金属液的流动过程和充型速度除了与重力消失模铸造中影响因素有关外，还与充型气体的流量和压力有关，充型速度可以被控制，但其流动过程更为复杂。

图 4-20 所示为采用重力下浇注与反重力下浇注的镁合金零件的对比，重力下浇注产生了严重的浇不到现象。浇注成形的电动机壳体镁合金铸件如图 4-20c 所示，其最小壁厚约 2mm。该零件采用砂型铸造工艺，其精度不高，表面粗糙度高，用普通的消失模铸造也易产生铸件浇不到等缺陷。

实践表明，如果工艺参数控制不当，真空低压消失模铸造较容易产生浸入性气孔和机械粘砂缺陷，优化铸造工艺参数和涂料性能可获得高内在质量的复杂薄壁镁合金铸件。

图 4-20 采用重力下浇注与反重力下浇注的镁合金零件的对比
a）重力下浇注 b）反重力下浇注 c）电动机壳体模样及其铸件

总之，低压消失模铸造新工艺，利用低压铸造充型性能好，又能够使金属液在一定的压力下凝固，达到使铸件组织致密的目的，非常适合复杂薄壁镁（铝）合金铸件的工业化大量生产特点。因此，它是一种有潜力和优势的液态镁（铝）合金精密成型技术，在汽车、航空航天、电子等领域具有较大的实用价值。

4.4.4 振动消失模铸造技术

振动消失模铸造技术是在消失模铸造过程中施加一定频率和振幅的振动，使铸件在振动场的作用下凝固（见图 4-21），由于消失模铸造凝固过程中对金属液施加了一定时间振动，振动力使液相与固相间产生相对运动，而使枝晶破碎，增加液相内结晶核心，使铸件最终凝固组织细化、补缩提高，力学性能改善。该技术利用消失模铸造中现成的紧实振动台，通过振动电动机产生的机械振动，使金属液在动力激励下生核，达到细化组织的目的，是一种操作简便、成本低廉、无环境污染的技术。相比之下，砂型铸造过程中，如对铸型施以机械振动，很容易把铸型振垮；而在金属型铸造过程中，由于其冷速过快，振动对结晶的影响作用不大。

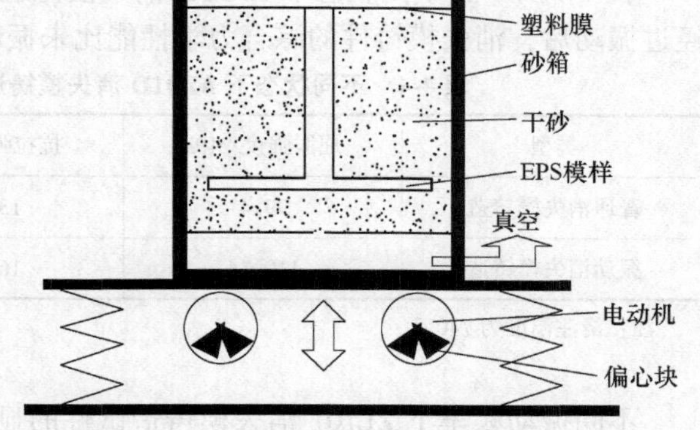

图 4-21 消失模铸造振动凝固的结构示意图

金属凝固过程中施加振动可以有效细化晶粒。振动对组织的影响包括增加形核，减小晶粒尺寸，提供同质结构等，并能提高合金的性能。

图 4-22 所示为不同振幅下 AZ91D 镁合金消失模铸造振动凝固试件的显微组织。从图中明显看出，随着振幅的增加，AZ91D 镁合金消失模铸造试件的晶粒逐渐变得细小。

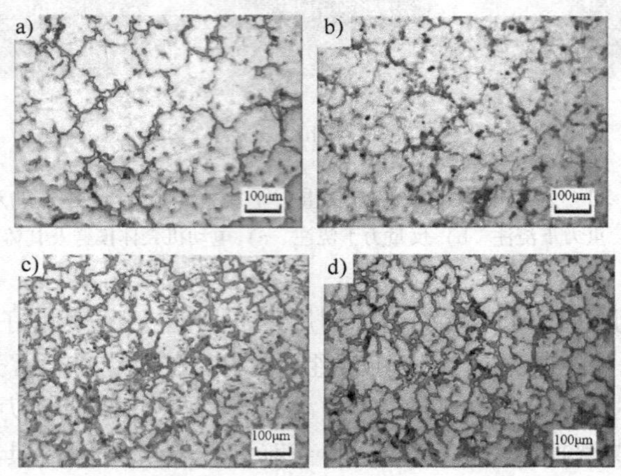

图 4-22　不同振幅下 AZ91D 消失模铸造试件的显微组织

a）未振动　b）50Hz、0.11mm 振动　c）50Hz、0.23mm 振动

d）50Hz、0.34mm 振动

注：浇注温度为740℃。

表 4-4 所示为不同状态下 AZ91D 消失模铸造试件的力学性能。由该表可知，经过振动后，消失模铸件的综合力学性能比未振动前大大提高。

表 4-4　不同状态下 AZ91D 消失模铸造试件的力学性能

类型	屈服强度/MPa	抗拉强度/MPa	断后伸长率（%）
普通消失模铸造	99.4	134.48	1.85
振动消失模铸造	110.34	165.72	2.24

注：浇注温度为740℃。

不同振动频率下 ZL101 消失模铸造试件的显微组织如图 4-23 所示。从图中可以看出，在 ZL101 消失模凝固过程中进行不同频率的垂直振动，组织明显细化。在不同振动频率下试件的力学性能变化如图 4-24 所示。从图中可以看出，随着振动频率的增加，试样抗拉强度、断后伸长率和硬度逐渐增大，振动频率在 0～20Hz，性能提高显著，在 20～60Hz，试样抗拉强度和断后伸长率增加趋缓。

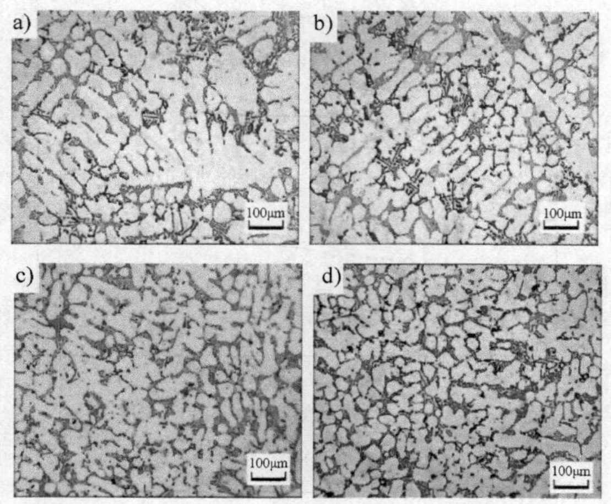

图 4-23　不同振动频率下 ZL101 消失模铸造试件的显微组织

a）未振动　b）20Hz、0.23mm 振动　c）40Hz、0.23mm 振动

d）60Hz、0.23mm 振动

注：浇注温度为 750℃。

4.4.5　铝、镁合金消失模铸造质量控制

由于铝、镁合金的浇注温度、热容量等比钢铁材料相差甚远，加之高温氧化、吸气严重，使得铝、镁合金消失模铸造的技术难度更大，有的技术难题至今还未完全攻克。为了获得较高质量的铝、镁合金消失模铸件，需要进行更加严格的过程及工艺参数控制。铝、镁合金消失模铸造质量控制要点概述如下：

1）采用足够高的浇注温度，避免铸件浇不到等充填性缺陷。由于泡沫模样汽化吸热的缘故，金属液为了顺利充填浇注，必须需更高的浇注温度。较复杂的铝、镁合金消失模铸造的浇注温度往往需要 780℃，甚至更高。足够高的浇注温度是避免铸件产生浇不到等充填性缺陷的基本保证。

2）重视精炼、保护措施，避免高温浇注时铸件产生氧化夹渣缺陷。由于金属液熔化、浇注的温度较高，高温铝、镁合金液的氧化、吸气等较严重。必须加强高温金属液的精炼除气与抗氧化保护，以避免高温浇注时铸件易产生的氧化夹渣、针孔等缺陷。

3）针对铝、镁合金铸造特点，采用消失模铸造新工艺。铝、镁合金消失模铸造的常见缺陷是浇不到、气针孔、氧化夹渣、组织粗大等，除严格控制铸造工艺参数外，采用上述消失模铸造新技术，可获得高质量的铝、镁合金铸件。

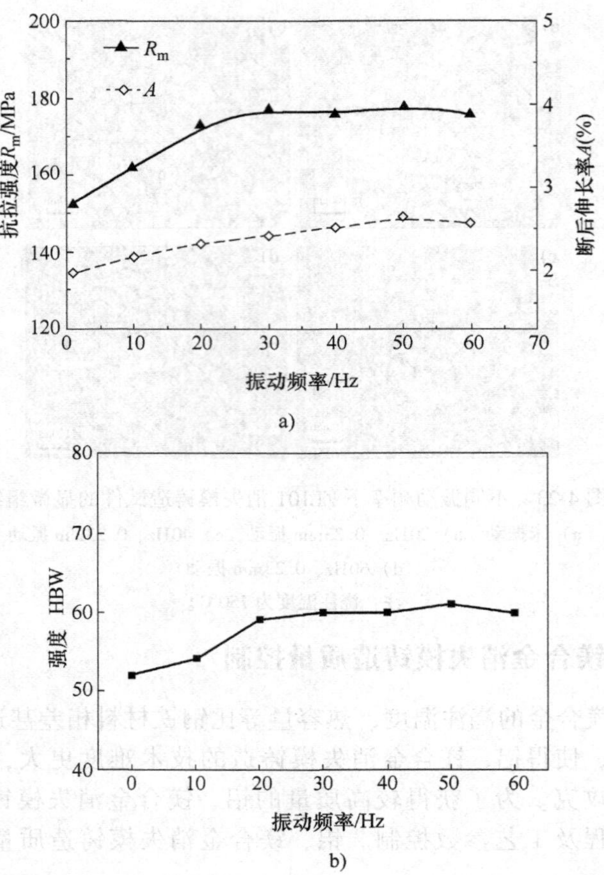

图 4-24　不同振动频率下试件的力学性能变化

a）抗拉强度和断后伸长率　b）硬度

第 5 章　消失模铸造常见缺陷及防止措施

消失模铸造过程中，由于泡沫模样的存在，且采用无黏结剂的散砂来充填紧实模样、获得铸型，需要依靠真空压力和砂粒间的摩擦力来维持对泡沫模样的施压，以保证液态金属浇注凝固时泡沫模样表面的涂料不被破坏，因此消失模铸件的质量受到泡沫模样性能、涂料性能、散砂紧实力和真空压力、金属液的浇注温度及特性等许多因素的影响。消失模铸造工艺的常见铸件缺陷有：充型缺陷、塌箱缺陷、孔类缺陷、皱皮缺陷、增碳缺陷、夹杂缺陷、变形缺陷、粘砂缺陷等。

5.1　充型缺陷及防止措施

充型缺陷有浇不到、冷隔两类，如图 5-1 所示。浇不到缺陷的特征是铸件（尤其是薄壁铸件）未完全充满，末端呈圆弧状；而冷隔缺陷是铸件交接处未完全熔合，交接边缘是圆滑的。充型缺陷常出现在铝、镁等轻合金消失模铸件中。

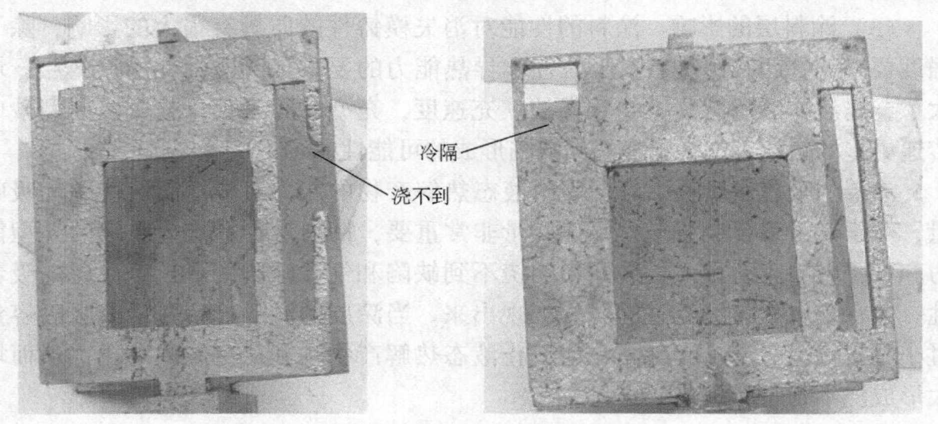

图 5-1　充型缺陷照片

1. 充型缺陷的形成原因

浇不到和冷隔缺陷从形成原因看，都与金属液充型过程相关，主要是由于金属液的充型能力差。在传统的砂型铸造中，金属液的充型能力与金属液流动性、铸件结构、铸型、浇注系统等因素有关；而在消失模铸造中，除了上述因素影响金属液充型之外，EPS 模样更是一个极为重要的因素。EPS 模样热解产物的集聚，对金属液前沿产生背压，加大了金属液热量的损失，加剧了浇不到、冷隔缺陷的产生。

(1）合金成分的影响　在消失模铸造充型过程中，高温金属液一部分热量用于汽化 EPC 模样，一部分传给了周围的型砂。铝、镁合金由于自身低潜热、低比热容、低密度的特点，散热和冷却较快，易提前凝固，容易产生浇不到、冷隔缺陷。

提高合金浇注温度，虽然可以提高金属液的流动性，然而随着浇注温度的提高，裂解产物中气体含量会随之增多，金属—模样间隙的压力也相应增大，合金充型速度的提高并不是很明显。另一方面，过高的浇注温度会使得铝、镁合金氧化、吸气比较严重。

(2）模样材料与结构的影响　消失模铸造中所用模样密度，决定了 EPS 模样在浇注过程中裂解产物的量。高密度模样导致产生更多裂解的气态产物，从而在金属液前沿形成更高的背压，这将降低金属充型速度，在充满之前使更多的热量损失到型砂中；而且高密度模样在充型过程中需要更多的热量来裂解，因此对金属液前沿的激冷作用更为明显。

模样几何结构相当于砂型铸造中的型腔部分，其结构越复杂，壁越薄，拐角越多，金属液在流动时阻力就增加，动能损失就越多，形成浇不到、冷隔缺陷的概率就会越大。

(3）涂料层的影响　涂料的性能对消失模铸件的质量有很大的影响，除了强度要求外，还有透气性、吸着性和导热能力的要求。低透气性的涂料层，增大了金属液前沿的背压，导致低的填充速度，充型时间延长，金属液向型砂中传递更多的热量，加大了浇不到缺陷形成的可能性。

涂层的吸着性反映了涂层吸附液态热解产物的能力，包括润湿速率和吸收量，对于镁、铝合金消失模铸件质量非常重要，特别是会影响金属液的充型能力和型腔内的流动方式，进而影响浇不到缺陷和气孔缺陷的形成。涂层的吸着性一般在金属液前沿经过的时候表现出来。当涂层的润湿速率过低或吸收容量过小时，将会在金属液凝固之前阻止液态热解产物顺利从型腔内移出，从而增大形成浇不到、冷隔缺陷的概率。

涂层厚度同时影响着涂层的透气性和热传导能力，进而影响金属液的流动性。增大涂层厚度，将降低涂层的透气性；但同时提高了涂层的隔热保温能力和吸收液态热解产物的能力。因此，应根据铸件的结构和特点来确定涂层厚度。

(4）充型压力的影响　虽然镁合金真空低压消失模浇注过程中的充型能力大大提高，可以消除重力下浇注镁合金常出现的浇不到、冷隔缺陷，但如果浇注温度较低或者充型速度太慢，金属液前沿由于液态分解产物的激冷作用，固相枝晶增多，如果此时的充型压力仍维持原状，则不能使镁合金熔体快速而完全的充满 EPC 模样，仍然会出现浇不到和冷隔缺陷。

2. 充型缺陷的防止措施

1）根据铸件壁厚和结构，确保足够的浇注温度（与普通砂型铸造的浇注温度比较，消失模铸造的浇注温度通常要提高 30～50℃）和适宜的充型速度。

2）适当提高真空度和采用保温性好、模样液态分解产物吸收力强的涂料，确保模样热解产物快速排除，避免金属液前沿降温太多。

3）严格控制模样和浇道的密度，在保证模样强度的基础上尽量降低模样的密度，如果条件允许采用空心浇道，则更有利于充型。

4）合理设计浇注系统，减短浇注流程，减小流动阻力。

5.2 坍塌缺陷及防止措施

坍塌是指浇注过程中铸型出现塌陷，金属液进入铸型中的通道被坍塌的散砂阻塞，或金属液不能再从直浇道进入型腔而造成浇注失败等。浇注大件特别是大平面铸件、内腔封闭或半封闭的铸件时，容易出现坍塌缺陷；一些管状零件、箱体筒形零件的内部，由于负压不容易同时到达或不均匀，较容易出现坍塌缺陷。

图 5-2 所示为坍塌缺陷形成的示意图。高熔点的钢铁金属液浇入铸型后，泡沫模样产生大量的热解气体。当热解气体聚集在某些部位未能及时排出型外时，该处的局部气压 p_2 就会迅速上升。当 p_2 与金属液流动前沿气隙中的气压 p_1 形成的压差超过涂层的允许应力时，涂层就会破裂，干砂流入气隙中，于是就产生了坍塌缺陷。严重的坍塌缺陷，会使得金属液不能继续进入型腔，造成浇注失败。

1. 铸型坍塌缺陷的形成原因

1）浇注时，金属液喷溅严重，致使封闭砂箱的塑料薄膜烧失严重，砂箱内的真空度急剧下降。

2）浇注速度过慢，特别是在断流浇注的情况下，金属液不能将直浇道密封，大量气体从直浇道吸入，使砂箱内的真空度显著下降。

3）砂箱内的原始真空度定得太低，特别是深腔内由于模型壁的阻隔作用，其真空度更低。

4）铸件壁两侧散砂的紧实度不同，以及真空度不均匀，形成较大的压力差。

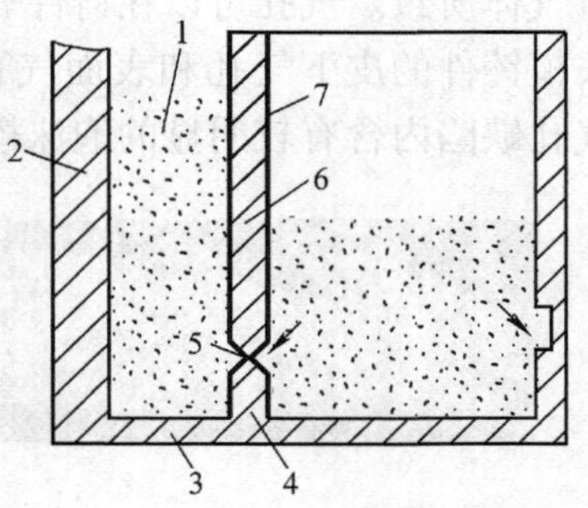

图 5-2 坍塌缺陷形成示意图
1—干砂 2—直浇道 3—内浇道
4—金属液 5—气隙 6—泡沫模样 7—涂层

5）浇注方案不合理，大件采用顶浇时，容易造成瞬时间模样汽化的气体不能被排除到砂箱外的情况，使砂箱内真空度下降。

6）抽真空系统的抽气能力低。

7）型砂的摩擦因数小，在同样真空度时所能达到的抗剪强度小；浇注时，当砂型的抗剪强度小于金属液的流动冲击力时，便会产生坍塌缺陷。

2. 坍塌缺陷的防止措施

1）浇注时，应尽量避免金属液的喷溅，为了防止封闭砂箱的塑料薄膜被喷溅的金属烧失，可在薄膜上面覆盖一层干砂或造型砂。

2）合理掌握浇注速度，保证浇口杯内始终被金属液充满，浇注过程中尽量不要断流。

3）提高砂箱内的初始真空度，在个别地方可预埋抽气管。

4）浇注大件时，应采用底注式浇注系统浇注，抑制泡沫塑料模样汽化的发气量；同时使汽化逐层进行，从浇注一开始就在气隙处保持一定的压力。

5）选用抽气量大的真空泵。采用两面抽气的砂箱结构，提高真空系统的抽气率。

6）采用硅砂做型砂。硅砂的摩擦因数大，密度小，因而有利于提高抗剪强度。

7）平面铸件应垂直放置造型或倾斜浇注，减小气隙，抑制汽化气体量。

8）在必要的情况下，将附加的抽气管支撑在砂箱上，可提高抗剪强度。

5.3 气孔缺陷及防止措施

消失模铸件中常出现气孔缺陷，它主要是泡沫塑料模样受热汽化生成的大量气体所致。气孔可以在铸件表面出现，也可以在截面上出现。图 5-3 所示为消失模铸件的皮下气孔和表面气孔照片。与普通铸造气孔不同的是，消失模铸造气孔缺陷内含有较明显的泡沫模样残留物。

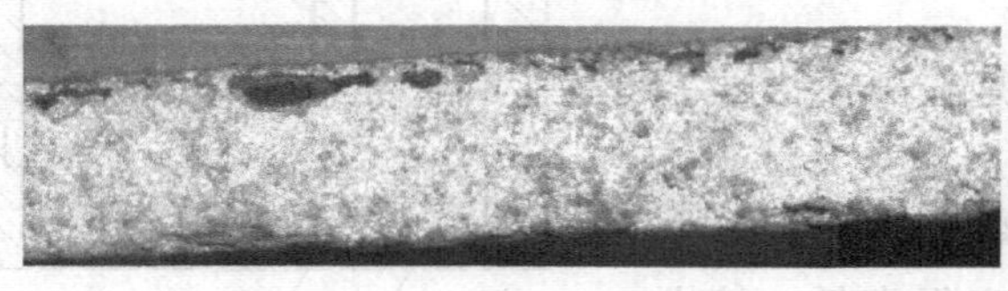
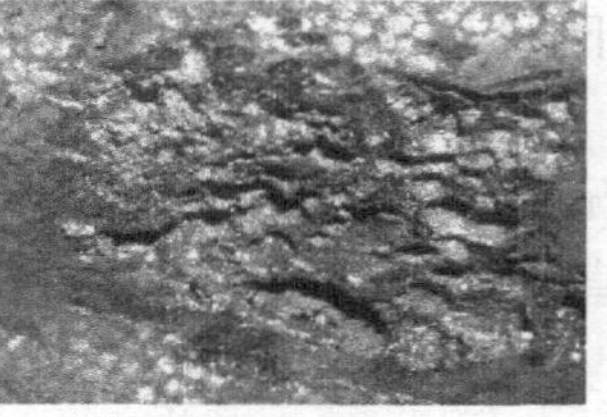

图 5-3　消失模铸件的皮下气孔和表面气孔照片

1. 气孔缺陷的形成原因

1）浇注时，由于真空作用等原因，从直浇道内卷入了空气。

2）泡沫模样材料发气量大，分解产生的气体未能及时排出型外，严重时造成浇注时反喷，造成裹入气体。

3）黏结材料的发气量过大。

4）模样或涂层干燥不够。

5）金属液本身脱氧不好。

6）真空度过大，金属液充型流动时产生附壁效应，从而使金属液对泡沫模样产生包裹作用而产生气孔。

2. 气孔缺陷的防止措施

1）采用封闭式浇注系统，浇注时保持浇口杯一定的液面高度，使直浇道始终处于充满状态。

2）浇注系统的开设应尽量避免引起金属液紊流，增加涂层和型砂的透气性。

3）采用发气量小的黏结剂，胶层应尽量薄。

4）模样、涂层必须干透，残留水分应达到工艺规程要求。

5）做好金属液的脱氧精炼，降低金属液中的含气量。

6）真空度的选择应以不产生附壁效应为原则。

5.4　皱皮缺陷及防止措施

皱皮缺陷是指铸铁件的表面（侧面或顶面）出现的波纹状或滴流状的皱皮（如图5-4所示），有时在铸件内部剖面上也会出现黑色的碳夹杂缺陷。皱皮缺陷常出现在金属液最后流到或液流的“冷端”。按其外观形式，可分为波纹状、冷隔状、滴瘤状和夹渣状四种皱皮缺陷。

1. 皱皮缺陷形成的机理

当金属液的充型速度超过热解产物的汽化和排除速度时，在金属液的表面就会聚集一层未热解或热解不充分的沥青状黏稠液体，由于它的冷却作用，金属液的流动前沿形成了一层硬皮。当这层很薄的硬皮被后续流动的铁液冲破时，它就连同粘附在上面的黏稠液体一起被推向铸件的侧面，使铸件侧面形成波纹状或滴流状的皱皮缺陷。开箱时，小心地剥下涂料层，就会发现在铸件的表面聚集了大量的细片状、皮屑状光亮碳。这是由于液态产物被铸件的高温继续加热进行二次分解所产生的。把这些碳粉清除后，在相应的

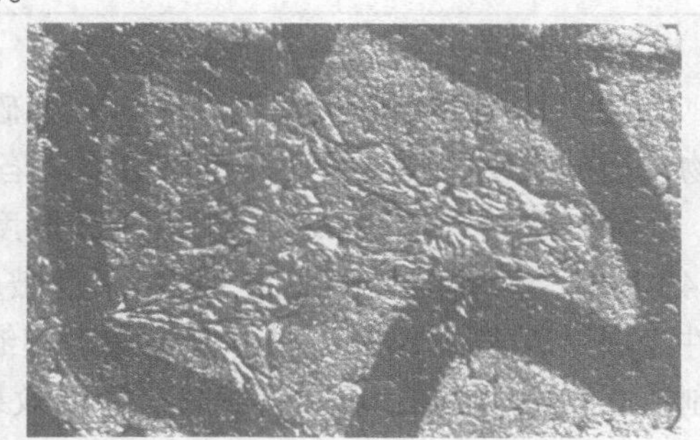

图5-4　消失模铸件表面皱皮缺陷

铸件表面就可以清楚地看到波纹状、滴流状的皱皮缺陷。

当采用底纹或浇注系统时，也常常在铸件的上表面形成皱皮缺陷。当采用顶流式浇注系统时，金属液的流动方向与热解产物逃逸的方向相反，产生紊流，容易在铸件内部包围一些聚苯乙烯或其热解产物，因而形成炭黑夹杂缺陷，对于球墨铸铁件特别有害。

2. 影响皱皮缺陷形成的因素

（1）模样材料　大多数铸件都采用EPS做模样材料，但少数要求比较高的球墨铸铁件和薄壁灰铸铁件也有采用STMMA（一种新型可发性共聚树脂）做模样材料的。很显然，由于STMMA中碳的质量分数只有69.6%，比EPS中碳的质量分数92%要低得多，因而其炭黑缺陷要更轻些。

表5-1所示为EPS密度对皱皮缺陷的影响，可以看出：EPS密度越轻，皱皮缺陷等级越少，当密度达到48kg/m³时，不仅皱皮达到4级，而且浇注时还会出现金属液喷溅现象。

为了减轻甚至消除皱皮缺陷，应尽量采用密度在20kg/m³左右的模样，同时对厚大部分能掏空的部位尽量掏空，直浇道最好用空心EPS模或空心的陶瓷纤维材料。黏结部分的胶应尽可能少，尽量采用发气时间短的EPS，必要时也可以采用STMMA。

表5-1　EPS密度对皱皮缺陷的影响

序号	EPS密度/（kg/m³）	负压度/MPa	浇注时间/s	皱皮等级
1	20	0.040	9	1
2	24	0.045	7	2
3	26	0.046	9	3
4	48	0.046	22	4

（2）涂料和型砂透气性　涂料和型砂透气性的高低直接影响到模样热解产物排出的难易程度，因而必定对皱皮缺陷产生影响。

涂料层的透气性取决于其组成和厚度。例如：涂料中耐火填料的粒度高于240目时，涂料透气性很低，容易引起皱皮缺陷。另外，当涂层厚度太厚（如小件涂层厚度大于1mm）时，也容易引起皱皮缺陷。一般小型铸铁件涂层厚度控制在0.6~0.8mm，可以得到较满意的效果。

型砂的透气性决定于原砂的粒度，表5-2列出了型砂粒度对皱皮缺陷的影响。由该表可以看出，粒度越粗，透气性越大，越有利于消除皱皮缺陷。此外，还应注意的是，反复使用的型砂如果不经充分的除尘处理，其中的灰分越来越多，透气性变差，会增加皱皮缺陷倾向。

（3）浇注时的负压度　浇注时施以负压可以帮助热解产物排出型外，有利于减少皱皮缺陷；但应注意负压度不可过大，否则容易引起渗透粘砂缺陷。表 5-3 列出了负压度对铸铁件皱皮缺陷的影响。

表 5-2 型砂粒度对皱皮缺陷的影响

序号	型砂粒度/目	负压度/MPa	EPS 密度/(kg/m³)	浇注时间/s	皱皮等级
1	20/40	0.048	24.7	7	无皱皮缺陷
2	40/70	0.046	24.7	8	1
3	70/140	0.048	24.7	11	1~2
4	100/200	0.048	24.7	15	2~3

表 5-3 负压度对铸铁件皱皮缺陷的影响

序号	负压度/MPa	浇注结果
1	0.07	无皱皮，但粘砂严重
2	0.06	无皱皮，小面积粘砂，下部棱角毛刺严重
3	0.046	皱皮不明显，底部有粘砂现象
4	0.033	顶部有轻微皱皮，无粘砂
5	0.020	顶部有轻微皱皮，无粘砂
6	0	金属液喷溅，铸型坍塌，充型困难

注：铸铁件牌号为 HT200，浇注温度为 1400℃，型砂粒度为 40/70 目，模样密度为 25.7kg/m^3，涂层厚度为 0.6~0.8mm。

(4) 浇注温度　表 5-4 列举了浇注温度对球墨铸铁件皱皮缺陷的影响。

表 5-4 浇注温度对球墨铸铁件皱皮缺陷的影响

序号	浇注温度/℃	皱皮缺陷等级
1	≤1300	5
2	1360~1370	3~4
3	1370~1390	2~3
4	1390~1420	1~2
5	1450	1

注：球墨铸铁件牌号为 QT400-15，负压度为 0.035MPa，涂层厚度为 0.8mm。

一般来说，提高浇注温度，有利于热解产物汽化排出型外，从而减少皱皮缺陷。对于高铬铸铁，其浇注温度高于 1500℃，对于灰铸铁和球墨铸铁，其浇注温度大于 1420℃，皱皮缺陷基本可以消除。

(5) 浇注系统　顶注式浇注系统，有利于减少表面皱皮缺陷，但容易引起内部炭黑夹杂；底注式浇注系统，可以实现金属液平稳上升，EPS 模样逐层汽化，不会产生内部炭黑夹杂，但在铸件上表面，往往会聚集较多的热解产物，同时上部铁液温度最低，不利于热解产物汽化，因而容易形成较严重的皱皮缺陷，必须在上部设置集渣冒口，设法将热解产物排出铸件之外。通常较高的铸件用阶梯式浇注系统，既可以实现平稳充填，减少炭黑夹杂缺陷，又不容易出现皱皮缺陷；只有高度不大的小件，才可以采用顶注式浇注系统。

（6）铸件的结构特点　模样的热解产物必须通过涂层才能排除到铸型之外，因此，铸件的表面积对皱皮缺陷的产生会有一定的影响，以 V 表示模样的体积（cm^3），A 表示模样的表面积（cm^2），设 $V/A=M$，则 M 越小，越有利于减少皱皮缺陷，如球状零件 $M=1.33cm$，皱皮倾向最大；棒状零件 $M=0.71cm$，皱皮缺陷次之；平板零件 $M=0.25cm$，最不容易产生皱皮缺陷。

（7）合金材料的影响　除浇注温度和型砂不同外，合金材料中的含碳量对铸件皱皮缺陷影响很大。实践表明，合金中含碳量越高，缺陷越趋严重。因铸铁的含碳量较高，使泡沫模样分解的固态产物无法溶于合金内，只能滞留在液面上；反之，缺陷则有所减轻。生产结果表明，铸钢、铸铜表面质量良好，无皱皮缺陷；可锻铸铁较灰铸铁皱皮缺陷少；高牌号铸铁较低牌号铸铁皱皮缺陷有所减轻。

3. 皱皮缺陷的防止措施

（1）选择适宜的消失模铸造用泡沫材料　选用密度低的铸造专用泡沫塑料模样材料，保证泡沫模样的残渣少，烟雾少，汽化速度快，尽量减少泡沫塑料与金属液接触时残渣和固相分解产物的生成。

（2）提高浇注温度和浇注速度　较普通空型铸造的浇注温度提高 20～80℃，并加快浇注速度，以弥补泡沫模样裂解、汽化产生的热损失，使残留物和气体容易逸出。

（3）提高抽气量和真空度　提高浇注时的抽气真空度，有利于排烟、排气，促使泡沫模样汽化的残留物和气体逸出。

（4）选择适宜的浇注系统　消失模铸件的浇注方式可分为：底注式、阶梯式、顶注式、雨淋式等。选择浇注系统时，应确保金属液流平稳、迅速地充满铸型。

（5）提高铸型的透气性　铸型具备良好的透气性是确保获得优质真空消失模铸件的重要条件。提高铸型透气性的主要方法包括：提高浇注时的真空度，合理选用涂料及涂层厚度。

（6）其他措施　对于一些大型厚壁模样，可采用空心结构以减轻模样重量；可采用串联式造型方法，将缺陷集中到顶部冒口上来确保铸件的质量；在泡沫模样或合金内，加入适量的稀土元素对铁合金液进行处理，不仅有利于改善合金性能，对消除皱皮缺陷也有一定的作用。

5.5 增碳缺陷及防止措施

消失模铸钢件中，铸件的表面乃至整个断面的含碳量明显高于钢液的原始含碳量，从而造成铸件加工性能恶化而报废的现象称为增碳。浇注过程中，泡沫模样受热汽化产生大量的液相聚苯乙烯、气相苯乙烯、苯及小分子气体（CH_4、H_2）等，沉积于涂层界面的固相碳和液相产物是铸件浇注和凝固过程中引起铸件增碳的主要原因。采用增碳程度较轻的泡沫模样材料（如 PMMA）、优化铸造工艺因素（浇注系统、涂料、真空度等）、开设排气通道、缩短打箱落砂时间等，都有利于有效控制铸钢件的增碳缺陷。

1. 铸钢件增碳的机理

泡沫模样材料都是含碳量很高的高分子材料，例如在聚苯乙烯分子中，碳的质量分数为92%，它与高温金属液接触时产生热解蒸气并最后析出大量活泼性很高的光亮碳粉。这些热解产物一部分通过涂层向干砂型中扩散，一部分则向正在凝固的金属液中扩散，形成增碳层。

2. 铸钢件增碳的影响因素

凡是能影响金属与模样热解产物之间含碳量差值、浇注过程中热解产物的排出速度、热解产物与钢液或铸件相互作用时间，以及碳向钢液或铸件扩散热力学和动力学条件的因素，都会对铸钢件的增碳产生影响。这些因素主要包括：

（1）模样材料　消失模铸造泡沫模样材料主要有：EPS（聚苯乙烯）、EPMMA（聚甲基丙烯酸甲酯）、STMMA（共聚物，EPS∶EPMMA＝3∶7）等。采用EPS材料时，出现增碳缺陷的可能大；而采用EPMMA材料，可大大减轻铸钢件的增碳缺陷；而STMMA材料综合了EPS和EPMMA的优点，为解决铸钢件增碳和气孔缺陷提供了可能。

用EPS与STMMA模件材料生产铸钢件时的增碳情况对比，如表5-5所示。

表5-5　低碳钢消失模铸件增碳情况

模样材料及密度	低碳钢铸件增碳（质量分数，%）
EPS模样材料，密度为19.2～25.6g/dm^3	0.1～0.3
STMMA模样材料，密度为19.2～24.0g/dm^3	≈0.05

为了减少铸钢件的增碳，采用EPMMA或STMMA是十分有效的；但EPMMA发气量大，发气速度也快，浇注时容易产生喷溅、呛火现象，造成气孔等缺陷；而STMMA则要好得多。因此，STMMA成为生产铸钢件的首选材料。

除模样材料种类的选择之外，模样的密度也是不可忽视的重要因素。密度过大，必定增加模样中总含碳量，当模样材料的密度超过 30kg/m³ 时，铸件的增碳缺陷会急剧增加。因此，在保证模样强度足够的前提下，其密度应尽量低一些，通常希望控制在 17～25kg/m³。采用空心结构模样或低密度模样，可大大减少铸件的增碳缺陷；生产铸钢件时所用的模样材料密度，比生产铝合金件、灰铸铁件、球墨铸铁件的模样材料密度要求更低。

（2）涂层的透气性　涂层的透气性决定着金属液流动前沿热解产物排除的难易程度。既会影响到气隙中与金属液接触热解产物的浓度，也会影响到金属液的流动速度，因而影响到金属液与热解产物接触的时间，从而对增碳有着重要影响。涂料透气性的改善主要取决于涂料的配比，特别是骨料的粒度、粒形、涂料的浓度和涂层的厚度。

（3）铸型的负压度　真空的运用将加快 EPS 热解产物向铸型中扩散，从而减少金属液流动前沿热解产物的浓度和铸件与热解产物的接触时间，因而减少铸件的增碳量，如负压度由 0.028MPa 提高到 0.05MPa 时，Q345 条形试样的增碳量（质量分数）由 0.09% 降为 0.03%，增碳层深度也由 0.85mm 减少为 0.50mm。但负压度的提高以不产生附壁效应为限，如果因负压而引起紊流，将模样及其热解产物卷入金属液中，则会引起夹渣、气孔等其他缺陷，这是不可取的。

（4）浇注系统　浇注系统采用底注式时，铸件的上表面增碳严重；采用顶注式时，又容易造成紊流，将热解产物夹入金属液中造成气孔或内部增碳。通常对于高度不大的小件采用顶注式浇注，对于高度较大的大件采用底注式或阶梯式浇注，并在金属液最后到达的地方设置排渣冒口。

（5）合金的化学成分　合金材料中的碳元素含量是影响铸钢件渗碳的主要因素。通常钢液中原始含碳量越低，其增碳的趋势越大，反之就越小（如图 5-5 所示）。增碳缺陷主要发生在低碳钢中，当钢液中的原始含碳量超过 0.45%（质

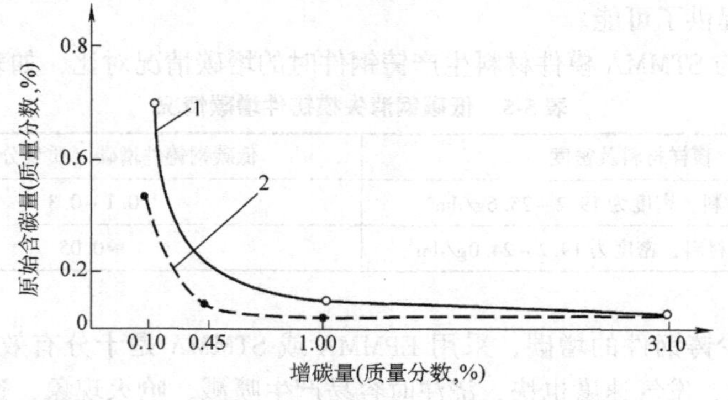

图 5-5　钢液中原始含碳量对渗碳的影响

1—铸件壁厚 40mm　2—铸件壁厚 20mm

量分数）时，增碳很少。

（6）浇注速度　浇注速度的增加会强烈地影响铸钢件表面的增碳程度，如图5-6所示。当浇注速度提高时，模样热分解过程中液相的析出物大大增加，使金属液与泡沫模样之间的间隙减小，并使析出的液相从间隙中被挤向铸件表面积聚，造成有利于增碳作用的浓度条件，从而加剧增碳过程的进行。为了减少增碳，设计浇注速度的原则是：浇注速度不宜过快，过快会增加增碳量，应尽可能与模样气体热解产物排出速度相一致，使模样尽快汽化，并将汽化产物排出型外；金属液与残留液、固态热解产物接触的时间应尽量短，同时尽可能将它们排出到冒口和排渣口中去。

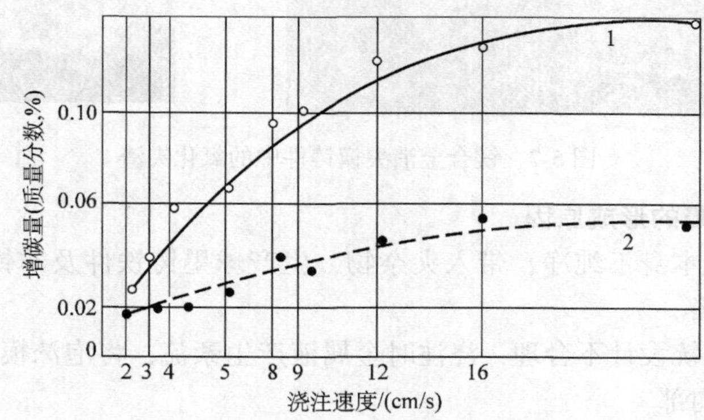

图5-6　浇注速度、铸件壁厚与增碳量之间的关系

1—铸件壁厚40mm　2—铸件壁厚20mm

（7）铸件的壁厚　铸件的壁厚越大，其增碳量越多（如图5-5、图5-6所示）。由于铸件的壁厚越大，铸件的液态保持时间越长，也延长了铸件的金属液表面与泡沫模样分解物的作用时间，从而使增碳量增加。

3. 增碳缺陷的防止措施

1）尽量采用EPMMA或STMMA共聚物模样材料。

2）在保证不产生粘砂缺陷的条件下，尽可能提高涂料的透气性，即采取减少涂层厚度、增大耐火材料粒度的措施。

3）选用低密度的泡沫材料和空心的模样结构。

4）提高浇注时的真空度。

5）选择合理的工艺参数、浇注系统和浇注速度，以加强铸型的排气能力，控制间隙和泡沫模样的汽化速度，尽量减少金属液流动前沿泡沫模样的液相或固相产物。

5.6 夹杂缺陷及防止措施

夹杂缺陷是指铸件内部出现的不规则块状的夹杂物，它们可能是氧化夹渣、涂料或型砂的夹杂物、未汽化的模样夹杂物等。图 5-7 所示为镁合金消失模铸件中的氧化夹渣。

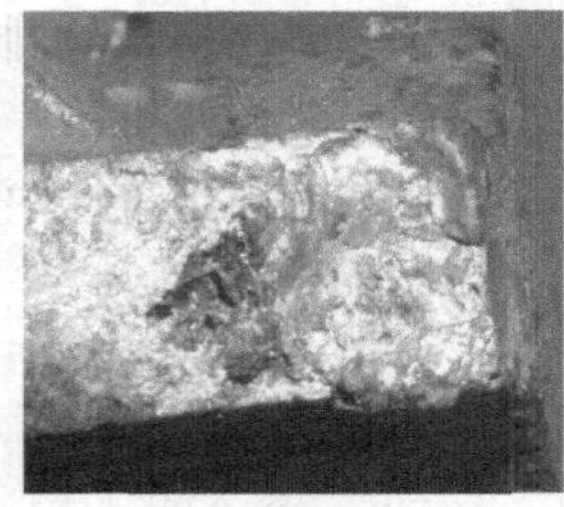

图 5-7　镁合金消失模铸件中的氧化夹渣

1. 夹杂缺陷的形成原因

1）金属液本身不纯净，带入夹杂物，生产球墨铸铁件及非铁金属零件时，常出现这类缺陷。

2）浇注系统设计不合理，浇注时金属液产生紊流，将泡沫模样的热解产物保留在铸件的内部。

3）涂层产生裂纹被金属液冲刷剥落，卷入铸件内。

4）浇注时散砂颗粒掉入金属液中。

2. 夹杂缺陷的防止措施

1）严格精炼、扒渣、挡渣工艺，采用过滤网或底包浇注。

2）合理设置浇注系统，使金属液充型平稳，减少紊流，采用低密度模样材料或空心结构的模样。

3）增加涂层强度和耐冲刷能力，特别防止模样和浇注系统结合处渗入涂料。

4）组模时结合部要严防掉砂，尽量减少浇注系统与模样结合处的尖角砂块。

采用底注式浇注系统，提高浇注温度和真空度，开设集渣冒口等措施，都利于消除消失模铸造的夹渣缺陷。

5.7 粘砂缺陷及防止措施

消失模铸件的粘砂缺陷一般都是机械粘砂。铸件表面粘砂不易清理，严重时会造成铸件的报废。图 5-8 所示为消失模铸件粘砂缺陷的照片。

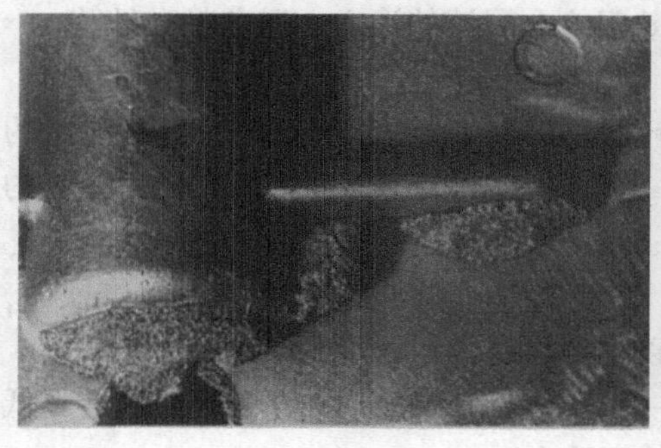

图 5-8　消失模铸件粘砂缺陷照片

机械粘砂是指铸件表面粘附型砂而不易清理的铸造缺陷。它是由金属渗透引起的，是铸型与金属界面动压力、静压力、摩擦力及毛细作用力平衡被破坏的结果。

在消失模铸造中，由于真空吸力的作用，加上高温浇注，金属液的穿透力比在砂型铸造中强许多，容易透过涂料层渗入铸型。

1. 影响消失模铸件粘砂缺陷的主要原因

（1）涂层裂纹的影响　实际生产表明，泡沫模样上涂层的裂纹是形成粘砂缺陷的直接原因。根据消失模铸造工艺过程的特点，可能造成涂层开裂的环节包括：①烘干过程中，由于悬浮剂加入量过多或涂层太厚，造成激热裂纹。②造型过程中，型砂冲刷模样而造成涂层裂纹。③浇注充型过程中，金属液冲刷造成涂层破坏。④浇注充型过程中，在金属液的激热作用下，涂料组分中的热物性参数的不同而造成的裂纹。⑤金属液静压力、真空吸力而造成的涂层破坏等。实际操作中，对以上几个环节加以注意，可以避免或减少涂层的破坏，从而防止铸件粘砂缺陷产生。

耐火骨料是涂层的主要组成部分，一些耐火骨料在激热作用下会受热膨胀，产生膨胀应力。如果涂料的组分设计不合理，在膨胀应力的作用下，涂层就会开裂。如果将易膨胀的耐火骨料与热稳定性高的耐火骨料复合使用（如将石英粉与铝矾土混合使用等），可以减小膨胀应力及涂层的开裂。实践也表明，通过优化涂料组分，可以避免激热作用而产生的涂层裂纹。

（2）型砂紧实度的影响　当振动紧实不足时，涂层与干砂之间会出现较大间隙。这种间隙的存在使得浇注金属液时涂层所受的应力增大，可能会因涂层的强度小于涂层所能承受的应力而使涂层开裂。因此，振动紧实充分，保证干砂与涂层良好的接触，对防止粘砂缺陷至关重要。

（3）涂层厚度的影响　涂层厚度与金属渗透缺陷有着非常密切的关系。厚的涂层（相当于砂粒粒径几倍）可以有效阻止金属液的渗入，避免粘砂缺陷。

2. 粘砂缺陷的防止措施

1）选择合理的涂料配方及组分，特别是黏结剂和悬浮剂组分，提高涂料的抗激热开裂性能，同时提高涂料的强度。具体配方和性能可以通过测试涂料的激热试验和涂料的表面强度来确定。

2）增加涂层厚度及涂料的均匀性，必要时（如浇注铸钢件、大型铸铁件，以及铸件的内孔处）可涂挂两层涂料，以提高涂层的耐火度。

3）合理控制真空度和浇注温度，在保证浇注顺利进行的情况下，尽量降低浇注温度和真空度，以抑制高温金属液的穿透力。

4）提高型砂的紧实度及紧实度的均匀性，增加型砂对涂料层的支撑力。

5）内孔或其他清理困难的地方，通常受热温度较高，可以采用耐火度稍高的硅砂或用非硅砂系原砂（如镁砂、铬铁矿砂、橄榄石英等）代替硅砂造型。

5.8　变形缺陷及防止措施

消失模铸件的变形主要有两种产生形式：一种是在上涂料、型砂紧实等操作时，由于模样变形所致；另一种是由于铸件的结构及浇注形式所致。克服前一种变形，可以通过提高泡沫塑料模样的强度、改进铸件的结构及刚度、均匀地上涂料和型砂紧实等措施来达到；克服后一种变形，主要通过根据铸件的结构特征，合理地设计浇注系统来实现。

薄壁的大平面铸件、门字或厂字形铸件、框架结构铸件、细长类铸件以及其他结构不紧凑的铸件，消失模铸造时容易产生变形缺陷。

1. 变形缺陷的形成原因

变形缺陷的主要形成原因是：泡沫塑料模样的强度低，在铸件结构不紧凑、刚性差时，具有变形的可能性；挂涂料和造型时方法不对，使模样变形；填砂、振动紧实方式不当，紧实度均匀性不高等。产生消失模铸件变形的具体原因如下：

1）泡沫模样尺寸与铸件收缩率估计的实际差距有出入。

2）模片分片不恰当，结构不合理。

3）模片成形时加热、冷却不均匀，干燥不充分。

4）涂料浸涂操作不恰当，烘干时放置方式不妥。

5）填砂、振动紧实不当，例如：一次填砂过多，振动加速度过大等。

6）浇注系统组合不当。

7）开箱时间过早。

2. 变形缺陷的防止措施

消失模铸件变形的主要防止措施如下：

1）通过试验和经验积累，使泡沫模样尺寸与铸件收缩率尽量相一致。

2）尽量使泡沫模样整体成形。若需要模样分片，应充分考虑模片结构有防止模样变形的措施。模样组合时，应有专用卡具检查模样的尺寸及形状。

3）合理设计模具结构，使模片成形时的加热、冷却均匀，按工艺规程使模样干透。

4）涂料的流变特性和密度符合要求，边搅拌边浸涂，烘干时模样放置合理，必要时需要制作专用器具（浸涂与烘干）。

5）采用雨淋式分批加砂，边加砂边振动，振动紧实的工艺参数恰当，型砂紧实度均匀、足够高等。

6）通过对比试验，确定变形小的浇注系统。

7）保证铸件在砂箱中有充型的冷却时间。

实际生产表明：铸件变形大多是在上涂料、型砂紧实等操作时，由于模样变形所致。提高泡沫塑料模样的强度，改进铸件的结构及刚度，均匀地上涂料和型砂紧实等，都有利于克服变形缺陷。另外，铸件的结构及浇注方式等对消失模铸件的变形也有很大影响。

例如，图5-9所示的长条对称型铸件若采用图5-10所示的两种浇注方案，所获得铸件的尺寸有较大不同，如表5-6所示。图5-9中，对称的e_1和e_2，卧式浇注时，$e_1=e_2=278.5$mm；而立式浇注时$e_1=278.5$mm，$e_2=273.0$mm，相差5.5mm。其主要原因可能是高温金属液注入和凝固顺序不同所致。因为高温金属液垂直立式浇入时，由于金属液自重力的作用，首先填充模样的下部，然后再由底注式填充模样的上部，所以铸件各部位浇注、凝固的时间不同。先充型的铸件的下部收缩阻力最小，其收缩最大，故铸件下半部的尺寸变短。

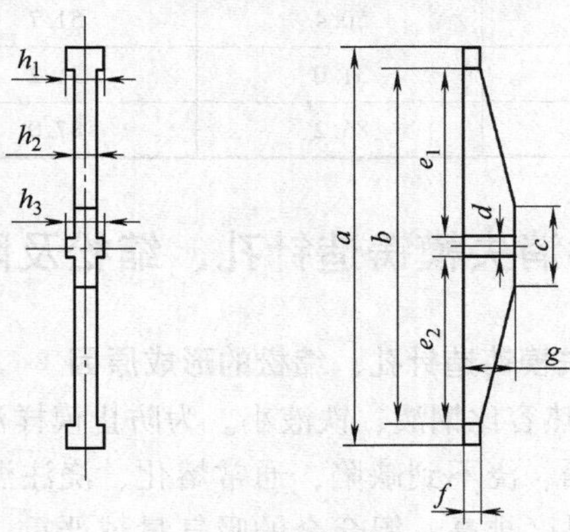

图5-9　长条对称型铸件

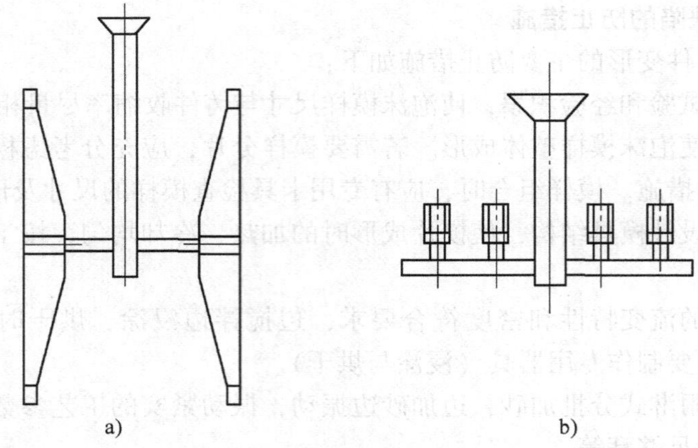

图 5-10　浇注方案

a）立式浇注　b）卧式浇注

表 5-6　长条对称型铸件不同浇注方案下的尺寸变化　（单位：mm）

尺寸代号	水平卧式浇注	垂直立式浇注	模样尺寸	铸件要求尺寸
a	671.0	664.2	678.0	670.5 ±1.0
b	593.8	587.5	600.0	594.0 ±0.9
c	129.7	129.6	131.0	130.0 ±0.6
d	36.5	36.3	36.8	36.0 +0.6
e_1	278.5	278.5	281.6	279.0 ±1.0
e_2	278.5	273.0	281.6	279.0 ±1.0
h_1	50.9	50.1	51.0	50.0 ±0.5
h_2	30.8	30.8	30.9	30.0 ±0.45
h_3	51.18	50.4	51.7	50.0 ±0.5
f	30.6	31.0	31.2	30.0 ±0.45
g	86.0	85.2	87.0	85.0 ±0.55

5.9　铝合金铸件消失模铸造针孔、缩松及防止措施

1. 铝合金铸件消失模铸造针孔、缩松的形成原因

1）铝合金液的比热容比钢液、铁液小。为防止模样汽化吸热，金属液流动前沿温度下降造成冷隔、浇不到缺陷，通常熔化、浇注温度都比较高，尤其是薄壁铝合金铸件；但温度越高，铝合金的吸气量越严重，越容易引起针孔、缩松缺陷。

2）消失模采用干砂造型，其冷却速度慢。金属液的凝固时间长，倾向于糊状凝固，冷却时气体析出，容易引起针孔和缩松缺陷。

2. 各种工艺因素对铸铝件针孔、缩松的影响及防止措施

（1）熔炼工艺

1）铝液高温变质处理。鉴于高温下铝液吸气严重，尤其是变质以后吸气还要加剧，因此要求铝液变质后还要精炼；而钠变质后，若再精炼，其变质效果会很快衰退。只有采用长效变质剂锶变质才可以再吹氩精炼，而不会影响其变质效果。因此，通常宜采用锶进行变质处理。表5-7所示为不同铝液处理工艺对铝铸件针孔度的影响。

表5-7　不同铝液处理工艺对铝铸件针孔度的影响

熔炼处理工艺	球头件	外壳件	盖板件	双耳件
工艺1	5级	5级	4级	4级
工艺2	4级	5级	4级	5级
工艺3	1级	1级	1级	1级

注：工艺1：0.6%（质量分数，下同）C_2Cl_6 精炼，钟罩压放；2.0%三元钠变质剂处理15min后浇注。工艺2：吹氩气10min，加0.04%～0.06%锶变质处理后浇注。工艺3：0.5%高温去渣剂去渣，氩气精炼，并加0.04%Sr、0.2%Ti变质、细化晶粒复合处理，20min后浇注。

2）晶粒细化。采用Al-5Ti-lB中间合金进行晶粒细化处理，由于其中的 $TiAl_3$ 和 TiB_2 提供了异质形核活性核心，使 α-Al 相得到细化，阻碍了气泡的形核，因而可以减少铸件的针孔、缩松。

（2）模样材料　铝合金铸件通常采用EPS做模样材料，对其密度大小的选择应加以重视。如图5-11所示，EPS的密度越高，铝合金铸造的针孔越严重，为了抑制铝铸件的针孔、缩松缺陷，模样密度一般为18～22kg/m³。

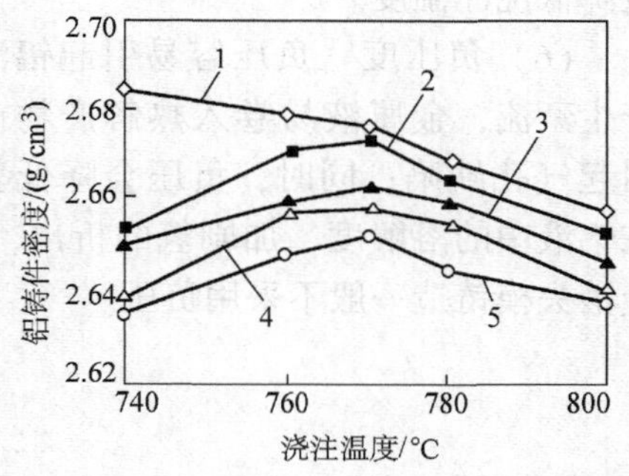

图5-11　模样密度对铝铸件密度的影响
1—无EPS　2—EPS密度18kg/m³　3—EPS密度20kg/m³　4—EPS密度22kg/m³　5—EPS密度28kg/m³

（3）涂料　涂料对铸件针孔、缩松缺陷有很大影响，主要体现在两个方面：①涂料吸着液态聚苯乙烯的能力越强，越有利于提高铝铸件的密度，减少其针孔缺陷；但吸着性过大，会引起浇不到的缺陷。因此，铝合金用涂料的吸着性以2.9%～3.5%为最佳。②涂料的厚度从0.2mm增大到0.8mm时，铝铸件的密度从2.675g/cm³下降到2.646g/cm³。为了减少针孔和缩孔缺陷，获得2级以下的针孔度，涂层厚度不宜超过0.5mm；当然，涂料也不能太薄，否则容易开裂剥落，也不利于抵抗模样变形。因此，适当的涂料厚度应该是0.2～0.5mm。表5-8所示为不同涂料对铸件针孔度的影响。

表5-8　不同涂料对铸件针孔度的影响

涂料种类	球头件	外壳件	盖板件	双耳件
Ashland	1级	2级	1级	1级
F_1	4级	5级	4级	5级
F_2	5级	5级	5级	5级
HW-1	1级	1级	1级	1级

注：Ashland为美国Ashland公司涂料；F_1、F_2为国内购买的两种商品涂料；HW-1为自制的涂料。

（4）浇注系统　在适当的直浇道高度（约高于铸件顶面200mm）和面积的情况下，尽量采用空心直浇道。如图5-12所示，直浇道空心面积率越大，铸件针孔、缩松缺陷越少，铸件密度提高。这主要是减少了热解产物的缘故。

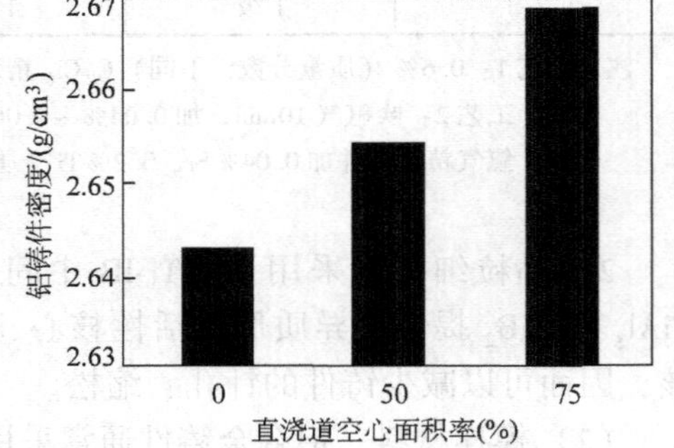

图5-12　直浇道空心面积率对铝铸件密度的影响

（5）浇注温度　浇注温度太高，吸气严重，精炼困难，同时冷却速度慢，倾向于糊状凝固，导致针孔、缩松缺陷增加。因此，在保证铸件不产生冷隔、浇不到缺陷的前提下，应尽量降低浇注温度。

（6）负压度　负压容易引起铝液产生紊流，金属液易卷入热解产物而引起气孔缺陷；同时，负压会降低氢在铝液中的溶解度，加剧氢的析出，从而增加了针孔、缩松倾向。因此，铝合金消失模铸造一般不采用负压。

第 6 章　典型铸件的消失模铸造质量控制

6.1　铸钢集装箱角件消失模铸造质量控制

1. 增碳的规律

铸钢件的增碳具有不均匀性，不同铸件不同部位的增碳量不同。铸件增碳由内浇口处开始，沿充填流线呈递增分布趋势；充型末端及钢液汇流处，增碳明显高于其他部位；铸件的不同壁厚增碳量不同。

对于碳的质量分数为 0.15% 的集装箱角件（原钢液为 Q345），钢液从集装箱角件 A_1 面底部浇入，如图 6-1 所示。从最初进入钢液的 A_1 面（壁厚 30mm）和最后进入钢液的 A_6 面（壁厚 10mm）不同部位钻 2mm 深的孔取样，测定其增碳量，其最大值、最小值和平均值列入表 6-1 中。

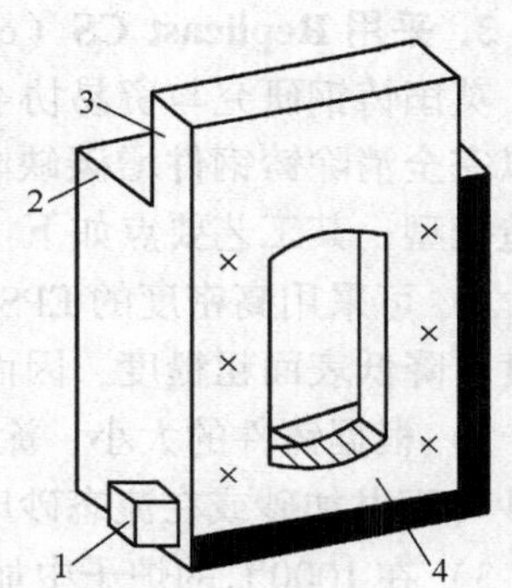

图 6-1　集装箱角件不同部位增碳量测试试件为取样位置

1—内浇道　2—A_6 面

3—冒口　4—A_1 面

2. 铸钢件增碳预防措施

1）采用密度为 0.024kg/m^3 的 STMMA 模样。

2）采用较高的浇注温度（1650℃）、合理的浇注速度和浇注系统。

3）采用 0.6～0.8mm 厚、较高透气性的石英粉铝矾土涂料，并在其中加入 Fe_2O_3 粉等附加物，以改善浇注时的还原性气氛。

表 6-1　铸件不同部位的增碳量

钢液原始碳的质量分数量（%）	A_1 面增碳量（质量分数,%）			A_6 面增碳量（质量分数,%）		
	平均	最大	最小	平均	最大	最小
0.15	0.066	0.10	0.02	0.17	0.35	0.06

4）模样上开设排气通道，让热解产物排出铸件外。

5）采用较高的负压度（0.045MPa）。

6）加速铸件冷却，浇注后 3～5min 落砂处理。

将浇注的铸件进行解剖，并与原先采用 EPC 模样，未采取上述相应措施的铸件进行对比，结果如表6-2所示。

从表6-2中可以看出，对于碳的质量分数为0.15%、壁厚不均匀、结构较复杂的铸钢件，即使采用了上述综合措施，增碳缺陷仍然存在，某些部位的铸件含碳量仍然要超标，这是现有的消失模铸造方法的局限性，除非采取完全有异于现有工艺方法的其他措施。

表6-2 碳的质量分数为0.15%的Q345集装箱角件表面增碳量

模样材料	A_1 面增碳量（质量分数,%）			A_6 面增碳量（质量分数,%）		
	平均	最大	最小	平均	最大	最小
EPS	0.066	0.10	0.02	0.17	0.35	0.06
STMMA	0.048	0.10	0.01	0.12	0.22	0.04

3. 采用Replicast CS（ceramic shell）法消除增碳缺陷

英国铸钢研究与贸易协会研究成功一种类似于熔模铸造的Replicast CS法，可以完全消除铸钢件增碳缺陷。该法采用泡沫模样取代熔模铸造中的蜡模制造铸造壳型，其工艺要点如下：

1）可采用高密度的EPS模样。因为模样的密度提高，可以提高模样的尺寸精度，降低表面粗糙度，因而有利于铸件质量的提高。

2）根据铸件的大小，涂上3或4层耐火涂料，每上一层涂料在表面撒上一层砂（雨淋加砂或在流态砂床中）。

3）在1000℃的炉子中加热5min，烧掉EPS模样，同时使型壳焙烧干燥。

4）将冷却的空壳型四周填干砂、装箱，浇注时对砂箱抽真空。

5）浇完后撤去真空，防止铸型对铸件收缩的限制，避免产生热裂缺陷。

6）旧砂几乎可以完全回用。

采用这种方法生产的铸钢件可以完全消除增碳缺陷，适用于任何钢种（包括低碳钢、高合金钢）铸件。可以浇注比熔模铸造大得多的铸件，其尺寸精度和表面粗糙度可以达到熔模铸造小件相当的水平。

表6-3列出了Replicast CS法与熔模铸造（LW法），以及通常的消失模铸造法（LFC）的比较，从表中可以看出三种工艺方法的异同点。

表6-3 Replicast CS法与LFC及LW法比较

项目	LFC	Replicast CS	LW
模样	低密度EPS	高密度EPS	蜡模
结壳	1或2层涂料，不撒砂	3或4层涂料，每层撒砂	5～10层涂料，每层撒砂
烘干熔烧	(50±5)℃，2～10h；烘干时模样不消失	1000℃，5min；高温下，EPS模样消失，同时焙烧型壳	蜡模先在蒸汽或热水中消失，然后型壳在1000℃炉中焙烧20min

（续）

项目	LFC	Replicast CS	LW
造型	填干砂，振动紧实	填干砂，振动紧实	一般不填砂不振实
浇注	浇注的同时消失模样	浇注冷空壳	浇注热空壳

6.2 离合器壳体消失模铸造质量控制

1. 铸件特征及主要质量问题

铸件材质为 HT200，重量为 20kg，壁厚为 8 ~ 10mm，法兰内圆直径为 ϕ360mm，斜面开口 220mm，连接法兰圆与斜面开口的弧形板中部截面积仅为 45mm × 20mm，如图 6-2 所示。

由于离合器壳体是一个簸箕形状的薄壁壳体件，易变形。开始试制时，废品率高达 20%。主要的质量问题是法兰内圆变成了椭圆，斜开口弧形板凸起。

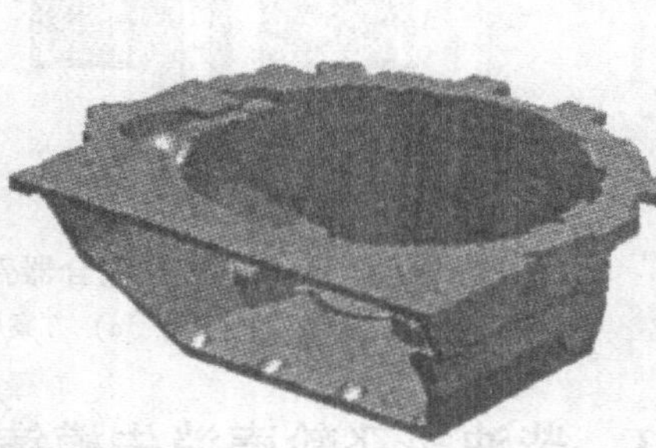

图 6-2　离合器壳体三维造型图

2. 质量控制措施

通过采取如下措施，使得铸件变形缺陷得到了很好的解决。

1）模具结构设计。如果将弧形板单独制作，再与开口的簸箕粘接，则模具结构非常简单，但变形量会更大。为了减小变形，将模样整体制作，虽然凸模上多了两个内斜抽芯，结构更复杂了，但变形可以减小。同时，在易变形的弧形板下面加了一条 15mm × 20mm 的加强凸肋，同时把弧形板与主体模的过渡圆角半径从 10mm 增加至 30mm。

2）粘接时，在壳体斜面 220mm 开口处另外设置了两条拉肋，如图 6-3 所示。粘接拉肋时，检查校对 220mm 开口尺寸，使之达到要求。

3）泡沫模样成形时，采取多枪压送射料，调整上下部冷却水管喷水量，使模具上下冷却均匀一致；负压脱水，模样在模具内定形；多点真空吸盘取模。

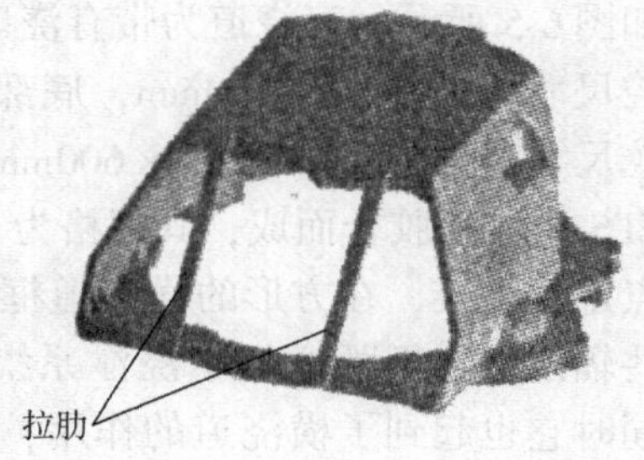

图 6-3　离合器壳体斜面开口拉肋

4）浇注系统。如图 6-4 所示，对比了甲、乙两个方案，发现方案乙弧形板的变形小，故首选方案乙。

5）适当降低散砂紧实时的加砂速度和振动加速度。

经过以上综合措施，铸件的废品率几乎为零。离合壳体其他工艺参数：模样材料为 STMMA，密度为 22.8kg/m³；浇注温度为 1480℃，浇注时间为 20～25s；一箱两件造型，4 个内浇道，每个横截面积为 7mm×31mm，圆棒横浇道 4 个，直径为 ϕ20mm，直浇道为 ϕ35mm 圆棒；铸件顶面至砂箱顶面距离 200mm。

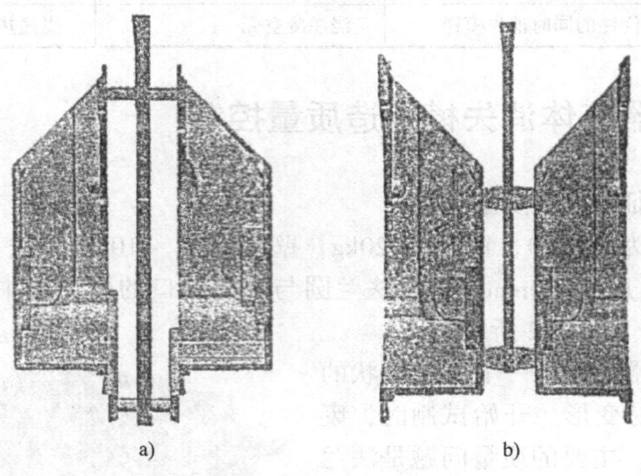

图 6-4　离合器壳体两种浇注系统比较

a）方案甲　b）方案乙

6.3　柴油机飞轮壳消失模铸造质量控制

1. 铸件特征及工艺设置

铸件材质为 HT250，规格为 ϕ364mm × 74mm × 5mm，实体体积为 156742.3mm³，是典型的大口径薄壁深腔铸件。根据砂箱规格（806mm×806mm×1100mm）和产品结构特性，将浇注方案设计成一箱四件的立浇框架式结构，如图 6-5 所示。直浇道为带有浇口杯的空心 EPS 泡沫板组合而成，浇口杯顶部内腔尺寸为 140mm×140mm，底部内腔尺寸为 40mm×40mm×150mm；直浇道内腔尺寸为 40mm×40mm×600mm，浇道泡沫板厚度为 9mm。横浇道为实心的 EPS 泡沫板胶合而成，其规格为 30mm×30mm×500mm。为便于飞轮壳模型多触点定位粘接，在方形的横浇道框架上又在每个侧面上增加了 3 根泡沫辐条。这些辐条泡沫板既增加了浇注系统的整体刚度，又控制了飞轮模型的变形程度，同时它也起到了横浇道的作用，对挡渣和补缩也有帮助。内浇道开设在横浇道的框架上，随横浇道一起发泡成形，其规格为 10mm×10mm×30mm。每个模样上开设 9 个内浇道均布在飞轮壳法兰端面上，规格为 10mm×10mm×20mm。图 6-5 所示的框架式浇注系统便于浸涂涂料和造型。

2. 质量问题及解决方法

铸件生产中出现的问题和解决办法如下：

（1）冷隔缺陷　冷隔出现的部位集中在主壳体的薄壁大平面处。解决办法是，将该部位全部立放在下部，让厚壁的飞轮壳与缸体结合面部分立放在上部。采取这种措施，很好地解决了冷隔缺陷问题。

（2）变形缺陷　变形出现的部位集中在飞轮壳与离合器壳的结合面开口处。产品模样从三个方面着手：①在开口法兰内壁上单侧面增加 1.5mm 的壁厚；②增加飞轮壳模样与横浇道框架的接触点数，由原来的 5 个内浇道增加至 9 个；③调整造型振动台的振动频率和振动强度，采用雨淋式加砂和边加砂边振动的模式，振动频率不可过高，雨淋式加砂速度不能过大。

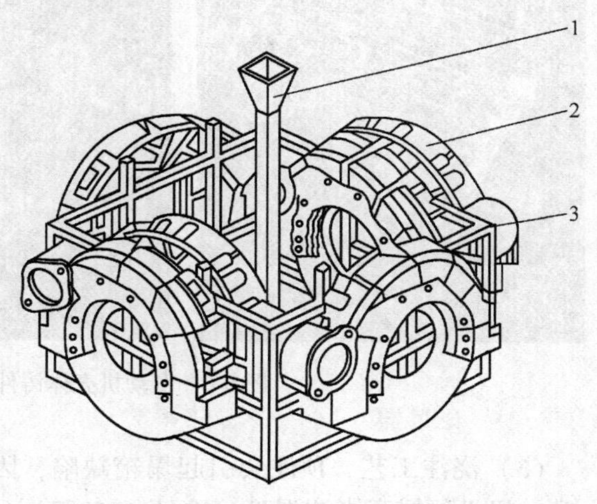

图 6-5　模样簇浇注组合

1—直浇道　2—产品模样　3—（浇注）横浇道系统

（3）铸件出现局部翘曲　主壳体大平面薄壁处易发生局部翘曲缺陷。这主要是造型时填砂的冲击和压实所致。解决方法是：在铸件上添加工艺补贴，在铸件加工成零件时再将该工艺补贴切削去除。

6.4　电动机壳体消失模铸造质量控制

1. 铸件特征及主要质量问题

电动机壳体铸件及其模具如图 6-6 所示。铸件材质为 HT150，外形轮廓尺寸为 ϕ214mm×221mm，四周主体部分壁厚度为 8mm，四周布满自列式散热肋片，肋间厚仅 2.5mm，肋片深最大为 30mm，相邻肋片间距为 10mm。

生产过程出现的主要问题是：①散热片薄，肋间不容易充满，模样废品率高；②浇注后肋片（特别是肋间）冷隔或炭黑缺陷严重，铸件肋片处缺损。

2. 质量控制主要措施

（1）模具设计　为了保证散热肋片成形美观，减小充填阻力，采用锻铝坯模具，电火花和数控加工成形，表面粗糙度 Ra 为 0.8～1.6μm；透气塞（ϕ4～ϕ8mm）布置合理，模具肋片尖端无法安放透气塞，采用镶片结构组装，镶片间开设 0.6mm 的排气槽，保证泡沫珠粒充满肋尖。模具壁厚为 10～11mm，薄壳均匀且随形，保证加热、冷却均匀一致。

（2）模样制造　采用最小号共聚珠粒，预发泡密度为 23kg/m^3；用多枪脉冲压吸射料方式，增加珠粒充填能力，保证肋尖处至少有 3 颗珠粒；雨淋式冷却，真空脱水，降低模样含水量，以防止模样干燥时变形。

图 6-6 电动机壳体铸件及其模具

(3) 浇注工艺 顶注会引起塌箱缺陷，因而采用底注方式，使金属液平稳上升，但必须提高浇注温度（高于 1450℃），降低负压度（低于 45kPa），使充型速度能保证肋尖充型圆满。另外，采用棕刚玉涂料，防止粘砂缺陷。

稳定生产后，铸件质量好，废品少。铸件经抛丸清理后轮廓清晰，表面光洁，无须打磨，表面粗糙度 Ra 为 6.3 ~ 12.51μm，铸件重量由原来的 13.8kg（湿型砂）减至 11.8kg。

6.5 球墨铸铁管件消失模铸造质量控制

1. 铸件结构特征

自来水球墨铸铁管件，材质为 QT450-10，接口形式有法兰、T 形、K 形三种，管身形式有短管、丁字管、弯管、堵头附件等。常见的自来水球墨铸铁管件如图 6-7 所示。

2. 质量问题及解决方法

(1) 承插口圆度超标 由泡沫模样变形引起的承插口圆度超标。由于消失模所用的涂料是水基涂料，浸涂时使泡沫塑料模样变湿，降低了刚度，烘干后产生变形，造成了铸件变形。这种变形如果产生在承插口部位，可使其尺寸误差或圆度误差超标，使铸件报废。

该质量问题通过用铝制或聚氯乙烯定型环的方法得到了解决。在涂料前将定型环放入承插口内径，在第一次涂料烘干后，消失模的刚度明显增加再涂第二次涂料，即可消除变形。

(2) 型壁位移 在一个浇注系统有两个以上的铸件时，在相邻的两个铸件中，其中一个铸件的壁厚增加而另一个铸件的壁厚减小，更有甚者两个铸件一个铸件出现大孔洞，而另一个铸件局部增厚一倍。这种缺陷只有在消失模铸造中特有，这是由它的充型特殊性造成的。因为消失模属实型铸造，造型材料使用干砂，砂粒之间没有黏结剂，铸型的形状是由消失模维持的，充型过程是在浇注时铁液流动前沿，将靠近它的消失模逐次不断汽化，不断充型。消失模汽化过早，会使铸型溃散；汽化过迟，汽化后的气体不断排出。当一个浇注系统的两个铸件充型速度不同时，充型速度较慢的铸件的消失模会有相对较多的气体。两个相邻的铸件铁液液位高度不同时，在不同铁液压力的作用下型壁移向另一方，造成此类缺陷。因此，必须严格控制两个铸件浇注系统的合理分配，避免浇注过程型壁受力不均，这样才能有效防止此类缺陷的出现。

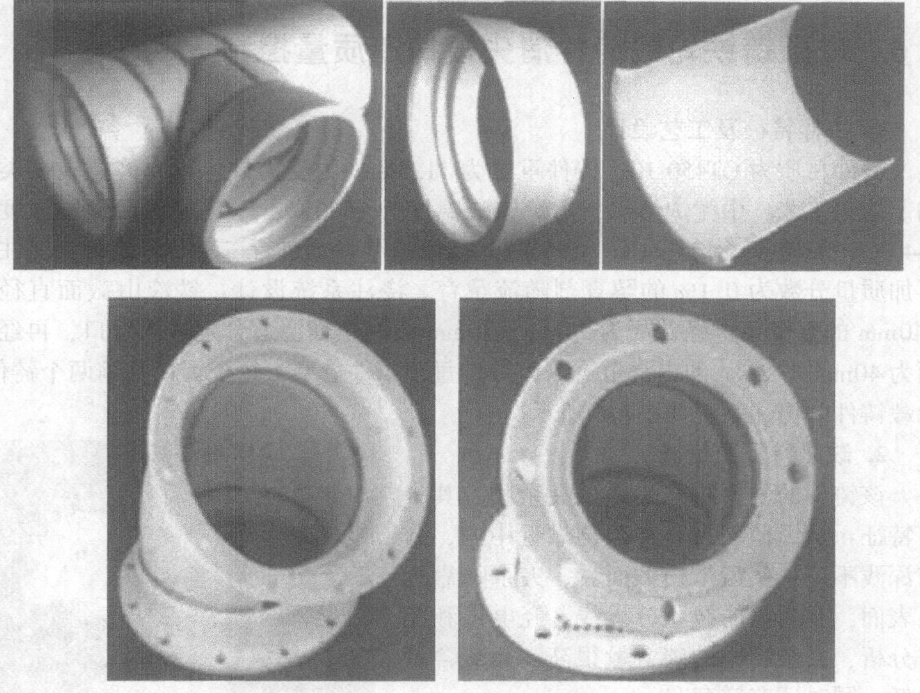

图 6-7　自来水球墨铸铁管件

（3）塌箱　塌箱现象与空腔砂型铸造不尽相同。严重的型壁位移会塌箱；浇注过程中负压中断，断流都会形成塌箱。因此，必须保持浇注过程中真空度及浇注的连续性，才能避免塌箱缺陷产生。

（4）跑火　消失模铸造没有分型面，不会发生空腔铸造中所说的跑火现象。但消失模铸造中，跑火现象是伴随着塌箱而出现的，其危害更大，它会使铁液流入砂箱负压气室或负压管路，严重损坏砂箱或负压系统，要特别注意。避免塌箱缺陷产生的措施都能克服跑火缺陷。

（5）渣气孔 普通气孔缺陷内壁光滑，但渣气孔缺陷内壁常含有炭黑状物质，呈蜂窝状，成片聚集。经分析认为，渣气孔缺陷是在铁液充型过程中部分泡沫塑料包裹在铁液中未能排出，待铁液凝固后所形成。因此，应从合理设计浇注系统，使铁液顺畅充型来避免该缺陷。当形状较复杂时，可在形成缺陷处设置排气冒口。

（6）其他缺陷 一般铸件的缺陷，如砂眼、气孔、冷隔等，消失模铸件中也会出现，可以通过适当提高浇注温度、采用高质量涂料等措施来克服各种铸造缺陷。

6.6 球墨铸铁轮毂铸件消失模铸造质量控制

1. 铸件特征及工艺设计

铸件材质为QT450-10，铸件重量为11.5kg，为受力件，不允许有夹杂类缺陷。熔化工艺：中频炉熔炼，出炉铁液温度为1550℃，球化处理后铁液温度为1440℃，加硅-铁合金[w(Fe):w(Si)=75:25]孕育剂进行二次孕育处理；浇注时再加质量分数为0.1%的孕育剂随流孕育。浇注系统设计：铁液由截面直径为ϕ40mm的直浇道、经截面为35mm×30mm的两个横浇道分别进入冒口，再经截面为40mm×12mm的内浇道进入铸件；每箱4件造型，每个冒口补缩两个铸件。轮毂铸件的浇注系统如图6-8所示。

2. 缺陷特征及措施

该铸件的主要缺陷是黑色夹杂物。其分布特征：从纵截面看，夹杂物靠近中心，分布深浅不一；从齿爪横截面看，夹杂物靠近上表面，有明显曲线状分界线。经电镜和能谱分析，夹杂物中的碳含量很高，而氧含量很低，同时还有镁存在。

图6-8 轮毂铸件的浇注系统

缺陷形成的原因分析如下：

1）因为氧含量很低，所以不可能是氧化夹杂物。

2）铁液化学成分中碳当量并未超标[经化验，w(C)=3.75%，w(Si)=2.72%]，同时夹杂物中还有残留镁，所以不可能是球化衰退和石墨漂浮。

3）缺陷形成的原因应该是热解产物析出碳。经检查，模样的密度为22.8kg/m^3，而且用的是进口共聚料[w(EPS):w(EPMMA)=25:75]，应该没有问题。浇冒口模样是外购的，密度没有控制；同时黏结剂用量过多。

克服缺陷的措施主要如下：

1）严格控制外购浇冒口模样密度在 $20kg/m^3$ 以下。

2）尽量减少黏结剂用量。

实践表明，上述措施采取后，废品率由 10% ~15% 下降到 5% 以下。

6.7 杆头类球墨铸铁铸件消失模铸造质量控制

1. 铸件特征及工艺设计

汽车后桥悬挂支架用杆头类铸件，如图 6-9 所示。铸件材质为 QT600-3。该铸件杆头直径为 $\phi42 \sim \phi53$mm，连接肋处厚 40mm，连接肋处容易产生缩松。

图 6-9 杆头类球墨铸铁铸件

模样干燥后浸涂料，涂层干态厚度为 0.3 ~0.5mm。采用单组分胶或热熔胶将模样与浇注系统组合在一起形成模组，模样与反直浇道间采取插接形式。插接部位涂少量单组分胶密封加固，直浇道下端夹放纤维过滤网。采用 30 ~50 目天然硅砂振动造型，侧吸式砂箱。铁液出炉温度为 1520 ~1580℃，浇注时加质量分数为 0.1% 的 20 ~40 目 75 硅铁粉随流孕育。浇注时，砂箱内抽负压，系统表压为 0.01 ~0.03MPa，以浇注时不反喷为宜。

2. 主要缺陷及预防措施

(1) 铸件表面皱皮　采用EPS模样浇注的铸件表面炭黑严重。浇注时，EPS模样部分汽化、部分炭化。炭化产物不溶于金属，以固体形式被金属液推移到涂料与金属液界面处。由于炭化产物的占位，金属液凝固后形成皱皮，皱皮处有炭黑存在。铸件经退火处理，炭化产物燃烧掉，皱皮痕迹清晰。采用共聚料可彻底消除了铸件表面皱皮。

(2) 铸件冲砂　产生冲砂的原因比较复杂，但可以解决。主要原因有浇口盆结合处密合不严，浇注系统涂料层薄，浇注系统设计不合理，浇注速度过慢，断流等。

(3) 反喷　金属液与模样接触，但金属液尚未充满直浇道及浇口盆，初期滴入直浇道的金属液与模样接触，模样汽化；气体沿直浇道逆流而上，并冲破金属液形成反喷，反喷时直浇道型壁振动引起塌陷，型砂裹入金属液中；同时增加了浇注的危险性和产生断流的可能性。采取加大浇口盆尺寸、在反直浇道上端加引气管、金属液快速充满浇道等措施完全可避免反喷。

6.8　高锰钢筛板消失模铸造质量控制

1. 铸件特征及铸造工艺

高锰钢筛板（见图6-10）是选矿、建材、冶金等各种矿石颗粒料过筛的常用抗磨合金铸件，尤其用于振动条件下的过筛。铸件材质为ZGMn13-4。

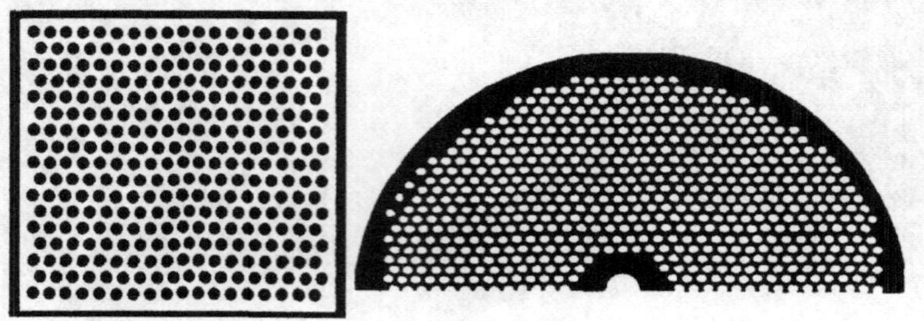

图6-10　高锰钢筛板

高锰钢筛板消失模铸造的工艺过程控制及关键技术如下：

(1) 模组造型与白模涂料　按筛板图样要求，考虑消失模铸造的铸造工艺，计算好收缩量；然后用电热丝在白模切割机平台上切割；再用外直径为筛孔大小空心薄钢管（或铜管）逐一摁出圆孔，制成筛板模样；再将多个筛板模样及浇注系统组成模样簇。

由于筛板上的孔较多、分布较密，涂料应采用性能（涂挂性、耐火性能、透气性）较好的消失模铸造专用涂料，才能保障铸件质量。

（2）刷涂料　将每件筛板模样在45～55℃烘干，用手工刷涂料，注意筛板每个孔内壁均要均匀刷上涂料，然后烘干。吊装、搬运及下箱时，不能有振摆晃动，以免组串变形、走样。

（3）造型及浇注　每箱24件筛板，采用20～40目的宝珠砂。浇注温度控制在1480～1550℃，负压值为0.015～0.025MPa。浇注完毕后，过3～5min去除真空。24h后再开箱、清砂。

2. 常见缺陷及预防措施

由于筛板上的眼孔很多，而且孔径又小，浇注时被金属液包围的涂料和型砂被烧结。因此，该铸件的常见缺陷是粘砂。形成粘砂缺陷的主要原因包括：①选择的涂料不当，或者混制工艺不合适，涂料的耐火度不够或者干强度不理想，在烘干过程中产生裂纹；②涂料未涂刷好，厚度不均匀，甚至出现漏白；③眼孔中的砂子未紧实或者砂子选择不当。根据上述原因，在操作过程中，应严格按照工艺规范操作控制，采用高性能的消失模铸造涂料，可以得到合格的筛板铸件。

6.9　烧结机尾固定筛箅条消失模铸造质量控制

1. 铸件的特征及要求

固定筛箅条（见图6-11）材质为高铬铸铁，结构尺寸为495mm×646mm×90mm，重量为234kg；硬度要求在48HRC以上，常温冲击韧度大于8.5J/cm²；铸件表面光滑平直，条形孔内表面粗糙度 *Ra* 要求为50μm，箅条间隙不得大于8mm。

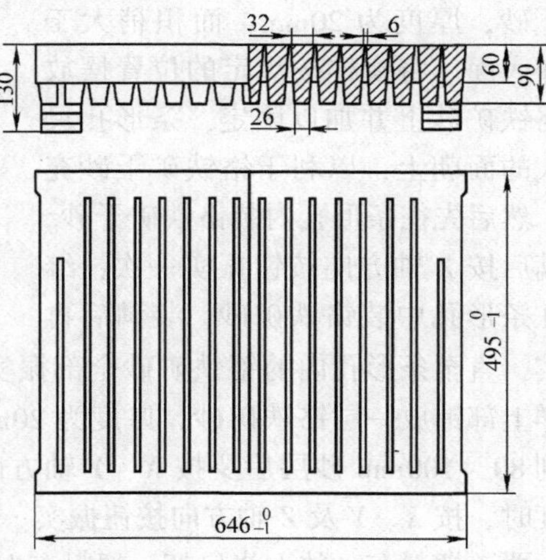

图6-11　固定筛箅条简图

虽然铸件上的条形孔分布均匀，但孔长、深而且宽度窄。浇注成形后发现条形孔内被铁包砂堵死，采用各种清砂工具均无法去除。经过研究，对工艺进行了改进，将泡沫模样上条形孔装箱在振动时用铬铁矿砂代替硅砂充填铸出。由于铬铁矿砂的热导率比硅砂大好几倍，而且在熔融金属浇注过程中，铬铁矿砂本身发生固相烧结，从而有利于防止熔融金属的渗透。

2. 铸件质量控制方法

1）根据铸件工艺图制作样板。高铬铸铁线收缩较大，铸件线收缩率取2%。用电热丝切割器，将密度为18～25g/cm^3的泡沫板材加工成铸件泡沫模样，并用细砂纸磨光。铸件泡沫模样要符合下列要求：必须符合铸件图的几何形状和工艺尺寸；表面必须光滑，不应有明显的突起和凹坑。

2）涂料采用自行研制的水基锆石粉涂料。由于固定筛箅条轮廓尺寸较大，条形孔长、深且宽度窄，为防止浇注时产生浇不到现象，应采用较高的浇注温度。因此，要求涂刷较厚的涂层，铸件外表面涂层厚度要求为1.5mm，孔内为0.8mm。

3）采用卧浇方式且从铸件侧面开设两道内浇道。这样浇注后铁液平稳充型，减轻铸件局部过热，使铸件凝固时温度均匀，有利于消除粘砂缺陷。为了防止金属液进入铸型时产生冲击和喷溅现象，内浇道做成变截面式喇叭形，选用$\Sigma A_{直}:\Sigma A_{横}:\Sigma A_{内}=3:2.5:1$的浇注系统，这样就保证了在整个浇注过程中铸型始终处于封闭的负压下。

4）采用50～100目干硅砂装箱，装箱简图如图6-12所示。在上端敞开的砂箱里，先填入100mm厚的底砂，然后开动振动台，按*X*、*Y*方向按钮振实，振实时间为40s左右。刮好底砂，在将要放模样的位置铺一层铬铁矿干砂，厚度为20mm，面积稍大于模样底面。将模样按规定的位置摆放在铬铁矿砂上并加以固定，条形孔尺寸大的面朝上，以利于铬铁矿干砂充填；然后先往条形孔内装铬铁矿干砂，装满后按*Z*轴方向按钮振实一次；继续往条形孔中装铬铁矿砂，装满后再振实，直至条形孔内的铬铁矿砂全部振实。继续装硅砂，装到模样高度时，在模样上部铺放一层铬铁矿砂，厚度为20mm，将模样上部铺满；然后继续装砂，装到80～100mm砂层后要按*X*、*Y*轴方向按钮振实一次。当砂子埋到砂箱4/5高度时，按*X*、*Y*及*Z*轴方向按钮振实。将砂子装满后，再振动一次。将砂子刮平，覆盖塑料布，放上浇口杯，塑料布上覆盖15～20mm厚的砂子，上面盖保护钢板，以免浇注时铁液飞溅，损坏塑料布，破坏真空。

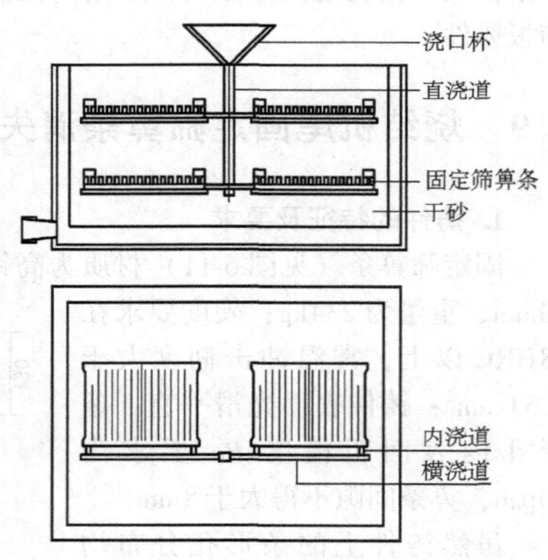

图6-12　装箱简图

5）铁液用1t/h中频感应电炉熔炼，采用转包式盛钢桶于1550℃将铁液从炉中倒入浇包里。镇静铁液，扒去表面浮渣，在铁液表面上撒上保温剂，浇注温度控制在1470～1490℃。浇注前，开动真空泵抽真空，将负压控制在0.06～0.09MPa范围内才可浇注。浇注时，浇包必须对准浇口杯中心，然后进行浇注，浇注过程中要注意挡渣。浇注方法，应遵循一慢、二快、三稳的原则。浇注10min后将负压关闭，再过5min立即打箱。

经过以上综合措施，打箱后的铸件用清砂工具敲击，条形孔内铬铁矿残砂全部脱落，条形孔内表面光洁，铸件各部位尺寸均符合图样要求。由于高温打箱后铸件表面呈红热状态，表面基本无砂，在空气中迅速冷却，相当于高温余热空冷，使铸件表现出良好的抗冲击磨损性能。

6.10 进气歧管消失模铸造质量控制

1. 铸件特点及铸造工艺

进气歧管铸件如图6-13所示。铸件材质为铝合金，铸件重量为2.84kg，壁厚为4mm。在0.138MPa压力下，通道渗漏量要求不大于12mL/min。

(1) 造型工艺　每个模样由3个模片粘接而成，每个直浇道上粘接4个模样，模样材料为EPS，模样和直浇道密度为18～22kg/m³。涂层厚0.3～0.7mm，干砂粒度为40～70目。砂箱尺寸为ϕ800mm×1000mm，变频二维振动，振击加速度为23.5m/s²，振幅为0.3mm。

图6-13　进气歧管铸件

(2) 熔炼工艺　工频炉熔炼，出炉铝液温度为730～750℃；在电阻炉中升温至760～790℃，通氩气精炼15～20min；升温并进行变质处理后浇注，浇注温度为815～825℃。

(3) 浇注系统及浇注工艺　直浇道为外方（45mm×45mm）内圆空心结构，每个模样8个内浇道，每个内浇道尺寸为15mm×10mm。浇注时先小流量慢浇，待直浇道开始燃烧不再喷溅后，大流量快浇将浇口杯充满，直到浇注完毕为止。

2. 主要缺陷及预防措施

铸件的主要缺陷包括：①由针孔、缩松引起的渗漏；②伴随着针孔、缩松出现渣孔，其中有砂粒、涂料碎片也包含着EPS的热解炭渣；③冷隔，由于该零件壁薄（4mm），表面积比较大，形状复杂，有水道和气道，容易引起冷隔缺陷。

防止措施如下：

1) 从减少冷隔缺陷出发，则希望浇注温度高一些；但是从抑制针孔、缩松缺陷出发，则希望浇注温度低一些。实际操作时要两方面兼顾，原则是在保证不产生冷隔的前提下，尽量降低浇注温度。

2）加强铝液的精炼去气操作，精炼后表面要加覆盖剂保护，浇注时要防止熔渣进入直浇道。

3）严格控制、尽量降低模样和直浇道密度，使用前充分干燥，粘接面用胶量要少。

4）涂料的强度、透气性、保温性要足够，涂层必须干透。

5）浇注要平稳，防止铝液翻滚造成紊流。

采用上述防止措施后，废品率由原来的近100%下降到验收投产时的8%以下。

第4篇　特种铸造质量控制

第7章　金属型铸造质量控制

7.1　金属型铸造工艺过程及特点

7.1.1　金属型铸造原理和工艺过程

1. 金属型铸造原理

金属型铸造（又称硬模铸造）是将金属液浇入金属铸型，以获得铸件的一种铸造方法。它的铸型是用金属制成，可以反复使用多次（几百次到几千次）。金属型铸造是现代铸造方法不可缺少的一种铸造工艺。

2. 铸件的成形特点

金属型和砂型在性能上有显著的区别。

1）金属型材料的导热性比砂型材料的大。当液态金属进入铸型后，随即形成一个铸件—中间层—铸型—冷却介质的传热系统。金属型铸造时，中间层由铸型内表面上的涂料层和因铸件表面冷却收缩、铸型膨胀，以及由涂料析出、铸型表面吸附气体遇热膨胀而形成的气体层所组成。中间层中的涂料材料和气体的热导率远比浇注的金属和铸型的金属小得多，见表7-1。冷却介质系指铸型外表面上的空气或冷却水，在铸型外表面上出现对流换热。

表7-1　金属和中间层材料的热导率

材料名称	铸铁	铸钢	铝合金	铜合金	镁合金	白垩	氧化锌	氧化钛
热导率/[W/(m·K)]	39.5	46.4	138～192	108～394	92～150	0.6～0.8	≈10	≈4
材料名称	硅藻土	黏土	石墨	氧化铝	烟黑	空气	水蒸气	烟气
热导率/[W/(m·K)]	≈0.08	≈0.9	≈13	≈1.5	≈0.03	0.02～0.05	0.02～0.06	0.02～0.06

金属液一旦进入型腔，就把热量传给金属型壁。液体金属通过型壁散失热量进行凝固，并产生收缩，而型壁在获得热量升高温度的同时产生膨胀，结果

在铸件与型壁之间形成了“间隙”。在“铸件—间隙—金属型”系统未到达同一温度之前，可以把铸件视为在“间隙”中冷却，而金属型壁则通过“间隙”被加热。

2）金属型材料无透气性，砂型有透气性。型腔内气体状态变化对铸件成形的影响：金属在充填时，型腔内的气体必须迅速排出，但金属又无透气性，只要工艺稍有不当，就会给铸件的质量带来不良影响。

3）金属型材料无退让性。金属型或金属型芯，在铸件凝固过程中无退让性，阻碍铸件收缩，这是它的又一特点。

7.1.2 金属型铸造工艺特点及其应用范围

1. 铸造工艺特点

金属型铸造与砂型铸造比较，在技术上与经济上有许多优点。

1）金属型生产的铸件，其力学性能比砂型生产的铸件高。同样合金，其抗拉强度平均可提高约25%，屈服强度平均提高约20%，其耐蚀性和硬度也有显著提高。

2）铸件的精度比砂型铸件高，表面粗糙度比砂型铸件低，而且质量和尺寸稳定。

3）铸件成品率高，金属液耗量减少，一般可节约15%～30%。

4）不用砂或者少用砂，一般可节约造型材料80%～100%。

此外，金属型铸造的生产率高，使铸件产生缺陷的原因减少，工序简单，易实现机械化和自动化。

金属型铸造虽有很多优点，但也有不足之处。

1）金属型铸造成本高。

2）金属型不透气，而且无退让性，易造成铸件浇不到、开裂或铸铁件白口等缺陷。

3）金属型铸造时，铸型的工作温度、合金的浇注温度和浇注速度、铸件在铸型中停留的时间，以及所用的涂料等，对铸件质量的影响较大，需要严格控制。

金属型铸造目前所能生产的铸件，在重量和形状方面还有一定的限制。例如，对于钢铁铸件，只能是形状简单的铸件，铸件的重量不可太大，壁厚也有限制，较小的铸件壁厚无法铸出。因此，在决定采用金属型铸造时，必须综合考虑下列各因素：铸件形状和重量大小是否合适；是否有足够的批量；完成生产任务的期限是否许可。

2. 金属型铸造工艺

（1）金属型的预热　未预热的金属型不能进行浇注。这是因为金属型导热性好，液体金属冷却快，流动性剧烈降低，容易使铸件出现冷隔、浇不到、夹杂、气孔等缺陷。未预热的金属型在浇注时，铸型将受到强烈的热冲击，应力倍增，使其极易破坏。因此，金属型在开始工作前，应该先预热，适宜的预热温度（即工作温度），随合金的种类、铸件结构和大小而定，一般通过试验确定。一般情况下，金属型的预热温度不低于150℃。金属型的预热温度控制见表7-2和表7-3。

表7-2 金属型在喷刷涂料前的预热温度控制

铸件类型	金属型预热温度/℃	铸件类型	金属型预热温度/℃
铸铁件	80～150	镁合金铸件	120～200
铸钢件	100～250	铜合金铸件	≈100
铝合金	120～200		

表7-3 金属型在浇注前的预热温度控制

铸造合金	铸件特点	金属型预热温度/℃	金属型工作温度/℃
灰铁件		250～350	≥200
可锻铸铁		150～250	120～160
铸钢		150～300	≥80
铝合金	一般件	200～300	
	薄壁复杂件	300～350	
	金属芯	200～300	
镁合金	一般件	200～350	
	薄壁复杂件	300～400	
	金属芯	300～400	
铜合金	锡青铜	150～250	60～100
	铝青铜	120～200	60～120
	铅青铜	80～125	50～75
	一般黄铜	100～150	≤100
	铅黄铜	350～400	250～300

金属型的预热方法如下：

1）用喷灯或煤气火焰预热。

2）采用电阻加热器。

3）采用烘箱加热，其优点是温度均匀，但只适用于小件的金属型。

4）先将金属型放在炉上烘烤，然后浇注液体金属，将金属型烫热。这种方法，只适用于小型铸型，因它要浪费一些金属液，也会降低铸型寿命。

（2）金属型的浇注 金属型的浇注温度一般比砂型铸造时高。可根据合金种类（如化学成分）、铸件大小和壁厚，通过试验确定。各种合金的浇注温度见表7-4。

表7-4　各种合金的浇注温度

合金种类	浇注温度/℃	合金种类	浇注温度/℃
铅锡合金	350～450	黄铜	900～950
锌合金	450～480	锡青铜	1100～1150
铝合金	680～740	铝青铜	1150～1300
镁合金	715～740	铸铁	1300～1370

由于金属型的激冷和不透气，浇注速度应做到先慢、后快、再慢。在浇注过程中应尽量保证液流平稳。

（3）铸件的出型和抽芯时间　如果金属型芯在铸件中停留的时间越长，由于铸件收缩产生的抱紧型芯的力就越大，因此需要的抽芯力也越大。金属型芯在铸件中最适宜的停留时间，是当铸件冷却到塑性变形温度范围，并有足够的强度时，这时是抽芯最好的时机。铸件在金属型中停留的时间过长，型壁温度升高，需要更多的冷却时间，也会降低金属型的生产率。

最合适的拔芯与铸件出型时间，一般用试验方法确定。

（4）金属型工作温度的调节　要保证金属型铸件的质量稳定，生产正常，首先要使金属型在生产过程中温度变化恒定。因此，每浇一次，就需要将金属型打开，停放一段时间，待冷至规定温度时再浇。若靠自然冷却，需要时间较长，会降低生产率，所以常用强制冷却的方法。冷却的方式一般有以下几种：

1）风冷。在金属型外围吹风冷却，强化对流散热。风冷方式的金属型，虽然结构简单，容易制造，成本低，但冷却效果不十分理想。

2）间接水冷。在金属型背面或某一局部，镶铸水套，其冷却效果比风冷好，适于浇注铜件或可锻铸铁件。但对浇注薄壁灰铸铁件或球墨铸铁件，激烈冷却，会增加铸件的缺陷。

3）直接水冷。在金属型的背面或局部直接制出水套，在水套内通水进行冷却，这主要用于浇注钢件或其他合金铸件铸型要求强烈冷却的部位。因其成本较高，只适用于大批量生产。

如果铸件壁厚薄悬殊，在采用金属型生产时，也常在金属型的一部分采用加温，另一部分采用冷却的方法来调节型壁的温度分布。

（5）金属型的涂料　在金属型铸造过程中，常需在金属型的工作表面喷刷涂料。涂料的作用是：调节铸件的冷却速度；保护金属型，防止高温金属液对型壁的冲蚀和热冲击；利用涂料层蓄气、排气。

根据不同合金，涂料可能有多种配方，涂料基本由三类物质组成：粉状耐火材料（如氧化锌、滑石粉，锆砂粉、硅藻土粉等）；黏结剂（常用水玻璃、糖浆或纸浆废液等)；溶剂（水)。具体配方可参考有关手册。

涂料应符合下列技术要求：要有一定黏度，便于喷涂，在金属型表面上能形成均匀的薄层；涂料干后不发生龟裂或脱落，且易于清除；具有高的耐火度；高温时不会产生大量气体；不与合金发生化学反应（特殊要求者除外）等。

(6）覆砂金属型（铁模覆砂） 涂料虽然可以降低铸件在金属型中的冷却速度，但采用刷涂料的金属型生产球墨铸铁件（例如曲轴)，仍有一定困难，因为铸件的冷却速度仍然过大，铸件易出现白口。若采用砂型，铸件冷速虽低，但在热节处又易产生缩松或缩孔，在金属型表面覆以4～8mm的砂层，就能铸出满意的球墨铸铁件。

覆砂层有效地调节了铸件的冷却速度，一方面使铸铁件不出现白口，另一方面又使其冷却速度大于砂型铸造。金属型无溃散性，但很薄的覆砂却能适当减少铸件的收缩阻力。此外，金属型具有良好的刚性，有效地限制了球墨铸铁石墨化膨胀，实现了无冒口铸造，消除了疏松，提高了铸件的致密度。如果金属型的覆砂层为树脂砂，一般可用射砂工艺覆砂，金属型的温度要求为180～200℃。覆砂金属型可用于生产球墨铸铁，灰铸铁或铸钢件，其技术效果显著。

(7）金属型的寿命 提高金属型寿命的途径如下：

1）选用热导率大、热膨胀系数小，而且强度较高的材料制造金属型。

2）涂料工艺合理，严格遵守工艺规范。

3）金属型结构合理，制造毛坯过程中应注意消除残余应力。

4）金属型材料的晶粒要细小。

3. 金属型铸造应用范围

金属型铸造在飞机、汽车、航空器、军工装备的制造方面用途很广泛，在其他交通运输机械、农业机械、化工机械、仪器制造、机床等生产中应用也在不断扩大。金属型铸造生产的铸件小至数十克、大至数吨重，且应用合金种类广泛，但主要应用于非铁合金，钢铁材料应用不多。金属型的结构特点决定了金属型铸造不宜生产太大、太薄和形状复杂的铸件，因为金属型腔是机械加工出来的，如果内腔太复杂就必须有很多的抽芯机构，且金属型冷却速度太快，太薄的铸件易造成浇不到缺陷。表7-5至表7-8概括了金属型的应用范围和特点。

表7-5 金属型铸造重量

铸件类别		铸件重量	铸件类别		铸件重量
铸铁件	一般	1～100kg	轻合金	一般	几十克至几十千克
	最重	达3t			
				最重	小于2kg
铸钢件	一般	1～100kg	铜合金		几十克至几十千克
	最重	达5t			

表 7-6　金属型铸件最大壁厚　（单位：mm）

铸件外轮廓尺寸	铸钢件	灰铸铁件（含球墨铸铁）	可锻铸铁	铝合金件	镁合金件	铜合金件
<70×70	5	4	2.5~3.5	2~3	—	3
70×70~150×150	—	5	—	4	2.5	4~5
>150×150	10	6	—	5	—	6~7

表 7-7　金属型铸件内孔的最小尺寸　（单位：mm）

铸件材质	最小孔径	孔深		铸件材质	最小孔径	孔深	
		非穿透孔	穿透孔			非穿透孔	穿透孔
锌合金	6~8	9~12	12~20	铜合金	10~12	10~15	15~20
镁合金	6~8	9~12	12~20	铸铁	>12	>15	>20
铝合金	8~10	12~15	15~25	铸钢	>12	>15	>20

表 7-8　金属型铸造的应有批量

铸件特点	一般应具有的批量/件	铸件特点		一般应具有的批量/件
小而不复杂	300~400	当金属型不加工时	小件	200~400
中等复杂	300~5000		大件	50~200
复杂	5000~10000	特殊要求的铸件		根据力学性能的需要，不受限制

7.2　金属型铸造常见缺陷及防止措施

1. 气孔（气泡、呛孔、气窝）

气孔是存在于铸件表面或内部，呈圆形、椭圆形或不规则形的孔洞，有时多个气孔组成一个气孔团。皮下气孔一般呈梨形。呛孔形状不规则，且表面粗糙。气窝是铸件表面凹进一块，表面较平滑。明孔外观检查就能发现。皮下气孔经机械加工后才能发现。轻合金铸件有较浅的皮下气孔时，铸件表面经吹砂后呈暗灰色，有时梨形气孔尖端露出铸件表面，外观检查可见。重要铸件用 X 射线检查气孔，气孔在 X 射线底片上呈黑色。断口、低倍检查也能发现气孔。由于合金与形成气孔的气体作用，气孔表面具有不同的颜色。

（1）形成原因　气孔的形成原因主要有以下几个方面：

1）金属型预热温度太低，金属液经过浇注系统时冷却太快。

2）金属型排气设计不良，气体不能通畅排出。

3）涂料不好，本身排气性不佳，甚至本身挥发或分解出气体。

4）金属型外冷铁表面有缩孔、凹坑。金属液注入后，缩孔、凹坑处气体迅速膨胀挤压金属液，形成呛孔。

5）金属型表面锈蚀，且未清理干净。

6）原材料存放不当，使用前未经预热。

7）脱氧剂不佳，或用量不够，或操作不当等。

（2）防止措施　气孔类缺陷的防止措施如下：

1）金属型和金属芯喷涂料或补涂料后要彻底烘烤；涂料粉粒组成不可太细，应注意涂料本身的透气性；涂料喷刷后绝对不应抹光；在涂料脱落后应立即补喷；涂料面上产生呛孔时，将该处涂料刮掉后重喷。

2）运用倾斜浇注法浇注。

3）原材料应存放在通风干燥处，使用时要预热。

4）选择脱氧效果好的脱氧剂。

5）熔炼温度不宜过高，非铁合金尤为如此。

2. 缩孔及缩松

缩孔是铸件表面或内部存在的一种表面粗糙的孔。缩松是指存在许多分散的小缩孔。缩孔或缩松处晶粒粗大，热处理后断口表面呈不同颜色。

轻合金铸件缩松在X射线底片上呈云雾状，严重的呈丝状。表面疏松通过荧光检查呈密集的小点状。缩孔、缩松常发生在铸件内浇道附近、冒口根部、铸件厚大部位、壁的厚薄转接处及具有大平面的薄壁处。

（1）形成原因　缩孔、缩松的形成原因主要有以下几个方面：

1）金属型工作温度控制未达到顺序凝固要求。

2）涂料选择不当，不同部位涂料层厚度控制不好。

3）铸件在金属型中的位置设计不当。

4）浇冒口设置未能起到充分补缩的作用。

5）浇注温度过低。

（2）防止措施　缩孔缩松缺陷的防止措施如下：

1）提高金属型工作温度。

2）调整涂料层厚度；涂料喷刷要均匀；涂料脱落进行补涂时，不可形成局部涂料堆积现象。

3）对金属型进行局部加热或用绝热材料局部保温。

4）热节处镶铜块，对局部进行激冷。

5）金属型上设计散热片，或通过水等加速局部地区冷却速度，或在型外喷水、喷雾。

6）用可拆卸激冷块，轮流安放在型腔内，避免连续生产时激冷块本身冷却不充分。

7）金属型冒口上设计加压装置。

8）浇注系统设计要准确，选择适宜的浇注温度。

3. 渣孔（溶剂夹渣或金属氧化物夹渣）

渣孔是铸件上的明孔或暗孔，孔中全部或局部被熔渣所填塞，外形不规则。小点状熔剂夹渣不易发现。内部熔剂夹渣在X射线底片上一般呈白色圆形或雪花片状、小点状，在断口上呈暗灰色，将夹渣去除后呈现光滑的孔。夹渣一般分布在浇注位置下部、内浇道附近或铸件死角处。氧化物夹渣多以网状分布在内浇道附近的铸件表面，呈薄片状，或带有皱纹的不规则云彩状，或形成片状夹层，或以团絮状存在铸件内部。打断口时，往往从夹层处断裂，氧化皮夹在其中，是铸件形成裂纹的根源之一。断口具有不同的颜色。在X射线底片下，氧化物夹渣呈黑色块状，或不规则团絮状。

（1）形成原因　渣孔主要是由于合金熔炼工艺及浇注工艺不当造成的（包括浇注系统设计不正确），金属型本身不会引起渣孔，而且金属型铸造是避免渣孔的有效方法之一。

（2）防止措施　渣孔缺陷的防止措施如下：

1）正确设置浇注系统，或使用铸造纤维过滤网。

2）采用倾斜式浇注法。

3）选择熔剂时，严格控制熔剂质量。

4. 针孔

针孔是小于或等于1mm的小孔，不规则地分布于铸件各部分，特别是铸件的厚大截面，或冷却速度缓慢的部分。针孔低倍放大后呈互不连接的小孔眼，在X射线底片上呈小黑点，在断口上多呈互不连续的乳白色凹点。

（1）形成原因　氢气在铝合金中的溶解度随温度升高而增加，随温度的降低而减少。铸件在冷却过程中，若析出的氢气未能排出，则在铸件内形成针孔。

（2）防止措施　金属型铸造可有效地防止针孔，在此基础上还应采取以下措施：

1）运用铜质激冷块。

2）将砂芯改为金属芯，减少加工余量。

3）遵守熔炼工艺规程。

4）注意原材料的存放。

5. 裂纹（热裂纹和冷裂纹）

裂纹的外观是直线或不规则的曲线。热裂断口表面被强烈氧化呈暗灰色或黑色，无金属光泽；冷裂断口表面清洁，有金属光泽。一般铸件的外裂可用肉眼直接看见，而内裂则需经X射线检查。裂纹常与缩孔、缩松、夹渣等缺陷有联系，多发生在铸件尖角处、浇冒口与铸件连接的热节区。

（1）形成原因　金属型铸造容易产生裂纹缺陷。金属型本身没有退让性，冷却速度快，容易造成铸件内应力增加；开型过早或过晚，铸造斜度过小或有反斜度，涂料太薄等都易造成铸件开裂。金属型本身有裂纹或其他缺陷时，也容易导致铸件裂纹。

（2）防止措施　裂纹缺陷的防止措施如下：

1）注意铸件结构工艺性，使铸件壁厚不均匀过渡，采用合适的圆角尺寸。

2）调整涂料厚度，尽可能使铸件各部分达到所要求的冷却速度，避免形成太大的内应力。

3）注意金属型的工作温度。

4）增加金属芯的铸造斜度。

5）适时抽芯开型，取出铸件缓冷。

6. 冷隔

冷隔是一种透缝或有圆边缘的表面夹缝，中间被氧化皮隔开，不完全融为一体。冷隔严重时就成了“欠铸”。冷隔常出现在铸件顶部壁上、薄的水平面或垂直面、厚薄壁连接处或在薄的肋板上。

（1）形成原因　冷隔的形成原因主要有几个方面：金属型排气设计不好，工作温度太低，涂料质量不好，浇道开设位置不当，浇注速度太慢等。

（2）防止措施　冷隔缺陷的防止措施如下：

1）正确设计浇注和排气系统。

2）大面积薄壁铸件，涂料不要太薄，适当加厚涂料层有利于成形。

3）适当提高金属型工作温度。

4）运用倾斜式浇注法。

5）采用机械振动金属型法进行浇注。

7. 白口

铸件断面发亮，硬而不易机械加工。产生原因主要是：金属型预热温度太低，未使用涂料，开型时间太晚，金属型壁厚太厚等。白口缺陷多在灰铸铁件中出现，其防止白口缺陷的出现是铸铁件的专门问题，金属型很少用于铸铁的铸造，因此此处不再赘述。

7.3 金属型铸造典型案例分析

1. 金属型铸造铜合金的气孔缺陷

气孔缺陷是金属型铸造铜合金的主要缺陷之一。它给金属型铸造铜合金的应用带来了一定的困难，特别是对于锡青铜，这种缺陷更为严重。

按气孔缺陷产生的原因及特征可分为两类：第一类为由于金属型的温度过

低所引起的冷呛气孔缺陷，这种缺陷的特点是遍布铸件的整个表面，深度一般不大（不超过3mm）。这种缺陷产生的原因是，金属型表面所吸收的水分在高温铜合金液的作用下受热蒸发，在铸件的表面形成较浅的气孔缺陷。第二类气孔缺陷是由于金属型的温度过高所引起的热呛气孔缺陷，它一般呈蜂窝状态。这种缺陷产生的原因是，当金属液浇注到铸型中后，由于金属型的预热温度过高，所以很快使铸型内表面加热到红热状态，此时金属液与铸型接触的表面上的氧化物与铸型中的碳（石墨和结合碳）及涂料中的碳起反应产生气体，这些气体实际上不溶解于合金液中，而被卷入正在凝固的合金中，形成蜂窝状气孔。由于金属型温度过高，合金液与铸型接触后，不能很快形成足够强度的硬壳，致使产生较深的气孔。

影响热呛气孔的原因很多，例如，制造金属型所用材料、金属型的预热温度、浇注时金属型的温度、浇注系统开设的位置、浇注速度、浇注时合金液的温度、金属型的壁厚、涂料的种类及涂料层的厚度，以及合金的化学成分等。其中以金属型在浇注时的温度及金属型的材质的影响为最大。黄铜及含铝青铜不易产生此种缺陷，磷青铜、铅青铜最易产生此类缺陷。

避免或减轻冷呛或热呛气孔缺陷的方法如下：

1）金属型在浇注前需预热到300℃以上，但在浇注时，对于铸造锡青铜铸件的金属型的温度应该为60～100℃。

2）在有条件的情况下，尽可能选用铜合金、中碳钢、低碳钢等作为制造铸型的材料。

3）金属型应该有足够的壁厚，以增加铸型的激冷能力，或采用水冷金属型。

4）采用Al_2O_3、铝粉或矾土与树胶所配置的涂料，涂料层应均匀连续，并不应过厚。

5）采用分散的内浇口，防止金属型局部过热，避免金属液流直接冲击铸型表面。

6）适当地降低浇注温度，采用慢注工艺。

2. 金属型铸造铝合金零件的缺陷

（1）金属型铸造铝合金壳体零件的缩陷缺陷　图7-1所示壳体铸件是我国某厂民用电器上重要的零件，市场需求量大。铸件轮廓尺寸为240mm×190mm×166mm，最小壁厚为6mm，最大壁厚为15mm。起初，在壳体铸件圆筒上部位壁厚较厚，凝固过程中散热较慢，形成局部热节，在生产过程中产生了缩陷。

1）壳体缩陷原因分析。对于壳体铸件生产的缩陷问题，对金属型和工艺采取了一些改进措施，主要包括：金属型芯上开设冷却肋，冷却肋为边长为2～4mm的三角形；采用铜质型芯；提高金属型的整体温度；清除型芯涂料并用风冷却；降低铝液浇注温度；严格控制抽芯开型时间等。

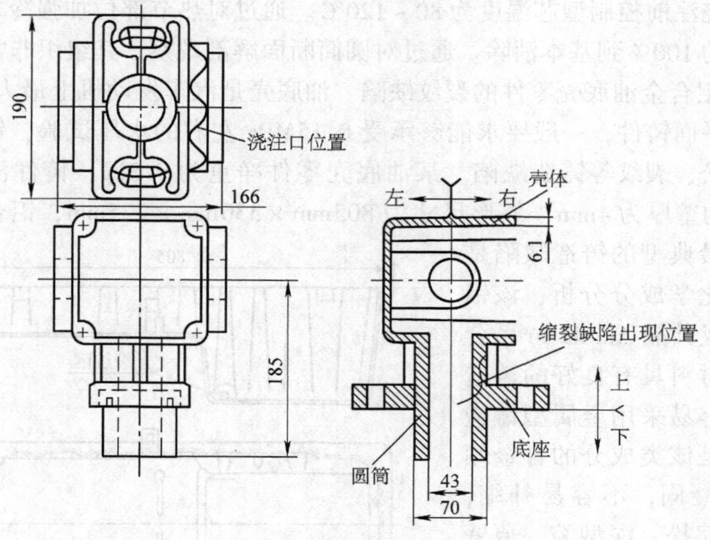

图 7-1　壳体铸件

采取以上措施后，缩陷有所减轻，但并未得到消除，铸件质量没有得到质的改善。相反，加大了抽芯阻力，并在壳体薄壁处产生冷隔、浇不到等缺陷，一时成为生产过程中的难题。壳体铸件结构特殊，中部圆筒部位厚大，工艺上不易设置补缩冒口，在冷却效果不好的情况下，易在铸件圆筒上部位产生缩陷。中注、下抽芯的浇注工艺不合理，由于壳体方框与底座相连的中部圆筒处厚大，铝液先是从底座流入型腔，再上下分流，所以型腔中部是热量最集中的地方，很容易加剧热节处缩陷的产生。

2）壳体缩陷的防止措施如下：

①装配水冷系统。使用的金属型浇注机为国产设备 J1130A 型重力金属铸造机，其中有 4 路水管可用于冷却金属型。经分析，可用设备上的冷却水对金属型的该部位加强冷却。装配水冷系统方法为：在型芯上开设水道，内孔直径为 16mm；植入内径为 5mm 金属软管，型芯端头用铜焊焊牢；将出入水口分别与重力金属铸造机的出入水管路相连，见图 7-2。

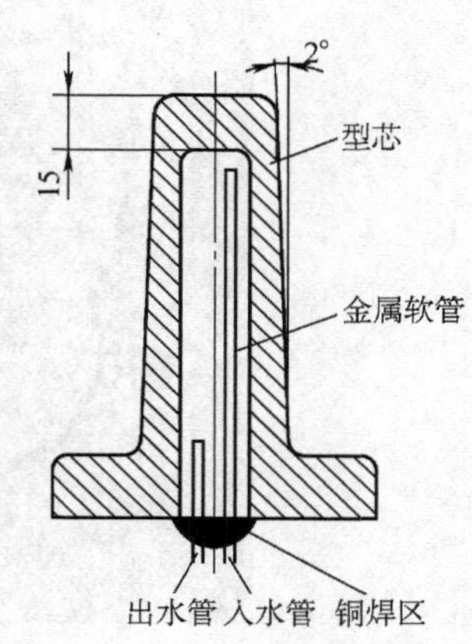

图 7-2　型芯循环水冷却简图

②控制型芯温度。产生缩陷的位置在内孔上部，所以型芯的冷却效果对是否产生缩陷有

重要影响，要求操作者在生产过程中注意型芯的冷却效果，适当控制循环水流量，每件浇注前控制型芯温度为 80～120℃。通过对热节部位加强冷却，缩陷由设计之初的 100% 到基本消除。通过对圆筒断面解剖观察，其组织非常致密。

（2）铝合金油底壳零件的裂纹缺陷　油底壳是汽车发动机上最大的深型腔、薄壁、大平面铸件，一般要求能够承受 0.15MPa 左右的水压试验，铸件要求无缩孔、缩松、裂纹等铸造缺陷。某油底壳零件净重为 9.5kg，铸件浇注重量为 17kg，平均壁厚为 4mm，外形尺寸为 805mm × 330mm × 225mm，铝合金金属型重力铸造最典型的铸造缺陷是裂纹。从化学成分分析，该铝合金属于亚共晶 Al2Si2Cu 系合金。这类材料具有良好的铸造工艺性，容易采用金属型铸造成形，但是该类成分的合金倾向于糊状凝固，不容易补缩，容易形成缩松，深型腔、薄壁铸件金属型铸造裂纹缺陷不容易控制。油底壳产品结构及其工艺简图见图 7-3。

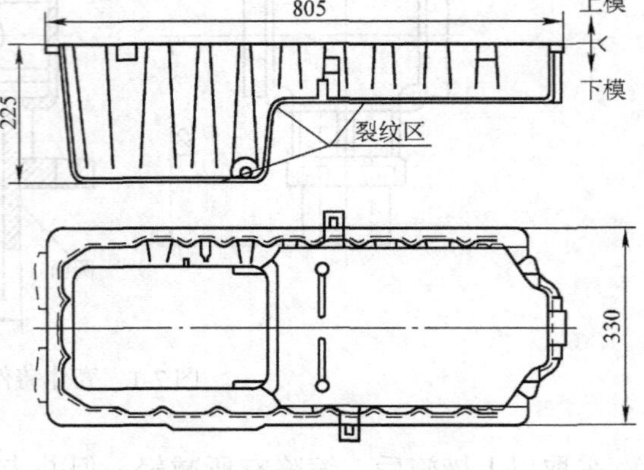

图 7-3　产品结构及其工艺简图

油底壳典型裂纹缺陷见图 7-4。裂纹的目视特征为：形状扭曲，走向不规则，呈穿透或非穿透性；一个部位通常有一条或有几条裂纹；缝壁表面粗糙，有氧化色，裂纹周边表面色泽发白；横断面粗糙，晶粒组织粗大、疏松。按浇注位置，常产生于侧面或铸件底面。

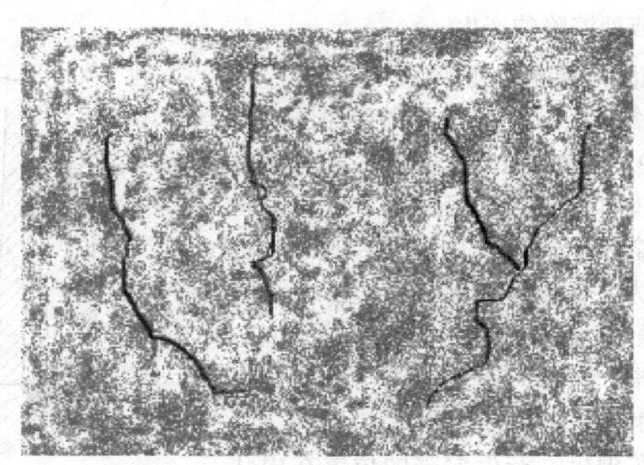

图 7-4　油底壳典型裂纹缺陷

1）油底壳裂纹缺陷产生的原因分析。裂纹缺陷有两种：冷裂和热裂。裂纹断面目视特征氧化严重，色泽发黑，裂口沿晶粒边界发生和发展，外形曲折的裂纹称为热裂纹；裂纹断面光洁，有金属光泽，走向规则的裂纹称为冷裂纹。两种缺陷目视特征的区分关键在于缝壁色泽与走向。根据油底壳铸件裂纹缺陷的特征，其显然是热裂缺陷。由于热裂缺陷带有收缩的影响，在高温下（也就是在铝液有效凝固温度范围内）产生，具有晶界裂纹的特征，又称为缩裂或凝固开裂。产生裂纹的下限温度略高于实际（非平衡态）固相线温度。

形成热裂的原因很多，归纳起来有以下两种：合金的凝固方式、铸件凝固时期的收缩应力。

2）油底壳裂纹缺陷的防止措施如下：

①合金化学成分。在化学成分许可的条件下，对加宽合金结晶范围的成分、形成粗大晶粒的成分、容易形成夹杂物的成分应尽量减少用量，或从工艺上采取措施尽可能减小它们的不良影响，如含铜量、含镁量尽可能地取下限，铝液要注意除气、除渣工艺及变质处理的效果。

②铸造工艺措施。主要从工艺及参数设计等方面采取措施。

工艺设计方面：采用外冷铁局部降温、减少保温涂料用量等措施，加快热裂部位冷却速度，可以有效地防止热裂纹的出现。采用脱模性能优良的涂料，减小铸件与铸型之间的摩擦阻力，可以有效地减轻热裂纹的严重程度；也可在局部芯腔采用砂芯，通过提高砂芯溃散性，达到降低铸型阻力的目的。

浇注系统设计方面：内浇道设在铸件薄壁处，将金属液分散引入型腔，铸件热裂的缺陷可以得到明显的改善。

工艺参数选择方面：可从浇注温度、细化晶粒、涂料厚度等方面进行控制。

a. 浇注温度：在保证充型能力的条件下，降低铝液的浇注温度，可以降低合金的收缩量，有效地防止热裂纹的出现；同时提高金属型温度，可以提高铸件出型时的温度，减小铸件冷却时的收缩量，可以非常有效地防止热裂的出现。

b. 细化晶粒：细化一次结晶的晶粒是防止铸件热裂的有效措施之一。晶粒细化，液相流动阻力减小，而且凝固末期液膜中的固相桥增多，提高了液膜的抗断能力。在这种合金中加入晶粒细化剂，得到等轴晶晶粒，能有效地减小铸件热裂倾向。

c. 涂料厚度：尽可能地保证铸件各部分冷却速度均匀，避免铸件产生过大的铸造应力而产生裂纹。型腔内涂料层的分布应符合铸件的凝固顺序，适时缩短抽芯和开模时间，可以避免铸件受阻而形成裂纹。一般铸件浇冒口凝固结束，即可抽芯开型。

铸件结构设计方面：铸件结构设计不合理，是产生热裂缺陷的重要原因之一。应尽量使铸件壁厚均匀，两壁相交位置的凹角应有足够大的圆角半径。

7.4 金属型铸造涂料技术

7.4.1 金属型铸造涂料的作用及技术要求

1. 金属型铸造涂料的作用

金属型铸造涂料的基本作用为：保护金属型，延长金属型寿命，利于铸件脱模，防止黏结和氧化物堆积，控制由铸造合金向金属型传递的热流，改善铸件表面质量。由于生产质量优良的铸件需要控制铸造合金充填金属型腔和在金属型腔内凝固的全过程，因此金属型涂层的最重要的功能无疑是使金属型具有绝热层，并控制热流由铸造合金向金属型腔内的传递。在金属型铸造过程中，常需在金属型的工作表面喷刷涂料。将金属型表面涂刷后的涂膜称为涂料层。向金属型表面涂刷涂料称为上涂料。

涂料由于其绝热作用，降低了熔液的冷却速度，可防止铸件出现白口；保护金属型，防止高温金属液对型壁的冲蚀和热击；利用涂料层蓄气排气；此外，也有助于得到光洁表面的铸件，使铸件容易从铸型分离，进而还可对铸件表面进行孕育。用一层涂料是不能起到以上这些作用，通常第二层用另外一种涂料。第一层涂料称为基础涂料，第二层涂料称为工作涂料。

基础涂料刷一次可经受数十次或数百次的使用，而工作涂料则每次浇注都要进行涂刷，因此涂刷要方便。此外，上涂料时的金属型温度、涂料条件等因素不应影响涂料性质。

2. 金属型铸造涂料的技术要求

金属型铸造涂料的技术要求包括如下几方面：

1）涂料中不应含有能与金属液起化学作用和耐火度小于金属液温度的物质。

2）对型壁有一定的黏着强度，不会被浇注的金属液冲刷掉落，能抵抗铸件从型中取出时的磨损。不会因温度变化开裂或从型上剥落。

3）用来涂覆的涂料应有好的流变性能。在涂覆过程中，它应有高的流动性；涂覆到型壁上以后不会流淌；在刷涂时不会在涂料层表面留下毛刷的痕迹；存放时涂料最好不会因其中粉粒的沉降而分层。

4）在型面上的涂料层中物质的挥发成分应尽可能少，应能在浇注之前挥发干净。浇注时，最好无发气性。

5）浇注镁合金铸件时，涂料应能起防氧化的作用。

6）易于从型上清除。

7.4.2　金属型铸造涂料的组成及典型配比

1. 金属型铸造涂料的组成

涂料一般由粉状耐火材料、黏结剂、载体和附加物组成。

（1）粉状耐火材料　一般既有能满足要求的耐火度，又具有较好的绝热性能。铝合金、镁合金铸造时，常用白垩粉（$CaCO_3$、氧化锌、石棉粉、石墨粉和滑石粉）；铝合金铸造时，除前述耐火粉料外，还用氧化钛、氧化镁；铸钢生产时，常用硅石粉、石墨粉、耐火黏土；铸铁生产时，所用材料与铸钢相似，有时还用石棉粉和镁粉；铜合金铸造时，所用材料与铸铁时相似，但不用硅石粉和镁粉。

（2）黏结剂　黏结剂常用的为水玻璃，铸钢、铸铁生产时有时还用糖浆。

（3）载体　载体是把涂料各种组成均匀混为一体的物质，并使涂料具有良好的涂覆性能，一般用水，铜合金铸造时常用矿物油（如全损耗系统用油、润滑油）。

（4）附加物　附加物是赋予涂料特殊性能的物质。例如，石棉粉、硅藻土可高效地提高涂料的绝热性能，石墨粉、滑石粉可减轻铸件自型中取出时所遇的摩擦阻力。镁合金铸造时，常在涂料中加硼酸以防止镁合金氧化。硅铁粉可预防铸铁件表面产生白口。铸铁和铸钢时，有时在涂料中加表面合金化元素。铝、镁合金铸造时，有时用硅酸钡来提高涂料层的塑性。

2. 金属型铸造涂料的典型配比

（1）非铁金属用涂料　金属型铸造合金种类不同，涂料的配比也有所不同，因此，钢铁金属型铸造与非铁金属型铸造涂料的配比也有所差异。铝青铜、黄铜金属型铸造时，一般不在金属型表面涂覆涂料。如有特殊需要，可涂覆其他铜合金金属型铸造用涂料。其成分（质量分数）如下：

1）全损耗系统用油 96% + 石墨 4%。

2）全损耗系统用油 50% + 石蜡 50%。

3）酒精 20% + 松香 80%。

4）松香 28% + 烟墨或石墨粉 14% + 汽油 58%。

5）全损耗系统用油 100%。

每浇注 1 ~3 次，在金属型表面涂一次。带有石墨粉的涂料会使铸件表面不太光洁。

表 7-9 给出了铝、镁合金金属型铸造时涂料的组成。

（2）钢铁材料用涂料

1）金属型灰铸铁用涂料的配方（前两个配方为质量分数，后一个配方为质量份）如下：

①石墨粉 10% ~15% + 黏土 10% ~15% + 表面活性剂 0.5% + 水玻璃 5% ~7% + 水余量，用于型腔。

②耐火砖粉 35% + 黏土 25% + 石英粉 25% + 水玻璃 15% + 水（另加）适量，用于浇冒口。

表 7-9 铝、镁合金金属型铸造时涂料的组成

浇注合金	涂料的组成（质量分数，%）									用途
	氧化锌	白垩粉	氧化钛	石棉粉	滑石粉	石墨粉	硼酸	水玻璃	热水	
铝合金	9 ~11							4 ~6	余量	厚壁中小件型面
	6	5	3					5	余量	铸件表面要求光滑的型面
	4		9			9		7	余量	大型厚壁件型面
	5 ~7		11 ~13	11 ~13				9 ~11	余量	薄壁件型面
						10 ~20		4 ~6	余量	斜度小的芯面，型腔局部厚大处
		8 ~15	9 ~14					5 ~9	余量	浇冒口系统
镁合金		10				5		3	余量	大型铸件型面
						8	3	3	余量	一般铸件型面
	10					5		3	余量	铸件表面要求光滑的型面
		5				10	3	3	余量	中小件铸件型面
		5			5		3	3	余量	中小件铸件型面
		2 ~5		10 ~30				2 ~5	余量	浇冒口系统

注：1. 有时可用水玻璃将石棉纸粘在冒口型腔壁上。

2. 浇注镁合金前，在型面上喷质量分数为 5% ~10% 的硝酸水溶液。

③石墨粉 28 ~63 份 + 黏土 30 ~70 份 + 烟子 23 ~52 份 + 碳酸钠 0.5 ~2 份 + 水适量，用于型腔。

2）金属型铸钢用涂料的配方（质量分数）如下：

①刚玉粉 30% ~40% + 硼酸 0.7% ~0.8% + 水玻璃 5% ~9% + 水余量，用于型腔。

②石英粉 61% ~66% + 黏土 4% + 糖浆 2% + 重柴油 0.2% ~0.3% + 水余量。

③沥青在汽油中的溶液，体积分数为 25%，或 100% 全损耗系统用油，或 100% 脱水焦油。

第 8 章　低压铸造质量控制

8.1　低压铸造工艺过程及特点

8.1.1　低压铸造原理和工艺过程

1. 低压铸造原理

低压铸造是介于一般重力铸造和压力铸造之间的一种铸造方法，从本质上说，是一种低压力与低速度的充型铸造方法，即浇注时金属液在低压（20～60kPa）作用下，由下而上的填充铸型型腔，并在压力下凝固而形成铸件的一种工艺方法。其实质是物理学中的帕斯卡原理在铸造方面的具体应用，根据帕斯卡原理有：

$$p_1A_1H_1 = p_2A_2H_2$$

式中，p_1 为金属液面上的压力；A_1 为金属液面上的受压面积；H_1 为坩埚内液面下降的距离；p_2 为升液管中使金属液上升的压力；A_2 为升液管的内截面积；H_2 为金属液在升液管中上升的距离。

由于 A_1 远远大于 A_2，因此，当坩埚中液面下降高度 H_1 时，只要在坩埚中金属液面上施加一个很小的压力，升液管中的金属液就能上升一个相应的高度，这就是传统低压铸造中“低压”的来源。

实际上，到目前为止，用压缩空气进行充型的只是低压铸造的一种，这种工艺系统实践已证明是一种比较落后、控制比较复杂、工人劳动条件恶劣、生产成本比较高的方法。要实现低压低速充型，有多种多样的方法。现在比较成熟、简单、可靠、低成本的方法是机械液压式充型，近年新发展的一种充型方法是电磁泵式低压铸造系统。

2. 工艺过程

低压铸造机的结构示意如图 8-1 所示。其工艺过程为：在密封的坩埚（或密封罐）中，通入干燥的压缩空气，金属液在气体压力的作用下，沿升液管上升，通过浇注系统平稳地进入型腔，并保持坩埚内液面上的气体压力，一直到铸件完全凝固位置，然后解除液面上的气体压力，使升液管中未凝固的金属流回到坩埚。

（1）低压铸造浇注过程　低压铸造浇注过程包括升液、充型、增压、保压和卸压五个阶段。各过程的参数变化如图 8-2、表 8-1 所示。

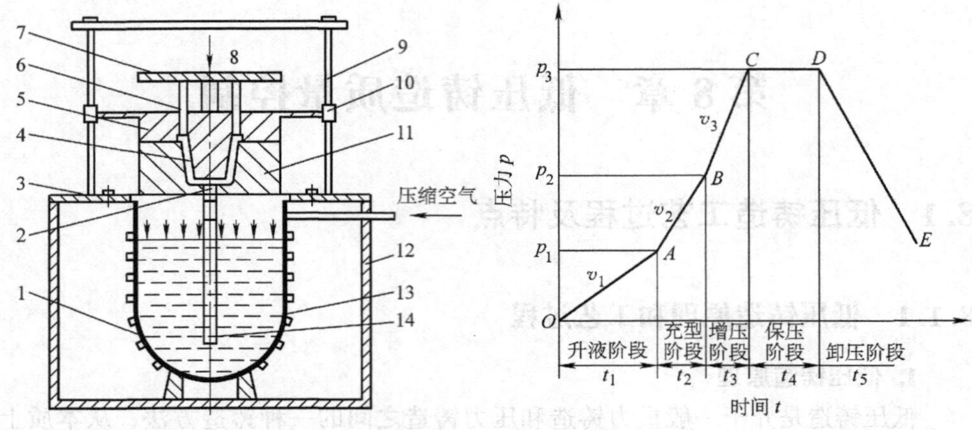

图 8-1　低压铸造机的结构示意图

1—坩埚　2—浇注系统　3—密封垫　4—型腔　5—上型　6—顶杆　7—顶板　8—气垫　9—导柱　10—滑套　11—下型　12—保温炉　13—液态金属　14—升液管

图 8-2　低压铸造浇注过程参数变化曲线图

表 8-1　低压铸造加压过程各阶段参数说明

参数	加压过程的各个阶段				
	$O\to A$ 升液阶段	$A\to B$ 充型阶段	$B\to C$ 增压阶段	$C\to D$ 保压阶段	$D\to E$ 卸压阶段
时间	t_1	t_2	t_3	t_4	t_5
压力/MPa	p_1	p_2	p_3（工艺要求）	p_3（工艺要求）	0
加压速度/(MPa/s)	$v_1=p_1/t_1$	$v_2=(p_2-p_1)/t_1$	$v_3=(p_3-p_1)/t_1$	—	—

充型速度在低压铸造参数中具有重要的意义。目前在工厂里常见的废品多半是因为有气孔和氧化夹渣缺陷，这主要是充型速度控制不良所引起的。充型速度又决定于通入坩埚的气体压力的增长速度（加压速度），因此正确地控制和掌握加压速度是获得良好铸件的最终关键。加压速度为

$$v_{\mathrm{p}}=p_{充}/t$$

式中，v_{p} 为加压速度（MPa/s）；$p_{充}$ 为充型压力（MPa）；t 为达到充型压力值所需要的时间（s）。

根据加压规范中的几种加压类型，加压速度可按浇注过程中的各个阶段来实现其不同的要求。

1）升液阶段。金属液的升液阶段仅是充型前的准备阶段，为了能使金属液在压缩型腔空间的过程中，有利于型腔中气体从排气道排出，所以应该尽量使金属液能在升液管里缓慢上升，其上升速度控制在 50mm/s 左右比较合适。为了得到该升液速度，所需的加压速度为 0.0014MPa/s。

2）充型阶段。金属液上升到铸型浇注系统以后，便开始进入充型阶段。

①厚壁铸件。由于铸件壁厚，铸件的充型成形不是限制性的环节，所以金属液可以继续按升液速度 50mm/s 的速度来充型，以确保铸型内气体的有利排出，它的加压速度对应为 0.0014MPa/s。

②薄壁铸件。在铸件壁厚较小的情况下，金属液充型速度如果太慢，容易产生铸件轮廓不清、冷隔、欠浇等缺陷，所以对于薄壁铸件，充型速度应该比升液速度有所提高，其提高程度需根据铸型冷却条件来定。在实际生产中，薄壁铸件的充型速度还得根据铸件散热条件的不同情况来决定，还应保证能在得到轮廓清晰的铸件的前提下，以尽量缓慢的充型速度来进行。

3）结晶凝固阶段。金属液充满铸型以后，就进入结晶凝固阶段。

①金属型铸件急速增压结晶时，为了保证铸件及时地得到结晶效果，需要的加压速度应加快；否则，由于金属型冷却太快，增压不及时而减小压力结晶的效果。对于这种加压规范，加压速度可控制在 0.01MPa/s 左右。

②干砂型铸件缓慢增压时，在铸件浇满后也应及时增压来保证结晶效果；但因考虑到砂型强度的限制，故加压速度可比金属型急速增压的速度小一些，通常可控制在 0.005MPa/s 左右，也可以考虑在增压前保持一段铸件的结壳时间（约 15s）。

结晶压力的确定与铸件特点、铸型的种类等因素有关。压力越高，金属的致密度越高。一般砂型或带有砂芯的铸件，以不产生“机械粘砂”和“胀箱”为前提，所以结晶压力为 0.04～0.07MPa；特别厚大的铸件和用金属型金属芯做出的铸件，结晶压力可以升到 0.2～0.3MPa。

结晶时间就是铸件完全凝固所需要的时间。铸件的凝固速度影响因素较多，如合金种类、合金浇注温度、铸型温度、冷却条件等，但目前尚难找出一个较为简单的公式计算生产条件下各种铸件的凝固时间，故在生产上多以铸件浇注系统残余长度为依据，凭经验控制结晶时间（应该指出，这种方法是欠准确的），或可按铸件重量估计结晶时间。

表 8-2 所列为低压铸造常用的几种加压规范形式。

表 8-2　低压铸造常用的几种加压规范形式

应用范围	加压规范	说　明
金属型薄壁件	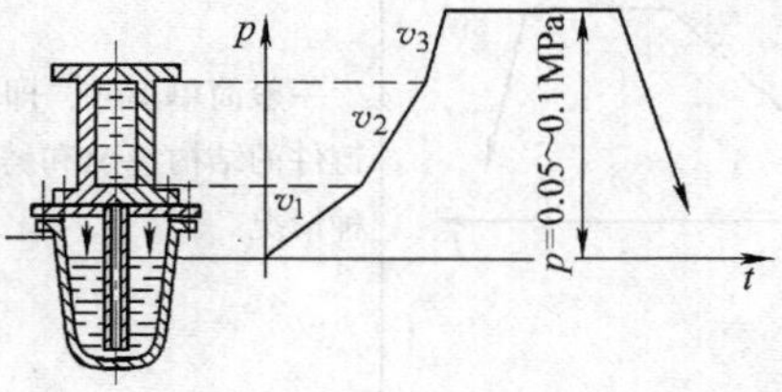 p, v_1, v_2, v_3, p=0.05~0.1MPa, t	金属型薄壁铸件的加压速度，一般可采用三级，即 升液 v_1 = 0.0011～0.0014MPa/s 充型 v_2 = 0.002～0.005MPa/s 增压 v_3 = 0.005～0.010MPa/s 增压压力：一般 0.05～0.1MPa，特殊要求可以增至 0.2～0.3MPa

（续）

应用范围	加压规范	说　明
金属型厚件		厚壁铸件的充型速度不要求太快，充型速度 v_2 可以采用 v_1 速度，即 $v_2=v_1=0.0011\sim0.0014\text{MPa/s}$ $v_3=0.005\sim0.010\text{MPa/s}$ 增压压力：一般 0.05～0.1MPa，特殊要求可以增至 0.2～0.3MPa
干砂型薄壁件及金属型干砂芯		v_1、v_3 同上 $v_2=0.0014\sim0.004\text{MPa/s}$ 充型阶段结束后须有一段短暂的结壳时间，视具体的铸件而定。较薄的铸件也可以不停，继续以 v_2 的速度增压 增压压力：0.05～0.15MPa
干砂型厚壁件		加压规范可与厚壁金属型相似，但充型速度 v_2 结束时须有一段结壳时间，约 10～15s
湿砂型薄壁件及厚壁件		A—薄壁湿砂型加压规范 B—厚壁湿砂型加压规范 $v_1=0.0011\sim0.0014\text{MPa/s}$ $v_2=0.0014\sim0.0025\text{MPa/s}$ $v_2'=v_1$ 湿砂型一般不增压，但稍许增加一些是可以的
一般简单小件		一般简单小件，即可用一种速度。视铸件的结构情况和铸型种类参考上列 5 种情况

（续）

应用范围	加压规范	说　明
敞开式低压铸造干砂型大、中型铸件	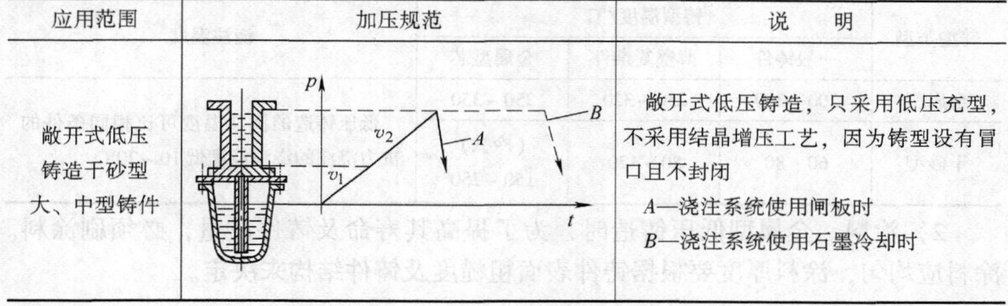	敞开式低压铸造，只采用低压充型，不采用结晶增压工艺，因为铸型设有冒口且不封闭 A—浇注系统使用闸板时 B—浇注系统使用石墨冷却时

（2）低压铸造的工艺参数

1）升液压力和速度。升液压力 p_1 是指当金属液面上升到浇注系统，所需要的压力。金属液在升液管内的上升速度应尽可能缓慢，以便于型腔内气体的排出，同时也可使金属液在进入浇注系统时不致产生喷溅。根据经验，升液速度一般控制在150mm/s以下。

2）充型压力和速度。充型压力 p_2 是金属液充型上升到铸型顶部所需的压力。在充型阶段，金属液面上的压力从 p_1 升到 p_2，其升压速度 $v_2=(p_2-p_1)/t_2$。

3）增压和增压速度。金属液充满型腔后，再继续增压，使铸件的结晶凝固在一定压力 p_3 下进行，这时的压力称为结晶压力。一般情况下，$p_3=(1.3\sim2.0)p_2$，增压速度 $v_3=(p_3-p_2)/t_3$。结晶压力越大，补缩效果越好，最后获得的铸件组织也越致密。但通过结晶压力来提高铸件质量，不是任何情况下都能采用的。

4）保压时间。型腔压力增至结晶压力后，并在结晶压力下保持一段时间，直到铸件完全凝固所需要的时间叫保压时间。保压时间与铸件重量成正比。如果保压时间不够，铸件未完全凝固就卸压，型腔中的金属液将会全部或部分流回坩埚，造成铸件“放空”报废；如果保压时间过久，则浇注系统残留过长，这不仅降低工艺成品率，而且还会造成浇注系统“冻结”，使铸件出型困难，故生产中必须选择适宜的保压时间。

（3）其他工艺参数规范

1）铸型温度及浇注温度。低压铸造可采用各种铸型，对非金属型的工作温度一般都为室温，无特殊要求；而对金属型的工作温度就有一定的要求。例如，低压铸造铝合金时，金属型的工作温度一般控制在200～250℃，浇注薄壁复杂件时，可高达300～350℃。

关于合金的浇注温度，实践证明，在保证铸件成形的前提下，应该是越低越好。表8-3为低压铸造常用的浇注温度和铸型温度。

表 8-3　低压铸造常用的浇注温度和铸型温度

铸型类型	铸型温度/℃			浇注温度
	一般铸件	薄壁复杂件	金属型芯	
金属型	200～300	250～320	250～350	低压铸造的浇注温度可比相同条件的重力浇注的浇注温度低 10～20℃
干砂型	60～80	80～120	（冷铁）150～250	

2）涂料。金属型低压铸造时，为了提高其寿命及铸件质量，必须刷涂料。涂料应均匀，涂料厚度要根据铸件表面粗糙度及铸件结构来决定。

8.1.2　低压铸造工艺特点及其应用范围

1. 低压铸造工艺特点

低压铸造由于其浇注方式和凝固状态的特殊性，从而决定了其工艺的显著特点。

（1）与普通铸造相比具有的特点

1）由于低压铸造可以采用金属型、砂型、石墨型、熔模壳型等，因此其综合了各种铸造方法的优势。

2）低压铸造不仅适用于非铁金属，而且也适用于钢铁材料，因此，使用范围广。

3）由于底注式充型，而且充型速度可以通过进气压力进行调节，因此充型非常平稳。

4）金属液在气体压力作用下凝固，补缩非常充分。

5）采用自下而上浇注和压力下凝固，大大简化了浇冒系统，金属液利用率达 90% 以上。

6）金属液流动性好，可以获得大型、复杂、薄壁铸件。

7）劳动条件好，机械化、自动化程度高，可以采用微机控制；不过，机械化、自动化操作时，设备成本高。

（2）与压力铸造相比具有的特点

1）铸型种类多，要求低。

2）铸件能根据需要进行热处理。

3）不仅适于薄壁铸件，同样也适用厚壁铸件。

4）铸件不易产生气孔。

5）合金种类多。

6）铸件总量范围大。

7）铸件力学性能好。

8）尺寸精度稍低，表面粗糙度稍高。

9）可采用一般设备，成本较低。

2. 低压铸造工艺设计特点

低压铸造所用的铸型有金属型和非金属型两类。金属型多用于大批、大量生产的非铁金属铸件，非金属铸型多用于单件小批量生产，如砂型、石墨型、陶瓷型和熔模型壳等都可用于低压铸造，而生产中采用较多的还是砂型。但低压铸造用砂型的造型材料的透气性和强度应比重力浇注时高，型腔中的气体全靠排气道和砂粒孔隙排出。

为充分利用低压铸造时液体金属在压力作用下自下而上地补缩铸件，在进行工艺设计时，应考虑使铸件远离浇注系统的部位先凝固，让浇注系统最后凝固，使铸件在凝固过程中通过浇注系统得到补缩，实现顺序凝固。常采用下述措施：

1）浇注系统设在铸件的厚壁部位，而使薄壁部位远离浇注系统。

2）用加工余量调整铸件壁厚，以调节铸件的方向性凝固。

3）改变铸件的冷却条件。

对于壁厚差大的铸件，用上述一般措施又难于得到顺序凝固的条件时，可采用一些特殊的办法，如在铸件厚壁处进行局部冷却，以实现顺序凝固。

3. 低压铸造应用范围

低压铸造所用的铸型与一般重力铸造的铸型基本相同。由于进入坩埚的气体压力与流量的大小均可控制，所以金属液上升速度（即充型速度）和铸件的结晶压力可根据铸件的不同结构和铸型的不同材料来确定。因此，低压铸造可适用于砂型、熔模型、壳型、石墨型、石膏型、金属型等，对于铸型材料没有限制。

低压铸造对于铸件的结构也没有严格限制，铝镁合金铸件壁厚最大为150mm，最小的仅为0.7mm。对铸件材质的适应范围较宽，如铸钢、铸铁、铸造铝合金、铸造镁合金、铸造铜合金等，以铸造铝合金应用最广。

低压铸造产品现已广泛应用于汽车、精密仪器、航空、航海等工业部门的大批量零部件的生产，如汽车轮毂、发动机缸体和缸盖、水泵体、液压缸体、减震筒、密封壳体等。目前应用最多的是铝合金，在铜合金和铸铁生产中也有应用。

8.1.3 低压铸造设备

1. 低压铸造设备的基本构造

低压铸造设备一般由主机、液压系统、保温炉、液面加压装置、电气控制系统及铸型冷却系统等部分组成。

（1）主机　低压铸造主机一般由合型机构、静模抽芯机构、机架、铸件顶出机构、取件机构、安全限位机构等部分组成。

（2）保温炉　保温炉主要有坩埚式保温炉和熔池式保温炉两种。坩埚式保温炉有石墨坩埚和铸铁坩埚两种类型。熔池式保温炉采用炉膛耐火材料整体打结工艺，硅碳棒辐射加热保温，具有容量大、使用寿命长、维护简单的特点，极利于连续生产要求，被现代低压铸造机广泛采用。

保温炉与主机的连接有固定连接式和保温炉升降移动式两种，可根据生产工艺要求选用。

（3）升液管　升液管是导流和补缩的通道，它与坩埚盖以可拆卸的方式进行密封连接，组成承受压力的密封容器。在工艺气压的作用下，金属液经升液管进行充型和增压结晶凝固；卸压时，未凝固的合金液通过升液管回落到坩埚，因此正确设计和使用低压铸造升液管非常重要。

在设计和使用低压铸造升液管时，应注意以下事项：

1）当工艺气压作用在密封容器的金属液面上，迫使金属液在升液管内上升时，上升速度应平稳。因此，金属液在管内的流动应该处在层流状态。

2）升液管的结构与铸件重量、铸件结构及其热节的分布等因素密切相关。常用的升液管结构类型可以归纳为直筒形和带锥度的两类，如图 8-3 所示。目前，铝合金、铜合金以及铸造件的低压铸造，特别是垂直分型的铸型，广泛使用的是直筒形升液管；但是，升液管顶部做成带一定的锥度（见图 8-3a），一方面有利于金属液回流，另一方面在金属液上升时有一定的撇渣作用。

3）考虑到对铝液流动平稳性的影响，加压面积比以 20～45 为宜。所谓加压面积比系指有效加压面积（$A_{埚}-A_{管外}$）与升液管内圆面积（$A_{管内}$）之比，即

$$加压面积比=\frac{A_{埚}-A_{管外}}{A_{管内}}=\frac{D^2-d^2}{d_1^2}$$

式中，D 为坩埚内径；d 为升液管外径；d_1 为升液管内径。

4）一般升液管出口面积应大于铸件的最大热节面积，以保证铸件在结晶过程中得到充分的补缩，而铸件完全凝固后，升液管中金属仍为熔融状态。升液管出口处有电加热装置时，其截面积可以相应缩小。

5）考虑升液管长度时，其下端不宜离坩埚底部太近，一般以 50～100mm 为宜，因为坩埚底部往往沉积有非金属夹杂物，距离太小时容易被卷入铸型。

6）设计升液管时，应考虑清理和喷涂料的方便，所以最小内径不应小于 35mm。

7）目前常用的升液管是由铸铁或无缝钢管焊接再经机械加工而成。用于浇注铸铁、铸钢件的升液管，外搪型砂，内砌耐火砖管，使用前要进行长时间烘烤，以去除耐火砖管和型砂层水分；无缝钢管制作的升液管多用于非铁合金铸件，使用前要先除锈、预热、喷刷涂料，再加热到暗红色才能使用。

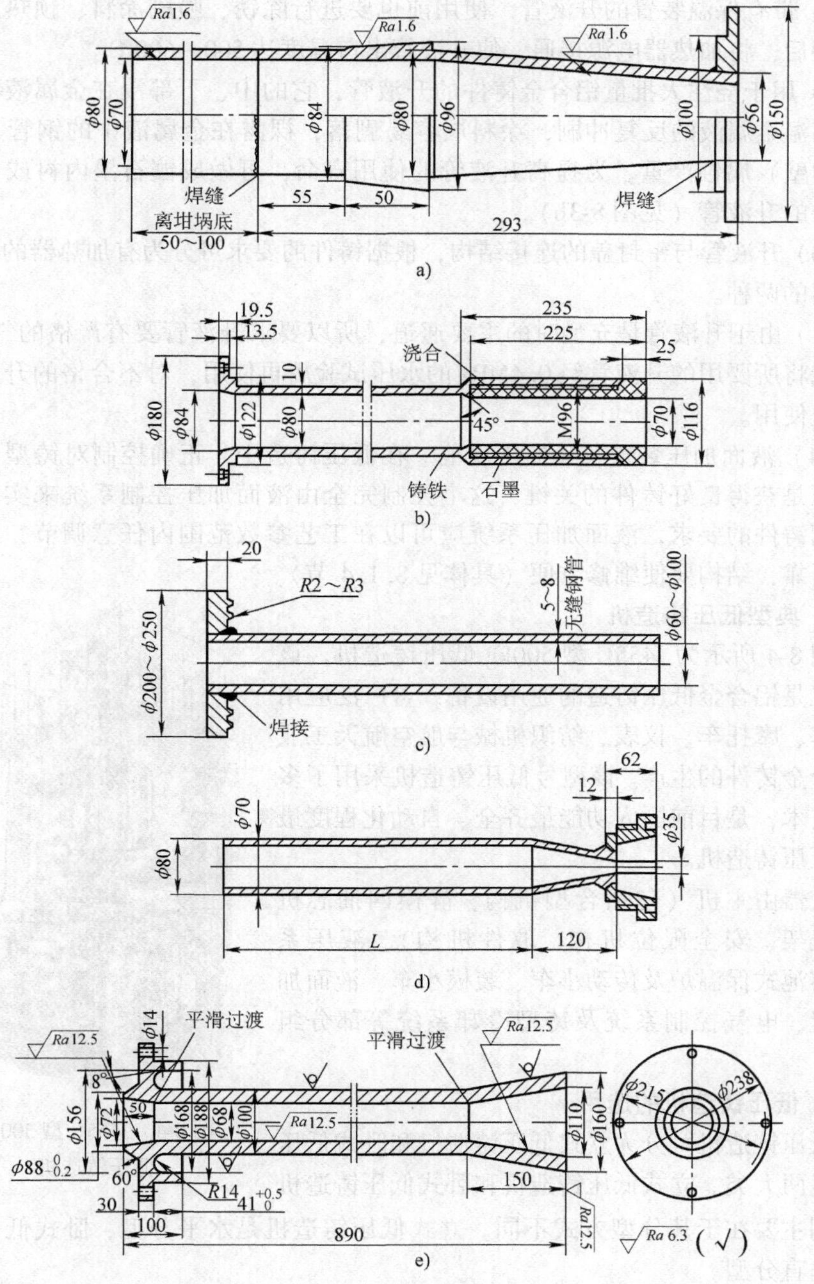

图 8-3　升液管结构

a）带锥度的焊接升液管　b）石墨铸铁浇合的升液管　c）直筒形无缝钢管焊接升液管　d）正锥形升液管　e）铸铁升液管

8）带有保温装置的升液管，使用前也要进行除锈、喷刷涂料、预热。装入压力罐后，将加热器电源接通，使升液管出口温度达500～600℃。

9）用于浇注大批量铝合金铸件的升液管，它的中、下部浸在金属液中，要经受高温金属液的反复冲刷，涂料层容易剥落，裸露在金属液中的钢管（特别是管内壁）腐蚀严重。为提高升液管的使用寿命，可做成镶石墨内衬或石墨铸铁浇合的升液管（见图8-3b）。

10）升液管与密封盖的连接结构，根据铸件的要求可分为有加热器的和没有加热器的两种。

11）由于升液管是充型时的主要通道，所以要求升液管要有严格的气密性，最好能将所要用的升液管经0.4MPa的水压试验后再使用，对不合格的升液管绝对禁止使用。

（4）液面加压装置及其加压规范　在低压铸造中，正确控制对铸型的充型和增压是获得良好铸件的关键，这个控制完全由液面加压控制系统来实现。根据不同铸件的要求，液面加压系统应可以在工艺参数范围内任意调节，工作要稳定可靠，结构要使维修方便（具体见8.1.4节）。

2. 典型低压铸造机

图8-4所示为J455C型500kg低压铸造机。该铸造机是铝合金低压铸造的通用设备，可广泛应用于汽车、摩托车、仪表、纺织机械与航空航天工业中铝合金铸件的生产。该型号低压铸造机采用了多项新技术，是目前国内功能最齐全、自动化程度最高的低压铸造机。

机器由主机（包括合型机构、静模四抽芯机构、机架、安全限位机构、取件机构）、液压系统、熔池式保温炉及传动小车、装模小车、液面加压装置、电气控制系统及铸型冷却系统等部分组成。

图8-4　J455C型500kg低压铸造机

3. 低压铸造机的选用

低压铸造机可分为立式低压铸造机和卧式低压铸造机两大类。立式低压铸造机和卧式低压铸造机的区别主要在于其分型方式不同。立式低压铸造机是水平分型，卧式低压铸造机是垂直分型。

在选用原则上，其共同点是都必须使生产铸件所需的开模力和抽芯力、铸件的投影面积、取下铸件时模板的开档等参数，与机器的主要技术规格相符。此外，在上述几项主要技术参数都能满足的情况下，还必须考虑铸件的浇注位置。浇注位置不同，分型面则有可能不同。分型面选择好后，还应分析是水平放置还是垂直放置更有利于铸件的铸造工艺性，在此基础才能选择采用立式低压铸造机还是卧式低压铸造机。

值得指出的是：很多铸件既可以在立式低压铸造机上生产，也可在卧式低压铸造机上生产。因此，必须综合考虑工厂现有条件，并进行技术经济分析后选用。目前，国内应用立式低压铸造机较多，表8-4为国内部分厂商低压铸造机主要技术参数。

表8-4 国内部分厂商低压铸造机主要技术参数

项　目	J4552	J452C	J453	J453D	J455	J455D	DZ1520	DZ3015	DZ5050
保温炉容量/kg	150	150	300	300	500	500	150	300	500
模板尺寸（长/mm）×（宽/mm）	800×650	1240×800	1200×800	1620×1000	1750×1250	1600×1320	1380×800	1400×880	1300×1200
动模行程/mm	500	750	750	800	1000	1000	700	650	700
开型力/kN	45	138	130	320	250	320	150	300	500
合型力/kN	34	104	98	170	150	170	120	200	400
液压压力/MPa	5	10	10	10	≤12	10	11.76	11.76	11.76
保温炉功率/kW	27	21	37.5	30	60	45	45	45	60

8.1.4 液面控制技术

1. 液面控制存在的问题

无论采用怎样先进的主机，当配上设计不合理的铸型时，就不能生产出合格的铸件。液面加压控制系统对于简单铸件或内在质量要求不高的铸件，加压工艺参数的范围很宽，因而液面加压控制系统性能几乎对铸件的合格率无影响。可是当生产内在质量要求较高的大型复杂薄壁铸件时，合理的加压工艺参数范围就很窄，因而液面加压控制系统的性能对铸件的合格率影响就很大。

液面加压控制系统对铸件质量的影响不是直观的，它要求有较多的传热学、流体力学、结晶学、控制学等方面的知识，才能分析判断出来。目前存在的主要问题如下：

1）在生产中，坩埚中的液面要时时降低，这就要求控制系统能够自动地进行补偿。只有这样才能维持原工艺参数不变。

2）坩埚系统要经常添加金属液，因而密封很难保证总是那么良好，加之高温状态下长期工作、热膨胀及高温烧损等，坩埚密封系统漏气是绝对的，只是程度上有差异。因此要求控制系统必须对泄漏进行自动补偿。

3）型腔的水平截面积总是要变化的。这就要求控制系统必须能够自动地补偿，以保证预定的合理加压工艺曲线不变。

4）工厂的供气压力随着负荷的变化经常波动在0.3～0.9MPa之间，因而要求控制系统对这个波动也能自动地进行补偿，才能维持原来合理的加压工艺参数不变。

5）保压压力跃升的开始时刻对保证铸件内在质量极其重要，但要精确地给出保压压力的开始时刻，就必须知道型腔是否充满传感器，可这一问题至今没能解决，只好用电触头代替。而它的维护、安装非常麻烦，且可靠性太差。操作者在大批量生产时都不愿使用它。

6）每生产一个铸件，升液管内液态金属要大幅度上下回落一次，并维持一定的余振时间才能停止。在这一过程中所产生的氧化夹渣都要带到下一个铸件中，对薄壁铸件来说，这将使其疲劳强度及致密性大大下降。与此同时，由于对升液管的强烈冲刷液降低了它的使用寿命。

7）升液管与铸件相连部位温度低，升液管口易冻结，不利于对铸件进行补缩。

8）保压延时随铸型温度、金属液温度、环境温度、铸件的结构及壁厚、铸型的结构及壁厚、材质及零件铸出的次序等都有关，至今世界各国均找不出合理的数学模型来表达这一复杂的关系。

2. 液面控制的优势

在坩埚容量大、铸件小、壁又薄时，最好选用CLP-5型液面可悬浮在升液管口处的液面加压控制系统。其优点如下：

1）由于液面总是悬浮在升液管口处，因而指示压力表在悬浮时就可以显示出坩埚内液位的高低，又因液位是固定的，所以也没有补偿的必要。

2）保压及开模延时不用时间继电器，而是依据温度变化来控制的，从而消除了凭经验判断而带来的失误，这将为降低废品率提供可靠的保证。

3）不使用电触头，可大大地增加系统工作的可靠性。该系统生产过程全部自动进行，生产方便。

4）升液管被悬浮的铝液烤得通红，不会发生升液管冻结事故。此外，由于铸件底部温度大大提高，补缩能力增强，使铸件致密性也有较大的改善。

5）采用集成技术，因而结构简单，成本低，可靠性好，性能更加稳定。

6）采用闭环反馈控制，对控制系统元件精度要求不高，系统的抗干扰能力很强。坩埚容积变化几十倍、型腔断面变化几十倍、气源压力在1～0.25MPa之间波动、坩埚泄漏达20m^3/h均不影响加压工艺参数。

7）将信号气源与主回路的工作气源分开，提高了对信号气源的净化和干燥程度，确保仪表长期稳定运行。与此同时，不增加主回路气源的内阻，使系统的工作更加稳定可靠。

8）用高灵敏度的SQJ系列减压阀，可省掉笨重的储气罐，降低成本，方便用户。

9）调试时可直接读出加压速率，充型、保压压力跃变速度均可在大范围内连续调节，又具有粗调与微调功能，十分方便。

10）设有两个对称的高灵敏度、大指示盘面的低压压力表，充型时指示液位和反馈跟踪情况，调试时可直接读出加压速度。当结壳保压时，则表示出结壳保压的工艺值，加之有显示系统工作过程的模拟指示灯，操作者随时可清楚了解系统工作情况，比用记录仪表显示成本低，也更直观。

11）为适应不同的被控对象，系统的放大倍数是连续可调的。

3. 低压铸造的液面加压控制系统的选用

低压铸造的液面加压控制系统的类型及应用见表8-5。

表8-5　低压铸造的液面加压控制系统的类型及应用

类型	工作原理	优缺点及应用
定流量手动系统	在恒压情况下，手动调节针阀来控制进入坩埚的气体流量，使加压速度尽量接近线性	补偿性、再现性差。适用于单件试生产
定压力自动控制系统	调节不同的锥形节流阀，使浇注阀输出坩埚内所需的加压速度	再现性较好。适用于批量生产
DKF-1液面加压控制系统	利用恒压器的控制信号，迫使浇注阀油室中的油通过阻尼调节阀推动阀杆组，克服弹簧力使阀开启，实现输出所需的加压速	加压线性，再现性较好，但浇注阀、控制阀需自行设计。适用于批量生产
随动式液面加压控制系统	利用“比例积分调节器”输出随坩埚内压力变化的信号，控制气动薄膜调节阀的开启度来适应坩埚内压力的变化	加压线性，再现性较好，但调节不太方便，工艺控制较窄。适用于批量生产
803型液面加压控制系统	利用直流电动机的转速调节大流量减压阀的开启度，来适应坩埚内所需压力的变化	结构简单，使用方便，但系统流量小。适用于较小的炉子
CLP-5型液面加压闭路反馈控制系统	坩埚内压力的变化反馈到压力跟踪器制约主阀芯的开启度，保证坩埚内的压力按工艺曲线而变化	结构简单，可靠性高，液面悬浮于升液管出口，不用压力补偿。适用于批量生产
LPN-A2型继动式液面加压控制系统	利用恒差继动器直接控制和加法器记忆控制1:1大流量气动继动器，来实现坩埚内的压力按工艺要求而变化	加压线性，再现性好，控制精度高。适用于批量生产
ZJ041微机液面挤压控制系统	利用压力变送器检测的信号与计算机内部储存的工艺曲线比较得出的偏差信号，来控制电-气转换机构中流量阀的开启度，达到分级加压的目的	参数调整容易，精度高，能满足不同加压曲线铸件的生产。通用性强

8.2 低压铸造常见缺陷及防止措施

1. 低压铸造典型缺陷

低压铸造中铸件缺陷主要是气孔、缩孔、缩松、针孔、夹渣和表面缺陷等。产生的原因是错综复杂的、多方面的。一种缺陷可能有几种产生原因，某一种原因又可能产生不同缺陷，这就说明缺陷产生的因素是相互联系而又不断变化的，必须根据当时的条件具体地分析，以便采取相应的措施，防止缺陷的产生。

(1) 缩孔、缩松　合金在冷凝过程中，由于体积的收缩而在铸件的心部或局部厚壁的热带区形成的管状（或喇叭状）或分散孔洞称为缩孔，形成的细小孔隙称为缩松。

缩孔的相对体积与金属液的温度、冷却条件等有关。金属液的温度越高，则液体与固体之间的体积差越大，而缩孔的体积也越大。因此，铸件的浇注温度要尽可能降低。

向薄壁铸型中浇注金属时，型壁迅速受热，而冷却型壁的空气则是热的不良导体。因此，型壁越薄，则受热越快，金属液也越不易冷却，在刚浇注完铸型时，金属液的体积就越大，金属冷凝后的缩孔也越大。铸型的预热对缩孔体积的增大有着同样的影响。

产生缩松的主要原因与缩孔相同，也是由于金属凝固时的体积收缩所造成。因此，在缩孔附近一般常存在着较多的缩松。

(2) 气孔、针孔　缺陷特征：汽轮铸件壁内气孔一般呈圆形或椭圆形，具有光滑的表面，一般是发亮的氧化皮，有时呈油黄色。表面气孔、气泡可通过抛光发现，内部气孔、缩孔可通过 X 射线透视或机械加工发现，气孔、气泡在 X 射线底片上呈黑色。

金属在熔融状态时能溶解大量气体。在冷凝过程中，由于气体的溶解度随温度的降低而急剧地减小，致使气体从液态金属中释放出来。此外，大多数气体在液态金属中的溶解度又远较在固态金属中大，故金属在结晶时也会释放出大量的气体。若此时金属已完全凝固，则气体不易逸出，有一部分就包溶在还处于塑性状态的金属中，而形成气孔，这种气孔称为气泡。

铸件中最常见的气泡是圆形或椭圆形的，在铸件的各个部位都可能出现。最常见的是存在于原始晶粒各个晶粒的表面之间以及枝晶的轴间空隙内。在后一种情况中，气体占据了收缩空隙的位置，并加剧了收缩程度。此时气泡的形状常常不是圆形或椭圆形，而倾向于网络状分布。如果铸件的冷却时间很长，则大量析出的气体常处于最后凝固的心部或在截面最厚处的收缩空隙内。

在浇注过程中，由于浇注速度过快，把气体卷入而引起的气泡，其外形同金属中析出而产生的圆形或椭圆形的气泡相似，但气泡的颜色有显著差别，金属中析出的气体大部分是H_2，通常不与金属起作用，所以气泡壁具有光亮的金属光泽；但因空气卷入而引起的气泡，则常由于金属在高温时与空气中的氧作用而发生氧化，致使气泡壁呈灰褐色或暗黄色。

金属的表面或任何剖面，用肉眼或低倍放大镜即能观察到的小气泡称为针孔。针孔和气泡一样，也是由于气体的逸出而产生的。

低压铸造产生气孔的原因：浇注速度过快而引起充型部平稳；型腔排气条件差；铸型预热或冷铁处理不当；升液管漏气。

（3）氧化夹渣　低压铸造的铸件，常常产生氧化夹渣。缺陷特征：氧化夹渣多分布在铸件的上表面，在铸型不通气的转角部位。断口多呈灰白色或黄色。

氧化夹渣产生原因主要有：连续生产时，往坩埚中补加金属液时，氧化夹渣被冲进浇注管，浇注时又被带进铸型；浇注管的液面反复升降造成的氧化皮；浇注过程中加压速度过快，由于喷溅而产生的氧化皮，或因铸型材料和涂料的脱落而造成的夹渣；炉料不清洁，回炉料使用量过多；浇注系统设计不良，冲型时设置不当，合金液中的熔渣未清除干净，浇注操作不当也会带入夹渣。

（4）冷隔　主要表现在铸件的分层，对流的金属没有能很好地溶成一体。形成冷隔的主要原因是气隔。因为金属液在充型过程中，主要是受到两方面的作用力，一是坩埚中的压力使它上升，而型腔中的气体的反压力妨碍它向上升。如果铸型各部排气不均衡，在排气顺利的地方出现低压区，进入型腔的金属液在压差的作用下自然会首先冲向低压区，结果金属液面的平稳性被破坏了，低压区的排气通道被先冲上来的金属液堵死了，到主流上来时，气体排不掉而被夹在中间形成气隔。

（5）裂纹　裂纹缺陷包括铸造裂纹和热处理裂纹两种。铸造裂纹沿晶界发展，常伴有偏析，是一种在较高温度下形成的裂纹，在体积收缩较大的合金和形状较复杂的产品铸件容易出现。热处理裂纹常呈穿晶裂纹，常在产生应力和热膨胀系数较大的合金冷却过剧时，或存在其他冶金缺陷时产生。

裂纹缺陷产生原因有：铸型结构设计不合理，有尖角，壁的厚薄变化过于悬殊；砂型（芯）退让性不良；铸型局部过热；金属液温度过高；从铸型中取出铸件过早；热处理加热时过热，冷却速度过快；冲型时冷却铸型局部温度设置不当。

2. 主要防止措施

（1）缩松、缩孔　产生缩孔或缩松与金属合金的性能有关系。共晶成分的合金是在一定的温度时结晶，所以大多产生集中的缩孔；非共晶成分的合金则大多产生小的缩松。

在考虑铸型结构时，应着重注意创造顺序凝固条件。在工艺方面，应注意冷却速度和涂料的厚度。

(2) 气孔　为了获得无气孔的铸件，应该充分注意铸型的排气条件和充型速度。具体措施包括：适当预热铸型；在满足浇注要求的前提下，适当降低浇注温度，减慢浇注速度；优化型腔排气条件。

(3) 夹渣　往坩埚中补加金属液时，最好在升液管口或在铸型浇注系统部分采用过滤网。要保证充型速度平稳上升，无冲击喷溅现象。具体措施有：炉料应经过吹砂，回炉料的使用量适当降低；改进浇注系统设计，提高其挡渣能力；采用适当的熔剂去渣；浇注时应当平稳放置过滤网，并应注意清渣；精炼后、浇注前，合金液应静置一定时间。

(4) 气隔　使铸型的排气均衡，避免在排气顺利的地方出现低压区，破坏金属液面的平稳性。

(5) 裂纹　防止裂纹的措施有：改进铸型结构设计，避免尖角，壁厚力求均匀，圆滑过渡；采取增大砂型（芯）退让性的措施；保证铸件各部分同时凝固或顺序凝固，改进压注系统设计；适当降低浇注温度；控制铸型冷却出型时间；铸件放置时采用缓慢冷却；正确控制金属液温度，降低冷却速度。

8.3 低压铸造典型案例分析

1. 铝合金 492Q 汽油发动机气缸体

(1) 生产条件

1) 生产性质：大批量生产（某汽车厂）。

2) 材质：牌号为 ZL104 的铝合金。

3) 零件结构及使用条件：零件为 492Q 汽油发动机缸体，如图 8-5 所示。毛坯轮廓尺寸为 518mm × 292mm × 78mm，结构复杂，壁厚不均。铸件重量为 (24.4 ±0.2) kg。

(2) 主要技术要求

1) 化学成分要求：w(Si) 为 8% ~10.5%，w(Mg) 为 0.17% ~0.3%，w(Mn) 为 0.2% ~0.5%，余为 Al。

2) ZL104 铸件（T6——固溶处理 + 完全人工时效）的力学性能：抗拉强度 $R_m \geqslant$ 232MPa，断后伸长率 $A \leqslant 2\%$，硬度≤75HBW。

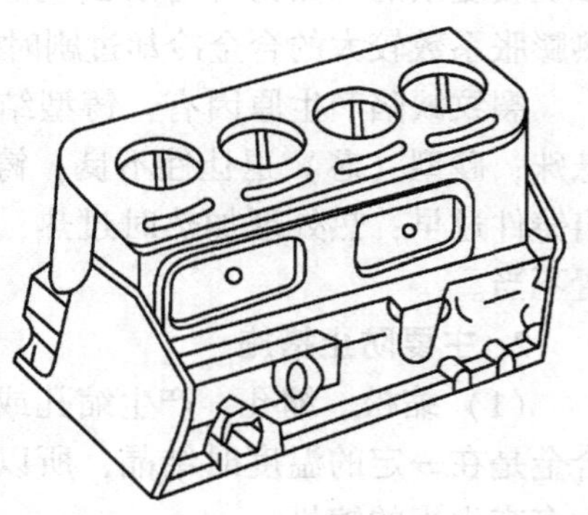

图 8-5　492Q 气缸体毛坯图

3) 缺陷要求：油道、水道在 0.5MPa 的压力下不得渗漏。表面粗糙度 Ra 为

6.3μm。

4）凝固顺序的选择：采用顺序凝固的工艺，保证铸件致密度。

（3）铸型　采用低压铸造法生产，金属型结构为：垂直分型、三开型金属型，下部为组芯底板，在组芯底板上放置浇道芯、过滤网、缸筒芯；左右及侧面为金属型板，右侧金属型板与组芯底板间、左右型板间圆柱销定位，左右型板与侧型板间止口定位；上部用金属盖板固定缸筒芯并具有上盖作用，与左右型板间止口定位。

铸型壁厚为25～30mm，背面以肋加固，金属型材料为QT600-2球墨铸铁。易损部位镶嵌钢块，型腔表面粗糙度 *Ra* 为1.25～2.5μm。

（4）砂芯　气缸体由4类砂芯组合。4个缸筒芯为酚醛树脂壳芯；挺杆室侧芯、浇道芯、油孔的小勾芯为油砂芯。

（5）浇注系统

1）内浇道位置的确定。低压铸造浇道兼有浇注和补缩的双重作用。气缸体位置的最下部曲轴瓦座处厚大且有热节，其上部即为油道孔，不允许渗漏，内浇道设置在该处有利于铸件顺序凝固及对曲轴瓦座的补缩。气缸体的浇注方案及浇注系统如图8-6、图8-7所示。气缸体共有5个曲轴瓦座，中间瓦座位于直浇道上方，不设浇道，两端不设小内浇道。

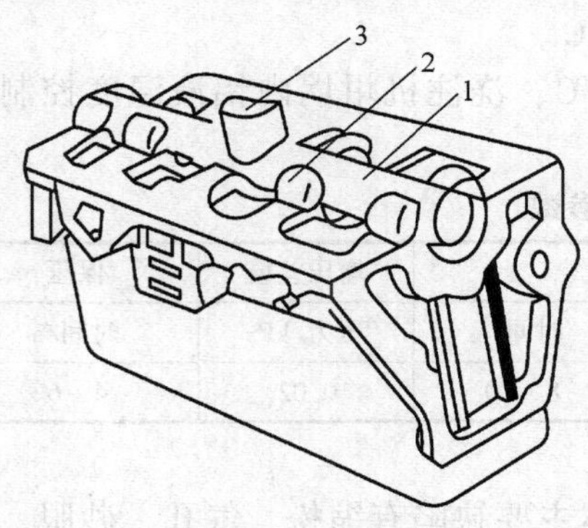

图8-6　气缸体浇注方案示意图

1—横浇道　2—内浇道　3—升液管

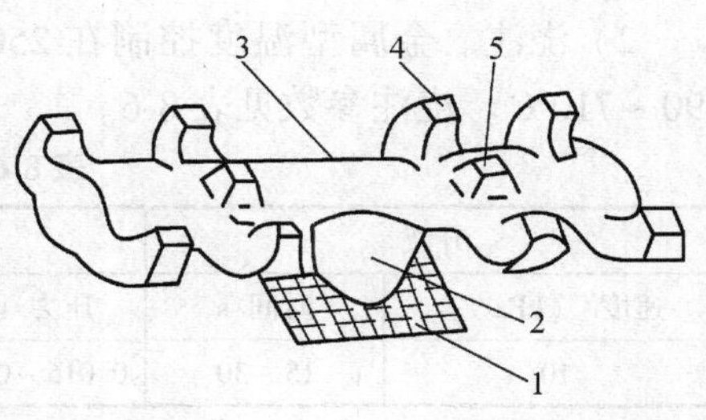

图8-7　气缸体浇注系统示意图

1—过滤网　2—直浇道　3—横浇道　4—大浇道　5—小内浇道

2）浇注系统各部分界面面积。升液管直径为 ϕ100mm，浇道芯内径为 ϕ70mm，直浇道直径为 ϕ60mm，横浇道直径为 ϕ50mm，大内浇道为30mm×20mm，小内浇道为20mm×20mm。直、横、内浇道由缸筒砂芯组合而成。主要砂芯及冷铁如图8-8所示。

3）浇注系统中各面积的比例为：$A_{直}:A_{横}:A_{大内}=1:0.7:0.2$。

能够满足浇注系统的凝固顺序为内浇道→横浇道→直浇道。整个浇注系统为开放式，其浇道截面面积比为：$A_{直}:\sum A_{横}(\sum A_{大内}+\sum A_{小内})=1:1.4:2.0$。

4）除渣滤网：在直浇道中（浇道芯与缸筒芯之间）放置100mm×100mm的铁丝网（或纤维网），网孔为3mm×3mm，在升液时除渣，每件使用一片。

浇道重量为(5.26±0.2)kg。

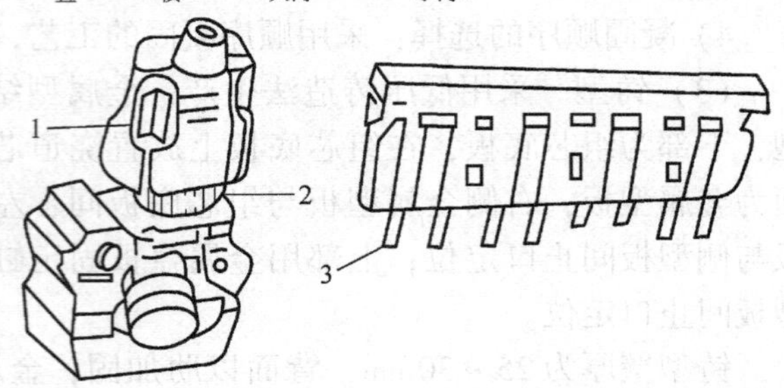

图8-8　主要砂芯及冷铁

1—螺栓孔冷铁　2—下缸口冷铁　3—挺杆孔内冷铁

（6）浇注

1）浇注前准备。用喷砂法清除金属型内腔涂料，使内腔表面均见金属色。加热铸型至250～300℃，向金属型内腔喷氧化锌涂料，干厚度为0.1～0.2mm。涂料配比（质量分数）：氧化锌5%，水玻璃1.2%，其余为水。

坩埚及升液管刷ZGT-1涂料，厚度为0.2～0.3mm。

铝合金ZL104熔炼温度为670～690℃，在熔炼炉内用Ar除气15～20min后，加入质量分数为0.2%～0.4%的铝-锶［w（Sr）为9%～11%］变质；再加入到浇注机坩埚内待用，2h内用完。

压缩空气需干燥，常压露点不大于-20℃。

2）浇注。金属型温度控制在250～300℃，浇注机坩埚内铝液温度控制在690～710℃。浇注参数见表8-6。

表8-6　浇注参数

升液		稳压		增压差值	保压
速度/（kPa/s）	时间/s	压力/kPa	时间/s	压力/kPa	时间/s
10	15～30	0.015～0.030	8～10	0.02	4～6

（7）铸件质量控制　低压铸造的气缸体主要缺陷有缩松、气孔、砂眼、夹杂、冷隔、漏浇道等。

1）缩松。气缸体结构性差，上、中、下有热节30余处，它们之间有薄壁相隔，热节处容易出现缩松，引起渗漏，主要是10个螺栓孔、瓦座上方油道孔及25mm挺杆孔部位。油道孔距浇道近，多通过增加结晶压力得到解决；10个螺栓孔和挺杆孔处用加冷铁或涂刷激冷涂料的方法加以解决。如图8-8所示，挺杆孔处放置同牌号的铝棒作为内冷铁。

2）气孔。气孔产生的原因有：砂芯未烘干，冷铁表面涂料不良，砂芯排气能力低，浇注速度快造成紊流卷进气体，合金含气多，升液管漏气等。应针对具体原因采取相应的措施。

3）砂眼。主要原因是砂芯表面及浇道中有浮砂、毛刺、涂料块，掉进升液管中的砂子未捞净及合型时撞击砂芯掉砂等。注意操作、认真检查即可避免砂眼缺陷。

4）夹杂。产生夹杂的主要原因有：金属炉料表面清理不干净，铝液精炼不良，升液管涂料脱落，浇注时铝液有飞溅，浇注系统挡渣能力不强等。该缺陷防止方法有：加强炉料管理及铝液精炼处理；在浇注系统中加集渣槽，放过滤网，控制浇注速度，使合金液平稳进入型腔。注意升液管口距坩埚底100mm以上，以防止坩锅底部合金液中杂质进入铸型。

5）冷隔。原因是金属型温度低，涂料薄，浇注温度低，浇注速度慢，二次充型等。

6）漏浇道。这是低压铸造特有的缺陷，主要是浇注温度过高、保压时间短等原因造成的。

采用低压铸造汽车发动机缸体是一个非常好的方法，随着CAD/CAM/CAE的飞速发展，自动化的缸体低压铸造得到了很好的开发和应用。

2. 金属型低压铸造铝青铜轴瓦

采用重力浇注的铝青铜（ZQAl9-4）轴瓦易产生氧化夹渣等缺陷，废品率高。改用金属型低压铸造铝青铜轴瓦后，铸出的毛坯表面光洁，尺寸准确，加工余量小，组织致密，有效地防止了重力浇注所产生的缺陷，大大地提高了铝青铜轴瓦的质量。采用金属型低压铸造铝青铜轴瓦时，应注意以下事项：

（1）在铸造工艺设计方面

1）根据铝青铜的铸造性能和轴瓦的形状，应采用竖浇（见图8-9），将内浇道开在铸件最低最厚处，有利于铸件形成自上而下的顺序凝固，也有利于轴瓦金属型的设计与制造。

2）铸造双法兰轴瓦时，铸件的凝固与收缩会受到阻碍，并因热应力的作用而产生裂纹，不利于脱型。为解决这一问题，常在法兰边缘处加放工艺补贴（见图8-10），从而达到自上而下的顺序凝固和自下而上的充分补缩，从而获得优质的铸件。

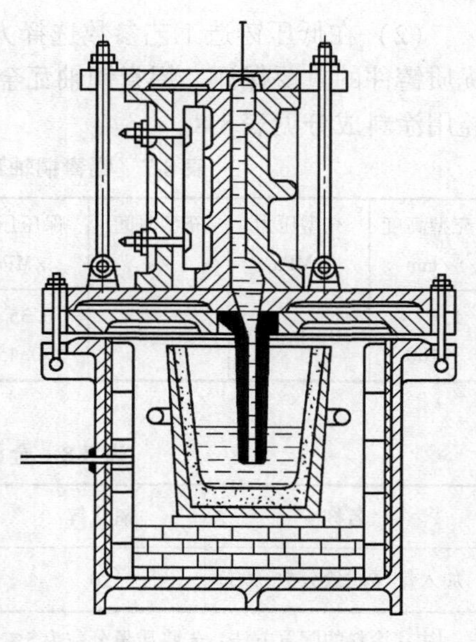

图8-9　轴瓦金属型低压铸造示意图

3）设计轴瓦铸件的冒口，要视法兰厚度与轴瓦壁厚而定。若法兰与轴瓦的壁厚相等，上部法兰可以不放冒口，但需要增加其加工余量，一般可增至原加工量的2

~3 倍；若法兰厚度超过轴瓦壁厚的一倍时，上部法兰需加厚（其值为原厚度 2 倍），作为冒口补缩铸件，型腔内要敷设型砂层，以减缓冷却速度，提高补缩能力。

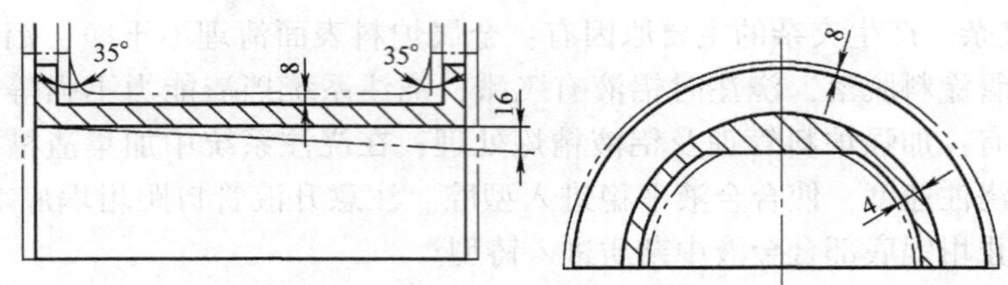

图 8-10　轴瓦毛坯图

4）升液管的内径直接影响轴瓦铸件的质量。若内径大于内浇道处的轴瓦铸件的厚度，金属液将会冲击型壁而产生氧化夹渣；若内径过小，升液管内金属液过早凝固，对铸件不能很好地补缩。一般可按下面的经验公式求得升液管的内径：

$$d = 0.9\delta$$

式中，d 为升液管内径（mm）；δ 为内浇道处轴瓦铸件的最大厚度（mm）。

升液管的壁厚直接影响管内金属液的凝固速度。在没有保温措施的情况下，升液管的壁厚一般为 5～6mm。为便于卸下升液管，常将升液管上端制成内圆倒锥形。

（2）在低压铸造工艺参数选择方面　选择合适的低压铸造工艺参数是获得优质铸件的重要保证。铝青铜轴瓦金属型低压铸造工艺参数见表 8-7，金属型型腔用涂料成分见表 8-8。

表 8-7　铝青铜轴瓦金属型低压铸造工艺参数

充型高度/mm	充型压力/MPa	充型时间/s	保压压力/MPa	保温时间/min	浇注温度/℃	铸型温度(金属型)/℃	涂料厚度/mm
1160～1180	0～0.14	25～40	0.35～0.45	4～4.5	1180～1200	200～250	≈1

表 8-8　金属型型腔用涂料成分

名称	氧化锌	石棉粉	水玻璃	水
加入量（质量分数,%）	20	10	5	65

注：涂料的配置方法：先将质量分数为 5% 的水玻璃倒入不低于 80℃ 的热水中，搅拌均匀，然后把筛过的石棉粉和氧化锌加入水玻璃溶液里，搅拌均匀储备使用。

（3）在铸件缺陷方面的防止措施　铝青铜轴瓦铸件缺陷的防止措施见表8-9。

表8-9　铝青铜轴瓦铸件缺陷的防止措施

缺陷名称	产生原因	防止措施
表面氧化夹渣	1）铸件表面产生氧化夹渣的原因：①涂料没有彻底烘干；②铸型预热温度过低（低于100℃） 2）内浇道两侧产生氧化夹渣的原因：①开始充型太快，金属液冲击型壁；②升液管上部未烘干	1）喷涂涂料后必须彻底烘干 2）铸型预热温度应控制在200～250℃ 3）充型速度必须平稳 4）升液管喷刷涂料后必须烘烤到暗红色
表面裂纹	1）涂料太薄，金属型激冷作用过于强烈 2）型温太低	1）降低涂料的热导率，由原用酒精氧化锌涂料改为表8-8的涂料成分 2）控制涂料层厚度在1mm左右 3）提高铸型的预热温度
轴瓦上部法兰缩孔	由于冒口高度不够，轴瓦上部法兰产生缩孔	增加冒口高度，使其值为法兰厚度的两倍，并将冒口做在金属型盖板上，内敷型砂层
轴孔内浇道缩孔	1）升液管内径太小，管内金属液过早凝固，堵塞了补缩通道，导致内浇道处得不到充分补缩 2）保压时间短，内浇道处厚大部分尚未凝固完毕就过早卸压	1）增大升液管内径 2）延长保压时间

8.4　低压铸造涂料技术

1. 低压铸造涂料要求

金属型或砂型所使用的涂料均与重力浇注相同。此外，保温坩埚也应喷涂涂料。升液管因长期沉浸在液体金属中，容易受到侵蚀。合金过热温度越高，沉浸时间越长，升液管的损坏越快，且铝合金溶液中铁含量增加，会降低铸件的力学性能。因此，在升液管内外表面应涂刷一层较厚的涂料（一般为1～3mm）。喷刷时先预热至200℃左右。

2. 涂料组成及配制

坩埚及熔炼工具用涂料见表8-10。

表 8-10　坩埚及熔炼工具用涂料

涂料号	材料名称	组成（质量分数）	配制方法
1	白垩	50 质量份	1）各种物质（固体）必须磨碎 2）配涂料的水应加热至 60～80℃ 3）配涂料时，先将水玻璃加入到 1/3 的水中，并使其溶解。将涂料的其他组成部分加入剩余的水中，并仔细搅拌后用 20 号筛过滤。将水玻璃溶液加入滤液中，进行搅拌，并将溶液加热至沸腾 4）涂料最好是每个工作班配制本班所用的，不能使涂料配后停放时间过长，以防变质
	氧化锌	50 质量份	
	水玻璃	5 质量份	
	水	100 质量份	
2	石墨（过 40 号筛）	25%～30%	
	水玻璃	5%	
	水	余量	
3	黏土	50 质量份	
	水玻璃	50 质量份	
	水	45 质量份	
4	滑石粉	15%	
	水玻璃	5%	
	水	80%	
5	白垩	67%	
	水玻璃	3%	
	水	30%	

第 9 章　压力铸造质量控制

9.1　压力铸造概述

9.1.1　压力铸造原理及工艺特点

压力铸造（简称压铸）是一种将液态或半固态金属或合金，或含有增强物相的液态金属或合金，在高压下以较高的速度填充入压铸型的型腔内，并使金属或合金在压力下凝固形成铸件的铸造方法。压铸时常用的压力为 4～500MPa，金属充填速度为 0.5～120m/s。因此，高压、高速是压铸法与其他铸造方法的根本区别，也是重要特点。1838 年美国人首次用压力铸造法生产印报的铅字，次年出现压力铸造专利。19 世纪 60 年代以后，压力铸造法得到很大的发展，不仅能生产锡铅合金压铸件、锌合金压铸件，也能生产铝合金、铜合金和镁合金压铸件。20 世纪 30 年代后又进行了钢铁压力铸造法的试验。

压力铸造的原理主要是金属液的压射成形原理，如图 9-1 所示。通常设定铸造条件是通过压铸机上速度、压力，以及速度的切换位置来调整的，其他的在

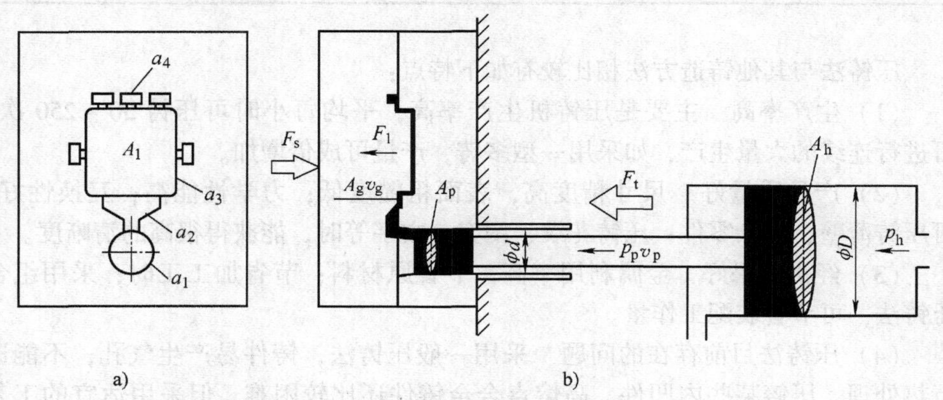

图 9-1　压力铸造的压射原理示意图

a）铸件图

a_1—压射浇道　a_2—内浇道　a_3—铸件本体　a_4—出气口　A_1—铸造面积

b）压射原理

F_s—锁型力（kN）　F_1—开型力（kN）　A_g—浇道截面积（mm^2）　v_g—浇注速度（m/s）　A_p—冲头截面积（mm^2）　d—冲头直径（mm）　F_t—压射力（kN）　p_p—铸造压力（压射压力）（MPa）　v_p—压射速度（m/s）　A_h—压射液压缸截面积（mm^2）　D—压射液压缸直径（mm）　p_h—液压压力（MPa）

压铸型上进行调整。

如图 9-1 所示，一定的液压压力 p_h 作用到直径为 D 的压射液压缸活塞上，推动直径为 d 的压射冲头以压射速度 v_p 进行金属液的压射，金属液通过面积为 A_g 的浇道时，浇道处的浇注速度为 v_g。几种主要的参数计算如下列公式所示。

压铸机的压射力 F_t 可由下式计算：

$$F_t = p_h A_h$$

铸造压力 p_p（至产品的压力）可由下式计算：

$$p_p = p_h \times \frac{A_h}{A_p} = \frac{F_t}{A_p}$$

浇注速度 v_g 可由下式计算：

$$v_g = v_p \times \frac{A_p}{A_g}$$

铝合金压铸壁厚和浇注速度的关系见表 9-1。另外，设计压铸型时高速压射速度一般按 2～2.5m/s 计算，由此可推算出浇道截面积。

表 9-1　铝合金压铸壁厚和浇注速度的关系

壁厚/mm	浇注速度/(m/s)	壁厚/mm	浇注速度/(m/s)
≤0.8	46～55	2.9～3.8	34～43
1.3～1.5	43～52	4.6～5.1	32～40
1.7～2.3	40～49	≥6.1	28～35
2.4～2.8	37～46		

压铸法与其他铸造方法相比较有如下特点：

（1）生产率高　主要是压铸机生产率高，平均每小时可压铸 50～250 次；可进行连续的大量生产，如采用一型多铸，产量可成倍增加。

（2）产品质量好　尺寸精度高，表面粗糙度低；力学性能高；互换性好；可压铸薄壁、复杂零件；压铸花纹、图案、文字等时，能获得很高的清晰度。

（3）经济效果好　金属利用率高，节省原材料；节省加工工时；采用组合压铸法，可节省装配工作量。

（4）压铸法目前存在的问题　采用一般压铸法，铸件易产生气孔，不能进行热处理，压铸某些内凹件、高熔点合金铸件还比较困难，但采用适宜的工艺方法就会克服其缺点，扩大生产范围；压铸设备造价高，压铸型制造复杂，费工时，一般不适宜于小批量生产。

9.1.2　压力铸造设备

1. 压铸机的类型

压铸机按压室的不同可分为热压室压铸机和冷压室压铸机两种，其分类情况如图 9-2 所示。

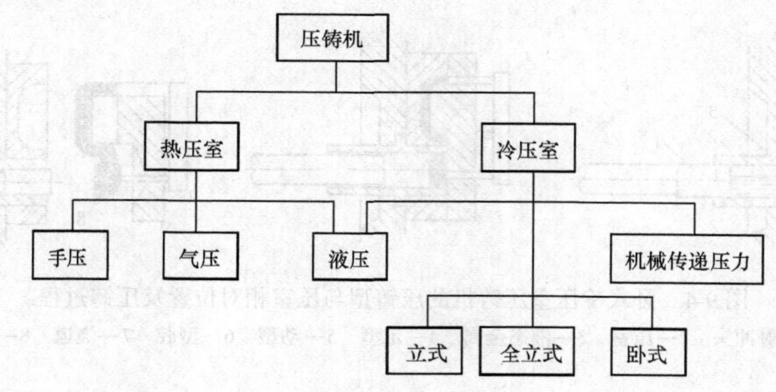

图 9-2　压铸机分类

2. 各类压铸机的组成及特点

（1）热压室压铸机的组成及特点　热压室压铸机简称热室压铸机。压室浸在保温熔化坩埚的液态金属中，压射部件不直接与基座连接，而是装在坩埚上面。热压室压铸机的结构如图 9-3 所示。当压射头上升时，液态金属通过进口进入压室内。合型后，在压射冲头下压时，液态金属沿着通道经喷嘴充填压铸型，随后冷却凝固成形，然后可开型取件，完成一个压铸循环。

这种压铸机的优点是生产工序简单，效率高，金属消耗少，工艺稳定，压入型腔的液体金属较干净，铸件质量好，易实现自动化。但压室、压射冲头长期浸在液体金属中，影响其使用寿命。另外，还易增加合金的铁含量。热压室压铸机目前大多用于压铸锌合金等低熔点合金铸件，但也少量用于压铸小型铝、镁合金压铸件。

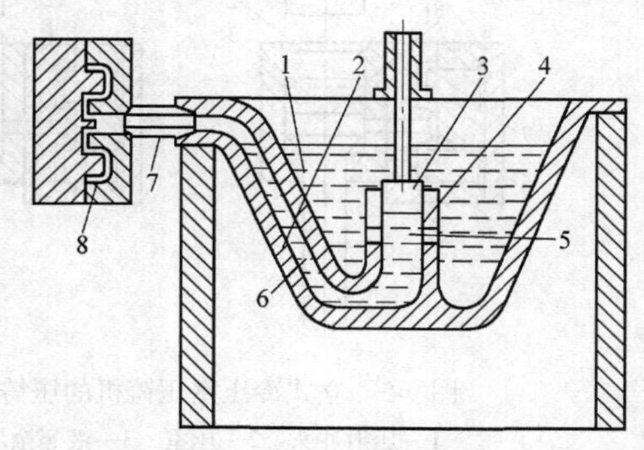

图 9-3　热压室压铸机的结构

1—液态金属　2—坩埚　3—压射冲头　4—压室　5—进口　6—通道　7—喷嘴　8—压铸型

（2）冷压室压铸机的组成及特点　冷压室压铸机分卧室及立式两种。

冷压室压铸机的压室与保温炉是分开的。压铸时，从保温炉中取出液体金属浇入压室后进行压铸。

卧式冷室压铸机的压室中心线是水平的。压铸型与压室的相对位置及压铸过程如图 9-4 所示。合型后，液态金属浇入压室，压射冲头向前推进，将液态金属经浇道压入型腔。开型时，余料借助压射冲头前身的动作离开压室，同铸件一起取出，完成一个压铸循环。

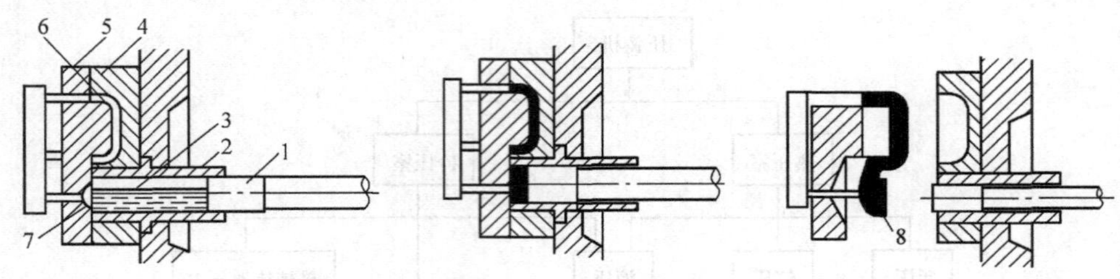

图 9-4　卧式冷压室压铸机的压铸型与压室相对位置及压铸过程

1—压射冲头　2—压室　3—液态金属　4—定型　5—动型　6—型腔　7—浇道　8—铸件

立式冷压室压铸机的压室中心线是垂直的。压铸型与压室的相对位置及压铸过程如图 9-5 所示。合型后，浇入压室中的液态金属，被已封住喷嘴孔的反料冲头托住。当压射冲头向下压到液态金属面时，反料冲头开始下降（下降高度由弹簧或分配阀控制），打开喷嘴，液态金属被压入型腔。凝固后，压射冲头退回，反料冲头上升，切断余料，并将其顶出压室。余料取走后再降到原位，然后开型取出铸件，完成一个压铸循环。

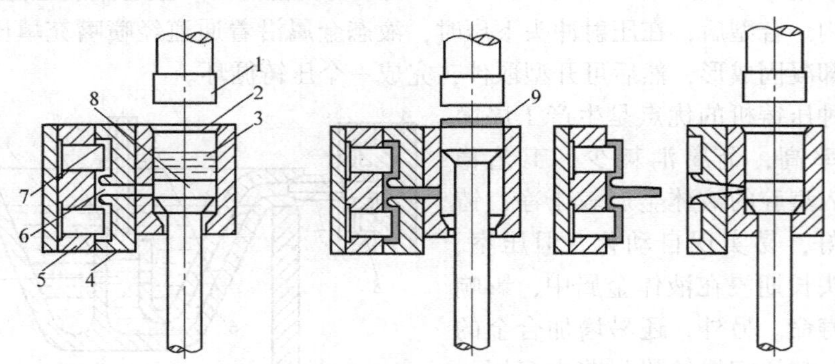

图 9-5　立式冷压室压铸机的压铸型与压室相对位置及压铸过程

1—压射冲头　2—压室　3—液态金属　4—定型　5—动型　6—喷嘴
7—型腔　8—反料冲头　9—余料

全立式冷压室压铸机的压铸型与压室相对位置及压铸过程如图 9-6 所示。液态金属浇入压室后合型，压射冲头上压将液态金属压入型腔，冷凝后开型顶出铸件。

卧式冷压室压铸机的特点是：设置有中心和偏心浇道位置；操作程序少，生产率高，易实现自动化；适于压铸非铁合金和钢铁材料；采用中心浇道时压铸型结构复杂；金属液在压室内与空气接触面积大，压射时易卷入空气和氧化夹渣；金属液进入型腔时转折少，压力消耗少。

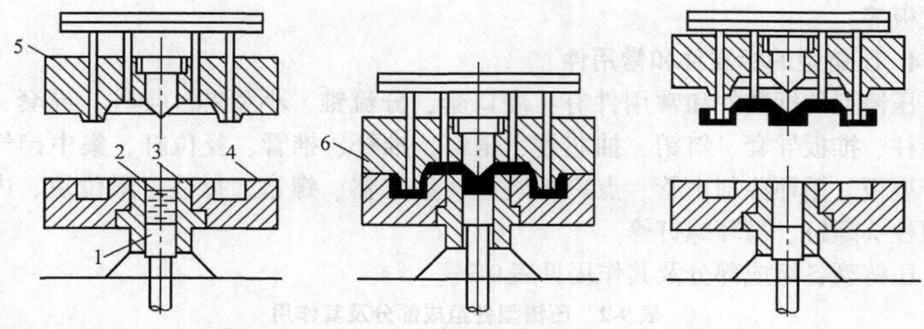

图 9-6　全立式冷压室压铸机的压铸型与压室相对位置及压铸过程

1—压射冲头　2—液态金属　3—压室　4—定型　5—动型　6—型腔

立式冷压室压铸机的特点是：宜于设计中心浇道；压射机构直立，占地面积小；金属液进入型腔时经过转折，压力损耗较大；切断余料机构复杂，维修不便。

全立式冷压室压铸机的特点是：压铸型水平放置，广泛用于压铸电动机转子类零件生产；占地面积小；金属液进入型腔时转折少，流程短压力损耗小。

9.1.3　压铸型

在压铸生产中，压铸型是重要的工艺装备。它对生产能否顺利进行和压铸件质量优劣起着重要作用。压铸型的结构可分为基本结构、特殊结构、辅助结构三种类型，基本结构是压铸型都必须具备的，只是其形状和大小不同，在一些比较复杂的压铸型中才有特殊结构和辅助结构。

1. 压铸型的基本结构

压铸型的基本结构有：动型镶块、定型镶块、小型芯、异形型芯、镶件、动型框、定型框、浇注系统、浇口套、分流锥、导柱、导套、推板、推板固定板、限位块、推板导柱、推板导套、推杆、复位杆、内六角圆柱头螺钉、吊环螺钉等组成。

2. 压铸型的特殊结构

压铸型的特殊结构有：侧抽芯机构、水冷却系统、推管和推板推出机构、定型推出机构、镶嵌件安装结构等组成。侧抽芯机构由滑块、滑块座、销钉、斜销、液压抽芯器、导轨、导滑条、内六角圆柱头螺钉等组成；水冷却系统由循环冷却水管、点冷却装置、集水器、螺塞、水管接头、纯铜管、高压胶管等组成。

3. 压铸型的辅助结构

压铸型的辅助结构有：动型底板、定型底板、撑柱、限位板、弹簧、螺柱、反拉板等。

4. 压铸型的标准件和常用件

压铸型的标准件和常用件有：浇口套、分流锥、小型芯、导柱、导套、推板导柱、推板导套、斜销、抽芯器、销钉、推杆、推管、复位杆、集中排气用的牙型板、循环冷却水管、点冷却装置、集水器、螺塞、撑柱、限位块、内六角圆柱头螺钉、吊环螺钉等。

压铸型各组成部分及其作用见表 9-2。

表 9-2 压铸型各组成部分及其作用

部分名称	作用
定型	固定在压铸机压室一方的定型板上，是金属液开始进入压铸型的部分，是压铸型型腔的主要部分。定型部分由直浇道直接与压铸机的喷嘴或压室相连接
动型	固定在压铸机的动型板上，随动型板移动而与定型合型或开型
成形部分（又称腔及型芯部分）	构成压铸件几何形状（外形轮廓和内部形状）
抽芯机构	抽动与开合型方向运动不一致的活动型芯的机构，合型前或后完成插芯动作，在压铸件推出前完成抽芯动作，一般设在动型部分
推出机构	将压铸件从压铸型上脱出的机构，一般随动型的开启过程顶出铸件，靠合型动作回复到原来位置，这套机构设置在动型中
浇注系统	金属液进入型腔的通道，直接影响金属液进入型腔的速度、压力合排气、排渣
溢流、排气系统	排除压室、浇道和型腔中的气体的通道，一般包括排气槽和溢流槽；而又是储存冷金属和涂料余烬的处所，一般开设在成形工作零件上
冷却系统	平衡压铸型温度，以保证压铸件质量、压铸型寿命和生产率
压铸型架	支承固定零件：将压铸型各部分按一定的规律和位置将以组合和固定，并使压铸型安装在压铸机上 导向零件：包括导柱导套，是引导动型和定型合型和开型，以保证两者的位置

9.2 影响压力铸造质量的因素

9.2.1 压铸机选型与操作

1. 压铸机的选用原则

选择压铸机时，主要根据产品的品种、生产批量、铸件轮廓尺寸、铸件合金种类和重量大小等选择，其次是压铸机的性能、精度和价格。根据铸件的技术要求、使用条件和压铸工艺规范，核算压铸机的技术参数及工艺性，初选合适机型；根据初步构想的压铸型技术参数和工艺要求，核算出压铸工艺参数及压铸型外形尺寸，选用合适机型。评定压铸机的工作性能和经济效果，包括成品率、合格率、生产率及运转的稳定性、可靠性和安全性等。在选用设备时，需考虑以下两个方面：

（1）产品的品种和生产批量　在多品种、小批量生产时，通常选用液压系统简单、适应性强、能快速进行调整的压铸机；在少品种、大批量生产时，要选用配备各种机械化和自动化的机构、控制系统及装置的压铸机；对单一品种、大批量生产的铸件，还可选用专用的压铸机。

（2）压铸机的特点　每一种压铸机都具有一定的技术规格。当针对具体产品选用压铸机时，最主要的依据是压铸机的特点（尺寸、重量、合金种类）。这是因为铸件的轮廓尺寸与压铸机的锁型力和开型距离有关，而主机铸件的总量与合金种类则与压室中合金的最大容量有关。

在实际生产中，主要根据压铸合金的种类、铸件的轮廓尺寸和重量，来确定采用热压室或冷压室压铸机。对于锌合金铸件和小型的镁合金铸件，通常选用热压室压铸机。对于铝合金、铜合金铸件和大型的镁合金铸件，通常选用冷压室压铸机。立式冷压室压铸机适合于形状为中心辐射状和圆筒形又具备开设中心浇道条件的铸件。

2. 压铸机重要参数的核算

（1）锁型力的核算　压射时，在压射冲头作用下，液态合金以极高速度充填压力型腔。在充满型腔的瞬间，将产生动力冲击，达到最大静压力。这一压力将作用导型腔的各个方向，力图使压铸型沿着分型面胀开，故成胀型力或反型力。锁型力作用主要是克服反压力，锁紧压铸型的分型面，防止合金液的飞溅，保证铸件的尺寸精度。显然，为了防止压铸型沿分型面胀开，锁型力应大于或等于反压力，即

$$F_s \geqslant F_z$$

式中，F_s为锁型力（kN），F_z为压铸时的反压力（kN）。

（2）锁型力 F_s的计算　锁型力可按下式计算：

$$F_s \geqslant K(F_z + F_f)$$

式中，F_f为作用于滑块楔紧斜面上的垂直于分型面的法向反压力（kN），K 为安全系数，一般取1~1.3。安全系数 K 与铸件复杂程度以及压铸工艺等因素有关，如对于薄壁复杂铸件，由于采用较高的压射速度、压射比压和压铸温度，使压铸型分型面受较大冲击，因此，K 应取较大值，反之取较小值。一般大件取大值，小件取小值。

（3）反压力 F_z计算　在压射过程中，当合金液充满型腔的瞬间，作用于型

腔而产生的反压力 F_z 与铸件选用的压射比压和铸件的分型面上的正投影面积成正比。可按下式计算反压力：

$$F_z = p_b \sum A$$

式中，p_b 为最终的压射比压（Pa），A 为铸件的总投影面积（m^2）。

（4）压射比压 p_b 的确定　压射比压是确保铸件质量，尤其是致密性的重要参数之一，一般按铸件的壁厚、复杂程度选取。压铸机所允许的压射比压 p_b 可按下列公式核算：

$$p_b = F_t / (0.785D^2)$$

式中，F_t 为压射力（kN）；D 为压室直径（m^2）。

在大多数国产压铸机中压射力的大小可以调节，因此在选用某一压室直径后，通过调节压射力来得到所要的压射比压。

（5）法向反压力 F_f 的计算　压射后合金液充满型腔所产生的反压力，作用于侧向活动型芯的成形断面上，会促使型芯后退，此时楔进块斜面上产生法向力。在一般情况下，如侧向活动型芯成形面接不大，或压铸机锁型力足够时，可不加计算。需要计算时，按不同抽芯机结构进行核算。如斜（弯）销、斜滑块抽芯机构法向反压力 F_f（见图 9-7）按如下公式计算：

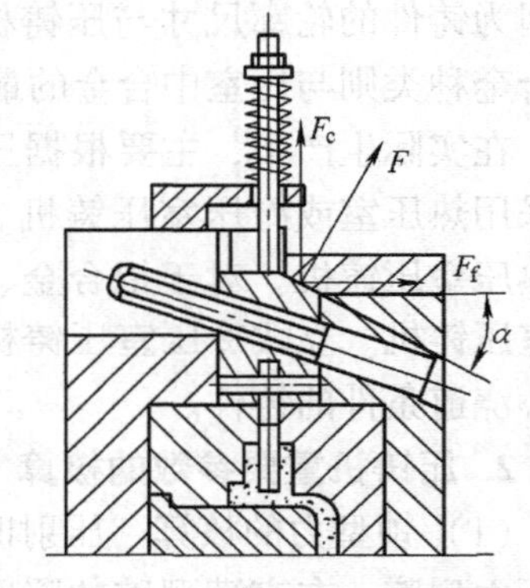

图 9-7　斜抽芯机构楔紧受力分析

$$F_f = F_c \tan\alpha = p_b \sum A_f \tan\alpha$$

式中，p_b 为压射比压（Pa）；F_c 为平行于型芯活动方向作用力（kN）；α 为楔紧块斜紧角（°）；$\sum A_f$ 为活动型芯成形端面在垂直于型芯活动方向平面上的投影面积总和（m^2）。

（6）压室容量的核算　在选用压铸机时，需要首先确定压射比压及相应的压室直径，这样压室可容纳的液态合金量也就确定了。为此，需要核算压室容量能否容纳每次浇注所需要的合金重量。全部的合金量应包括铸件、浇注系统溢流槽及余料等全部合金量，同时应考虑压室的充满度。全部合金量不应超过压铸机的额定容量，但也不能过低。这是因为压室充满度过低将影响压铸机的效率；压室充满度低还会增加液态合金卷入空气量及液态合金在压室内的冷却程度。压室充满度应大于40%，一般保持在70%～80%范围内较为合理、适宜。

（7）开型距离的核算　压铸机都具有一定的最大和最小开（合）型距离。因此，在选用压铸机时，应根据铸件的高度、压铸型的厚度和压铸机的行程进行核算。

在开型时，为使铸件顺利地从压铸型取出，要求压铸机的最大开型距离减去压铸型的总厚度后，尚留有使铸件能顺利取出的距离，即满足下列条件（见图9-8）：

$$L \geqslant L_1 + L_2 + 10$$

$$H_1 \leqslant h_1 + h_2 + h_3$$

$$H \geqslant L + h_1 + h_2 + h_3$$

式中，L 为压铸机的开型距离（mm）；L_1 为铸件平行与分型面的厚度（或铸件高度）（mm）；L_2 为铸件顶出距离（mm）；H_1 为压铸型安装板之最小开档（mm）；H 为压铸型安装板之最大开档（mm）；h_1 为定型、定型安装板之总厚度（mm）；h_2 为动型、动型安装板之总厚度（m）；h_3 为动型型架厚度（mm）。

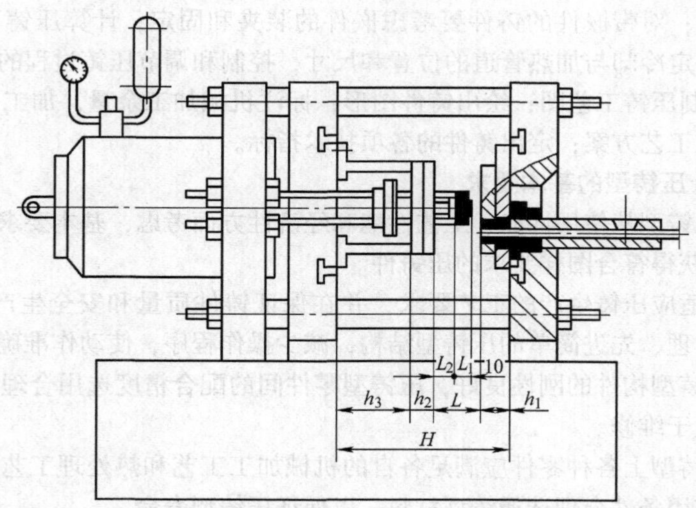

图 9-8　压铸机开型距离与压铸型厚度的关系

9.2.2　压铸型设计

压铸型设计必须全面地分析铸件结构，熟悉压铸机操作过程，了解压铸机及技术参数可以调节的规范，掌握在不同情况下金属液的充填特性，以及考虑经济效果、制造条件等问题，才能设计出切合实际，并能满足生产要求、符合多快好省原则的压铸型。

1. 压铸型设计的依据

1）定型的产品图样及据此设计的毛坯图。

2）给定的技术条件及压铸合金。

3）压铸机的规格。

4）生产批量。

2. 压铸型设计前的准备工作

1）根据产品图，对所选用的压铸合金，压铸件的形状、结构、精度和技术要求进行工艺性分析；确定机械加工部位、加工余量、机械加工时所要采取的工艺措施及定位基准等。

2）根据产品图和生产纲领，确定压射比压；计算锁型力；估算压铸件所需的开型力和推出力，以及所需开型距离；初步选定压铸机的型号和规格。

3）根据产品图和压铸机的型号及规格，对压铸型结构进行初步分析，具体包括：选择分型面和确定型腔数量；选择内浇道进口位置，确定浇注系统、溢流槽和排气槽的布置方案；确定抽芯数量，选用合理的抽芯方案；确定推出元件的位置，选择合理的推出方案；确定动型与定型外形尺寸，以及导柱导套的位置与尺寸；对带嵌件的铸件要考虑嵌件的装夹和固定；计算压铸型的热平衡温度，以确定冷却与加热管道的位置和尺寸，控制和调节压铸过程的热平衡。

4）绘制压铸工艺图；绘出铸件图形；标注机械加工余量，加工基准，出型斜度及其他工艺方案；定出铸件的各项技术指标。

3. 设计压铸型的基本要求

设计压铸型从使用性能、工艺性能和经济性方面考虑，基本要求如下：

1）能获得符合图样要求的压铸件。

2）能适应压铸生产的工艺要求，并在保证铸件质量和安全生产的前提下，尽量采用合理、先进简单的压铸型结构，减少操作程序，使动作准确可靠。

3）压铸型构件的刚性良好，压铸型零件间的配合精度选用合理，易损件拆换方便，便于维修。

4）压铸型上各种零件应满足各自的机械加工工艺和热处理工艺的要求，根据零件的使用条件合理选择铸型材料，以保证压铸型寿命。

5）掌握压铸机的技术规范，充分发挥压铸机的生产能力，准确选定安装尺寸。

6）在满足压铸生产要求和压铸型加工工艺要求的前提下，尽可能降低压铸型成本。

7）在条件许可时压铸型应尽可能实现标准化、通用化，以缩短设计和制造周期，方便管理。

4. 压铸型总体设计的主要内容

1）按初步分析方案，布置分型面、型腔位置及浇注系统，并相应考虑溢流槽和排气槽的布置方案。

2）确定型芯的分割位置、尺寸和固定方法。

3）确定成形部分结构及固定方式。

4）确定推出元件的位置和尺寸。

5）计算抽芯力，确定抽芯机构结构和尺寸。

6）计算压铸型的热平衡，确定冷却和加热通道的位置和尺寸。

7）确定动型、定型、镶块、动型和定型套板的外形尺寸，以及导柱、导套的位置和尺寸。

8）确定核算推出行程、复位、预复位机构和尺寸。

9）确定嵌件的装夹、固定方法和尺寸。

10）计算压铸型的总厚度，核对压铸机的最大和最小开型距离。

11）按压铸型的外形轮廓尺寸，核对压铸机拉杠间距。

12）按压铸型动型和定型座板尺寸，核对压铸机安装槽或孔的位置。

13）根据选用的压射比压，计算压铸型在分型面上的反压力总和，复核压铸机的锁型力。

5. 压铸型材料

合理的选择压铸型材料，既要保证压铸型使用寿命要求，又能最大限度地合理利用各种材料的性能，降低压铸型制造成本。这是压铸型设计中应该充分考虑的问题。常用压铸型材料见表9-3。

表9-3 常用压铸型材料

零件名称	压铸合金			热处理要求		
	锌合金	铝合金 镁合金	铜合金 钢铁材料	锌合金	铝合金 镁合金	铜合金 钢铁材料
型腔镶块、型芯等成形零件	3Cr2W8V 4Cr5MoSiV （H13）	3Cr2W8V 4Cr5MoSiV（H13） 18Ni250 新H13	3Cr2W8V	46～50 HRC	48～52 HRC	40～44 HRC
浇口套、分流锥等浇注系统零件	3Cr2W8V 4Cr5MoSiV（H13） 5CrNiMo 5CrMnMo			44～48HRC		
导柱、导套、滑块楔紧块、斜销、弯销、推杆、复位杆等受力零件	T8A T10A 9Mn2V			50～55HRC		
动型套板、定型套板、支承板等结构零件	45 Q275			回火或调质220～250HBW		
型座、型脚、垫块、动、定型座板等零件	30～45 Q235～Q275			回火		

注：成形零件热处理，也可先调质（30～35HRC），试压后，进行氮碳共渗（≥600HV）。

9.2.3 压铸合金

压铸合金是压铸生产的要素之一。优良的压铸件，要有合理的零件结构，完善的压铸型和压铸机，性能良好的合金或材料。选用压铸合金材料时，应充分考虑其使用性能、工艺性能、生产条件和经济性等诸多因素。

根据压铸工艺的特点，对压铸合金或材料的基本要求如下：

1）过热温度不高时具有较好的流动性，便于填充复杂型腔，以获得表面质量良好的压铸件。

2）线性收缩率和裂纹倾向性小，以免压铸件产生裂纹，使压铸件有较高的尺寸精度。

3）结晶温度范围小，防止压铸件产生过多的缩孔和缩松。

4）具有一定的高温强度，以防止推出压铸件时产生变形或碎裂。

5）在常温下有较高的强度，以适应大型薄壁复杂压铸件生产的需要。

6）在型壁间产生物理—化学作用的倾向性小，以减小粘型和相互合金化。

7）具有良好的加工性能和一定的耐蚀性。

8）制备压铸复合材料铸件时，预制型需要良好预热。

作为压铸用的非铁合金有铅合金、锡合金、锌合金、镁合金和铜合金。以铅、锡为主的低熔点合金，适用于压铸复杂而精密的小压铸件。但由于铅、锡的强度很低，锡的价格昂贵而又不易取得，所以在机器制造中用得很少。高熔点的钢铁材料和结晶温度范围宽的非铁合金压铸虽已成功，但国内用于生产的尚少。目前最常用的压铸合金有铝合金、锌合金、镁合金、铜合金和一些金属基复合材料。

铸造铝合金常含有 Si、Cu、Mg、Zn、Sn 等合金元素，以及少量其他元素，如 Cr、Mn、Ni、Zr、Ti、Be 等。按所含基本元素可将铸造铝合金分为：铝-硅合金、铝-铜合金、铝-镁合金、铝-锌合金。压铸铝合金有良好的使用性能和工艺性能，在压铸生产中占有其重要的地位，用量远高于其他种类合金。

9.2.4 压铸工艺参数

压铸工艺参数主要有压力、速度、温度和时间。

压铸过程中的各种参数是相辅相成而又相互制约的，只有正确选择与调整这些参数相互之间的关系，才能获得预期的效果。

1. 压力

压力是获得铸件组织致密和轮廓清晰的主要参数。在压铸中，压力的表现形式为压射力和比压两种。

（1）压射力　压射力是压射机压射机构中推动压射活塞活动的力。

1）压射力及其计算。压射力的大小，由压射缸的截面积和工作液的压力所决定。压射力的计算公式及说明见表9-4。

表9-4　压射力计算公式及说明

压射机构	公　式	说　明
有增压机构	$F_t = p_{yz} \times \frac{\pi D^2}{4}$	F_t为压射力（N）；p_{yz}为增压后，压射型腔内工作液压力（MPa）；D为压射缸直径（mm）
无增压机构	$F_t = p_R \times \frac{\pi D^2}{4}$	F_t为压射力（N）；p_R为压射型腔内工作液压力（MPa）；D为压射缸直径（mm）

2）影响压射力的因素包括：液压系统的密闭性；管道压力的损失；蓄压器中气体与工作液之比例的变化；工作液因温度变化引起黏度的不同，对压力的影响；冲头与压室之间的配合状态和摩擦程度。

（2）比压　比压是压室内熔融金属在单位面积上所受的压力。充填时的比压称为压射比压，增压时的比压称为增压比压。

1）比压可按下式计算：

$$p_b = \frac{F_t}{A} = \frac{4F_t}{\pi D^2}$$

式中，p_b为比压（Pa）；F_t为压射力（N）；A为压室面积（mm^2）；D为压室直径（mm）。

2）比压的选择。选择比压需考虑的主要因素见表9-5。各种压铸合金的计算压射比压见表9-6。通常实际比压低于计算比压，其压力损失折算系数K见表9-7。

表9-5　选择比压需考虑的主要因素

序号	因素	选择条件	说　明
1	压铸件结构特性	壁厚	薄壁件，选用高的比压；厚壁件，增压比压高些
		铸件几何形状复杂程度	形状复杂件，选择高的比压；形状简单件，增压比压低些
		工艺合理性	工艺合理性好，比压低些
2	压铸合金特性	结晶温度范围	结晶温度范围大，选择高比压；结晶温度范围小，增压比压低些
		流动性	流动性好，选择低比压；流动性差，压射比压高些
		密度	密度大，压射比压和增压比压均应大；密度小，压射比压和增压比压低些
		比强度	要求比强度大，压射比压高些；要求比强度小，压射比压低些

（续）

序号	因素	选择条件	说　明
3	浇注系统	浇道阻力	浇道阻力大（主要是由于浇道长、转向多、相同截面下，内浇道厚度小），压射比压和增压比压均高些
		浇道散热速度	散热速度快，压射比压高些；散热速度慢，压射比压低些
4	排溢系统	排气道分布	排气道分布合理，压射比压和增压比压均高些
		排气道截面积	排气道截面积足够大，压射比压和增压比压均高些
5	充填速度	要求充填速度大	充填速度大，压射比压大些
6	温度	合金与压铸型温差大小	温差大，压射比压高些；温差小，压射比压低些

表 9-6　各种压铸合金的计算压射比压

合金	铸件壁厚≤3mm		铸件壁厚＞3mm	
	结构简单	结构复杂	结构简单	结构复杂
锌合金	30	40	50	60
铝合金	35	45	45	60
铝镁合金	35	45	50	60
镁合金	40	50	60	70
铜合金	50	60	70	80

表 9-7　压力损失折算系数 K

条　件	K 值		
直浇道导入口截面 A_1 与内浇道截面 A_2 之比（A_1/A_2）	＞1	＝1	＜1
立式冷压室压铸机	0.66～0.70	0.72～0.74	0.7～0.78
卧式冷压室压铸机	0.88		

比压的调整主要是调整压铸机的压射力和更换压室的直径。

2. 速度

（1）压射速度　压室内压射冲头推动熔融金属液的移动速度，称为压射速度（也称冲头速度）。各种合金的压射速度见表 9-8。

（2）充填速度　金属液在压力作用下，通过内浇道导入型腔的线速度，称为充填速度（也称内浇道速度）。它是重要的工艺参数，对获得轮廓清晰、表面光洁的铸件有着重要作用。在实际生产中，充填速度的调节一般用调整压射冲头速度、更换压室直径和改变内浇道截面积来实现。充填速度太小，易使铸件轮廓不清；速度太大，会使铸件产生气孔等缺陷。各种合金的充填速度见表9-9。

表9-8　各种合金的压射速度　（单位：m/s）

合金	压射冲头空行程压射速度	合金	压射冲头空行程压射速度
铝合金	0.5～1.1	锌合金	0.3～0.5
镁合金	0.3～0.8	铜合金	0.5～0.8

表9-9　充填速度推荐表　（单位：m/s）

压铸合金	充填速度	平均充填速度
铝合金	3～125	24
锌合金	5～58	25
镁合金	10～120	50
铜合金	1～10	5.5

3. 温度

温度是压铸过程的热参数。为了提供良好的充填条件，控制和保持热因素的稳定性，必须有一个相应的温度范围。这个温度范围包括压铸型温度和熔融金属浇注温度。

（1）浇注温度　浇注温度一般指金属液浇入压室至充填型腔时的平均温度。

1）温度对压铸型及铸件质量的影响。采用高的浇注温度时，金属液流动好，压铸件表面质量好，但金属液中气体和氧化加剧；压铸型寿命短；对铝合金易产生粘型现象。采用低的浇注温度时，金属液流动性差，铸件表面质量差，但可为采用深的排气道提供了条件，从而改善了排气条件；收缩小，减少因壁厚不均匀在厚部产生缩孔和气孔的可能性；可减轻对压铸型的熔蚀和粘型，从而延长了压铸型的寿命。

2）浇注温度的选择。通常在保证成形和所要求表面质量的前提下，采用尽可能低的温度，一般为高于合金液相线温度20～30℃。选择时应考虑如下因素：①铸合金的流动性好，浇注温度可选低些；②薄壁、形状复杂的铸件，浇注温度可选高些；③压铸型容量大，散热快，浇注温度可选高些。

3）常用合金的浇注温度见表9-10。

表9-10　常用合金浇注温度　（单位：℃）

合金		铸件壁厚≤3mm		铸件壁厚＞3mm	
		结构简单	结构复杂	结构简单	结构复杂
铝合金	含硅的	610～630	640～680	590～630	610～630
	含铜的	620～650	640～700	600～640	620～650
	含镁的	640～660	660～700	620～660	640～670

（续）

合金		铸件壁厚≤3mm		铸件壁厚＞3mm	
		结构简单	结构复杂	结构简单	结构复杂
镁合金		640～680	660～700	620～660	640～680
锌合金	含铝的	420～440	430～450	410～430	420～440
	含铜的	520～540	530～550	510～530	520～540
铜合金	普通黄铜	850～900	870～920	820～860	850～900
	硅黄铜	870～910	880～920	850～900	870～910

（2）压铸型温度　压铸型既是换热器又是蓄热器，在生产前要预热，在铸造过程中要保持一定的温度。各种压铸合金的压铸型预热温度与工作温度见表9-11。

表9-11　压铸型的预热温度和工作温度　（单位:℃）

合金	温度种类	壁厚≤3mm		壁厚＞3mm	
		结构简单	结构复杂	结构简单	结构复杂
锡铅合金	连续工作保持温度	85～95	90～100	80～90	85～100
锌合金	预热温度	130～180	150～200	110～140	120～150
	连续工作保持温度	180～200	190～220	140～170	150～200
铝合金	预热温度	150～180	200～230	120～150	150～180
	连续工作保持温度	180～240	250～280	150～180	180～200
铝镁合金	预热温度	170～190	220～240	150～170	170～190
	连续工作保持温度	200～220	260～280	180～200	200～240
镁合金	预热温度	150～180	200～230	120～150	150～180
	连续工作保持温度	180～240	250～280	150～180	180～220
铜合金	预热温度	200～230	230～250	170～200	200～230
	连续工作保持温度	300～330	330～350	250～300	300～350

4. 压铸时间

压铸时间包含充填时间、持压时间及铸件在压铸型中停留的时间。

（1）充填时间　金属液开始射入型腔直至充满所需的时间称为充填时间。充填时间的长短与铸件的壁厚、压铸型结构、合金特性等各种因素有关。

1）充填时间可按下式计算：

$$t = 0.034B \times \frac{T_n - T_y + 64}{T_n - T_m}$$

式中，t 为充填时间（s）；T_y 为金属的液相线温度（℃）；T_m 为充填前压铸型型腔表面的温度（℃）；T_n 为内浇道处金属液温度（℃）；B 为铸件的平均壁厚（mm）。

铸件的平均壁厚一般取该铸件各部位相同壁厚最多的数值为平均壁厚。

2）充填时间的选择应考虑如下因素：①合金的浇注温度高，则充填时间应长些；②压铸型温度高，则充填时间长些；③厚壁部位若离内浇道远，则充填时间应长些；④熔化潜热和比热容高的合金，充填时间可长些；⑤排气效果差时，充填时间应长些。铸件的平均壁厚与充填时间的推荐值表9-12。

表9-12　铸件的平均壁厚与充填时间的推荐值

铸件平均壁厚 B/mm	充填时间 t/s	铸件平均壁厚 B/mm	充填时间 t/s
1	0.100～0.014	5	0.048～0.072
1.5	0.014～0.020	6	0.056～0.064
2	0.018～0.026	7	0.066～0.100
2.5	0.022～0.032	8	0.076～0.116
3	0.028～0.040	9	0.088～0.138
3.5	0.034～0.050	10	0.100～0.160
4	0.040～0.060		

注：表中所推荐的数值是压铸前的预选值，应在试样或试生产过程中加以修正。

（2）持压时间　金属液充满型腔后，在增压比压作用下凝固所需时间称为持压时间。

持压的作用是使正在凝固的金属在压力下结晶，从而获得内部组织致密的铸件。选定持压时间时要考虑下列因素：

1）合金特性。压铸合金结晶温度范围大，持压时间选长些。

2）铸件壁厚。铸件平均壁厚大，持压时间可长些。

3）浇注系统。若为顶浇道，持压时间可长些；内浇道厚，持压时间也应选长些。

生产中常见的持压时间见表9-13。

表9-13　生产中常见的持压时间　（单位：s）

压铸合金	铸件壁厚 <2.5mm	铸件壁厚 2.5～6mm	压铸合金	铸件壁厚 <2.5mm	铸件壁厚 2.5～6mm
锌合金	1～2	3～7	镁合金	1～2	3～8
铝合金	1～2	3～8	铜合金	2～3	5～10

（3）留型时间　铸件在压铸型中停留时间从持压终了至开型取出铸件所需的时间，称为留型时间。足够的留型时间时保证铸件在压铸型中充分凝固、冷却并具有一定的强度，使铸件在开型和顶出时部产生变形或拉裂的必要条件。通常以顶出铸件不变形、不开裂的最短时间为宜。选择留型时间时需考虑下列因素：

1）压铸合金的特性。收缩率大、热强度高，留型时间可短些。

2）铸件结构。薄壁、结构较复杂的铸件，留型时间可短些。

3）压铸型。热容量大，散热快，留型时间可短些。

各种合金常用留型时间可参考表 9-14。

表 9-14 生产中常用的留型时间 （单位：s）

压铸合金	铸件壁厚 <3mm	铸件壁厚 3～6mm	铸件壁厚 >6mm	压铸合金	铸件壁厚 <3mm	铸件壁厚 3～6mm	铸件壁厚 >6mm
锌合金	5～10	7～12	20～25	镁合金	7～12	10～15	25～30
铝合金	7～12	10～15	25～30	铜合金	8～15	15～20	20～30

9.3 压力铸造缺陷分析及防止措施

9.3.1 压力铸造缺陷问题分析思路

压铸件缺陷的最直接影响因素，主要是压射条件和压铸型条件，因此，可以将压铸件缺陷和这两种因素对应分析。

1. 压铸件缺陷和压射条件的关系（见图 9-9）

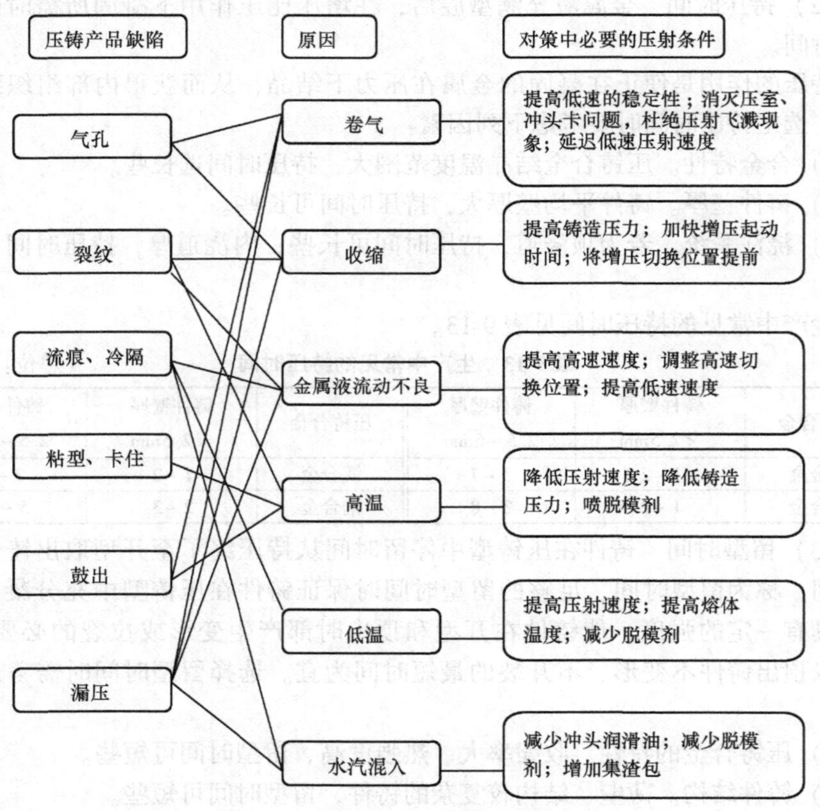

图 9-9 压铸件缺陷和压射条件的关系

2. 压铸件缺陷和压铸型条件的关系（见图 9-10）

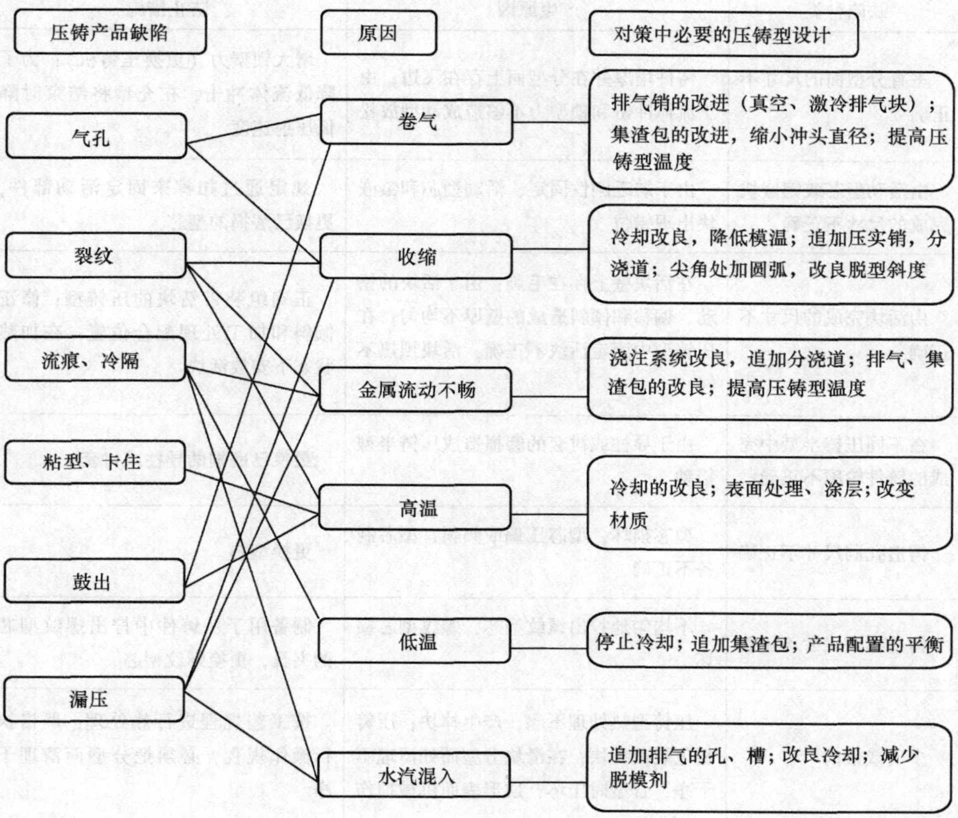

图 9-10　压铸件缺陷和压铸型条件的关系

9.3.2　压力铸造常见缺陷及防止措施

压铸件的缺陷是指尺寸、形状与铸件图样不符合，材料性能与要求不符合，表面及内部质量差等。

1）尺寸、形状方面的缺陷及防止措施见表 9-15。

表 9-15　尺寸、形状方面的缺陷及防止措施

缺陷种类	产生原因	防止措施
铸件尺寸公差不合要求	压铸型设计尺寸错误；铸件的收缩和压铸型材料的热膨胀计算不正确；压铸型座孔磨损或活动部件导向装置的加工不准确；由于铸件在压铸型中滞留时间不恒定而引起收缩波动	更改压铸型设计尺寸；根据铸件测量后所得到的实际收缩值来修改压铸型；通过时间继电器，设定铸件在压铸型中的滞留时间为恒定值

（续）

缺陷种类	产生原因	防止措施
垂直分型面的尺寸不正确	铸件增厚并在分型面上存在飞边；由于流体冲击和锁型力不够造成动型放松	增大锁型力（更换压铸机）；为了降低流体冲击，在充型将结束时降低压射速度
由活动型芯或镶嵌块完成的尺寸不正确	由于缺乏刚性固定，活动型芯和镶嵌块出现错位	规定通过扣榫来固定活动部件，更换已磨损的型芯
由活块完成的尺寸不正确	在活块壁上存在毛刺；由于活块的错动、偏移和倾斜造成的壁厚不均匀；在压铸型中固定活块不正确；活块预热不够	正确组装带活块的压铸型；修正倾斜和加工处理配合位置；在加热状态下安放活块
在不同压铸半型中完成的铸件轮廓不正确	由于导柱或衬套的磨损造成压铸半型错动	更换已磨损的导柱或衬套
铸造孔洞尺寸不正确	型芯损坏，型芯压偏或倾斜，型芯制备不正确	更换型芯
铸造螺纹尺寸不正确	不均匀地拧出螺纹型芯，螺纹型芯损坏	制备用于从铸件中拧出螺纹型芯的夹具，更换螺纹型芯
多肉或带肉	压铸型热处理不当，产生掉块；压铸型龟裂而掉块；在滑块分型面处清理不干净，合型时压坏；成形表面机械损伤	按工艺规程进行热处理；严格执行操作规程，必须把分型面清理干净
欠铸及轮廓不清晰	内浇道宽度不够或压铸型排气不良，合金流动性差；浇注温度低或压铸型温度低，压射速度低；压射比压不足；压铸型腔边角尺寸不合理，不易充填	改进内浇道改善排气条件；适当提高压铸型温度和浇注温度；提高压射比压和压射速度；压铸型制造尺寸要准确
变形	铸件结构不合理，各部收缩不均匀；留型时间太短；顶出过程铸件偏斜；铸件刚度不够；堆放不合理或去除浇道方法不当	改进铸件结构，使壁厚均匀；不要堆叠存放，特别是大而薄的铸件；时效或退火时不要堆叠入炉；必要时可以进行整形
飞翅	压射前机器的调整、操作不合适；压铸型及滑块损坏，闭锁元件失效；镶块及坏块磨损；压铸型强度不够造成变形；分型面上杂物未清理干净；投影面积计算不正确，超过了锁型力	检查锁型力及增压情况；调整增压机构使压射增压峰值降低；检查压铸型强度和闭锁元件；检查压铸型损坏情况并修理；清理分型面，防止有杂物

2）材料性能方面的缺陷及防止措施见表9-16。

表9-16　材料性能方面的缺陷及防止措施

缺陷种类	产生原因	防止措施
化学成分不符合要求	配料不准确；原材料及同炉料未加分析即投入使用；个别元素烧损	炉料经化验分析后才能配用；炉料要严格管理，新旧料要按一定比例使用；严格控制熔炼工艺；熔炼工具要喷刷涂料
力学性能不符合要求	化学成分有错误；铸件内部有气孔、缩孔、渣孔等；对试样处理方法不对（如切取、制备）；零件结构不合理	配料、熔化要严格控制成分及杂质含量；严格遵守熔炼工艺；在生产中要定期进行工艺性实验；严格控制合金温度；尽量消除形成氧化物的各种因素

3）铸件表面缺陷及防止措施见表9-17。

表9-17　铸件表面缺陷及防止措施

缺陷种类	产生原因	防止措施
机械拉伤	压铸型设计和制造不正确，如型芯和成形部分无斜度或负斜度；型芯或型壁上压伤影响出型；铸件顶出有偏斜	拉伤在固定部位时要检修压铸型，修正斜度，打光压痕；拉伤无固定部位时，在拉伤部位相应位置的压铸型上增加涂料；检查合金成分是否合格；调整顶杆，使顶出力平衡
粘型拉伤	合金浇注温度高；压铸型温度太高；涂料使用不足或不正确；压铸型某些部位表面粗糙；浇注系统不正确使合金正面冲击型壁或型芯；压铸型标准材料使用不当或热处理工艺不正确，硬度不足；铝合金铁含量太少（质量分数 < 0.6%）；YZCuZn40Pb 含锌低或有偏析；填充速度太高	降低浇注温度；压铸型温度控制在工艺范围内；消除型腔粗糙的表面；检查涂料品种或用量是否适当；调整内浇道，防止金属液正面冲击；校对合金成分，使铝合金铁含量在要求的范围内；检查压铸型材料及热处理工艺和硬度是否合理；适当降低填充速度
碰伤	使用、搬运不当，运转、装卸不当	注意铸件的使用、搬运和包装；从压铸机上取件要小心
流痕及花纹	流痕：进入型腔的金属液形成一个极薄而又不完全的金属层后，被后来的金属液所弥补而留下的痕迹；压铸型温度过低；内浇道截面积过小及位置不当产生喷溅；作用于金属液上的压力不足 花纹：涂料用量过多	提高压铸型温度；调整内浇道截面积或位置；调整内浇道速度及压力；适当选用涂料及调整用量

（续）

缺陷种类	产生原因	防止措施
网状毛翅	压铸型型腔表面龟裂；压铸型材质不当或热处理工艺不正确；压铸型冷热温差变化太大；浇注温度过高；压铸型预热不足；型腔表面粗糙；压铸型壁薄或有尖角	正确选用压铸型材料及热处理工艺；浇注温度不宜过高，尤其是高熔点合金；压铸型预热要充分；压铸型要定期或压铸一定次数后退火、打磨成形部分表面
冷隔	两股金属流相互对接，但未完全熔合则又无夹杂存在其间，两股金属结合力很薄弱；浇注温度或压铸型温度偏低；选择合金不当，流动性差；浇道位置不对或流路过长；填充速度低；压射比压低	适当提高浇注温度；提高压射比压，缩短填充时间；提高压射速度，同时加大内浇道截面积；改善排气、填充条件；正确选用合金，提高合金流动性
缩陷（凹陷）	1）由收缩引起：压铸件设计不当，壁厚差太大；合金收缩性大；浇道位置不当；压射比压低；压铸型局部温度过高 2）由压铸型损伤引起：压铸型损伤；压铸型龟裂 3）由憋气引起：填充铸型时，局部气体未排出，被压缩在型腔表面与金属液界面之间	壁厚应均匀，厚薄过渡要缓和；选用收缩性小的合金；正确选择合金液导入位置及增加内浇道截面积；增加压射压力；适当降低浇注温度及压铸型温度；对局部高温要局部冷却；检修压铸型，消除凸起部分；改善排溢条件；减少涂料用量
印痕	1）由顶出元件引起：顶杆端面被磨损；顶杆调整不齐；压铸型型腔拼接部分和其他活动部分配合不好 2）由拼接或活动部分引起：镶拼部分松动；活动部分松动或磨损；铸件的侧壁表面，由动、定型互相穿插的镶件所形成	工作前要检查、修好压铸型；顶杆长短要调整到适当位置；紧固镶块或其他活动部分；设计时消除尖角，配合间隙调整合适；改善铸件结构，使压铸型消除穿插的镶嵌形式，改进压铸型结构
表面起泡	过早开型顶压铸件：压铸型温度过高，金属凝固时间不够，强度不够，受压气泡膨胀起来	调整压铸工艺参数，适当延长留型时间；降低缺陷区域压铸型温度
冷豆	浇注系统设置不当；填充速度快；金属液过早流入型腔	改进浇注系统，避免金属直冲型芯、型壁；增大内浇道截面积；改进操作，调整机器

（续）

缺陷种类	产生原因	防止措施
粘附物痕迹	在压铸型型腔表面上有金属或非金属残留物；浇注时先带进杂质附在型腔表面上	在压铸前对型腔压室及浇注系统要清理干净，去除金属或非金属粘附物；对浇注的合金也要清理干净；选择合适的涂料，涂布要充分
分层（夹皮及剥落）	压铸型刚度不够，在金属液填充过程中，型板产生抖动；压射冲头与压室配合不好；在压射中前进速度不平稳；浇注系统设计不当	加强压铸型刚度，紧固压铸型部件，使之稳定；调整压射冲头与压室，使之配合好；合理设计内浇道
摩擦烧蚀	内浇道的位置方向和形状不当，设计方案不合理；内浇道处金属液冲刷剧烈部位的冷却不够	改善内浇道的位置及方向的不当之处；改善冷却条件，特别是改善金属液冲刷剧烈部位，对烧蚀部分增加涂料；调整合金液的流速，使其不产生气穴；消除压铸型上的合金粘附物
冲蚀	内浇道位置设置不当；冷却条件不好	内浇道的厚度要恰当；修改内浇道的位置、方向和设置方法；对被冲蚀部位要加强冷却

4）铸件内部缺陷及防止措施见表9-18。

表9-18 铸件内部缺陷及防止措施

缺陷种类	产生原因	防止措施
气孔	压室、浇道和型腔内的空气进入到金属中；铸件中存在增厚部分润滑剂过多	减小压室套筒的直径，增大排气槽的截面，在形成气孔的位置设置溢流槽，增加充型持续时间；使铸件壁厚变得较均匀，或在铸件增厚部位加活块；减少润滑剂的量
针孔	炉粒不干净或熔炼温度过高，精炼后保持时间过长；在散流充型时，空气和润滑剂的气体产物进入金属；熔化金属中气体析出	使用干燥清洁的炉料，控制熔炼温度及时间；增大排气槽的截面，沿铸件周围设置溢流槽；增大内浇道截面并转向连续流充型，而在散流充型时增大金属流的速度，减小压室套筒的直径，减小内浇道截面或增大压射速度，在分配炉中改善合金的脱气；通过压铸型冷却来增大合金的凝固速度

（续）

缺陷种类		产生原因	防止措施
气泡		型腔气体没有排出，被包在铸件中；涂料产生的气体卷入铸件；合金内吸有较多的气体，凝固时析出留在铸件内	改善内浇道、溢流槽、排气道的大小和位置；改善填充时间和内浇道处的流速，提高压射压力；在气孔发生处设型芯，尽量少用涂料；清除合金液中的气体和氧化物；炉料要管理好，避免被尘土、油类污染
缩孔		铸件中存在大量增厚部分；内浇道太小；浇注温度过高；压射比压低	在铸件增厚部位加活块，增强这些部位压铸型的冷却；增大内浇道截面和补压压力；降低浇注温度或更换合金
疏松		合金过大收缩；铸件薄厚悬殊；合金体积收缩过大	保证铸件厚截面向薄截面平稳过渡；增大补压压力，减小机加工余量；增大金属配量和补压持续时间；加强压铸型冷却；更换合金
夹渣（渣孔）		1）混入熔渣：金属液表面上的熔渣未清除；将熔渣及金属同时浇注到压室 2）石墨混入物：石墨坩埚边缘有脱落；涂料中石墨太多	仔细去除金属表面的熔渣；遵守金属舀取工艺；在石墨坩埚边缘装上铁环；使用涂料要均匀，用量适当
硬点	非金属硬点	1）混入了合金液表面的氧化物 2）混入了合金液同耐火砖产生反应的生成物 3）混入了合金液与涂料产生反应的生成物 4）产生了复合化合物，如由 Al、Mn、Fe、Si 组成的化合物 5）游离硅混入物：铝硅合金中 Si 含量高；铝合金在半液态浇注，硅游离存在，或者铝硅合金 Si 的质量分数高于 11.6%，且 Cu、Fe 含量亦高 6）其他夹杂物：金属料不纯，含有其他异物；金属料粘附油污；工具清理不净	1）铸造时，不要把合金液表面的氧化物舀入勺内；清除铁坩埚、勺子等工具上的氧化物；使用与铝不产生反应的涂料 2）要使用不和铝合金发生反应的耐火砖和灰浆，如氧化铝质砖；定期更换护衬砖 3）应该使用与铝合金不发生反应的涂料 4）在铝合金中含有 Mn、Fe 等元素时，应勿使其偏析，并保持清洁；用干燥的去气剂除气；铝合金含镁时要注意补偿 5）铝合金含 Cu、Fe 多时，应使 Si 的质量分数降到 10.5% 以下；适当提高浇注速度，以避免使 Si 析出 6）加强管理，严防回收料混入异物或异种材料；回收料不要粘上油、砂、尘土等物；除净坩埚、熔炼工具上面的铁锈及氧化物

（续）

缺陷种类		产生原因	防止措施
硬点	金属硬点	1）混入了未熔解的硅元素原料 2）混入了促进初生硅结晶生长的原料 3）混入了生成金属间化合物结晶的物质	1）熔炼铝硅合金时，不要使用硅元素粉末；调整合金成分时，不要直接加入硅元素，必须采用中间合金；熔炼温度要高，时间要长，使硅充分熔解 2）缩小铸造温度波动范围，使之经常保持熔融状态；加冷料时要防止合金锭块使合金凝固；尽量减少促进初晶硅易于生长的成分 3）减少温度波动范围，不使合金液的温度过高或过低；控制合金成分杂质含量的同时，注意不要增加杂质；对能产生金属间化合物的材料要在高温下熔炼；为防止杂质增加，应一点一点地少量加入
	偏析性硬点	由于急冷组织致密化，使容易偏析的成分析出成为硬点	合金液浇入压室后，应立即压射填充；尽可能不含有 Ca、Mg、Na 等易引起急冷效应的合金成分，Ca 的质量分数应控制在 0.05% 以下

5）裂纹缺陷及防止措施见表 9-19。

表 9-19　裂纹缺陷及防止措施

缺陷种类	产生原因	防止措施
锌合金压铸件裂纹	锌合金中有害杂质铅、锡、铁和镉的含量超过了规定范围；铸件从压铸型中取出过早或过迟；型芯的抽出或顶出受力不均；铸件的厚薄悬殊；熔炼温度过高	合金材料的配比要注意杂质含量不要超过起点要求；调整好开型时间；要使推杆受力均匀；改变壁厚不均匀性
铝合金压铸件裂纹	合金中铁含量过高或硅含量过低；合金中有害杂质的含量过高，降低了合金的可塑性；铝硅合金、铝硅铜合金锌或铜含量过高；铝镁合金中镁含量过多；压铸型，特别是型芯温度太低；铸件壁厚或凸台过渡有剧烈的变化；留型时间过长；顶出时受力不均	坩埚及熔炼工具要涂好涂料；正确控制合金成分，在某些情况下，可在合金中加纯铝锭，以降低合金中镁含量，或在合金中加铝硅中间合金，以提高硅含量；提高压铸型温度；改变铸件结构；调整抽芯机构或使推杆受力均匀

（续）

缺陷种类	产生原因	防止措施
镁合金压铸件裂纹	合金中铝、硅、铍含量高；铸件壁厚薄变化剧烈；压铸型温度低；合金过热太大，顶出和抽芯受力不均匀	合金中加纯镁以降低铝、硅含量；压铸型温度要控制在要求的范围内；改进铸件结构，消除厚薄变化较大的截面；合金的熔炼温度控制在工艺规范之内；调整好型芯和推杆，使之受力均衡
铜合金压铸件裂纹	黄铜中锌含量过高（冷裂）或过低（热裂）；硅黄铜中硅含量高；压铸型温度过低，浇注温度过高，压射力不足；开型时间晚，特别是型芯多的铸件	保证合金的化学成分，硅黄铜在配制时，硅和锌含量不能同时取上限；提高压铸型温度；降低浇注温度，增大单位压射力或浇道横截面积；适当控制调整开型时间

6）其他缺陷及防止措施见表9-20。

表9-20　其他缺陷及防止措施

缺陷种类	产生原因	防止措施
脆性	合金过热太大或保温时间过长；激烈过冷，结晶过细；铝合金含有锌、铁等杂质太多；铝合金中铜含量超出规定范围	合金不宜过热；提高压铸型温度，降低浇注温度；严格控制合金成分在允许的范围内
渗漏	铸件设计不合理，壁厚不均匀或过厚；机械加工余量太大；浇注系统设计不合理或铸件结构不合理；排气不良；合金选择不当；合金熔炼温度过高，保温时间过长	改善铸件设计；尽量避免机械加工；改进浇注系统和排气系统；提高压射比压；防止合金液温度过热，保温时间过长；选用良好合金

9.4　压力铸造新技术及质量控制

压铸件的主要缺陷是气孔和疏松，通常不能进行热处理。为了解决此问题，目前国内外有两个途径：一是改进现有设备，特别是对三级压射机构的压铸机，控制压射速度、压力，控制压铸型内的气体卷入数量；二是发展特殊压铸工艺，如真空压铸、半固态压铸、充氧压铸等。下面就介绍两种受普遍关注并获得采用的压力铸造新技术。

9.4.1　真空压力铸造

为了减少或避免压铸过程中气体随金属液高速卷入而使铸件产生气孔和疏

松，压射前采用对铸型抽真空的真空压铸最为普遍。真空压铸按获得真空度的高低可分为：普通真空压铸和高真空压铸两种。普通真空压铸的真空度为20～50kPa，铸件的气体含量为5～20mL/100g；高真空压铸的真空度<10kPa，所得铸件的气体含量为1～3mL/100g。

真空压铸的特点是：可消除或减少压铸件内部的气孔，压铸件强度高，表面质量好，还可以进行热处理；减少了压铸时型腔的反压力，可用小型压铸机生产较大、较薄的铸件；但真空压铸的密封结构复杂，制造及安装困难，控制不当，效果不明显。在真空压铸中，真空度的大小对压铸件的性能影响很大，真空度对铝合金压铸件断后伸长率的影响如图9-11所示。由图9-11可看出，高真空度压铸的铝合金压铸件的断后伸长率较普通压铸件提高明显。

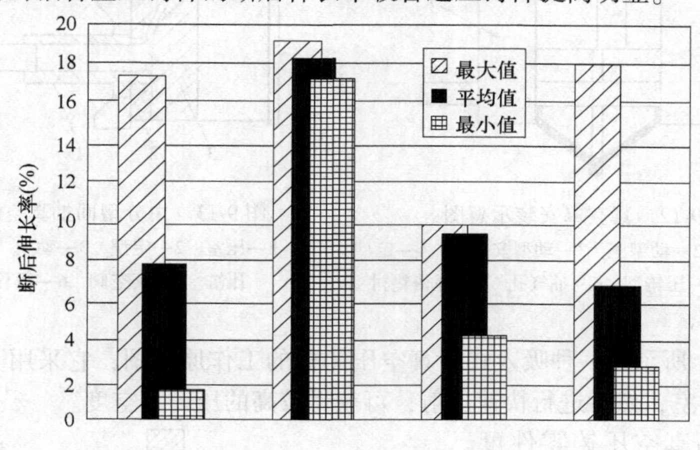

图9-11　真空度对铝合金压铸件断后伸长率的影响

1. 普通真空压铸

普通真空压铸是采用机械泵抽出压铸型型腔内的空气，建立真空后注入金属液的压铸方法。真空罩安装示意图如图9-12所示，由分型面抽真空示意图如图9-13所示。

实践表明，真空压铸可以提高压铸件的致密性，而普通真空压铸由于获得的真空度不高，压铸件的致密性还不能达到热处理的要求，因此，应用不太广泛。近年来，高真空压铸技术的应用表明，其压铸件的致密性明显提高，其推广应用的速度也较快。

2. 高真空压铸

高真空压铸的关键是能在很短的时间内获得高真空。为此，必须在铸型结合处建立良好的密封系统，在真空建立时有阻止金属液流入真空管道的真空闭锁阀。设计压铸型（浇注系统、抽芯机构等）时采用防止卷气、排气措施；并采用高温下高附着力、小发气量的脱模剂材料。

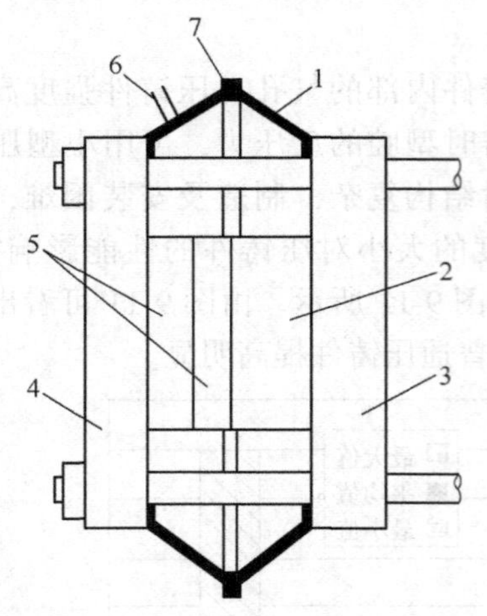

图 9-12　真空罩安装示意图

1—真空罩　2—动型座　3—动型安装板　4—定型安装板　5—压铸型　6—抽气孔　7—弹簧垫衬

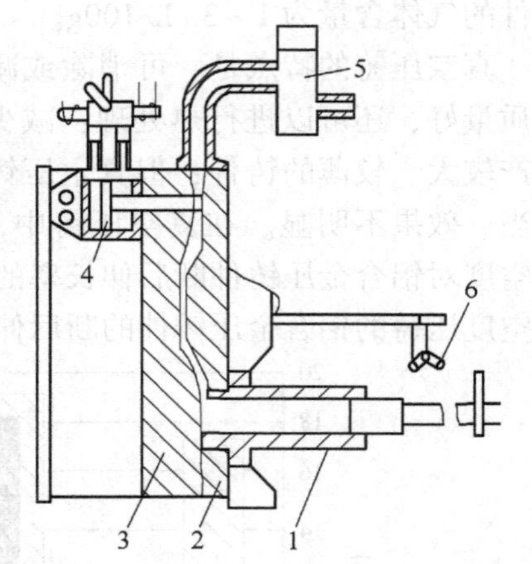

图 9-13　由分型面抽真空示意图

1—压室　2—定型　3—动型　4—小液压缸　5—真空阀　6—行程开关

图 9-14 所示为一种吸入式高真空压铸机的工作原理图，它采用真空吸入金属液至压射室，然后进行快速压射，可获得较高的压铸真空度。

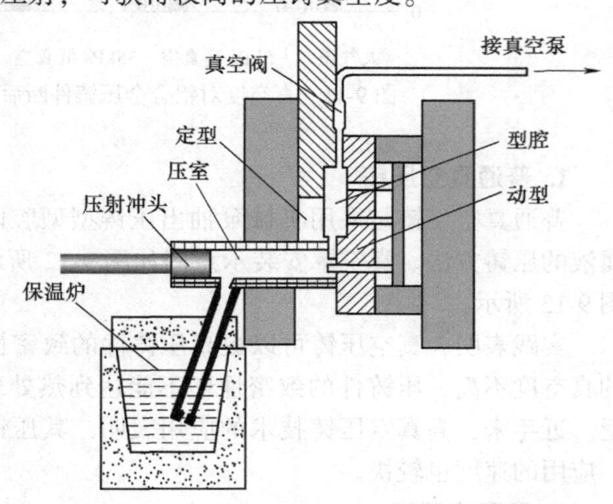

图 9-14　吸入式高真空压铸机的工作原理图

由于高真空压铸零件可以热处理强化，可以生产高性能铸件，是近年来发达国家竞相研发与推广应用的压铸新技术。高真空压铸技术不仅涉及压铸型密封及真空技术，还涉及金属液处理、压铸型结构设计、浇注工艺及脱模剂等多方面技术。因此，采用该新工艺生产铸件的质量控制，应从压铸型密封、真空技术、金属液处理、压铸型结构设计、浇注工艺及脱模剂等多方面入手，才能获得满意效果。

9.4.2 半固态压力铸造

半固态压铸的基本原理是：在液态金属的凝固过程中进行强烈的搅动，使普通铸造易于形成的树枝晶网络骨架被打碎而形成分散的颗粒状组织形态，从而制得半固态金属液，然后将其压铸成坯料或铸件。它是由传统的铸造技术及锻压技术融合而成的新的成形技术。半固态成形与传统压力铸造成形相比，具有成形温度低（铝合金至少可降低120℃），压铸型的寿命长，节约能源，铸件性能好（气孔率大大减少，组织呈细颗粒状，铸件可以热处理），尺寸精度高（凝固收缩小）等优点；它与传统的锻压技术相比，又具有充型性能好，成本低，对压铸型的要求低，可制复杂零件等优点。

根据工艺流程的不同，半固态压铸可分为流变压铸（Rheocasting）和触变压铸（Thixocasting）两类，其基本工艺及过程如图9-15所示。流变压铸是将从液相到固相冷却过程中的金属液进行强烈搅动，在一定的固相分数下将半固态金属浆料压铸或挤压成形，又称一步法。触变压铸是先由连铸等方法制得的具有半固态组织的锭坯，然后切成所需长度，再加热到半固态状，然后再压铸或挤压成形，又称二步法。

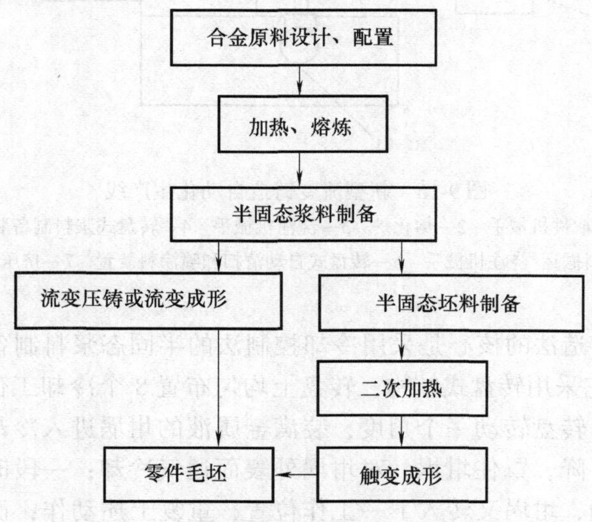

图9-15　半固态压铸的基本工艺及过程

半固态压铸的关键技术包括：半固态浆料的制备、半固态浆料质量保持与控制、半固态零件的压铸成形等。近年来，低成本的流变压铸技术与工艺是半固态压铸技术研发及应用的发展方向。

图9-16所示为由国外某公司开发的新型流变铸造（New Rheo-casting，简称

NRC）自动化生产线。其工艺过程为，首先浇注机械手3将铝液从熔化炉2中浇入转盘式浆料制备装置4的金属容器中冷却；与此同时，浆料搬运机械手5从转盘式浆料制备装置的感应加热工位抓取小坩埚，搬运至挤压铸造机7并浇入压射室中成形。随后继续旋转将空坩埚返回送至转盘式清扫装置上的空工位；并从另一个工位抓去一个清扫过的小坩埚旋转放置到转盘式浆料制备装置上。然后转盘式浆料制备装置和清扫装置同时旋转一个角度，进入下一个循环。该生产线具有结构紧凑、自动化程度高、生产率高的优点。

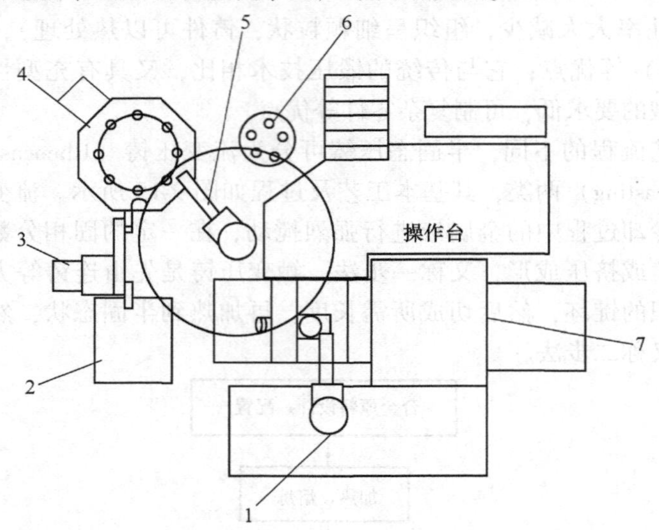

图9-16　新型流变铸造自动化生产线

1—取件机械手　2—熔化炉　3—浇注机械手　4—转盘式浆料制备装置

5—浆料搬运/浇注机械手　6—转盘式自动清扫和喷涂料装置　7—挤压铸造机

新型流变铸造法的核心是采用冷却控制法的半固态浆料制备装置。如图9-16中4所示，它采用转盘式结构，转盘上均匀布置8个冷却工位。当将金属液浇入小坩埚后，转盘转动一个角度，装满金属液的坩埚进入冷却工位；满坩埚上方的密封罩下降，罩住坩埚，对坩埚外表面通气冷却；一段时间后，密封罩上升，转盘转动，坩埚又转入下一工作位置，重复上述动作；而当满坩埚转入最后一个工位时，则由设置的感应加热器进行加热，对浆料进行温度调整，以获得预定的固相率；调整后的浆料由搬运机械手送至高压铸造机成形，随后一个清理干净的空坩埚又由机械手返回至加热工位，转盘转动一个角度，进入下一工作循环。新型流变铸造法的半固态浆料制备原理如图9-17所示。这样通过转盘式浆料制备装置就能连续制备半固态浆料，从而提高了生产率。

新型流变铸造采用非搅拌的低过热度浇注式或低过热度倾斜板浇注式浆料

制备技术，该技术的核心是：适当降低浇注合金液的浇注过热度，将该合金液浇注到一个坩埚内或浇注到一个倾斜板上，合金液沿壁或沿倾斜板流入收集坩埚，再经过适当的冷却凝固或加热控制，制备出球状初生固相的半固态合金浆料；随后就可以将收集坩埚中的半固态合金浆料送入压铸机的压室、挤压铸造机的压室或锻造机的锻模中，进行流变压力铸造或成形。收集坩埚还可以盖上低导热性的上盖，收集坩埚可以放置在一个圆盘或带式传送机上，圆盘或带式传送机上设置有均热装置，借此调整半固态合金浆料的温度场。

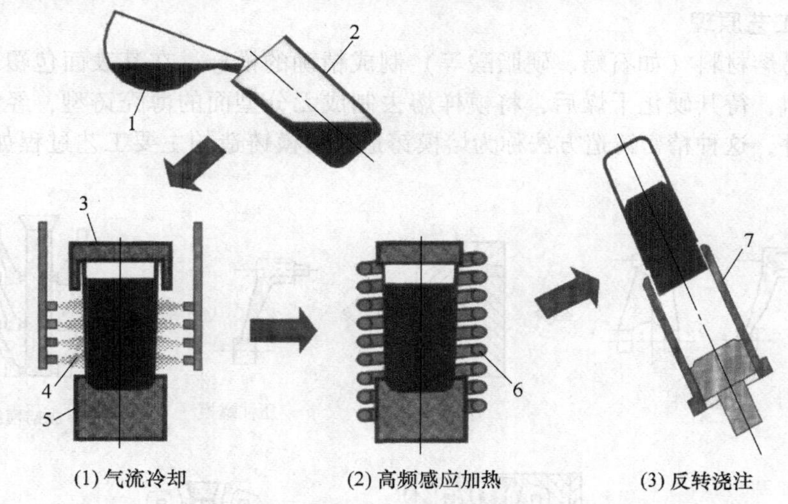

图 9-17　新型流变铸造法的半固态浆料制备原理

1—浇包　2—金属容器　3—绝热材料　4—空气　5—绝热材料　6—感应线圈　7—压室

半固态压铸的关键技术是半固态浆料制备与质量控制。在低过热度浇注式或低过热度倾斜板浇注式的浆料制备技术中，最关键的核心要点是控制合金液的浇注温度或过热度。因此，要获得高质量的半固态压铸件必须确保半固态浆料的质量及其浇注温度。

第 10 章　熔模铸造质量控制

10.1　熔模铸造概述

1. 工艺原理

用易熔材料（如石蜡、硬脂酸等）制成精确的模样，在其表面包覆若干层耐火涂料，待其硬化干燥后，将模样熔去制成无分型面的薄壳铸型，经浇注而获得铸件，这种精密铸造方法称为熔模铸造。熔模铸造的主要工艺过程如图 10-1 所示。

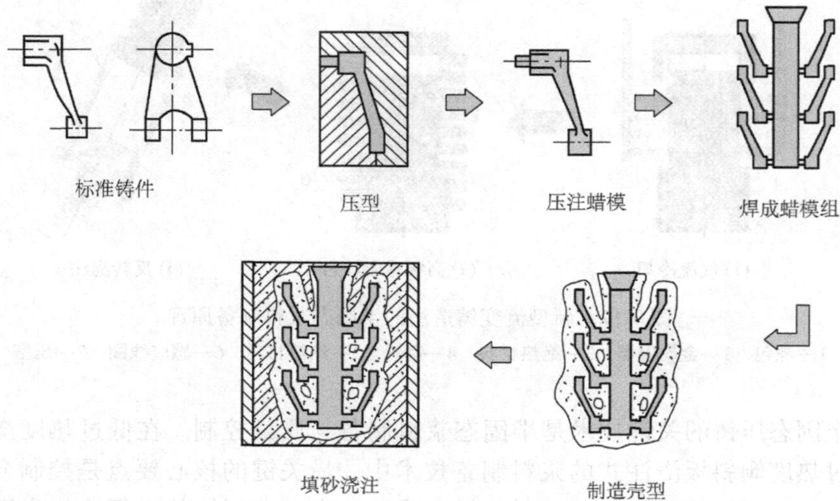

图 10-1　熔模铸造主要工艺过程

长期以来主要用蜡料铸造可熔模样（简称熔模），人们常把熔模称为蜡模，把熔模铸造称为失蜡铸造。又由于用熔模铸造法得到铸件具有较高的尺寸精度，表面光滑，故又称熔模精密铸造，也常有人简称此法为精密铸造。

2. 工艺流程

熔模铸造的工艺流程主要包括：制造蜡模、制造型壳、熔失蜡模、型壳焙烧、浇注等。

3. 熔模铸造特点

与其他铸造方法和零件成形方法比较，熔模铸造具有以下特点：

1）铸件尺寸精确，一般精度可达 CT4 ~7，有时尺寸偏差可小于 ±0.005cm/cm。

表面粗糙度 *Ra* 可达0.63～1.25μm，故可使铸件达到少切屑，甚至无余量的要求。

2）可铸造形状复杂的铸件。铸件壁厚最少可为0.5mm，可铸最小孔径为0.5mm，最小的铸件重量可达1kg，而重的铸件可达10kg以上，最重的熔模铸件有达80kg的记录；还可把原由几个零件组装、焊接起来的组合件进行整体铸造，减轻机件重量，缩短生产过程。

3）不受铸件材料的限制。

4）铸件尺寸不能太大，重量也有限制，不像砂型铸造那样可生产几吨甚至几十吨重的铸件。

5）工艺过程复杂、工序繁多，使生产过程控制难度增大；消耗的材料较贵，对模样和设备要求较严；生产周期长。

6）铸件冷却速度慢，故铸件晶粒粗大。除特殊产品，如定向结晶件、单晶叶片外，一般铸件的力学性能都有所降低，碳钢件还易表面脱碳。

因此，熔模铸造法适用于形状复杂、难以用其他方法加工成形的精密铸件的生产，如航空发动机的叶片、叶轮，复杂的薄壁框架，雷达天线，带有很多散热薄片、柱、销轴的框体，齿套等。

10.2 影响熔模铸造质量的因素

10.2.1 熔模铸造模料

1. 对模料性能的要求

1）模料的熔化温度应为60～90℃，以便于配制模料、制模和脱模。

2）模料的开始熔化温度和终了熔化温度间的范围不应太窄或太宽。若太窄，不易配制糊状模料，往压型型腔内压注时，模料可能凝固太快，而使熔模不能成形，或熔模表面粗糙；若太宽，又会使熔化模料的温度与模料开始软化的温度差别增大。一般模料的开始熔化和终了熔化温度之差以5～10℃为宜。

3）模料的软化点（软化温度，指标准模料试样按规定悬臂式地放置在热变形测定仪上，经2h后下垂2mm时的保温温度，又称热稳定性）要高于40℃，以保证制好的熔模在室温下不发生变形。

4）模料在工作温度下应具有良好的流动性，能很好充填压型型腔，并在充型流动时的温度变化范围内，其流动性变化较小，以保证获得表面光滑的熔模，还能充分复制型腔形状。其流动性还应保证脱模时模料易从型壳流出。

5）模料的热胀（收缩）率要小而稳定，使熔模的尺寸稳定，不易出现缩陷，减少脱蜡时胀裂型壳的可能性。一般要求热胀（收缩）率小于1%。目前国内外较好的模料热胀（收缩）率已小于0.5%。

6）模料凝固后要有较高的强度、韧性和表面硬度，防止在制模、制型壳过程中熔模出现破损，表面擦伤。模料强度不应低于2.0MPa，针入度（硬度标志，20℃和100g荷重下，5s内标准针垂直插入模料的深度，以0.1mm为1度）以4~6度为佳。

7）模料应能被型壳涂料很好润湿和附着，使涂料在制壳时能均匀涂覆在熔模表面，正确复制熔模的几何形状。

8）模料在高温灼烧后，遗留的灰分要少，使焙烧后型壳内腔尽可能干净，防止铸件夹渣。通常要求灰分的质量分数小于0.05%。

9）模料的化学活性要低，不应与生产过程中所遇材料（如压型材料、涂料等）发生化学作用，并对人体无害。

10）模料还需有好的焊接性，便于组合模组；密度要小，以减轻操作过程工人的劳动强度；能多次复用，价格便宜，来源丰富。

常用模料原材料及其主要物理性能见表10-1。

表10-1　常用模料原材料及其主要物理性能

原材料名称	主要物理性能							
	熔点/℃	软化点/℃	自由收缩率(%)	抗拉强度/MPa	伸长率(%)	灰分(质量分数,%)	密度/(g/cm³)	酸值/(mgKOH/g)
石蜡	56~70	>30	0.50~0.70	0.23~0.30	2.0~2.5	≤0.11	0.88~0.91	—
硬脂酸	54~57	35	0.60~0.69	0.18~0.20	2.8~3.0	≤0.03	0.85~0.95	203~218
提纯地蜡	滴点80	40	0.60~1.10	1.5~2.0	—	≤0.03	0.85~0.95	0.28
川蜡	80~84	37~50	0.80~1.20	1.20~1.30	1.6~2.2	≤0.06	0.92~0.95	1.30
蜂蜡	62~67	40	0.78~1.00	0.30	4.0~4.2	≤0.03	0.94~0.96	4~9
褐煤蜡	82~85	48	1.63	4.55	—	≤0.2	0.88~0.93	31.2
松香	89~93	74	0.07~0.09	5.0	—	≤0.03	0.90~1.10	164
改性松香 210	—	135~150	—	—	—	—	—	20

（续）

原材料名称	主要物理性能							
	熔点/℃	软化点/℃	自由收缩率（%）	抗拉强度/MPa	伸长率（%）	灰分（质量分数,%）	密度/(g/cm³)	酸值/(mgKOH/g)
改性松香424	—	>120	—	—	—	—	—	≤16
聚合松香115	—	110～120	—	—	—	≤0.03	—	<120
聚乙烯	104～115	80	2.00～2.50	8.0～16.0	—	≤0.06	0.92～0.93	—
聚苯乙烯	160～170	70～80	0.65～0.75	30～50	—	≤0.04	1.05～1.07	—
EVA①	62～75	34～36	0.70～1.20	3.0～6.0	300～600	—	0.94～0.95	—
乙基纤维素	160～180	100～130	—	14～50	—	0.30～0.80	1.00～1.20	—

① EVA为乙烯和醋酸乙烯酯共聚物。

2. 模料的种类、组成和性能

由前述对模料多方面性能的要求可知，单一的原材料是不能满足的，所以通常需要两种或更多种的原材料来配制模料。模料一般用蜡料、天然树脂（松香）和高分子聚合物组成。凡主要用蜡料配制的模料称为蜡基模料；主要用松香配制的模料称为松香基模料。前者熔点较低，为60～70℃，故又称为低温模料；后者熔点较高，为70～120℃，故又称为中温模料。还有熔点高于120℃的模料，则称为高温模料，如按质量分数，由松香50%、聚苯乙烯30%和地蜡20%组成的模料。此外，还有一些特殊的模料，如填料模料、水溶性模料、汽化性模料等。

（1）蜡基模料　蜡基模料主要用矿物蜡和动、植物蜡配制而成。用得最广泛的蜡基模料系由石蜡和硬脂酸组成。生产中常用的是石蜡和硬脂酸的质量比为1∶1的模料，这种配比模料的流动性也最好。其技术性能如表10-2所示。

表10-2　石蜡-硬脂酸模料（质量比1∶1）的技术性能

熔点/℃	软化点/℃	自由浇注收缩率（%）	抗拉强度/MPa	针入度/mm	焊接强度/MPa	灰分（质量分数,%）	涂挂性①/mm
50～51	31	2.05	1.25	2.2	0.67	0.09	0.59

① 涂挂性指熔模上涂挂的涂料厚度。

石蜡-硬脂酸模料熔点较低，配制容易，制模和熔失熔模也方便，模料回收简易，复用性好，性能基本符合要求。但是，该模料的强度和软化点低，夏季在炎热地区，若工作场地无空调，熔模易变形；收缩率较高；此外，硬脂酸的价格也高，还易皂化。所以在石蜡-硬脂酸模料基础上又研究出多种成分的蜡基模料。典型石蜡-聚合物模料的成分和技术性能见表10-3。表10-3中的两种模料在使用时都不会皂化变质。还可在石蜡-硬脂酸模料中加少量聚乙烯或EVA，以提高模料的软化点。配方（质量份）举例：①石蜡50份＋硬脂酸50份＋聚乙烯1份；②石蜡50份＋硬脂酸50份＋EVA 2～3份。

表10-3　典型石蜡-聚合物模料的成分和技术性能

序号	质量分数（%）		技术性能				
	石蜡	聚合物	熔点/℃	软化点/℃	线收缩率（%）	抗弯强度/MPa	针入度/mm
1	95.0	5.0（低分子聚乙烯）	66	34	1.04	3.30	18
2	98.5	1.5（EVA）	58	31	0.64	4.40	11

用乙基纤维素来替代部分硬脂酸，以提高模料的强度、熔点和热稳定性，改善模料的涂挂性，也是蜡基模料配制中的有效措施。乙基纤维素不溶于石蜡，但可溶于硬脂酸中，故可借助硬脂酸把石蜡、乙基纤维素互溶在一起，以获得成分分布均匀的模料。配方（质量分数）举例：石蜡50%＋硬脂酸45%＋乙基纤维素5%。

用松香的蜡基模料配方（质量分数）为：石蜡40%＋松香40%＋地蜡20%。这种模料的韧性好，软化点达33～35℃，收缩率为0.45%～0.7%，对涂料的涂挂性好。但因松香的熔点高，故配制模料麻烦。其凝固区间小，压注熔模时，模料温度控制要求严格；模料的流动性差，它在压型中凝固较慢，故在压制熔模时需用较大的压力和较长的保压时间。

欲提高石蜡-硬脂酸模料的软化点，还可采用高度数的石蜡，如70度石蜡，或使用一些蜂蜡（质量分数约为3%），但后者来源较少，一般不宜采用。

（2）松香基模料　松香基模料主要组成为松香，考虑到松香性脆、液态黏度大，通常需在松香中加一部分塑性好、液态时有良好流动性的蜡料。蜡料能和松香互溶。为进一步改善模料在凝固后的力学性能，还常在松香基模料中加少量高分子聚合物，如聚乙烯、EVA。这些材料可显著提高模料的强度和韧性，还可提高热稳定性。EVA的效果比聚乙烯更佳，但价格较贵。聚合物一般不溶于松香中，但却能和川蜡、地蜡溶在一起，并且它们的溶合物又都能溶于松香之中。因此，在配制模料时，必须先把蜡料与聚合物共同在加热情况下溶在一起，然后再与松香溶合。

松香基模料还常采用性能较好的聚合松香、改性松香替代部分一般松香。几种松香基模料的配方和技术性能见表10-4。

表10-4 几种松香基模料的配方和技术性能

配方（质量分数）	工艺特性					
	熔点/℃	软化点/℃	收缩率（%）	抗拉强度/MPa	针入度/mm	灰分（质量分数,%）
松香20%+改性松香37%+石蜡30%+地蜡10%+EVA3%	滴点73	—	0.98	4.2	12.2	≤0.05
聚合松香50%+石蜡30%+地蜡10%+蜂蜡8%+EVA2%	滴点73	—	—	4.0	11.3	≤0.05
松香60%+地蜡5%+聚乙烯5%+川蜡30%	90	>40	0.88	5.8	—	≤0.05
松香75%+地蜡5%+聚乙烯5%+川蜡15%	94	>40	0.95	9.8	—	≤0.05
松香30%+改性松香27%+地蜡5%+聚乙烯3%+川蜡35%	—	>40	0.78	5.9	—	—
聚合松香17%+改性松香40%+石蜡30%+褐煤蜡10%+EVA3%	74~78	>40	—	5.3	—	—

（3）系列模料 表10-5列出了国产WMⅡ系列模料的技术性能和适用范围。

表10-5 WMⅡ系列模料的技术性能和适用范围

牌号	熔点/℃	压注温度/℃	抗拉强度/MPa	线收缩率（%）	灰分（质量分数,%）	使用状态	适用范围	颜色
WMⅡ-1	95	70~75	2.5~3.0	0.3~0.5	<0.05	液态	叶片	深红
WMⅡ-2	90	50~70	3.0~4.0	0.5~0.6	<0.05	糊状	一般熔模件	浅红
WMⅡ-3	80~90	55~70	2.5~3.0	0.4~0.6	<0.05	糊状	大件	浅绿
WMⅡ-4	70~80	60~70	4.5~5.0	0.4~0.6	<0.05	液态	薄壁件 钛合金件	橘红
WMⅡ-5	55~70	55~65	3.0~3.05	0.6~0.8	<0.05	糊状	代替石蜡-硬脂酸模料	深绿
WMⅡ-6	65~75	55~65	3.5~4.5	0.3~0.5	<0.05	糊状	填料模料	大红

（续）

牌号	熔点/℃	压注温度/℃	抗拉强度/MPa	线收缩率（%）	灰分（质量分数，%）	使用状态	适用范围	颜色
WMⅡ-7	45~60	—	2.0~3.5	—	<0.05	液态	修补熔模	深红
WMⅡ-8	55~65	—	2.0~3.0	—	<0.05	液态	黏结熔模	黄
WMⅡ-9	45~60	—	3.4~4.5	0.6~0.7	<0.05	液态	工艺美术品	红
WMⅡ-10	—	60	1.0~1.5	0.1~0.2	<0.05	糊状	制水溶芯	草绿

选用系列模料时应注意，制造浇道模料的熔点应低于铸件熔模本体的模料，并具有更好的流动性，以保证脱模时浇道部分先于熔模本体熔失，减小型壳被胀裂的可能性。粘接熔模用模料在液态时应有较大黏度，在凝固后应有较强粘接力和较好的韧性。用于修补熔模的模料应熔点低，塑性好，借手温即可捏成形，便于堵塞熔模表面孔洞、疤痕等缺陷。

（4）其他模料　除了上面三种用得较为广泛的模料外，熔模铸造中还有填料模料、泡沫聚苯乙烯模料和尿素模料等。

1）填料模料。可用于制备填料模料的粉料有聚乙烯粉、聚苯乙烯粉、聚氯乙烯粉、异苯二甲酸粉、季戊四醇粉、己二酸粉、脂肪酸粉、尿干粉（尿素加热至120℃保温5h后粉碎得到的）、苯四酸酐二亚胺、酞酰亚胺、萘、淀粉等。加入量可为模料总重量的10%~45%。

采用填料模料可减小模料的收缩率，比无填料的模料收缩率小5%以上；可提高熔模的尺寸精度和表面质量，但模料的回收较困难。

常见的几种填料模料配方（质量分数）如下：

①松香（或改性松香）20%~30%+硬脂酸40%~60%+褐煤蜡5%~20%，外加填料聚苯乙烯粉10%~20%。此种填料模料又称T48号模料。制备时，模料温度应控制在90℃以下，通过此温度聚苯乙烯粉会黏结成团，使脱模和模料回用困难。

②石蜡80%+地蜡20%，外加占石蜡和地蜡总重量10%的聚氯乙烯粉。

③改性松香35%+硬脂酸30%+改性尿素粉（尿素和二缩尿在170℃时生成三聚异氰酸和三聚氰酸，经破碎而成，不溶于水）35%，外加占上述填料总重量3%的地蜡。

④地蜡8%+改性松香35%+硬脂酸22%+尿干粉35%。

2）泡沫聚苯乙烯模料又称汽化模料，是一种高温模料，预发泡聚苯乙烯珠粒在金属模具中经加热发泡可制得模样。用此种模料制成的模样尺寸精确，热稳定性好，不易变形；但涂挂性不好，而且在泡沫接缝处表面不光滑，且不易制作薄壁的模样，需有透气性好的型壳，故应用较少。

3）尿素模料是一种水溶性的模料，用它制成尿素质模样，常用来形成不能取出型芯的熔模内腔。尿素在130～140℃时溶化成液态，具有良好的流动性，浇在金属型中很易成形，且凝固速度快，收缩率小（<0.1%），用尿素制作的模样尺寸精确，表面光洁。制造熔模时，先把尿素质模样作为型芯放在压型中，压注模料熔模成形后，把带有尿素型芯的熔模放在水中，尿素型芯溶在水中，在熔模中形成内腔。尿素型芯又称可溶芯，应用较广泛。

此外，人们还研究了以尿素为主加入少量硼酸、硝酸钾或硫酸铵等水溶粉料，压制成模样用米涂挂涂料制作型壳。此种尿素模样具有好的热稳定性，存放时不易变形、刚性大，可做大铸件，脱模时不需加热，只需将带有模样的型壳放入水中，模样自动溶化于水中；但其密度较大，易吸潮，不能使用水基涂料（如硅溶胶涂料、水玻璃涂料）制型壳，只能用醇基涂料（硅酸乙酯水解液涂料）制型壳，模料回收也很困难。

3. 模料的配制和回收

（1）模料的配置　配制模料的目的是，将组成模料的原材料按规定的配比混成均匀的一体，并使模料的状态符合压注熔模的要求。配制蜡基模料和松香基模料时常用加热熔化和搅拌的方法，把模料熔成液态充分搅拌，滤去杂质，保温情况下静置，让液态模料中气泡逸出。如果模料的工作状态为液态，则可送去压蜡机中供压制熔模用；如果模料的使用状态为糊状（固液态），则熔化后的模料需在过滤后，通过边冷却边搅拌的方法制成糊状供压制熔模使用。

1）蜡基模料的配制。蜡基模料的熔点都低于100℃，为防止模料在加热时温度过高而出现分解、炭化变质的现象，常通过热水槽、油槽或甘油槽，或水蒸气对模料加热。图10-2所示的就是一种用水槽加热熔化模料的装置。通过电热器7把水加热，以水为媒介，把热量通过化料桶传给模料4，将模料熔化。如果将该装置中电热器和水除去，在水箱中通入压力蒸汽，便可将此装置改装成通蒸汽熔化模料的装置。

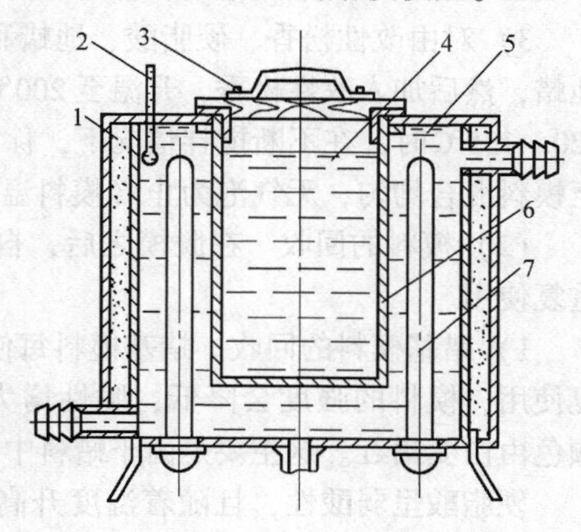

图10-2　熔化蜡基模料的加热槽

1—绝热层　2—温度计　3—盖　4—模料　5—水　6—化料桶　7—电热器

熔化蜡基模料时，可把所有原材料一起加入化料桶中熔化，并搅拌均匀，最后用SBS11号（270目）筛过滤去除固态杂质。

为减小模料在压型中的收缩，防止形成熔模的收缩性缺陷，提高制模效率，常用糊状蜡基模料压制熔模。糊状模料可在连续冷却和保温的情况下，通过搅拌直接制成糊状。对石蜡-硬脂酸模料而言，糊状模料的温度为42～48℃。也可用在液态模料搅拌过程中加入小块状、屑状或粉状模料的方法制备糊状蜡基模料。模料的搅拌大多采用旋转桨叶。

2）松香基模料的配制。松香基模料的熔点较高，一般都用不锈钢制的电热锅熔化，电加热锅可转动，以便倾倒液态模料。电加热锅用温度控制器控温，防止模料温度太高氧化、分解变质。熔化后的模料需经SBS11号（270目）筛过滤去除杂质，滤过的模料保温静置。如果模料为液态使用，则在规定温度保温静置后即可用来制模；如果模料为糊状使用，则需自然冷却成糊状或在边冷却边搅拌情况下制成糊状备用。

由于松香基模料原材料组成复杂，它们之间有的不能互溶，需借助第三组成使之溶合；有的组分之间只能部分溶解。因此，配制熔化松香基模料时，必须注意加料次序，以便得到成分均匀的模料。几种配比的模料熔化加料次序如下：

1）对含有松香、聚乙烯和石蜡、川蜡、地蜡的松香基模料言，先熔化蜡料，升温至约140℃，在搅拌情况下逐渐加入聚乙烯；再升温至约220℃，加入松香熔化之；最后的熔化温度不超过210℃。

2）对由松香、EVA、改性松香和石蜡、地蜡组成的松香基模料言，先将石蜡和EVA放进化料锅内熔化，温度不超过120℃；而后在搅拌情况下加入松香和改性松香，最后加入地蜡，搅拌均匀，熔化温度不超过180℃。

3）对由改性松香、硬脂酸、地蜡和尿干粉的填料模料言，先熔化硬脂酸和地蜡，然后加入改性松香，升温至200℃，用SBS11号筛过滤；待过滤物冷却至120～135℃时，在不断搅拌情况下，徐徐加入尿干粉，继续搅拌20～30min，直至模料混合均匀，无气泡为止（模料温度保持在80～90℃）。

（2）模料的回收　在脱模之后，自型壳中脱出的模料经回收处理后，可再重复使用。

1）蜡基模料的回收。蜡基模料每使用一次，其性能就恶化一些，经多次反复使用，模料的强度会降低，脆性增大，收缩率增大，流动性和涂挂性变差，颜色由白变褐红。这主要是由于蜡料中的硬脂酸变质所引起。

硬脂酸呈弱酸性，且随着温度升高而酸性增强，硬脂酸能与比氢强的金属元素，如Al、Fe等起置换反应。生产中，模料常与铝器（如化料锅、浇口棒等）、铁器（如压型、盛料桶等）接触，此时可能出现皂化反应，所生成的硬脂酸盐称为皂盐或皂化物，大多不溶于水，混在模料中，使模料性能变坏。因此需要对回收的、性能已变得很不好的模料进行处理，除去其中皂盐。常见的处理方法包括：

①酸处理法。采用盐酸和硫酸，使除硬脂酸以外的硬脂酸盐还原为硬脂酸。

②活性白土处理法。活性白土又称漂白土，它具有较高的吸附能力，能吸附模料中的硬脂酸盐（包括硬脂酸铁）。

③电解处理法。该法目的是去除模料中的硬脂酸铁。

2）松香基模料的回收。松香基模料在使用时，其中某些组分会因受热而挥发、分解、树脂化、炭化，还可能混入各种杂质，如砂粒、粉尘、水分等。处理时，将液态模料先置于水分蒸发槽中，在120℃下，使模料中水分蒸发干净，然后用离心分离器从模料中排除杂质，经检查模料的灰分、针入度、强度和熔点（或滴点）合格后，即可回用。如果用来制造浇道的熔模，处理后模料可直接回用；如果需制造铸件的熔模，则需在模料中加入20%～30%（质量分数）的新料。

10.2.2 熔模铸造模样

制造壳型的模样时，主要有两种将模料注入压型的方法，即自由浇注和加压注入（压注）。自由浇注时使用液态模料，浇道的熔模和可溶尿素质型芯都用自由浇注法制造。压注时模料可为液态、半液态（糊状）、半固态（膏状）和固态。半固态和固态（粉状、粒状或块状）挤压成形是利用低温时模料的可塑性，用高的压力使之在压型中形成一定的形状，具有生产率高、收缩小、熔模尺寸精度高的优点；但只适用于制造厚大截面、形状简单的熔模，且要有专门的压力机。目前生产中主要采用糊状模料和液态模料压注形成铸件的熔模。

压注熔模前，需在清洁的压型型腔表面涂抹薄层分型剂，以便自压型中取出熔模和降低熔模的表面粗糙度。在压注糊状蜡基模料时，常用的分型剂有变压器油和松节油；在压注糊状松香基模料时可用蓖麻油和酒精质量各半的溶液；硅油的质量分数为2%的溶液可用于松香基模料的液态和糊状压注。较为普遍的模料压注方法有以下三种：

（1）柱塞加压法（见图10-3） 此法易行，所需装备简单，小规模生产压注糊状蜡基模料时，常用此法。也常把装好模料和柱塞的压料桶和压型放在手工台上，用台钻上部的主轴给柱塞加压，进行压注。

（2）活塞加压法（见图10-4） 用压缩空气作动力，把气缸中活塞下压，压杆施力于压注活塞上，把模料注入压型。此法常用来小规模地把松香基糊状模料压注成熔模。

（3）气压法（见图10-5） 模料置于密闭的保温罐中，向罐内通入压力为0.2～0.3MPa的压缩空气，将模料经保温导管压向注料头。制熔模时，只需将注料头的嘴压在压型的注料口上，注料头内通道打开，模料自动进入压型。此法只适用于压注蜡基模料，装备简单，操作容易，生产率高，故得到广泛应用。

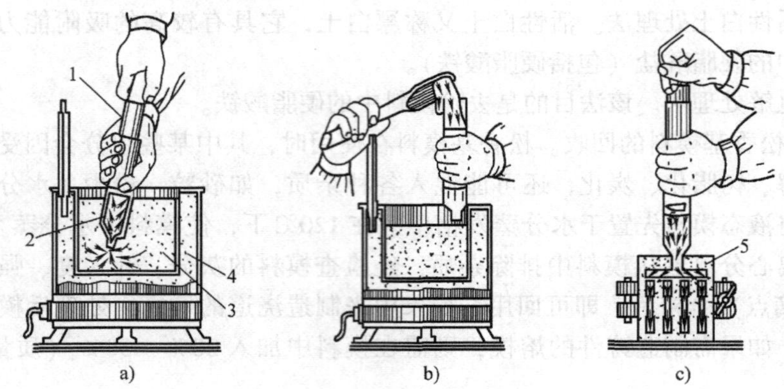

图 10-3　柱塞压注熔模示意图

a）抽柱塞将模料抽入压料筒　b）从压料筒上口装模料　c）手工压注

1—柱塞　2—压料筒　3—模料　4—保温槽　5—压型

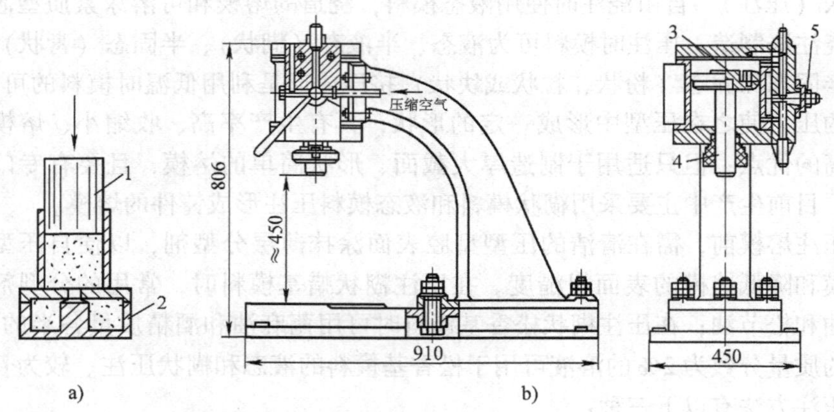

图 10-4　活塞加压法压注熔模和使用的压力机

a）活塞加压法示意图　b）加压用台式压力机

1—压注活塞　2—压型　3—气缸活塞　4—压杆　5—气阀

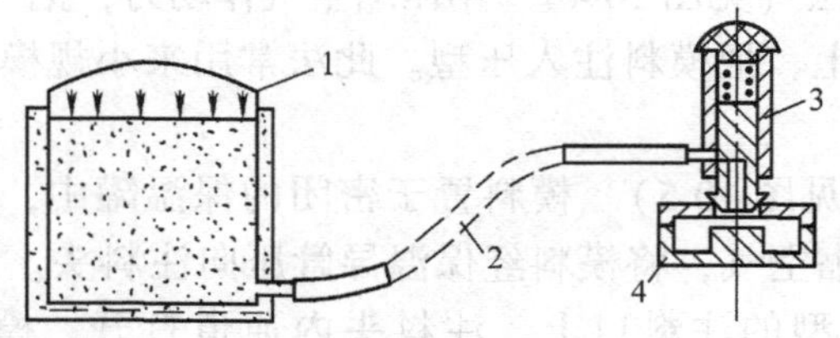

图 10-5　气压法压注模料

1—密封保温模料罐　2—导管　3—主料头　4—压型

除上述三法外，还可用齿轮泵、螺旋给料装置等驱使模料注入压型。为获取质量优良的熔模，还需控制好制模的工艺参数。压注熔模主要工艺参数见表10-6。

表10-6　压注熔模主要工艺参数

模料类型	压注温度/℃	压型温度/℃	压注压力/MPa	保压时间/s
蜡基糊状模料	40～50	20～25	0.1～1.4	0.3～3
松香糊状模料	70～85	20～25	0.3～1.5	0.5～3
松香液态模料	70～80	20～30	0.3～6.0	1～3
尿干粉填料模料	85～90	20～30	0.2～1.25	约1

浇道的熔模可用重力浇注法、挤压柔软模料通过模板孔成形法或压注法获得。

对有壁厚特大部位的熔模，为防止该处出现模料收缩性缺陷，可在压型型腔的相应部位放置对应形状的冷模块（见图10-6a）。对含有薄陶瓷型芯的熔模，为防止压注模料冲断型芯，使型芯变形、错位，可采用模料、塑料的芯撑（见图10-6b）。芯撑事先粘在陶瓷型芯的相应部位。

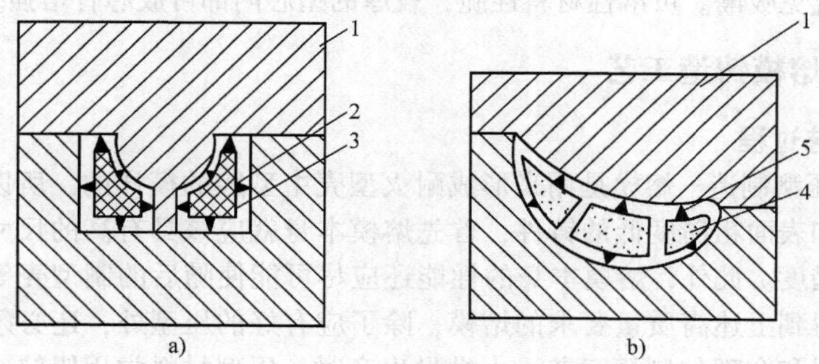

图10-6　制模时冷模块、芯撑的应用

a）冷模块的应用　b）芯撑的应用

1—压型　2—模料定位凸台　3—冷模块　4—陶瓷型芯　5—芯撑

为防止浇注铸件时金属液冲断陶芯型芯，或使型芯变形，可在制好的熔模上插上一些加热的直径为0.3～1.0mm的金属丝。使丝的一端紧贴型芯表面，另一端露出熔模表面，以使制型壳时，金属丝能固定在型壳上，起支撑陶瓷型芯的作用。

10.2.3　熔模铸造用型芯

为形成形状复杂、型芯又不能取出的熔模内腔，常需在压注熔模前预制可溶型芯。压注熔模时把可溶型芯放在压型型腔的相应部位，制好熔模后，把带有可溶型芯的熔模放入水中溶去，得到形状复杂的熔模内腔。常用可溶型芯的材料配方和应用性能见表10-7。

表10-7 常用可溶型芯的材料配方和应用性能

材料配方（质量分数）	应用性能		
	收缩率（%）	熔点/℃	成形性
尿素95%～97%＋硼酸3%～5%	0.2～0.7	118～120	良
尿素75%～85%＋碳酸氢钠15%～25%	0.1～0.6	120～125	良
聚乙二醇30%～50%＋碳酸氢钠20%～30%＋滑石粉25%～45%	0.2～0.4	—	优
聚乙二醇40%～60%＋碳酸氢钠10%～30%＋云母粉20%～40%	0.2～0.7	—	优

可溶型芯在金属型中形成。尿素基材料采用液态重力浇注法，浇注时金属型温度应小于60℃；聚乙二醇基材料用压注法成形，金属型温度应低于30℃。压注压力为0.5～1MPa，保压时间为30～60s。尿素基型芯用水溶化，聚乙二醇基型芯用水或酸化水溶化。损坏的型芯可热补后修正。制好的型芯应放于干燥容器内，避免吸潮。可溶性材料性脆，较厚的型芯内部可放芯骨增强。

10.2.4 熔模铸造工艺

1. 工艺过程

（1）压型制造　熔模是用来形成耐火型壳中型腔的模样的，所以要获得尺寸精度高和表面粗糙度低的铸件，首先熔模本身就应该具有高的尺寸精度和低的表面粗糙度。此外，熔模本身的性能还应尽可能使随后的制型壳等工序简单易行。为得到上述高质量要求的熔模，除了应有好的压型外，还必须选择合适的制模材料和合理的制模工艺。小批量生产时，压型材料常用锡铋合金，其特点是容易制造和切削加工；大批量生产时，压型材料常用碳素钢，其特点是耐磨、寿命长，但制造困难。压型制造要考虑蜡料和铸造合金的双重收缩。

（2）蜡模压制　生产中，大多采用压力把糊状模料压入压型的方法制造熔模。压制熔模之前，需先在压型表面涂薄层分型剂，以便从压型中取出熔模。压制蜡基模料时，分型剂可为全损耗系统用油、松节油等；压制树脂基模料时，常用麻油和酒精的混合液或硅油作分型剂。分型剂层越薄越好，使熔模能更好地复制压型的表面，降低熔模的表面粗糙度。制模材料常用质量分数为50%的石蜡和50%的硬脂酸配制而成。这种蜡料的全熔温度为70～90℃。为加速蜡料凝固，减少蜡料收缩，制模时蜡料是45～48℃的糊状稠蜡，用0.2～0.4MPa压力压入制好的压型中成形。从压型中取出模样后放入14～24℃的水中冷却，以防止变形。最好使室温保持在18～28℃间，使蜡模样有足够的强度，并保持准确的尺寸和形状。

(3) 蜡模组装　熔模的组装是把形成铸件的熔模和形成浇冒口系统的熔模组合在一起，主要有两种方法：焊接法和机械组装法。焊接法是用薄片状的烙铁将熔模的连接部位熔化，使熔模焊在一起，此法较普遍。机械组装法在大量生产小型熔模铸件时应用，国外已广泛采用机械组装法组合模组，可使模组组合效率大大提高，工作条件得到改善。若干个蜡模使用蜡料焊接在一个直浇道上，装配成蜡模组。直浇道的中心是一个铁心，外围是蜡制的直浇道，其直径较大，同时起补缩冒口的作用。

(4) 浸涂料　将蜡模组置于涂料中浸渍，使涂料均匀地覆盖在蜡模组表面。涂料是由耐火材料（石英粉）、黏结剂（水玻璃等）组成的糊状混合物，它使型腔获得光洁的面层。在熔模铸造中，用得最普遍的黏结剂是硅酸胶体溶液（简称硅酸溶胶），如硅酸乙酯水解液、水玻璃和硅溶胶等。其组成物质主要为硅酸（H_2SiO_3）和溶剂，有时也有稳定剂，如硅溶胶中的 NaOH。硅酸乙酯水解液是硅酸乙酯经水解后所得的硅酸溶胶，是熔模铸造中用得最早、最普遍的黏结剂。水玻璃壳型易变形、开裂，用它浇注的铸件尺寸精度和表面质量都较差。但在我国，当生产精度要求较低的碳素钢铸件和熔点较低的非铁合金铸件时，水玻璃仍被广泛应用于生产。硅溶胶的稳定性好，可长期存放，制型壳时不需专门的硬化剂，但硅溶胶对熔模的润湿稍差，型壳硬化过程耗时较长。

(5) 撒砂　它是使浸渍涂料的蜡模组均匀地粘附一层耐火材料，以迅速增厚型壳。小批量用人工手工撒砂，大批量在专门的撒砂设备上进行。目前，熔模铸造中所用的耐火材料主要为石英、刚玉以及硅酸铝耐火材料（如耐火黏土、铝矾土、焦宝石），有时也用锆石、镁砂等。

(6) 硬化及干燥　为使耐火材料层结成坚固的型壳，撒砂后进行硬化及干燥。以水玻璃为凝结剂时，在空气中干燥一段时间后，将蜡模组浸在质量分数为25% 的 NH_4Cl 中 1 ~ 3min，这样硅酸凝胶就将硅砂粘得很牢，而后在空气中干燥 7 ~ 10min，形成 1 ~ 2mm 厚的薄壳。为使型壳具有一定的厚度与强度，上述的浸涂料、撒砂、硬化及干燥过程需重复 4 ~ 6 次，最后形成 5 ~ 12mm 厚的耐火型壳。此外，面层（最内层）所用的石英粉及硅砂应较以后各加固层细小，以获得高质量的型腔表面。

在自动化生产中，型壳的制造将 4 至 6 工艺组成了生产线。

(7) 脱蜡　为取出蜡模以形成铸型型腔，必须进行脱蜡。最简单的方法是，将附有型壳的蜡模组浸泡于 85 ~ 95℃ 的热水中，使蜡料熔化，经朝上的浇口上浮而脱除，脱出的蜡料经回收处理后仍可重复使用。除上述热水法外，还可用高压蒸汽法将蜡模组倒置于高压釜内，通入 0.2 ~ 0.5MPa 的高压蒸汽，使蜡料熔化。

(8) 造型　造型是将脱蜡后的型壳置于铁箱中，周围用粗砂填充的过程。

如果在加固层涂料中加入一定比例的黏土形成高强度型壳，则不经造型过程，直接进入焙烧环节。

(9) 焙烧 为去除型壳中的水分、残余蜡料及其他杂质，脱蜡后将置于铁箱中的型壳，必须送入800~1000℃的加热炉中进行焙烧，使型壳强度升高，型壳干净。

(10) 浇注 浇注是将熔炼出的预定化学成分与温度的金属液趁热浇注到型壳的过程。常用的浇注方法是热型重力浇注法，即型壳从焙烧炉中取出后，在高温下进行浇注。此时，金属在型壳中冷却较慢，能在流动性较高的情况下充填铸型，故铸件能很好复制型腔的形状，提高了铸件的精度；但铸件在热型中的缓慢冷却会使晶粒粗大，这就降低了铸件的力学性能。在浇注碳钢铸件时，冷却较慢的铸件表面还易氧化和脱碳，从而降低了铸件的表面硬度、尺寸精度和表面质量。

真空吸气浇注法是将型壳放在真空浇注箱中，通过型壳中的微小孔隙吸走型腔中的气体，使金属液能更好地充填型腔，复制型腔的形状，提高铸件精度，防止气孔和浇不到的缺陷。

压力下结晶法是将型壳放在压力罐内进行浇注，结束后立即封闭压力罐，向罐内通入高压空气或惰性气体，使铸件在压力下凝固，以增大铸件的致密度。

定向凝固法是针对一些熔模铸件（如涡轮机叶片、磁钢等）而言。其结晶组织是按一定方向排列的柱状晶，它们的工作性能可提高很多。熔模铸定向结晶技术正迅速地得到发展。

(11) 落砂及清理 冷却后，破坏型腔，取出铸件，去掉浇注系统，清理毛刺。熔模铸件清理的内容主要为：从铸件上清除型壳；从浇注系统上取下铸件；去除铸件上所粘附的型壳耐火材料；铸件热处理后的清理，如除氧化皮、切边和切割浇注系统残余等。

2. 熔模铸造合金

熔模铸造可用来制造碳钢、合金钢、球墨铸铁、铜合金、铝合金、镁合金、高温合金、贵重金属的铸件。一些难以锻造、焊接或切削加工的精密铸件用熔模铸造法生产具有很大的经济效益。

钛合金比强度高，已成为现代工业中一种重要的结构金属，熔模铸造是生产复杂精密钛合金件的生产方法，现钛合金铸件已被广泛用于飞行器、飞机、导弹和化工设备等零件上。

10.3 熔模铸造质量检测

1. 型壳性能检测（见表10-8）

表 10-8　型壳性能检测

测试项目	仪器装置	测定原理	取样	测试要点	精确度
型壳抗弯强度（JB/T 2980.2—1999）	常温抗弯强度仪	抗弯强度夹具 1—支架　2—试样 3—加载压头	用熔模制壳方法制取下图试样，供测定脱蜡后强度、焙烧后强度和高温强度 脱蜡后试样 脱蜡后在 110℃ 烘 2h，冷到室温使用 焙烧后冷到室温	1）测量每块试样中部最薄部位厚度 3~5 次，取平均值 2）将试样置于仪器支架上并加载至断裂，记录载荷值 3）按下式计算标准差 σ $\sigma = \sqrt{\dfrac{\sum_{i=1}^{n}(X_i - \bar{X})^2}{n-1}}$ 式中，X_i 为每个试样测定值；$\bar{X}$ 为每组试样算术平均值；n 为试样数量	按 3σ 原则剔除最大值，取不少于 5 个值的算术平均值
	高温抗弯强度仪	试样断裂后按下式计算抗弯强度 $\sigma_{bb} = \dfrac{3FL}{2bh^2}$ 式中，L 为两支点距离（cm）；F 为试样断裂载荷（N）；b 为试样宽度（cm）；h 为试样厚度（cm）	测定高温强度用试样需经以下预焙烧 黏结剂：温度×时间 硅酸乙酯、硅溶胶：900℃ ×2h 水玻璃：750℃ ×2h	1）将试样装在抗弯强度夹具上送入加热炉内，并调整加载机构，然后送电加热。到规定温度保温 0.5h 后开始加载；当连续试验时，每一个试样必须保证在试验温度下保温 10min 2）当测定试样静态抗弯强度时，加载速度一般为 5~6mm/min 3）试样加载至断裂为止，由 XWC200 型电位差计读出变形量及所施加的载荷值 F	

（续）

<table>
<tr><th>测试项目</th><th>仪器装置</th><th>测定原理</th><th>取样</th><th>测试要点</th><th>精确度</th></tr>
<tr>
<td>熔模铸造型壳高温荷重变形测定（JB/T 2980.1—1999）</td>
<td>RKB 型型壳高温变形试验仪
1）负荷精度：1%~3%
2）加热温度：室温~1350℃</td>
<td>通过加热杆在试样外圆中心施加规定载荷，随着温度的升高，试样外圆尺寸产生的变化，通过电感位移计记录下来。各种型壳加载重量如下表：
<table><tr><td>黏结剂</td><td>加载重量 /N</td></tr><tr><td>硅酸乙酯
硅溶胶</td><td>2.50~
6.00</td></tr><tr><td>水玻璃</td><td>2.50</td></tr></table>
计算式：型壳变形值=测量值-空白试验值
空白试验值系采用 φ10mm×50mm 透明石英玻璃试样试验测定值，每3~6个月校验一次</td>
<td>1）按熔模铸造方法涂制试样。试样尺寸如下图
（图：φ50，50，6±0.5）
2）脱蜡后，低于300℃入炉按以下规范进行预焙烧
<table><tr><td>黏结剂</td><td>温度×时间</td></tr><tr><td>硅酸乙酯
硅溶胶</td><td>900℃×2h</td></tr><tr><td>水玻璃</td><td>750℃×2h</td></tr></table>
3）试样外圆及侧面应平整，棱角清晰，无分层及其他缺陷</td>
<td>1）将测试样调至铅垂位置，并调整水平仪处于水平位置
2）用标块定位，固定加载部件，提起加载杆，拿掉标准块，将试样置于试样座上，使载荷杆加于试样外表面的中心位置
3）加载杆接触试样后，调整电感位移表于零位
4）送电升温，试样产生的变形量由电感位移计和双笔记录仪记录下来</td>
<td>同一材料同一操作者复验误差≤0.1mm</td>
</tr>
</table>

（续）

测试项目	仪器装置	测定原理	取样	测试要点	精确度
型壳透气性（JB/T 4153—1999）	熔模铸造型壳透气测定仪 1 2 3 4 5 6 透气性测定仪示意图 1—压缩空气机 2—调压阀 3—气体流动机 4—加热炉 5—试样 6—压力表	在密封的球形试样内通入压缩空气。空气通过型壳壁向外排出，型壳的透气性尺按下式计算： $$K=\frac{Q\delta}{tp_eA}$$ 式中，Q 为通过流量计的气体流量（cm^3）；t 为时间(min)；p_e 为压缩空气压力(kPa)；δ 为型壳厚度（cm）；A 为型壳内表面积(cm^2)	φ7～φ8 φ5～φ6 6±1 1 2 L=200～400 乒乓球型壳试样尺寸 1—玻璃管　2—型壳试样 1）取乒乓球一只，将玻璃管的一端加热至250℃插入至球的中心，再用蜂蜡将球于玻璃管封严和固定 2）涂完料后自干24h，然后放入低于100℃炉内缓慢升温到250～300℃保温，使球汽化，继而升温预焙烧。不同型壳的焙烧温度如下 黏结剂：硅酸乙酯、硅溶胶 — 温度×时间：900℃×2h 黏结剂：水玻璃 — 温度×时间：750℃×2h	1）清除试样表面浮砂，测定外径3处，取平均值 2）将试样放入炉均温区，玻璃管的一端与透气测定仪连接 3）将压缩空气的压力调到9.8～49kPa（试样透气性好的取下限，透气性差的取上限），使气体进入试样内 4）当连续测定从室温到高温透气性时，升温速度为(10±2)℃/min，每隔50℃记录一次气体的流量 5）测定高温透气性时，试样低于500℃入炉，以20～25℃/min，速度升温至1000℃，保温10min后，测定气体的流量	试样测量值与平均值之差大于15%的数字应剔除，取3个有效测量的平均值

2. 型芯检测（见表 10-9）

表 10-9　型芯的检测

检验项目	检验方法及工具	检验内容
外观检验	目视、用 5 ~ 10 倍的放大镜、着色	表面缺陷，如破损、裂纹、缩陷、凹坑、金属夹杂物及标志等
几何尺寸	样板、测具、非接触式光学投影仪及长度测量用工具	线性和非线性尺寸（凡图样标准尺寸均属检查范围）
内部质量	X 射线检测	内部裂纹、孔洞、金属夹杂物等
力学物理性能	高温和室温抗弯强度仪、高温变形仪、高温线膨胀仪、透气性测量仪、偏光显微镜	高低温抗弯强度、高温变形度、气孔率、烧成收缩、岩相分析等

10.4　熔模铸造常见缺陷及防止措施

熔模铸造常见缺陷及防止措施见表 10-10。

表 10-10　熔模铸造常见缺陷及防止措施

名称及特征	产生原因	防止措施
欠铸和冷隔：欠铸常在铸件的薄壁或远离内浇道处局部缺肉，其边缘呈圆弧状；冷隔是两股金属液未完全融合，有明显接缝	1）金属液浇注温度和铸型温度低 2）浇注速度慢或浇道设置不合理，金属流程太长 3）铸件壁厚太薄，金属液流动差 4）浇注时断流	1）提高金属液浇注温度和铸型温度 2）加大浇注速度或增加内浇道数量或面积，减少金属液的流程 3）增大浇冒口的压力头，浇注时防止断流
缩松：经 X 射线检测才能发现，表面缩松，经荧光或着色检查发现，严重时经吹砂后即可发现	1）铸件结构不合理，热节过多或太大 2）浇冒口的热容量小，未能形成顺序凝固，或压力头小，降低了补缩能力 3）铸型温度低，冷却速度快，补缩通道受阻	1）改进铸件结构，减少热节 2）合理设置冒口，或外加能用加工方法去除的补缩肋，增加压力头，使铸件能在一定压力头作用下得到顺序凝固 3）适当提高浇注温度和铸型温度减缓铸件冷却速度
热裂：表面或内部产生不规则的晶间裂纹，表面呈氧化色，严重的清砂后即可看见，轻度的需加工或渗透检查才能发现	1）与合金的成分有关，碳、硅含量高，液 – 固相温度范围大，易产生热裂 2）铸型温度低，退让性差，冷却速度快 3）铸件厚薄相差较大，过渡圆角太小	1）对易产生热裂纹的合金或钢种，其碳、硅含量尽可能控制在中、下限 2）提高浇注时铸型温度，减缓铸件的冷却速度，或降低型壳强度 3）在铸件厚薄连接处增设防裂工艺肋，或加大过渡圆角

（续）

名称及特征	产生原因	防止措施
冷裂：铸件上有连续贯穿性裂纹，裂纹断口光亮或轻度氧化	1）铸件冷却过程中收缩受阻，产生热应力和相变应力超过在弹性状态下铸件材料的强度而断裂 2）在清壳、切割浇冒口或矫正过程中，有残余应力的铸件受到外力作用而断裂	1）在易产生冷裂部位增设加强肋，提高型壳的可退让性，减少收缩受阻和铸造应力 2）在后处理的工序中应避免铸件受剧烈撞击
气孔：铸件上有明显的或暗的内表面光滑孔眼	1）型壳透气性差，浇注时型腔内气体来不及排出 2）型壳焙烧不充分，未充分排除模料残余物及制壳材料中的发气物质 3）金属液气体含量过高，脱氧不良 4）浇注系统设置不合理，浇注时卷入气体	1）改善型壳透气性，必要时可增设排气孔 2）充分焙烧型壳 3）改善脱氧方法 4）改进浇注系统
麻点：在铸件表面局部有密集圆点状凹坑	1）用硅酸乙酯做黏结剂时，不完全水解物在涂料过程中，室内相对湿度低，未能得到进一步水解，焙烧后析出“白霜”形成麻坑 2）用水玻璃做黏结剂时，型壳残余盐类与金属液产生反应形成麻坑 3）金属液脱氧不良或出钢时渣料未扒干净	1）用硅酸乙酯做黏结剂时，适当增加水的加入量和增大涂料工作室的相对湿度，尽量减少残余不完全水解物 2）用水玻璃做黏结剂时，脱完蜡后用酸化水清洗 3）表面层涂料改用硅溶胶做黏结剂 4）熔炼时加强脱氧和扒渣
皮下针孔：铸件表面经打磨或抛光后，出现微小黑点，多产生于镍铬型不锈钢	1）炼钢时使用过多回炉料，或回炉料未经处理 2）熔炼过程中金属液被氧化或吸收气体，未能充分脱氧 3）制壳材料杂质含量高，或黏结剂与金属液产生反应 4）浇注系统设置不合理	1）控制回炉料用量，回炉料需经过吹砂或喷丸吃力后再用 2）严格控制熔炼工艺，加强脱氧 3）采用电熔刚玉、锆砂和硅溶胶或硅酸乙酯涂料 4）尽量采用底注或增设排气气孔

（续）

名称及特征	产生原因	防止措施
粘砂：在浇道附近或铸件内有粘砂层，经吹砂后有门起的毛刺或凹坑	1）涂料面层用的耐火粉料杂质含量过高，与金属液反应形成低熔点共熔物 2）浇注温度过高，尤其是含Al、Ti等元素的钢种，易与硅砂起化学反应 3）浇注系统设置不合理，大量金属液流经内浇道。形成局部过热	1）采用电熔刚玉或锆砂代替硅砂，尽量不用水玻璃做黏结剂 2）适当降低浇注温度 3）增设内浇道，调整热平衡，减少局部过热
鼓胀：在铸件较大的平面上局部鼓胀，用水玻璃做黏结剂时更为明显	1）铸件结构不合理平面面积太大 2）型壳高温强度低，不能承受金属液的压力	1）改进结构，在平面增设工艺肋或工艺孔 2）用杂质少、耐火度高的型壳材料，或增加型壳厚度
夹渣：在铸件的内部或表面夹有渣料或其他杂物，内部夹杂需经X射线或磁粉检测才能发现，表面夹渣，清砂后即可显露	1）渣料太稀，出钢前未扒干净 2）出钢前坩埚出钢槽上的杂物未清理干净，被带入金属液内 3）浇注时，挡渣不好，渣料随金属液进入型腔	1）出钢前适当调整渣料成分，使渣料黏度增大易于扒渣 2）清理出钢槽内的杂物，避免带入浇包内 3）浇注前，钢液适当镇静，便于渣料上浮 4）采取带挡渣板茶壶式浇包或陶瓷过滤网
脱碳：铸件表面的碳含量低于基体	1）浇注时，金属液和铸型的温度偏高，铸件的凝固速度慢 2）铸件冷却环境的气氛与脱碳层的深度有关，氧化性气氛的浓度越大，则脱碳越严重	1）适当降低浇注温度和铸型温度，加大铸件的冷却速度 2）在铸型周围，人为地造成还原性气氛，如在铸型内加入碳酸钡、木炭粉或浇注后，使铸型置于专用罩内滴洒煤油等

第 5 篇　铸造合金及其熔炼质量控制

第 11 章　铸铁及其熔炼质量控制

11.1　铸铁质量控制基础

铸铁是一种由多种合金成分组成、含有多相组织特征的铁碳合金。获得优质铸铁件的前提是对铸铁合金组织形貌、化学成分加以严格控制。

11.1.1　铸铁的种类

铸铁是一种以铁为基，含有碳、硅、锰、磷、硫五大元素和其他合金元素的多元铁碳合金，碳的质量分数一般在 2.0% ~4.0% 的范围内变动。除常用的碳、硅、锰、磷、硫五大元素外，为了使铸铁获得某些特殊性能，还经常有目的地向铸铁中加入不同种类和数量的合金元素，形成各种类型的合金铸铁。

铸铁质量的控制方法建立在不同的性能要求、使用目的、工艺原理基础上的。要获得高质量的铸铁件，首先，必须确定铸铁合金的种类。铸铁的分类方法较多，主要的分类方法是按照铸铁的组织特征、断口特征、成分特征及其性能特征进行的，如表 11-1 所示。

表 11-1　铸铁合金的种类及其主要特征

名称	组织特征	断口	成分特征	性能特征
灰铸铁	基体 + 片状石墨	灰口	五大元素和少量合金元素	强度低，基本无塑性，$R_m = 150 \sim 350$MPa
球墨铸铁	基体 + 球状石墨	灰口	1）五大元素和稀土、镁的残留合金元素 2）特殊用途的合金元素	高强度和高韧性，$R_m = 350 \sim 900$MPa，$A = 2\% \sim 18\%$

（续）

名称	组织特征	断口	成分特征	性能特征
蠕墨铸铁	基体 + 蠕虫状石墨	灰口	1）五大元素和少量稀土、镁的残留合金 2）特殊用途的合金元素	中等强度和良好的热疲劳性能，$R_m = 300 \sim 500MPa$，$A = 0.5\% \sim 2\%$
可锻铸铁	基体 + 团絮状石墨	灰口	低碳、低硅	中等强度和塑性，$R_m = 275 \sim 800MPa$，$A = 1\% \sim 12\%$
抗磨铸铁	基体 + 渗碳体	白口	五大元素和低、中、高合金元素	高耐磨性能和较低的韧性
耐热铸铁	基体 + 片状或球状石墨	灰口	五大元素，加上 Si、Al 或 Cr 等合金元素	具有耐热和抗氧化生长性能，但强度和韧性差
耐蚀铸铁	基体 + 片状或球状石墨	灰口	五大元素，加上 Si、Ni 等合金元素	良好的耐蚀性

11.1.2 铸铁的显微组织

铸铁中的碳通常是以石墨、渗碳体这两种形式存在。由于化学成分和冷却速度的不同，铁碳合金凝固过程中得到不同的基体组织、石墨或渗碳体，从而生产不同的铸铁件。

1. 石墨（G）

石墨是碳的一种同素异构体，具有六方晶结构，如图 11-1 所示。石墨晶体中的碳原子以层状形式排列，同层原子之间是以共价键结合，结合力较强；层与层之间则以极性键结合，结合力较弱。因此，石墨极易分层剥离，强度极低，铁液凝固过程中容易长成片状结构。但是，在干扰元素的作用下又能按变异的生长方式长大，形成球状石墨或蠕虫状石墨，得到球墨铸铁或蠕墨铸铁。

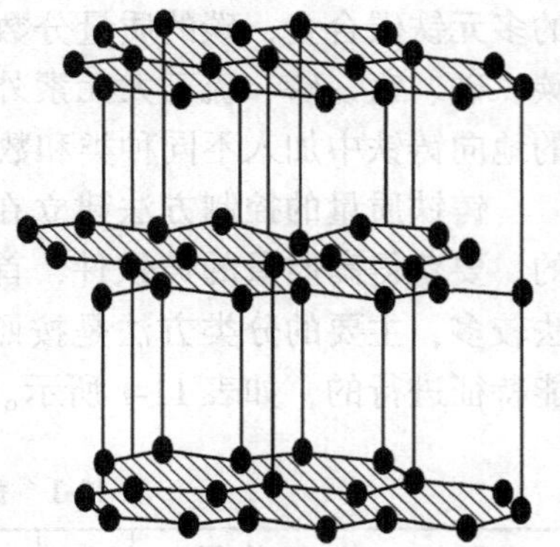

图 11-1　石墨的晶体结构示意图

在铁液凝固过程中，根据铁液化学成分和不同的析出时间，有初生石墨、共晶石墨、二次石墨、共析石墨，其形态有片状、蠕虫状、团絮状、团状和球状，对铸铁的性能有着重要的影响。

石墨密度小，强度低，导电导热性能好。因此，铁液凝固过程中析出石墨常常形成石墨化膨胀，降低铁液因冷却带来的体积收缩。同时，大量石墨的析出又会降低铸件的强度，特别是铸件厚大断面缓慢冷却造成石墨粗大，显著降低铸件的强度和致密性。

2. 渗碳体（Fe_3C）

铁液冷却凝固过程中，快速冷却或在强碳化物元素的作用下容易生成大量的白口组织，其中最基本的显微组织为渗碳体（Fe_3C）。渗碳体（Fe_3C）是一种复杂晶体结构的间隙化合物，碳的质量分数为6.69%，如图11-2所示。

渗碳体是铁液凝固过程中生成的一种亚稳态高碳相，根据化学成分和析出时间，有初生渗碳体、共晶渗碳体、二次渗碳体和共析渗碳体，其形状可为大片状、板条状和网状等。

渗碳体的硬度很高，强度低，脆性高，显著降低铸铁的抗拉强度，提高硬度和耐磨性。在合金铸铁中，Fe_3C中的铁原子可以被Mn、Cr、W、Mo等合金原子置换，形成合金$(Fe, Mn)_3C$与$(Fe, Cr)_3C$等以Fe_3C为基的合金渗碳体。Fe_3C中的C可以被B置换而形成$Fe_3(C, B)$。

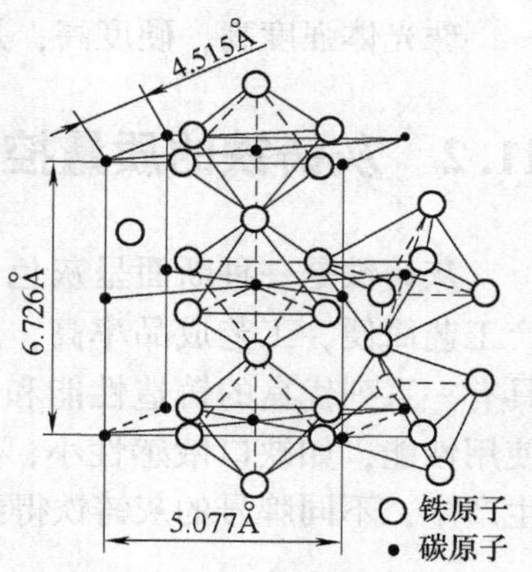

图11-2　渗碳体的晶体结构示意图

3. 奥氏体组织（γ或A）

奥氏体即γ相，符号为γ或A，为碳在γ铁中的间隙固溶体，存在于723～1493℃之间，1147℃时最大的溶碳质量分数为2.14%。奥氏体为面心立方体。奥氏体分为初生奥氏体和共晶奥氏体两类。奥氏体是以铁为基的固溶体组织，合金成分在凝固过程中产生成分偏析，并在随后的冷却过程中转变成铁素体或珠光体组织。奥氏体组织对铸铁的力学性能有着重要的影响，对铸铁起到支撑骨架的作用，防止受力时裂纹的扩展。

4. 共晶团

共晶团是铸铁共晶转变的产物。当铁液冷却至共晶温度时，铁液中的石墨和奥氏体共生生长，形成团球状的共晶团。共晶团的数量、大小和均匀性都对铸铁的力学性能产生重要影响。

5. 莱氏体（Ld）

莱氏体是按亚稳态转变时的共晶组织，是由奥氏体和渗碳体协同生长而成的机械混合物，呈片状、板条状存在，成为白口铸铁的主要组织。当温度冷却到Ar_1以下时，转变成珠光体和渗碳体。莱氏体组织硬度高，脆性大。

6. 铁素体（F）

铁素体即δ相、α相，是碳在铁中的固溶体组织。铁素体为体心立方结构。δ相存在于1392～1536℃之间，1493℃时最大的溶碳质量分数为0.086%。α相存在于911℃以下，723℃时最大的溶碳质量分数为0.034%。铁素体组织塑性好，硬度低。

7. 珠光体（P）

珠光体是过冷奥氏体共析转变时形成的机械混合物，是由铁素体和渗碳体按层片状交替排列的层状组织。按共析转变时过冷度的大小，可形成正常片状珠光体、细片状珠光体（索氏体）和极细的珠光体（托氏体），还可以通过热处理使珠光体中的渗碳体粒状化而得到粒状珠光体。

珠光体强度高，硬度高，是高强度铸铁合金的重要组成部分。

11.2 灰铸铁的质量控制

灰铸铁是一种断面呈灰色，碳主要以片状石墨形式出现的铸铁。灰铸铁生产工艺简便，工艺成品率高，成本低。虽然它有力学性能较低的缺点，但是它具有一系列优良的铸造性能和足够高的力学性能，而且在某些方面具有优越的使用性能，如缺口敏感性小，减振吸振性能好，耐磨性较强等。因此，在工业生产中，不同牌号的灰铸铁得到了广泛的应用。

11.2.1 灰铸铁的质量要求

GB/T 9439—2010《灰铸铁件》等同采用 ISO 185:2005，提出了对灰铸铁件的质量要求。灰铸铁的质量要求主要包含铸件的力学性能、金相组织、几何尺寸形状、尺寸公差、加工余量、重量偏差、表面质量和铸件缺陷八个方面。其中，几何形状尺寸、尺寸公差、加工余量和重量偏差应符合需方图样或技术要求，如无特殊要求，则尺寸公差和重量偏差按 GB/T 6414 的规定执行。表面质量按 GB/T 6060.1 的规定执行，铸件应清理干净，修整多余部分，去除浇冒口残余、芯骨、粘砂及内腔残余物。铸造缺陷应符合需方图样或技术要求，不得存在有影响铸件使用性能的缺陷，如裂纹、冷隔、缩孔等，对不影响铸件使用性能的表面缺陷及其修补等应符合图样或技术要求。

在灰铸铁的质量要求中，力学性能是一项强制性技术标准，其所涉及的强度、硬度既要符合需方的质量要求，同时应符合我国的相关标准规定。灰铸铁的质量控制一般按照 GB/T 9439—2010 执行。灰铸铁的牌号按抗拉强度值划分为 HT100、HT150、HT200、HT225、HT250、HT275、HT300 和 HT350 八个牌号，并对单铸或附铸试棒的最小抗拉强度、硬度及本体预期抗拉强度做出了具体的规定，为灰铸铁的生产和质量控制奠定了基础。

1. 灰铸铁的力学性能要求

灰铸铁的力学性能一般是通过单铸或附铸试棒进行拉伸试验或硬度检测得到的。由于灰铸铁的组织和力学性能与冷却速度关系密切，对于形状复杂、壁厚差异较大的铸件，单纯通过单铸试棒检测力学性能不能完全反应铸件本体的真实性能。因此，在确定灰铸铁单铸力学性能的基础上，仍应对附铸试棒的性能做出明确的要求，才能确保铸件的质量。灰铸铁的牌号及力学性能见表 11-2。

表 11-2　灰铸铁的牌号及力学性能（GB/T 9439—2010）

牌　号	铸件壁厚/mm		抗拉强度 R_m/MPa　≥		铸件本体预期抗拉强度 R_m/MPa　≥
	>	≤	单铸试棒	附铸试棒或试块	
HT100	5	40	100	—	—
HT150	5	10	150	—	155
	10	20		—	130
	20	40		120	110
	40	80		110	95
	80	150		100	80
	150	300		90①	—
HT200	5	10	200	—	300
	10	20		—	205
	20	40		—	180
	40	80		170	155
	80	150		150	130
	150	300		130①	115
HT225	5	10	225	—	230
	10	20		—	200
	20	40		190	170
	40	80		170	150
	80	150		155	135
	150	300		145①	—
HT250	5	10	250	—	250
	10	20		—	225
	20	40		210	195
	40	80		190	170
	80	150		170	155
	150	300		160①	—
HT275	10	20	275	—	250
	20	40		230	220
	40	80		205	190

（续）

牌　号	铸件壁厚/mm		抗拉强度 R_m/MPa ≥		铸件本体预期抗拉强度 R_m/MPa ≥
	>	≤	单铸试棒	附铸试棒或试块	
HT275	80	150	275	190	175
	150	300		175	—
HT300	10	20	300	—	270
	20	40		250	240
	40	80		220	210
	80	150		210	195
	150	300		190①	—
HT350	10	20	350	—	315
	20	40		290	280
	40	80		260	250
	80	150		230	225
	150	300		210①	—

注：当铸件壁厚超过300mm时，其力学性能由供需双方商定。对于壁厚均匀、形状简单的铸件，抗拉强度按本表数值验收。对于壁厚不均、形状复杂的铸件，抗拉强度应以主要壁厚处或重要承载壁厚处的性能验收。

① 指导值，其他数值均为强制性值。

在灰铸铁的性能要求中，抗拉强度与硬度有一定的对应关系。同时，硬度也关系到铸件的耐磨性和切削加工性能。因此，硬度常常也可作为铸件质量检验的一项主要内容，并通过硬度大小将灰铸铁硬度等级分为六个级别，见表11-3。

表11-3　灰铸铁的硬度等级（GB/T 9439—2010）

硬度等级	铸件的主要壁厚/mm		铸件上的硬度 HBW	
	>	≤	min	max
H155	5	10	—	185
	10	20	—	170
	20	40	—	160
	40	80	—	155
H175	5	10	140	225
	10	20	125	205
	20	40	110	185
	40	80	100	175
H195	4	5	190	275
	5	10	170	260

（续）

硬度等级	铸件的主要壁厚/mm		铸件上的硬度 HBW	
	>	≤	min	max
H195	10	20	150	230
	20	40	125	210
	40	80	120	195
H215	5	10	200	275
	10	20	180	255
	20	40	160	235
	40	80	145	215
H235	10	20	200	275
	20	40	180	255
	40	80	165	235
H255	20	40	200	275
	40	80	185	255

在铸件质量控制时，硬度指标一般是由供需双方商定的。当采用本体试样检测硬度时，应符合表 11-3 中的硬度值的要求。若是采用单铸试棒加工试样检测硬度，则应符合表 11-4 中的硬度值的要求。

表 11-4　单铸试棒的抗拉强度和硬度值（GB/T 9439—2010）

牌　号	抗拉强度 R_m/MPa ≥	硬度 HBW	牌　号	抗拉强度 R_m/MPa ≥	硬度 HBW
HT100	100	≤170	HT250	250	180～250
HT150	150	125～205	HT275	275	190～260
HT200	200	150～230	HT300	300	200～275
HT225	225	170～240	HT350	350	220～290

2. 力学性能检测试样及其检测方法

灰铸铁力学性能检测采用单铸或附铸试棒，用以确定材料的性能等级。

单铸试棒应与其所在具有相近冷却条件或导热性的砂型中立浇。同一铸型中必须同时浇注 3 根以上的试棒，试棒间的吃砂量不得少于 50mm，试棒的长度 L 根据试样和夹持装置的程度确定，如图 11-3 所示。

试棒须用浇注铸件的同一批铁液浇注，并在本批次铁液浇注后期浇注。试棒开箱落砂温度应低于 500℃。如果铸件需要进行热处理，则试棒与所代表的铸件同炉热处理。

当铸件壁厚超过 20mm，而质量又超过 2000kg 时，也可采用与铸件冷却条件相似的附铸试棒（见图 11-4a）或附铸试块（见图 11-4b）加工成拉伸试样来测定拉伸性能。

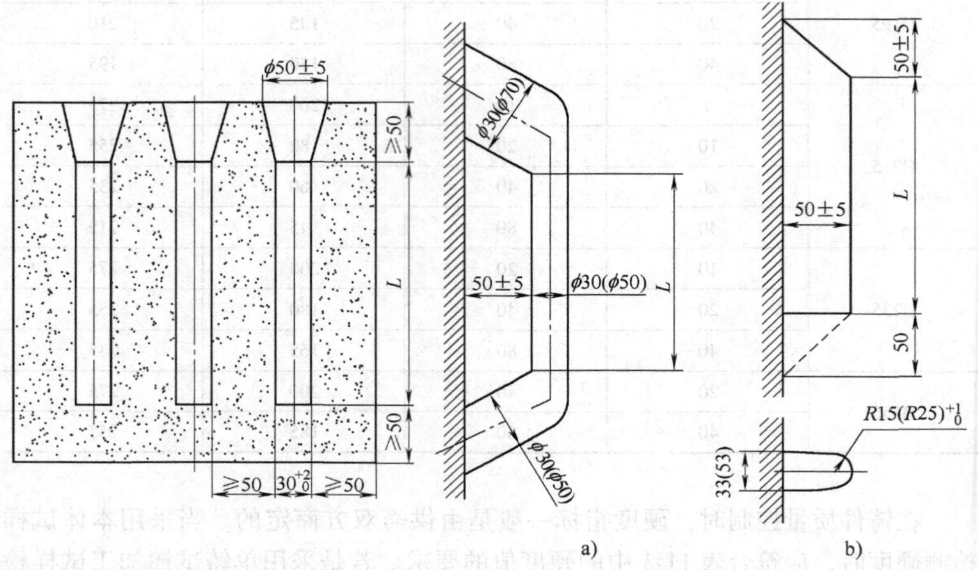

图 11-3　灰铸铁单铸试棒示意图　　图 11-4　灰铸铁附铸试棒与试块示意图

a）附铸试棒　b）附铸试块

试棒浇注自然冷却后，加工成拉伸试样进行拉伸试验。灰铸铁的拉伸试样如图 11-5 和表 11-5 所示。

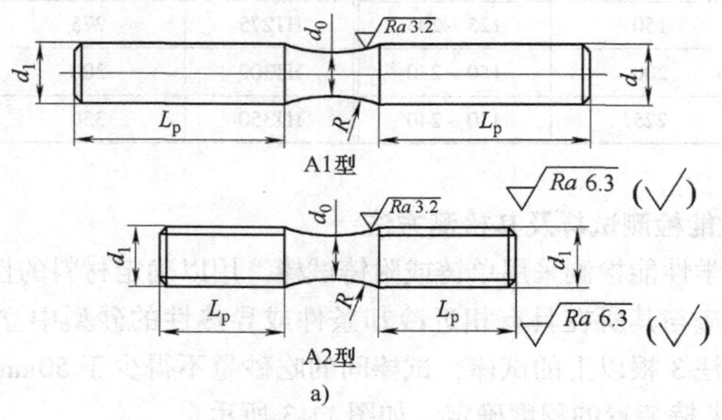

图 11-5　灰铸铁的拉伸试样

a）A 型试样

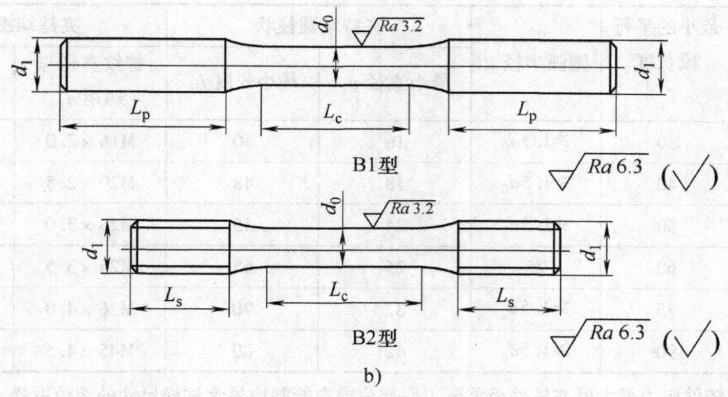

图 11-5 灰铸铁的拉伸试样（续）

b）B 型试样

表 11-5 单铸试棒加工的拉伸试样尺寸（GB/T 9439—2010）

（单位：mm）

名称			尺寸	极限偏差
最小的平行段长度 L_c			60	—
试样直径 d_0			20	±0.25
圆弧半径 R			25	$^{+5}_{0}$
夹持端	圆柱状	最小直径 d_1	25	—
		最小长度 L_p	65	—
	螺纹状	螺纹直径与螺距 d_1	M30×3.5	—
		最小长度 L_s	30	—

对于比较重要的中大型灰铸铁件，一般采用本体试样进行强度检测。取样时，应在铸件应力最大处、铸件最重要工作部位或能制取最大试样尺寸部位取样。灰铸铁的本体拉伸试样尺寸如表 11-6。

表 11-6 灰铸铁的本体拉伸试样尺寸（GB/T 9439—2010）

试样直径 d_0	最小的平行段长度 L_c	圆弧半径 R	夹持端圆柱状		夹持端螺纹状	
			最小直径 d_1	最小长度 L_p	螺纹直径与螺距 d_1	最小长度 L_s
6±0.1	13	≥1.5d_0	10	30	M10×1.5	15
8±0.1	25	≥1.5d_0	12	30	M12×1.75	15

（续）

试样直径 d_0	最小的平行段长度 L_c	圆弧半径 R	夹持端圆柱状		夹持端螺纹状	
			最小直径 d_1	最小长度 L_p	螺纹直径与螺距 d_1	最小长度 L_s
10 ±0.1	30	≥1.5d_0	16	40	M16 ×2.0	20
12.5 ±0.1	40	≥1.5d_0	18	48	M20 ×2.5	24
16 ±0.1	50	≥1.5d_0	24	55	M24 ×3.0	26
20 ±0.1	60	25	25	65	M25 ×3.5	30
25 ±0.1	75	≥1.5d_e	32	70	M36 ×4.0	35
32 ±0.1	90	≥1.5d_0	42	80	M45 ×4.5	50

注：1. 在铸件应力最大处或铸件最重要工作部位或在能制取最大试样尺寸的部位取样。

2. 加工试样时应尽可能选取大尺寸加工试样。

3. 灰铸铁的显微组织控制

灰铸铁的力学性能、工艺性能和使用性能在一定程度上取决于它的金相组织特点，所以要获得良好的使用性能和工艺性能必须控制灰铸铁的金相组织。灰铸铁的金相组织主要由片状石墨、金属基体和晶界共晶物组成，金相检验的主要内容包含石墨分布形状、石墨长度、珠光体数量、碳化物数量、磷共晶数量、共晶团数量等。

（1）石墨分布形状　灰铸铁的石墨金相检验方法按照 GB/T 7216—2009 要求执行。检验用金相试样按 GB/T 9439 规定在与铸件同时浇注、同炉热处理的试块或铸件上截取。金相试样的制备按 GB/T 13298 规定执行，截取和制备金相试样过程中应防止组织发生变化、石墨剥落及石墨拖拽，试样表面不允许有粗大的划痕。

按照大多数视场石墨分布形状对石墨类型金相分级，放大倍数为 100 倍。同一试样中有不同形状的石墨，应估计每种石墨的百分数，并在报告中注明。

石墨分布形状是影响灰铸铁性能的重要组织特征，是灰铸铁件的金相检验的首要内容，检验过程中应严格按照 GB/T 7216—2009 规定分析石墨分析形状。石墨分布形状分为 A、B、C、D、E 和 F 六种类型，如图 11-6 和表 11-7 所示。

表 11-7　灰铸铁的石墨分布形状类型（GB/T 7216—2009）

石墨类型	说　明	石墨类型	说　明
A	片状石墨呈无方向均匀分布	D	细小卷曲的片状石墨在枝晶间呈无方向性分布
B	片状及细小卷曲的片状石墨呈菊花状分布	E	片状石墨在枝晶二次分枝间呈方向性分布
C	初生的粗大直片状石墨	F	初生的星状(或蜘蛛状)石墨

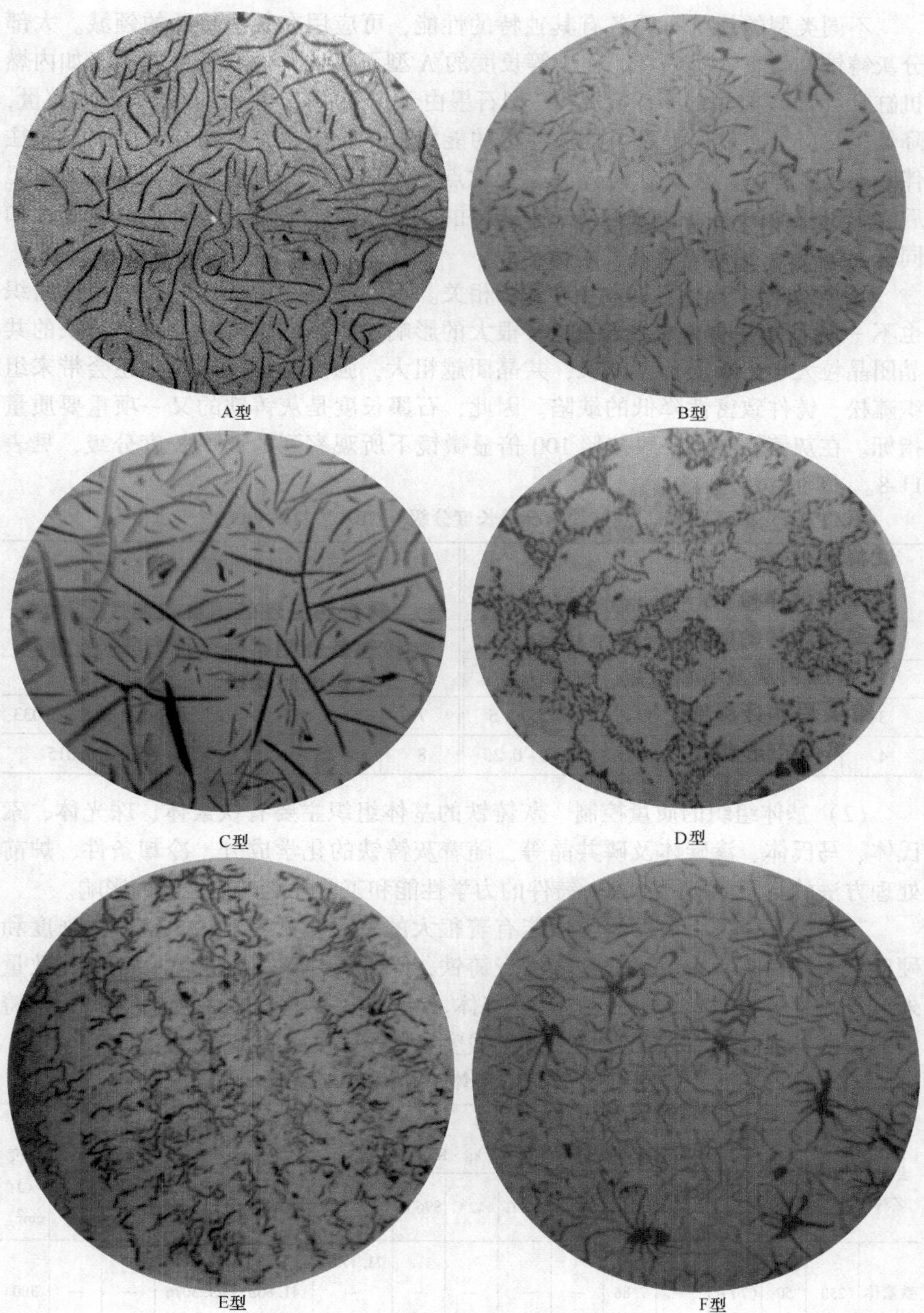

图 11-6　灰铸铁的石墨分布形状

不同类型的片状石墨各有其独特的性能，可应用在某些特殊的领域。大部分灰铸铁件具有 A 型石墨，而中等长度的 A 型石墨比其他石墨更适用于如内燃机缸套（筒）类型的摩擦情况；C 型石墨由于提高了热导率，降低了弹性模量，降低了热应力，从而提高了抗热冲击的能力；D 型石墨在不加合金情况下往往伴随着铁素体的产生，在铸件中产生软点，使灰铸铁的强度降低，但切削加工后能获得较低的表面粗糙度；E 型石墨往往可在珠光体基体上获得，其耐磨性如同珠光体加 A 型石墨组织一样好。

石墨形状与灰铸铁凝固方式密切相关。不同的石墨形状，得到的基体组织也不一样，对灰铸铁的力学性能有很大的影响。石墨的长度关系到灰铸铁的共晶团晶粒大小。石墨长度越长，共晶团越粗大，强度越低，同时，还会带来组织疏松、铸件致密性降低的缺陷。因此，石墨长度是灰铸铁的又一项重要质量指标。在灰铸铁中，一般按照 100 倍显微镜下所观察到的石墨长度分级，见表 11-8。

表 11-8　灰铸铁的石墨长度分级（GB/T 7216—2009）

级别	石墨长度(100 倍显微镜下)/mm	实际石墨长度/mm	级别	石墨长度(100 倍显微镜下)/mm	实际石墨长度/mm
1	≥100	≥1	5	>6～12	>0.06～0.12
2	>50～100	>0.5～1	6	>3～6	>0.03～0.06
3	>25～50	>0.25～0.5	7	>1.5～3	>0.015～0.033
4	>12～25	>0.12～0.25	8	≤1.5	≤0.015

（2）基体组织的质量控制　灰铸铁的基体组织主要有铁素体、珠光体、索氏体、马氏体、渗碳体及磷共晶等，随着灰铸铁的化学成分、冷却条件、炉前处理方法的不同而不同，并对铸件的力学性能和工艺性能产生很大的影响。

灰铸铁基体各组织的力学性能有着很大的差异，见表 11-9。铁素体强度和硬度低，塑性高。为了获得高强度灰铸铁，除了要注意石墨形状、分布和数量外，应力争获得 100% 的细小珠光体基体。基体组织从铁素体变成珠光体，灰铸铁的硬度可提高 50% 左右，随之抗拉强度和抗压强度也有提高。

表 11-9　灰铸铁基体各组织的性能特点

金相组织名称	抗拉强度/MPa	伸长率(%)	硬度		固态密度/(g/cm³)	比热容/[×10⁻³J/(kg·K)]				热导率/[W/(m·K)]			电阻率/(μΩ·m)	居里点/℃	冲击韧度/(J/cm²)
			HBW	HV		20℃	138℃	642℃	896℃	0～100℃	500℃	1000℃			
铁素体	250	50	90(70～150)	—	7.86	—	—	—	—	71.1756～79.5492	41.868	29.3076	—	—	300

（续）

金相组织名称	抗拉强度/MPa	伸长率(%)	硬度 HBW	硬度 HV	固态密度/(g/cm³)	比热容/[×10⁻³J/(kg·K)] 20℃	138℃	642℃	896℃	热导率/[W/(m·K)] 0~100℃	500℃	1000℃	电阻率/(μΩ·m)	居里点/℃	冲击韧度/(J/cm²)
珠光体	700	15	200 (175~330)	—	7.78	—	—	—	—	50.2416	43.9614	—	—	—	30~40
索氏体	850	10	250	—	—	—	—	—	—	—	—	—	—	—	—
渗碳体 Fe_3C	20	0	550	800~1080	7.66	—	150℃ 0.6238	—	850℃ 0.9211	71.1756	—	—	—	205~220	—
石墨	<20	—	3		2.25	0.7118	1.0636	1.8631	1.9008	沿 C 轴 83.736 沿基面 293.076~418.68	— 83.736~125.604	— 41.868~62.808	100.0 0.300		—
磷共晶	—	—	二元 三元	750~800 900~950	7.32	—	—	—	—	—	—	—	—	—	—
奥氏体 [w(C)=0.9%]	—	—	—	—	7.84	—	—	—	—	—	—	—	—	—	—
马氏体 [w(C)=0.9%]	—	—	—	—	7.63	—	—	—	—	—	—	—	—	—	—

随着珠光体数量的增加，灰铸铁的强度和耐磨性随之增加，但是塑性降低，伸长率下降。因此，对于高强度灰铸铁，基体中珠光体的体积分数一般要求控制在90%以上。灰铸铁的珠光体数量分级见表11-10。珠光体数量一般也是在100倍显微镜下对照标准图谱进行分析对比的。

表11-10　灰铸铁的珠光体数量分级（GB/T 7216—2009）

级别	名称	珠光体数量(体积分数,%)	级别	名称	珠光体数量(体积分数,%)
1	珠98	≥98	5	珠70	<75~65
2	珠95	<98~95	6	珠60	<65~55
3	珠90	<95~85	7	珠50	<55~45
4	珠80	<85~75	8	珠40	<45

（3）晶界共晶产物组成的控制　灰铸铁中的晶界共晶产物主要是在凝固后

期形成的磷共晶、渗碳体和硫共晶等组织。由于共晶物在凝固后期的晶界上形成，常常以网状形式分布，而共晶物都是一些硬度高、强度低、脆性大的组织，它们在一定程度上可以提高灰铸铁的耐磨性能，但是对灰铸铁的强度和韧性带来很大的危害。因此，灰铸铁晶界共晶物一般应尽量避免。

灰铸铁的碳化物数量分级见表 11-11。

表 11-11　灰铸铁的碳化物数量分级（GB/T 7216—2009）

级别	名称	碳化物数量(体积分数,%)	级别	名称	碳化物数量(体积分数,%)
1	碳 1	≈1	4	碳 10	≈10
2	碳 3	≈3	5	碳 15	≈15
3	碳 5	≈5	6	碳 20	≈20

磷共晶是灰铸铁中经常存在的又一种共晶物，其结晶温度低，常常在铸铁凝固后期形成，严重降低灰铸铁的强度，增加铸件的脆性。灰铸铁的磷共晶数量分级见表 11-12。

表 11-12　灰铸铁的磷共晶数量分级（GB/T 7216—2009）

级别	名称	磷共晶数量(体积分数,%)	级别	名称	磷共晶数量(体积分数,%)
1	磷 1	≈1	4	磷 6	≈6
2	磷 2	≈2	5	磷 8	≈8
3	磷 4	≈4	6	磷 10	≈10

磷共晶对灰铸铁性能的影响不仅体现在数量上，其存在的类型对基体割裂作用的危害性更大，因此，灰铸铁的质量控制应严格检查控制金相组织中磷共晶的类型，并采取适当的工艺加以改进。磷共晶按其组织分为四种：二元磷共晶、三元磷共晶、二元磷共晶-碳化物复合物及三元磷共晶-碳化物复合物，如图 11-7 和表 11-13 所示。

表 11-13　磷共晶的组织和特征（GB/T 7216—2009）

类　型	组织与特征	图　号
二元磷共晶	在磷化铁上均匀分布着奥氏体分解产物的颗粒	图 11-7a
三元磷共晶	在磷化铁上分布着奥氏体分解产物的颗粒及粒状、条状碳化物	图 11-7b
二元磷共晶-碳化物复合物	二元磷共晶和大块状碳化物	图 11-7c
三元磷共晶-碳化物复合物	三元磷共晶和大块状碳化物	图 11-7d

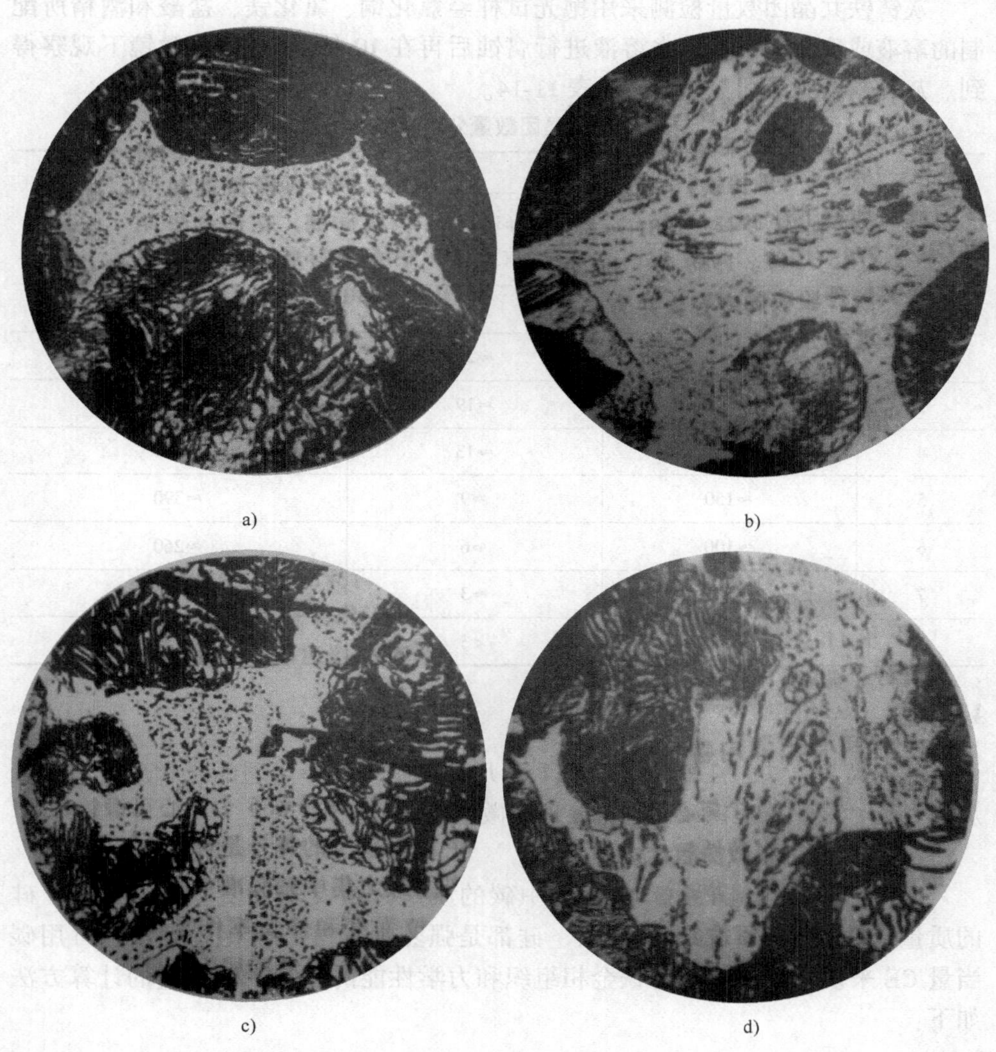

图 11-7　磷共晶的类型

a）二元磷共晶　b）三元磷共晶　c）二元磷共晶-碳化物复合物

d）三元磷共晶-碳化物复合物

（4）共晶团数量的控制　共晶团是共晶反应的直接产物，其数量的多少与铸件冷却速度和凝固过程的形核数量、生长速度密切相关，并对铸件的性能产生较大的影响。在灰铸铁件质量控制环节，共晶团数量的控制也是非常有必要的。

灰铸铁共晶团数量检测采用抛光试样经氯化铜、氯化镁、盐酸和酒精所配制的溶液或硫酸铜、盐酸水溶液进行腐蚀后再在10倍或50倍显微镜下观察得到。灰铸铁的共晶团数量分级见表11-14。

表11-14　灰铸铁的共晶团数量分级（GB/T 7216—2009）

级别	共晶团数量/个		单位面积中实际共晶团数量/(个/cm^2)
	直径 ϕ70mm 图片 放大10倍	直径 ϕ87.5mm 图片 放大50倍	
1	>400	>25	>1040
2	≈400	≈25	≈1040
3	≈300	≈19	≈780
4	≈200	≈13	≈520
5	≈150	≈9	≈390
6	≈100	≈6	≈260
7	≈50	≈3	≈130
8	<50	<3	<130

11.2.2　灰铸铁生产过程控制

为提高灰铸铁的性能，常采取下列几种措施：选择合理的化学成分、改变炉料组成、过热处理铁液、孕育处理、微量或低合金化。

1. 灰铸铁化学成分优化

（1）碳、硅及硅碳比　灰铸铁中碳的质量分数大多为2.6%~3.6%，硅的质量分数为1.2%~2.6%，碳、硅都是强烈地促进石墨化的元素，可用碳当量CE来说明它们对灰铸铁金相组织和力学性能的影响。碳当量的计算方法如下：

$$CE = w(C) + \frac{1}{3}[w(Si) + w(P)]$$

提高碳当量可促使石墨片变粗、数量增多，强度和硬度下降。图11-8所示为灰铸铁碳当量对力学性能的影响。根据所希望获得的组织和性能，选取合适的碳硅量。降低碳当量可减少石墨数量、细化石墨，增加初析奥氏体枝晶量，这是提高灰铸铁力学性能时常采取的措施。但降低碳当量，会导致铸造性能降低、铸件断面敏感性增大、铸件内应力增加、硬度上升加工困难等问题，因此必须辅以其他的措施。

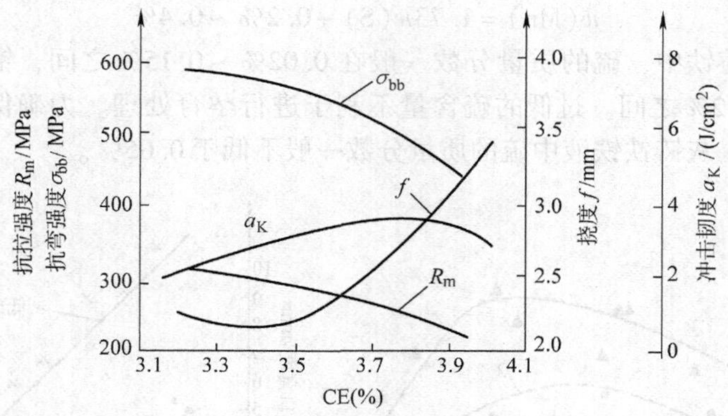

图 11-8　灰铸铁碳当量对力学性能的影响

在碳当量保持不变的条件下，适当提高硅碳比（质量比一般由 0.5 左右提高至0.7 左右），以改变灰铸铁的凝固特性、组织结构与材质性能。这是提高灰铸铁性能的一种新工艺。主要体现在以下几个方面：

1）组织中初析奥氏体数量增多，有加固基体作用。

2）由于总碳当量的降低，石墨量相应减少，减轻了石墨片对基体的切割作用。

3）固溶于铁素体中的硅量增多，强化了铁素体（包括珠光体中的铁素体）。

4）提高了共析转变温度，珠光体在较高温度下生成，易粗化，会降低强度。

5）降低了奥氏体的碳含量，使奥氏体在共析转变时易生成铁素体。

6）在硅含量高、碳含量低的情况下，易使铸件表层产生过冷石墨并伴随有大量铁素体，有利于切削加工，但不加工面的性能有所削弱。

7）提高了液相线凝固温度，降低了共晶温度，扩大了凝固范围，降低了铁液流动性，增大了缩松渗漏倾向。

综合以上各种因素的利弊，在碳当量较低时，适当提高硅碳比，强度性能会有所提高（见图 11-9），切削性能省较大改善，但要注意缩松渗漏倾向的增加和珠光体数量的减少。但是，当碳当量较高时，提高硅碳比反而使抗拉强度下降，可减少白口倾向（见图 11-10）。因此，提高硅碳比适用于碳当量不高的薄壁铸件的铸造。

（2）锰和硫　锰和硫本身都是稳定碳化物、阻碍石墨化的元素。但两者共同存在时，Mn 和 S 会结合成 MnS 或（Fe、Mn）S 化合物，以颗粒状分布于基体中。这些化合物的熔点在 1600℃以上时，不仅不存在阻碍石墨化的作用，而且还可作为石墨化的非自发性晶核，从而达到细化晶粒的作用。灰铸铁中锰含量一般采用下列公式计算确定：

$$w(\mathrm{Mn}) = 1.73w(\mathrm{S}) + 0.2\% \sim 0.4\%$$

普通灰铸铁中，硫的质量分数一般在0.02%～0.15%之间，锰的质量分数在0.2%～1.2%之间。过低的硫含量不利于进行孕育处理。为确保常用孕育剂的孕育效果，灰铸铁铁液中硫的质量分数一般不低于0.05%。

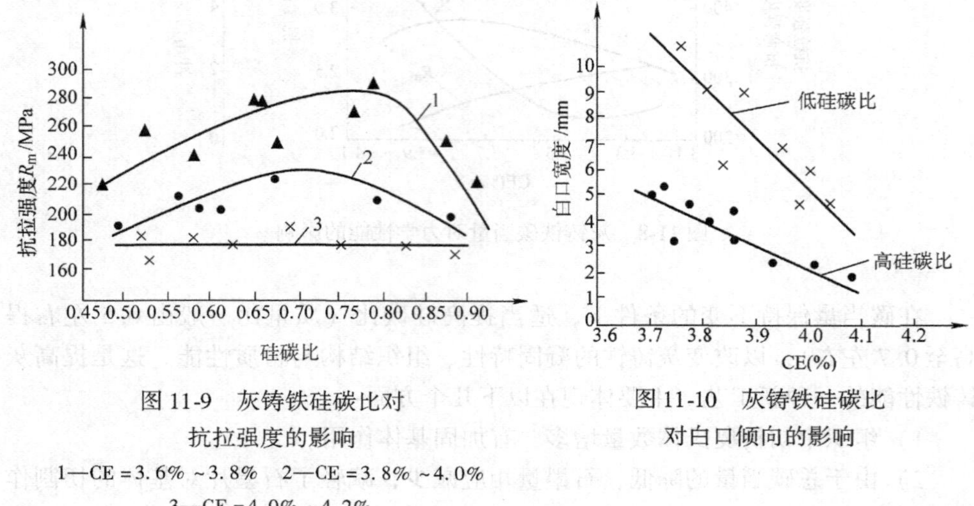

图11-9　灰铸铁硅碳比对抗拉强度的影响

1—CE=3.6%～3.8%　2—CE=3.8%～4.0%　3—CE=4.0%～4.2%

图11-10　灰铸铁硅碳比对白口倾向的影响

（3）磷　磷在铸铁中以低熔点二元或三元磷共晶存在于晶界，其硬度分别为750～800HV和900～950HV，故磷可以提高灰铸铁的耐磨性；同时，随着磷含量的提高，力学性能尤其是韧性和致密性降低。磷对灰铸铁力学性能的影响如图11-11所示。磷含量过高往往是铸件冷裂的原因。

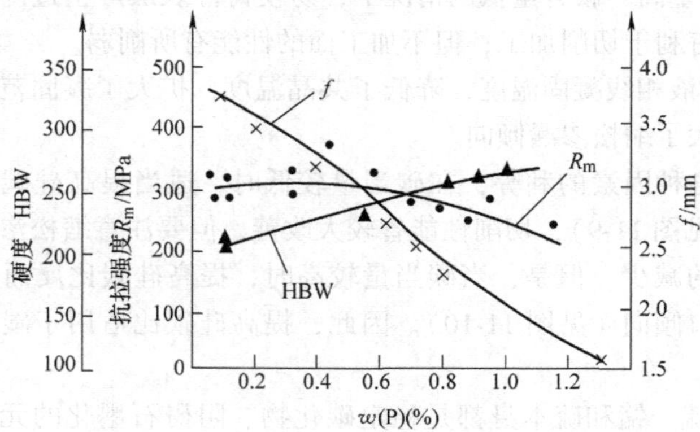

图11-11　磷对灰铸铁力学性能的影响

2. 熔化及铁液质量控制

灰铸铁生产过程控制的首要任务是获得合格的铁液。因此，灰铸铁的熔炼过程控制和炉前处理就显得特别重要。

灰铸铁的炉料一般由新生铁、废钢、回炉料和铁合金等组成。加入废钢降低铁液碳含量，可以提高灰铸铁的力学性能。在生产不同牌号灰铸铁时，将加入不同比例的废钢作为保证材质性能的一个控制指标。近年来，废钢供应十分充裕，价格也远低于新生铁，于是发展了不用新生铁而只用废钢和回炉料，并用增碳方法调节碳含量的合成铸铁及其冶炼方法。合成铸铁不仅能降低成本，而且在同样的化学成分下能获得更好的力学性能。

实践表明，用工频炉冶炼的合成铸铁的抗拉强度要比与普通铸铁高24.5MPa，硬度却下降9HBW。

温度、化学成分、纯净度是铁液的三项主要冶金指标，而铁液温度的高低又直接影响到成分和纯净度。铁液温度的提高有利于提高流动性，获得合格的铸件，降低废品率，有利于力学性能的改善。

在一定范围内提高铁液温度，能使石墨细化，基体组织细密，抗拉强度提高，硬度下降，如图11-12所示。

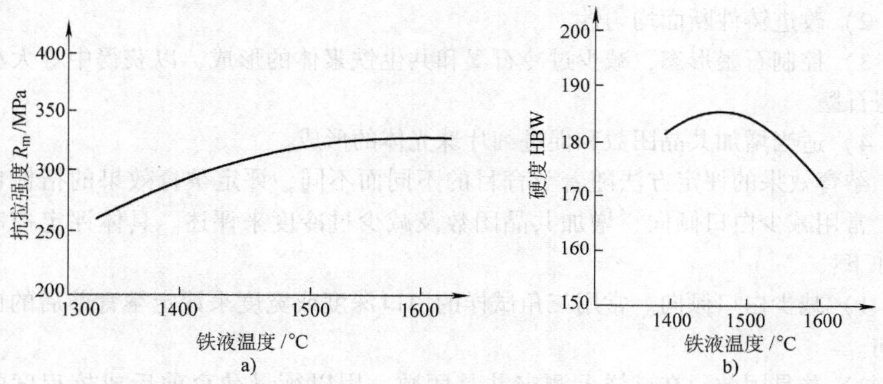

图11-12　铁液过热温度对灰铸铁力学性能的影响

a）抗拉强度　b）硬度

随着过热温度的提高，铁液中氮含量、氢含量略有上升，但1450℃以上的氧含量大幅度下降，铁液的纯净度有了提高，如图11-13所示。较高的氮含量易引起针孔缺陷，但对铸铁的抗拉强度和硬度有提高作用。

3. 孕育处理

孕育处理就是在铁液进入铸型前，把孕育剂附加到铁液中，以改变铁液的冶金状态，从而改善铸铁的显微组织和性能。

（1）孕育处理的作用和评定方法　随着孕育剂、孕育方法的改进，孕育处理已是现代铸造生产中提高铸铁性能的重要手段。孕育处理的主要目的如下：

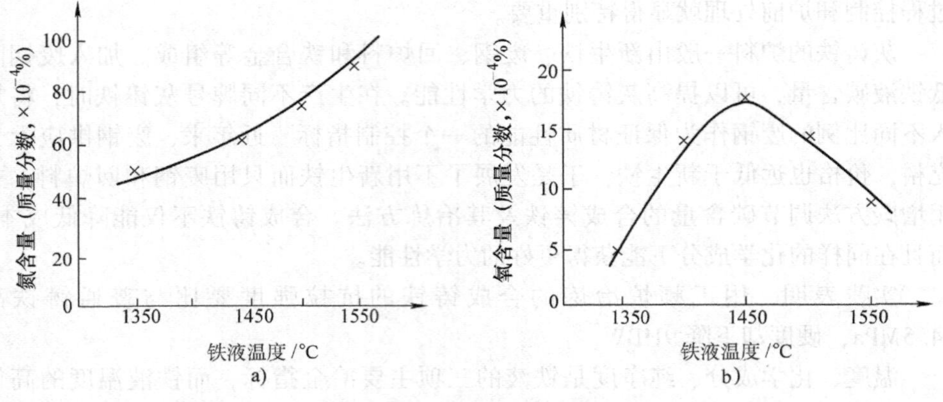

图 11-13　铁液过热温度对灰铸铁氮含量、氧含量的影响

a）氮含量　b）氧含量

1）促进石墨化，减少白口倾向。

2）改进铸件断面均匀性。

3）控制石墨形态，减少过冷石墨和共生铁素体的形成，以获得中等大小的A型石墨。

4）适当增加共晶团数和促进细片珠光体的形成。

孕育效果的评定方法随着孕育目的不同而不同，评定孕育效果的指标也不同。常用减少白口倾向、增加共晶团数及减少过冷度来评述。具体评定控制方法如下：

1）减少白口倾向。常用三角试样的白口深度或宽度来评定孕育前后的白口倾向。

2）共晶团数。在试样上测定共晶团数，用以衡量孕育前后成核程度的差别。应指出，共晶团数需在相似条件下进行，炉料、熔化条件、过热处理、孕育剂、孕育方法等都会引起共晶团数的改变；有些孕育剂，如含钡孕育剂，并不过多增加共晶团数，却有很强的降低白口倾向的作用。

3）共晶过冷度。铁液孕育后，结晶核心大量增多，使共晶大量生核温度提前开始，也提前结束，绝对过冷度和相对过冷度均相应减小。因此，可用孕育前后过冷度的变化来检测孕育效果。

（2）常用孕育剂的种类及其成分　孕育剂可以按功能、主要元素、形状等进行分类，如图 11-14 所示。每一种孕育剂都有其各自特点，至今世界上数百种孕育剂中还没有一种孕育剂，其所有性能全部胜过其他孕育剂的。不同孕育剂具有不同的特点，原因在于其组成中各元素都有各自的功能。因此，选择孕育剂，或自己配制孕育剂，必须根据孕育剂组成元素的特性，按照自己的生产条件和对铸件的要求来进行。常用孕育剂的化学成分见表11-15。

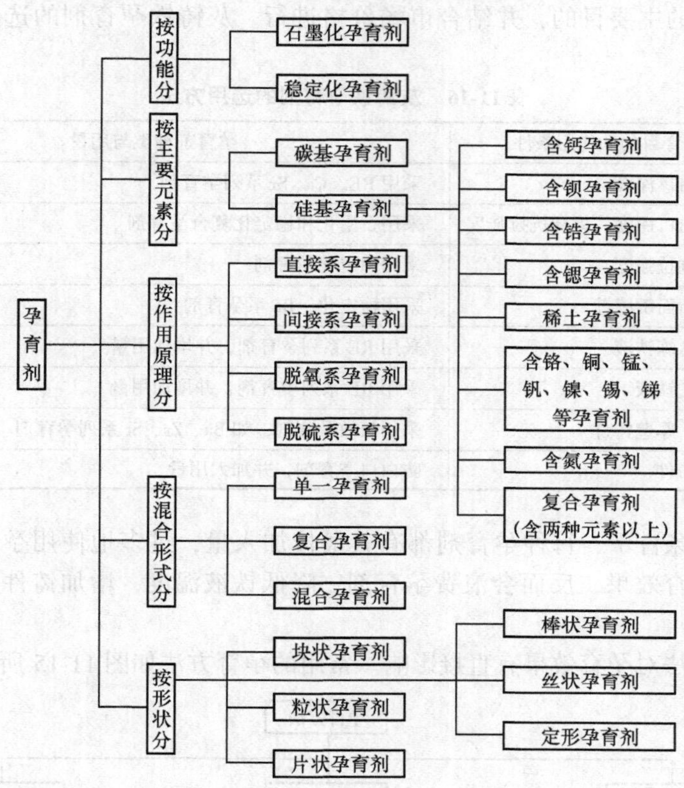

图11-14　灰铸铁用孕育剂的种类

表11-15　常用孕育剂的化学成分

序号	名称	化学成分（质量分数,%）								
		Al	Si	Ca	Mn	Cr	Zr	Ba	Fe	其他
1	硅铁	0.8~1.6	74~79	0.5~1.0	—	—	—	—	余量	—
2	钡硅铁	1.0~2.0	60~68	0.8~2.2	8~10	—	—	4~6	余量	—
3	锶硅铁	≤0.5	73~78	≤0.1	—	—	—	—	余量	Sr：0.6~1.2
4	碳硅钙	≤1.0	33~40	5.0~8.0	—	—	—	—	余量	C：27~37
5	稀土钙硅铁	≤3.0	46~54	1.0~3.0	—	—	—	1.5~4.0	余量	RE：3.0~5.0
6	稀土铬锰硅铁	3~4	35~40	5~6	6	15	—	—	余量	RE：6~8
7	稳定化复合孕育剂	—	25~50	<1.0	—	5.0~50	0~5.0	—	余量	N：2~10 Bi：适量

（3）孕育剂的选用方法　孕育剂的选用必须结合生产条件、铸件结构特点和孕育处理的主要目的，并结合市场价格进行。灰铸铁孕育剂的选用方法见表11-16。

表 11-16　灰铸铁孕育剂的选用方法

序号	孕育目的和使用条件	孕育剂种类与用量
1	降低白口深度	采用 RE、Ca、Sr 系列孕育剂
2	降低白口深度，提高抗拉强度	采用石墨化和稳定化复合孕育剂
3	提高抗拉强度	采用稳定化孕育剂
4	减少断面敏感性	采用稳定化、Ba 系孕育剂
5	电炉熔炼铁液	采用 RE 系列孕育剂，并增加用量
6	高氧化铁液	采用 RE 系列孕育剂，并增加用量
7	大件、厚壁铸件	采用长效孕育剂，如 Ba、Zr、Sr 系列孕育剂
8	薄壁铸件	防白口孕育剂，并加大用量

在一定条件下，每种孕育剂都有其最佳加入量，过多地使用孕育剂不会带来更好的孕育效果，反而会浪费孕育剂，降低铁液温度，增加铸件的缺陷和成本。

孕育方法对孕育效果有直接影响。常用的孕育方法如图 11-15 所示。

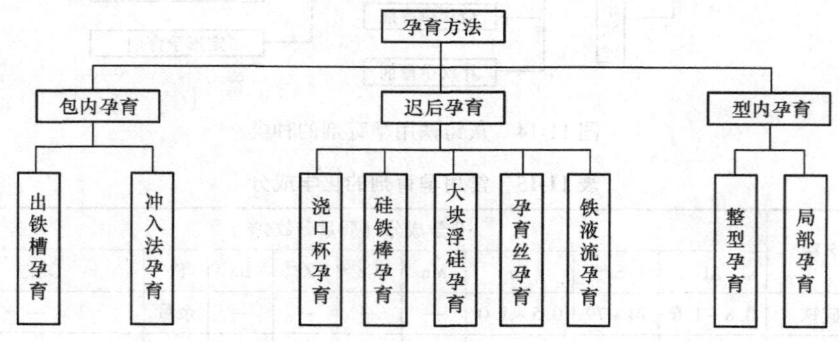

图 11-15　常用的孕育方法

为加强孕育效果，常把包内孕育和另两类方法结合使用。迟后孕育及型内孕育技术的开发不仅减少了孕育剂的用量，节省了开支，减少了针孔等缺陷，而且由于在浇注的同时进行孕育，不存在衰退或衰退很小。此时不同孕育剂对孕育效果的影响较之包内孕育方法大为减少，因此孕育效果好；但抗衰退能力差的 FeSi75 可作为主要孕育剂使用，以降低孕育处理成本。

4. 合金化

灰铸铁的合金化是提高其力学性能、节省材料的重要途径。在生产实践中，也常常采用在炉前添加少量合金元素与孕育技术相配合的措施，以满足不同牌号或同一牌号不同壁厚铸件的要求。

在灰铸铁中进行低合金化，不仅使抗拉强度提高，而且还可以扩大高强度铸铁的适用范围，便于灰铸铁件的质量控制。

促进铸铁石墨化的元素可同时减少灰铸铁的白口倾向。如把硅的石墨化能力当作基准 1，则常用元素的石墨化能力如表 11-17 所示。阻碍石墨化的次序为 W、Mn、Mo、Cr、Sn、V、S，依次递增。

表 11-17　常用合金元素的石墨化能力

合金元素	Si	Al	Ni	Cu	Mn	Mo	Cr	V
石墨化能力	1	0.5	0.3～0.4	0.2～0.35	−0.25	−0.35	−1	−2

在常用合金化元素中，锡、锑、铜、铬是一些强烈稳定珠光体的元素，但它们对细化珠光体的作用甚微；而钒、钼等是细化珠光体的元素，但不能消除基体中的铁素体。根据元素的不同特性，实际生产中往往选用两种以上的元素，例如，Mo + Cu，Mo + Sn，Cr + Mo，Cr + Cu，Cr + Mo + Ni 等。两种以上元素的配合使用，也提供了用一种元素和另一种元素配合，防止另一种元素易产生白口倾向、生成碳化物的可能。

用于合金化处理的原铁液应有较高的碳当量，使其白口倾向小、铸造性能好，不易产生缩孔和缩松。而且在较高碳当量时，应有较高的碳含量、较低的硅含量，这样在添加合金后能获得较好的强度和断面均匀性，防止硅增加铁素体、粗化珠光体、中和合金元素作用的有害倾向。

11.3　球墨铸铁的质量控制

球墨铸铁是指铁液经过球化剂处理而不是经过热处理，使石墨大部或全部呈球状，有时少量为团状等形态石墨的铸铁。球墨铸铁具有较高的强度、韧性和耐磨性能，在机械零件制造方面得到了越来越广的应用，也给球墨铸铁的质量提出了更高的要求。

11.3.1　球墨铸铁的质量要求

球墨铸铁作为高强度铸铁材料，对其力学性能和金相组织都有着较高的要求。根据球墨铸铁件的壁厚或重量大小，抗拉强度一般采用单铸试样或附铸试样测定抗拉强度和伸长率。对于特殊零件，冲击吸收能量、屈服强度、硬度也可作为附加的验收依据。

1. 球墨铸铁件的力学性能要求

球墨铸铁件的力学性能见表 11-18、表 11-19。根据 GB/T 1348—2009 要求，中小型球墨铸铁件的力学性能主要以单铸试样的抗拉强度和伸长率两个指标为验收指标，除特殊情况外，一般不做屈服强度试验。但当需方对屈服强度有要求是，经供需双方商定，屈服强度也可作为验收标准。同时，抗拉强度与硬度是相互关联的，当需方认为硬度对使用很重要时，硬度也可作为检验项目。对于壁厚 30～200mm、重量在 2000kg 以上的大型球墨铸铁件，采用单铸试块测定力学性能是不合适的，应该采用附铸试块进行力学性能的测定。

表 11-18　球墨铸铁单铸试块的力学性能（GB/T 1348—2009）

牌　号	抗拉强度 R_m/MPa ≥	规定塑性延伸强度 $R_{p0.2}$/MPa ≥	伸长率 A(%) ≥	硬度 HBW	主要基体组织
QT350-22L	350	220	22	≤160	铁素体
QT350-22R	350	220	22	≤160	铁素体
QT350-22	350	220	22	≤160	铁素体
QT400-18L	400	240	18	120～175	铁素体
QT400-18R	400	250	18	120～175	铁素体
QT400-18	400	250	18	120～175	铁素体
QT400-15	400	250	15	120～180	铁素体
QT450-10	450	310	10	160～210	铁素体
QT500-7	500	320	7	170～230	铁素体 + 珠光体
QT550-5	550	350	5	180～250	铁素体 + 珠光体
QT600-3	600	370	3	190～270	珠光体 + 铁素体
QT700-2	700	420	2	225～305	珠光体
QT800-2	800	480	2	245～335	珠光体或索氏体
QT900-2	900	600	2	280～360	回火马氏体或托氏体 + 索氏体

表 11-19　大型球墨铸铁件附铸试块的力学性能（GB/T 1348—2009）

牌　号	铸件壁厚 /mm	抗拉强度 R_m/MPa ≥	规定塑性延伸强度 $R_{p0.2}$/MPa ≥	伸长率 A(%) ≥	硬度 HBW	主要基体组织
QT350-22AL	≤30	350	220	22	≤160	铁素体
	>30～60	330	210	18		
	>60～200	320	200	15		
QT350-22AR	≤30	350	220	22	≤160	铁素体
	>30～60	330	220	18		
	>60～200	320	210	15		

（续）

牌　　号	铸件壁厚 /mm	抗拉强度 R_m/MPa ≥	规定塑性延伸强度 $R_{p0.2}$/MPa ≥	伸长率 A(%) ≥	硬度 HBW	主要基体组织
QT350-22A	≤30	350	220	22	≤160	铁素体
	>30~60	330	210	18		
	>60~200	320	200	15		
QT400-18AL	≤30	380	240	18	120~175	铁素体
	>30~60	370	230	15		
	>60~200	360	220	12		
QT400-18AR	≤30	400	250	18	120~175	铁素体
	>30~60	390	250	15		
QT400-18A	>30~60	390	250	15	120~175	铁素体
	>60~200	370	240	12		
QT400-15A	≤30	400	250	15	120~180	铁素体
	>30~60	390	250	14		
	>60~200	370	240	11		
QT450-10A	≤30	450	310	10	160~210	铁素体
	>30~60	420	280	9		
	>60~200	390	260	8		
QT500-7A	≤30	500	320	7	170~230	铁素体+珠光体
	>30~60	450	300	7		
	>60~200	420	290	5		
QT550-5A	≤30	550	350	5	180~250	铁素体+珠光体
	>30~60	520	330	4		
	>60~200	500	320	3		
QT700-2A	≤30	700	420	2	225~305	珠光体
	>30~60	700	400	2		
	>60~200	650	380	1		
QT800-2A	≤30	800	480	2	245~335	珠光体或索氏体
	>30~60	由供需双方商定				
	>60~200					
QT900-2A	≤30	900	600	2	280~360	回火马氏体或索氏体+托氏体
	>30~60	由供需双方商定				
	>60~200					

为了简化球墨铸铁性能检测程序，在生产工艺稳定的条件下，可以根据硬度值验收力学性能。球墨铸铁按硬度检验的规定牌号如表 11-20 所示，它与按强度规定的牌号有一定对应关系。但是，硬度与强度的对应关系是建立在球化合格，球化率不低于 4 级，化学成分、孕育处理、铸造工艺合理稳定的基础上的。因此，不具备生产工艺稳定条件的，不能根据硬度值验收力学性能。

表 11-20　球墨铸铁的硬度等级（GB/T 1348—2009）

牌　号	硬度范围 HBW	其他性能[1]	
		抗拉强度 R_m/MPa　≥	屈服强度 $R_{p0.2}$/MPa　≥
QT-130HBW	<160	350	220
QT-150HBW	130～175	400	250
QT-155HBW	135～180	400	250
QT-185HBW	160～210	450	310
QT-200HBW	170～230	500	320
QT-215HBW	180～250	550	350
QT-230HBW	190～270	600	370
QT-265HBW	225～305	700	420
QT-300HBW	245～335	800	480
QT-330HBW	270～360	900	600

注：300HBW 和 330HBW 不适用于厚壁铸件。

① 当硬度作为检验项目时，这些性能值供参考。

对于硬度等级，根据铸件的性能要求，经供需双方同意，可采用较低的硬度范围，硬度差范围一般为 30～40HBW，但对铁素体和珠光体混合基体的球墨铸铁件，其硬度差范围应低于 30～40HBW。

等温淬火球墨铸铁（简称 ADI）具有高强度、高韧性、抗疲劳及耐磨等综合性能，是通过对铸态球墨铸铁进行等温淬火而获得的一种新型铸铁材料，被称为 21 世纪新型铸铁材料，其主要性能见表 11-21。

表 11-21　常用等温淬火球墨铸铁的牌号与主要性能（GB/T 24733—2009）

牌　号	铸件的主要壁厚 t/mm	抗拉强度 R_m/MPa ≥	规定塑性延伸强度 $R_{p0.2}$/MPa　≥	伸长率 A(%) ≥
QTD800-8	≤30	800	500	10
	30～60	750		6
	60～100	72		5

（续）

牌　号	铸件的主要壁厚 t/mm	抗拉强度 R_m/MPa ≥	规定塑性延伸强度 $R_{p0.2}$/MPa ≥	伸长率 A(%) ≥
QTD900-8	≤30	900	600	8
	30～60	850		5
	60～100	820		4
QTD1050-6	≤30	1050	700	6
	30～60	1000		4
	60～100	970		3
QTD1200-3	≤30	1200	850	3
	30～60	1170		2
	60～100	1140		1
QTD1400-1	≤30	1400	1100	1

2. 球墨铸铁的力学性能测试方法

球墨铸铁力学性能试样采用 U 型或 Y 型试块（见图 11-16 和表 11-22、图 11-17 和表 11-23）制作，然后再试块上制取拉伸试验用试样和硬度试块。

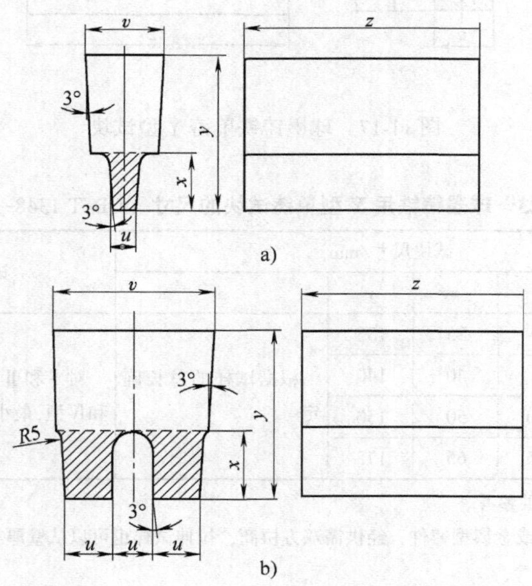

图 11-16　球墨铸铁单铸 U 型试块

a) Ⅰ、$Ⅱ_a$、Ⅲ、Ⅳ型　b) $Ⅱ_b$ 型

表 11-22　球墨铸铁用 U 型单铸试块的尺寸（GB/T 1348—2009）

试块类型	试块尺寸/mm					试块的吃砂量
	u	v	x	y	z	
Ⅰ	12.5	40	30	80	根据试样的总长确定	对Ⅰ、$Ⅱ_a$ 和 $Ⅱ_b$ 型，最小为40mm；对Ⅲ和Ⅳ型，最小为80mm
$Ⅱ_a$	25	55	40	100		
$Ⅱ_b$	25	90	40～50	100		
Ⅲ	50	90	60	150		
Ⅳ	75	125	65	165		

注：1. y 尺寸数值供参考。

2. 对薄壁铸件或金属型铸件，经供需双方协商，拉伸试样也可以从壁厚 u 小于 12.5mm 的试块上加工。

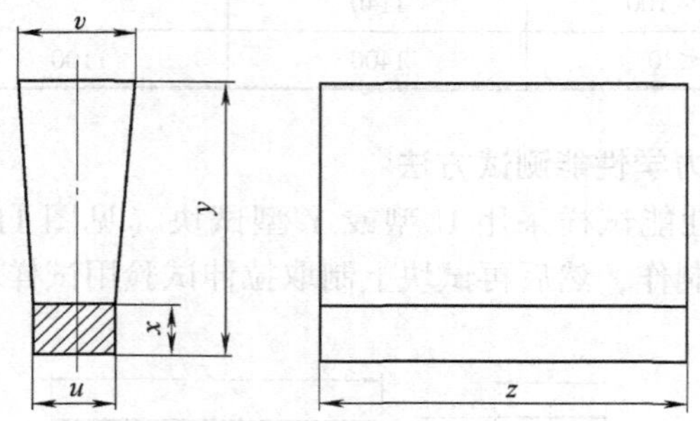

图 11-17　球墨铸铁单铸 Y 型试块

表 11-23　球墨铸铁用 Y 型单铸试块的尺寸（GB/T 1348—2009）

试块类型	试块尺寸/mm					试块的吃砂量
	u	v	x	y	z	
Ⅰ	12.5	40	25	135	根据试样的总长确定	对Ⅰ和Ⅱ型，最小为40mm；对Ⅲ和Ⅳ型，最小为80mm
Ⅱ	25	55	40	140		
Ⅲ	50	100	50	150		
Ⅳ	75	125	65	175		

注：1. y 尺寸数值供参考。

2. 对薄壁铸件或金属型铸件，经供需双方协商，拉伸试样也可以从壁厚 u 小于 12.5mm 的试块上加工。

对于壁厚为 30～200mm、重量等于或超过 2000kg 的大型球墨铸铁件，优先采用附铸试块进行力学性能测试；对于壁厚大于 200mm 且重量超过 2000kg 的球墨铸铁件，采用附铸试块进行力学性能测试。附铸试块如图 11-18 和表 11-24 所示，其尺寸和位置也可由供需双方商定。

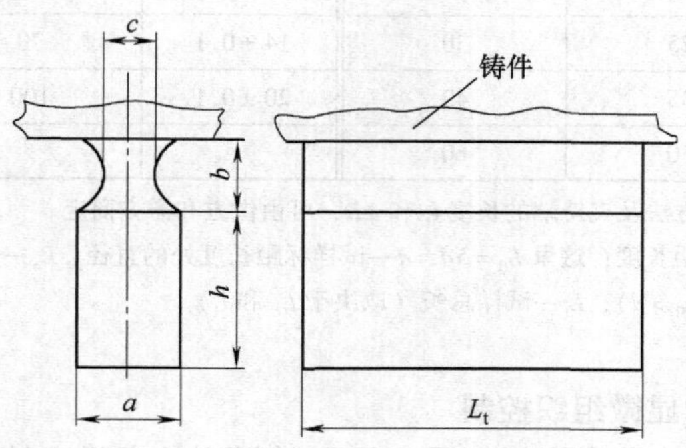

图 11-18 壁厚 30～200mm、重量 2000kg 的大型球墨铸铁件的附铸试块

表 11-24 球墨铸铁的附铸试块尺寸（GB/T 1348—2009）

（单位：mm）

类型	铸件的主要壁厚	a	b ≤	c ≥	h	L_t
A	≤12.5	15	11	7.5	20～30	根据拉伸试样的总长确定
B	>12.5～30	25	19	12.5	30～40	
C	>30～60	40	30	20	40～65	
D	>60～200	70	52.5	35	65～105	

注：1. 在特殊情况下，表中 L_t 可以适当减少，但不得小于 125mm。
2. 如用比 A 型更小尺寸的附铸试块时应按下式规定：$b=0.75a$，$c=0.5a$。

球墨铸铁的抗伸试样如图 11-19 和表 11-25 所示。

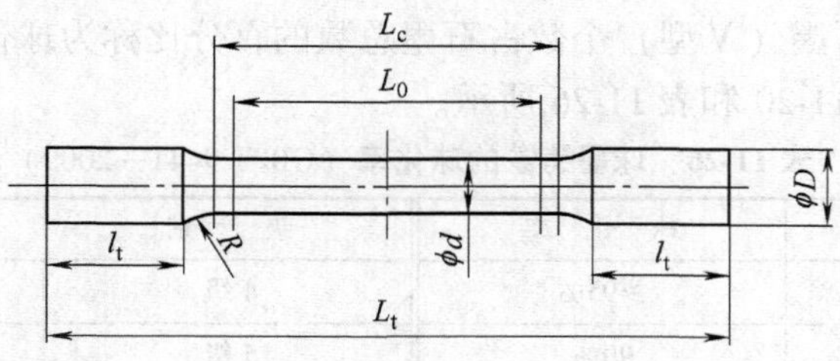

图 11-19 球墨铸铁的拉伸试样

表 11-25　球墨铸铁的拉伸试样尺寸（GB/T 1348—2009）

（单位：mm）

d	L_0	L_c ≥	d	L_0	L_c ≥
5 ±0.1	25	30	14 ±0.1	70	84
7 ±0.1	35	42	20 ±0.1	100	120
10 ±0.1	50	60			

注：1. 试样夹紧的方法及夹持端的长度 l_t 和 ϕD，可由供方和需方商定。

2. L_0—原始标距长度；这里 $L_0=5d$；d—试样标距长度处的直径；L_c—平行段长度；$L_c>L_0$（原则上，$L_c-L_0>d$）；L_t—试样总长（取决于 L_c 和 l_t）。

3. 球墨铸铁的显微组织控制

球墨铸铁是经过球化处理和孕育处理后得到的高强度铸铁，其内在质量要求较高，生产过程中不仅要进行炉前的快速检测，而且要对每炉铁液进行化学成分分析和金相分析。对于有安全要求的特殊球墨铸铁件还需进行无损检测，以确定铸件的内在质量。

球墨铸铁的内在质量控制主要进行金相分析和化学成分分析。其中，金相分析的主要内容包括球化率、石墨大小、石墨球数、珠光体数量、分散分布的铁素体数量、磷共晶数量和碳化物数量等。

（1）球墨铸铁的石墨形态　球墨铸铁的石墨形态检验主要是在光学显微镜下对抛光态试样进行球化分级和石墨大小的评定，球化分级和石墨大小直接影响球墨铸铁的力学性能。

1）球化率的评定。球墨铸铁中允许出现的石墨形态有球状及少量非球状石墨，如团状、团絮状、蠕虫状，但是球形石墨的多少和圆整度影响着球墨铸铁的性能。因此，考核石墨形态对球墨铸铁非常重要。描述球墨铸铁石墨形态的质量指标主要有球化率、石墨大小和石墨球数，但是，在实际应用中，球化率高低决定了影响石墨大小和石墨球数，球化率越高，石墨球尺寸越小，石墨球数就会越多。因此，实际生产中，球墨铸铁的球化率是一项必检的项目。

根据 GB/T 9441—2009 的规定，金相试样放大 100 倍的条件下球状石墨（Ⅵ型）和团状石墨（Ⅴ型）个数占石墨总数的百分比称为球化率。球墨铸铁的球化率分级如图 11-20 和表 11-26 所示。

表 11-26　球墨铸铁的球化率（GB/T 9441—2009）

级　别	球 化 率	级　别	球 化 率
1 级	≥95%	4 级	70%
2 级	90%	5 级	60%
3 级	80%	6 级	50%

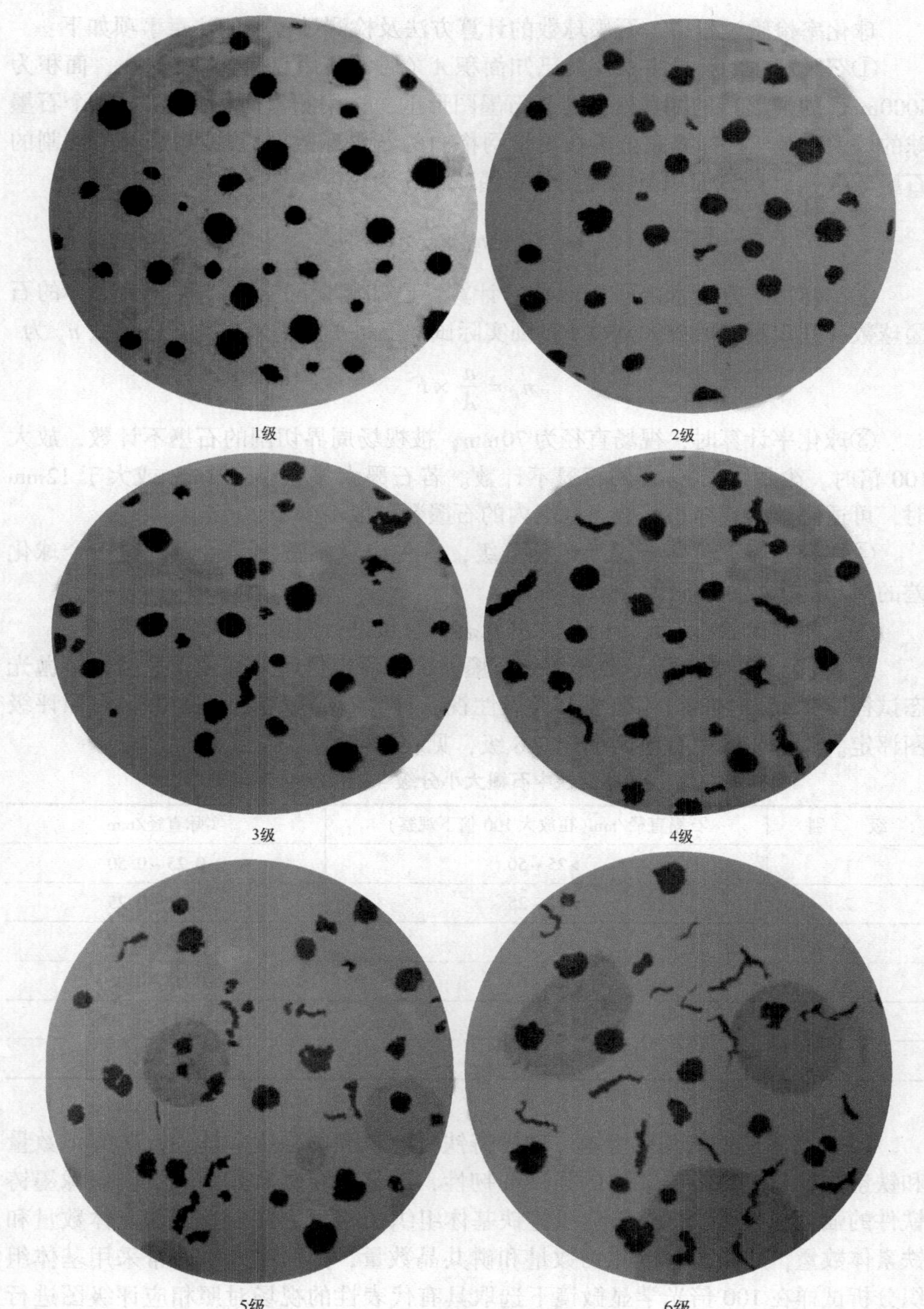

图 11-20　球墨铸铁的球化率分级　×100

球化率检验过程中，石墨球数的计算方法及检测过程中的注意事项如下：

①石墨球数的计算方法：将已知面积 A（通常使用直径为 79.8mm、面积为 5000mm^2 的圆形）的测量网格置于石墨图形上，选用测量面积内至少 50 个石墨球的放大倍数 F。计算完全落在测量网格内的石墨球数 n_1 和被测量网格切割的石墨球数 n_2，则该面积范围内的总石墨球数 n 为

$$n = n_1 + \frac{n_2}{2}$$

②试样每平方毫米内石墨球数的计算：已知测量网格内（面积为 A）的石墨球数 n 和观察用的放大倍数 F，则实际试样上每平方毫米内的石墨球数 n_F 为

$$n_F = \frac{n}{A} \times F^2$$

③球化率计算时，视场直径为 70mm，被视场周界切割的石墨不计数，放大 100 倍时，少量小于 2mm 的石墨不计数。若石墨大多数小于 2mm 或大于 12mm 时，可适当放大或缩小倍数，视场内的石墨数一般不少于 20 个。

④在抛光态下检验石墨的球化分级，首先应观察整个受检面，选三个球化差的视场的多数对照评级图目视评定。

⑤采用图像分析仪评定时，在抛光态下直接进行阈值分割提取石墨球。

2）石墨大小的评定。球墨铸铁石墨大小的评定仍然采用光学显微镜将抛光态试样图像放大 100 倍，选取有代表性视场计算石墨球直径平均值，对照评级图评定。球墨铸铁中石墨大小分为 6 级，见表 11-27。

表 11-27　球墨铸铁中石墨大小分级（GB/T 9441—2009）

级　别	石墨直径/mm(在放大 100 倍下观察)	实际直径/mm
1	>25 ~50	>0.25 ~0.50
2	>12 ~25	>0.12 ~0.25
3	>6 ~12	>0.06 ~0.12
4	>3 ~6	>0.03 ~0.06
5	>1.5 ~3	>0.015 ~0.03
6	<1.5	<0.015

（2）球墨铸铁的基体组织　球墨铸铁具有较高的强度和塑性，珠光体数量和铁素体数量主要影响铸件的强度和韧性，碳化物和磷共晶则大大削弱球墨铸铁件的强度和韧性。因此，球墨铸铁基体组织的检测主要是控制珠光体数量和铁素体数量，严格控制碳化物数量和磷共晶数量，其评定方法通常采用基体组织分析试样在 100 倍光学显微镜下选取具有代表性的视场对照相应评级图进行评定。

根据 GB/T 9441—2009 规定，球墨铸铁的珠光体数量、分散分布的铁素体数量、碳化物数量和磷共晶数量的分级见表 11-28、表 11-29 和表 11-30。

表 11-28　球墨铸铁的珠光体数量分级（GB/T 9441—2009）

级　别	珠光体数量(体积分数,%)	级　别	珠光体数量(体积分数,%)
珠 95	>90	珠 35	>30～40
珠 85	>80～90	珠 25	≈25
珠 75	>70～80	珠 20	≈20
珠 65	>60～70	珠 15	≈15
珠 55	>50～60	珠 10	≈10
珠 45	>40～50	珠 5	≈5

表 11-29　球墨铸铁中分散分布的铁素体数量分级（GB/T 9441—2009）

级　　别	珠光体数量(体积分数,%)	级　　别	珠光体数量(体积分数,%)
铁 5	≈5	铁 20	≈20
铁 10	≈10	铁 25	≈25
铁 15	≈15	铁 30	≈30

表 11-30　球墨铸铁的碳化物和磷共晶数量分级（GB/T 9441—2009）

级　　别	碳化物数量(体积分数,%)	级　　别	磷共晶数量(体积分数,%)
碳 1	≈1	磷 0. 5	≈0. 5
碳 2	≈2	磷 1	≈1
碳 3	≈3	磷 1. 5	≈1. 5
碳 5	≈5	磷 2	≈2
碳 10	≈10	磷 3	≈5

（3）典型球墨铸铁的组织特征　在球墨铸铁中，不同类别的球墨铸铁检验的侧重点不一样。在各种球墨铸铁中，QT350-22、QT400-18、QT400-15 和 QT450-10 一般称为铁素体球墨铸铁。在基体组织控制方面主要检测基体中的珠光体数量。为了获得良好的塑性，珠光体数量应尽量少，一般应控制在珠 20 以下，如图 11-21 所示。

QT500-7 和 QT500-10 被称为混合基体球墨铸铁。这类球墨铸铁强度和韧性较好，其基体组织主要特征是在珠光体基体基础上分布着大量的块状或牛眼状的铁素体组织，珠光体数量一般控制在珠 45 至珠 75 之间，如图 11-22 所示。

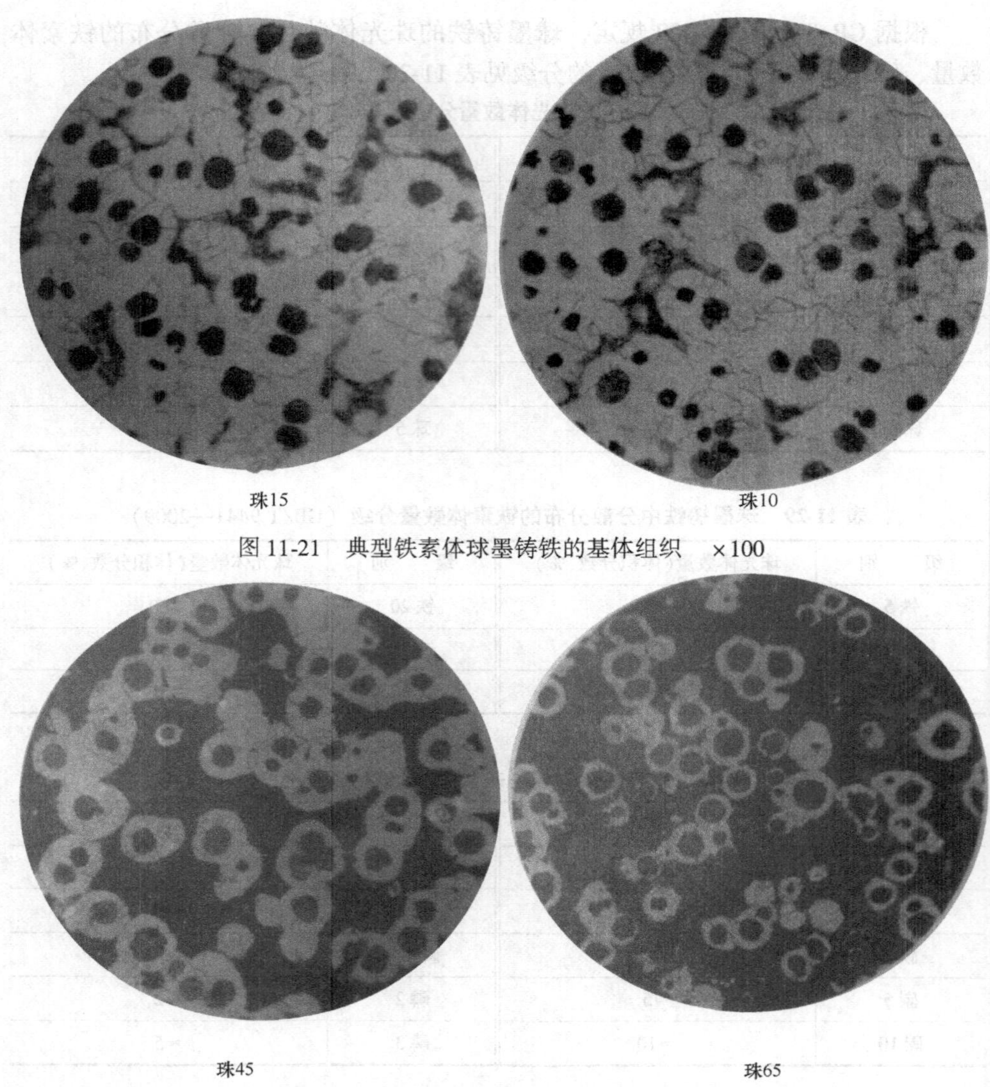

图 11-21　典型铁素体球墨铸铁的基体组织　×100

珠45　珠65

图 11-22　典型混合基体球墨铸铁的基体组织　×100

QT600-3、QT700-2 和 QT800-2、QT900-2 属于高强度珠光体球墨铸铁，珠光体数量较多，基体组织检验除了检测珠光体数量外，还需检测分散铁素体数量、珠光体片间距和索氏体，严格控制碳化物和磷共晶组织。尤其是 QT800-2 和 QT900-2，主要采用铁型覆砂工艺或热处理得到细小珠光体或索氏体组织，具有较高的强度、硬度和良好的耐磨性。典型珠光体球墨铸铁基体组织如图 11-23 所示。

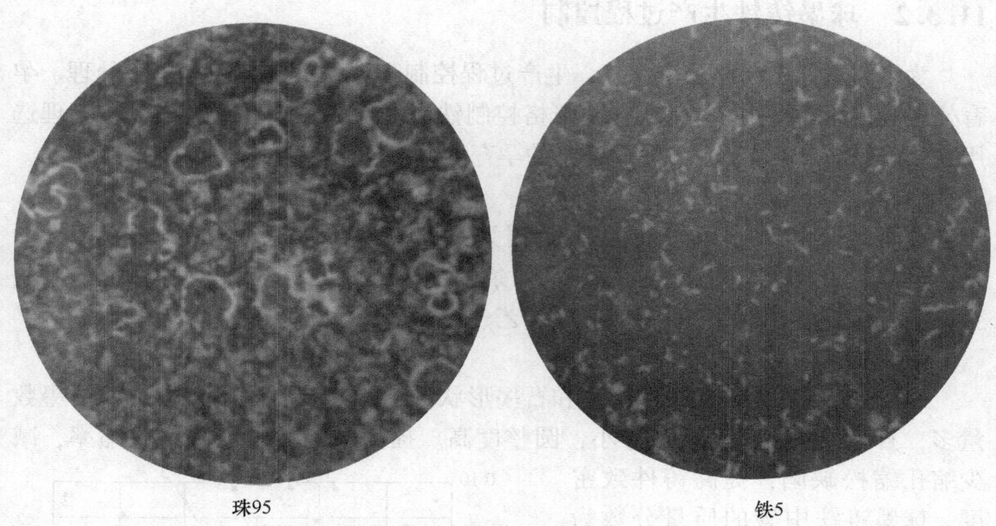

图 11-23 典型珠光体球墨铸铁的基体组织 ×100

等温淬火球墨铸铁（ADI）铸态毛坯的基体组织主要是珠光体和铁素体的混合基体，但要求珠光体与铁素体的比例稳定，不存在非金属夹杂物、碳化物、缩孔、气孔和夹渣等缺陷。等温淬火后的基体组织为针状下贝氏体和稳定的残留奥氏体，如图 11-24 所示。

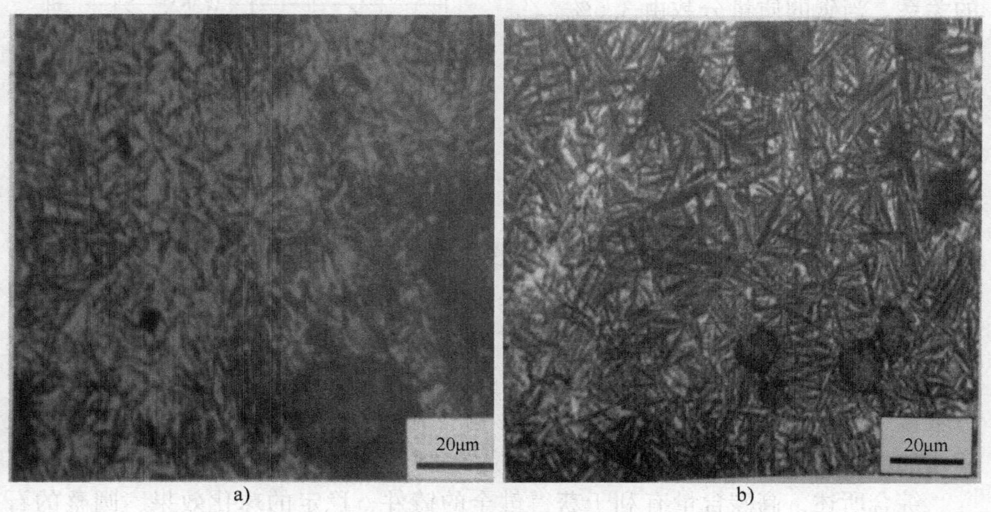

图 11-24 等温淬火球墨铸铁的基体组织 ×500

a）QTD800-8 b）QTD1200-3

11.3.2 球墨铸铁生产过程控制

为了获得优质的球墨铸铁件，生产过程控制需从铁液的熔炼、球化处理、孕育处理等方面严格执行操作工艺，严格控制铁液的熔化工艺和化学成分，合理选用高效球化剂和球化处理工艺、适当的孕育处理工艺和及时的炉前快速检验方法。

1. 化学成分的选用

球墨铸铁化学成分选定的主要依据为：铸铁牌号和各种性能要求；铸件形状、尺寸、重量及冷却速度；生产工艺条件，如是否热处理，铸型类别（砂型、金属型、金属型覆砂）；是否用冒口工艺、球化和脱硫工艺等；原材料条件等。

（1）碳

1）碳对球墨铸铁的铸造性能和石墨形状的影响。碳含量高，析出的石墨数量多，石墨球数多，球径尺寸小，圆整度高。提高碳含量可以降低收缩率，减少缩孔缩松缺陷，提高铸件致密度。球墨铸铁中碳的质量分数为4.0%～4.3%时缩松倾向最小。过高的碳含量对收缩影响不大，反而会引起石墨漂浮等缺陷。

2）碳含量对球化效果的影响。图11-25所示为球墨铸铁石墨形状与碳含量、残余镁含量之间的关系。当碳的质量分数由3.6%提高到4.0%时，获得球形石墨的残余镁的质量分数由0.28%提高到0.44%，随着碳含量的升高，确保球化的残余镁含量也相应提高。

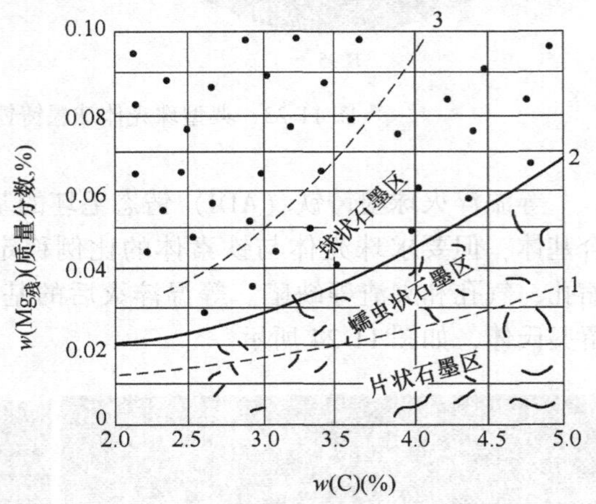

图11-25 球墨铸铁石墨形状与碳含量、残余镁含量之间的关系

3）碳含量对球墨铸铁力学性能的影响如图11-26所示。由于碳含量升高有利于球形石墨的圆整度，改善球化效果，加之碳是以球状石墨形式存在，对基体的割裂作用较小。适当提高碳含量对强度性能影响不大，而且有利于改善球墨铸铁的冲击韧性。同时，适当提高含碳量，能减少游离渗碳体。当碳的质量分数接近3%时，渗碳体消失；超过3%后，开始出现铁素体，硬度下降，伸长率增加，当碳的质量分数为3%时，抗拉强度最高。

综合所述，高碳含量有利于获得健全的铸件、稳定的球化效果、圆整的石墨球、优良的力学性能。对于铁素体球墨铸铁，碳的质量分数可以保持在3.7%～4.0%；对于珠光体球墨铸铁，为了保证珠光体数量，一般碳的质量分数略低，一般为3.5%～3.8%。

（2）碳当量

1）碳当量对铁液流动性的影响。提高碳当量可以增加球墨铸铁铁液的流动性。当碳当量为4.6%～4.8%时，流动性最好，有利于浇注成形、补缩，碳当量继续增加则流动性反而下降。

2）碳当量对缩孔、缩松的影响。随着碳当量的增加，缩孔体积上升。当碳当量为4.2%时，缩孔体积最大，继续增加碳当量，缩孔体积缩小。碳当量大于4.2%后，随着碳当量的增加，缩松倾向降低，但超过4.8%时，缩松倾向反而增大。为此，碳当量应控制在4.2%～4.8%较好。

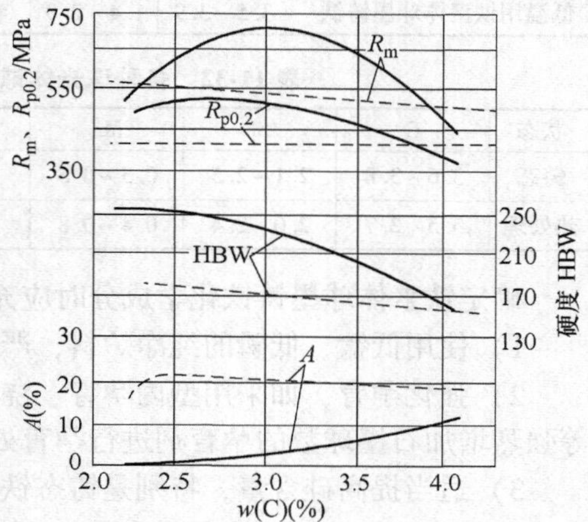

图11-26　碳含量对球墨铸铁力学性能的影响

（3）硅　硅是一种促进石墨化的元素，有利于球状石墨的形成。同时，硅降低共析点的碳含量，提高共析转变温度，促进铁素体基体的形成，改变了球墨铸铁中珠光体和铁素体数量。

硅对球墨铸铁的力学性能的影响具有两面性：一方面，硅的存在有利于铁素体数量的增加，提高球墨铸铁的韧性和伸长率，降低硬度；另一方面，硅以合金形式固溶与基体组织之中，提高球墨铸铁的抗拉强度、屈服强度和硬度，降低基体组织的韧性和塑性。当硅的质量分数超过3%时，球墨铸铁的韧性明显下降。因此，球墨铸铁的硅的质量分数一般应低于3%。

（4）锰　锰含量与球墨铸铁的基体组织有关。对于铁素体球墨铸铁，锰含量应尽量低，尤其是铸态铁素体球墨铸铁生产时，锰的质量分数应严格控制在0.3%以下；而珠光体球墨铸铁则应适当提高锰含量，但也不能太高，以免产生成分偏析，锰的质量分数可控制在0.5%～0.7%。

（5）硫、磷　硫、磷均是球墨铸铁的有害元素，越少越好，一般其质量分数应控制在0.07%以下。

对于不同的球墨铸铁，其合适的化学成分范围有所不同。根据多年的研究与实践结果，各种球墨铸铁化学成分范围可按照表11-31、表11-32选用。

表11-31　各种铁素体球墨铸铁的化学成分范围

类别	化学成分（质量分数，%）						
	C	Si	Mn	P	S	Mg	RE
退火铁素体球墨铸铁	3.5～3.9	2.0～2.7	≤0.6	≤0.07	≤0.02	0.03～0.06	0.02～0.04

（续）

类　别	化学成分（质量分数,%）						
	C	Si	Mn	P	S	Mg	RE
铸态铁素体球墨铸铁	3.5~3.9	2.5~3.0	≤0.3	≤0.07	≤0.02	0.02~0.04	0.02~0.04
低温用铁素体球墨铸铁	3.5~3.9	1.4~2.0	≤0.2	≤0.04	≤0.01	0.04~0.06	—

表 11-32　各种珠光体球墨铸铁的化学成分范围

状态	C	Si	Mn	P	S	Cu	Mo
铸态	3.6~3.8	2.1~2.5	0.3~0.5	≤0.07	≤0.02	0.5~1.0	0~0.2
热处理	3.5~3.7	2.0~2.4	0.4~0.8	≤0.07	≤0.02	0~1.0	0~0.2

确定铁素体球墨铸铁化学成分时应充分考虑以下因素的影响：

1）使用低锰、低磷的纯净炉料，严格配制白口化元素和反球化元素含量。

2）强化孕育，如采用型内孕育、浇口杯孕育等后期孕育工艺，或使用含铋等强烈增加石墨球数的孕育剂进行孕育处理。

3）适当提高硅含量，特别是铸态铁素体球墨铸铁。

珠光体球墨铸铁硅含量小件取上限，大件取下限，只要不出现渗碳体，硅含量尽量低。由于锰易偏析和形成碳化物，尤其大断面或特别薄壁的小铸件的锰含量应控制。铸态或大断面铸件应添加 Cu 或同时添加 Cu 和 Mo，也可以添加 Ni（质量分数 < 2.0%）、V（质量分数 < 0.3%）、Sn（质量分数为 0.05% ~ 0.10%）等以稳定珠光体。

等温淬火球墨铸铁是经过等温淬火得到的一种高强度球墨铸铁，得到贝氏体组织的重要条件就是铸件必须具备良好的淬透性。等温淬火球墨铸铁的基本成分与普通球墨铸铁相近，差别主要是为了获得良好淬透性所需合金元素（如 Ni、Mo、Cu 等）的加入范围应严格控制，见表 11-33。

表 11-33　各种等温淬火球墨铸铁的化学成分及力学性能

名称	化学成分（质量分数,%）								热处理工艺	力学性能	
	C	Si	Mn	P	S	Cu	Mo	Ni		R_m/MPa	A（%）
4102 柴油机曲轴	3.5~3.6	2.76~2.84	0.27~0.33	<0.07	≤0.02	0.45~0.58	0.28~0.51	0.50~0.53	930℃×2.5h 360~380℃×2h	≥1000	≥5
冷轧管轧辊	3.42	2.62	0.47	0.063	0.022	0.4~0.8	0.15~0.3		940×1h 360×1.5h	920	6
塔吊升降螺母	3.94	2.54	0.15	0.043	0.025	1.29	0.304	1.71	铸态	826~830	2~3

2. 球化元素的确定与控制

球墨铸铁的球化元素主要是残余 Mg 和 RE。球化剂加入铁液后，一部分球化剂用于脱硫脱氧，并随所形成的硫化物和氧化物进入熔渣被排出铁液；另一部分残留下来在铁液凝固过程中干扰石墨的生长而形成球状石墨。残余 Mg 和 RE 的含量太低，不足以形成球状石墨；残余 Mg 和 RE 的含量太高也不利于球状石墨的形成，而且增加铁液的白口倾向，形成渗碳体。因此，球墨铸铁的残余 Mg 和 RE 的含量应该严格控制。

大量研究和实践表明，对于一般中小型球墨铸铁件，残余 Mg 的质量分数一般应控制在 0.01% ~0.03%，残余 RE 的质量分数应控制在 0.02% ~0.04% 是合适的；但是对于大断面球墨铸铁件，为了避免球化衰退，应适当提高残余 Mg 和 RE 的含量，以改善球化效果。各种壁厚球墨铸铁件的残余 Mg 和 RE 可按表 11-34 选用，并加以控制。

表 11-34　各种壁厚球墨铸件的残余 Mg 和 RE 的含量

壁厚/mm	<25	25 ~ 50	50 ~ 100	100 ~ 250
Mg（质量分数，%）	0.030 ~ 0.040	0.030 ~ 0.015	0.035 ~ 0.050	0.040 ~ 0.080
RE（质量分数，%）	<0.02	0.02 ~ 0.03	0.03 ~ 0.04	0.03 ~ 0.06[①]

① 采用重稀土，其质量分数允许≤0.018%。

（1）球化剂的选用及其处理工艺的优化　球化剂和球化处理工艺是获得球墨铸铁的关键技术。对于不同的铸件和不同的生产条件，所需选用的球化剂及其加入量是有很大区别的，必须结合球化处理工艺合理选用。

1）球化剂的选用。常用的球化剂很多，我国主要采用的球化剂是稀土镁球化剂，其成分如表 11-35 所示。

表 11-35　稀土镁球化剂的化学成分

产品牌号	化学成分（质量分数，%）							
	RE	Mg	Si	Mn	Ca	Ti	Al	Fe
FeSiMg5RE1	1 ~ 2	5 ~ 6	≤43	—	1.5 ~ 2.5	<0.5	<0.5	其余
FeSiMg6RE2	2 ~ 3	6 ~ 7	≤43	—	2 ~ 3	<0.5	<0.5	
FeSiMg8RE3	2 ~ 4	7 ~ 9	≤44	—	2 ~ 3.5	≤1.0	<0.5	
FeSiMg6RE4	3 ~ 5	5 ~ 7	≤44	—	2 ~ 3.5	≤1.0	—	
FeSiMg8RE5	4.0 ~ <6.0	7.0 ~ 9.0	≤44.0	≤4.0	≤4.0	≤2.0		
FeSiMg8RE7	6.0 ~ <8.0	7.0 ~ <9.0						
FeSiMg10RE7	6.0 ~ <8.0	9.0 ~ 11.0						
FeSiMg8RE9	8.0 ~ <10.0	7.0 ~ <9.0						
FeSiMg10RE9	8.0 ~ <10.0	9.0 ~ 11.0						
FeSiMg8RE11	10.0 ~ 13.0	7.0 ~ 10.0						
FeSiMg13RE14	13.0 ~ 15.0	12.0 ~ 15.0	≤42.0	≤4.0	≤5.0			
FeSiMg8RE16	15.0 ~ <17.0	7.0 ~ 10.0						
FeSiMg8RE18	17.0 ~ <20.0	7.0 ~ 10.0						
FeSiMg10RE21	20.0 ~ 23.0	9.0 ~ 11.0						

2）球化剂选用应注意以下几个方面：

①充分考虑干扰元素的有害作用。当炉料中干扰元素含量较高时，应选用稀土含量较高的球化剂。

②原铁液硫含量对球化剂选用的影响。对于电炉熔炼的高温低硫铁液，应选用低稀土的稀土镁合金，如 FeSiMg8RE3 或 FeSiMg8RE1；而对于冲天炉熔炼的高硫低温铁液，则应选用高稀土的稀土镁合金，如 FeSiMg8RE7 或 FeSiMg8RE5，以中和硫的有害作用。

③球化剂的选用与生产工艺和铸件特点有关。铸态铁素体球墨铸铁选用低稀土球化剂；铸态珠光体球墨铸铁可选用高稀土含量球化剂，或者选用含铜、镍的球化剂。金属型铸造、离心铸管可选用低稀土球化剂或纯镁；大型厚断面铸件可选用钇基重稀土镁硅铁；含微量 Sb 的或含 Cu 的复合球化剂可用于大型珠光体球墨铸铁件。

（2）球化处理工艺　球化处理工艺主要有压力加镁、冲入法、转包法、盖包法、型内法等，其中，冲入法是最简便、使用最广泛的一种方法。

1）冲入法。冲入法采用 $H/D=1.2\sim1.5$ 的浇包进行球化处理。浇包底部做成堤坝式或凹坑式两种，以延缓球化剂的反应时间，减少球化剂烧损。

球化处理前，将球化剂（粒度控制在 10～30mm）放入包底；再在上面加入硅铁，硅铁粒度略小于球化剂的粒度；然后再覆盖无锈铁屑或草灰、碳酸钠、珍珠岩集渣剂等，铁液温度过高时可盖铁（钢）板。

铁液分两次冲入浇包未放置球化剂的一侧。先冲入总铁液的 2/3，待球化反应结束后，再冲入其余的 1/3。处理完毕，加集渣剂，如草灰、珍珠岩；搅拌后彻底扒渣，再覆盖保温剂，如草灰、珍珠岩等。

铁液冲入一定高度（＞200～250mm）后开始起爆，均匀持续沸腾足够时间（＞1min），表示反应正常。反应过猛喷出铁液，表示烧损越大。反应时间过短、过长属不正常现象。补加铁液时，液面逋出镁光及白黄火焰表示正常。

2）压力加镁法。压力加镁法球化处理主要用于用纯镁做球化剂的球墨铸铁生产。这种球化处理方法合金吸收率高而且稳定，吸收率高达 70%～80%，球化剂消耗低，降低了生产成本；同时，处理过程中，无镁光，烟尘少，环境污染少。但是，压力加镁需要专门的球化处理包，设备费用较高，操作比较复杂、麻烦，目前主要用于一些特殊要求的球墨铸铁件的生产，如轧辊等。

3）型内球化法。型内球化法是一种将球化剂放入砂型浇道中设置的反应室，铁液在流经反应室时溶解球化剂而进行球化处理的一种方法。

型内球化处理法的镁吸收率高达 70%～80%，无镁光及烟雾，无球化衰退和孕育衰退现象，球化稳定，孕育强烈；但是，型内球化对铁液要求高，铁液硫含量、球化剂成分、粒度和浇道过滤要求严格，容易产生夹渣缺陷。

4）盖包球化法。盖包球化法是在冲入法处理包上安装盖式中间包接收铁液，通过中间包底部浇道直径控制注入处理包的流量，使其呈封闭状态，从而减少反应过程中烟尘及镁光外逸，提高镁的利用率。其浇道直径 D（cm^2）按下式计算：

$$D=2.2\sqrt{\frac{W}{t\sqrt{h}}}$$

式中，W 为处理铁铁液重量（kg）；t 为浇注时间（s）；h 盖式中间包中的铁液高度（cm）。

5）转包球化法。反应室内装入纯镁或镁焦。转包横卧，注入1400～1500℃铁液；然后转包直立，铁液通过反应室上下孔进入反应室将镁汽化，镁蒸汽从上孔逸出部分溶入铁液，并通过上下孔调节镁蒸汽溢出速度自动控制球化反应速度。与冲入法比，转包法能提高镁利用率，可达60%～70%，反应时间约80s。此法可处理含硫较高的铁液。

3. 孕育处理

球墨铸铁原铁液中添加球化剂后过冷倾向增大，在添加孕育剂后减小过冷，抑制渗碳体析出，促进析出大量细小圆整的石墨球。孕育是保证凝固结晶过程中析出正常球状石墨的重要条件之一，对于铸态球墨铸铁尤为重要。孕育处理技术的关键是选用高效孕育剂和合理的孕育处理工艺。

（1）孕育剂种类及其选用　大部分孕育剂主要以FeSi为基础，并针对不同球墨铸铁件，通过添加不同合金元素形成各种各样的专用孕育剂，见表11-36。

表11-36　常用孕育剂的化学成分

名称	化学成分（质量分数，%）							
	Si	Ca	Al	Ba	Mn	Sr	Bd	Fe
硅铁	74～79	0.5～1	0.8～1.6	—	—	—	—	其余
硅铁	74～79	<0.5	0.8～1.6	—	—	—	—	
钡硅铁	60～65	0.8～2.2	1.0～2.0	4～6	8～10	—	—	
钡硅铁	63～68	0.8～2.2	1.0～2.0	4～6	—	—	—	
锶硅铁	73～78	≤0.1	≤0.5	—	—	0.6～1.2	—	
硅钙	60～65	25～30	—	—	—	—	—	
铋	—	—	—	—	—	—	≥99.5	—

硅铁属于最常用的孕育剂，其瞬时孕育效果较好，用于随流孕育、型内孕育，效果更好；但容易出现衰退现象，一般在浇注后保持约8min出现孕育衰退。大型厚壁铸件或浇注和运输时间较长时，可选用钡硅铁、含锶硅铁、硅钙，

以及铋与硅铁或稀土硅铁的复合孕育剂，适用于薄壁、高温铁液的孕育处理。铋与稀土或钙复合添加可以显著增加石墨球数，适用于铸态薄壁铁素体球墨铸铁件。

另外，稀土复合孕育剂对于我国冲天炉熔炼的硫含量较高的铁液具有良好的孕育效果，能明显改善石墨形态和基体组织；但是，RE 有一个最佳添加量范围，过多效果不好，其最适宜范围与原铁液的 S、O 及干扰元素含量有关。

（2）孕育方法的确定　球墨铸铁的孕育方法很多，如炉前孕育、随流孕育、喂丝孕育、型内孕育和浮硅孕育等。各种孕育方法均有各自的优势和不足，需有针对性的选用。

1）炉前孕育。炉前孕育一部分是作为球化剂的覆盖剂进行孕育；另一部分在补加铁液时，在出铁槽中随流冲入时进行孕育。炉前孕育一般选用 75FeSi 作为孕育剂，加入量控制在 0.8%～1.2%（质量分数），铁素体球墨铸铁加入量取上限，珠光体球墨铸铁取下限。孕育剂粒度与处理包的对应关系见表 11-37。

表 11-37　孕育剂粒度与处理包的对应关系

粒度尺寸/mm	0.2～1	0.5～2	1.5～6	3～12	8～32
铁液包容量/kg	≤20	20～200	200～1000	500～2000	2000～10000

2）随流孕育。随流孕育是在浇注过程中不断加入孕育剂的一种孕育处理方法。采用机械或光电管控制内动开关，使漏斗内的孕育剂粒在浇注期间均匀地随铁液进入铸型。近年来，在随流孕育方面不断取得突破，各种较先进的随流孕育处理装置不断开发出来，通过引入计算机控制方法使孕育剂加入量更精确，加入速度更均匀，改善孕育效果。

3）喂丝孕育。喂丝孕育是将 200 目硅铁粉装入壁厚 0.1mm、直径约 3mm 的软钢管中制成孕育丝，用专用设备在浇注时自动将其输进绕口杯铁液里溶解。其加入速度采用机械或光电管控制内动开关加以控制。孕育剂加入量为 0.05%～0.10%（质量分数）。喂丝孕育适用于自动线大量生产。

4）型内孕育。

（3）球化率的炉前快速检验　球化率的快速检验方法很多，主要有三角试块、快速金相、音频检验和热分析法检验等。

1）三角试块检验。铁液经球化孕育处理后，取少量铁液浇注三角试块，等凝固结束、试块表面呈暗红色时水淬，并打断观察断口形貌，分析球化级别。当三角试块两侧略微缩凹，断口呈银灰色、中间存在少量缩松时，球化级别较高。

2）快速金相检验。铁液经球化孕育处理后，取少量铁液浇注成 ϕ10mm 试棒，经过打磨抛光，在 200 倍光学显微镜下观察石墨形状，确定球化率。

3）热分析法检验。将球化处理后的铁液浇注到47mm×70mm的树脂砂样杯中，用热电偶测定冷却曲线，与不同球化等级的标准曲线比较，由人工或自动评判其球化等级。热分析法较为简便，且可以与计算机技术结合，提高评判的准确性。近年来，热分析法判断球化率的技术发展较快，出现了各种各样的热分析分析仪，对控制球墨铸铁的球化级别有着重要的作用。

11.4 蠕墨铸铁的质量控制

蠕墨铸铁的石墨形态主要是蠕虫状石墨和少量球状石墨。其性能介于灰铸铁和球墨铸铁之间，既有灰铸铁良好的工艺性能，又具有球墨铸铁的高强度性能，同时还具有良好的导热性能、抗氧化蠕变性能，使其成为当今铸铁发展的一个重要领域。但是，蠕墨铸铁对化学成分要求非常严格，铸件断面敏感性大，质量不易控制。当残余镁或残余稀土含量低于临界值时，得到的是片状石墨，力学性能急剧下降，甚至低于普通灰铸铁；当残余镁或残余稀土含量高于临界值时，得到的是球状石墨，强度较高，但铁液收缩大，铸件易产生缩孔、缩松，且丧失了蠕墨铸铁的耐热、抗氧化性能。因此，如何保证蠕墨铸铁质量稳定性是当前一个重要的课题。

11.4.1 蠕墨铸铁的质量要求

蠕墨铸铁的质量要求除了铸件表面质量要求外，就是它的力学性能和显微组织特征，而显微组织与力学性能又是相互关联的。

1. 蠕墨铸铁的力学性能要求

蠕墨铸铁采用单铸或附铸试样检测力学性能，根据单铸或附铸试块加工的试样测定的力学性能分级，将蠕墨铸铁分为5个牌号，见表11-38和表11-39。采用附铸试样检测力学性能时，在牌号后加“A”。

表11-38 蠕墨铸铁单铸试样的力学性能及分级（GB/T 26655—2011）

牌号	抗拉强度 R_m/MPa ≥	规定塑性延伸强度 $R_{p0.2}$/MPa ≥	伸长率 A(%) ≥	硬度 HBW	主要基体组织
RuT300	300	210	2.0	140～210	铁素体
RuT350	350	245	1.5	160～220	铁素体+珠光体
RuT400	400	280	1.0	180～240	珠光体+铁素体
RuT450	450	315	1.0	200～250	珠光体
RuT500	500	350	0.5	220～260	珠光体

注：布氏硬度（指导值）仅供参考。

表 11-39 蠕墨铸铁附铸试样的力学性能及分级（GB/T 26655—2011）

牌号	主要壁厚 t/mm	抗拉强度 R_m/MPa ≥	规定塑性延伸强度 $R_{p0.2}$/MPa ≥	伸长率 A(%) ≥	硬度 HBW	主要基体组织
RuT300A	t≤12.5	300	210	2.0	140~210	铁素体
	12.5<t≤30	300	210	2.0	140~210	
	30<t≤60	275	195	2.0	140~210	
	60<t≤120	250	175	2.0	140~210	
RuT350A	t≤12.5	350	245	1.5	160~220	铁素体+珠光体
	12.5<t≤30	350	245	1.5	160~220	
	30<t≤60	325	230	1.5	160~220	
	60<t≤120	300	210	1.5	160~220	
RuT400A	t≤12.5	400	280	1.0	180~240	珠光体+铁素体
	12.5<t≤30	400	280	1.0	180~240	
	30<t≤60	375	260	1.0	180~240	
	60<t≤120	325	230	1.0	180~240	
RuT450A	t≤12.5	450	315	1.0	200~250	珠光体
	12.5<t≤30	450	315	1.0	200~250	
	30<t≤60	400	280	1.0	200~250	
	60<t≤120	375	260	1.0	200~250	
RuT500A	t≤12.5	500	350	0.5	220~260	珠光体
	12.5<t≤30	500	350	0.5	220~260	
	30<t≤60	450	315	0.5	220~260	
	60<t≤120	400	280	0.5	220~260	

2. 蠕墨铸铁的显微组织要求

蠕墨铸铁显微组织要求主要是指蠕化率和基体组织特征。蠕化率反映了蠕墨铸铁中蠕虫状石墨的百分比。蠕化率越高，蠕墨铸铁中的蠕虫状石墨就越多，球形石墨数量减少，强度会有所下降，但是，工艺性能、导热性能、耐热性能、抗氧化生长性能增加，有利用延长耐热铸件的寿命。

基体组织主要分析基体中珠光体和铁素体各自所占的比例，珠光体数量增加，铸件的抗拉强度升高；反之，铁素体数量增加，抗拉强度下降，伸长率有所增加。

（1）蠕墨铸铁的石墨形态　蠕墨铸铁的石墨形态是一种蠕虫状石墨与球形石墨共存的混合形态。其中蠕虫状石墨近似于片状石墨，但是石墨片端头圆钝，石墨片长度与厚度之比较小，对基体的割裂作用较小，从而获得了比片状石墨的灰铸铁强度高得多的一种新型石墨形态。

蠕墨铸铁石墨形态的评定方法是依据100倍下蠕虫状石墨所占面积百分比进行分级的，其计算公式如下：

$$蠕化率=\frac{\sum A_{蠕虫状石墨}+\sum A_{团、团絮状石墨}}{\sum A_{每个石墨}}\times 100\%$$

式中，$A_{蠕虫状石墨}$为每个蠕虫状石墨颗粒的面积（圆形系数 RSF < 0.525）；

$A_{团、团絮状石墨}$为团、团絮状石墨颗粒的面积（圆形系数 RSF 为 0.525 ~ 0.625）；$A_{每个石墨}$为每个石墨的面积（最大中心长度≥10μm）。

蠕化率的评定既可以用定量金相分析仪器法得到，也可以用标准图谱对照得到。蠕墨铸铁根据石墨形状分为蠕95、蠕90、蠕85、蠕80、蠕70、蠕60、蠕50、蠕40八级。

（2）蠕墨铸铁的基体组织　一般铸态蠕墨铸铁具有强烈的铁素体倾向，导致了强度和耐磨性下降，为了获得较高的强度必须控制铁素体含量。

蠕墨铸铁中珠光体数量的评定方法同球墨铸铁一样，即采用硝酸酒精溶液腐蚀试样，并在100倍下观察基体组织形貌，运用定量金相或标准图谱对比评定。蠕墨铸铁的珠光体数量分级见表11-40。

表11-40　蠕墨铸铁的珠光体数量分级

级　别	珠光体数量(体积分数,%)	级　别	珠光体数量(体积分数,%)
珠95	>90	珠45	>40 ~ 50
珠85	>80 ~ 90	珠35	>30 ~ 40
珠75	>70 ~ 80	珠25	>20 ~ 30
珠65	>60 ~ 70	珠15	>10 ~ 20
珠55	>50 ~ 60	珠5	<10

获得高强度的方法主要有热处理和低合金化两种方式。为了减少生产工序和设备投资，大多数企业采用合金化的方式来控制蠕墨铸铁的珠光体数量。

11.4.2　蠕墨铸铁生产过程控制

蠕化率是影响蠕墨铸铁组织和性能的主要因素，蠕墨铸铁中球状石墨增加，蠕化率下降，强度和伸长率随之增加，但热导率和收缩率将恶化，严重影响蠕墨铸铁的成形性能。如果蠕化处理不成功，则得到大量的厚片状石墨，强度和伸长率急剧下降，造成大量废品。因此，在蠕墨铸铁生产过程中，控制蠕化率是控制铸件质量的关键因素。

1. 蠕墨铸铁化学成分的选定

化学成分对蠕墨铸铁的影响包括对获得蠕虫状石墨和对基体的影响，这两者进而影响蠕墨铸铁的力学性能和其他性能，应根据这些影响选择蠕墨铸铁的化学成分。

(1) 碳、硅及碳当量　蠕墨铸铁生产中一般采用共晶附近的成分以有利于改善铸造性能和减小白口倾向，碳当量 CE 一般取 4.3% ~4.6%。

碳对蠕墨铸铁抗拉强度的影响与灰铸铁和球墨铸铁类似，随着碳含量增加，蠕墨铸铁的抗拉强度将因石墨增加、珠光体减少而有所下降，但这种影响要比灰铸铁小得多。为了减少白口倾向，碳的质量分数一般取 3.6% ~3.8%，薄件取上限，厚大件取下限。

硅能抑制蠕墨铸铁的白口倾向，硅也是强烈促进铁素体形成的元素，使强度下降，但仅靠降低硅含量很难阻止石墨周边铁素体的形成。因此，为了防止白口产生，蠕墨铸铁中硅的质量分数一般控制在 2.4% ~2.8%。考虑到蠕化处理带来大量硅，所以原铁液硅的质量分数一般控制在 1.5% ~1.8%。适当提高硅含量可以有效提高蠕墨铸铁的高温力学性能、抗氧化性能和热疲劳性能。中硅耐热蠕墨铸铁的高温强度比普通蠕墨铸铁高 30%，与中硅球墨铸铁相当。抗氧化性比普通蠕墨铸铁高 5 倍以上，接近于球墨铸铁，远优于灰铸铁。在急冷急热条件下，其热疲劳性能优于球墨铸铁和灰铸铁。

(2) 锰　锰在常规含量内对蠕化无影响。锰在蠕墨铸铁中起到稳定珠光体的作用，但是由于蠕虫状石墨分枝较多，锰的作用大大降低。对于混合型蠕墨铸铁，可以采用调整锰含量来获得相应的力学性能，其锰的质量分数一般控制在 0.4% ~0.7%。对于铁素体蠕墨铸铁则应严格控制锰含量，以增加基体中的铁素体含量，锰的质量分数控制在 0.4% 以下。

如果希望获得强度、硬度较高，耐磨性较好的珠光体基体的蠕墨铸铁，则需将锰的质量分数增加至 2.7% 左右，并与降低硅含量和适当添加其他稳定珠光体的合金元素相配合，以防止渗碳体的出现。

(3) 磷　磷对蠕化没有影响，但是在基体中形成磷共晶将大大降低铸件的强度和冲击韧性，使铸件中产生缩松和冷裂。因此，除了耐磨蠕墨铸铁外，磷的质量分数一般控制在 0.08% 以下。对于耐磨件，磷的质量分数可增加至 0.2% ~0.35%。

(4) 硫和氧　硫与蠕化剂合金亲和力强，消耗较多的蠕化剂，既增加了材料消耗和生产成本，同时，大量的硫化物会影响铁液的流动性，加速蠕化衰退。因此，蠕墨铸铁中硫的质量分数应严格控制，一般控制在 0.07% 以下。

氧是蠕墨铸铁的有害元素，原铁液中的氧会消耗蠕化剂，增大蠕化衰退的倾向。因此，蠕墨铸铁生产过程中应严格控制铁液中的氧含量。

（5）稀土元素　稀土是蠕化处理的关键元素。稀土加入铁液中首先起净化作用，去除铁液中的硫、氧、氢、氮。净化铁液后，剩余的稀土起到石墨变质作用，是蠕墨铸铁的主要蠕化剂。稀土残余量与蠕化率之间的关系如图 11-27 所示。为了使石墨变质为蠕虫状，铁液中稀土残留的质量分数应控制在 0.045% ~ 0.075%。低于临界量，则得到片状石墨，而超过上限值，则得到球状石墨，降低蠕化率。

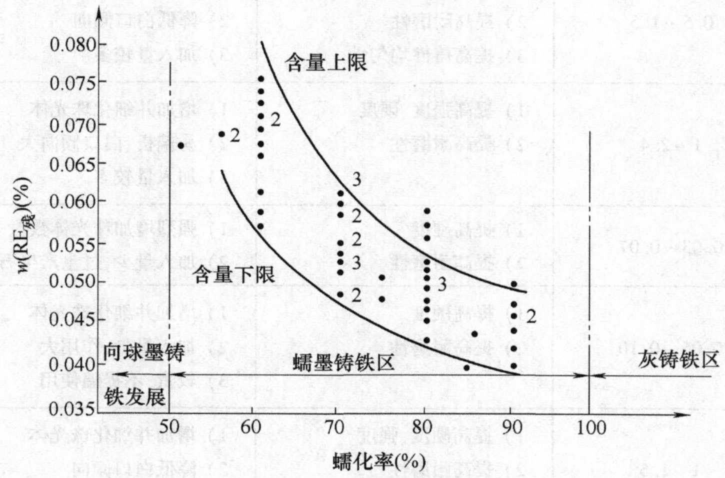

图 11-27　稀土残余量与蠕化率之间的关系

注：图中数字表示重合次数。

（6）镁　镁同稀土一样，是蠕墨铸铁的另一个蠕化变质的重要成分。研究和实践表明，镁加入铁液后，首先起脱硫作用，并有一部分沸腾烧损，其消耗量为

$$w(\mathrm{Mg}_{残})=0.76[w(\mathrm{S}_{原})-w(\mathrm{S}_{残})]$$

镁的球化变质能力最强，但单独使用镁做蠕化剂十分困难，其蠕化处理范围很窄，质量分数在 0.005% 以下，在生产中难以实现。将镁和其他干扰元素或稀土混合使用，可适当扩大镁蠕化处理的范围。

生产中，采用稀土镁合金或镁钛稀土合金做蠕化剂均取得了较好的蠕化效果，一方面充分利用了镁、稀土的蠕化作用，同时利用镁起到起爆、搅拌作用，有利于获得分布均匀的蠕虫状石墨，改善蠕墨铸铁的性能。

要获得良好的蠕虫状石墨，镁的质量分数应严格控制，一般应控制在 0.015% ~0.03%，低于下限值或高于上限值均不能得到适当蠕化率的蠕墨铸铁。

（7）合金元素　合金元素主要用于调整蠕墨铸铁的基体中铁素体含量，以达到改善扩大蠕化剂加入范围和力学性能的目的。

蠕墨铸铁常用的合金元素主要有Cu、Mn、Sb、Sn、Ni、Cr、Mo、V、Ti、B等，见表11-41。合金元素加入可以是单一元素加入，也可以多种元素复合加入。

表11-41　蠕墨铸铁常用合金元素

元素	常用量(质量分数,%)	作　用	特　点
Cu	0.5~1.5	1）提高强度、硬度 2）提高耐磨性 3）提高铸件均匀性	1）增加并细化珠光体 2）降低白口倾向 3）加入量较多
Mn	1~2.4	1）提高强度、硬度 2）提高耐磨性	1）增加并细化珠光体 2）易偏析、白口倾向大 3）加入量较多
Sb	0.03~0.07	1）提高硬度 2）提高耐磨性	1）强烈增加珠光体数量 2）加入量少,过量产生石墨变异
Sn	0.05~0.10	1）提高硬度 2）提高耐磨性	1）增加并细化珠光体 2）加入量少,作用大 3）较贵,不提倡使用
Ni	1~1.5	1）提高硬度、强度 2）提高耐磨性 3）提高铸件均匀性	1）增加并细化珠光体 2）降低白口倾向 3）加入量较多,较贵
Cr	0.2~0.4	1）提高硬度、强度 2）提高耐磨性 3）提高耐热性	1）增加、细化、稳定珠光体 2）增加白口倾向
Mo	0.3~0.5	1）提高强度、硬度 2）提高耐磨性 3）有效提高耐热性	1）有效增加、细化、稳定珠光体 2）过量增加白口倾向 3）较贵
V	0.2~0.4	1）提高强度、硬度 2）提高耐磨性 3）有效提高耐热性	1）有效增加、细化、稳定珠光体 2）增加白口倾向 3）常用V-Ti生铁带入
Ti	0.1~0.2	提高耐磨性	与C、N形成化合物
B	0.02~0.04	提高硬度、耐磨性	形成B、C化合物

2. 蠕化剂的选用与蠕化处理

蠕化剂和蠕化处理的方法有多种，为在生产中稳定地获得合格的蠕墨铸铁件，必须根据生产条件（如熔化设备、铁液成分和温度，以及蠕墨铸铁件的生产批量）和铸件特征（如尺寸大小、壁厚）来选定蠕化剂品种、加入量及处理方法。

（1）蠕化剂的选用　用于蠕墨铸铁的蠕化剂主要包括镁系蠕化剂、稀土系蠕化剂和钙系蠕化剂等。

镁系蠕化剂包括纯镁、镁钛合金、镁钛稀土合金、镁钛铝合金等，见表11-42。单纯用纯镁进行蠕化处理适用范围极窄，难以控制，很少使用。目前用的比较好的镁系蠕化剂就是镁钛合金及其以镁钛合金为基的复合蠕化剂。

镁钛稀土合金是在镁钛合金基础上发展起来，并结合我国丰富的稀土资源的一种新型蠕化剂。它能适度减少钛的用量，降低钛元素对其他铸件的污染。

表11-42　常用镁系蠕化剂

蠕化剂	成分(质量分数,%)	特　点	应　用
镁钛合金	Mg4.0~4.5,Ti8.5~10.5,Ce0.25~0.35,Ca4.0~5.5,Al1.0~1.5	熔点约为1100℃,密度为3.5g/cm^3,沸点适中,白口倾向小,渣量少	加入量为0.7%~1.3%(质量分数),存在Ti残存问题
镁钛稀土合金	Mg4.0~6,Ti3~5,RE1~3,Ca3~5,Al1~2	基本同镁钛合金,RE有利于改善石墨形貌,提高热疲劳性能,延缓衰退,扩大蠕化范围	应用于排气管,加入量为1.1%~1.4%(质量分数)
镁钛铝合金	Mg4.0~6,Ti4~5,Al2~3,Ca2.0~2.5,RE0.3	Mg作为蠕化元素,Ti、Al作为干扰元素,增加生产稳定性	应用于钢锭模、液压阀体

稀土系蠕化剂主要是稀土硅铁合金和稀土镁硅铁合金为基的各种蠕化剂。常用稀土系蠕化剂见表11-43。稀土硅铁合金蠕化处理反应平稳，铁液无沸腾，但元素扩散能力差，需搅拌，主要用于大型厚壁铸件。稀土镁硅铁合金搅拌能力强，合金元素扩散快，但是加入量需严格控制。

表11-43　常用稀土系蠕化剂

蠕化剂	成分(质量分数,%)	特　点	应　用
稀土硅铁合金	FeSiRE21,FeSiRE24,FeSiRE27,FeSiRE30	反应平稳,扩散能力弱,需搅拌	加入量为0.8%~2.1%(质量分数),残余稀土量为0.045%~0.075%(质量分数)
稀土钙硅铁合金 FeSiRE13Ca13	RE12~15,Ca12~15,Si40~50,其余为Fe	白口倾向小,反应不充分,需加氟石等助溶剂并搅拌	电炉熔炼,低硫薄、小铸件
稀土镁硅铁合金	FeSiMg8Re7,FeSiMg4Re12,FeSiMg8Re18,FeSiMg3Re8	有搅拌作用,蠕化效果好,低镁蠕化稳定	处理温度为1450℃,适用于各类铸件

（续）

蠕化剂	成分（质量分数，%）	特　点	应　用
稀土镁锌合金 FeSiRE14Mg3Zn3	RE13～15，Mg3～4，Zn3～4，Si40～44，其余为 Fe	具有自沸腾，球化倾向小，加入量范围窄，有烟雾	冲天炉铁液
混合稀土	稀土总的质量分数大于 99%，w(Ce)≈50%	蠕化效果好，加入量少，白口倾向大	适用于低硫铁液

钙系蠕化剂是利用钙元素的弱球化作用以获得蠕墨铸铁。钙的白口倾向小，适用范围宽，但处理过程没有沸腾，元素扩散能力差，需搅拌，常常需要添加促进沸腾和元素扩散的辅剂，改善蠕化效果。

（2）蠕化处理方法　蠕墨铸铁生产工艺与球墨铸铁相似，但工艺控制要求更为严格。若“过处理”（蠕化剂加入量或变质元素残留量过多），则易出现过多球状石墨，若“处理不足”（蠕化剂加入量或变质元素残余量过少），则易产生片状石墨。为确保蠕墨铸铁生产稳定，合理选择蠕化剂及其处理工艺，以及尽量保持蠕化处理中各项工艺因素的稳定。

常用蠕化处理方法的特点见表 11-44。

表 11-44　常用蠕化处理方法的特点

处理方法	适用蠕化剂	图　例	特　点
包底冲入法	有自沸能力的合金，如 Mg-Ti 合金、FeSiMgRe 合金、ReMgZn 合金	堤坝 蠕化剂	操作简便，有烟雾，一般采用堤坝式包底冲入法
	无自沸能力合金，如 FeSiRe 合金		包底加入少量 FeSiMg 或 ReMgZn 做起爆剂
炉内加入	FeSiRe 合金		适用于感应电炉熔炼，出铁前（铁液温度大于 1480℃）加入蠕化剂
出铁槽随流冲入法	FeSiRe 合金	蠕化剂	适用于冲天炉熔炼，操作简便，吸收率高

（续）

处理方法	适用蠕化剂	图　　例	特　　点
中间包冲入法	FeSiRe 合金，ReCa 合金	蠕化剂 中间包	吸收率高，处理效果稳定，操作较麻烦

蠕化处理方法主要是采用冲入法。一般采用底部堤坝式或凹坑式处理包，将蠕化剂加入到包底，冲入铁液进行蠕化处理。此法操作简便，适应性强，但处理过程产生大量烟雾，合金吸收率变化大，不是很稳定。

出铁槽随流冲入法适用于冲天炉熔炼的蠕墨铸铁生产，主要是针对无沸腾的稀土硅铁合金蠕化剂和钙系蠕化剂，合金的吸收率较高，操作简便。

中间包冲入法是使铁液与蠕化剂在中间包中混合，提高合金吸收率，减少处理后浇注时间，防止蠕化衰退，处理效果稳定。

近年来，一些新的处理方法得到了较好的应用，如喂丝法、型内处理法等，取得了较好的效果，但由于操作方面的问题仍未正常应用。

3. 蠕墨铸铁的孕育处理

孕育处理是蠕墨铸铁确保质量的一项必不可少的工艺操作。根据蠕化处理方法的不同，孕育处理的方法也不尽相同，孕育处理的要点如表 11-45。

表 11-45　蠕墨铸铁孕育处理的要点

处 理 目 的	孕育剂的选用	工 艺 因 素
消除白口，防止产生莱氏体和渗碳体	FeSi75	1）加入量为 0.5% ~0.8%（质量分数） 2）采用随流孕育或浮硅孕育，薄壁件采用二次孕育工艺 3）稀土蠕墨铸铁对孕育比较敏感，如孕育不足，白口倾向大；如孕育过量，易形成球状石墨，降低蠕化率 4）对于厚大断面铸件，在未出现碳化物的情况下可以不孕育 5）高硫铁液在充分蠕化的前提下可以不孕育
促进形核，改善石墨分布的均匀性，提高力学性能	FeSi75 +（0.1% ~0.15%）CaSi 合金	
延缓蠕化衰退	CaSi 合金	

4. 蠕墨铸铁的质量检验

蠕墨铸铁的生产稳定性差，性能差异大，蠕墨铸铁生产过程中必须加强对蠕化率、白口倾向、基体组织进行炉前检测和炉后检查。蠕墨铸铁炉前检测方法如表 11-46。

表 11-46 蠕墨铸铁炉前检测方法

<table>
<tr><th>检测方法</th><th>检测项目</th><th>鉴 别 方 法</th></tr>
<tr><td>三角试片</td><td>白口倾向
蠕化效果</td><td>1）蠕化良好：银白色断口，两侧有轻微凹陷，有均匀分布的小黑点
2）球墨过多：银白色断口，两侧凹陷严重，敲击声音清脆
3）片状石墨：灰色断口，两侧无凹陷，敲击声音闷哑</td></tr>
<tr><td>快速金相</td><td>石墨形态</td><td>按照标准金相图谱评定石墨级别</td></tr>
<tr><td>热分析法</td><td>冷却曲线
蠕化率</td><td>检测冷却曲线，确定最高温度、初晶温度、共晶最低温度、共晶最高温度、温差、回升温差、从初晶温度到共晶最低温度的时间、从共晶最低温度到共晶最高温度的时间</td></tr>
<tr><td>氧电热法</td><td>氧电势
石墨形状</td><td>氧电势与蠕化率的对应关系
<table>
<tr><th>蠕化率（%）</th><th>氧电势/mV</th></tr>
<tr><td>片状石墨</td><td><455</td></tr>
<tr><td>95</td><td>455～460</td></tr>
<tr><td>85</td><td>461～468</td></tr>
<tr><td>75</td><td>469～475</td></tr>
<tr><td>65</td><td>476～479</td></tr>
<tr><td>55</td><td>480～483</td></tr>
<tr><td>45</td><td>484～486</td></tr>
<tr><td>35</td><td>487～489</td></tr>
<tr><td>25</td><td>490～492</td></tr>
<tr><td>15</td><td>493～495</td></tr>
<tr><td><5</td><td>≥496</td></tr>
</table></td></tr>
</table>

蠕墨铸铁炉后检查方法有很多，如金相分析法、断口分析法、音频检测法和超声波检测法等，还有现代先进的应用计算机技术的各种检测控制系统，为蠕墨铸铁的质量保证进一步提供了多种质量保证手段。

11.5 可锻铸铁的质量控制

可锻铸铁是由一定成分的铁液浇注成白口坯件，再经退火而成。与灰铸铁相比，可锻铸铁有较好的强度和塑性，特别是低温冲击性能、耐磨性和减振性能优于普通碳素钢，切削性能优于钢和球墨铸铁，与灰铸铁近似，但铸造性能比灰铸铁差。

11.5.1 可锻铸铁的质量要求

1. 可锻铸铁的力学性能

可锻铸铁分为两类：第一类为黑心可锻铸铁（KTH）和珠光体可锻铸铁（KTZ），其力学性能见表11-47；第二类为白心可锻铸铁（KTB），其力学性能见表11-48。

表11-47 黑心可锻铸铁和珠光体可锻铸铁的力学性能（GB/T 9440—2010）

牌号	试样直径 d/mm	抗拉强度 R_m/MPa ≥	规定塑性延伸强度 $R_{p0.2}$/MPa ≥	伸长率($L_0=3d$)(%) ≥	硬度 HBW
KTH275-05	12或15	275	—	5	≤150
KTH300-06	12或15	300	—	6	
KTH330-08	12或15	330	—	8	
KTH350-10	12或15	350	200	10	
KTH370-12	12或15	370	—	12	
KTZ450-06	12或15	450	270	6	150~200
KTZ500-05	12或15	500	300	5	165~215
KTZ550-04	12或15	550	340	4	180~230
KTZ600-03	12或15	600	390	3	195~245
KTZ650-02	12或15	650	430	2	210~260
KTZ700-02	12或15	700	530	2	240~290
KTZ800-01	12或15	800	600	1	270~320

注：1. 试样直径代表同样壁厚铸件，如果铸件为薄壁件，试样直径也可以选用6mm或9mm。试样直径在需方未明确要求的情况下，可以任选一种进行拉伸试验检测。

2. KTH275-05和KTH300-06两种牌号主要用于保证压力密封而不要求高强度和高伸长率的工件。KTZ650-02和KTZ800-01需采用油淬加回火工艺处理。

表11-48 白心可锻铸铁的力学性能（GB/T 9440—2010）

牌号	试样直径 d/mm	抗拉强度 R_m/MPa ≥	规定塑性延伸强度 $R_{p0.2}$/MPa ≥	伸长率($L_0=3d$)(%) ≥	硬度 HBW
KTB350-04	6	275	—	5	230
	9	300	—	6	
	12	330	—	8	
	15	350	200	10	
KTB360-12	6	280	—	16	200
	9	320	170	15	

（续）

牌　　号	试样直径 d/mm	抗拉强度 R_m/MPa　≥	规定塑性延伸强度 $R_{p0.2}$/MPa　≥	伸长率($L_0=3d$)(%)≥	硬度 HBW
KTB360-12	12	360	190	12	200
	15	370	200	7	
KTB400-05	6	300	—	12	220
	9	360	200	8	
	12	400	220	5	
	15	420	230	4	
KTB450-07	6	330	—	12	220
	9	400	230	10	
	12	450	260	7	
	15	480	280	4	
KTB550-04	6	—	—	—	250
	9	490	310	5	
	12	550	340	4	
	15	570	350	3	

可锻铸铁的力学性能以试样的抗拉强度和伸长率作为验收标准，拉伸试样及尺寸应符合图 11-28 和表 11-49 要求。

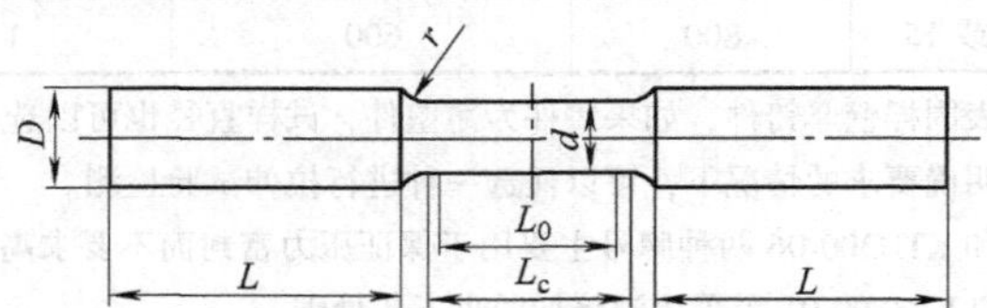

图 11-28　可锻铸铁拉伸试样

表 11-49　可锻铸铁的拉伸试样尺寸（GB/T 9440—2010）（单位：mm）

直径		端部尺寸		标距长度	最小平行段长度	肩部半径 r
d	极限偏差	直径 D	长度 L	$L_0=3d$	L_c	
6	±0.5	10	30	18	25	4
9		13	40	27	30	6
12	±0.7	16	50	36	40	8
15		19	60	45	50	8

注：1. 直径 d 为相互垂直方向上的两个测量值的平均数。两个测量值之间的差异不得超过极限偏差。

2. 沿着平行段，直径 d 的变化不得超过 0.35mm。

3. 试样的端部尺寸可根据试验机夹具的要求进行调整。

2. 可锻铸铁的金相检测控制

可锻铸铁的金相检测主要是检测石墨形状、石墨形状分级、石墨分布、石墨颗粒、珠光体形状、珠光体残余量分级、渗碳残余量分级、表皮层厚度等指标。

(1) 石墨形状分类及特征　可锻铸铁的石墨形状分球状、团絮状、絮状、聚虫状和枝晶状五种类型，并根据各类石墨数量的多少对可锻铸铁的石墨形状分级，见表11-50。

表11-50　可锻铸铁的石墨形状及分级（GB/T 25746—2010）

级别	说　明
1	石墨大部分呈球状，允许有不大于15%的团絮状、絮状、聚虫状石墨存在，但不允许有枝晶状石墨
2	石墨大部分呈球状、团絮状，允许有不大于15%的絮状、聚虫状石墨存在，但不允许有枝晶状石墨
3	石墨大部分呈团絮状、絮状，允许有不大于15%的聚虫状石墨及小于试样截面积1%的枝晶状石墨存在
4	聚虫状石墨大于15%，枝晶状石墨小于试样截面积的1%
5	枝晶状石墨大于试样截面积的1%

可锻铸铁的石墨分布和石墨颗粒对铸件的力学性能也有较大的影响。石墨分布分为1级、2级和3级三个级别，分别表示石墨分布均匀、石墨分布不均匀但无方向性和石墨分布具有方向性三种特征。

石墨颗粒数是单位面积内石墨数量。可锻铸铁的石墨颗粒数分级见表11-51。

表11-51　可锻铸铁的石墨颗粒分级

级　别	1	2	3	4	5
石墨颗数/(颗/mm^2)	>150	>110～150	>70～110	>30～70	≤30

(2) 珠光体残余量分级　可锻铸铁的珠光体按照形状分为片状珠光体和粒状珠光体两种，并根据珠光体数量确定残余珠光体的分级，见表11-52。

表11-52　可锻铸铁的残余珠光体分级

级　别	1	2	3	4	5
珠光体残余量(体积分数,%)	≤10	>10～20	>20～30	>30～40	>40

(3) 残余渗碳体分级　可锻铸铁的残余渗碳体分为体积分数≤2%和体积分数>2%两个级别。

(4) 表皮层厚度分级　从试样外缘至含有珠光体层结束处的厚度称为表皮

层。当表皮层不含有珠光体时，则至无石墨的全铁素体层结束处称为表皮层。可锻铸铁的表皮层厚度分级见表11-53。

表11-53 可锻铸铁的表皮层厚度分级

级　别	1	2	3	4
表皮层厚度/mm	≤1.0	>1.0~1.5	>1.5~2.0	>2.0

11.5.2 可锻铸铁生产过程控制

可锻铸铁的生产过程包含铸态白口铸铁坯件的生产和热处理两个步骤，其中任一环节都对铸件的性能产生重要影响。

1. 可锻铸铁坯件生产质量控制

（1）化学成分选择的原则　选择可锻铸铁的化学成分时，应充分考虑以下原则：

1）保证铸铁宏观断口为白口，不得有麻口和灰点，否则已存在的片状石墨将严重影响退火态石墨的存在形式。

2）有利于石墨化退火，缩短退火周期。

3）有利于提高力学性能，并满足金相组织的要求。

4）保证必要的铸造性能。

（2）化学成分的适用范围

1）碳、硅。碳、硅对可锻铸铁的力学性能、铸造性能、后续热处理工艺均有较大的影响，且彼此关联，一般应综合加以考虑。一般先从力学性能要求出发，决定碳含量，牌号越高，碳含量越低，见表11-54。再参考碳硅总量（C+Si）确定硅含量，见表11-55。

表11-54 铁素体可锻铸铁的碳含量

牌　号	KTH300-06	KTH330-08	KTH350-10	KTH370-12
碳的质量分数(%)	2.7~3.1	2.6~2.9	2.5~2.8	2.3~2.6

表11-55 铁素体可锻铸铁的碳硅总量

主要壁厚/mm	<10	10~20	20~40	40~60
碳硅总的质量分数(%)	4.1~4.4	4.0~4.3	3.9~4.2	3.7~4.0

珠光体可锻铸铁除锰含量等有所不同外，碳、硅含量可按铁素体可锻铸铁选取。

白心可锻铸铁由于脱碳退火时间很长，退火温度高，各元素对脱碳速度的影响较小。因而与石墨化退火可锻铸铁相比，可取较高的碳含量（质量分数一般为2.8%~3.4%）和相当低的硅含量（质量分数一般为0.4%~1.1%）。

2）锰、硫。锰、硫在铁液中相互反应，其含量选择要充分考虑它们之间相互关系，一般以锰与硫的质量比来选取。当其质量比为 4～5 时，石墨较松散；当其质量比为 2～3 时，石墨比较紧凑。

锰的选取范围为：铁素体可锻铸铁中锰的质量分数为 0.4%～0.6%，珠光体可锻铸铁中锰的质量分数为 0.7%～1.2%，白心可锻铸铁中锰的质量分数为 0.4%～0.7%。

由于硫是强烈阻碍石墨化的元素，并降低铁液的流动性，增加铸件的热裂倾向。因此，硫含量应越低越好，一般情况下，石墨化退火可锻铸铁中硫的质量分数应小于 0.15%，白口可锻铸铁中硫的质量分数小于 0.20%。

3）磷。可锻铸铁中硅含量较低，磷的溶解度较大，加之铸件冷却速度快，容易产生细小的磷共晶而影响铸件的性能。对于低温工况下的铸件，磷和硅均会增加铸件的低温脆性，因而应严格控制。一般情况下，白心可锻铸铁中磷的质量分数小于 0.2%，石墨化可锻铸铁中磷的质量分数小于 0.12%。

4）其他元素。铬来自废钢，容易形成含铬的渗碳体，退火时不易分解，一般控制质量分数在 0.06% 以下。

铜、锡、锑为强珠光体稳定元素，在生产珠光体可锻铸铁时可以适当加入，一般加入量（质量分数）为：Cu0.3%～0.8%，Sn0.03%～0.10%，Sb0.03%～0.08%。

（3）熔炼方法　可锻铸铁的熔炼可采用冲天炉熔炼、冲天炉感应电炉双联熔炼和感应电炉熔炼。冲天炉熔炼应注意碳含量的变化，降低熔炼过程中的增碳现象，并加强炉料管理，减少化学成分的波动，保持铁液质量的稳定性。感应电炉熔炼不宜过度过热，防止熔炼后期的碳烧损和增硅现象。

（4）孕育处理

1）孕育元素及孕育剂。可锻铸铁孕育剂中的常用元素有 Bi、Te、Sb、B、Ba、Sr、Zr 和 RE 等，有强烈阻碍石墨化获得白口组织的元素，也有促进石墨化退火的元素，以缩短退火时间。

可锻铸铁常用复合孕育剂见表 11-56。

表 11-56　可锻铸铁常用复合孕育剂

复合孕育剂	铝-铋	硼-铋	硼-铝-铋	硅铁-铝-铋	稀土硅铁-铝-铋
加入量（质量分数,%）	Al0.010～0.015 Bi0.006～0.015	B0.0015～0.0030 Bi0.006～0.020	B0.0010～0.0025 Al0.008～0.012 Bi0.006～0.020	硅铁 0.1～0.3 Al0.008～0.012 Bi0.01～0.02	稀土硅铁 0.2～0.4 Al0.008～0.012 Bi0.006～0.010

2）孕育处理方法。可锻铸铁的孕育处理多用包内孕育，个别为了防止孕育衰退采用型内孕育。铋、铝熔点低，容易吸收。硅铁合金、稀土硅铁合金和硼

铁熔点高，做孕育剂时应有粒度要求：50～100kg浇包，孕育剂的粒度为3～5mm；25kg以下的浇包，孕育剂的粒度为2～3mm。加入方式一般为包底加入或随流加入。

2. 可锻铸铁热处理质量控制

可锻铸铁的热处理主要分为石墨化退火和脱碳退火两种。

（1）石墨化退火

1）铁素体可锻铸铁石墨化退火工艺要点。铁素体可锻铸铁的退火一般分为升温、第一阶段石墨化、中间阶段冷却、第二阶段石墨化和最后冷却五个阶段。各阶段的工艺要点如下：

升温：首先铸坯不许有灰点，300℃以前缓慢升温，以利排除炉内潮气和烘干封箱泥口。300℃加速升温，升温速度为60～150℃/h，并根据铸件情况再进行300～450℃或750℃预热处理，以增加石墨化核心数量。

第一阶段石墨化：本阶段共晶渗碳体不断溶入奥氏体，团絮状石墨生成。通过间隙式加热保温模式将炉温控制在920～950℃，并在石墨化后期停止加热，保温1～2h，从而使共晶渗碳体完全分解。

中间冷却阶段：奥氏体过饱和碳析出阶段。通过大块冷却孔和大小闸门，必要时吹风冷却，冷却时间一般3～4h，冷却速度小于90℃/h，确保不会出现二次渗碳体。

第二阶段石墨化：本阶段为共析转变、珠光体分解的低温保温阶段。采用自动调控下的温度控制，温度区间为710～730℃，冷却速度为3～6℃/h。

最后冷却阶段：本阶段为二次石墨化结束后的冷却，炉冷至630℃在出炉空冷。

铁素体可锻铸铁的石墨化退火典型工艺如图11-29所示。

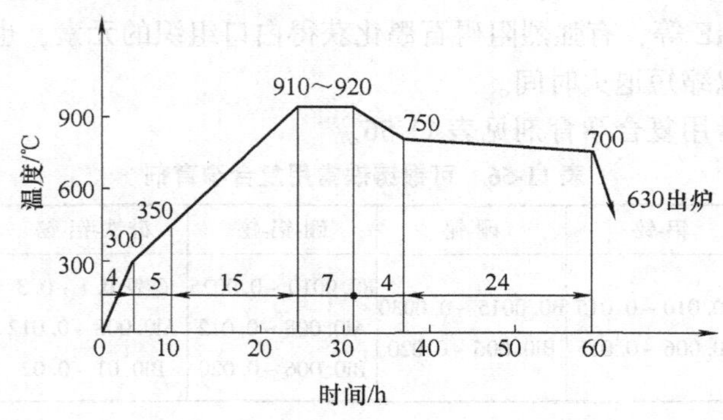

图11-29　铁素体可锻铸铁的石墨化退火典型工艺

2）珠光体可锻铸铁的石墨化退火工艺要点。珠光体可锻铸铁按珠光体内渗碳体形态分为片状珠光体和粒状珠光体。根据铸坯的化学成分、生产批量和热处理目的不同，珠光体可锻铸铁有多种退火工艺，其工艺要点见表 11-57。

表 11-57　珠光体可锻铸铁的退火工艺要点

前提条件	退火要点	基体组织
小批量铁素体可锻铸铁坯	先退火得到铁素体基体，重新加热奥氏体化后空冷，回火消除内应力	粗片状珠光体
	先退火得到铁素体基体，重新加热奥氏体化后油淬+高温回火	细粒状回火索氏体
普通珠光体可锻铸铁坯	第一阶段石墨化后，炉冷至840℃空冷（或风冷、雾冷），然后回火消除内应力	细片状珠光体
	第一阶段石墨化后，炉冷至840℃空冷，再进行670～700℃回火	粒状珠光体
	第一阶段石墨化后，再油淬、高温回火	细粒状回火索氏体
合金珠光体可锻铸铁坯	第一阶段石墨化后，炉冷至840℃空冷（或风冷、雾冷），然后回火消除内应力	细片状珠光体
	第一阶段石墨化后，炉冷至840℃空冷，再进行670～700℃回火	粒状珠光体
	第一阶段石墨化后，再油淬、高温回火	细粒状回火索氏体

（2）可锻铸铁的脱碳退火　脱碳退火是用于生产白心可锻铸铁的一种热处理工艺。目前，脱碳退火主要采用可控气氛气体脱碳法，其工艺要点主要包括脱碳气相组成控制、退火保温温度、退火时间等。气体脱碳法气相组成实例见表 11-58。不同壁厚白心可锻铸铁脱碳退火时间实例见表 11-59。

表 11-58　气体脱碳法气相组成实例

序号	$\varphi(CO)$ (%)	$\varphi(CO_2)$ (%)	$\varphi(H_2)$ (%)	$\varphi(H_2O)$ (%)	$\varphi(N_2)$ (%)	$\varphi(CO)/\varphi(CO_2)$	$\varphi(H_2)/\varphi(H_2O)$	退火温度/℃
1	14～19	7～8	—	—		2.0～2.5	—	1000
2	25～28	7～9	20～30	12～18	其余	3.1～3.5	≈1.7	
3	26～28	8	24～26	10～12		3.2～3.5	2.2～2.4	1050
4	10～12	4～5	8	5～6		2.4～2.5	1.3～1.6	

注：序号 1 主要用于箱式炉退火工艺，序号 2～4 适用于连续式退火炉。

表 11-59　不同壁厚白心可锻铸铁脱碳退火时间实例

壁厚/mm	1.6	3.2	4.8	6.4	9.5	≥12.7
高温保温时间/h	10	16	24	36	40	48
退火时间/h	23	29	36	51	56	60

11.6 特种铸铁的质量控制

传统的特种铸铁有多种类型，如冷硬铸铁、中锰球墨铸铁、普通白口铸铁、合金白口铸铁等等。随着铸造技术的发展和市场的变化，目前在市场上广泛应用的特种铸铁合金材料主要包含抗磨白口铸铁、高硅耐蚀铸铁和耐热铸铁三大类。

11.6.1 抗磨白口铸铁的质量控制

白口铸铁是常用的一大类金属抗磨合金材料，其主要特点是硬度高，组织为强韧的基体上分布着高硬度碳化物。

1. 抗磨白口铸铁的硬度要求

常用抗磨白口铸铁的主要牌号和硬度见表11-60。

表11-60 常用抗磨白口铸铁的主要牌号和硬度（GB/T 8263—2010）

牌号	表面硬度					
	铸态或铸态去应力处理		硬化态或硬化态去应力处理		软化退火态	
	HRC	HBW	HRC	HBW	HRC	HBW
BTMNi4Cr2-DT	≥53	≥550	≥56	≥600	—	—
BTMNi4Cr2-GT	≥53	≥550	≥56	≥600	—	—
BTMCr9Ni5	≥50	≥500	≥56	≥600	—	—
BTMCr2	≥45	≥435	—	—	—	—
BTMCr8	≥46	≥450	≥56	≥600	≤41	≤400
BTMCr12-DT	—	—	≥50	≥500	≤41	≤400
BTMCr12-GT	≥46	≥450	≥58	≥650	≤41	≤400
BTMCr15	≥46	≥450	≥58	≥650	≤41	≤400
BTMCr20	≥46	≥450	≥58	≥650	≤41	≤400
BTMCr26	≥46	≥450	≥58	≥650	≤41	≤400

抗磨白口铸铁的力学性能检测的注意事项如下：

1）硬度检测按批进行，每批随机抽取3件或3个试样进行检验，若有1件不合格，可再随机抽取同样数量的铸件（试块）进行复检，两次取样不合格铸件（试块）数量大于或等于2时，则该批次铸件为不合格。若第一次取样即有2件（试块）不合格，则该批铸件不合格。

2）表面硬度应在铸件本体下方2~3mm处测试。表面硬度测试部位应在主要磨损部位选取。当硬度在铸件本体测试有困难时，表面硬度也可以在铸件本体附铸试块上测试。在未完成任何要求的热处理之前，附铸试块不得与铸件本体分离。如果需方未提出特殊要求，附铸试块的位置和尺寸由供方决定。

3）硬度测试面须经机械加工、线切割或电火花加工制取，但线切割和电火花加工面还须机械加工去除热影响区。

4）热处理态铸件的硬度检测不合格时，允许对该铸件重新进行热处理，然后进行硬度检验，重新热处理后检验合格，则该批铸件仍为合格。但是，未经需方同意，不允许对铸件进行多于两次的重新热处理。

2. 抗磨白口铸铁的金相组织要求

金相组织是抗磨白口铸铁性能的重要保障，获得符合质量要求的金相组织是抗磨白口铸铁的质量标准之一。常用抗磨白口铸铁的金相组织见表11-61。

表11-61 常用抗磨白口铸铁的金相组织（GB/T 8263—2010）

牌号	金相组织	
	铸态或铸态去应力处理	硬化态或硬化态去应力处理
BTMNi4Cr2-DT BTMNi4Cr2-GT	共晶碳化物 M_3C + 马氏体 + 贝氏体 + 奥氏体	共晶碳化物 M_3C + 马氏体 + 贝氏体 + 残留奥氏体
BTMCr9Ni5	共晶碳化物（M_7C + 少量 M_3C）+ 马氏体 + 奥氏体	共晶碳化物（M_7C + 少量 M_3C）+ 二次碳化物 + 马氏体 + 残留奥氏体
BTMCr2	共晶碳化物 M_3C + 珠光体	—
BTMCr8	共晶碳化物（M_7C + 少量 M_3C）+ 细珠光体	共晶碳化物（M_7C + 少量 M_3C）+ 二次碳化物 + 马氏体 + 残留奥氏体
BTMCr12-DT	—	碳化物 + 马氏体 + 残留奥氏体
BTMCr12-GT BTMCr15 BTMCr20 BTMCr26	碳化物 + 奥氏体及其转变产物	碳化物 + 马氏体 + 残留奥氏体

3. 抗磨白口铸铁的化学成分

抗磨白口铸铁的化学成分是保障铸件质量的基础，GB/T 8263—2010对抗磨白口铸铁的主要化学成分做了具体规定，而对微量元素未做要求，提高了该标准的适用性。常用抗磨白口铸铁的化学成分见表11-62。

表11-62 常用抗磨白口铸铁的化学成分（GB/T 8263—2010）

牌号	化学成分（质量分数，%）								
	C	Si	Mn	Cr	Mo	Ni	Cu	S	P
BTMNi4Cr2-DT	2.4～3.0	≤0.8	≤2.0	1.5～3.0	≤1.0	3.3～5.0	—	≤0.10	≤0.10
BTMNi4Cr2-GT	3.0～3.6	≤0.8	≤2.0	1.5～3.0	≤1.0	3.3～5.0	—	≤0.10	≤0.10

（续）

牌号	化学成分(质量分数,%)								
	C	Si	Mn	Cr	Mo	Ni	Cu	S	P
BTMCr9Ni5	2.5~3.6	1.5~2.2	≤2.0	8.0~10.0	≤1.0	4.5~7.0	—	≤0.06	≤0.06
BTMCr2	2.1~3.6	≤1.5	≤2.0	1.0~3.0	—	—	—	≤0.10	≤0.10
BTMCr8	2.1~3.6	1.5~2.2	≤2.0	7.0~10.0	≤3.0	≤1.0	≤1.2	≤0.06	≤0.06
BTMCr12-DT	1.1~2.0	≤1.5	≤2.0	11.0~14.0	≤3.0	≤2.5	≤1.2	≤0.06	≤0.06
BTMCr12-GT	2.0~3.6	≤1.5	≤2.0	11.0~14.0	≤3.0	≤2.5	≤1.2	≤0.06	≤0.06
BTMCr15	2.0~3.6	≤1.5	≤2.0	14.0~18.0	≤3.0	≤2.5	≤1.2	≤0.06	≤0.06
BTMCr20	2.0~3.3	≤1.5	≤2.0	18.0~23.0	≤3.0	≤2.5	≤1.2	≤0.06	≤0.06
BTMCr26	2.0~3.3	≤1.5	≤2.0	23.0~30.0	≤3.0	≤2.5	≤1.2	≤0.06	≤0.06

4. 抗磨白口铸铁的热处理规范（见表11-63）

表11-63　抗磨白口铸铁的热处理规范（GB/T 8263—2010）

<table>
<tr><th>牌号</th><th>软化退火处理</th><th>硬化处理</th><th>回火处理</th></tr>
<tr><td>BTMNi4Cr2-DT</td><td rowspan="2">—</td><td rowspan="2">430~470℃保温4~6h,出炉空冷或炉冷</td><td rowspan="3">250~300℃保温8~16h,出炉空冷或炉冷</td></tr>
<tr><td>BTMNi4Cr2-GT</td></tr>
<tr><td>BTMCr9Ni5</td><td>—</td><td>800~850℃保温6~16h,出炉空冷或炉冷</td></tr>
<tr><td>BTMCr8</td><td rowspan="4">920~960℃保温,缓冷至700~750℃保温,缓冷至600℃以下出炉空冷或炉冷</td><td>940~980℃保温,出炉后以合适的方式快速冷却</td><td rowspan="6">200~550℃保温8~16h,出炉空冷或炉冷</td></tr>
<tr><td>BTMCr12-DT</td><td>900~980℃保温,出炉后以合适的方式快速冷却</td></tr>
<tr><td>BTMCr12-GT</td><td>900~980℃保温,出炉后以合适的方式快速冷却</td></tr>
<tr><td>BTMCr15</td><td>920~1000℃保温,出炉后以合适的方式快速冷却</td></tr>
<tr><td>BTMCr20</td><td rowspan="2">960~1060℃保温,缓冷至700~750℃保温,缓冷至600℃以下出炉空冷或炉冷</td><td>950~1050℃保温,出炉后以合适的方式快速冷却</td></tr>
<tr><td>BTMCr26</td><td>960~1060℃保温,出炉后以合适的方式快速冷却</td></tr>
</table>

11.6.2　高硅耐蚀铸铁的质量控制

高硅耐蚀铸铁的最大优点是耐蚀性好，在大多数腐蚀介质中都具有优良的耐蚀性，如在醋酸、磷酸、硝酸、硫酸、铬酸以及温度不高的盐酸中使用时，可以用高硅铸铁制作各种耐蚀泵、阀、管道等设备。

要获得良好的耐蚀性，在设计合金的化学成分时，首先要考虑生成氧化膜（钝化膜）的元素。最常见能生成致密氧化膜的元素有铬、铝和硅等，含铬的钝化膜在大气和一般腐蚀介质中具有很好的耐蚀性，但在强硫酸和硝酸等强酸溶液中的耐蚀性差。硅形成的氧化膜在强酸溶液中具有很好的稳定性，因此在强酸介质中具有优良的耐蚀性。

高硅耐蚀铸铁在多种酸中的耐蚀性高于不锈钢，而生产成本却只有不锈钢的1/3，是不锈钢材料极具优势的替代材料，市场需求很大。

1. 高硅耐蚀铸铁的牌号及化学成分

高硅耐蚀铸铁不以力学性能为验收标准，而是以化学成分作为验收依据，化学成分应符合表11-64的规定。

表11-64　常用高硅耐蚀铸铁的牌号及化学成分（GB/T 88491—2009）

牌　号	化学成分(质量分数,%)								
	C	Si	Mn≤	P≤	S≤	Cr	Mo	Cu	$RE_{残}$≤
HTSSi11Cu2CrR	≤1.2	10.0~12.0	0.50	0.10	0.10	0.60~0.80	—	1.80~2.20	0.10
HTSSi15R	0.65~1.10	14.20~14.75	1.50	0.10	0.10	≤0.50	≤0.50	≤0.50	0.10
HTSSi15Cr4MoR	0.75~1.15	14.20~14.75	1.50	0.10	0.10	3.25~5.00	0.40~0.60	≤0.50	0.10
HTSSi15Cr4R	0.70~1.10	14.20~14.75	1.50	0.10	0.10	3.25~5.00	≤0.20	≤0.50	0.10

2. 高硅耐蚀铸铁的性能及适用范围（见表11-65）

表11-65　高硅耐蚀铸铁的性能及适用范围

牌　号	性能及适用范围	应用实例
HTSSi11Cu2CrR	1）具有较好的力学性能,可进行机械加工 2）适用于体积分数大于10%的硫酸、小于46%的硝酸、大于70%的硫酸加氯、苯、苯磺酸等介质 3）不适合交变载荷、冲击载荷和温度突变环境	各种卧式离心泵、潜水泵、阀门、旋塞、塔罐、冷却排水管、弯头等化工设备部件
HTSSi15R	1）适用于氧化性酸、有机酸和一系列盐溶液 2）不适合于氢氟酸、氯化物和强碱溶液 3）不适合交变载荷、冲击载荷和温度突变环境	各种离心泵、阀门、塔罐、弯头、低压容器部件
HTSSi15Cr4MoR	1）具有良好的抗电化学腐蚀性能 2）不适合交变载荷、冲击载荷和温度突变环境	辅助阳极
HTSSi15Cr4R	适用于强氧化性介质	

3. 高硅耐蚀铸铁的力学性能

高硅耐蚀铸铁的力学性能一般不作为验收依据，但在需方要求下，则应对其试棒进行弯曲试验，测定其抗弯强度和挠度，具体要求见表11-66。

表 11-66　高硅耐蚀铸铁的力学性能（GB/T 88491—2009）

牌　　号	抗弯强度/MPa ≥	挠度/mm ≥
HTSSi11Cu2CrR	190	0.80
HTSSi15R	118	0.66
HTSSi15Cr4MoR	118	0.66
HTSSi15Cr4R	118	0.66

高硅耐蚀铸铁弯曲试验采用不经机械加工的单铸试棒，如图 11-30 所示。

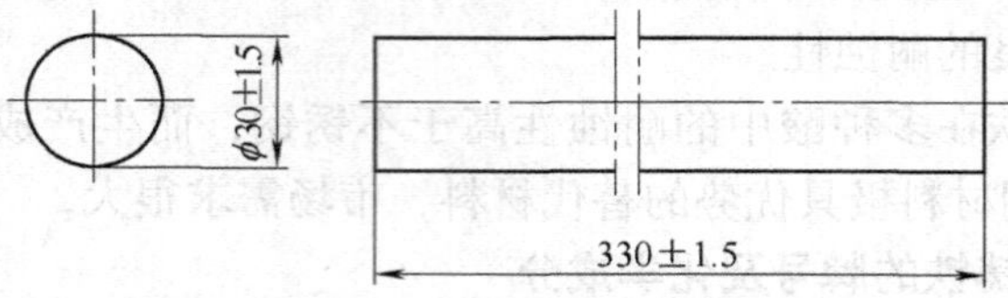

图 11-30　高硅耐蚀铸铁弯曲试验采用的单铸试棒

试棒落砂前在铸型中冷却至 550℃，在试验前要进行消除应力处理。

单铸试棒应与铸件同一批铁液浇注，同一铸型可以同时浇注多根试棒，其参考工艺如图 11-31 所示。

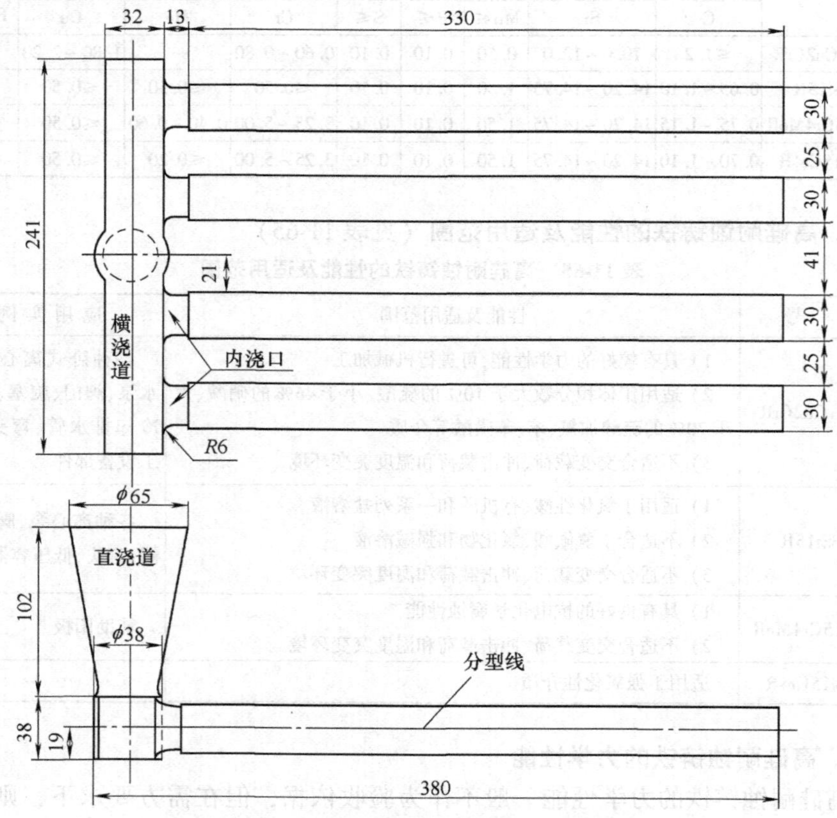

图 11-31　抗弯强度试棒铸型（水平铸造）

4. 其他质量规范

1）高硅耐蚀铸铁是一种较脆的金属材料，在铸件结构设计上不应有锐角和急剧变化的截面过渡。铸件的几何形状、尺寸应符合需方图样或技术要求，尺寸公差应满足 GB/T 6414 的有关规定。

2）铸件表面粗糙度应符合 GB/T 6060.1 的规定或需方图样或技术要求。铸件应清理干净，修整多余部分，去除浇冒口、芯骨及内腔残余物。

3）铸件不应有降低强度和有损外观的铸造缺陷。

4）高硅耐蚀铸铁通常在消除残余应力状态下应用。

11.6.3 耐热铸铁的质量控制

耐热铸铁与其他耐热材料相比，具有成本低、熔炼方便等优点，在工业上得到了广泛应用。

1. 耐热铸铁的牌号及其化学成分

耐热铸铁主要分为 Cr 系、Si 系和 Al 系三大系列，主要以化学成分作为验收标准。常用耐热铸铁的牌号及其化学成分如表 11-67 所示。其中，HTRCr、HTRCr2、HTRCr16 和 HTRSi5 为耐热灰铸铁，其他为耐热球墨铸铁。

表 11-67 耐热铸铁的牌号及其化学成分（GB/T 9437—2009）

牌号	化学成分						
	C	Si	Mn	P	S	Cr	Al
			≤				
HTRCr	3.0 ~ 3.8	1.5 ~ 2.5	1.0	0.10	0.08	0.50 ~ 1.00	—
HTRCr2	3.0 ~ 3.8	2.0 ~ 3.0	1.0	0.10	0.08	1.00 ~ 2.00	—
HTRCr16	1.6 ~ 2.4	1.5 ~ 2.2	1.0	0.10	0.05	15.0 ~ 18.0	—
HTRSi5	2.4 ~ 3.2	4.5 ~ 5.5	0.8	1.0	0.08	0.5 ~ 1.0	—
QTRSi4	2.4 ~ 3.2	3.5 ~ 4.5	0.7	0.07	0.015	—	—
QTRSi4Mo	2.7 ~ 3.5	3.5 ~ 4.5	0.5	0.05	0.015	Mo0.5 ~ 0.9	—
QTRSi4Mo1	2.7 ~ 3.5	4.0 ~ 4.5	0.3	0.07	0.015	Mo1.0 ~ 1.5	Mg0.01 ~ 0.05
QTRSi5	2.4 ~ 3.2	4.5 ~ 5.5	0.7	0.07	0.015	—	—
QTRAl4Si4	2.5 ~ 3.0	3.5 ~ 4.5	0.5	0.07	0.015	—	4.5 ~ 5.5
QTRAl5Si5	2.3 ~ 2.8	4.5 ~ 5.2	0.5	0.07	0.015	—	5.0 ~ 5.8
QTRAl22	1.6 ~ 2.2	1.0 ~ 2.0	0.7	0.07	0.015	—	20.0 ~ 24.0

2. 耐热铸铁的室温力学性能（见表 11-68）

表 11-68 耐热铸铁的室温力学性能（GB/T 9437—2009）

牌号	抗拉强度 R_m/MPa ≥	硬度 HBW
HTRCr	200	189 ~ 288
HTRCr2	150	207 ~ 288

（续）

牌　号	抗拉强度 R_m/MPa　≥	硬度 HBW
HTRCr16	340	400 ~ 450
HTRSi5	140	160 ~ 270
QTRSi4	420	143 ~ 187
QTRSi4Mo	520	188 ~ 241
QTRSi4Mo1	550	200 ~ 240
QTRSi5	370	288 ~ 302
QTRAl4Si4	250	285 ~ 341
QTRAl5Si5	200	302 ~ 363
QTRAl22	300	241 ~ 364

3. 耐热铸铁的质量控制

（1）硅系耐热铸铁的质量控制　硅系耐热铸铁成本低，综合性能及铸造性能较好，应用较广。常用的硅系耐热铸铁有 QTRSi4、QTRSi5、HTRSi5 及 QTRSi4Mo。

硅系耐热铸铁的组织主要是球形石墨和珠光体或铁素体基体，如图 11-32 所示。

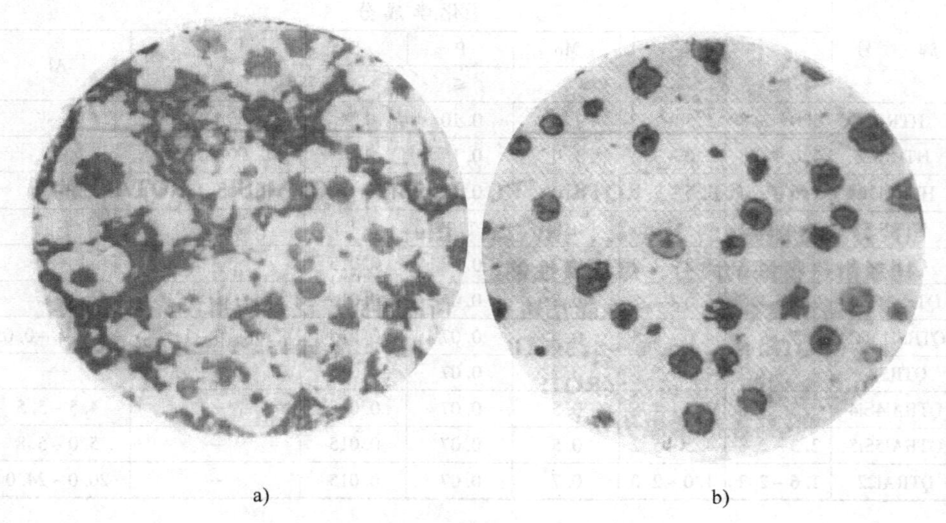

a)　　b)

图 11-32　硅系耐热铸铁的金相组织

a）QTRSi4Mo　b）QTRSi5

硅系耐热铸铁生产控制需注意以下方面：

1）严格控制化学成分，在满足耐热性能的条件下，硅含量越低越好，磷的质量分数小于0.15%，锰的质量分数控制在0.4%~0.7%。

2）中硅耐热灰铸铁生产时加入少量的铬或稀土，以细化石墨，降低脆性。

3）采取各种措施降低铸铁冷却过程中的脆性，如增加砂型退让性，延缓开箱时间和改进妨碍铸件收缩的结构等。

4）进行去应力退火或铁素体化退火，以改善铸铁韧性。

（2）铝系耐热铸铁的质量控制　铝系耐热铸铁根据铝含量分为低铝耐热铸铁、中铝耐热铸铁和高铝耐热铸铁。

低铝耐热铸铁中铝的质量分数为4.0%~5.0%，可用于玻璃模具、内燃机的排气管和其他薄壁铸件。中铝耐热铸铁中铝的质量分数为5.0%~5.8%，组织为石墨+共析体[ε+F，其中ε为Fe、Al、C所组成的合金化合物$FeAlC_x$（$x \approx 0.65$）]+少量的铁素体，用于750~900℃耐热部件。高铝耐热铸铁中铝的质量分数为20%~24%，组织为铁素体基体和片状石墨或球状石墨，用于1000~1100℃下的耐热部件。

低铝耐热铸铁和高铝耐热球墨铸铁的综合性能较好，而中铝耐热铸铁和高铝耐热铸铁脆性较大。当铝的质量分数大于10%，铸铁的抗氧化和抗生长性能非常好，基本不氧化生长，具有较高的耐热性能。

铝系耐热铸铁生产控制需注意以下方面：

1）严格控制化学成分，高铝耐热铸铁的铝含量不能过高，也不能过低，球墨铸铁的残余稀土量不能过高。

2）强化孕育处理，减少金相组织中的渗碳体，防止石墨粗大。

3）增加砂型退让性，延缓开箱时间和改进妨碍铸件收缩的结构等。

4）增加铸件圆角半径，均匀分布浇口，使铸件冷却速度均匀。

（3）铬系耐热铸铁的质量控制　铬系耐热铸铁根据铬的质量分数分为低铬耐热铸铁（0.5%~2%）、中铬耐热铸铁（16%~20%）和高铬耐热铸铁（28%~32%）。

低铬耐热铸铁的组织与普通灰铸铁相近，铬含量升高会出现少量自由渗碳体。中铬耐热铸铁的基体为珠光体或马氏体加残留奥氏体组织，并有大量$(Fe,Cr)_7C_3$生成，具有较高的耐磨性和一定的韧性。高铬耐热铸铁基体为稳定的铁素体组织，耐热性能优异，因此得到广泛应用。

铬系耐热铸铁生产控制需注意以下方面：

1）控制碳、硅含量不能太高，避免冷裂缺陷。

2）改善铸件冷却的均匀性，防止铸件变形和裂纹。

3）强化冒口补缩或适当使用冷铁，防止缩孔产生。

4）适当提高浇注温度，尽量降低铁液流动长度，实现快速浇注。

11.7 铸铁熔炼质量控制

11.7.1 铸铁熔炼的质量要求

铸铁是根据其牌号的相关性能和化学成分的要求，经过计算选用多种金属炉料搭配，选用合适的熔炼设备及操作工艺熔炼而成的。熔炼质量是生产铸铁件的基本要求，其总体质量要求可以简单地概括为“高效、低耗、低污染”7个字。铸铁合金熔炼质量指标一般包含铁液出炉温度、化学成分、熔化率、节能降耗、环保和安全可靠等。

1. 铁液出炉温度

铁液出炉温度是保证铸件外表光洁，内部无铸造缺陷，符合化学成分、力学性能、铸件品质等质量要求的首要条件。为了获得符合要求的铁液出炉温度，铸铁熔炼过程中需做好以下工作：

1）各种铸铁都应根据其质量要求加热到合金熔化温度以上，保证一定的过热温度才能出炉。

2）根据合金种类、铸件复杂程度、铁液特性和铸造工艺要求来确定铁液过热温度高低。铸铁合金的出炉温度一般控制在1440～1480℃，重要铸件出炉温度大于1500℃。

3）保持铁液出炉温度的相对稳定，有利于铸造生产质量的稳定性，过高温度不仅造成能耗升高，而且对造型材料、铸型、浇包、炉衬的耐火性能和使用寿命带来不利影响。

2. 化学成分

化学成分是使铸件满足力学性能和品质因素要求的基本保证。铁液化学成分质量要求包含以下内容：

1）出炉铁液的化学成分应符合相应牌号合金的性能要求和铸造工艺性能要求。

2）化学成分具有较小的成分波动范围，例如，碳当量CE的波动范围应控制在±0.1%以内，其他化学元素含量的波动范围均符合相对应的要求。

3）铁液应具有较高的纯净度，尽可能低的非金属夹杂物元素（如S、P、O、N等）含量，控制微量元素含量。

4）减少合金元素烧损，降低合金元素的消耗。

3. 熔化率

熔化率一般用每小时金属炉料熔化量来表示。合理的熔化率有利于组织铸造生产、平衡生产节奏、保持生产正常运行。

1）充分发挥熔炼设备的熔化效率，稳定出铁速率，保证充足的铁液供应，避免出铁量的大幅度波动及经常变动。

2）通过合理的工艺设计和熔炼设备的选用，保持铁液供应量具有一定的“柔性”，便于铸造生产的调节，如双联熔炼等。

4. 节能降耗

节能降耗既是为了降低铸造生产成本，同时也是一项基本国策，是生产企业的一项重要的质量指标。主要措施如下：

1）选用熔炼设备时应达到国家的能耗指标。

2）充分考虑能源再生和余热利用。

3）尽量采用先进的熔炼炉及其附属设备，利用多种熔炼设备组合，达到炉料熔化与铁液过热热效率的最佳配合，如冲天炉-电炉双联熔炼。

5. 环保

清洁生产是未来铸造生产的必然趋势，也是企业文明生产、造福社会的必然要求。

1）加强熔化过程中的粉尘、噪声、废气废水等污染物的处理。

2）通过技术创新，加强熔炼过程的余热利用、污染物再生和循环利用，降低废弃物排放。

6. 安全可靠

熔化设备安全运行、低故障、少隐患是铸铁熔炼的基本要求之一。一般通过合理的工艺布置、优质熔化设备的选用和严格的操作规程来确保铸铁合金熔炼的安全可靠。

11.7.2 冲天炉熔炼质量控制

冲天炉是铸铁熔炼常用的熔化设备，具有熔化率高，余热热效率高，连续出铁，设备投资少的优势。普通冲天炉是由炉座、熔化带、预热带、加料口和炉顶所组成的一个竖形筒体，采用焦炭作为燃料对金属炉料进行加热，实现固体炉料的熔化。

冲天炉根据供风温度分为外热式热风冲天炉、内热式热风冲天炉和冷风冲天炉。根据供风风口形式和炉膛结构，冲天炉分为两排大间距冲天炉、卡腰冲天炉和中央送风冲天炉。不管何种结构的冲天炉，其熔化过程基本一致，也是熔炼质量控制的关键因素。

1. 冲天炉焦炭燃烧过程的控制

冲天炉的熔化过程实质是焦炭燃烧产生的高温炉气与金属炉料之间的换热过程。金属炉料则经历预热、熔化、过热等阶段实现固体炉料的熔化。

（1）焦炭的燃烧反应　冲天炉内焦炭燃烧存在完全燃烧和不完全燃烧两种

形式，其释放的热量也存在很大的差异。同时，不完全燃烧产物 CO 也能与 O_2 进行进一步的燃烧，而 CO_2 遇到炙热的焦炭也会发生吸热反应。其反应方程式如下：

$$C + O_2 = CO_2 + 408.841\text{kJ/mol}$$

$$C + \frac{1}{2}O_2 = CO + 123.281\text{kJ/mol}$$

$$CO + \frac{1}{2}O_2 = CO_2 + 285.623\text{kJ/mol}$$

$$C + CO_2 = 2CO - 162.375\text{kJ/mol}$$

（2）焦炭燃烧比的控制　冲天炉熔炼过程中，常常用燃烧比 η 来反应焦炭燃烧程度：

$$\eta_V = \frac{\varphi(CO_2)}{\varphi(CO) + \varphi(CO_2)} \times 100\%$$

焦炭在层状燃烧过程中，炉气成分不同，燃烧比也会发生变化。冲天炉的燃烧比一般是按脱离焦炭层后炉气成分计算出来的，其主要影响因素包括：

1）焦炭量一定时，鼓风机风流越大，燃烧比会越高，产生的热量就会越多，有利于提高冲天炉的热效率。但是，过高的 CO_2 含量会增加炉气的氧化性，从而增加合金元素的烧损，不利于保证铁液的纯净度。

2）炉内合理的燃烧状态有利于提高燃烧比，如两排大间距冲天炉能加强熔化带的焦炭燃烧，获得较好的熔化效率，而卡腰冲天炉能改进炉内空气的分布状态，强化底焦燃烧，有利于高温铁液的获得。

因此，要获得优质的铁液和较高的热效率，必须控制好冲天炉的燃烧比，使冲天炉熔炼过程的热效率与优质铁液同时得到保证。

2. 冲天炉主要结构参数的选择

冲天炉的主要结构参数包括熔化率、炉膛形状、送风形式、助燃气体、风温、炉衬性质、炉缸结构、前炉结构、炉渣处理、风口大小等。当熔化率、风温、炉衬性质、送风形式确定以后，炉膛形状、炉缸结构、风口大小等就成为影响铁液质量的关键因素。

（1）冲天炉炉径 $D_{内}$　炉径大小与熔化率、炉膛形状、送风强度以及焦炭质量密切相关。一般情况下，冲天炉炉径的计算公式如下：

$$D_{内} = \sqrt{\frac{4G}{\pi S}} = 1.12\sqrt{\frac{G}{S}}$$

式中，$D_{内}$ 为直筒形炉膛内径，曲线炉膛为熔化带的内径（m）；G 为冲天炉的熔化率（t/h）；S 为熔化强度[t/(m²·h)]，一般为 7～10t/(m²·h)，它与送风强度和焦耗有关，同时也与铁液温度要求有关。

（2）曲线炉膛主要炉径 $D_{内}$、D_1、D_2　对于中小型冲天炉，采用曲线炉膛有利于促进焦炭燃烧，提高铁液温度。因此，设计好炉膛形状尺寸，对于保证获得高温铁液非常重要。

曲线炉膛的形状特点如下：

1）风口区缩小，增加供风强度，强化底焦燃烧，减少燃烧“死角区”，提高氧化过热区的炉温，降低热损失。

2）扩大熔化带，降低高温气流速度，抑制还原带内的反应速度，炉气还原速度和还原带温度梯度同时下降，达到稳定或提高炉温的目的。此外，由于熔化带的扩大，增加了装料量，有利于炉料的预热和熔化，提高了熔化带的稳定性和减少底焦的波动范围。曲线炉膛的三种形式和相关尺寸计算公式如图 11-33 所示。

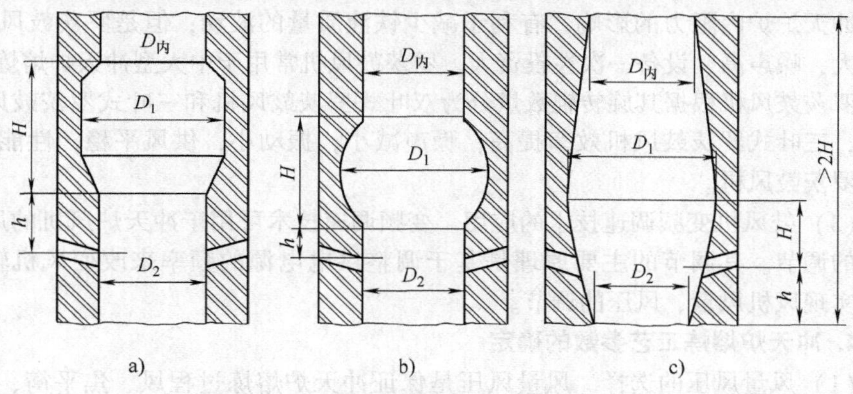

图 11-33　曲线炉膛的三种形式

注：$D_2=(0.7\sim0.8)D_{内}$，$H\geqslant D_{内}$。

（3）炉缸深度 h　炉缸深度是指炉底上表面中心至第一排风口中心线的距离。它与冲天炉结构、有无前炉、铁液碳含量、温度及炉子大小有关。

1）熔炼低碳铸铁合金时，应尽量减小炉缸深度。$G\leqslant5t/h$ 时，炉缸深度一般控制在 100～150mm。

2）炉缸深度与第一排风口角度有关，当第一排风口角度大于 5°时，可以适当增加炉缸深度 50～100mm，以防止高压空气吹刷炉底。

3）连续排渣操作时应增加炉缸深度。

4）无前炉冲天炉的炉缸深度应根据一次出铁量来确定。

（4）有效高度 $H_{有}$　冲天炉的有效高度是指冲天炉第一排风口中心至加料口下沿的高度。适当的有效高度能较好地保证炉料的充分预热，提高熔炼的热效率。

有效高度与炉膛内径有关，一般为炉膛内径 $D_{内}$ 的 5～8 倍，主要考虑因素如下：

1）炉膛直径越大，$H_{有}/D_{内}$ 越小。

2）焦炭块度大时，可适当增加有效高度。

3）有效高度过小不利于炉料预热；有效高度过大，增加冲天炉高度，炉内炉料易产生搭棚现象。

3. 鼓风机的选用与控制

冲天炉常用鼓风机有两类：离心（定压）鼓风机和罗茨（定量）鼓风机。

（1）离心鼓风机　针对冲天炉熔炼的需要，我国开发了专用高压离心鼓风机。它具有风压高，风量适中，结构简单，耗电少，噪声低等优点，已广泛应用于中小型冲天炉熔炼。

（2）罗茨鼓风机　罗茨鼓风机为定容积式鼓风机，风量稳定，焦炭燃烧比不受冲天炉炉内阻力的影响，有利于减少铁液质量的波动；但是罗茨鼓风机耗电量大，噪声高，设备一次性投资大。罗茨鼓风机常用于中大型冲天炉熔炼。

罗茨鼓风机根据其旋转辊数量分为双叶式罗茨鼓风机和三叶式罗茨鼓风机。其中，三叶式罗茨鼓风机效率提高，噪声减小，振动小，供风平稳，性能优于双叶罗茨鼓风机。

（3）鼓风机变频调速技术的应用　变频调速技术可用于冲天炉风机的风量、风压的调节。其调节的主要原理是基于调整供电电源的频率来改变风机转速，从而实现风机风量、风压的调节。

4. 冲天炉熔炼工艺参数的确定

（1）风量风压的选择　风量风压是保证冲天炉熔炼过程风、焦平衡、熔炼质量和降低消耗的关键。风量对冲天炉的熔化强度、铁液温度、金属烧损、燃烧系数、炉内温度分布、加料口废气温度、热损失均有较大影响。

1）冲天炉风量计算公式如下：

$$Q_{风} = 74KGC(1+\eta_V)$$

式中，$Q_{风}$ 为风量（m^3/min）；K 为层焦耗量（质量分数，%）；C 为焦炭中固定碳含量（质量分数，%）；G 为熔化率（t/h）；η_V 为燃烧比（%）。

根据现场实际经验，由碳耗量推荐冲天炉风量见表 11-69。

表 11-69　由碳耗量推荐冲天炉风量

公式	$W_{最佳} = 71 + \frac{10}{3}C'$ 式中，$W_{最佳}$ 为最佳供风强度[$m^3/(m^2 \cdot min)$]；C' 为碳耗量（碳与铁质量比）										
数据	C'	5	6	7	8	9	10	11	12	13	14
	$W_{最佳}$/[$m^3/(m^2 \cdot min)$]	88	91	94	98	101	104	108	111	114	118

2）风压的计算公式如下：

$$p = \left[\xi_1 H_{有} + \xi_2\left(1+\frac{t}{273}\right)\right]v^2$$

式中，p 为风压（Pa）；ξ_1 为炉料料块系数（见表 11-70）；$H_{有}$ 为冲天炉有效高度（m）；ξ_2 为风口阻力系数（见表 11-71）；t 为空气温度（℃）；v 为炉膛内炉气假定速度（m/s）。

表 11-70　炉料块度系数

炉料平均块度/mm	ϕ300	ϕ150	ϕ100	ϕ50
ξ_1	40	45	50	55

表 11-71　风口阻力系数

风口比(%)	3	4	5	6	7	8	9
ξ_2	140	87	65	52	43	36	32

（2）送风系统参数的确定

1）风口比。冲天炉的风口比是指风口总截面积与炉膛截面积之比。国内一般采用小风口比（3%～7%），国外则采用大风口比（8%～20%）。

2）风口面积分配。一般情况下，两排风口冲天炉的上排风口为主风口，下排风口为辅助风口。风口面积分配为：上排风口占总风口面积的2/3，下排面积占总风口面积的1/3。

（3）底焦高度的确定　底焦高度分为装炉底焦高度和运行底焦高度。运行底焦高度是熔炼过程中底焦的实际高度，而装炉底焦高度为熔炼前装入炉膛内的底焦高度。

1）运行底焦高度。运行底焦高度应处于炉内燃烧区的还原带的上端，其下限应超过上排风口形成氧化带，其波动范围一般为一批层料的高度（200～300mm）

2）装炉底焦高度。装炉底焦高度必须考虑冲天炉点火至开风之间的焦炭消耗，一般应高于运行底焦高度300～500mm。

按炉膛直径初选装炉底焦高度见表 11-72。

表 11-72　按炉膛直径初选装炉底焦高度

炉膛直径/mm	500	600	700	900	1100	1300	1500
装炉底焦高度/mm	1250～1650	1300～1700	1350～1750	1400～1800	1500～1900	1600～2000	1700～2100

（4）金属炉料的配料计算　铸铁配料计算方法很多，主要有试算法、表格法、图解法、计算尺法和计算机算法，其中计算机算法已有专门的软件，计算

准确，速度快，但很多中小企业尚未配置这种软件。在没有专业软件的条件下，试算法仍不失为一种比较可行的冲天炉配料计算方法，其计算步骤如下：

1）确定各种合金元素的应有含量：

$$X_{炉料}=\frac{X_{铁液}}{1\pm\eta}$$

式中，$X_{炉料}$、$X_{铁液}$为炉料和铁液中某元素的质量分数（%）；η为熔炼过程中元素的增减率（%）

2）确定炉料中的废钢加入量。铸铁废钢加入量见表11-73。

表11-73　铸铁废钢加入量

铸铁类型	灰铸铁					球墨铸铁	蠕墨铸铁	可锻铸铁
	HT150	HT200	HT250	HT300	HT350			
废钢加入量（质量分数,%）	0～10	10～15	20～30	30～40	40～50	0～15	0～15	70～90

灰铸铁的回炉料加入量一般为30%（质量分数），球墨铸铁、蠕墨铸铁和可锻铸铁的回炉料加入量可稍微低一点。在确定废钢加入量后，依据已确定的生铁牌号计算应加入的生铁加入量。

3）计算铁合金配比：

$$铁合金配比=\frac{炉料中应有的合金含量-炉料中合金含量}{铁合金中合金含量\times(1-合金烧损率)}$$

（5）层炉料加入量的控制　层铁加入量一般按照冲天炉熔化率的1/10～1/8确定。层焦加入量根据冲天炉的层焦铁比确定，层焦铁比一般为1/10～1/7。溶剂主要用于调节炉渣的酸碱度，改善炉渣的流动性，提高渣铁分离性能，减少铸铁的夹杂缺陷。常用溶剂主要是石灰石、白云石、氟石等，加入量一般控制在层焦的30%～40%或者层铁的5%～6%。

5. 冲天炉的熔炼过程监控

（1）冲天炉主要经济技术指标的统计　冲天炉的主要经济技术指标包括铁液温度、熔化率、焦耗、元素增减、电力消耗和耐火材料消耗等内容。

（2）冲天炉主要技术参数的检测

1）金属炉料的自动电磁吸盘。采用拉力传感器与电磁吸盘搭配，实现金属炉料的自动称量、超差鉴别、自动补偿、加料和记录。

2）非金属炉料的自动称量。采用电子式自动称量斗，实现焦炭、石灰石的自动给料、称量、鉴别、补偿、加料和记录。

3）料位检测控制。主要采用加料口下炉气压差法检测控制，料满时压差大，料空时压差小。

4）风压检测控制。采用液柱式压力计或弹簧式压力计进行检测控制。

5）风量检测控制。风量检测由一次检测单元和二次仪表组成。毕托管法和标准流量孔板法是检测冲天炉风量的常用方法。

6）铁液温度检测。铁液温度检测方法有接触式测温和非接触式测温两种。非接触式测温仪表有光学高温计、全辐射高温计、光电高温计、比色高温计、红外高温计和光导高温计。接触式测温主要采用热电偶配二次显示仪表进行检测。

7）炉气成分检测。冲天炉炉气成分常以加料口以下400～500mm处的炉气为检测对象。它是由CO_2、CO、N_2、微量O_2和少量H_2、CH_4、SO_2所组成的。其中，CO_2和CO的比例是评价冲天炉燃烧状态的重要指标。检测炉气成分的仪器有：化学式气体分析仪、导热式气体分析仪、红外线气体分析仪和气相色谱分析仪。奥氏气体分析仪是一种化学式气体分析仪，结构简单，易于掌握，分析准确，价格便宜，因此，广泛用于冲天炉的气体成分检测。

11.7.3 电炉熔炼质量控制

铸铁熔炼用电炉按频率分为工频、中频和高频感应电炉三类，按有芯、无芯分为坩埚式感应电炉和沟槽式感应电炉。

工频感应电炉的功率密度小，一般为300kW/t，搅拌作用大，“驼峰”现象严重，不易造渣覆盖保护，能耗高，电热效率低，功率调节范围宽。目前我国已运行的最大容量为20t。但是，由于电气特性、操作灵活性及经济性方面的不足，我国用于铸铁熔炼的数量在减少。

中频感应电炉功率密度高，一般为600～1400kW/t，起动快，熔化快，熔化率高，搅拌能力可调，“驼峰”现象可控，热效率比工频感应电炉高约8%，能耗低于工频感应电炉约10%，电源设备占地面积小，维修方便，便于与计算机相连，易于实现自动化、智能化操作。因此，中频感应电炉已成为铸铁熔炼的首选，使用量日益增加。

高频感应电炉电源频率高，线路复杂，电效率低，并存在电磁波污染，主要用于试验条件下的小容量熔炼。

除以上常用电炉外，还有一些用于特种钢、高温合金、耐蚀合金的特种电炉设备，如真空感应电炉、等离子感应电炉、增压感应电炉等，多用于铸铁的试验研究。

1. 中频感应电炉的冶金特点

中频感应电炉在熔炼铸铁时，由于不用焦炭，不用鼓风，其熔炼过程中的冶金反应与冲天炉有着很大的不同。

（1）碳和硅的变化　当铁液达到1450℃以上时，酸性炉衬中的SiO_2将被铁液中的碳所还原，使铁液脱碳增硅，温度越高，保温时间越长，脱碳增硅现象越严重。

（2）锰含量的变化　酸性炉衬熔炼时，铁液中的锰含量变化较小，一般在5%（质量分数）以下。

（3）硫、磷的变化　电炉熔炼对硫、磷没有实质性影响。但高温长时间熔炼或保温时，铁液中的硫化物会上浮去除，使硫含量降低。对于高硫材料，采用脱硫剂，可以使硫的质量分数降低至0.01%以下。

（4）铁液气体含量的变化　铁液中的含气量（氮、氧、氢）比冲天炉熔炼少1/4~1/3，相应的非金属夹杂物少，元素烧损少。

（5）铁液宏观性能的变化　电炉熔炼铸铁合金时，流动性下降，白口及缩孔倾向性增大。

（6）石墨的变化　同样化学成分、同样浇注条件下，中频感应电炉熔炼铸铁合金的石墨长度较短，易产生D、E型石墨，白口倾向大。

2. 无芯感应电炉结构参数的确定

无芯感应电炉由炉体、炉盖、炉架、倾炉机构、水冷系统及电器设备等部分组成。

（1）炉子容量及坩埚几何尺寸的确定　电炉容量$G(t)$一般根据铁液需求量或所浇注的最大铸件质量来定，其计算公式如下：

$$G=\frac{m(\tau_1+\tau_2)}{8bcn}$$

式中，m为每年所需熔化的铁液质量(t/a)；τ_1为每炉实际熔化时间(h)；τ_2为每炉的辅助时间(h)，一般取0.15~0.5h；8为每班8h；b为每年工作日；c为每天工作班数；n为同时熔化时所采用的炉子台数；

坩埚的有效容积$V(cm^3)$计算公式如下：

$$V=1.4\times105G$$

坩埚的平均直径$d(cm)$计算公式如下：

$$d=\sqrt[3]{\frac{4V}{\pi y}}$$

式中，y为金属液高度h与坩埚平均直径d之比，一般为1.1~1.6，小容量炉取大值。

（2）无芯感应电炉变压器功率　炉子变压器功率$P_b(kW)$计算公式如下：

$$P_b=1.2\times\frac{P_y+P_\tau}{\eta_d}=1.2P_g$$

式中　P_y为熔化及升温所消耗的功率（kW）；P_τ为炉子的热损耗功率（kW）；P_g为感应器的输入功率（kW）；η_d为感应器的电效率，一般取75%。

（3）补偿及平衡电容器容量的确定　补偿电容器容量 P_Q(kvar) 计算经验公式为：$P_Q = 4.9P_g$；平衡电容器容量 P(kvar) 计算经验公式为：$P = P_g/3$。

3. 无芯感应电炉熔炼的操作及控制

（1）坩埚的修筑材料的选择　修筑坩埚的常用耐火材料见表11-74。

表11-74　修筑坩埚的常用耐火材料

使用部分	种类		化学成分(质量分数,%)	备注
熔炼部分	酸性	硅质炉衬	$SiO_2 > 98, Al_2O_3 < 0.2, Fe_2O_3 < 0.5$	用于灰铸铁和可锻铸铁
		电熔石英质炉衬	$SiO_2 > 99, Fe_2O_3 < 0.5$	
		锆石质炉衬	$ZrO = 20 \sim 60, SiO_2 = 20 \sim 30$	
	中性	高铝质炉衬	$Al_2O_3 > 85, SiO_2 < 20$	用于合金铸铁和球墨铸铁
		多铝红柱石炉衬	$Al_2O_3 = 70 \sim 80, SiO_2 = 20 \sim 30$	
	碱性	镁质炉衬	$MgO > 85, Al_2O_3 < 10, (Fe_2O_3\ SiO_2) < 0.5$	
		尖晶石质炉衬	$MgO = 70 \sim 80, Al_2O_3 = 20 \sim 30$	
		尖晶石镁质炉衬	$MgO > 75, Al_2O_3 < 25$	
感应线圈保护部分	矾土水泥		$Al_2O_3 > 90, SiO_2 < 10$	
	硅质水泥		$Al_2O_3 > 83, SiO_2 < 10$	
炉口部分	石墨膏		$C = 10 \sim 25, SiO_2 = 70 \sim 80, Al_2O_3 = 5 \sim 10$	
	铸造烟灰泥		$Al_2O_3 > 70, SiO_2 < 30, CaO < 5$	

（2）铁液增碳工艺控制　电炉熔炼过程中，铁液成核能力差，白口倾向大，易产生缩孔缩松缺陷。为了改进铸铁的凝固性能，一般需要对电炉铁液进行增碳处理。

增碳工艺主要包括增碳剂的选用和增碳处理方法两方面。常用增碳剂及其化学成分见表11-75。

表11-75　常用增碳剂及其化学成分

类型	名称	主要化学成分(质量分数,%)				
		碳	灰分	硫	挥发物	水分
石墨型	Dexulco 增碳剂	99.9	<0.10	0.015	<0.10	—
	电极石墨碎屑	97.5	0.40	0.05	0.15	0.15
	石墨压块/粒	97.5	0.30	0.07	2.20	0.15
非石墨增碳剂	低硫煅烧石油焦	99.2	0.80	0.09	0.25	0.25
	中硫煅烧石油焦	98.4	0.22	0.85	0.05	0.25
	乙炔焦炭压粒	99.6	0.40	0.03	0.03	—
	沥青焦	99.7	0.40	0.01	0.22	—

电炉熔炼的增碳处理工艺需注意以下几个方面：

1）增碳剂应去除微粉和粗颗粒，粒度分布在0.5～4.0mm时效果较好。

2）原铁液硅含量会影响增碳效果，低硅含量有利于增碳。

3）电炉供电频率会影响增碳效果，工频炉效果好于中频炉。

4）增碳剂宜采用分步加入、多次加入。

11.7.4 双联熔炼的选配与控制

1. 双联熔炼的搭配形式

常见双联熔炼的搭配方式见表11-76。

表11-76 常见双联熔炼的搭配方式

炉子的组合		连接方式	应用情况
熔化用炉	过热、精炼、保温、存储用炉		
冲天炉	有芯感应电炉	直接或间接	最多
	无芯感应电炉		
	电弧炉	间接	较少
无芯感应电炉	有芯感应电炉 无芯感应电炉	间接	逐渐增多
电弧炉			较少
高炉			
复合感应电炉	有芯和无芯电炉做成一体	无过渡连接	新型

2. 双联熔炼的工艺特点

1）在铁液供求方面，双联熔炼可靠地实现了铁液的供求平衡，把停工损失降到最低，并最大限度地发挥了熔化炉的熔化能力。

2）在铁液成分和温度方面，双联熔炼可获得稳定的铁液成分，波动范围小，并能进行成分调整、合金化或脱硫，还能补偿铁液输送和浇注过程中的温度损失。

3）在冶金特性方面，双联熔炼的铁液晶核数量减少，白口倾向增加，枝晶状石墨和点状石墨数量增加，石墨尺寸变小。消除了熔化炉的冶金特性，而保留了保温炉的冶金特性。

4）能源和材料利用方面，充分利用了熔化炉和保温炉各自的热效率优势，并可回用剩余低温铁液和浇注多余铁液，提高了金属材料的利用率，降低铁液费用，炉料中可大量增加廉价废钢的比例。

第 12 章　铸钢及其熔炼质量控制

铸钢件是铸造成形工艺和钢质材料的结合，兼有两方面的优点，既可获得用其他成形工艺难以得到的复杂形状，又能保持钢所特有的各种性能。铸钢的种类见表 12-1。

表 12-1　铸钢的种类

分类方法	分　类	
按化学成分分类	铸造碳钢	铸造低碳钢[w(C)≤0.25%]
		铸造中碳钢[w(C)=0.25%～0.60%]
		铸造高碳钢[w(C)=0.60%～2.00%]
	铸造合金钢	铸造低合金钢[w(合金元素总量)≤5%]
		铸造中合金钢[w(合金元素总量)=5%～10%]
		铸造高合金钢[w(合金元素总量)>10%]
按使用特性分类	工程与结构用铸钢	铸造碳素结构钢
		铸造合金结构钢
	铸造特殊钢	铸造不锈钢
		铸造耐热钢
		铸造耐磨钢
		铸造镍基合金
		其他
	铸造工具钢	铸造刀具钢
		铸造模具钢
	专业用铸钢	重型与矿山机器用铸钢
		水轮机常用铸钢
		汽轮机常用铸钢
		机车车辆常用铸钢
		铸钢轧辊常用铸钢
		无磁及电工用铸钢

12.1 铸钢牌号的表示方法及力学性能试验的取样

1. 铸钢牌号的表示方法

按照 GB/T 5613—1995《铸钢牌号表示方法》，在各种铸钢牌号的前面均冠以 ZG 以表示铸钢。

1）以力学性能为主要验收依据的一般工程与结构用铸造碳钢和高强度钢，其牌号表示方法举例如下：

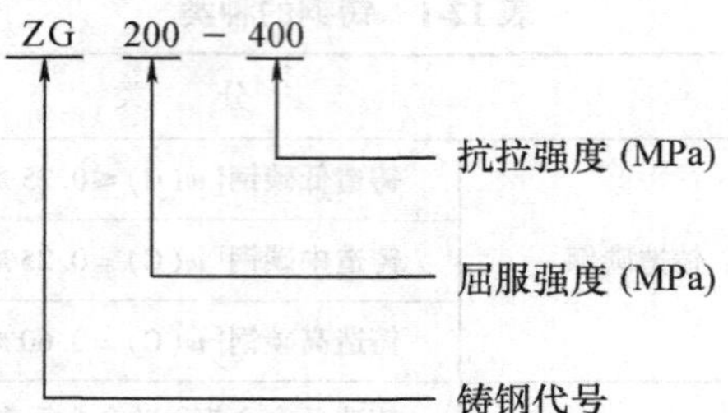

2）以化学成分为主要验收依据的铸造碳钢，其牌号表示方法举例如下：

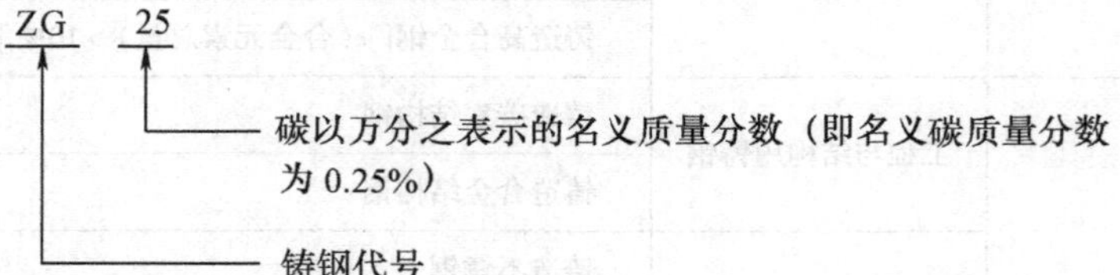

3）铸造合金钢的牌号表示方法举例如下：

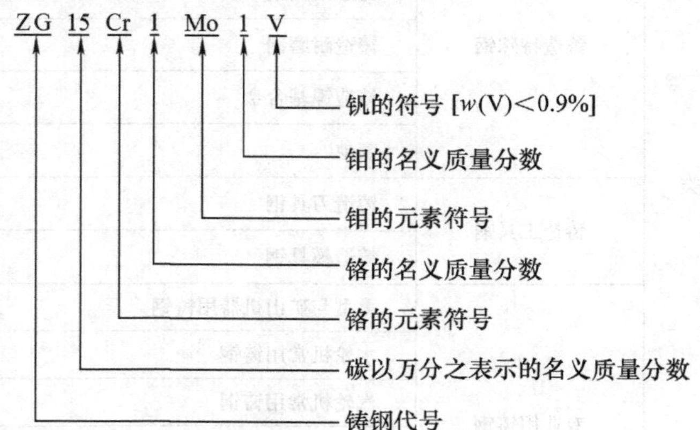

2. 力学性能试验的取样

力学性能试验用毛坯应在浇注时单独铸出，也允许在铸件上取样。取样部位及性能要求由双方协商确定。铸钢力学性能单铸试块见图 12-1。

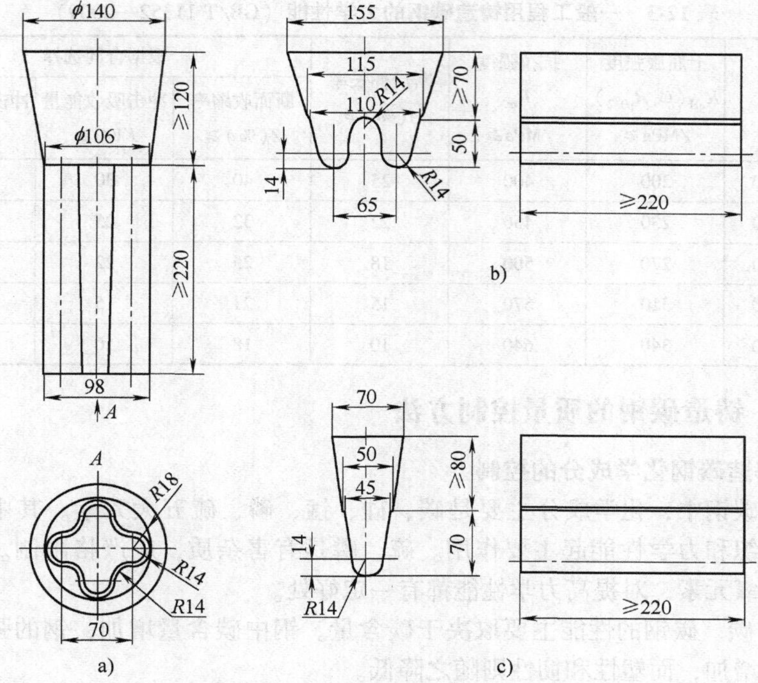

图 12-1　铸钢力学性能单铸试块

a）梅花试块　b）基尔试块　c）Y 形试块

12.2　铸造碳钢的质量控制

12.2.1　铸造碳钢的质量要求

我国参照国际标准制订了一般工程用铸造碳钢的标准。一般工程用铸造碳钢的化学成分见表 12-2，力学性能见表 12-3。

表 12-2　一般工程用铸造碳钢的化学成分（GB/T 11352—2009）

牌号	化学成分(质量分数,%)										
	C≤	Si≤	Mn≤	S≤	P≤	残余元素					
						Ni	Cr	Cu	Mo	V	总量
ZG200-400	0.20	0.60	0.80	0.035	0.035	0.40	0.35	0.40	0.20	0.05	1.00
ZG230-450	0.30		0.90								
ZG270-500	0.40										
ZG310-570	0.50										
ZG340-640	0.60										

表 12-3　一般工程用铸造碳钢的力学性能（GB/T 11352—2009）

牌　号	上屈服强度 R_{eH}（或 $R_{p0.2}$）/MPa≥	抗拉强度 R_m /MPa≥	断后伸长率 A(%)≥	根据合同选择		
				断面收缩率 Z(%)≥	冲击吸收能量 KV/J≥	冲击吸收能量 KU/J≥
ZG200-400	200	400	25	40	30	47
ZG230-450	230	450	22	32	25	35
ZG270-500	270	500	18	25	22	27
ZG310-570	310	570	15	21	15	24
ZG340-640	340	640	10	18	10	16

12.2.2　铸造碳钢的质量控制方法

1. 铸造碳钢化学成分的控制

铸造碳钢中，化学成分主要是碳、硅、锰、磷、硫五大元素。其中碳对钢的金相组织和力学性能起主要作用。硫、磷是有害杂质，应严格限制。硅和锰是钢的脱氧元素，对提高力学性能都有一定好处。

（1）碳　碳钢的性能主要取决于碳含量。钢中碳含量增加，钢的强度和硬度值随之增加，而塑性和韧性则随之降低。

（2）硅　铸造碳钢中，硅的质量分数为0.2%～0.45%，这个含量范围对力学性能的影响不大，要求硅有一定的含量是为了保证钢的脱氧。因此，硅在钢中是有益的元素。

（3）硫　硫在钢中是有害元素，它在钢中主要以FeS形式存在。FeS与铁形成共晶体，其熔点为989℃，比钢的熔点低得多。在钢的凝固过程中，硫化物常在钢的晶界析出，因其强度低、脆性大，大大降低了钢的力学性能，且在高温下容易产生热脆现象。若钢液脱氧不好，含FeO多，则硫化物与铁及FeO形成三元共晶体，其熔点更低（约940℃），危害性也更大。硫对钢的焊接性能也有不利影响。因此，应在炼钢时尽量除去硫。

（4）锰　在铸造碳钢中，要求锰的质量分数为0.5%～0.8%，其作用是脱氧、脱硫。

（5）磷　磷也是钢中有害杂质，希望其含量越低越好，要求其质量分数小于0.06%。

在铸造碳钢中，除以上五大元素外，还含有少量其他元素（如Cr、Ni等）。因为它们将使碳钢的焊接性变坏，产生收缩、裂纹的倾向增大，因此，铸造碳钢中规定 $w(\mathrm{Cr})<0.25\%$，$w(\mathrm{Ni})<0.25\%$。

2. 铸造碳钢凝固过程及其组织的控制

（1）铸钢的凝固过程　铸钢的凝固过程分为两个阶段：由钢液开始结晶起

至完全凝固，形成奥氏体组织的一次结晶；铸钢的固态相变，包括奥氏体枝晶的粒化、先共析组织的析出和奥氏体的共析转变，统称为铸钢的二次结晶。当铸钢在冷却速度极慢的条件下，钢液一次结晶后得到成分均匀的奥氏体枝晶，各枝晶间形成晶界。

随着温度的降低，一次结晶中形成的奥氏体树枝晶发生分裂，即一个奥氏体枝晶分裂成若干个奥氏体晶粒，这一过程称为奥氏体枝晶的粒化。当温度进一步降低，奥氏体分解出铁素体，即先共析铁素体。当温度降至共析线（727℃）以下，剩余的奥氏体则全部转变为珠光体。

（2）铸钢的铸态凝固组织　实际上，铸造条件下冷却速度较快，凝固处于非平衡状态，结晶前后枝晶的化学成分是不一样的，形成成分偏析。同时，凝固前后晶粒形状也是不一样。靠近铸件表面，冷却速度快，得到细小表面等轴晶；中间受热流影响长成较整齐的柱状晶；在凝固后期的铸件中心部位，由于冷却速度降低，而形成粗大的、溶质含量较高的等轴晶。铸造条件不同，形成的晶粒组成会有所不同。

柱状晶本身比较致密，有良好的强度和塑性，但柱状晶较粗大，晶界上容易富集易熔而力学性能较差的杂质或缺陷，使晶粒的联系受到很大削弱。因此，柱状晶的力学性能有明显的方向性，即纵向好，横向差。细等轴晶组织具有好的综合力学性能，因此，可采用多种工艺措施细化晶粒，以获得细密等轴晶组织的铸件。

（3）细化晶粒的措施

1）增大冷却速度，可使结晶核心增多，晶粒细化。其主要方法是提高铸型的冷却能力，如采用金属型和冷铁等。

2）降低浇注温度，这是减少柱状晶，获得细等轴晶的有效措施，在增大结晶过冷的同时使脱落的晶体不至于重新熔化，促进“自发形核”。

3）加强钢液在凝固期间的运动，如搅拌、振动等，促使已凝固的晶粒和枝晶折断和脱落成为晶核，从而达到细化晶粒的目的。

4）采用变质处理。在浇注时，向金属液流加入具有共格对应的高熔点物质或同类合金颗粒，促进非自发形核。例如，在钢中加钒、钛及稀土合金，以形成高熔点的化合物质点等。

5）在铸钢的铸态组织中，常存在魏氏组织。铸钢中出现魏氏组织，会使韧性降低。将铸钢件退火或正火能使钢的晶粒细化，改变二次结晶的原始条化，可基本消除魏氏组织。

3. 铸造碳钢的热处理

一般铸钢件的热处理是为了细化晶粒、消除魏氏组织和铸造应力。碳钢铸件的热处理方法有完全退火、正火和正火＋回火。

(1) 完全退火　完全退火的目的是消除魏氏组织等不正常组织，提高力学性能和消除铸件内应力。其工艺过程是将铸件加热至奥氏体的温度区［Ac_3 +(30～50℃)］，并保温一段时间，然后随炉冷却。

(2) 正火　正火的加热温度及保温时间与完全退火相同，不同点是保温时间达到后，将铸件在炉外空冷到常温。

(3) 正火+回火　为了进一步提高钢［w（C）>0.3%］的力学性能，可以采用在正火后加以回火的热处理工艺。回火温度为500～650℃，属于高温回火，保温2～3h。通过回火，使正火所形成的片状索氏体变得近似于颗粒状的索氏体，因此塑性进一步提高。

铸钢件的热处理温度范围见表12-4。

表12-4　铸钢件的热处理温度范围

牌　号	正火或退火温度/℃	回火温度/℃
ZG200-400	910～930	—
ZG230-450	880～900	—
ZG270-500	860～880	500～650
ZG310-570	840～860	500～650
ZG340-640	830～850	500～650

12.3　铸造合金钢的质量控制

铸造碳钢虽然应用较广，但是在性能上有许多不足之处，如淬透性差，大截面零件无法通过热处理进行强化；力学性能有限，使用温度范围只限于-40～400℃，抗磨、耐蚀、耐热性能较差等，因此不能满足现代工业发展对铸钢件的多方面需要。由于合金钢铸件具有许多优良的性能，因而获得了日益发展。

根据合金元素含量的多少，铸造合金钢分为铸造低合金钢（合金元素总质量分数<5%）、铸造中合金钢（合金元素总质量分数为5%～10%）、铸造高合金钢（合金元素总质量分数>10%）。

12.3.1　铸造低合金钢的质量控制

我国以硅、锰和铬为主要合金元素，建立了符合国内资源条件的低合金钢系列。铸造低合金钢的应用也日益增多，在许多产品上，采用铸造低合金钢代替铸造碳钢，减轻了机器重量，提高了使用寿命，大大降低了成本和缩短了生产周期。

根据用途不同，铸造低合金钢主要分为铸造低合金结构钢和铸造低合金特殊用钢。它们的质量要求和控制方法也有所不同。

1. 铸造低合金结构钢

国内铸造低合金结构钢主要采用锰系、锰硅系和铬系等钢种。

（1）锰及锰硅系铸造低合金结构钢　普通碳钢中加入质量分数为0.5%～0.8%的锰，是为了脱氧及消除硫的有害作用；当钢中锰的质量分数大于0.8%后，就成为了低锰钢。常用低锰钢中锰的质量分数为0.8%～1.5%，在此范围内，锰可使钢的强度和硬度升高而不降低塑性。

锰在钢中一部分溶于铁素体（或奥氏体）中，另一部分形成合金渗碳体$(Fe, Mn)_7C_3$。锰在钢中能显著提高钢的淬透性。这是因为它能降低过冷奥氏体的分解速度，使珠光体临界转变温度下降，因而临界淬火速度显著减少，淬透性增大。在正火条件下，也能使组织中珠光体分散度增大。锰对基体还有一定的固溶强化作用，因而加入锰后能明显改善钢的力学性能。

锰不利的一面是增大钢的过热敏感性，加热时温度稍高，晶粒就发生粗化；另外，还增加回火脆性。

因此，单元锰钢的最大优点是价格便宜而淬透性较高，壁厚70mm的铸件都能用热处理进行强化；其最大缺点是热处理时过热敏感性大，易产生偏析和回火脆性。

锰硅钢是将锰钢中的硅的质量分数提高至0.6%～1.0%，这样就克服了单元锰钢的缺点，而获得更好的性能。硅是低合金钢中常用的一种合金元素。它在钢中不形成碳化物，只形成固溶体，有较显著的强化铁素体的作用，能提高钢的强度和屈强比。与锰配合使用能提高钢的淬透性，并改善钢的耐热性和耐蚀性。锰硅钢常用来制作齿轮之类的传动零件、船用零件，以及水压机工作缸、水轮机转子等耐蚀耐磨零件。

（2）铬系铸造低合金结构钢　铬元素既溶于铁素体而起强化作用，又能形成多种碳化物。当它溶于奥氏体时，能显著提高淬透性，提高钢的强度。当铬的质量分数小于2%时，它在提高强度和硬度的同时，还可提高塑性和韧性，这是它的一个重要优点，故多用于低合金调质钢中。铬还能提高钢的耐蚀性，但易增加钢的回火脆性。

单元铬钢主要是ZG40Cr，是调质状态下使用的钢种，常用作齿轮等重要受力零件。

在铬钢中加少量钼，可减弱铬钢的回火脆性，进一步提高其淬透性，并能提高钢的高温强度。加入少量钒，能显著细化晶粒，使强度、韧性都得到提高。但由于现在钢中所形成的碳化物，难溶于奥氏体，故降低了钢的淬透性。因此，铬钒钢主要用于截面较小、力学性能要求较高的零件。当同时加入钼和钒时，既可细化晶粒，又可保持高的淬透性，可用作大截面重要铸件，如大汽轮机转子、大齿轮等。

2. 铸造低合金特殊用钢

（1）高温用铸造低合金钢　这类铸钢比铸造碳钢具有较高的抗高温软化能力，广泛用于制作在600℃以下工作的阀类、配件和汽轮机铸件。其主要合金元素为Mn、W、V和Mo。

（2）低温用铸造低合金钢　在低温下使用的钢往往出现脆性。这种低温脆性是零件的工作温度低于钢的韧-脆转变温度，而处于脆性状态的缘故。要改善钢的低温脆性就必须加入Ni、Mn、V、Nb等合金元素，以降低钢的韧-脆转变温度。

对在-60℃以下工作的钢种，国外大多采用w（Ni）为2.0%～4.0%的低合金钢，而我国则大力发展以锰为主的低合金钢，用加入微量Y、Nb或稀土来细化晶粒，提高低温性能。

（3）抗磨用铸造低合金钢　铸造低合金钢有良好的耐磨性与韧性，生产成本不高，适用于制造各类磨料磨损件。我国最初应用的抗磨用铸造低合金钢的化学成分见表12-5。合金元素主要为Cr、Mn、Ni、Mo，常用于制造履带板、铲齿、衬板、泵件等耐磨件。

表12-5　抗磨用铸造低合金钢的化学成分

化学成分（质量分数，%）						热处理	硬度HRC	件厚/mm	特点
C	Si	Mn	Cr	Mo	Ni				
0.4～0.6	0.9～1.2	1.4～1.7	0.65～1.6	0.5	—	空淬	58～59	75～100	硬度高
0.3～0.35	0.3～1.5	0.8	0.5～2	0.4	0.6～0.9	水淬	47～52	200	可焊接
0.35～0.6	0.7	0.8	0.5～2	0.5	—	油淬	52～58	200	耐磨性好

3. 铸造低合金钢的热处理

低合金钢铸件的热处理目的主要是发挥合金元素对提高淬透性的作用，同时也消除内应力和细化组织。热处理的主要方式是淬火+回火或正火+回火。

铸造低合金钢在加热过程中的相变与铸造碳钢相似，有奥氏体的形成、残留碳化物的溶解及奥氏体成分的均匀化三个过程。合金元素的主要影响表现在减慢碳化物溶解及奥氏体均匀化速度上。由于铸态组织的晶粒粗大，奥氏体晶粒内的成分均匀比较困难，为了加速低合金钢中碳化物的溶解和奥氏体成分均匀化，通常是提高热处理时的加热温度。

在生产过程中，当采用与碳钢铸件相同的保温时间（即壁厚每25mm保温1h）时，低合金钢铸件就必须采用更高的加热温度，一般取Ac_3+（50～100℃）。铸造低合金钢的热处理温度见表12-6。

表 12-6 铸造低合金钢的热处理温度

钢　　种	退火温度/℃	淬火或正火温度/℃	回火温度/℃
低锰钢	850 ~ 950	870 ~ 930	600 ~ 680
低锰铬钢	980 ~ 1000	870 ~ 930	600 ~ 680
低硅锰钢	850 ~ 1000	850 ~ 900	600 ~ 680
低钼钢	900 ~ 1000	870 ~ 930	600 ~ 700
低铬锰钢［w（Cr）=1%］	870 ~ 1000	870 ~ 930	650 ~ 750

4. 低合金钢的铸造过程控制

低合金钢的组织和相应的碳钢相似，在制订铸造工艺时，可在碳钢的基础上，考虑低合金钢的铸造性能特点，稍加修改即可。

合金元素对钢铸造性能的影响，主要表现在流动性、收缩及裂纹等方面。

（1）流动性　Cr、Mo、V、Ti、Al 等合金元素在钢液中形成高熔点的氧化物或碳化物，使钢液变黏，降低钢液流动性。尤其是当它们含量较高时，钢中非金属夹杂物增多，在液面形成坚实的氧化膜。这不仅严重降低流动性，还会使铸件出现皱纹和冷隔。因此，必须选用适当高的浇注温度和较快的浇注速度。

（2）收缩　在线收缩和缩孔率方面，低合金钢与具有相同碳含量的碳钢相似。

（3）裂纹倾向　低合金钢和碳钢在铸造性能方面的主要差别表现在裂纹的倾向上。低合金钢中的元素偏析大，导热性又较低，因此，铸件在凝固和冷却过程中，各部位温差较大，产生较大的内应力，易出现裂纹。

针对铸造低合金钢形成裂纹倾向大的特点，在工艺上应注意以下几点：

1）加入细化晶粒的元素，如稀土元素、Ti、Nb 等，减少枝晶偏析，降低相变应力。

2）推迟打箱时间，增加铸件在砂型中的保温时间。

3）在工艺设计时，应注意采用同时冷却原则，即多设内浇道，分散布置冒口，避免局部热量的集中，使铸件各部分冷却均匀，以减小热应力。

12.3.2　铸造高合金钢的质量控制

在高合金钢中，加入合金元素的主要目的是为了获得特殊的物理化学性能（耐磨性、耐热性及耐蚀性等）。合金元素的加入总质量分数在 10% 以上，加入的合金元素可以是一种，也可以是多种。下面介绍几种常用的铸造高合金钢。

1. 铸造奥氏体锰钢

奥氏体锰钢是一种传统的合金钢，奥氏体锰钢的主要成分（质量分数）为 Mn7% ~17%，C0.9% ~1.5%。由于锰的作用，这种钢的铸态组织为奥氏体及碳化物，水韧处理后为单一的奥氏体组织，具有良好的强度和优异的韧性，并能在使用中加工硬化抵抗磨料磨损。因此，高锰钢特别适合用于承受强烈冲击和挤压的耐磨件，如坦克、拖拉机履带板、挖掘机斗齿、钢轨道岔，以及大中型破碎机的锤头和颚板、衬板等。

（1）奥氏体锰钢的化学成分

1）碳。碳是决定高锰钢力学性能和耐磨性的主要成分。碳固溶在奥氏体中，提高钢的强度和耐磨性。碳含量过高时，铸态出现较多的粗大碳化物，难以在水韧处理时完全溶于奥氏体中。高锰钢中碳的质量分数一般控制在1.0%～1.4%，并根据零件的使用条件和壁厚情况进行调整。

2）锰。锰也是决定高锰钢力学性能和耐磨性的主要成分。锰是促进生成奥氏体的元素。但锰的质量分数大于13%时，对力学性能不再有明显好处，反而使导热性降低，初生晶粒粗大，易产生裂纹，并生成锰的碳化物，给热处理带来困难。通常锰的质量分数为10%～13%，锰碳质量比控制在8～10为宜。

3）硅。为了保证脱氧效果，硅的质量分数不应小于0.3%，但硅含量过高会降低碳在奥氏体中的溶解度，增加碳化物析出量，降低钢的冲击韧性，铸造时易裂。对于重要件，应将硅的质量分数控制在0.3%～0.5%。

4）硫。高锰钢中锰含量很高，大部分硫与锰生成MnS进入渣中，故硫的质量分数不超过0.03%。

5）磷。磷在高锰钢中是非常有害的元素，因而锰钢中碳含量高，使磷在奥氏体中的溶解度极低，常以磷化物膜存在于晶界上，降低铸件的力学性能及使用寿命，且使铸件易产生裂纹。磷的质量分数一般应低于0.10%。

奥氏体锰钢铸件的牌号及其化学成分见表12-7，其力学性能见表12-8。

表12-7 奥氏体锰钢铸件的牌号及其化学成分（GB/T 5680—2010）

牌号	化学成分(质量分数,%)								
	C	Si	Mn	P	S	Cr	Mo	Ni	W
ZG120Mn7Mo1	1.05～1.35	0.3～0.9	6～8	≤0.060	≤0.040	—	0.9～1.2	—	—
ZG110Mn13Mo1	0.75～1.35	0.3～0.9	11～14	≤0.060	≤0.040	—	0.9～1.2	—	—
ZG100Mn13	0.90～1.05	0.3～0.9	11～14	≤0.060	≤0.040	—	—	—	—
ZG120Mn13	1.05～1.35	0.3～0.9	11～14	≤0.060	≤0.040	—	—	—	—
ZG120Mn13Cr2	1.05～1.35	0.3～0.9	11～14	≤0.060	≤0.040	1.5～2.5	—	—	—
ZG120Mn13W1	1.05～1.35	0.3～0.9	11～14	≤0.060	≤0.040	—	—	—	0.9～1.2
ZG120Mn13Ni3	1.05～1.35	0.3～0.9	11～14	≤0.060	≤0.040	—	—	3～4	—
ZG90Mn14Mo1	0.70～1.00	0.3～0.9	13～15	≤0.070	≤0.040	—	0.9～1.2	—	—
ZG120Mn17	1.05～1.35	0.3～0.9	16～19	≤0.060	≤0.040	—	—	—	—
ZG120Mn17Cr2	1.05～1.35	0.3～0.9	16～19	≤0.060	≤0.040	1.5～2.5	—	—	—

表 12-8　奥氏体锰钢铸件的力学性能（GB/T 5680—2010）

牌　　号	下屈服强度 R_{eL}/MPa	抗拉强度 R_m/MPa	断后伸长率 A(%)	冲击吸收能量 KU_2/J
ZG120Mn13	—	≥685	≥25	≥118
ZG120Mn13Cr2	≥390	≥735	≥20	—

（2）奥氏体锰钢的铸态组织与热处理　奥氏体锰钢的铸态组织是由奥氏体和碳化物所组成。碳化物的存在对铸件性能不利，需要通过热处理加以消除。

奥氏体锰钢的热处理通常将铸件重新加热到奥氏体区保温，使碳化物溶于奥氏体中，然后迅速淬入水中，使碳化物来不及析出，而得到单一的奥氏体组织。这种热处理通常称为水韧处理。水韧处理的加热温度为 1050～1100℃，保温时间视零件大小、复杂程度、厚薄以及装炉量而定，一般为 3～5h。为了保证在淬火过程有足够的冷却能力，铸件淬入水池后的水温应不高于 50℃。

（3）奥氏体锰钢的铸造过程控制

1）流动件好。奥氏体锰钢中的锰、碳含量高，熔点为 1340～1350℃，液相线比碳钢低约 170℃，加上导热性差，钢液凝固慢，流动性良好，能浇注薄而复杂的铸件，并可采用低温浇注来获得细晶组织。

2）线收缩大。线收缩率为 2.5%～3.0%，而且高温强度低，铸件在凝固和冷却过程中，易产生热裂。因此，应采取提高铸型和型芯的退让性，并在浇注后及时松开箱卡和捣松冒口附近的型砂等工艺措施。

3）导热性差。奥氏体锰钢的导热性仅为碳钢的 1/3，冒口切割时易产生很大应力，在冒口根部产生裂纹。因此，奥氏体锰钢铸件应尽量不用或少用冒口，或尽量采用易割冒口。

4）容易产生粘砂。奥氏体锰钢中多碱性氧化物（MnO），当采用硅砂（SiO_2）做造型材料时，易发生化学粘砂，最好采用碱性或中性耐火材料做铸型或型芯表面涂料，例如镁砂粉涂料、铬铁矿粉涂料、铝矾土涂料等。大批量生产小件时，多采用湿型，因采用湿型后，铸件不仅冷却快，不易产生粘砂，而且表面光洁。

2. 铸造不锈钢

（1）铸造不锈钢的质量要求　铸造不锈钢分为铬不锈钢、铬镍不锈钢和其他不锈钢。中、高强度不锈钢铸件的化学成分和力学性能如表 12-9 和表 12-10 所示。

表 12-9　中、高强度不锈钢铸件的化学成分（GB/T 6967—2009）

牌　号	化学成分(质量分数,%)											
	C	Si ≤	Mn ≤	P ≤	S ≤	Cr	Ni	Mo	残余元素≤			
									Cu	V	W	总量
ZG20Cr13	0.16～0.24	0.08	0.08	0.035	0.025	11.5～13.5	—	—	0.50	0.05	0.10	0.50

(续)

牌号	化学成分(质量分数,%)											
	C	Si ≤	Mn ≤	P ≤	S ≤	Cr	Ni	Mo	残余元素≤			
									Cu	V	W	总量
ZG15Cr13	≤0.15	0.08	0.08	0.035	0.025	11.5 ~ 13.5	—	—	0.50	0.05	0.10	0.50
ZG15Cr13Ni1	≤0.15	0.08	0.08	0.035	0.025	11.5 ~ 13.5	≤0.50	≤0.50	0.50	0.05	0.10	0.50
ZG10Cr13NiMo	≤0.10	0.08	0.08	0.035	0.025	11.5 ~ 13.5	0.8 ~ 1.8	0.20 ~ 0.50	0.50	0.05	0.10	0.50
ZG06Cr13Ni4Mo	≤0.06	0.08	1.00	0.035	0.025	11.5 ~ 13.5	3.5 ~ 5.0	0.40 ~ 1.00	0.50	0.05	0.10	0.50
ZG06Cr13Ni5Mo	≤0.06	0.08	1.00	0.035	0.025	11.5 ~ 13.5	3.5 ~ 6.0	0.40 ~ 1.00	0.50	0.05	0.10	0.50
ZG06Cr16Ni5Mo	≤0.06	0.08	1.00	0.035	0.025	15.5 ~ 17	3.5 ~ 6.0	0.40 ~ 1.00	0.50	0.05	0.10	0.50
ZG04Cr13Ni4Mo	≤0.04	0.08	1.50	0.035	0.025	11.5 ~ 13.5	3.5 ~ 5.0	0.40 ~ 1.00	0.50	0.05	0.10	0.50
ZG04Cr13Ni5Mo	≤0.04	0.08	1.50	0.035	0.025	11.5 ~ 13.5	3.5 ~ 6.0	0.40 ~ 1.00	0.50	0.05	0.10	0.50

表 12-10 中、高强度不锈钢铸件的力学性能(GB/T 6967—2009)

牌号		规定塑性延伸强度 $R_{p0.2}$ /MPa≥	抗拉强度 R_m /MPa≥	断后伸长率 A(%)≥	断面收缩率 Z/(%)≥	冲击吸收能量 KU_2/J≥	硬度 HBW
ZG20Cr13		345	540	18	40	—	163 ~ 229
ZG15Cr13		390	590	16	35	—	170 ~ 235
ZG15Cr13Ni1		450	590	16	35	20	170 ~ 241
ZG10Cr13NiMo		450	620	16	35	27	170 ~ 241
ZG06Cr13Ni4Mo		550	750	15	35	50	221 ~ 294
ZG06Cr13Ni5Mo		550	750	15	35	50	221 ~ 294
ZG06Cr16Ni5Mo		550	750	15	35	50	221 ~ 294
ZG04Cr13Ni4Mo	HT1①	580	780	18	50	80	221 ~ 294
	HT2②	830	900	12	35	35	294 ~ 350
ZG04Cr13Ni5Mo	HT1①	580	780	18	50	80	221 ~ 294
	HT2②	830	900	12	35	35	294 ~ 350

① 回火温度为 600 ~ 650°C。

② 回火温度为 500 ~ 550°C。

(2) 铬不锈钢　铬不锈钢中铬的质量分数为13%，是不锈钢中铬含量最低的一种。铸造铬不锈钢的牌号是ZG15Cr13和ZG20Cr13。由于铬起缩小钢的奥氏体区、促进铁素体形成并提高淬透性的作用，因此，这两种钢的铸态组织均是马氏体（也可能存在铁素体）和碳化物。

铬不锈钢通常采用退火—淬火—回火的热处理工艺。退火的目的是为了消除铸造应力；加热到1000～1100℃后淬火，是为了消除碳化物和得到马氏体；而回火则是为了消除应力和提高钢的冲击韧性。ZG15Cr13的热处理工艺曲线如图12-2所示。

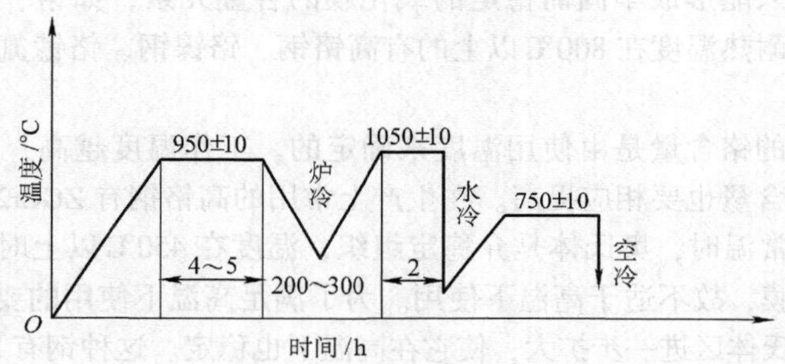

图12-2　ZG15Cr13的热处理工艺曲线

经过热处理后，ZG15Cr13钢的金相组织为铁素体和马氏体，ZG20Cr13钢的金相组织为马氏体。

铬不锈钢中碳含量对耐蚀性有显著的影响，碳含量越低，耐蚀性越好。我国在铬不锈钢基础上，研制的ZG06Cr13Ni4Mo等低碳马氏体铸造不锈钢，其耐蚀性已达到当前国际水平，用于制造重达25～40t的巨型水轮机叶片。

(3) 铬镍不锈钢　铬镍不锈钢中铬和镍的质量分数分别约为18%和8%，主要牌号有ZG08Cr19Ni9和ZG12Cr18Ni9Ti等。

铬镍不锈钢在平衡态时的室温组织是铁素体、奥氏体和碳化物。在铸造条件下共析转变来不及发生，因而，铸态组织为奥氏体加碳化物。当钢中出现碳化铬时，由于碳化铬的形成占用了铬，使晶粒周界上的铬含量降低，造成贫铬层，使铬的钝化膜受到破坏，晶间腐蚀增加。为了消除铸态钢中的碳化物，可进行淬火处理（加热到1150～1100℃，保温后淬火）。

(4) 不锈钢的铸造过程控制

1) 铬易在钢液表面产生氧化膜降低钢液流动性，但铬又降低钢的熔点和热导率，流动性有所改善。镍、锰、铜都降低钢的熔点而提高流动性。

2) 不锈钢铸件易产生氧化斑疤、冷隔、表面皱皮和夹杂等缺陷。浇注温度一般应不低于1530℃，浇注系统截面积应比碳钢大30%。

3）不锈钢的导热性较低，一次晶粒粗大，易形成柱状晶、显微缩孔，并且偏析严重，应强化孕育处理。

4）不锈钢冷却过程中，温度分布不均匀，收缩大，易产生较大的热应力和裂纹，应加强补缩和增加砂型退让性。

5）浇注温度高，容易产生粘砂，应采用高耐火度的涂料。

3. 铸造耐热钢

耐热钢在高温下应具有抵抗空气或其他介质腐蚀的能力。为了使钢具有这种能力，可加入能形成牢固而稳定的氧化膜的合金元素，如铬、铝或硅。常用的耐热钢，其耐热温度在800℃以上的有高铬钢、铬镍钢、铬锰氮钢和铝锰钢等几种。

高铬钢中的铬含量是由使用温度来确定的。工作温度越高，氧化速度增长越快，钢中铬含量也要相应提高。在生产上常用的高铬钢有ZGCr29Si等。

铬镍钢在常温时，奥氏体是介稳定组织，温度在450℃以上时，会析出碳化物，破坏氧化膜，故不适于高温下使用。为了满足高温下使用的要求，必须提高镍含量，使奥氏体区进一步扩大，使它在高温下也稳定。这种钢有ZG30Cr20Ni10、ZG35Cr28Ni16和ZG40Cr25Ni20等。

4. 铸造低温钢

在造船工业和化学工业上，常常需要一些耐低温的钢种来制造机械零件。一般的碳钢和低合金钢在常温下具有比较好的冲击韧度，但当温度低于-40℃时，就会变脆。通常钢的冲击韧度的最低标准是20J/cm²，低于此标准即作为脆性材料。

根据合金元素对钢脆性转变温度的影响，锰和镍能降低低温脆性转变温度，因而可以提高钢的低温使用性能。在生产上使用的两低温钢有两种：一种是要求在较低的温度（-40℃）下使用而不变脆的钢，可以往钢中加入质量分数为1%~2%的镍或提高钢中锰的质量分数至1.5%~2.0%；另一种是要求在极低（一般要求低于-150℃）的温度下使用而不变脆的钢种，这种钢通常称为深冷钢。目前，作为深冷钢使用的主要是镍的质量分数为9%的合金钢。这种钢在-180℃的低温下，仍具有不低于29J/cm²的冲击韧度，完全能满足一般工作条件的要求。

12.4 铸钢熔炼质量控制

铸钢的熔炼方法主要包括碱性电弧炉氧化法炼钢、碱性电弧炉返回法炼钢、碱性电弧炉不氧化法炼钢、酸性电弧炉炼钢和感应电炉炼钢等。

12.4.1 碱性电弧炉氧化法炼钢工艺控制

氧化法炼钢工艺过程包括准备阶段、熔化期、氧化期、还原期和出钢。

1. 准备期的工艺控制

（1）炉衬的修补　炼钢过程中，炉衬材料受到高温炉渣和钢液的侵蚀破坏，每炉炼钢后需进行炉衬修补。碱性电弧炉的修补材料为镁砂（或烧结白云石），用卤水或沥青做黏结剂。修补方法以人工修补和机械喷补为主。

（2）配碳与硫、磷、残余元素控制　炉料的平均碳含量应满足氧化期脱碳要求，一般碳钢的碳的质量分数大于0.30%，重要碳钢的碳的质量分数大于0.40%，大修后第一炉的碳的质量分数大于0.50%，中修后第一炉的碳的质量分数大于0.40%。配碳计算公式如下：

$$C_{配} = C_{规定} + C_{熔损} + C_{氧脱} + C_{合金}$$

式中，$C_{规定}$为钢种规定的碳含量中值（质量分数,%）；$C_{熔损}$为熔化期烧损量（质量分数,%）；$C_{氧脱}$为氧化期脱碳量（质量分数,%）；$C_{合金}$为铁合金中的碳含量（质量分数,%）。

炼钢过程中，应注意硫、磷和残余元素的控制，硫、磷的质量分数应小于0.60%，残余元素（Cr、Ni、Mo、Cu）总的质量分数小于0.80%，并严格控制Sn和Pb含量。

（3）装料控制　装料时，从炉底至上表面一次加入石灰、钢屑、大块料、小块料及钢屑。增碳用石墨电极碎块装入炉底部，以减少损耗。

2. 熔化期的工艺控制

1）按照合理的供电制度作用，缩短熔炼时间。

2）在炉料熔化60%~70%时，吹氧助熔，吹氧管直径为3/4in或1in（1in=25.4mm），吹氧压力为0.5~0.8MPa。

3）熔化末期，加入小批矿石或氧化皮，加速脱磷，加入量为装料量的1%~3%。

3. 氧化期的工艺控制

（1）脱磷　脱磷的有利条件是高碱度、氧化性强和流动性好的炉渣，以及较低的温度。脱磷效果一般用磷的分配比来衡量，即炉渣中P_2O_5的质量分数与钢液中[P]的质量分数之比。当钢液温度为1550~1580℃，碱度$R=3$，$w(FeO)=14\%\sim18\%$，$w(CaO)/w(FeO)=2.5\sim3.0$时，流动性较好，磷的分配比高，脱磷效果显著。

（2）脱碳　脱碳造成钢液沸腾，清除钢液中的气体和夹杂，净化钢液，促进温度均匀和成分均匀。脱碳方法有吹氧脱碳、矿石脱碳、吹氧-矿石脱碳和吹氧-氧化皮脱碳。

1）吹氧脱碳工艺参数：脱碳温度 >1560℃；吹氧压力为 0.5 ~1.0MPa；氧耗量为 4 ~6m^3/t。

操作方法：吹氧管插入角度与水平线 30°，端部插入深度 50 ~300mm。

2）吹氧-矿石脱碳采用 Fe_3O_4 矿石，一般分 2 或 3 批加入。

4. 还原期的工艺控制

（1）造稀薄渣　渣料组成包括石灰、氟石及少量碎黏土砖块，其中石灰与氟石质量比为 3:1，黏土砖块的质量分数小于 10%（可不用）。

（2）预脱氧　在稀薄渣形成后，加入锰铁、硅铁、锰硅合金、铝块、硅钙合金等一种或多种合金进行初步脱氧。

（3）造还原渣脱氧　预脱氧后，在稀薄渣上加入白渣、弱电石渣或电石渣造还原渣脱氧。

（4）脱氧质量的检验　采用钢制圆杯形试样进行脱氧质量检验，见表 12-11。

表 12-11　采用钢制圆杯形试样进行脱氧质量检验

试样剖面图			
试样顶面特征	凹陷显著	凹陷不显著或不凹陷	突起
脱氧情况	良好	不良	很差

（5）脱硫　脱硫的有利条件：高温、高碱度、还原性炉渣、低黏度和一定量的炉渣。

1）碱度 R 约为 3。

2）还原性：白渣，$w(FeO) \leqslant 1.0\%$；电石渣，$w(FeO) \leqslant 0.5\%$。

3）渣量占钢液重量的 2.5% ~3.5%。

（6）终脱氧　采用铝或其他脱氧合金进行最后的脱氧。

12.4.2　碱性电弧炉返回法炼钢工艺控制

返回法炼钢属于氧化法冶炼工艺的一种，这种炼钢方法采取不换渣操作，即用一种炉渣完成冶炼全过程，主要用于高铬［$w(Cr) \geqslant 13\%$］的钢种。返回法也称为吹氧返回法或单渣法。

1. 配料控制

（1）铬含量　钢液中铬含量与碳含量有一定的平衡关系，即一定温度下，铬碳比有一个固定值。当吹氧终点的碳含量 $w(C) = 0.04 \sim 0.06\%$ 时，$w(Cr) = 8$

~12%。

（2）碳含量　为保证钢液净化，须有0.20%~0.40%的氧化脱碳量，配碳量一般高出钢种规定含量上限的0.10%~0.20%（质量分数）。

（3）磷含量　由于返回法不换渣，炼钢过程中不能有效脱磷，炉料中应严格控制磷含量，使之低于钢种规定值。

（4）硅含量　硅与氧的亲和力大于铬与氧的亲和力，炉料中加入硅有利于减少铬的烧损，同时，硅氧化放出大量热量，提高钢液温度，有利于降碳保铬，减少铬的熔炼损耗。

返回法配硅量一般按 $w(\mathrm{Cr})/w(\mathrm{Si})\approx 1$ 的配比。

2. 吹氧脱碳

提高炉温是脱碳保铬的重要条件，返回法炼钢一般采用高温、高压吹氧工艺。返回法冶炼高铬合金钢的开始吹氧脱碳温度见表12-12。

表12-12　返回法冶炼高铬合金钢的开始吹氧脱碳温度

吹氧前铬含量 $w(\mathrm{Cr})(\%)$	吹氧前碳含量 $w(\mathrm{C})\%$	$w(\mathrm{Cr})/w(\mathrm{C})$	开始吹氧温度 /℃
10	0.45	22	1520
10	0.35	29	1550
13	0.40	33	1600

3. 强力还原

为了回收炉渣中的金属铬，在预脱氧和白渣脱氧之间，补加微碳铬铁或低碳铬铁。

12.4.3　碱性电弧炉不氧化法炼钢工艺控制

不氧化法又称装入法，在这种炼钢方法中，不存在氧化期，炉料熔化完毕即开始还原。不氧化法适合于高合金钢。

1. 配料控制

不氧化法不存在氧化脱碳过程，各种元素的含量变化小，钢液的化学成分基本由炉料所决定，配料成了控制铸钢成分控制的关键。

（1）碳含量　配碳量为钢种规定含量减去炼钢还原过程中的增碳量，还原期增碳量一般为0.02%~0.04%（质量分数）。对于 $w(\mathrm{C})\geqslant 0.35\%$ 的钢，采用电石还原时，增碳量取上限。

（2）磷含量　不氧化法采用单一渣炼钢，脱磷效果差，炉料配磷量应减去铁合金加入的带入量。一般铁基带入磷的质量分数为0.005%。

（3）合金元素收得率　不氧化法合金元素收得率见表12-13。

表 12-13 不氧化法合金元素收得率

合金元素	Ni	Mo	W		Cr			Mn		Al
元素含量（质量分数，%）	—	—	≤2	>2	≤2	2~8	>8	≤1	>1	>1
收得率（%）	98	95	85~90	95	80	85	95	85	88~90	75~80

2. 净化钢液

不氧化法无氧化脱碳处理，净化能力差。当钢液中气体和夹杂物多时，可采取辅助净化措施，如石灰石沸腾净化、低压吹氧净化等。

12.4.4 酸性电弧炉炼钢工艺控制

1. 酸性电弧炉炼钢的工艺特点

酸性电弧炉采用酸性炉衬（硅砖、硅砂等），冶炼时造酸性炉渣。与碱性电弧炉炼钢相比，酸性电弧炉炼钢的优点：①钢液中气体和夹杂物较少；②钢液流动性好；③电能消耗较低；④炉衬材料价格较低。酸性电弧炉炼钢的缺点：①炼钢过程中不能脱硫、脱磷；②对炉料限制较严。

随着碱性电弧炉炼钢技术和炉外精炼技术的发展，“碱性电弧炉→炉外精炼→浇注”的工艺流程不但能极大地降低钢液中磷、硫含量，还可以获得比酸性电弧炉炼钢低得多的气体、夹杂物含量，钢液质量、生产率、生产成本比酸性电弧炉优越，因此，酸性电弧炉必将被淘汰。

2. 酸性电弧炉炼钢的工艺方案

酸性电弧炉炼钢工艺包括氧化法冶炼工艺、不氧化法冶炼工艺、硅还原法冶炼工艺等。

12.4.5 感应电炉炼钢工艺控制

1. 炼钢用感应电炉

炼钢用感应电炉是无芯感应电炉，按照供电频率分为高频感应电炉、中频感应电炉和工频感应电炉。

（1）高频感应电炉　高频感应电炉的供电频率一般为 200~300kHz，电炉容量为 10~60kg，主要用于科学研究。

（2）中频感应电炉　中频感应电炉的供电频率为 1000~2500Hz，电炉容量 50~10000kg，可用于炼钢的批量生产。

（3）工频感应电炉　工频感应电炉的供电频率为 50Hz，有些国家为 60Hz，电炉容量 100~10000kg，可用于炼钢的批量生产。

2. 感应电炉的炼钢工艺控制

（1）炉衬修筑　炼钢用感应电炉的炉衬分为碱性和酸性。酸性炉衬用硅砂做耐火材料，硼酸做黏结剂。碱性炉衬用镁砂做耐火材料，黏结剂用硼酸、水玻璃、黏土和氟石按一定比例配制而成。镁砂有冶金镁砂和电熔镁砂两种。

（2）酸性感应电炉炼钢工艺

1）酸性感应电炉炉衬耐火度低，难以承受氧化产生的高温，不适合氧化法炼钢。

2）酸性感应电炉冶炼时产生酸性炉渣，不能脱磷、脱硫，但可以采取短时间内造碱性渣和加入脱硫剂，利用感应电炉的电磁搅拌作用，实现脱磷、脱硫的快速完成。

3）酸性感应电炉不适合高锰钢，含铝、含钛合金钢的熔炼。

（3）碱性感应电炉炼钢工艺

1）碱性感应电炉炼钢可以脱磷、脱硫，一般采用不氧化法炼钢，必要时也可以采用氧化法吹氧脱碳处理。

2）感应电炉炼钢采用沉淀脱氧和扩散脱氧相结合工艺进行钢液的脱氧，常用扩散脱氧剂有炭粉、硅铁粉、硅钙粉和铝粉等。

3）碱性感应电炉适用于碳钢和各种合金钢。

12.4.6 铸造用钢炉外精炼工艺控制

钢的炉外精炼是把一般炼钢炉中要完成的脱硫、脱氧、去除非金属夹杂物、调整钢液成分和温度等转移到炉外钢包或者专用容器中进行，从而提高钢液的冶金质量和生产率。

1. 炉外精炼工艺种类

（1）钢液滴流真空除气法　该工艺包括钢包除气法（LD）、真空浇注法（VC）、倒包除气法（SLD），适合于大型铸锻件生产。

（2）电弧加热真空精炼　该工艺以日本式钢包精炼法[LF(V)]、瑞典式钢包精炼法（ASEA-SKF）、美国式电弧加热钢包脱气法（VAD）为代表，一般与电炉双联生产高合金钢和重要用途的特殊钢。该工艺生产条件灵活，可用于钢液保温，以满足多炉合浇大型铸钢、锻钢件的要求。

（3）真空吹氧脱碳精炼（VOD）和氩氧脱碳精炼（AOD）这两种工艺主要用于不锈钢、耐热钢和超低碳不锈钢的生产。

（4）真空循环除气法　该工艺以真空提升除气法（DH）、真空循环除气法（RH）为代表，适用于特殊钢和特殊铸钢的生产。

（5）钢包吹氩和喷射冶金法　该工艺以密封吹氩合金成分调整法（CAS）、硅钙喷吹精炼法（TN）和钢包喷粉法（SL）及喂丝技术为代表，可以达到脱氧、脱硫、去除夹杂物的目的。

2. 钢包精炼法工艺控制

(1) LF (V) 法的工艺控制　LF (V) 法是集电弧加热、氩气搅拌、炉渣精炼、真空除气于一体的钢包精炼法。

1) LF (V) 钢包精炼除气工艺。对于一般合金钢，LF (V) 法将氧化末期的钢液倒入LF炉，去掉氧化渣50%～90%，加入还原渣和脱氧剂，并在真空下进行真空除气和还原精炼。

2) LF (V) 真空碳脱氧工艺。对于电站、军工、航空灯产品用高质量钢，LF (V) 法采用还原气氛下白渣扩散脱氧及强搅拌工艺，在真空下进行碳脱氧，并进行真空浇注。

3) LF (V) 低硫工艺。在LF (V) 炉内脱硫还原性气氛条件下，利用高碱度渣及强烈的吹氩搅拌，通过多次渣精炼，达到降低硫含量的目的。

(2) 电磁搅拌ASEA-SKF法精炼工艺　其工艺工程与LF (V) 法相近，但是搅拌方法由吹氩搅拌改为电磁感应器搅拌。该工艺能显著降低氢、氧、夹杂物含量，促进化学成分的均匀性，缩短冶炼时间，提高合金收得率。但设备造价高，使用成本高，逐渐被LF (V) 所取代。

(3) 真空电弧加热除气精炼 (VAD) 工艺

1) 其低压电弧加热和真空除气是在一个固定位置的真空容器内完成的，不需要钢包转移装置。由于设备造价高，炉衬侵蚀严重，逐渐被LF (V) 所取代。

2) 经初炼的钢液加入VAD钢包，开始抽真空并电弧加热。当真空度达到26.6kPa时，加热停止。继续抽真空至133～266Pa时，由钢包底部通入氩气进行搅拌，并保持6～10min进行脱氢。然后在13.3～26.6Pa时，进行电弧加热和吹氩30～45min脱氧，加脱硫剂和铁合金时也需加热，直至钢液成分和温度合格为止。

3. 氩氧脱碳精炼 (AOD) 的工艺控制

氩氧脱碳精炼 (AOD) 技术优势和工艺性能在合金钢精炼领域具有独特的优势。

1) AOD法是一种从容器侧壁风口吹入被氩气或氮气稀释了的氧气，氧气高速吹入，钢液和炉渣充分混合，提高反应速度，使高铬钢5min内碳的质量分数降低至0.05%以下，而金属元素氧化损失很少，可用于生产低碳和超低碳不锈钢。

2) AOD法设备简单，操作方便，生产成本低。一般与电炉、转炉双联，也可与感应炉双联。

3) AOD法化学成分控制准确：碳的质量分数±0.005%，硅、锰的质量分数±0.04%。氧化期将碳的质量分数降至0.003%～0.004%，钢坯、锻坯碳的质量分数降至0.01%。与电炉钢相比，AOD精炼钢的氧含量下降19%～40%，氮含量降低16%~46%，氢含量降低37%~45%，硫化物和氧化物夹杂很少。

4. 真空氧脱碳精炼（VOD）工艺控制

真空氧脱碳（VOD）的工作原理是在真空条件下，从钢包上部吹入氧气，同时从钢包底部通过多孔透气塞吹入氩气搅拌钢液，降低 CO 分压，加速 C—O 反应，抑制铬的氧化烧损，进行脱碳精炼。该工艺主要用于生产低碳和超低碳不锈钢。其工艺过程特性如下：

1）增加炉料的配碳量（1.5%），有利于使用廉价的高碳铬铁，获得较高含量的铬。

2）真空度控制在133Pa 以下，并保持10~15min。

3）使用水冷氧枪时，氧枪应高于钢液面1000mm，吹氧压力0.8~1.0MPa；使用拉瓦尔喷枪吹氧时，氧枪位置可提升至1600mm。

4）调整成分和造渣。

5）在真空下进行还原，真空度应大于67Pa，保持一定时间后加铝粒进行终脱氧。

第 13 章　铸造非铁合金及其熔炼质量控制

以一种非铁金属元素为基本元素，再添加一种或几种其他元素所组成的合金称为非铁合金。习惯上，铸造非铁合金按其基本元素分为铸造铝合金、铸造铜合金、铸造镁合金、铸造锌合金等。

13.1　铸造铝合金的质量控制

铸造铝合金是在纯铝的基础上加入其他合金元素铸造而成的。铸造铝合金不仅能保持纯铝的基本性能，而且由于合金化及热处理的作用，使其具有良好的综合性能。近年来，铸造铝及铝合金获得了突飞猛进的发展，在工业上占有越来越重要的地位，大量用于军事工业、农业、轻工业、重工业和交通运输事业，也广泛用于建筑结构材料、家庭生活用具和体育用品等。

根据添加其他金属或非金属元素的不同，铸造铝合金分为铸造铝硅合金、铸造铝铜合金、铸造铝镁合金、铸造铝锌合金和铸造铝稀土合金五大类。

13.1.1　铸造铝硅合金的质量控制

铸造铝硅合金是一种以铝为基加入不同含量的硅而得到一类合金，硅的质量分数为4%～22%。铝硅合金具有优良的铸造性能，如流动性好，气密性好，收缩率小和热裂倾向小，经过变质和热处理之后，具有良好的力学性能、物理性能、耐蚀性和工艺性能，是铸造铝合金中品种最多，用途最广的一类合金。

1. 铸造铝硅合金的化学成分

铸造铝硅合金分为亚共晶型、共晶型和过共晶型。铸造铝硅合金的化学成分见表13-1。

表 13-1　铸造铝硅合金的化学成分

牌　号	代　号	主要元素(质量分数,%)				
		Si	Cu	Mg	Mn	Ti
ZAlSi7Mg	ZL101	6.5～7.5	—	0.25～0.45	—	—
ZAlSi7MgA	ZL101A	6.5～7.5	—	0.25～0.45	—	0.08～0.2
ZAlSi12	ZL102	10～13	—	—	—	—
YZAlSi12	YZL102	10～13	—	—	—	—
ZAlSi9Mg	ZL104	8～10.5	—	0.17～0.35	0.2～0.5	—

（续）

牌　号	代　号	主要元素（质量分数,%）				
		Si	Cu	Mg	Mn	Ti
YZAlSi10Mg	YZL104	8～10.5	—	0.17～0.35	0.2～0.5	—
ZAlSi5Cu1Mg	ZL105	4.5～5.5	1.0～1.5	0.4～0.6	—	—
ZAlSi5Cu1MgA	ZL105A	4.5～5.5	1.0～1.5	0.4～0.6	—	—
ZAlSi8Cu1Mg	ZL106	7.5～8.5	1.0～1.5	0.3～0.5	0.3～0.5	0.1～0.25
ZAlSi7Cu4	ZL107	6.5～7.5	3.5～4.5	—	—	—
ZAlSi12Cu2Mg1	ZL108	11～13	1～2	0.4～1.0	0.3～0.9	—
YZAlSi12Cu2	YZL108	11～13	1～2	0.4～1.0	0.3～0.9	—
ZAlSi12Cu1Mg1Ni1	ZL109	11～13	0.5～1.5	0.8～1.3	—	—
ZAlSi5Cu6Mg	ZL110	4～6	5～8	0.2～0.5	—	—
ZAlSi9Cu2Mg	ZL111	8～10	1.3～1.8	0.4～0.6	0.1～0.35	0.1～0.35
YZAlSi9Cu4	YZL112	7.5～9.5	3～4	—	—	—
YZAlSi11Cu3	YZL113	9.6～12	1.5～3.5	—	—	—
ZAlSi7Mg1A	ZL114A	6.5～7.5	—	0.45～0.6	—	0.1～0.2
ZAlSi5Zn1Mg	ZL115	4.8～6.2	—	0.4～0.65	—	—
ZAlSi8MgBe	ZL116	6.5～8.5	—	0.35～0.55	—	0.1～0.3
ZAlSi20Cu2Re	ZL117	19～22	1～2	0.4～0.8	0.3～0.5	—
YZAlSi17Cu5Mg	YZL117	16～18	4～5	0.45～0.65	—	—

2. 铸造铝硅合金的性能特点及其应用范围

对于砂型铸造和金属型铸造铝硅合金，力学性能采用 ϕ12mm 的单铸试样进行检测，压力铸造和熔模铸造采用 ϕ6mm 单铸试样进行检测。铸造铝硅合金单铸试样的力学性能见表 13-2。铸造铝硅合金的特点及其适用范围见表 13-3。

表 13-2　铸造铝硅合金单铸试样的力学性能

牌　号	代　号	铸造方法	热处理状态	抗拉强度 R_m/MPa	断后伸长率 A(%)	硬度 HBW
ZAlSi7Mg	Z101	S、R、J、K	F	155	2	50
		S、R、K	T4	175	4	50
		SB、RB、KB	T6	225	1	70
ZAlSi7MgA	Z101A	S、R、K	T4	195	5	60
		S、R、K	T5	235	4	70
		SB、RB、KB	T6	275	2	80
ZAlSi12	Z102	SB、RB、KB	F	145	4	50
		J	F	155	2	50

（续）

牌　号	代　号	铸造方法	热处理状态	抗拉强度 R_m/MPa	断后伸长率 A(%)	硬度 HBW
ZAlSi9Mg	Z104	S、R、K	F	145	2	50
		J	F	195	1.5	65
ZAlSi5Cu1Mg	Z105	S、R、J、K	T1	155	0.5	65
		S、R、K	T6	225	0.5	70
ZAlSi8Cu1Mg	Z106	SB	F	175	1	70
		JB	T1	195	1.5	70
		SB	T6	245	1	80
		JB	T6	265	2	70
ZAlSi7Cu4	Z107	SB	F	165	2	65
		SB	T6	245	2	90
ZAlSi12Cu1Mg1	Z108	J	T1	195	—	85
		J	T6	255	—	90
ZAlSi12Cu1Mg1Ni1	Z109	J	T1	195	0.5	90
		J	T6	245	—	100
ZAlSi5Cu6Mg	Z110	S	F	125	—	80
		S	T1	145	—	80
ZAlSi9Cu2Mg	Z111	J	F	205	1.5	80
		SB	T6	255	1.5	90
		J、JB	T6	315	2	100
ZAlSi7Mg1A	Z114A	SB	T5	290	2	85
		J、JB	T5	310	3	90
ZAlSi5Zn1Mg	Z115	S	T4	225	4	70
		J	T4	275	6	80
ZAlSi8MgBe	Z116	S	T4	255	4	70
		J	T4	275	6	80

注：铸造方法中，S表示砂型铸造，J表示金属型铸造，R表示熔模铸造，K表示壳型铸造，B表示经变质处理。

表 13-3　铸造铝硅合金的特点及其适用范围

代号	特　点	适用范围
ZL101	具有较好的气密性、流动性、抗热裂性能，中等的力学性能、焊接性和耐蚀性，成分简单，适合于各种铸造方法	飞机、汽车、船舶等壳类部件
ZL101A	杂质含量低，更高的力学性能，更好的铸造性能和焊接性	

（续）

代号	特　点	适用范围
ZL102	具有最好的抗热裂性能、气密性和铸造性能	仪表壳类零件等
ZL104	具有较好的气密性、流动性、抗热裂性能，强度高，耐蚀性、焊接性和切削性能良好，但耐热性能差	缸体、缸盖等
ZL105	力学性能、铸造性能、焊接性较好，塑性、耐蚀性不高	缸体、缸盖等
ZL106	中等力学性能，流动性、抗热裂性能良好，适合于砂型和金属型铸造	泵、阀类静载荷零件
ZL107	力学性能高，流动性、气密性和抗热裂性能良好，适合于砂型和金属型铸造	箱体零件
ZL108	铸造性能好，强度高，流动性、气密性、高温性能和抗热裂性能好，适合于金属型铸造	活塞、滑轮等
ZL109	铸造性能好，强度高，极好的流动性、气密性、高温强度和抗热裂性能，低温膨胀性能好，适合于金属型铸造	活塞、滑轮等
ZL110	中等力学性能，耐热性能好，密度大，膨胀系数高，适合于砂型和金属型铸造	活塞、油嘴、液压泵等零件
ZL111	高强度，很好的气密性、抗热裂性能，流动性极好，适合于砂型、金属型和压力铸造	飞机、导弹等高负载零件
ZL113	极好的流动性，很好的气密性和抗热裂性能，适合于压铸	活塞、气缸头等
ZL114A	强度高、韧性好，铸造性良好，气密性和抗热裂性能好，适合于各种铸造方法	飞机、导弹仓等优质铸件
ZL115	较高的强度、硬度和塑性，适合于砂型、金属型铸造	飞机挂架、转子叶片和高压阀门等
ZL116	属于高强度铝合金，具有很好的流动性、气密性和抗热裂性能	飞机挂架、转子叶片和高压阀门等
ZL117	过共晶铝合金，具有很好的耐磨性，低热膨胀性能和高温性能，适合于金属型铸造	活塞、制动块带轮、泵等零件

3. 铸造铝硅合金的组织特征

铸造铝硅合金的显微组织随着合金成分、铸造方法、热处理状态的不同有很大的区别。铸造铝硅合金的典型显微组织特征见表13-4。

表13-4　铸造铝硅合金的典型显微组织特征

代号	显微组织
ZL101	铸态显微组织由 α-Al 固溶体和 α + Si 共晶体所组成，经钠变质处理后，初生 α 相呈树枝晶状，共晶体中的 Si 呈细小圆形质点

（续）

代号	显微组织
ZL102	α-Al 和 α + Si 共晶体，共晶体呈点状和针状，还有少量块状初生 Si 和 β($Al_9Fe_2Si_2$)相
ZL104	α-Al 和 α + Si 共晶体，共晶体中呈点状和针状
ZL105 ZL105A	α-Al 和 α + Si 共晶体，共晶体呈深灰色片状，Al_2Cu 呈黑色花纹状或粒状，W($Al_xCu_4Mg_5Si_4$)呈灰色
ZL106	α-Al 和 α + Si 共晶体，α-Al 含 Mn，稳定性增加，共晶体呈灰色针片状，还有 Mg_2Si 和 Al_2Cu 及少量的 W($Al_xCu_4Mg_5Si_4$)
ZL107	α-Al 和 α + Si 共晶体，共晶体呈灰色针片状，Al_2Cu 完全溶入 α-Al
ZL108	α-Al 和 α + Si 共晶体，共晶体呈灰色针片状，Al_2Cu 呈灰白色，Mg_2Si 呈黑色骨骼状
ZL109	α-Al 和 α + Si 共晶体，共晶体呈灰色针片状，AlFeMgSiNi 呈浅灰色骨骼状，Mg_2Si 呈黑色骨骼状
ZL110	α-Al 和 α + Si 共晶体，共晶体呈灰色针片状，Al_2Cu 呈灰白色，Mg_2Si 呈黑色骨骼状
ZL111	α-Al 和 α + Si 共晶体，共晶体呈灰色针片状，W($Al_xCu_4Mg_5Si_4$)呈灰色，AlFeMgSiNi 呈浅灰色骨骼状，Mg_2Si 呈黑色骨骼状，还有 Al_3Ti、$Al_6FeMg_3Si_6$
ZL114A	α-Al 和 α + Si 共晶体，共晶体呈灰色针片状，还有 Mg_2Si(呈黑色骨骼状)和 Al_3Ti，固溶处理后溶入 α-Al 相
ZL116	α-Al 和 α + Si 共晶体，共晶体呈灰色针片状，Be-Fe 呈黑色，还有 Mg_2Si(呈黑色骨骼状)和 Al_3Ti
ZL117	α-Al 和 α + Si 共晶体，共晶体呈灰色针片状，还有初晶 Si、$Cu_2Mg_8Si_6Al_5$、$Al_7(MnFeSi)_3$、$Al_2(SiCu)_2RE$ 和 Al_2Cu

4. 铸造铝硅合金的铸造工艺

铸造铝硅合金的铸造工艺性能见表 13-5。铸造铝硅合金的适用铸造方法见表 13-6。

表 13-5　铸造铝硅合金铸造工艺性能

代号	收缩率（%）		流动性/mm		抗热裂性		气密性	
	线收缩	体收缩	700℃	750℃	浇注温度/℃	裂环宽度/mm	试验压力/MPa	试验结果
ZL101	1.1～1.2	3.7～3.9	350	385	713	无裂纹	5.0	裂而不漏
ZL101A	1.1～1.2	3.7～3.9	350	385	713	无裂纹	5.0	裂而不漏
ZL102	0.9～1.0	3.0～3.5	420	400	677	无裂纹	16.8	裂而不漏
ZL104	1.0～1.1	3.2～3.4	360	395	698	无裂纹	10.3	裂而不漏
ZL105	1.15～1.2	4.5～4.9	344	375	723	7.5	12.3	裂而不漏
ZL105A	1.15～1.2	4.5～4.9	344	375	723	7.5	12.3	裂而不漏
ZL106	1.2～1.3	6.2～6.5	360	400	730	12	6.0	漏水

表 13-6 铸造铝硅合金的适用铸造方法

代号	适合的铸造方法			抗热裂性	气密性	流动性	缩松倾向
	S	J	Y				
ZL101	✓	✓	×	优	优	优	良
ZL102	✓	✓	×	优	良	优	良
ZL104	✓	✓	✓	优	优	优	优
ZL105	✓	✓	×	优	优	优	优
ZL106	✓	✓	×	优	优	优	优
ZL107	✓	✓	×	良	良	良	良
ZL108	×	✓	✓	良	良	优	中
ZL109	×	✓	×	良	良	优	中
ZL111	✓	✓	×	良	良	优	中
ZL114A	✓	✓	×	优	优	优	优
ZL115	✓	✓	×	良	良	优	良
ZL116	✓	✓	×	优	优	优	优
ZL117	×	×	✓	中	中	优	中

注:"✓"表示适合于某种铸造,"×"表示不适合。

5. 铸造铝硅合金的热处理

热处理是铸造铝硅合金提高性能的重要途径。铝硅合金的常用热处理工艺见表 13-7。

表 13-7 铸造铝硅合金的常用热处理工艺

类别	代号	用途
人工时效	T1	对砂型、金属型铸件进行人工时效,消除过度固溶,提高强度、硬度,改善切削性能
退火	T2	消除铸造应力,提高尺寸稳定性和塑性
固溶处理加自然时效	T4	通过加热、保温和快速冷却实现固溶强化,提高合金的强度、塑性和常温耐蚀性
固溶处理加不完全人工时效	T5	固溶处理后低温、短时间人工时效,进一步提高合金的强度和硬度
固溶处理加完全人工时效	T6	固溶处理后高温、较长时间人工时效,抗拉强度最高,但塑性下降
固溶处理加稳定化处理	T7	固溶处理后在接近工作温度下时效处理,提高铸件组织、尺寸稳定性和耐蚀性
固溶处理加软化处理	T8	固溶处理后高于稳定化温度人工时效处理,获得高塑性和尺寸稳定性
冷热循环处理	T9	充分消除内应力及稳定尺寸,用于高精度铸件
铸造状态	F	

13.1.2 铸造铝铜合金的质量控制

铸造铝铜合金的主要强化相 CuAl，它本身有较强的时效硬化能力和热稳定性。因此，铸造铝铜合金适合在高温下工作，同时也有较高的室温强度。其缺点是铸造工艺性及耐蚀性较差。

1. 铸造铝铜合金的化学成分

铸造铝铜合金的主要合金元素是 Cu，而 Si 和 Fe 是杂质元素。Cu 能显著提高铝合金的室温和高温强度，改善机械加工性能，但铸造性能较差，特别是当 $w(\mathrm{Cu})$ 为 4% ~5% 时存在较大的热裂倾向。铸造铝铜合金的耐蚀性较差，存在晶间腐蚀和应力腐蚀，通过时效处理能改善其耐蚀性。

为了改善铸造铝铜合金的性能，除了 Cu 以外，有时加入 Mn、Ti、Mg 等其他合金元素，形成了不同的铸造铝铜合金牌号。铸造铝铜合金的化学成分见表 13-8。

表 13-8 铸造铝铜合金的化学成分

牌号	代号	主要元素(质量分数,%)							
		Si	Cu	Mg	Mn	Ti	RE	其他元素	Al
ZAlCu5Mn	ZL201	—	4.5 ~ 5.3	—	0.6 ~ 1.0	0.15 ~ 0.35	—		余量
ZAlCu5MnA	ZL201A	—	4.8 ~ 5.3	—	0.6 ~ 1.0	0.15 ~ 0.35	—	—	余量
ZAlCu10	ZL202	—	9.0 ~ 11.0	—	—	—	—	—	余量
ZAlCu4	ZL203	—	4.0 ~ 5.0	—	—	—	—	—	余量
ZAlCu5MnCdA	ZL204A	—	4.6 ~ 5.3	—	0.6 ~ 0.9	0.15 ~ 0.35	—	Cd 0.15 ~0.25	余量
ZAlCu5MnCdVA	ZL205A	—	4.6 ~ 5.3	—	0.3 ~ 0.5	0.15 ~ 0.35	—	Cd 0.15 ~0.25 V 0.05 ~0.3 Zr 0.05 ~0.2 B 0.005 ~0.06	余量
ZAlCu8RE2MnZr	ZL206	—	7.6 ~ 8.4	—	0.7 ~ 1.1	—	1.5 ~ 2.3	Zr 0.10 ~0.25	余量
ZAlRE5Cu3Si2	ZL207	1.6 ~ 2.0	3.0 ~ 4.0	0.15 ~ 0.25	0.9 ~ 1.2	—	4.4 ~ 5.0	Ni 0.2 ~0.3 Zr 0.15 ~0.25	余量
ZAlCu5Ni2CoZr	ZL208		4.5 ~ 5.5		0.2 ~ 0.3	0.15 ~ 0.25	—	Ni 1.3 ~1.8 Zr 0.1 ~0.3 Co 0.1 ~0.4 Sb 0.1 ~0.4	余量

（续）

牌号	代号	主要元素(质量分数,%)							
		Si	Cu	Mg	Mn	Ti	RE	其他元素	Al
ZAlCu5MnCdVRE	ZL209	—	4.6 ~ 5.3	—	0.3 ~ 0.5	0.15 ~ 0.35	≤0.15	Cd 0.15 ~ 0.25 V 0.05 ~ 0.3 Zr 0.05 ~ 0.2 B 0.005 ~ 0.06	余量

2. 铸造铝铜合金的主要性能要求

铸造铝铜合金的物理性能见表13-9，其力学性能见表13-10。

表13-9　铸造铝铜合金的物理性能

代号	热处理状态	熔化温度范围/°C	热导率/[W/(m·°C)]				电阻率 $/10^{-6}\Omega\cdot m$	电导率(%IACS)
			25°C	100°C	200°C	300°C		
ZL201	T4	548 ~ 650	113.0	121.4	134.0	146.5	0.0595	—
ZL201A	T5	548 ~ 650	—	127.7	148.6	171.7	—	—
ZL203	T6	548 ~ 650	154.9	163.3	171.7	175.9	0.0433	35
ZL204A	T6	544 ~ 633	—	—	—	—	—	—
ZL205A	T5 T6 T7	544 ~ 633	105 113 117	117 121 130	130 138 151	142 155 168	— — —	25
ZL206	T7	542 ~ 631	154.9	—	—	196.8	0.0649	—
ZL207	T1		96.3	—	—	113	0.053	—
ZL209	T6	544 ~ 633	113	—	—	—	—	25

表13-10　铸造铝铜合金的力学性能

牌　号	代　号	铸造方法	热处理状态	力学性能		
				抗拉强度 R_m/MPa ≥	断后伸长率 A(%) ≥	硬度 HBW ≥
ZAlCu5Mn	ZL201	S、J、R、K	T4	290	8	70
		S、J、R、K	T5	330	4	90
		S	T7	310	2	80
ZAlCu5MnA	ZL201A	S、J、R、K	T5	390	8	100
ZAlCu10	ZL202	S、J	F	105	—	50
		S、J	T6	165	—	100

（续）

牌　号	代　号	铸造方法	热处理状态	力学性能		
				抗拉强度 R_m/MPa ≥	断后伸长率 A（%）≥	硬度 HBW ≥
ZAlCu4	ZL203	S、R、K	T4	190	6	60
		J	T4	200	6	60
		S、R、K	T5	210	3	70
		J	T5	220	3	70
ZAlCu5MnCdA	ZL204A	S	T6	435	4	100
ZAlCu5MnCdVA	ZL205A	S	T5	435	7	120
		S	T6	465	3	140
		S	T7	455	2	130
ZAlRE5Cu3Si2	ZL207	S	T1	165	—	75
		J	T1	175	—	75

3. 铸造铝铜合金的组织特征

铸造铝铜合金的典型显微组织特征见表13-11。

表13-11　铸造铝铜合金的典型显微组织特征

代　号	显微组织
ZL201	α固溶体、白色花纹状的θ相(Al_2Cu)、初生的黑色片状或枝叉状T相($Al_{12}Mn_2Cu$)。固溶处理时θ相溶入α固溶体,T相仍存在于枝晶间
ZL202	α固溶体、白色花纹状的θ相(Al_2Cu)、初生的黑色片状或枝叉状T相($Al_{12}Mn_2Cu$)、$TiAl_3$和Cd。固溶处理时,θ相和Cd相溶入α固溶体,T相和$TiAl_3$不溶解,仍存在于枝晶间
ZL203	α固溶体、白色花纹状的θ相(Al_2Cu)、N相(Al_7Cu_2Fe)
ZL204A	α固溶体、白色花纹状的θ相(Al_2Cu)、初生的黑色片状或枝叉状T相($Al_{12}Mn_2Cu$)、Al_3Ti和Cd
ZL205A	α固溶体、白色花纹状的θ相(Al_2Cu)、初生的黑色片状或枝叉状T相($Al_{12}Mn_2Cu$)、Al_3Ti、Cd、Al_3Zr、Al_7V、TiB_2
ZL206	α固溶体、白色花纹状的θ相(Al_2Cu),初晶界上骨骼状化合物是Al_3CuCe、Al_8Cu_4Ce和$Al_{24}Cu_8Ce_3Mn$,棕黑色条块状为$Al_{12}Cu_4Mn_2Ce$。固溶处理时析出二次T_{Mn}($Al_{20}Cu_2Mn_3$)相质点,起到强化作用
ZL207	α固溶体、白色花纹状的θ相(Al_2Cu),含Ce、Cu、Si和少量的Ni和Fe的针状化合物
ZL208	α固溶体、白色花纹状的θ相(Al_2Cu)、$Al_3(CuNi)_2$、Al_4(NiCoCuFeMn)
ZL209	α固溶体、白色花纹状的θ相(Al_2Cu)、T相($Al_{12}Mn_2Cu$)

4. 铸造铝铜合金的铸造工艺

铸造铝铜合金的铸造工艺性能见表 13-12。铸造铝铜合金的铸造方法及其特点见表 13-13。

表 13-12 铸造铝铜合金的铸造工艺性能

代号	收缩率（%）		流动性/mm		抗热裂性		气密性	
	线收缩率	体收缩率	700℃	750℃	浇注温度/℃	裂环宽度/mm	试验压力/MPa	试验结果
ZL201	1.3	—	165	—	710	37.5	6.0	漏水
ZL201A	1.3	—	165	—	710	37.5	—	—
ZL202	1.25～1.35	6.3～6.9	240	260	720	14.5	8.5	裂而不漏
ZL203	1.35～1.45	6.5～6.8	163	190	746	35	10.0	漏水
ZL204A	1.3	—	155	—	710	37.5	—	—
ZL205A	1.3	—	245	—	710	25	—	—
ZL206	1.1～1.2	—	285	—	710	25～27.5	—	—
ZL207	1.2	—	360	—	700	不开裂	—	—

表 13-13 铸造铝铜合金的铸造方法及其特点

代 号	适合于铸造方法		抗热裂性	气密性	流动性	凝固疏松倾向
	S	J				
ZL201	✓	×	中	中	中	中
ZL201A	✓	×	中	中	中	中
ZL202	✓	✓	良	良	良	良
ZL203	✓	×	中	中	中	中
ZL204A	✓	×	中	中	中	中
ZL205A	✓	×	中	中	中	中
ZL206	✓	✓	中	中	中	中
ZL207	✓	✓	良	良	良	良
ZL208	✓	✓	中	中	中	中
ZL209	✓	×	中	中	中	中

注：“✓”表示适合于某种铸造，“×”表示不适合。

13.1.3 其他铸造铝合金的质量控制

铸造铝镁合金主要有：ZL301、ZL303 和 ZL305。这类合金的主要优点是由于 Mg 的加入而具有优良的力学性能，高的强度、好的延展性和韧性，耐蚀性好和切削加工性能好。其主要缺点是铸造性能不好，特别是熔炼时容易氧化和形成氧化夹渣，需要采用特殊的熔炼工艺。此外，这类合金有自然时效倾向，即自然停放时，随着时间的增长，强度提高，但伸长率下降。

铸造铝锌合金主要有ZL401和ZL402。这类合金的主要优点是有很好的室温性能，好的强度和韧性，而且不需热处理便可获得较好的力学性能。其主要缺点是铸造性能和耐蚀性差，密度大，高温性较差，因而使其应用范围受到了很大的限制。

1. 铸造铝镁合金和铸造铝锌合金的化学成分（见表13-14）

表13-14　铸造铝镁合金和铸造铝锌合金的化学成分

牌号	代号	主要元素（质量分数,%）						
		Si	Mg	Zn	Mn	Ti	其他	Al
ZAlMg10	ZL301	—	9.5~11.0	—	—	—	—	余量
ZAlMg5Si1	ZL303	0.8~1.3	4.5~5.5	—	0.1~0.4	—	—	余量
ZAlMg8Zn1	ZL305	—	7.5~9.0	1.0~1.5	—	0.1~0.2	Be 0.03~0.1	余量
ZAlZn11Si7	ZL401	6.0~8.0	0.1~0.3	9.0~13.0	—	—	—	余量
ZAlZn6Mg	ZL402	—	0.5~0.65	5.0~6.5	—	0.15~0.25	Cr 0.4~0.6	余量

2. 铸造铝镁合金和铸造铝锌合金的主要性能要求

铸造铝镁合金和铸造铝锌合金的物理性能见表13-15。铸造铝镁合金和铸造铝锌合金的力学性能见表13-16。

表13-15　铸造铝镁合金和铸造铝锌合金的物理性能

代　号	大致熔化温度范围/°C	热导率/[W/(m·°C)]					电阻率 /$10^{-6}\Omega\cdot m$	电导率 (%IACS)
		25°C	100°C	200°C	300°C	400°C		
ZL301	452~604	92.1	96.3	100.5	108.9	113.0	0.0912	21
ZL303	550~650	125.6	129.8	134.0	138.2	138.2	0.0643	—
ZL401	545~576	—	—	—	—	—	—	—
ZL402	570~615	138	—	—	—	—	0.0493	40

表13-16　铸造铝镁合金和铸造铝锌合金的力学性能

牌　号	代　号	铸造方法	热处理状态	力学性能		
				抗拉强度 R_m/MPa ≥	断后伸长率 A（%）≥	硬度 HBW ≥
ZAlMg10	ZL301	S、J、R	T4	280	9	60
ZAlMg5Si1	ZL303	S、J、R、K	F	145	1	55

(续)

牌　号	代　号	铸造方法	热处理状态	力学性能		
				抗拉强度 R_m/MPa ≥	断后伸长率 A（%） ≥	硬度 HBW ≥
ZAlMg8Zn1	ZL305	S	T4	290	8	90
ZAlZn11Si7	ZL401	S、R、K	T1	190	2	80
		J	T1	240	1.5	90
ZAlZn6Mg	ZL402	J	T1	230	4	70
		S	T1	220	4	65

3. 铸造铝镁合金和铸造铝锌合金的组织特征

（1）ZL301 的显微组织　ZL301 的主要合金是 Mg，其质量分数为 9.5% ~ 11.0%。铸态组织为 α 固溶体和 β 相（Al_8Mg_5）。Mg 在 Al 中的固溶度比较高，产生固溶强化作用。该合金在海水中有良好的耐蚀性，但在硝酸中不具备耐蚀能力。

（2）ZL401 的显微组织　ZL401 的主要合金是 Zn，主要成分（质量分数）为 Zn9.0% ~ 13.0%、Si6.0% ~ 8.0%、Mg0.1% ~ 0.3%，其余为铝。Zn 在 Al 中的固溶度很高，在共晶温度（382℃）时达到 84%，铸态时 Zn 过饱和地固溶到 α 固溶体中，时效时 Zn 相以弥散质点析出产生固溶强化作用，提高室温强度，但高温强度低，耐蚀性差。加入 Si 可以提高铝锌合金的耐蚀性，并与加入的 Mg 一起形成 Mg_2Si 相，起强化作用。因此，ZL401 铸态下的显著组成为：α 固溶体、Si 相和 Mg_2Si。当有杂质 Fe 存在时，形成 β 相（$Al_9Fe_2Si_2$）。

4. 铸造铝镁合金和铸造铝锌合金的铸造工艺

铸造铝镁合金和铸造铝锌合金的铸造方法主要是采用砂型铸造（S）、压力铸造（Y）和金属型铸造（J）。铝镁合金和铝锌合金的铸造工艺性能见表 13-17。铸造铝镁合金和铸造铝锌合金的铸造方法及其特点见表 13-18。

表 13-17　铸造铝镁合金和铸造铝锌合金的铸造工艺性能

代　号	收缩率（%）		流动性/mm	抗热裂性		气密性	
	线收缩	体收缩	700℃	浇注温度/℃	裂环宽度/mm	试验压力/MPa	试验结果
ZL301	1.30 ~ 1.35	4.8 ~ 5.0	325	755	22.5	7.0	漏水
ZL303	1.25 ~ 1.30	—	300	720	16	10.0	裂而不漏
ZL401	1.2 ~ 1.4	4.0 ~ 4.5	—	—	—	—	—

表 13-18　铸造铝镁合金和铸造铝锌合金的铸造方法及其特点

代　号	适合于铸造方法			抗热裂性	气密性	流动性
	S	J	Y			
ZL301	✓	✓	×	中	较差	中
ZL303	✓	✓	✓	中	较差	中
ZL305	✓	×	×	中	较差	中
ZL401	✓	✓	✓	良	较差	良
ZL402	✓	✓	×	中	较差	良

注：“✓”表示适合于某种铸造，“×”表示不适合。

13.2　铸造铜合金的质量控制

铜及铜合金按其化学成分可分为纯铜、青铜、黄铜和白铜四类，在铸造方面，主要是铸造青铜和铸造黄铜两种。

13.2.1　铸造青铜的质量控制

按化学成分，铸造青铜主要有铸造锡青铜和铸造无锡青铜，铸造无锡青铜有铸造铝青铜、铸造铅青铜、铸造铍青铜、铸造硅青铜、铸造锰青铜和铸造铬青铜等。其中以铸造铝青铜和铸造铅青铜应用较多。

1. 铸造锡青铜的质量控制

铸造锡青铜是一种锡的质量分数为3%～11%的合金，为了改善性能，常常加入一些Zn、Pb、Ni和P等合金元素。

（1）铸造锡青铜的化学成分（见表13-19）

表 13-19　铸造锡青铜的化学成分

序号	牌　号	主要化学成分（质量分数,%）					
		Sn	Zn	Pb	P	Ni	Cu
1	ZCuSn3Zn8Pb6Ni1	2.0～4.0	6.0～9.0	4.0～7.0	—	0.5～1.5	余量
2	ZCuSn3Zn11Pb4	2.0～4.0	9.0～13.0	3.0～6.0	—	—	余量
3	ZCuSn5Pb5Zn5	4.0～6.0	4.0～6.0	4.0～6.0	—	—	余量
4	ZCuSn6Zn6Pb3	5.0～7.0	5.0～7.0	2.0～4.0	—	—	余量
5	ZCuSn8Zn4	7.0～9.0	4.0～6.0	—	—	—	余量
6	ZCuSn10P1	9.0～11.5	—	—	0.5～1.0	—	余量
7	ZCuSn10Zn2	9.0～11.0	1.0～3.0	—	—	—	余量
8	ZCuSn10Pb5	9.0～11.0	—	4.0～6.0	—	—	余量

（2）铸造锡青铜的性能特点　铸造锡青铜最主要的特点是耐蚀、耐磨、弹性好和铸件的体积收缩率很小。

Cu-Sn 合金的结晶温度间隔大，流动性差，加之锡原子在钢中扩散慢，故容易形成树枝状偏析和分散的显微缩孔，因而铸件致密性差，在高水压下容易渗漏，不适于铸造密度和气密性要求高的零件。但锡青铜有一个很突出的优点，即线收缩率很小，热裂倾向小，能铸造形状复杂、由薄壁突然过渡到厚壁的零件；而且尺寸精确，纹络清晰，可用于艺术品的铸造。

铸造锡青铜表面生成由 Cu_2O 及 $CuCO_3$、Cu（OH）$_2$ 构成的致密薄膜，在大气、海水、碱性溶液和其他无机盐类溶液中有极高的耐蚀性。因此，那些暴露在海水、海风和其他盐类中的船舶和矿山机械零件，广泛采用铸造锡青铜制造。不过，铸造锡青铜在酸性溶液中会被剧烈腐蚀。

（3）铸造锡青铜的铸造质量控制　铸造锡青铜的结晶温度范围宽，呈糊状凝固，补缩困难，容易产生枝晶偏析和分散的微观缩孔。该合金具有较小的体积收缩率，只要放置较小的冒口即可铸出壁厚不均而形状复杂的铸件。但是，由于容易产生缩松，故不易得到组织致密的铸件。工艺设计时，应适当增加浇注压头，提高组织致密性。

铸造锡青铜在一般铸造条件下，容易产生逆偏析，使铸件成分不均匀，内部形成许多小孔洞，降低铸件的力学性能和气密性。

铸造锡青铜的吸气倾向大，特别是锡磷青铜，常常在浇冒口等最后凝固部位发生铜液“上涨”现象。在设计铸型时，应充分考虑铸型的排气。

2. 铸造铝青铜的质量控制

铸造铝青铜是20世纪开发出来的一种材料成本相对较低，强度和耐蚀性良好的新型铜合金，尤其是铸造镍铝青铜和铸造高锰铝青铜，同时具有强度高和耐蚀性好的优点，是生产大型零件的重要材料。

（1）铸造铝青铜的化学成分（见表13-20）

表13-20　铸造铝青铜的化学成分

牌　号	主要化学成分（质量分数，%）						
	Al	Fe	Mn	Ni	Sn	Zn	Cu
ZCuAl7Mn13Zn4Fe3Sn1	6.5～7.5	2.5～3.5	11.0～14.0	—	0.4～0.8	3.0～6.0	余量
ZCuAl8Mn13Fe3	7.0～9.0	2.0～4.0	12.0～14.5	—	—	—	余量
ZCuAl8Mn13Fe3Ni2	7.0～8.5	2.5～4.0	11.5～14.0	1.8～2.5	—	—	余量
ZCuAl9Mn2	8.0～10.0	—	1.5～2.5	—	—	—	余量
ZCuAl9Fe4Ni4Mn2	8.5～10.0	4.0～5.0	0.8～2.5	4.0～5.0	—	—	余量
ZCuAl10Fe3	8.5～11.0	2.0～4.0	—	—	—	—	余量

（续）

牌　号	主要化学成分（质量分数,%）						
	Al	Fe	Mn	Ni	Sn	Zn	Cu
ZCuAl10Fe3Mn2	9.0~11.0	2.0~4.0	1.0~2.0	—	—	—	余量
ZCuAl10Fe4Ni4	9.5~11.0	3.5~5.5	—	3.5~5.5	—	—	余量

（2）铸造铝青铜的性能特点

1）铸造铝青铜在各种大气气氛中均有良好的耐蚀性，在中度含 SO_2 的空气污染环境中具有较好的耐蚀性。

2）铸造铝青铜对于淡水、酸性矿井水和海水均具有良好的耐蚀性。

3）铸造铝青铜对于无机酸（如盐酸、硫酸和氢氟酸）具有较好的耐蚀性，对碱性溶液虽然没有对酸性溶液的耐蚀性，但仍具有一定耐蚀性。

4）铸造铝青铜具有很高的强度性能，其抗拉强度达到550~720MPa，断后伸长率为5%~20%，硬度为85~170HBW。

（3）铸造铝青铜的显微组织特点　常用的铸造铝青铜是在二元铝青铜的基础上，添加了一定数量的锰、铁、镍、锌和锡等元素而形成的多元铝青铜，组织比较复杂。

镍提高铸造铝青铜的共析转变温度，还能形成 κ 相，强化合金并改善耐蚀性。铁能使组织细化，当镍铁质量比等于0.9~1.1时，合金的性能最佳，κ 相细小，强度和耐蚀性均比较高；如果镍高铁低，发生 NiAl 相凝聚现象呈层状析出，降低强度；如果镍低铁高，FeAl 相呈树枝状析出，降低合金的耐蚀性。为防止析出有害的 γ 相，需添加质量分数大于4%的镍和4%的铁。另外，铝的质量分数超过11%时，合金也会产生 γ 相，所以铝的质量分数不宜超过11%。

（4）铸造铝青铜的铸造质量控制　铸造铝青铜的结晶温度范围小，约30℃，属于层状凝固；流动性好，体积收缩大，容易形成集中缩孔，只要加强对铸件厚壁的补缩就能够获得组织致密的铸件。

合金中铝含量较高，极易氧化形成 Al_2O_3 悬浮性的夹渣，浇注过程中也易形成二次氧化渣，很难从溶液中去除。因此，在熔炼过程中应强化溶液的精炼，浇注系统采用封闭式结构，减少氧化和排渣。

13.2.2　铸造黄铜的质量控制

1. 铸造黄铜的化学成分

黄铜是以锌为主要合金元素的 Cu-Zn 二元合金，通称黄铜或普通黄铜。普通黄铜具有一定的强度、硬度和良好的铸造性能，但是耐磨性、耐蚀性，尤其是对流动的海水、蒸汽和无机酸的耐蚀性较差。通常可以加入各种合金元素，以改善黄铜的力学、物理和化学性能，从而形成了适用于不同环境的特殊黄铜，如海军黄铜、易切削黄铜、高强度锰黄铜和压铸黄铜等。常用铸造黄铜的化学成分如表13-21。

表13-21 常用铸造黄铜的化学成分

序号	牌号	主要化学成分（质量分数,%）						
		Cu	Pb	Al	Fe	Mn	Si	Zn
1	ZCuZn16Si4	79.0~81.0	—	—	—	—	2.5~4.5	余量
2	ZCuZn24Al5Fe2Mn2	67.0~70.0	—	4.5~6.0	2.0~3.0	2.0~3.0	—	余量
3	ZCuZn25Al6Fe3Mn3	60.0~66.0	—	4.5~7.0	2.0~4.0	1.5~4.0	—	余量
4	ZCuZn26Al4Fe8Mn3	60.0~66.0	—	2.5~5.0	1.5~4.0	1.5~4.0	—	余量
5	ZCuZn31Al2	66.0~68.0	—	2.0~3.0	—	—	—	余量
6	ZCuZn33Pb2	63.0~67.0	1.0~3.0	—	—	—	—	余量
7	ZCuZn35Al2Mn2Fe1	57.0~65.0	—	0.5~2.5	0.5~2.0	0.1~3.0	—	余量
8	ZCuZn38	60.0~63.0	—	—	—	—	—	余量
9	ZCuZn38Mn2Pb2	57.0~60.0	1.5~2.5	—	—	1.5~2.5	—	余量
10	ZCuZn40Pb2	58.0~63.0	0.5~2.5	—	—	—	—	余量
11	ZCuZn40Mn2	57.0~60.0	—	—	—	1.0~2.0	—	余量
12	ZCuZn40Mn3Fe1	53.0~58.0	—	—	0.5~1.5	3.0~4.0	—	余量

2. 铸造黄铜的铸造工艺

铸造黄铜各合金之间由于在熔点、流动性、凝固收缩、熔体对气体的敏感性、挥发性和热裂倾向上有一些差别，所以适用的铸造方法也有所不同。

铸造黄铜的铸造方法主要有压力铸造、砂型铸造、离心铸造、连续铸造和熔模铸造等。不同的合金需要有针对性的选用。

13.3 铸造镁合金的质量控制

1. 铸造镁合金的化学成分（见表 13-22）

表 13-22 铸造镁合金的化学成分（GB/T 1177—1991）

牌 号	代号	化学成分①（未注范围者为最大值）（质量分数,%）										
		Zn	Al	Zr	RE	Mn	Ag	Si	Cu	Fe	Ni	杂质总量
ZMgZn5Zr	ZM1	3.5～5.5	—	0.5～1.0	—	—	—	—	0.10	—	0.01	0.30
ZMgZn4RE1Zr	ZM2	3.5～5.0	—	0.5～1.0	0.75～1.75②	—	—	—	0.10	—	0.01	0.30
ZMgRE3ZnZr	ZM3	0.2～0.7	—	0.4～1.0	2.5②～4.0	—	—	—	0.10	—	0.01	0.30
ZMgRE3Zn2Zr	ZM4	2.0～3.0	—	0.5～1.0	2.5②～4.0	—	—	—	0.10	—	0.01	0.30
ZMgAl8Zn	ZM5	0.2～0.8	7.5～9.0	—	—	0.15～0.5	—	0.30	0.20	0.05	0.01	0.50
ZMgRE2ZnZr	ZM6	0.2～0.7	—	0.4～1.0	2.0～2.8③	—	—	—	0.10	—	0.01	0.30
ZMgZn8AgZr	ZM7	7.5～9.0	—	0.5～1.0	—	—	0.6～1.2	—	0.10	—	0.01	0.30
ZMgAl10Zn	ZM10	0.6～1.2	9.0～10.2	—	—	0.1～0.5	—	0.30	0.20	0.50	0.01	0.50

① 合金可加入铍，其含量不大于0.002%（质量分数）。

② 铈含量不小于45%（质量分数）的铈混合稀土金属，其中稀土金属总含量不小于98%（质量分数）。

③ 钕含量不小于85%（质量分数）的钕混合稀土金属，其中 Nd + Pr 的含量不小于95%（质量分数）。

2. 铸造镁合金的力学性能

采用不同的铸造方法，在不同的热处理状态条件下，铸造镁合金的力学性能有很大的不同。镁合金的力学性能可以经固溶强化（T4）和时效处理（T6）得到改善。铸造镁合金的力学性能见表 13-23。

表 13-23 铸造镁合金的力学性能（GB/T 1177—1991）

牌 号	代 号	热处理状态	R_m/MPa	$R_{p0.2}$/MPa	A（%）
			≥		
ZMgZn5Zr	ZM1	T1	235	140	5
ZMgZn4RE1Zr	ZM2	T1	200	135	2
ZMgRE3ZnZr	ZM3	F	120	85	1.5
		T2	120	85	1.5

（续）

牌　　号	代　　号	热处理状态	R_m/MPa	$R_{p0.2}$/MPa	A（%）
			≥		
ZMgRE3Zn2Zr	ZM4	T1	140	95	2
ZMgAl8Zn	ZM5	F	145	75	2
		T4	230	75	6
		T6	230	100	2
ZMgRE2ZnZr	ZM6	T6	230	135	3
ZMgZn8AgZr	ZM7	T4	265	—	6
		T6	275	—	4
ZMgAl10Zn	ZM10	F	145	85	1
		T4	230	85	4
		T6	230	130	1

注：热处理状态的代号：F—铸态，T1—人工时效，T2—退火，T4—淬火，T6—淬火后完全人工时效。

3. 铸造镁合金的组织特征

1）镁铝合金是一种 Mg-Al-Zn 合金，其铝的质量分数一般为 5%～10%，Zn 的质量分数一般为 0.45%～0.90%，并含有少量的 Si 和 Mn 元素，Cu、Fe 和 Ni 等有害元素的含量较少。在平衡态条件下，液态镁合金在低于液相线温度后形成含有 Al、Mn 等溶质元素的单相 α-Mg 固溶体，并在随后的固相冷却过程中沿 α-Mg 晶粒的晶界析出镁铝化合物，不发生共晶转变。但是，在实际生产过程中，液态镁合金受冷却条件的影响，镁合金不可能进行平衡结晶，初生晶表面溶质元素的富集必然会使最后凝固的液态镁合金发生少量的离异共晶转变，生成少量的离异共晶组织，如图 13-1 所示。

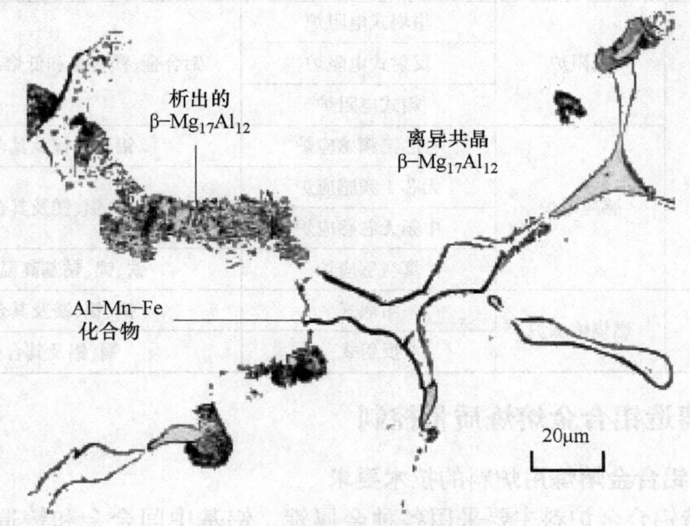

图 13-1　镁合金的显微组织

2）镁锌锆系合金（如ZM1）的铸态组织中，除α-Mg固溶体外，晶界分布有少量镁锌块状化合物，晶界和富锌区分布有微粒状的镁锌化合物，并伴有晶内偏析。时效处理后，晶内析出沉淀物。

13.4 铸造非铁合金熔炼质量控制

13.4.1 铸造非铁合金熔炼炉的选用

1. 铸造非铁合金对熔炼设备的要求

非铁合金熔炼的突出问题是合金元素易氧化和金属液易吸气。为了获得含气量低、夹杂物少、化学成分均匀，以及优质、高产、低消耗地生产非铁合金零件，对熔炼设备的要求如下：

1）有利于金属炉料的快速升温、熔化和过热，元素烧损和吸气少，合金纯净。

2）燃料、电能消耗低，热效率和生产率高，坩埚、炉衬使用寿命长。

3）操作简便，炉温便于调节和控制，环境污染少，便于组织生产管理。

2. 铸造非铁合金常用的熔炼炉

铸造非铁合金常用的熔炼炉分为燃料炉和电炉两大类。燃料炉用煤、煤气、天然气、燃油作为燃料。电炉按照电能转化方式不同，分为电阻熔炼炉、感应熔炼炉等。铸造非铁合金常用熔炼炉的特性与应用见表13-24。

表13-24 铸造非铁合金常用熔炼炉的特性与应用

能源	类型	名称	用途
电能	电阻炉	坩埚式电阻炉	铝合金、镁合金和低熔点轴承合金
		反射式电阻炉	
		箱式电阻炉	
	感应电炉	有芯工频感应炉	铝、铜、锌及其合金
		无芯工频感应炉	铜、铝、镁及其合金
		中频无芯感应炉	
		真空感应炉	铁、镍、钴基高温合金
油、天然气等	燃烧熔炼炉	坩埚式	铜、铝、镁及其合金
		反射式	铜、铝及其合金

13.4.2 铸造铝合金熔炼质量控制

1. 铸造铝合金熔炼用炉料的技术要求

1）铸造铝合金炉料主要采用各种金属锭、铝基中间合金和铸造铝合金锭。随着铸造铝合金应用范围的扩大，铸造铝合金锭的牌号和生产已经实现了标准化，铸造企业只需按照相应铸造合金的化学成分要求进行选用就可以了。

2）回炉料按其质量等级分类，化学成分合格的废铸件、金属浇冒口和砂型铸造的冒口为一级，坩埚底料、砂型铸造浇口和因化学成分不合格的废品为二级，溅屑和碎小废料为三级。一级回炉料可以直接回用，但最大用量不能超过80%（质量分数），二级、三级回炉料需重熔、精炼并分析成分后才可以使用。

2. 精炼剂及其精炼处理

（1）熔剂精炼法

1）常用精炼剂：铝合金熔炼用精炼剂包括六氯乙烷（C_2Cl_6）、四氯化碳、氯化锰（$MnCl_2$）、氯化锌（$ZnCl_2$）、惰性气体以及成品精炼剂。其中，六氯乙烷和惰性气体适用于各种铸造铝合金，四氯化碳用于铝硅合金，氯化锌用于含Zn合金，成品精炼剂根据使用说明使用。

2）六氯乙烷精炼剂的成分与配制方法见13-25。

表13-25 六氯乙烷精炼剂的成分与配制方法

成　　分	质量比	配 制 方 法
$C_2Cl_6+TiO_2$	2:1	1）将添加剂（Na_2SiF_6 或 TiO_2）在300～400℃烘烤3～4h 2）冷却后与 C_2Cl_6 混合均匀 3）压成密度为1.8g/cm³ 的圆饼，每块重约50～100g，放在干燥器里待用，也可用铝箔分包成重约50～100g的小包待用
	3:2	
$C_2Cl_6+Na_2SiF_6$	3:1	
	1:1	
	3:2	

（2）气体精炼法

1）惰性气体精炼采用氮气、氩气。氩气适合于各种温度铝合金的精炼，而氮气高温时，与铝液反应生成氮化铝，其精炼温度应控制在710～720℃。

2）活性气体精炼采用氯气及其混合气体。氯气不溶于铝液，但与铝液中的H、Al反应生成HCl和$AlCl_3$（沸点为183℃），均为气体。

氯气的精炼效果好于氮气，但是，氯气精炼后易使铸件晶粒粗大，一般和氮气组成混合气体（氮气与氯气的体积比为9:1）。

（3）真空精炼法　真空精炼法是根据气体溶解度与其分压的平方根关系，在真空条件下，H有强烈的析出倾向，形成气泡，并在上浮过程中吸附非金属夹杂物逸出金属液，从而实现铝合金液净化。

3. 变质剂及其变质处理

（1）铝合金用钠盐变质剂（见表13-26）

表13-26 铝合金用钠盐变质剂

名称	化学成分（质量分数，%）				加入量（质量分数，%）	变质温度/℃	二次变质用量（质量分数，%）
	氟化钠	氯化钠	氯化钾	冰晶石			
二元	67	33	—	—	1～2	800～810	0.5～1.0

（续）

名称	化学成分(质量分数,%)				加入量(质量分数,%)	变质温度/℃	二次变质用量(质量分数,%)
	氟化钠	氯化钠	氯化钾	冰晶石			
三元	25	62	13	—	2~3	725~740	0.5~1.0
1#通用	60	25	—	15	1~2	800~810	0.5~1.0
2#通用	40	45	—	15	2~3	750~780	0.5~1.0
3#通用	30	50	10	10	2~3	710~750	0.5~1.0

（2）锶（Sr）变质　亚共晶铝硅合金中加入质量分数为0.02~0.10%的锶可以获得与钠同一的效果，且具有长效变质效果，变质作用有效时间长达6~7h，但锶变质合金液有30~45min的孕育期。工程上一般采用铝锶合金进行变质处理。常用的有AlSr90、AlSr5、AlSr10、AlSr1Ti1、AlSr10Si14等。其中AlSr5、AlSr10、AlSr1Ti1在合金中熔化缓慢，会沉入合金液底部，需持续搅拌10min。AlSr10Si14密度小，浮于金属液表面，应采用钟罩压入。

锶具有重熔再生特性，锶变质合金重熔时应适当减少变质剂的加入量。

锶变质合金液的吸气倾向大，含氯精炼剂会降低Sr变质效果，应采用惰性气体精炼。

锶变质与钠变质可以同时使用。

（3）锑（Sb）变质　在合金液中加入质量分数为0.15%~0.3%的锑可得到长效变质效果，锑变质不受保温时间、精炼和重熔的影响，用锑的质量分数为5~8%的铝锑中间合金加入到铝合金中，可作为永久变质剂。

锑变质受冷却速度影响大，冷却速度慢的厚大铸件的锑变质效果降低。锑与镁、钠、锶存在相互反应，降低合金性能，应避免同时使用。

部分锑化合物有毒，锑变质合金不能用作制造与食品、药品接触的零部件。

（4）磷（P）变质　磷对过共晶铝合金具有较好的变质作用，P与Al生成AlP_3可以作为初生晶的晶核而细化初生硅。磷变质剂一般为磷铜合金、铝磷化合物、硅磷化合物、镁磷化合物、赤磷和氯化磷复合变质剂。磷与钠、锶发生反应，抵消彼此变质作用，不能同时使用。

（5）稀土（RE）变质　稀土对铸造铝硅合金有一定的变质作用，加入质量分数为0.1%~1.5%的稀土即可产生变质效果，稀土变质具有长效性和重熔性。

4. 覆盖剂的技术要求与应用

常用覆盖剂的技术要求与应用见表13-27。

表13-27　常用覆盖剂的技术要求与应用

组分[①]	配制方法与要求	适用范围
Na_3AlF_6(100)	烘烤脱水	铝钛中间合金熔炼覆盖剂

（续）

组分①	配制方法与要求	适用范围
KCl(40) + BaCl(60)	混合均匀后熔化，浇注后破碎成粉状，保存在110～150℃待用	铝铍中间合金、铝铬中间合金熔炼覆盖剂，高温覆盖剂
KCl(50) + NaCl(50)		一般合金熔炼覆盖剂
KCl(50) + NaCl(39) + CaF_2(4.4) + Na_3AlF_6(6.6)		重熔废料覆盖剂
CaF_2(15) + Na_3CO_3(85)	各组分在200～300℃烘烤3～5h，混合后在150℃待用	重熔废料（搅拌用）
NaCl(60) + CaF_2(20) + NaF(20)		
NaCl(63) + KCl(12) + Na_2SiF_6(25)		熔制活塞用铝合金
$MgCl_2$(14) + KCl(31) + $CaCl_2$(44) + CaF_2(11)		铝镁合金熔炼用熔剂
$MgCl_2$(67) + NaCl(18) + CaF_2(10) + MgF_2(15)		
$MgCl_2$·KCl（光卤石）(100)	缓慢升至100℃保温，脱水后升温至660～680℃，浇注破碎后置于密封容器待用	真空精炼覆盖剂
NaF(65) + NaCl(35)		
NaF(40) + NaCl(45) + Na_3AlF_6(15)		

① 括号内数字为各组分的质量分数（%）。

5. 铸造铝合金的典型熔化工艺

铸造铝合金的熔炼工艺因合金种类不同，炉料选择、加料顺序、精炼工艺和变质处理各不相同，需根据相应合金牌号要求制订相应熔炼工艺。铸造铝合金的典型熔炼工艺过程见表13-28。

表13-28 铸造铝合金的典型熔炼工艺过程

工序	ZL101	ZL201
加料熔化	1）未重熔的回炉料和重熔的回炉料 2）纯铝 3）铝硅中间合金 4）熔化后搅拌均匀 5）680～700℃时加镁	1）加入回炉料、合金锭、纯铝、铝锰和铝钛中间合金 2）熔化后加入铝铜中间合金并轻微搅拌 3）升温至740～750℃ 4）搅拌3～5min
精炼	1）加入精炼剂精炼 2）静止15～20min 3）撇渣	1）710～720℃用六氯乙烷、TiO_2精炼 2）静止15～20min 3）按工艺调整温度
变质	加入变质剂进行变质处理	—
浇注	按铸件工艺要求浇注	1）浇注前轻微搅动 2）按铸件工艺浇注

13.4.3 铸造铜合金熔炼质量控制

1. 铸造铜合金熔炼的原材料准备

铸造铜合金用原材料包括铸锭、回炉料、中间合金和熔剂等。

（1）回炉料　铸造铜合金用回炉料包括同牌号的报废铸件、浇冒口以及屑料等。其中，同牌号的废铸件及其浇冒口均可直接作为炉料加入，屑料则需重熔成符合相应牌号化学成分的铸锭才能使用。

（2）中间合金　为了降低熔化温度，缩短熔炼时间和减少合金烧损，生产上常将高熔点的合金元素（如 Fe、Mn、Ni 等）和易氧化的合金元素（如 Be、Mg、P、Cr、B 等）预先制成二元或三元中间合金。

（3）熔剂　铜及其铜合金熔炼时所用的熔剂，按其使用目的不同，分为覆盖剂、精炼剂、脱氧剂及晶粒细化剂。

1）覆盖剂。覆盖剂的主要作用是使合金液与炉气隔绝，防止合金氧化、蒸发、熔液吸气和散热过多。覆盖剂具有稳定的化学性质、较低的熔点、适当的黏度和表面张力，密度应比合金液小，易于上浮，能形成与合金液分离的保护层。铸造铜合金常用的覆盖剂有木炭、玻璃混合物等。

2）精炼剂。铜合金熔炼过程中不可避免地产生一些酸性或中性氧化物，如 Al_2O_3、SiO_2、Cr_2O_3、MnO_2、BeO 等。这些氧化物很难还原，有效的办法是加入碱性熔剂，使之与合金液内的氧化物反应生成复盐，再扩散至液面，凝集成渣后排出。

铸造铜合金的精炼剂种类很多，一般由碱及碱土金属的卤盐或碳酸盐的混合物组成，如冰晶石、碳酸钠、碳酸钙、食盐、氟化钠、氟石、硼砂、氧化钙、氟硅酸钙等。

3）氧化剂。氧化剂也可以认为是一种精炼剂，因为在一定温度和压力下，合金液中氢、氧浓度的乘积是一个常数，氧化剂增加合金液的氧含量，也就降低了合金液的氢含量，以达到除氢的目的。

4）脱氧剂。当铜合金在氧化性气氛中熔炼时，或者为了脱氢而加入氧化剂时，合金液中的氧含量显著增加，并以 Cu_2O 形式存在于合金液之中。当合金凝固后引起“氢脆”，降低合金的力学性能。脱氧剂就是通过加入一种比铜与氧亲和力更大的元素，将 Cu_2O 中的 Cu 还原出来，并使脱氧产物上浮而去除。

常用的脱氧剂有表面脱氧剂和溶解于金属的脱氧剂，如碳化硅（CaC_2）、硼化镁（Mg_3B_2）、木炭、硼酐（B_2O_3）等。

5）晶粒细化剂。晶粒细化是改善铜及其合金铸造性能的重要手段。常用晶粒细化的方法是添加细化剂。另外，通过凝固过程中的机械振动、超声波振动、压力结晶和快速冷却等措施也能实现晶粒的细化。

2. 铸造铜合金的熔炼工艺

（1）熔炼准备　铸造铜合金的熔炼炉有反射炉、坩埚炉、感应电炉等。熔炼开始前需对熔炼炉的炉衬、运动机构、水冷系统、供电系统、熔炼用具等进行全面检查，确保各个环节万无一失。

（2）炉料配料计算

1）配料计算的原始资料：合金牌号、主要化学成分、杂质限量、所用炉料的化学成分、元素烧损率、每炉的投料量等。

2）熔炼损耗包括烟尘损耗和造渣损耗。烟尘损耗与炉料的质量和性质有关，如炉料的油污、水分和其他挥发性有机物，在熔炼过程中随着温度升高而失去。造渣损耗是为了提高金属液的纯净度，在造渣过程中转移至炉渣而损失掉。

3）合金元素的烧损率与熔炼炉、熔化率、加料顺序、熔剂种类等因素有关。铸造铜合金主要元素的烧损率见表13-29。

表13-29　铸造铜合金主要元素的烧损率

合金种类	烧损率(%)										
	Cu	Zn	Sn	Al	Si	Mn	Ni	Pb	Cr	Be	P
铸造黄铜	0.5~1.5	2.0~8.0	1~3	2~4	5~10	2~3	1~2	1~2	—	—	—
铸造青铜	0.5~1.5	10~15	1~4	4~10	3~5	4~15	1~2	1~3	5~10	6~20	20~40

4）覆盖剂加入量为0.5%～1.5%（质量分数），氧化剂加入量1%～2%（质量分数），精炼剂加入量0.2%～1%（质量分数）。

5）铸造铜合金的炉料包括纯金属、合金预制锭、中间合金、回炉料、切屑等

6）炉料的计算步骤：选定合金最佳成分→确定元素烧损率→计算元素烧损量→确定炉料组成→求出回炉料各成分的重量→求出中间合金的用量→求出尚需补加的新料用量→核算主要杂质含量是否符合要求→填写配料单。

（3）熔炼工艺过程控制

1）熔炼前，根据合金的特点、生产成本和熔化量来选择合理的熔化炉，确定合适的炉料组成、加料顺序、精炼和浇注工艺。

2）大型铜合金铸件常选择燃油、燃气反射炉；中小型铸件用燃油底坑炉、工频感应炉、中频感应炉；对于易氧化烧损或产生有害物质的某些合金，如铍青铜、铬青铜、锆青铜等，宜采用真空感应炉。

3）铜合金的熔炼方法根据炉料的种类分为直接熔炼法和中间合金重熔法。直接熔炼法效率高，节约工时和能耗，但合金熔化时间长，需要更高的过热度，增加了合金的氧化和吸气量，工艺控制难度大。

4）加料顺序一般先加入数量最多和熔点高的炉料，熔化后再加入熔点低或具有较高挥发性的炉料；也可以依据合金化的原则，先加入占炉料主要部分的低熔点炉料，再加入高熔点炉料，通过合金化的途径降低温度和加快熔化速度。熔化时能产生大量热量的金属，不宜最后加入，防止金属熔体过度过热。

3. 铸造铜合金熔炼的炉前控制与检验

（1）炉前检验的内容　铜合金液处理浇注前应严格按照工艺规程的要求测定出炉温度、弯折角、断口、化学成分和气体含量。

（2）温度测量　使用经校正合格的热电偶或光学高温计测量。用光学高温计测温时，应扒开金属液面的浮渣，确保检测的正确性。

（3）炉前折弯角的检验　炉前折弯角检验是熔炼铸造铜合金时常用的质量检验方法。对高强度黄铜和铝青铜更有意义，根据折弯角的大小可以估计合金的锌当量和铝当量及其力学性能。

炉前折弯角检验：在金属型中浇注出直径为ϕ10mm、长度120mm的试样，在金属型内冷却2～3min后投入水中冷却；然后将试样的一端夹在半圆形台钳上，用锤打击至断裂，以折断角大小判断锌当量和铝当量。

（4）断口检验　断口检验可以判断铜合金熔炼和精炼效果，有无夹渣、气孔，组织是否致密，同时根据断口的颜色和形貌特征评估合金的力学性能。

（5）炉前分析　对大型熔炉熔炼的合金或重要用途的铸件，需做炉前分析，主要化学成分合格后才能浇注。对小型熔炉熔炼的合金和次要的铸件，可采取每班次选一炉做主要化学成分的分析。

（6）含气量的检测　含气量的检测包括常压下的含气量检测和减压凝固检测。

常压下的含气量检测：用预热的取样勺，自坩埚底部舀取合金液浇注到ϕ50mm×60mm干燥的铁模中，撇去表面的氧化膜和渣子，凝固后观察期表面收缩情况。收缩显著，表面凹下者为合格；收缩不明显，表面突出或破裂者为不合格。

减压凝固检测：将浇好的试样置于真空度为4～5kPa的真空室中凝固，观察其表面收缩情况。收缩显著，表面凹下或稍突出但不破裂者为合格；收缩不明显，表面突出或破裂者为不合格。

13.4.4　铸造镁合金熔炼的质量控制

铸造镁合金化学活性高，熔炼的关键技术主要体现在熔炼保护、变质处理、精炼等方面。

1. 铸造镁合金熔炼用原材料

（1）回炉料的分级　铸造镁合金回炉料分为一级、二级和三级。一级回炉料包括废铸件、冒口、干净的横浇道和坩埚内剩余金属液（或锭块）；二级回炉料包括小块废料、直浇道和脏的浇冒口；三级回炉料包括溅出料、镁屑重熔锭等。

（2）熔剂　铸造镁合金常用熔剂的化学成分和应用见表13-30。

表13-30　铸造镁合金常用熔剂的化学成分和应用

牌　号	主要成分(质量分数,%)						应　用
	氯化镁	氯化钾	氯化钡	氟化钙	氧化镁	氯化钙	
光卤石	44～52	36～46	—	—	—	—	洗涤工具和配制其他熔剂
RJ-1	40～46	30～40	5.5～8.5	—	—	—	洗涤工具和配制其他熔剂
RJ-2	38～46	32～40	5～8	3～5	—	—	做ZM5、ZM10的覆盖剂和精炼剂
RJ-3	34～40	25～36	—	15～20	7～10	—	做ZM5、ZM10的覆盖剂
RJ-4	32～38	32～36	12～15	8～10	—	—	ZM1精炼与覆盖
RJ-5	24～30	20～26	28～31	13～15	—	—	ZM1、ZM2、ZM3、ZM4、ZM6精炼与覆盖
RJ-6	—	54～56	14～16	1.5～2.5	—	27～29	ZM3、ZM4、ZM6精炼
JDMF	65～75	10～20	1～10	1～15	1～10	3～5	做ZM5、ZM10的覆盖剂和精炼剂
JDMJ	45～60	20～30	3～5	3～5	—	3～5	做ZM5、ZM10的覆盖剂和精炼剂

2. 铸造镁合金的变质剂及变质处理

（1）铸造镁合金的变质剂　铸造镁合金的变质剂主要为一些含碳物质，如碳酸镁、碳酸钙和六氯乙烷。变质剂加入后，在镁合金液中产生大量细小而难溶的Al_4C_3质点，并呈悬浮状态，在凝固过程中起结晶晶核的作用，从而细化合金晶粒。

（2）变质处理工艺　变质剂加入量一般控制在0.25%～0.8%（质量分数）之间，处理温度为710～780℃，采用钟罩压入方法加入。加入时，应注意钟罩来回水平方向移动，以促进变质剂的吸收。变质处理过程中须加入阻燃剂，以防止镁的氧化燃烧。

3. 铸造镁合金的精炼工艺

1）调整好合金液的温度，使之达到750～760℃。

2）搅拌器沉入金属液中2/3的深处。

3）激烈地由上而下垂直搅拌合金液4～8min，直至合金液呈现镜面光泽为止。

4）搅拌过程中，不断往金属液面均匀铺撒精炼剂，熔剂加入量约为炉料质量分数的1.5%～2.5%。

5）搅拌结束，清除坩埚壁和金属液面上的炉渣，并撒一层覆盖剂。

4. 铸造镁合金的熔炼过程

1）将坩埚预热至暗红色，在坩埚壁和底部撒上适量的熔剂，加入预热的镁锭、回炉料，升温熔化，并在炉料上撒上适量的熔剂。

2）调整合金成分。按照合金牌号化学成分的规定加入经过计算的合金元素或中间合金，待全部熔化后，捞底搅拌 2 ~ 5min，使合金充分均匀化。

3）加入变质剂，进行变质处理。

4）将合金液加热至 750 ~ 760℃，加入精炼剂，搅拌 4 ~ 8min。

5）浇注铸件。

第6篇　铸件清理技术及质量控制

第14章　铸件清理工序及质量检验概述

铸件清理在铸造生产中处于重要地位。如果清理铸件的工艺及操作不当，容易使铸件损坏（缺肉、开裂等）。铸件清理的重要性还表现在如下几方面：

1）清理工序中，要采用多种检验手段来鉴别铸件质量，故该工序是控制质量的总关口。

2）通过清理工序的有关作业，既可改变铸件内部组织，提高其力学性能，又可改善铸件表面质量与精度，还可在某种程度上返修缺陷。故该工序也是质量升级的最后关口。

3）所涉及的工种多，如切割、焊补、磨修等，稍有不慎就会造成新缺陷甚至废品。

4）铸铁件清理工序劳动量占总量的15%～20%，其清理成本占铸件总成本的25%；铸钢件清理劳动量占总量的25%～30%，其清理成本占总成本的30%～35%。清理工序能耗占总能耗的3%～10%。

铸件的清理工作通常应仔细进行，对于可锻铸铁件及薄壁复杂铸件等更是如此。例如：去除浇冒口时，应特别注意打击方向和着力点的选择；放进抛丸清理滚筒的铸件，在同一次装料中，铸件重量和壁厚应基本相近；易损坏的薄壁件一般应当采用抛丸转台或抛丸室进行抛丸清理。

铸件表面的粘砂、凸瘤、飞边、毛刺及浇冒口残余等应清理干净（浇冒口残余清铲打磨后允许保留的高度应根据具体情况，由工艺规程加以规定）。因为如果不这样做，不仅会影响铸件美观，更重要的是将给机械加工带来困难。特别是在定位和夹紧点附近，如果凸凹不平，将影响定位的准确和夹紧的牢固。这样说并不是要求将任何部位的铸件表面凸起物全部打磨干净，在不影响美观、装配及加工时定位、夹紧及装夹的前提下，这些凸起物应当允许残留一定的高度，以降低生产成本。

14.1 铸件清理工序

铸件清理工序主要有以下几个步骤：

1）清除铸件内外的型砂、芯砂。对有箱砂型铸造而言，就是进行开箱（脱箱）、落砂、清砂（除芯）、清理表面粘砂等工序。

2）清除铸件本体外的金属，如浇注系统、冒口、金属补贴、拉肋以及铸造缺陷（披缝、飞边、毛刺、铸瘤等）。

3）质量检验（重要铸件还要加上无损检测——X射线检测、超声波检测、磁粉检测等）。

4）铸造缺陷的返修。

5）热处理。

6）除锈，涂防护漆（有的铸件还要粗加工）。

铸件清理工序中，清除型（芯）砂常用的方法有：振动落砂、手工清砂、水力清砂、电爆清砂、电化学清砂、喷抛丸清理、滚筒清理、振动清理等。去除铸件浇冒口的方法有：锤击去除、氧乙炔焰气割、氧乙炔焰振动气割、等离子切割、氧熔剂气割、通氧管气割、机械气割等。铸件表面的修整方法有铲磨与电弧气刨。质量检验后，铸件缺陷要进行修补、矫正，整个过程中要注意环境保护和劳动保护。

14.2 铸件质量检验项目

铸件出厂或进入下一步的机械加工前必须进行质量检验，铸件质量检查的项目包括：铸件精度、力学性能、特殊性能、表面及内部缺陷检查等。

（1）铸件精度检查　在生产过程稳定的情况下，铸件尺寸误差属随机误差，故铸件精度不必全数检查，而按统计学的原理，进行抽样检查。

（2）力学性能及特殊性能检查　按要求对力学性能进行抽样检查，而特殊性能则根据需要，或抽检，或全数检查。

（3）铸件表面缺陷的检查　铸件表面缺陷因无规律，一般应进行全数检查。直接与铸件表面相联系的裂纹可以用许多方法检查出来，包括渗透法、化学腐蚀法和磁粉检测等。

为保证检验效果，铸件表面要求清洁和光滑。铸件其他表面缺陷可以凭借肉眼或简单工具进行检查。

（4）铸件内部缺陷的检查　只有重要的承载零件才要求做内部检测。需要检测的铸件，需在技术条件中加以规定。

14.3 典型铸件的清理程序

不同类型的铸件其清理程序略有不同。通常，小型灰铸铁件的清理程序如图 14-1 所示，大型灰铸铁件的清理程序如图 14-2 所示，铸钢件的清理程序如图 14-3 所示。

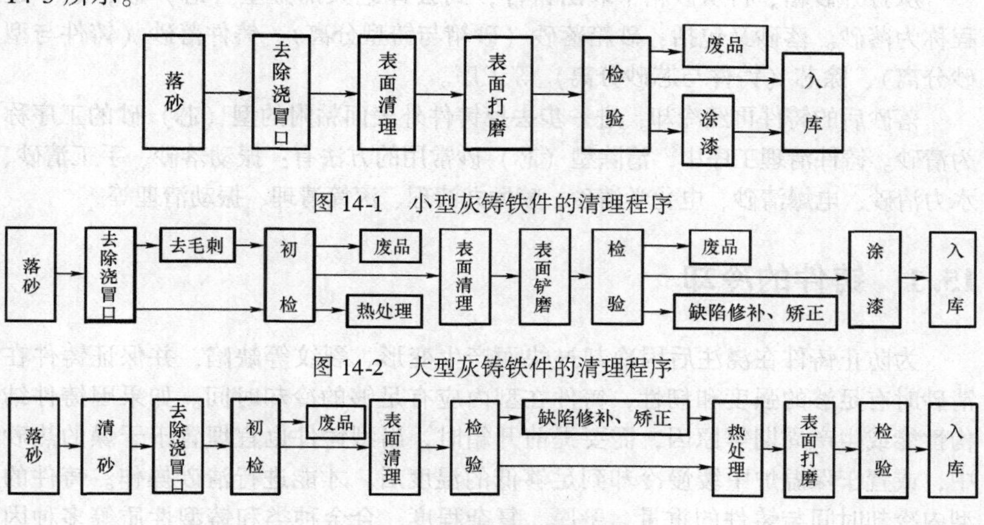

图 14-1　小型灰铸铁件的清理程序

图 14-2　大型灰铸铁件的清理程序

图 14-3　铸钢件的清理程序

不同材质及类型的铸件，通常采用不同的清理方法。小型厚壁铸铁件可采用滚筒清理，中大型、薄壁钢铁铸件可采用抛丸清理，铝（镁）合金等非铁合金铸件应采用喷砂或振磨清理。

第 15 章　铸件的落砂与清砂

从打开砂箱、再从砂箱中取出铸件，到去掉绝大部分型（芯）砂，这一过程称为落砂。落砂又包括：砂箱落砂（砂箱与铸型分离）、铸件落砂（铸件与型砂分离）、除芯（铸件与芯砂分离）等工序。

落砂后的铸件再经冷却，进一步去掉铸件外表面粘附的型（芯）砂的工序称为清砂。铸件清理工序中，清除型（芯）砂常用的方法有：振动落砂、手工清砂、水力清砂、电爆清砂、电化学清砂、喷抛丸清理、滚筒清理、振动清理等。

15.1　铸件的冷却

为防止铸件在浇注后因冷却过快而产生变形、裂纹等缺陷，并保证铸件在清砂时有足够的强度和韧性，铸件在型内应有足够的冷却时间。如果因铸件结构性能或生产周期等原因，需要提前开箱时，出型铸件也宜埋置于干燥的热砂中，或置于保温炉中缓慢冷却到足够低的温度后，才能进行清砂操作。铸件的型内冷却时间与铸件的重量、壁厚、复杂程度、合金种类和铸型性质等多种因素有关，通常根据生产经验来确定铸件的型内冷却时间或出型温度，否则易产生热裂、变形等缺陷。

1. 铝、镁合金铸件的出型温度

铝、镁合金铸件的出型温度见表 15-1。为了保证铸件质量，应根据合金种类及环境条件选择铸件的出型温度。

表 15-1　铝、镁合金铸件的出型温度

铸件结构特点	铸型性质	合金铸件工艺性	铸型现场环境	铸件出型温度/℃	
				中小件	大件
形状简单壁厚均匀	无芯、湿芯、湿型	热裂倾向小，如 Al-Si 系合金	温度较高，无穿堂风	300 ~ 350	250 ~ 300
	干芯、干型			250 ~ 300	200 ~ 250
	无芯、湿芯、湿型	热裂倾向大，如 Al-Cu 系合金	温度较低，有穿堂风	250 ~ 300	200 ~ 250
	干芯、干型			200 ~ 250	150 ~ 200
形状复杂壁厚不均匀	无芯、湿芯、湿型	热裂倾向小，如 Al-Si 系合金	温度较高，无穿堂风	200 ~ 250	150 ~ 250
	干芯、干型			150 ~ 250	100 ~ 200
	无芯、湿芯、湿型	热裂倾向大，如 Al-Cu 系合金	温度较低，有穿堂风	150 ~ 200	100 ~ 200
	干芯、干型			100 ~ 150	<100

2. 铸钢件在砂型中的冷却时间

水力清砂、喷钢丸清砂和风动工具清砂的铸钢件，应在型中冷却到250～450℃才可落砂。高于450℃落砂时，铸件的内应力大，可能会引起铸件变形和裂纹；低于250℃落砂，也不能有效地进一步消除铸件的内应力。铸钢件在砂型中的冷却时间如图15-1至图15-3所示。使用这三图时，应注意下列几点：

1）碳素钢铸件重量超过110t时，冷却时间应在按图15-2查取值基础上，每增加1t重量，增加冷却时间1～3h。

2）ZG310-570和合金钢铸件的重量超过8.5t时，冷却时间可比按图15-1和图15-2查取的碳素钢铸件的值增加一倍。

3）形状简单、壁厚均匀的厚实铸件（如砧座等），可比图中规定的数值提前20%～30%松开箱（或橇松）。此类铸件也可以不入炉热处理，在浇注坑内自然冷却，以12～16h/t计算保温时间。

4）结构复杂、壁厚差较大、易产生裂纹的铸件（如齿轮、大料斗、平锻机机架等），冷却时间应比图中的数值增加30%左右。

5）某些地坑造型的铸件，需提前取去上箱或撬松铸型，从而增加降温速度，因此冷却时间可缩短10%。

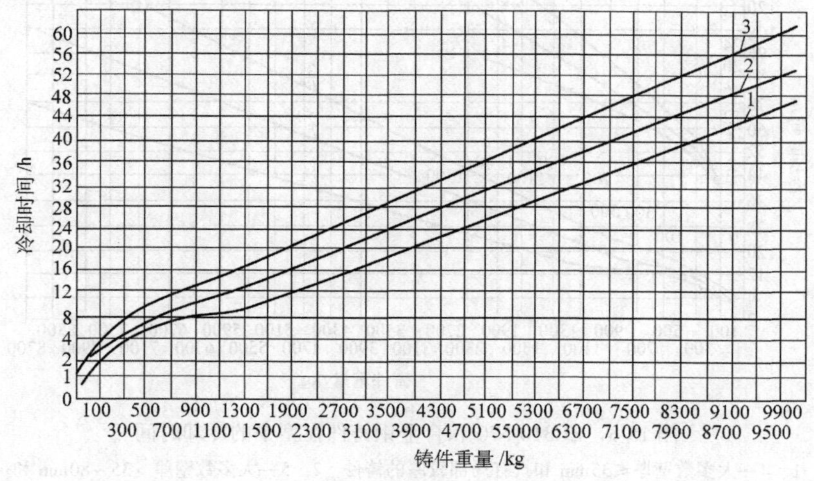

图15-1 中、小型碳素钢铸件在型中的冷却时间

1—大多数壁厚≤35mm和局部较厚的铸件 2—大多数壁厚>35～80mm和局部较厚的铸件 3—大多数壁厚>80～200mm和局部较厚的铸件

3. 铸铁件在砂型中的冷却时间

（1）中、小型铸铁件的冷却时间 中、小型铸铁件的冷却时间，按表15-2和表15-3选取。

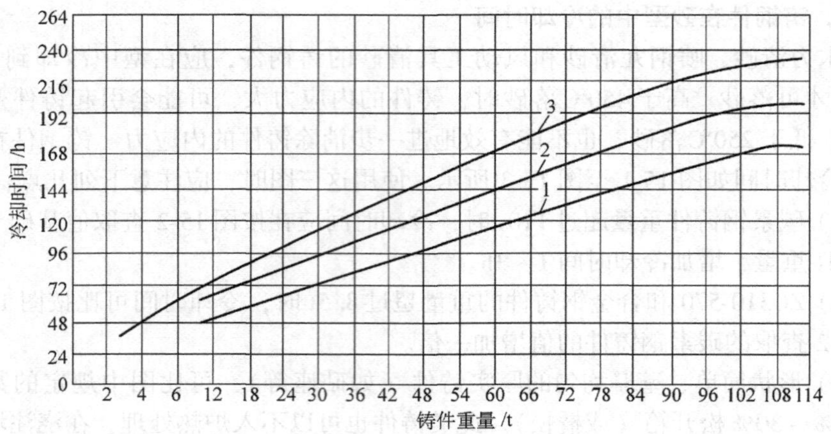

图 15-2　大型碳素钢铸件在型中的冷却时间

1—大多数壁厚为 36 ~ 80mm 的铸件　2—大多数壁厚 >80 ~ 200mm 的铸件

3—大多数壁厚 >200mm 的铸件

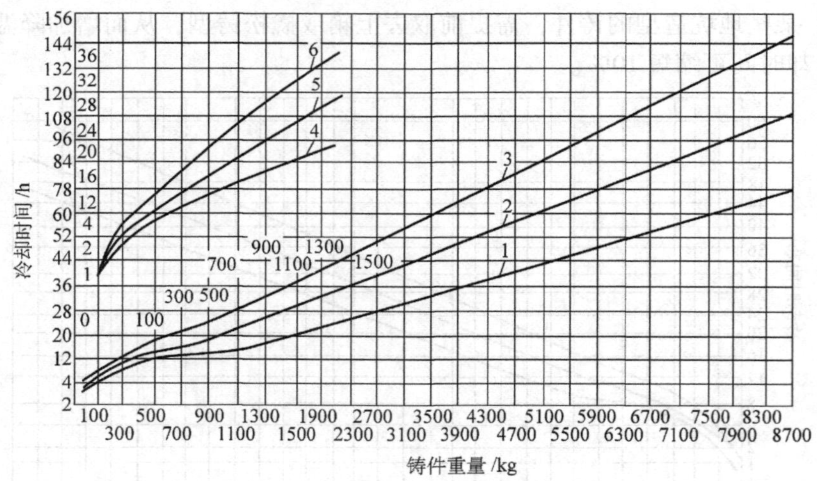

图 15-3　ZG310-570 和合金钢铸件在型中的冷却时间

1、4—大多数壁厚≤35mm 和具有局部较厚的铸件　2、5—大多数壁厚 >35 ~ 80mm 和具有较厚的铸件　3、6—大多数壁厚 >80 ~ 150mm 和具有较厚的铸件

注：1、2、3 为碳素钢铸件；4、5、6 为合金钢铸件。

表 15-2　地面浇注时中、小型铸铁件的冷却时间

铸件重量/kg	≤5	>5 ~ 10	>10 ~ 30	>30 ~ 50	>50 ~ 100	>100 ~ 250	>250 ~ 500	>500 ~ 1000
铸件壁厚/mm	≤8	≤12	≤18	≤25	≤30	≤40	≤50	≤60
冷却时间/min	20 ~ 30	25 ~ 40	30 ~ 60	50 ~ 100	80 ~ 160	120 ~ 300	240 ~ 600	480 ~ 720

注：壁薄、重量轻的铸件，冷却时间取下限值；反之，取上限值。

表 15-3 流水线上浇注时中、小型铸铁件的冷却时间

铸件重量/kg	≤8	>8~20	>20~50	>50~100	>100~250	>250~500	>500~1000
冷却时间/min	6~12	8~15	12~30	20~60	30~80	40~120	100~420

注：1. 铸件重量是指每箱中铸件的总重量。
2. 流水线上的开箱温度一般为 600~800℃，开箱后铸件在鳞板输送机或悬挂输送机上继续冷却。
3. 为缩短生产周期，对 100kg 以上的铸件必要时可采用强制冷却。

（2）重大型铸铁件的冷却时间

1）计算重大型铸铁件型内冷却时间的经验公式为

$$t = kG$$

式中，t 为铸件冷却时间（h）；k 为铸件冷却速率（h/t），一般取 4~8h/t；G 铸件重量（t）。

2）重大型铸铁件型内冷却时间，按表 15-4 和表 15-5 确定。

表 15-4 砂箱造型时重大型铸铁件的冷却时间

铸件重量/t	1~5	>5~10	>10~15	>15~20	>20~30	>30~50	>50~70	>70~100
冷却时间/h	10~36	>36~54	>54~72	>72~90	>90~126	>126~198	>198~270	>270~378

表 15-5 地坑造型时重大型铸铁件的冷却时间

铸件重量/t	1~5	>5~10	>10~15	>15~20	>20~30	>30~50	>50~70	>70~100
冷却时间/h	12~48	>48~72	>72~96	>96~120	>120~168	>168~264	>264~360	>360~504

（3）其他铸铁件的冷却时间　球墨铸铁、可锻铸铁、耐磨铸铁、耐蚀铸铁及耐热铸铁等的铸造性能一般比灰铸铁差，因此，确定这类铸铁件在铸型中的冷却时间，必须充分考虑其铸造性能。例如：硅、铝含量较高的耐热铸铁，线收缩大，脆性转变温度较高，应在浇注后数分钟内即松动砂箱，以减小铸件收缩阻力，并应使铸件在铸型中完全冷却后再打箱。若在红热状态开箱，须立即将铸件移入 700~800℃炉中进行退火；对于耐蚀铸件，由于其热导率低，线收缩大，具有较大的热裂倾向，生产上常采用 800~900℃时开箱，开箱后立即把阻碍铸件自由收缩的砂芯、砂型及浇冒口系统打掉，小件放在热砂坑中缓冷，中、大件放在热处理炉中消除内应力。

15.2 落砂机的选择及机械落砂

落砂工序通常由落砂机来完成，常用的落砂设备有振动落砂机和滚筒落砂机。

1. 选择落砂机的原则

落砂操作对铸件的质量与损伤缺陷多少有一定的影响，选择一台合适的落砂机应考虑以下选择原则：

（1）与生产量及生产率相适应　造型线上所用的落砂机应与主机的生产率相适应，即与造型线的生产节拍相适应。选用的落砂机生产率过低会使铸型积塞，过高则造成不必要的浪费，而且落砂效果与落砂机的长短也要相适应。落砂机效率低、过短，则铸件上的砂子落不尽；过快、过长，不但振坏铸件，而且也造成不必要的浪费。

非生产线上落砂机应根据铸型的年产量选择。它虽不像生产线上的落砂机要求严格，但也要与车间生产周期相平衡。落砂效率过低，则影响生产周期；落砂效率过高，则将使整个旧砂输送及处理系统设备庞大，造成不必要的浪费。

落砂效率的选择：对于中小铸件，1～5min 落尽；对于大件，5～10min 落尽；对于特大件，10～20min 落尽。落砂机说明书中，一般都标有落砂效率，选用时可参考。

（2）根据铸型尺寸及重量大小选取　生产线上，因铸件大小及重量基本恒定，落砂机的台面尺寸及载重量，主要是根据铸件尺寸大小及单位时间内通过落砂机的铸型数来选择机种与机型的。必要时可用两台串联。对于大件，根据一般经验，其落砂机的台面宽度应是铸型宽度与上下砂箱高度之和，或大于捅箱机捅出砂型的宽度 200mm 较合适。

非生产线上的落砂机应根据最常落砂的大件砂箱底面尺寸及重量来选用，而不能依不常落砂的大件及最大重量的铸件来选用，否则将会因所选落砂机台面及吨位过大而造成浪费。

另外，对最重件可采用分箱落砂，用桥式起重机吊着铸件即不摘钩落砂，铸型落砂前闷水等，都能减少落砂机的实际载荷，提高落砂效率，而不一定要选用大型落砂机。

（3）与生产类型相配套

1）铸件类型：一般铸钢件铸型难落砂；铸铁及非铁合金铸件易落砂且易振坏铸件，不宜选用大振幅落砂机；铸钢件刚浇完的铸型好落砂，铸铁件一般浇注后放的时间长些易落砂。

2）砂箱结构：一般箱带高而密的砂箱比低而稀的难落砂，格子形砂箱比条形砂箱带难落砂，大砂箱比小砂箱好落砂，无箱造型更好落砂。

挤压无箱造型多采用滚筒式落砂机；无箱带砂箱的铸型落砂，在地面浇注时，可将砂箱和铸件一同吊至落砂栅格上进行；在大量流水生产线上浇注时，可采用气动推杆将砂箱和铸件一同推至落砂栅格上，或利用捅箱机将铸件和型砂从铸型中捅出，以实现无箱带砂箱的铸型的自动落砂。

对于有箱带砂箱，通常将上箱吊起，取出铸件，然后分别将上、下箱和铸件吊至落砂栅格上进行落砂。

3）型砂种类：干模砂、水玻璃砂等高强度型砂比潮模砂、黏土砂等低强度砂型更难落砂。树脂砂能较好地落砂。

4）车间工作制：平行作业、连续作业、两班作业、三班作业等，都与选用落砂机的生产率及落砂机布置有关。

（4）考虑铸件结构　一般形状简单铸件比复杂的好落砂。大铸件比小铸件好落砂，这是因为大铸件重，振动时向下的惯性力大，易脱离砂型。浇冒口大而多的铸件及铸型中带铁勾、铁条和钉子等越多，越不好落砂。薄壁件、精密件不能用大振幅落砂机，也不能用滚筒落砂机落砂。

（5）考虑加工制造及维修能力　一般来说，买一台比自制一台落砂机方便省事，经济上也合算，质量能保证，维修量少。但是，市场上有时不一定能买到完全满足生产要求的落砂机，这就要根据本厂生产情况自制落砂机。自制落砂机应根据生产单位的毛坯，机加工、焊接等技术水平及维修等能力综合考虑后，再决定选择什么结构类型落砂机。

（6）落砂机的布置情况　新设计的车间，一般根据生产要求选用落砂机，但也要考虑落砂机的布置。露天布置的落砂机要考虑选用落砂机的润滑方式，北方不能用凝固点高的稀油及一般钙基润滑脂润滑的落砂机。放在居民区及室内的落砂机，要选用噪声低的落砂机，并配以良好的除尘系统。

地下水位浅的地区不易选择大台面组合落砂机。这是因为基础太深，地基防水层处理麻烦且造价高。共振落砂机要有很结实的基础，以免与基础发生共振。

旧车间改造时的落砂机选用，除根据铸件及生产类型满足落砂要求外，还要考虑厂房基础、厂房高度、起重能力、地坑深度、布置情况是否影响周围环境等。

2. 机械落砂的操作控制

为了确保落砂中不出现铸件缺陷与铸件损伤，生产过程中应注意如下事项：

1）铸件和砂箱总重量应不超过落砂机规定载重。

2）不同砂型的铸件应分别落砂，防止各种型砂混淆。

3）及时清除阻塞在落砂机栅格上的铁块及砂团，并防止砂箱或壁薄复杂件被振坏。

4）如果落砂机不好用，要分析原因，总结改进意见。激振力确实很小时，可适当加大；激振力太大，可适当拆去几根弹簧。另外，及时排空落砂机砂斗里的砂子，尽量把铸型放在栅床中心，防止压偏。分箱落砂，落砂前铸型闷水以及不摘钩落砂（用桥式起重机吊着）等，都能不同程度地提高落砂效果。

5）使用前，检查落砂机各零件部件是否正常，严格遵守操作规程。

15.3 手工落砂与清砂

1. 常用的手工落砂与清砂工具

常用的手工落砂与清砂工具有：风铲、手錾、冲子、锤头、钳子、耙子、固定支架等。

风铲用于清除型芯砂、飞边、毛刺等。无风铲时，常用手錾清砂。冲子主要用来清除铸孔内表面的披缝、毛刺和芯砂。锤头包括手锤和大锤。大锤用于落砂，锤击浇冒口，敲击振松大块型砂；手锤用于配合手錾、冲子清除型砂、芯砂、飞边、毛刺。钳子用于切除型腔内的铁丝芯骨。耙子用于挖掏铸件内腔或深孔的浮砂。固定支架是清砂时支持与固定中小型铸件用的胎具，固定支架的形状尺寸视清理的铸件而定。

2. 手工落砂时的质量控制

手工落砂的打箱时间非常重要。打箱过早容易损伤铸件，并使其冷却速度太快，导致内应力增加，产生铸件过硬、变形和裂纹；打箱过晚，则占用场地时间太长，影响砂箱周转。打箱时间取决于打箱温度，即取决于铸件的重量、壁厚、化学成分与冷却条件。

手工落砂时的质量控制事项包括：

1）小型铸件可直接用铁钩、铁铲、手锤落砂。较大的铸件则应先将上箱吊起（如果铸件留在下箱，应再吊起下箱，翻转砂箱使铸件向下），再用大锤敲振上箱的型砂或浇冒口。必要时，用钢钎捅碎砂型，取出铸件。

2）落砂时，锤头勿直接敲击红热的铸件、箱带和箱把。吊运时严防铸件互相碰撞、砸压。

3）打箱后，如果发现温度过高，应及时用热砂覆盖，使其缓冷。铸件落砂后，应置于干燥避风处，避免氧化生锈。

4）采用多种砂造型时，应分别落砂回收。

5）作业区应装通风排尘设备，旧砂要及时处理，砂箱要在指定处摆放整齐，铸件落砂后及时运到指定地点。

3. 手工清砂时的质量控制

手工清砂时的质量控制包括如下方面：

1）翻转铸件时远离其他铸件，免得碰坏。

2）做好自检互检，发现铸件有严重缺陷时要及时处理，裂纹应做标记。判废件单独存放，不再继续清理。

3）严禁用大锤敲打壁薄、易变形、易裂的铸件。有余温的铸件避免浇水。

4）铸件清砂后应妥善存放，薄壁小件、易变形铸件之上，不得压放大件。

5）注意回收芯骨、冷铁、铁丝、焦炭，认真清点工具。

15.4 水力清砂

采用高压泵产生高压水，高压水沿管道输送至喷枪，经喷嘴喷出，形成高速射流，冲击铸件，将其表面与内腔积砂除掉的方法称为水力清砂。其中，水砂清砂是水力清砂的一种形式。

1. 水力清砂的特点

（1）优点　与手工清砂、一般机械化清砂相比，水力清砂有以下优点：

1）消除灰尘。水力清砂可使环境粉尘浓度由 10～100mg/m^3 降至 2mg/m^3 左右。

2）提高清砂效率。其生产率比手工清砂高 5～10 倍，对某些铸钢件，甚至可提高 10～20 倍。

3）降低劳动强度，减少噪声。

4）可以不破坏型芯骨。清砂时，可对型（芯）砂做湿法再生处理，节约新砂，从而降低成本。

5）工艺简单，铸件变形与开裂的倾向性小。因此，某些复杂铸件、复杂砂芯、溃散性差的砂芯宜用水力清砂。

（2）缺点　水力清砂有以下不足之处：

1）水力清砂、旧砂湿法再生消耗的水，要回用需要一整套设备，占地多。

2）寒冷地区须防冻，整套水力清砂装置须装于室内，基建投资大。

2. 水力清砂时的质量控制

（1）操作过程　水力清砂通常在清砂室内完成，其操作过程如下：

1）将装有铸件的台车开入清砂室，封闭全部室门。

2）调整喷嘴与铸件的间距（通常为 300～600mm）。

3）检查储水罐水位，起动给储水罐送水的清水泵。

4）起动旧砂再生系统中的砂浆泵或水力提升器。

5）检查高压泵的液压泵油位，观察其运行是否正常，通常先开液压泵，再开高压泵。

6）高压泵开泵前，先用手盘动一周，观察是否异常；再打开高压泵阀，起动高压泵；待高压泵空载运行正常后，再关进泄水阀，开水枪进行清砂。

7）观察清砂时泻水的颜色，若水流变成白色，说明操作已经完成。

水砂清砂操作要领与水力清砂相同，此外还要注意以下三点：

1）喷砂前须开动水枪，使中间管子的高压水流射出，然后才打开泥浆导管，引入水砂混合物；否则，喷孔易堵。

2）停止喷砂时，先停止泥浆导管供砂，后停止供水；否则，易使出口喷嘴堵塞。

3）鉴于高速水流与砂子的磨损，喷嘴寿命很短。为此，当水砂喷柱有明显的飞散时，应立即更换喷嘴，以便消除不安全因素，并保持正常的清砂效率。

停车时，要注意先打开泄水阀，然后切断电源。在我国北方冰冻期，须关闭进水阀，放出高压泵内存水，以防冻裂。

（2）质量控制　水力清砂时的质量控制包括如下几点：

1）消除喷射死角。开动水枪前，先将铸件置于回转台车上。铸件与回转车台面间应成一倾角（可用型钢架支撑），从而使水枪喷射时无死角，高速射流畅通。

2）采用固定钢架。20～100kg 的中小件易被高压射流冲走，因此要用钢架固定或悬挂。

3）清砂温度要适当。进行水力清砂的铸件（尤其是大而薄的铸件），须冷至50℃以下；否则，在高压射流水的激冷作用下，很容易使铸件开裂报废。

4）注意高压泵运行状况与压力变化状况。正常运行时，高压泵的声音清晰，无明显杂音，压力较稳定，指针波动小。异常时，要停车检查。若压力突然增大，应打开卸水阀，检查是否有异物堵塞喷嘴。

5）调好水枪与铸件的间距后，一定要锁紧水枪的前后移动机构，以防水枪在高压射流的反作用下，突然到退伤人。

6）操作中，严禁随意调整安全阀，严禁松动高压部分的螺栓。

第 16 章 铸件浇冒口去除和表面清理

16.1 铸件浇冒口去除

16.1.1 铸件浇冒口去除方法简介

铸件的浇注系统（简称浇道，俗称水口），是引导金属液进入型腔的通道。通常，浇注系统由浇口杯（外浇道）、直浇道、横浇道和内浇道四部分组成，如图 16-1 所示。

铸件冒口（见图 16-2）常在金属液最后凝固的部位（多在铸件顶部），主要起补缩作用。按作用分类，有普通冒口、气压冒口、发热冒口、易割冒口；按合箱后的显隐区分类，有明冒口与暗冒口；按设置位置分类，有顶冒口与边冒口。冒口形状多为圆柱形和腰形。为充分补缩金属液，冒口可以有多个，也可以在不同部位设不同类型的冒口。

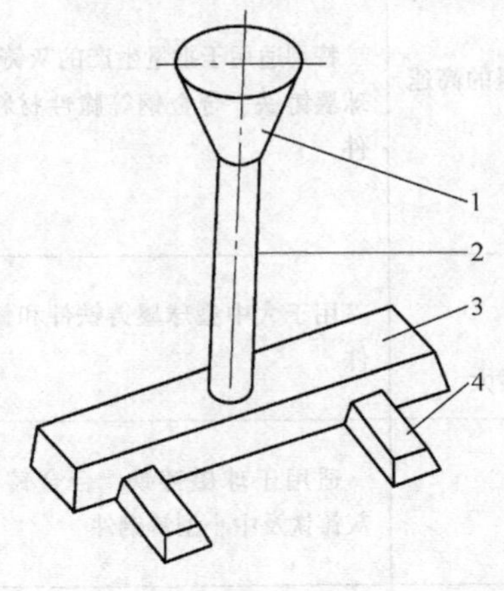

图 16-1 浇注系统示意图
1—浇口杯 2—直浇道
3—横浇道 4—内浇道

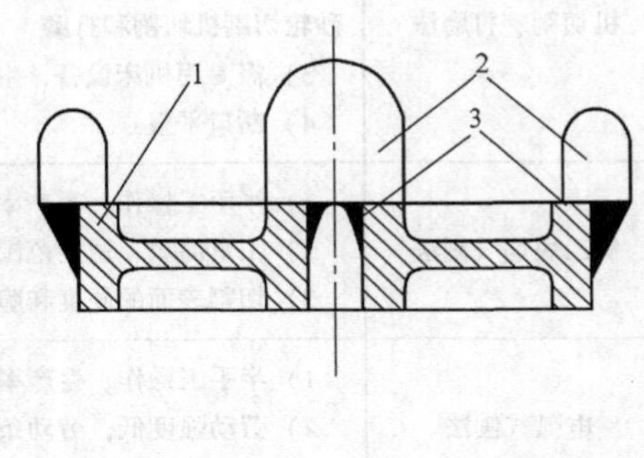

图 16-2 冒口示意图
1—铸件 2—冒口 3—冒口补贴

铸钢件材质各异，浇冒口大小悬殊，去除方法不尽相同。

1）普通碳钢铸件，采用氧乙炔焰气割。该法设备简单，操作方便，速度快，成本低，适用范围广。

2）不锈钢铸件，可用等离子切割、氧熔剂气割、氧乙炔焰振动气割。

3）特大型冒口，可用通氧管（俗称氧矛）气割。

4）高锰钢铸件的小型浇冒口和易割冒口，一般在热处理前以锤击去除，较大冒口在热处理后用氧乙炔焰气割。

5）近年来开始试用机械气割设备去除冒口。其特点是，气割质量高，气割余量少，金属损耗少，劳动条件大为改善。

铸件浇冒口去除方法、特点和应用范围见表16-1。

表16-1　铸件浇冒口去除方法、特点和应用范围

去除方法	特　点	应用范围
锤击敲断法	1）手工操作，生产率低 2）工具简单，操作灵活 3）应注意锤击方向，断面参差不齐	适用于各种铸件和生产方式
机械冲击法	1）机械操作，生产率高 2）需专用压力机、锯床，适用范围小 3）断根平整光洁，打磨量小	主要用于批量生产的中小型可锻铸铁件、球墨铸铁件、非铁合金铸件
机械折断和砂轮机切割、打磨法	1）铸件固定，沿切线方向推进的压轮将冒口折断 2）用垂直升降和相对于夹具进退的高速砂轮切割机切割和打磨 3）需专用机床设备，生产率高 4）断口平整	特别适用于批量生产的灰铸铁、球墨铸铁、合金钢等脆性材料铸件
氧乙炔焰气割法	1）半手工操作，生产率较低 2）工具简单，适用范围小 3）切割表面的硬度和脆性有所增大	用于大中型球墨铸铁件和铸钢件
电弧气刨法	1）半手工操作，生产率高 2）劳动强度低，劳动条件好 3）不影响机械加工	适用于球墨铸铁、合金铸铁、灰铸铁及中小型铸钢件
等离子切割法	1）半手工操作，生产率高 2）需专用等离子切割设备，适用范围广 3）切割表面的硬度和脆性有所增大	适用于各种铸件
导电切割法	1）机器操作，生产率高 2）需专用导电切割机，切割工具电极耗用量大，适用范围小 3）切割表面光洁，能减少机械加工量	多用于成批生产的脆硬铸件

16.1.2 铸件浇冒口去除质量控制

1. 去除铸钢件浇冒口

（1）气割铸钢件浇冒口时的准备工作

1）了解铸件材质，根据铸件化学成分、结构形状、冒口大小确定气割方案。要热割的铸件须掌握好温度，及时气割。

2）气割前，清除浇冒口根部至气割线以上100mm以内的型砂、浇口砖等异物。了解铸件与冒口连接处有无凸台、脐子、倾斜面等。大型冒口应按照切割余量要求标出气割线，以保证气割质量。

3）按冒口大小选择氧气和乙炔的压力。特别大的冒口可采用氧气管吹氧助割。氧气瓶、乙炔罐与气割场地的距离应符合安全要求。

4）铸件要摆正放稳，大冒口一定要竖直，使切割面保持水平位置。如果浇注系统影响摆放，则先切除浇注系统。

5）冬季存放于露天的铸件，应恢复至室温后再行气割。气割前后，铸件上不应有积水。

铸件中本来就存在着不同程度的铸造应力，采用水爆清砂将使内应力更加复杂化。若水爆温度掌控不当，水爆后又无消除应力措施，某些中碳钢、合金钢铸件与结构复杂的铸件有时会因内应力过大自行开裂。即使暂未开裂，气割冒口时也很容易产生裂纹，甚至报废。此外，冒口大、淬透性好的铸件，在气割冒口时，很容易在热影响区中产生微裂纹。氧气压力不足、气割速度过慢时，微裂纹更容易产生。这种微裂纹往往在切削加工后才能发现。

为了防止上述大型裂纹与微裂纹的产生，对中碳钢、合金钢铸件，以及结构复杂或冒口较大的铸件，应考虑热割。

气割时铸件局部承受高温，切割面与热影响区易产生微裂纹，冒口补缩不良时，裂纹可能性更大。在热应力作用下，薄弱部位受拉应力作用，也有产生裂纹的可能性。尤其是铸造应力、水爆应力与气割热应力交织在一起时，产生裂纹的可能性更大。因此，气割后应注意以下几点：

1）中碳钢、合金钢的较大冒口与易裂件的冒口，在气割后及时入炉热处理（或保温）。在无条件入炉时，冒口应留在原位，保温至100℃以下再吊走。

2）气割后，铸件不得吊放于通风口处，严禁沾水。温度高于100℃的铸件不做抛丸清理。

3）在造型工地热割冒口后，及时以热干砂覆盖切割部位保温。

4）气割后，如冒口余量过大或局部过高，应及时补割，直至符合要求。

5）气割后残留在冒口周围的氧化渣应趁热清理。需保温的零件可在低温时清理。

6）关键铸件气割后应及时记录件号，铸件顺序号，氧压、气割中的异常现象，以及操作者姓名。

（2）高锰钢铸件浇冒口的去除方法　高锰钢导热性能差，线胀系数大，铸造后在晶粒内和晶界上有大量碳化物，使塑性、韧性降低，脆性增加。因此，高锰钢铸件浇冒口的去除应采取特殊方法。

1）一般的小型浇冒口、易割冒口与飞边，应于清砂后采用锤击或冲撞的办法去除。

2）大冒口常在热处理（水韧处理）后常温下气割，以免产生裂纹。有时为防止气割时受热部位析出碳化物与产生裂纹，可采用水冷却气割法（在水中气割，或边气割边喷水冷却）。冒口过大影响热处理装炉或淬火时，可在热处理前割掉部分冒口，留足够的切割余量（一般为 50～100mm），待水韧处理后再气割。

3）个别冒口较大的铸件，可在浇注后冷却到一定温度（一般为 700～800℃）时吊起上箱，清除浇冒口周围型砂，然后气割，再用型砂覆盖，使其自然冷却。该法操作条件差，应用较少。

（3）不锈钢铸件浇冒口的切割方法　不锈钢中铬、镍量较高，气割时切口表面形成高熔点氧化物，遮盖割缝表面，阻止了碳与铁的进一步氧化，因而不能采用一般的气割方法。不锈钢铸件的浇冒口切割方法如下：

1）氧乙炔焰振动气割法。其工艺要点是，预热火焰比气割碳钢铸件时强烈、集中，氧压要高 15%～20%，采用中性焰，常用 G 01-300 型割炬。首先用预热火焰加热冒口切割线上缘，待表面呈红色熔融状态时，打开切割氧气阀，略微上抬割嘴，熔渣即从切口流出。此时，割炬立刻做幅度一定的前后上下摆动，割嘴振幅为 10～15mm，频率约为 1.3Hz。振动是为了利用火焰中的高压氧气流的动能冲刷割缝中的熔渣，从而使气割得以连续进行。这种方法要求熟练的技术。

2）氧熔剂切割法或外加低碳钢丝助熔剂切割。氧熔剂切割原理是，在氧气流中加入粉状熔剂（氧化铁皮粉和硅粉），使其在切割区内发生机械作用和氧化反应。氧化反应使切口温度升高，金属氧化物熔化，黏度降低，并且在冲刷作用下被吹除，下层金属继续燃烧。

采用低碳钢丝做助熔剂的切割，原理与氧熔剂法相似。气割时，用氧乙炔火焰先将钢丝熔化，并与不锈钢生成熔点低、流动性好的氧化液，边气割，边添加钢丝，边吹除熔渣，以保持气割的连续性。

3）等离子切割。等离子切割是利用高温、高速的等离子流（俗称压缩电弧）来切除金属和非金属的一种工艺方法。以某种特殊装置将通常自由电弧的弧柱压缩，即得切割用的等离子电弧。压缩后的电弧能量高度集中，温度极高，弧柱内的气体高度电离。由于等离子焰流有很高的温度和机械冲刷力，所以能顺利地切割不锈钢，也可切割高碳钢、铸铁、铜合金及铝合金等，但切割厚度较小。

高铬钢、铬钼钢等铸件，可采用热割缓冷或增加切割余量等措施来解决裂纹问题。

2. 去除铸铁件浇冒口

去除铸铁件的浇冒口与飞边，通常采用以下几种方法：

（1）锤击、冲撞法　锤击是指手锤、大锤等手工工具对准冒口适当位置敲击，以求去除。冲撞则是以人工摆动悬挂于梁或吊钩上的圆钢或冲杠撞掉冒口。大型冒口可用桥式起重机吊重锤来撞掉。

锤击与冲撞应注意撞击部位与方向。撞击前，冒口根部可用风铲、锯、电弧等手段预割一定深度的槽口。该法操作简单，应用普遍。

（2）锯割法　常用设备有圆锯机、带锯机、弓锯机等。该法可控制切割余量，表面较光洁，但适用范围小（多用于中小型可锻铸铁件、球墨铸铁件、轴类件等）。

（3）氧乙炔焰气割法　主要用于气割大中型球墨铸铁件的冒口。该法生产率高，不易损伤铸件，但气割表面受热影响，硬度与脆性显著增加，操作困难，需要熟练的技术与相应的工艺措施，操作不当时易裂。

（4）等离子弧切割法　等离子弧热量集中，温度高达 15000～30000℃，切割速度快，适用于各种铸铁件。该法需专用的等离子弧切割设备，切割面因受热变硬变脆。

（5）裂断法　采用液压楔形裂断器，使浇冒口断裂。

（6）其他切割方法　其他切割方法还有：电弧气刨、导电切割、机床切削等。

3. 去除非铁合金浇冒口

铜合金铸件的浇冒口，通常采用砂轮锯或碳弧气刨切除。砂轮锯结构简单，切割速度快，切口光滑，适用于各种硬质合金，砂轮片成本低。切割时可采用手动，也可采用机械控制或射流控制。

切割操作时，必须夹紧工件，以防打碎砂轮片。砂轮进给时，用力应均匀。切割硬度高的大断面时，应以水冷却，或做间歇式切割，以防砂轮片过热失去切削能力。砂轮片应附吸尘装置、防护罩。

铝合金铸件批量小时，常用手工法锯除；大批量生产时，用带锯、圆盘锯、砂轮切割机切除；针对定型产品可设计专用机床，用切削法去除浇冒口。

16.2 铸件表面清理

16.2.1 铸件表面清理方法简介

铸件的各种表面清理方法、特点及应用范围见表16-2。

表16-2 表面清理方法、特点及应用范围

表面清理方法	所用设备（工具）与特点	应用范围
半手工或手工清理	1）风铲，固定式、手提式、悬挂式砂轮机 2）锉、錾、锤及其他手工工具 3）手工或半手工操作，生产率较低 4）工具简单，采用电动、风动或手动 5）劳动强度大，劳动条件差	单件小批量生产的铸件
滚筒清理	1）圆形或多角形滚筒，铸件和一定数量的星形铁，电动机驱动，靠撞击作用清理铸件表面 2）设备简单，生产率高，适用面广 3）噪声、粉尘大，需加防护	批量生产的中、小型铸铁和铸钢件
抛丸清理	1）利用高速旋转的叶轮将金属丸、粒高速射向铸件表面，将铸件表面的附着物打掉。所用设备有抛丸清理滚筒、履带式抛丸清理机、连续滚筒式抛丸清理机、抛丸室、通过式（鳞板输送）连续抛丸机、吊钩与悬链抛丸机、多工位转盘或抛丸清理机及专用抛丸机等。抛丸清理是世界各国清理铸件的主要手段 2）可实现机械化和半自动化操作，生产率高，铸件表面质量好 3）设备投资大，抛丸器构件易磨损 4）操作要求严格，作业环境好	批量生产的铸铁件和铸钢件
喷丸（砂）清理	1）利用压缩空气或水将金属丸、粒或砂子等高速喷射到铸件表面，打掉铸件表面的附着物。所用设备有抛丸器、喷丸清理转台、喷丸室、水砂清理等 2）生产率低，表面质量好，使用较普遍 3）喷枪、喷嘴易磨损，压缩空气耗量大，需设立单独的操作间 4）粉尘和噪声大，应采取防护措施	批量生产中清理铸件时，喷丸常用于铸铁和铸钢件；喷砂多用于非铁合金铸件

（续）

表面清理方法	所用设备（工具）与特点	应用范围
机械手自动打磨系统	1）采用预编程序的程序控制或模拟随动遥控操纵机器人或机械手，对铸件进行自动打磨和表面清理 2）使铸件清理工作从高温、噪声、粉尘等恶劣的工作环境及繁重体力劳动中解放出来 3）操作者必须具备较高的技术素质，投资大，维护保养严格 4）需进行开发性设计研究	用于成批或大量流水生产的各类铸件

选用清理设备的原则如下：

1）铸件的形状、特点、尺寸大小、代表性铸件的最大尺寸、重量、批量、产量和车间机械化程度等条件是选择清理设备的主要依据。

2）在选择清砂设备时，从技术、经济、环保全面来考虑，在允许条件下，应尽量采用干法清理设备。

3）考虑生产工艺的特点，例如，采用水玻璃砂时，应尽量采取措施改善型砂的溃散性，创造条件采用干法清砂设备。

4）在选择干法清砂设备时，其选择的次序是优先考虑抛丸设备，其次是以抛丸为主，喷丸为辅。对于具有复杂表面和内腔的铸件，可考虑用喷丸设备。

5）对于内腔复杂和表面质量要求高的铸件，如液压件阀类铸件、精铸件等，应采用电液压清砂或电化学清砂。

6）喷丸清理铸件的温度应控制在150℃以下。这是因为铸件在受到弹丸喷打的同时，还受到高速压缩空气流的冲刷和激冷，铸件温度过高容易产生裂纹。

7）喷丸清理设备要求及时排除喷丸清理时产生的粉尘，以便清晰地观察铸件清理情况。因此，除尘风量比相同（或相近）类型和规格的抛丸设备的除尘风量大，一般为抛丸设备除尘风量的2~3倍。

16.2.2 铸件表面清理质量控制

1. 滚筒清理

滚筒清理是依靠滚筒转动，造成铸件与滚筒内壁、铸件与铸件、铸件与磨料之间的摩擦、碰撞，从而清除表面粘砂与氧化皮的一种清理工艺。普通清理滚筒（抛丸、喷丸清理滚筒不在此列）按作业方式可分为间歇式清理滚筒（简称清理滚筒）与连续式清理滚筒两大类。

采用滚筒清理时，其质量控制的注意事项如下：

1）磨料一般用白口铸铁铸成的正三棱锥星铁，也可以使用浇冒口或废旧砂轮块。磨料尺寸为20～60mm，视铸件尺寸而定。磨料加入量为铸件重量的6%～10%。

2）装铸件时，要将同类型小铸件集中装入，薄而长的铸件人工放入，特殊铸件用螺栓紧固为一体后放入，薄件与厚而重的铸件不要同时装入，铸件装入量要适当控制。

3）装完铸件后将盖扣紧，对着操作位置的一侧应向上方旋转。

4）滚筒清理时间通常为30～40min，视铸件复杂程度与被清理物的黏着强度而定。

5）清理完毕后停机，用制动器制动，让滚筒口处在适于出清铸件的位置。插上保险销后再开盖取铸件。

6）卸件时，根据铸件类型分别堆放，并将滚筒内的多余物清理干净。

7）使用过程中，要注意滚筒运转情况，并定期加注润滑油。

为降低普通清理滚筒的粉尘与噪声，将清理滚筒周长的1/6浸入水中。水流通过滚筒壁上的孔眼，将砂子、杂物带走。

合理地使用滚筒清理，还应要遵循以下几条原则：

1）合理选择滚筒类型。大多数铸件采用六角形或圆形滚筒，大批量生产采用专用滚筒，小而脆的铸件采用小型滚筒，薄壁铸件或特别长的铸件采用方形滚筒。

2）合理选择铸件加入量、磨料加入量与滚筒转速，以提高生产率。品种规格单一的铸件，可借助于优选法选择上述工艺参数。

3）合理扩大滚筒的使用范围。通过下列途径，可将清理滚筒的使用范围扩展到薄壁铸件的清理：采用方形滚筒；适当增加薄壁铸件与磨料的加入量；铸件与磨料分层交替放入，扁平的薄壁铸件可用螺栓联接为一体，避免相互碰撞，而磨料可穿过铸件空隙做摩擦清理。

4）合理添置铸件装卸机构，缩短辅助工时，增加机动工时。

5）采取合理措施，降低噪声。例如，在滚筒体与衬板间垫厚橡胶板吸振；将滚筒装在地坑内，或放在车间角落，外加隔音罩，或用围墙隔开，以隔离噪声。

6）采取合理措施，降低粉尘。例如，加强清理滚筒自身的密封，保证除尘系统的通风量与除尘效率，采用滚筒浸水清理等工艺。

2. 喷丸清理

喷丸清理是指弹丸在压缩空气的作用下，变成高速丸流，撞击铸件表面而清理铸件。喷丸清理设备按工艺要求可分为表面喷丸清理设备与喷丸清砂设备；按设备结构形式可分为喷丸清理滚筒、喷丸清理转台、喷丸清理室等。

喷丸清理通常由人工操作，喷枪移动速度、喷射距离、喷射角度等均须调整正确。喷枪移动速度应满足第一次喷射的弹丸覆盖率达76%。喷射角度是射流与工件表面的夹角，也称入射角。铸件表面氧化皮与粘砂较少时，入射角以75°~90°为宜；表面有大量型砂时，以45°为宜。通常应使入射角小于90°，以免先后喷出的弹丸在法线上对撞，降低生产率；并且垂直反射的弹丸会影响视线，降低窥孔玻璃的寿命。因此，近90°的入射角仅适用于很硬的砂块、粘砂层，或很深的芯孔。

合理地使用喷丸清理，还应要遵循以下几条原则：

1）喷丸应清洁、干燥、无杂物。

2）喷丸粒度应根据铸件的重量、结构和材质选定，一般为1~3.5mm。清理过程中，喷丸会破碎损耗，应及时补充新丸。

3）耐压胶管不允许有急转弯和压折现象。

4）喷嘴直径在使用过程会磨损扩大，使压缩空气消耗量增加，降低清理效果，应经常检查及时更换。一般应控制喷嘴直径不大于15mm。

3. 喷砂清理

喷砂清理原理与喷丸清理相似，用各种质地坚硬的砂粒代替金属丸清理铸件。喷砂清理可分为干法喷砂和湿法喷砂。干法喷砂的砂流载体是压力为0.3~0.6MPa的压缩空气气流；湿法喷砂的砂流载体是压力为0.3~0.6MPa的水流。

喷砂清理多用于非铁合金铸件的表面清理，对于铸铁件主要用于清除其表面的污物和轻度粘砂。由于砂粒在清理过程中破碎较快，粉尘较大，故一般采用湿法喷砂。

清理设备较简单，投资少且操作方便，生产率高，清理效果较好。尤其适合中小铸造车间用燃煤退火炉退火的铸件表面清理，可快速和较彻底地清除掉退火后铸件表面粘附的烟黑、灰等污染物。

4. 抛丸清理

抛丸清理是指弹丸进入叶轮，在离心力作用下成为高速丸流，撞击铸件表面，使铸件表面的附着物破裂脱落。除清理作用外，抛丸还有使铸件表面强化的功能。

抛丸清理过程中的质量控制应注意以下几点：

1）检查设备各部位是否正常，空转运行正常后，才可使用。

2）铸件装入前，应将清理设备内积存的浮砂及杂物倒净，以提高生产率和分离效果。

3）根据所采用的清理设备及铸件特点，选用程度合适的铁丸或钢丸。抛丸应粒度均匀，表面干净，不带杂物，粒度一般为1.0~3.5mm。

4）抛丸清理设备要保持良好的密闭，抛丸器叶轮未完全停止转动时，不允许打开抛丸机端盖或抛丸室门，以免铁（钢）丸飞出伤人。

5）抛丸器运转应保持稳定，无严重振动现象，运转中发现有严重振动现象，即应检修。

6）抛丸器内的叶片成对布置，重量误差不超过3~3.5g，以保证运转平稳。运转中叶片一端磨损时，可对调使用，如磨损严重，应更换新叶片。更换新叶片时，应保证使对称安装的两叶片重量偏差在允许范围内。

7）抛丸器的定向套、分配轮及护板等磨损件，应按其允许磨损程度及时更换。

8）抛丸量可根据铸件大小、形状和清理难易程度而定，通常是由少增多，调节至合适为止。

9）抛丸机运转部件应按时加注润滑油。

5. 机械和风动工具表面清理

（1）砂轮机表面清理

1）砂轮机的选用。砂轮机是对铸件表面进行铲磨清理的重要机械，其优点是操作灵便、安全和经济。常用的铸件表面铲磨方法见表16-3。

表16-3　常用的铸件表面铲磨方法

铲磨方法	操作特点	适用范围
手工凿锉法	1）工具简单，不用能源和设备 2）手工操作，生产率低	多用于中小型铸铁件和非铁金属铸件
风动工具铲磨法	1）需要压缩空气 2）半手工操作，生产率较高 3）适用范围广 4）劳动强度高，噪声大	用于各种材质的大中型铸件，去除其粘砂、飞边、毛刺
砂轮机打磨法	1）半手工操作，生产率低 2）表面光洁，工作质量高	适用于各种铸件较大面积的打磨
电弧气刨法	1）需专用设备 2）半手工操作，生产率高 3）切割表面硬度较高，易增碳	多用于铸铁、铸钢件，清除较厚的飞边、较高的冒口余根

2）砂轮机的操作。砂轮机操作应注意如下事项：

①根据铸件材质选定砂轮材料。砂轮磨料可分为三大类：刚玉类、碳化物类、金刚石类。铸件材质越硬，砂轮材料应当越软；反之，铸件材质越软，砂轮材料应越硬。打磨铸件常用的砂轮磨料见表16-4。

表 16-4　铸件用砂轮磨料

类别	名称	代号	色泽	性　能	适用范围
刚玉类	棕刚玉	GZ	棕褐色	硬度高，韧性好，价格便宜	碳钢、合金钢、可锻铸铁、硬青铜
	白刚玉	GB	白色	硬度比棕刚玉高，韧性较棕刚玉低	淬火钢、高速钢、高碳钢及薄壁零件
	单晶刚玉	GD	淡黄色或白色	硬度与韧性比白刚玉高	不锈钢、高钒高速钢等强度高、韧性好的材料，供高速磨削
	铬刚玉	GG	玫瑰红	硬度与白刚玉相近，韧性比白刚玉高、耐用度高	高速钢、高碳钢、薄壁件
	微晶刚玉	GW	棕褐色	强度高，韧性和自锐性好	不锈钢、轴承钢、特种球墨铸铁、供高速磨削
	锆刚玉	GA	黑褐色	强度高，耐磨性好	耐热合金钢、钛合金及奥氏体不锈钢
碳化硅类	黑碳化硅	TH	黑色或深蓝色，有光泽	硬度比白刚玉高，性脆而锋利	铸铁、黄铜、铝及非金属材料
	绿碳化硅	TL	绿色	硬度和脆性比黑碳化硅高	不锈钢、硬质合金、陶瓷、玻璃

②打磨前，应用木槌轻击砂轮，如果声音清脆，便可使用；如果声音破杂，则砂轮有裂纹，应停止使用，并进行更换。

③打磨时，应待砂轮速度稳定时才能进行，一般砂轮圆周速度可控制在 25 ~30m/s。

④铸件待磨部分应放在砂轮外圆的当中，磨削时切不可用力过大，应逐渐施力。

⑤对于成批或大量生产的中小型铸件，可设计专门工夹具或专用多面磨床进行打磨，以提高生产率。

⑥打磨过程中，如果发生异常声音时应停机检查，消除故障后才可继续使用。

⑦使用手提式砂轮机时，应注意磨削方向，以防迷眼。手提式砂轮不可放在地面上，以免进入砂子影响使用，更不可放在潮湿和具有腐蚀性或易爆炸性的气体环境中，以免电动机绝缘腐蚀和产生爆炸危险。

⑧砂轮机要经常维护保养。砂轮片磨损至一定程度要及时更换。更换时，拧紧螺母用力应均匀，以防砂轮破裂。

（2）风动工具表面清理　风动工具表面清理是利用风铲铲头的往复冲击力，

驱动錾子来铲除铸件表面的附着物和残存突起物，如飞翅、毛刺和浇冒口残余。

风动工具的种类主要有风铲、风铣刀、风钻和风砂轮等。风动工具表面清理时，其操作过程的注意事项如下：

1）铲前检查各风管接头处是否牢固，将管路系统中压缩空气带来的水分放净。

2）手要握紧铲头，慢慢给气，严防铲头飞出伤人。

3）经常检查风带接头的螺母是否松动，以防风带甩起伤人。

4）风铲不要随意扔在地上，以免掉进砂子影响风铲的再使用。

5）清铲完毕将风铲放在煤油内洗净，拭干，并涂上轻润滑油。

6）錾子尾柄硬了、坏了，易损坏风铲衬套，损坏了的衬套必须及时更换。

7）錾子尾柄端面应加工成与风铲轴心垂直，否则会影响清铲效果。

第 17 章　铸件缺陷修补、矫正及质量检验

铸件经常出现裂纹、孔洞、变形、尺寸不合格等缺陷，直接影响零件的外观、使用性能与寿命。经认真修补、矫正后，可去除缺陷，大部分修补、矫正后的铸件可作为正品使用。

17.1　铸件孔洞缺陷修补

铸件出现的裂纹、孔洞类缺陷常采用修补方法挽救。铸件修补的目的就在于提高产品的合格率，赢得时间，确保工期。

铸件修补的原则是：修补后外观、性能、寿命均能满足要求，且经济上合算，即应修补；反之，技术上无把握，经济上得不偿失，就不做修补。

常用的铸件修补方法及适用范围见表 17-1。其中，焊补法应用得最广泛，具有经济、可靠等优点。

表 17-1　铸件修补方法及适用范围

修补方法	适　用　范　围
电焊法	主要用于铸钢件，其次用于铸铁件与非铁合金铸件
金属喷镀法	修补非加工表面上的渗漏处。修补后的工作温度应低于 400℃
填腻修补法	修补不影响使用性能的小孔洞与渗漏缺陷。零件使用温度低于 200℃
镶塞修补法	修补不影响使用性能的孔洞、偏析等缺陷
浸渍修补法	修补非加工面上的渗漏缺陷
氧乙炔气焊法	多用于铸铁件与非铁合金铸件，铸钢件用得很少
金属液熔补法	多用于熔补铸铁件的大孔洞与浇注不足等局部缺陷
钎焊法	修补铸铁件和非铁合金铸件的孔洞与裂纹等，但零件使用温度不能过高
环氧树脂粘补法	粘补不承受冲击载荷与受力很小部位的表面缺陷

17.1.1　焊条电弧焊焊补

采用电弧焊机和焊条，一般在无保护性气氛下对铸件缺陷部位进行焊补。该法可焊补铸铁件和铸钢件，也用于焊补某些非铁合金铸件。

1. 铸铁件的焊补

（1）冷焊　焊前铸件不预热或低温（ <400℃）预热，主要用于焊补铸件的不加工表面。焊条一般采用非铸铁焊条，也可采用与铸件材质相近的铸铁焊条。采用非铸铁焊条时，焊缝强度和颜色与铸件本体不同，机械加工性差；若铸件

焊后需机械加工，可采用镍基合金焊条。

采用铸铁焊条时，应进行大电流操作，并严格遵守操作工艺，以免铸件焊后开裂。采用铸铁焊条焊补的焊缝强度、硬度和颜色与铸件本体相近，焊后可进行机械加工，但焊区周围刚度大的铸件焊后易开裂。

（2）半热焊　铸件焊前预热到400℃左右，焊条一般采用钢芯石墨化铸铁焊条，焊缝强度与铸件本体相近，但铸件焊后加工性能不稳定。半热焊用于铸件不加工面或要求不高的加工面的焊补。

（3）热焊　铸件焊前预热至500～700℃，焊后需保温缓冷，一般采用铸铁焊条，焊缝强度、硬度和颜色与铸件本体基本相同，铸件焊后不易开裂，可进行机械加工。热焊用于焊后需机械加工铸件的焊补，尤其适合对缺陷周围刚度大的铸件进行焊补。

2. 铸钢件的焊补

铸钢件多采用焊条电弧焊焊补，其焊补工艺与铸铁基本相同。选取焊条时，应综合考虑焊接件的力学性能、化学成分、使用条件、结构形状，以及所用的焊接设备、产品成本、劳动条件等因素。普通碳素钢、低合金结构钢，按其强度等级选用相应的焊条，即等强度选用焊条。不锈钢用不锈钢焊条；低温钢则用低温钢焊条。总之，对性能有特殊要求的材料，要选用专用焊条。

3. 非铁合金铸件的焊补

非铁合金铸件由于在高温时极易氧化，因此，除某些铜合金铸件可直接在大气下用焊条电弧焊法进行焊补外，一般多采用气焊或在保护性气氛下进行焊条电弧焊，如氩弧焊、碳弧焊、二氧化碳气体保护焊等。

（1）焊补材料（填料）　焊补材料一般采用与被焊铸件相同或相熔的合金制成的焊条或焊丝，也可从铸件浇注系统或废铸件上切取。焊条或焊丝的直径一般为2～8mm，长度为300～500mm。焊条、焊丝等焊补材料不允许有气孔、夹渣、疏松、锈蚀和油污。

（2）焊剂　焊剂一般为粉状，焊接时撒于施焊面上，或用已煨热的焊丝或焊条蘸取焊剂，也可将焊剂与水调成糊状涂在焊丝或施焊面上使用。焊剂主要起助熔、精炼和防止氧化的作用。粉状焊剂易潮解，必须密闭保存。糊状焊剂存放时间不超过6h，应随用随配，涂在施焊面上的糊状焊剂在焊前应烘干。

非铁合金铸件焊补时，无论是采用焊条电弧焊、气体保护焊，还是气焊，均须采用焊剂。

17.1.2　气体保护焊焊补

1. 铸铁件的焊补

铸铁件常采用 CO_2 气体保护电弧焊（以下简称 CO_2 焊）焊补，很少采用氩弧焊焊补。

（1）CO_2 焊焊补的特点

1）焊补时采用短路过渡过程，电流小，电压低，因此熔深浅，融合比小，有利于获得高质量的焊缝。

2）CO_2 焊有一定的氧化性，使熔池中的碳氧化烧损，可降低焊缝中碳含量。

3）CO_2 气流有冷却作用，有利于降低温差，减少焊接应力及降低焊缝的裂纹敏感性。

4）CO_2 焊有利于减少热影响区白口层的宽度。

（2）CO_2 焊焊补工艺要求

1）CO_2 焊焊补所用焊丝多为 H08Mn2Si。

2）焊丝焊补前要清洗去油，烘干，以免产生气孔。

3）选用直径为 0.8～1mm 的 H08Mn2SiA 焊丝焊补时，焊接电流为 50～60A，电弧电压为 18～22V，焊接速度为 10～12m/h。

4）开始焊补时，电弧稍长些，进入正常焊补时采用短路过渡，防止产生金属飞溅。

5）用细焊丝焊补缺陷较大的铸件时，通常采用分层或多道焊，其层间和焊道间的温度及焊接顺序可参考焊条电弧焊选取。

6）焊接结束时，要注意填满焊坑和缺陷四周。

7）CO_2 焊焊补后仍需缓冷，可参考焊条电弧焊焊后缓冷的办法。

2. 铸钢件的焊补

铸钢件的 CO_2 焊焊补与铸铁件的 CO_2 焊焊补基本相同。

3. 非铁合金铸件的焊补

非铁合金尤其是镁合金在高温下极易氧化，故镁合金铸件和重要的铝合金铸件应采用惰性气体保护焊（如氩弧焊）进行焊补。CO_2 气体是强氧化剂，故 CO_2 气体保护焊不能用于非铁合金铸件的焊补。

氩弧焊所用一级氩气的纯度≥99.9%，二级氩气的纯度≥99.5%，可根据铸件的合金种类及技术要求选用。

17.1.3　气焊焊补

气焊焊补是利用可燃性气体（乙炔、丙烷、氢气等）与氧气混合燃烧产生的热量，使铸件本体金属和焊接金属（焊条、焊丝）熔接成一体的焊补方法。生产中应用最多的是氧乙炔焰气焊焊补法。

1. 铸铁件的焊补

（1）气焊焊补的设备及用具　气焊焊补的设备主要有乙炔发生器和回火防

止器。焊补用具有焊炬、减压表、氧气瓶及胶管等。

气焊焊补用的橡胶气管是优质橡胶夹着麻织物或棉织纤维制成的。氧气管能承受1.96MPa的气体压力，表面呈黑色或绿色，一般气管的内径为8mm，外径为18mm。乙炔气管能承受0.49MPa的气体压力，表面呈红色，内径为8mm，外径为16mm。

气焊焊补用的辅助工具有扳手、钢丝刷及通针等。这些辅助工具是保证焊补质量和进行正常操作不可缺少的。

（2）铸铁件气焊焊补材料　铸铁件气焊焊补用的焊接材料包括可燃性气体（乙炔）、助燃气体（氧气）、焊丝及焊剂等。

1）氧气：工业用氧气的纯度一般分为三级，分别为纯度≥99.5%、纯度≥99.2%、纯度≥98.5%。氧气纯度越高，则燃烧的火焰温度越高。工业用氧气的水分含量≤10%（体积分数）。

2）乙炔：乙炔是一种有特殊臭味的无色可燃性气体，它与空气混合燃烧时产生的火焰温度为2350℃，与氧气混合燃烧时产生的火焰温度为3000~3300℃。乙炔是一种具有爆炸性的危险气体，当乙炔温度超过300℃，压力上升到14.90MPa时就会发生爆炸，使用时要特别注意。

3）焊剂（焊粉）：铸铁件焊补用焊剂有酸性和碱性两种。酸性焊剂有硼砂（$Na_2B_4O_7$）、硼酸（H_3BO_3）及石英粉（SiO_2）等，用于除掉焊补处的碱性氧化物。碱性焊剂有碳酸钾（K_2CO_3）和碳酸钠（Na_2CO_3）等，用于除掉焊补处的酸性氧化物。

2. 铸钢件的焊补

铸钢件的气焊焊补与铸铁件的气焊焊补基本相同。

3. 非铁合金铸件的焊补

（1）铝合金铸件气焊焊补工艺

1）气焊焊补铝合金铸件时，焊炬、焊丝与焊缝应尽量保持在同一平面上，保证足够加热。

2）焊炬对焊件的倾角为20°~45°，焊丝与焊件的倾角为45°。

3）整个焊补过程应在无穿堂风且温度不低于15℃的环境进行。

4）对大型复杂件或裂纹倾向大的ZL201铸件，焊补后应立即装入200~300℃炉中缓冷。

5）焊补收尾时，应减小焊炬角度，同时稍抬高火焰，适当填加焊丝，填满熔池，防止产生缩孔、疏松和裂纹。

6）焊补时应采用中性焰，壁厚小于5mm的铸件采用左焊法，壁厚大于5mm的铸件采用右焊法。

（2）镁合金铸件气焊焊补工艺

1）气焊焊补镁合金铸件时，焊炬对铸件表面的倾角应为20°~45°，焊丝与铸件表面的倾角应为40°~45°，以利于加速焊丝熔化。

2）焊补过程中，焊丝和熔池应完全置于中性焰保护下。为便于造渣，焊丝应在熔池中不断搅拌。

3）焊补至末端或缺陷边缘时，应加快焊速并减小焊炬倾角；在铸件厚、薄壁交界处，火焰应偏向厚壁处，使铸件受热均匀。

4）对于壁厚大于12mm的铸件，可采用多层焊补。薄壁件和小缺陷焊补时，焊炬呈直线运动；厚壁件和大缺陷焊补时，焊炬呈螺旋运动和前后摆动。

5）焊补收尾时，为填满熔池而又不使铸件过热，应减小焊炬倾角，抬高火焰，适当加些填料，防止收尾处产生缩孔、疏松和裂纹。

6）对于结构复杂件，焊补后应立即装入200~300℃炉中缓冷。

17.1.4 铸件渗漏的修补方法

铸件的渗漏缺陷可采用电焊、气焊焊补，有时也可采用金属喷镀、腻子填补、浸渍修补及钎焊补焊等方法。

1. 金属喷镀法

金属喷镀法可用于非加工面上的小缩孔、气孔、缩松。金属喷镀是采用喷枪，使金属丝经电弧或氧乙炔焰熔化，再以压缩空气流将熔滴雾化，喷镀在金属表面上。常用喷镀材料是直径为1.0~1.5mm的锌条。喷镀前缺陷部位应去油除锈，清理干净。根据缺陷情况和铸件使用要求做分层喷镀。每喷一层均用清水将其湿透，然后再喷，直至符合要求。

2. 腻子填补法

腻子填补法用于修补工作温度在300℃以下的渗漏铸铁件。腻子配制方法如下：将质量分数为80%的硫黄粉投入坩埚，以炭火熔化（发现燃烧，应隔绝空气使其熄灭），再投入质量分数为5%的白矾，质量分数为10%的铝粉（或质量分数为10%的石墨粉），搅拌均匀，最后加入质量分数为5%的白芨粉（中药），急速搅拌后倒入玻璃容器内使之凝固。

填补前先将缺陷处清理干净。以氧乙炔中性焰或喷灯火焰，将缺陷处加热至300℃左右，然后将准备好的腻子涂抹于缺陷处。腻子遇热熔化，渗入缺陷深处，冷凝后即可堵塞渗漏。

非加热填补主要用于修补非受力部位的孔眼内缺陷，通常可按铸件颜色配制各种腻子，如质量分数为75%的铁粉，质量分数为20%的水玻璃，质量分数为5%的水泥配成的腻子。填补前仔细清理缺陷处，不得有粘砂、脏物。以刮刀将腻子压入缺陷，压平刮实即可。

3. 浸渍修补法

浸渍修补法常用硫酸铜或氯化铁和氯化铵的水溶液作浸渍物。浸渍前，将铸件表面和缺陷处清理干净；再将配制好的水溶液压注入铸件内腔，或将铸件置于熔池中，停放 8h 以上，即可堵塞缺陷孔隙。该法适用于承压不高、渗漏不严重的铸件。

4. 钎焊焊补法

将熔点比焊件低的焊料（填充金属）与焊件一起加热，焊料熔化并渗入孔隙，填满焊缝，这种焊补方法称为钎焊焊补法。钎焊焊补时常在焊接处加入焊剂（焊粉），提高焊料的渗附能力。其特点是：铸件无须预热，钎焊温度低，铸件不易产生变形和裂纹，工艺简便，焊缝易于切削加工，但焊料不宜在高温下使用，焊件的修补受到限制。

17.2 铸件变形缺陷矫正

铸件变形是铸造生产中的一种常见缺陷。使铸件产生变形的原因很多，如铸件结构设计不合理、铸造工艺不恰当等均有可能使铸件产生变形。铸件变形影响铸件外部形状、尺寸精度以及使用性能。变形的铸件可以在常温下或加热后通过手工、机械等多种方法，并借助适当的模具，对变形进行矫正（俗称矫直），使其成为合格产品。

铸件的矫正方法按铸件是否加热，通常分为冷态矫正和热态矫正；按矫正时是否采用成形模具，也可分为自由矫正和模具矫正。

17.2.1 冷态矫正

冷态矫正，即常温下矫正，一般适用于形状简单、材质塑性好以及壁厚较小的铸件。由于铸态金属往往晶粒粗大且不均匀，所以冷态矫正一般在热处理后进行。冷态矫正应根据铸件材质的塑性来确定。对塑性较差的材质，矫正变形量不宜过大；而对于脆性材料（如灰铸铁等），则不能进行冷态矫正。

矫正，应先矫正整体变形，然后再矫正局部变形。根据变形的需要，可使用大锤、压力机等，并借助适当的工装夹具，选定施加外力的部位，依靠外力，使铸件发生一定量的塑性变形，从而达到矫正的目的。矫正时施加外力的大小及作用点、铸件材质、热处理状态都会直接影响冷态矫正的效果。冷态矫正后，铸件的塑性拉伸处存在残余压应力，塑性压缩处存在残余拉应力，而且必然会同时在有的地方产生塑性拉伸，而在另一处有塑性压缩的不均一塑性变形。铸件塑性变形后，随着铸件内部组织发生变化，铸件的力学性能也发生变化，从而出现强度、硬度增加，塑性、韧性下降的现象。

冷态矫正时容易出现的缺陷主要是裂纹和断裂。当冷态矫正的工艺不当或当铸件内部存在其他缺陷时，使其变形量超过金属的塑性值后，将产生裂纹和断裂。冷态矫正后铸件存在残余应力，虽然残余应力不是缺陷，但在机加工及使用中，如果发生外加载荷产生的拉应力同原有的残余应力相叠加超过其抗拉强度时，就会出现裂纹和断裂。因此，重要的、结构复杂的铸件还应进行去应力退火，以消除或减小铸件中的残余应力。由于矫正后的铸件中有残余应力，在使用过程中会发生微量自变形，所以如果冷态矫正的铸件有尺寸长期稳定的技术要求时，还需要有进一步消除这种残余应力的措施，通常作法是对铸件进行去除应力的热处理，使其内部发生回复和再结晶。

17.2.2 热态矫正

当铸件塑性差、强度高、冷态矫正有困难或对厚大变形铸件无大型矫正设备时，应进行热态矫正。热态矫正又可分成局部加热矫正和整体加热矫正两种。局部加热矫正，是以气体火焰或其他热源将铸件变形的局部加热，使之处于热塑性状态，然后施力进行矫正。该法主要用于壁厚在60mm以内的大中型铸件，以及塑性较差的中小型铸件。整体加热矫正，是对整个铸件或铸件大部分进行加热后矫正。该法主要用于壁厚大于60mm的大中型铸件。

热态矫正时，加热部位、加热时间、加热温度及升温速度、施力位置及方向和速度是影响热态矫正效果的主要因素。热态矫正前后，铸件的组织和力学性能变化情况比较复杂，因具体情况不同，变化也不同，应根据同铸件材质、温度等具体情况制订正确的矫正工艺。在实际生产中，曾对材质为ZG230-450的铸件用气体火焰将铸件变形的局部加热到表面呈红黄色，使之处于热塑性状态，然后施力进行热态矫正，并在矫正前后进行了金相检验。矫正处理前为正火4级组织，晶粒度为8级；矫正处理后为退火组织5级，晶粒度为6级。这说明局部热态矫正确实改变了铸件的组织和晶粒度，并且在热态矫正过程中晶粒有长大的趋势。球墨铸铁在热态矫正时温度应不高于570℃，若温度过高则可能发生珠光体转变，同时发生石墨化。高锰钢因为导热性差，高温强度较低，有较高的热裂倾向，一般不进行热态矫正。

局部热态矫正时，应根据铸件变形的情况，确定加热部位、加热温度及速度、施力位置及方向和速度。对于自由弯曲铸件变形，加热部位和施力位置应在最大弯曲处；对于一端固定的铸件的偏斜变形，加热部位应选在变形起点，而施力位置则多在变形最大部位。铸件材料热塑性好，加热温度和施力位置选择合适，比较容易获得较好的矫正效果。

整体加热矫正一般是随热处理过程进行的，多数情况在完全退火或正火过程中进行变形矫正。整体加热矫正施力方法一般是在热处理过程中外加适当重量的压铁或支垫来矫正。装压时基本平面向下，用垫铁垫稳、垫实，局部变形跷起部位向上，下面安装适当数量的垫铁，垫铁与铸件间的空隙为该处的变形尺寸，然后选择适当重量的压铁压在变形部位。对于一次矫正未达到要求的铸件，可以重复多次加热矫正。

热态矫正中常见的缺陷主要是过热和过烧，有时也会出现断裂。若铸件过烧，应报废；铸件过热，可在矫正后重新热处理予以消除。出现过热的情况时也容易引起断裂。局部热态矫正中出现断裂，多因加热温度偏低或加热时间过短，内部尚未达到所要求的温度所致。当铸件的组织和力学性能等有特殊要求时，应制订相应的矫正措施来确保矫正后的组织和力学性能。

17.2.3 防止矫正缺陷措施

矫正作为修补（补救）铸件外部缺陷的一道行之有效的工序，对铸件的组织和性能都有一定的影响，矫正工艺不当将会造成新的更严重缺陷，因此应受到足够的重视。在铸造生产中，应根据铸件的材质、结构等因素，采取相应的矫正工艺，防止出现新的缺陷。

矫正铸件变形时，常见的（新）缺陷有：断裂、过热、过烧、尺寸不合格。其产生原因与防止的措施如下：

（1）断裂　这种缺陷的成因是多方面的：矫正时施加的载荷超出铸件的承受能力；铸件内部存在缩孔、缩松、冷隔及小裂纹等缺陷，减小了承载部位的有效面积，或引起应力集中；热处理不当使铸件组织、力学性能不合要求等。

热态矫正时的断裂多因加热温度低或加热时间过短，内部尚未达到所要求的温度所致。过热也容易引起矫正断裂。

（2）过热或过烧　采用地坑式炉时，铸件与固体燃料（如焦炭）直接接触。若风量过大，加热速度快，铸件与焦炭的接触面的温度迅速升高，很容易造成局部过热或过烧。产生过烧组织的铸件应报废。至于过热组织，在矫正变形后可重新热处理，予以消除。对于矫正时产生的小裂口，可进行焊补，并重新热处理。

（3）尺寸不合格　冷态矫正时的尺寸不合格是因为测量不准确，热态矫正时的尺寸不合格是因为没有充分估计冷却后尺寸的收缩。热处理矫正后的尺寸不合格是因为加热温度低或压重不足，矫正后，尺寸的变化较小，达不到要求。至于热处理过程中的“矫枉过正”，即尺寸变化过大，则主要是支垫不合理所致，有时是因为压重过大。

弄清上述原因，在矫正过程中采取相应措施，就能大大减少矫正变形中产生的缺陷。

17.3 铸件质量检验

根据铸件质量检验结果，通常将铸件分为三类：合格品、返修品和废品。合格品指外观质量和内在质量符合有关标准或交货验收技术条件的铸件；返修品指外观质量和内在质量不完全符合标准和验收条件，但允许返修，返修后能达到标准和验收条件的铸件；废品指外观质量和内在质量不合格，不允许返修或返修后仍达不到标准和验收条件的铸件。

废品又分为内废和外废两种。内废指在铸造厂内或铸造车间内发现的废品铸件；外废指铸件在交付后发现的废品，通常在机械加工、热处理或使用过程中才显露出来，其所造成的经济损失远比内废大。为减少外废，成批生产的铸件在出厂前最好抽样进行试验性热处理和粗加工，尽可能在厂内发现潜在的铸件缺陷，以便及早采取必要的补救措施。

17.3.1 铸件外观质量检验

铸件外观质量检验项目包括铸件形状、尺寸、表面粗糙度、重量偏差、表面缺陷、色泽、表面硬度和试样断口质量等。铸件外观质量检验通常不需要破坏铸件，借助于必要的量具、样块和测试仪器，用肉眼或低倍放大镜即可确定铸件的外观质量状况。

1. 铸件形状和尺寸检测

铸件在铸造过程及随后的冷却、落砂、清理、热处理和放置过程中会发生变形，使其实际尺寸与铸件图规定的基本尺寸不符。铸件形状和尺寸检测，就是检查铸件实际尺寸是否落在铸件图规定的铸件尺寸公差带内。

（1）铸件的尺寸公差　铸件尺寸公差的代号用“CT”表示，尺寸公差等级分为16级，见表17-2。对于基本尺寸小于10mm的压铸件和熔模铸件，其尺寸公差可参照表17-3选取。不同铸造合金和铸造方法生产的铸件所能达到的铸件尺寸等级，分别见表17-4和表17-5。

表17-2　铸件尺寸公差数值（GB/T 6414—1999）　（单位：mm）

毛坯铸件基本尺寸		公差等级CT①															
大于	至	1	2	3	4	5	6	7	8	9	10	11	12	13②	14②	15②	16②③
—	10	0.09	0.13	0.18	0.26	0.36	0.52	0.74	1	1.5	2	2.8	4.2	—	—	—	—
10	16	0.1	0.14	0.2	0.28	0.38	0.54	0.78	1.1	1.6	2.2	3.0	4.4	—	—	—	—
16	25	0.11	0.15	0.22	0.30	0.42	0.58	0.82	1.2	1.7	2.4	3.2	4.6	6	8	10	12
25	40	0.12	0.17	0.24	0.32	0.46	0.64	0.9	1.3	1.8	2.6	3.6	5	7	9	11	14
40	63	0.13	0.18	0.26	0.36	0.50	0.70	1	1.4	2	2.8	4	5.6	8	10	12	16

（续）

毛坯铸件基本尺寸		公差等级 CT①															
大于	至	1	2	3	4	5	6	7	8	9	10	11	12	13②	14②	15②	16②③
63	100	0.14	0.20	0.28	0.40	0.56	0.78	1.1	1.6	2.2	3.2	4.4	6	9	11	14	18
100	160	0.15	0.22	0.30	0.44	0.62	0.88	1.2	1.8	2.5	3.6	5	7	10	12	16	20
160	250	—	0.24	0.34	0.50	0.72	1	1.4	2	2.8	4	5.6	8	11	14	18	22
250	400	—	—	0.40	0.56	0.78	1.1	1.6	2.2	3.2	4.4	6.2	9	12	16	20	25
400	630	—	—	—	0.64	0.9	1.2	1.8	2.6	3.6	5	7	10	14	18	22	28
630	1000	—	—	—	0.72	1	1.4	2	2.8	4	6	8	11	16	20	25	32
1000	1600	—	—	—	0.80	1.1	1.6	2.2	3.2	4.6	7	9	13	18	23	29	37
1600	2500	—	—	—	—	—	—	2.6	3.8	5.4	8	10	15	21	26	33	42
2500	4000	—	—	—	—	—	—	—	4.4	6.2	9	12	17	24	30	38	49
4000	6300	—	—	—	—	—	—	—	—	7	10	14	20	28	35	44	56
6300	10000	—	—	—	—	—	—	—	—	—	11	16	23	32	40	50	64

① 在等级 CT1 ~ CT15 中对壁厚采用粗一级公差。

② 对于不超过 16mm 的尺寸，不采用 CT13 ~ CT16 的一般公差，对于这些尺寸应标注个别公差。

③ 等级 CT16 仅适用于一般公差规定为 CT15 的壁厚。

表 17-3 压铸件和熔模铸件尺寸公差数值 （单位：mm）

铸件基本尺寸		公差等级 CT						
大于	至	3	4	5	6	7	8	9
—	3	0.14	0.20	0.28	0.40	0.56	0.80	1.2
3	6	0.16	0.24	0.32	0.48	0.64	0.90	1.3
6	10	0.18	0.26	0.36	0.52	0.74	1.0	1.5

表 17-4 成批大量生产铸件的尺寸公差等级（GB/T 6414—1999）

方法	公差等级 CT 铸件材料								
	钢	灰铸铁	球墨铸铁	可锻铸铁	铜合金	锌合金	轻金属合金	镍基合金	钴基合金
砂型铸造手工造型	11 ~ 14	11 ~ 14	11 ~ 14	11 ~ 14	10 ~ 13	10 ~ 13	9 ~ 12	11 ~ 14	11 ~ 14
砂型铸造机器造型和壳型	8 ~ 12	8 ~ 12	8 ~ 12	8 ~ 12	8 ~ 10	8 ~ 10	7 ~ 9	8 ~ 12	8 ~ 12
金属型铸造（重力铸造或低压铸造）	—	8 ~ 10	8 ~ 10	8 ~ 10	8 ~ 10	7 ~ 9	7 ~ 9	—	—

（续）

方法		公差等级 CT								
		铸件材料								
		钢	灰铸铁	球墨铸铁	可锻铸铁	铜合金	锌合金	轻金属合金	镍基合金	钴基合金
压力铸造		—	—	—	—	6~8	4~6	4~7	—	—
熔模铸造	水玻璃	7~9	7~9	7~9	—	5~8	—	5~8	7~9	7~9
	硅溶胶	4~6	4~6	4~6	—	4~6	—	4~6	4~6	4~6

表 17-5　小批单件生产铸件（基本尺寸＞25mm）的尺寸公差等级（GB/T 6414—1999）

造型材料（手工造型）	公差等级 CT							
	铸钢	灰铸铁	球墨铸铁	可锻铸铁	铜合金	轻金属合金	镍基合金	钴基合金
黏土砂	13~15	13~15	13~15	13~15	13~15	11~13	13~15	13~15
化学黏结砂	12~14	11~13	11~13	11~13	10~12	10~12	12~14	12~14

注：1. 铸件基本尺寸≤10mm 时，其公差等级提高 3 级。

2. 铸件基本尺寸＞10~16mm 时，其公差等级提高 2 级。

3. 铸件基本尺寸＞16~25mm 时，其公差等级提高 1 级。

（2）铸件尺寸检测方式

1）检测铸件图和铸造工艺文件规定的全部尺寸。这种检测方式适用于检测试生产铸件的首件、成批或大量生产铸件的随机抽样铸件、单件或小批量生产的铸件。

2）检测铸件图和铸造工艺文件规定的几个控制尺寸。这种检测方式适用于对大批量流水线生产的铸件尺寸进行控制性检测。所规定的控制尺寸，通常为精度要求高的尺寸，易变形超差的尺寸，能代表铸件变形程度的尺寸。采用这种检测方式的前提是铸件生产工艺稳定，流水线设备运行正常。

3）对需机械加工铸件的划线检测。检测时，应划出机械加工基准线，必要时应对尺寸偏差较大的尺寸进行相互挪借调整。

4）对机械加工过程中有争议尺寸的分析性检测。用于仲裁性检测，找出争议原因，提出解决措施。

5）用专用的工、夹、量具检测全部铸件的主要尺寸。适用于流水线大批量生产的重要铸件或复杂铸件的尺寸检测。其优点是检测速度快，效率高，并可与铸件机械加工同时进行。

（3）铸件尺寸的划线检测　划线检测是最常用的铸件尺寸检测方法。划线检测的依据是铸件图，根据铸件图中的尺寸链和尺寸公差要求，借助于平台、支承及必要的工、夹、量具，确定铸件的测量基准，划线检测铸件的尺寸。用到的基准工具有平台、直角尺、方箱、分度器等；用到的划线工具有游标高度尺、划针、划规、长划规、划卡、样冲、投点器等；用到的夹具和支承具有千斤顶、V形铁、楔铁和夹钳等；量具有钢直尺、高度尺、游标卡尺和量角器等。

铸件尺寸的检测方法除了划线检测外，还有三坐标测量仪法、超声波测量法、解剖和着色纸印检测法。

2. 铸件表面粗糙度的评定

铸件表面粗糙度是衡量未经机械加工的毛坯铸件表面质量的重要指标。铸件表面粗糙度用其表面轮廓算术平均偏差 *Ra* 或微观不平度十点高度 *Rz* 进行分级，并用按 GB/T 6060.1—1997《表面粗糙度比较样块　铸造表面》的规定，由全国铸造标准化技术委员会监制的铸造表面粗糙度比较样块进行评定。样块分类及表面粗糙度参数值见表17-6。用比较样块评定毛坯铸件的表面粗糙度，不适用于浇道、冒口、补贴的残余表面。铸件的表面缺陷应按缺陷处理，不列入被检表面。

表17-6　样块分类及表面粗糙度参数值（GB/T 6060.1—1997）

铸型分类		砂型类									金属型类					
合金种类		钢			铁		铜	铝	镁	锌	铜		铝		镁	锌
铸造方法		砂型铸造	壳型铸造	熔模铸造	砂型铸造	壳型铸造	砂型铸造	砂型铸造	砂型铸造	砂型铸造	金属型铸造	压力铸造	金属型铸造	压力铸造	压力铸造	压力铸造
表面粗糙度 *Ra*/μm	0.2														×	×
	0.4													×	×	×
	0.8			×									×	×	※	※
	1.6		×	×		×						×	×	※	※	※
	3.2		×	※	×	×	×	×	×	×	×	×	※	※	※	※
	6.3		※	※	×	※	×	×	×	×	×	※	※	※	※	※
	12.5	×	※	※	※	※	※	※	※	※	※	※	※	※	※	※
	25	×	※		※	※	※	※	※	※	※	※	※	※	※	※
	50	※	※		※		※	※	※	※	※	※	※			
	100	※			※		※	※	※	※	※					
	200	※			※		※	※	※	※						
	400	※														

注：“×”表示采取特殊措施才能达到的表面粗糙度；“※”表示可以达到的表面粗糙度。

3. 铸件重量偏差的检测

（1）常用术语

1）铸件公称重量：包括机械加工余量和其他工艺余量，作为衡量被检验铸件轻重的基准重量。

2）铸件重量公差：以占铸件公称重量的百分比表示的铸件重量变动的允许范围。

3）铸件重量公差等级：确定铸件重量公差大小程度的级别。GB/T 11351—1989《铸件重量公差》规定：铸件重量公差的代号用字母“MT”表示，重量公差等级分 16 级，由 MT1 至 MT16，见表 17-7。成批大量生产和小批单件生产的铸件重量公差等级见表 17-8 和表 17-9。

表 17-7　铸件重量公差数值（GB/T 11351—1989）　（%）

铸件的公称重量/kg		重量公差等级 MT															
大于	至	1	2	3	4	5	6	7	8	9	10	11	12	13	14	15	16
—	0.4	—	5	6	8	10	12	14	16	18	20	24	—	—	—	—	—
0.4	1	—	4	5	6	8	10	12	14	16	18	20	24	—	—	—	—
1	4	—	3	4	5	6	8	10	12	14	16	18	20	24	—	—	—
4	10	—	2	3	4	5	6	8	10	12	14	16	18	20	24	—	—
10	40	—	—	2	3	5	5	6	8	10	12	14	16	18	20	24	—
40	100	—	—	—	2	3	4	5	6	8	10	12	14	16	18	20	24
100	400	—	—	—	—	2	3	4	5	6	8	10	12	14	16	18	20
400	1000	—	—	—	—	1	2	3	4	5	6	8	10	12	14	16	18
1000	4000	—	—	—	—	—	—	2	3	4	5	6	8	10	12	14	16
4000	10000	—	—	—	—	—	—	—	2	3	4	5	6	8	10	12	14
10000	40000	—	—	—	—	—	—	—	—	2	3	4	5	6	8	10	12

注：表中重量公差数值为其上偏差和下偏差之和，一般情况下，重量偏差的上偏差与下偏差相同。

表 17-8　成批大量生产的铸件重量公差等级（GB/T 11351—1989）

工艺方法	重量公差等级 MT								
	铸钢	灰铸铁	球墨铸铁	可锻铸铁	铜合金	锌合金	轻金属合金	镍基合金	钴基合金
砂型手工造型	11～13	11～13	11～13	11～13	10～12	—	9～12	—	—
砂型机器造型及壳型	8～10	8～10	8～10	8～10	8～10	—	7～9	—	—
金属型	—	7～9	7～9	7～9	7～9	7～9	6～8	—	—

（续）

工艺方法	重量公差等级 MT								
	铸钢	灰铸铁	球墨铸铁	可锻铸铁	铜合金	锌合金	轻金属合金	镍基合金	钴基合金
低压铸造	—	7~9	7~9	7~9	7~9	7~9	6~8	—	—
压力铸造	—	—	—	—	6~8	4~6	5~7	—	—
熔模铸造	5~7	5~7	5~7	—	4~6	—	4~6	5~7	5~7

表 17-9 小批单件生产的铸件重量公差等级（GB/T 11351—1989）

造型材料	重量公差等级 MT					
	铸钢	灰铸铁	球墨铸铁	可锻铸铁	铜合金	轻金属合金
干、湿型砂	13~15	13~15	13~15	13~15	13~15	11~13
自硬砂	12~14	11~13	11~13	11~13	10~12	10~12

4）铸件重量偏差：铸件实测重量与公称重量的差值占铸件公称重量的百分比。

（2）铸件公称重量的确定

1）成批和大量生产时，从供需双方共同认定的首批合格铸件中，随机抽取不少于 10 件的铸件，以实称重量的平均值作为公称重量。

2）小批和单件生产时，以计算重量或供需双方共同认定的任何一个合格铸件的实称重量作为公称重量。

3）以标准样品的实称重量作为公称重量。

（3）铸件重量偏差的检测和评定程序

1）铸件公称重量和被检铸件重量，应采用经计量部门核检合格的同一精度等级的衡器称量。

2）被检铸件在称量前应清理干净，浇道和冒口残余应达到技术条件规定的要求，有缺陷的铸件应在修补合格后称量。

3）铸件重量检测结果为下列两种情况之一时，应判定铸件重量偏差合格：当铸件重量大于公称重量时，铸件重量偏差不大于铸件重量公差的上偏差；当铸件重量不大于公称重量时，铸件重量偏差不大于铸件重量公差的下偏差。检验结果为其他情况时，应判定铸件重量偏差不合格。

4）有重量公差要求的铸件，应在铸件图或技术文件中，按规定的标注方法，注明铸件的公称重量和铸件重量公差等级。

4. 铸件表面和近表面缺陷检验

（1）目视外观检验　用肉眼或借助于低倍放大镜检查暴露在铸件表面的宏

观缺陷，同时检查铸件的生产标记是否正确齐全。检查时，应判定铸件对于检查项目是否合格，区分合格品、返修品和废品。

目视外观检验可检查的缺陷项目有：飞翅、毛刺、抬型、胀砂、冲砂、掉砂、外渗物、冷隔、浇注断流、表面裂纹（包括热裂、冷裂和热处理裂纹）、鼠尾、沟槽、夹砂结疤、粘砂、表面粗糙、皱皮、缩陷、浇不到、未浇满、跑火、型漏、机械损伤、错型、错芯、偏芯、铸件变形翘曲、冷豆，以及暴露在铸件表面的夹杂物、气孔、缩孔、渣气孔、砂眼等。

检查前，铸件生产厂应事先制订或与用户商定检查项目的合格品标准。目视外观检验分为工序检查和终端检查两种。工序检查一般在落砂后或清理后进行，终端检查在清理后或热处理后，铸件入库或交付前进行。单件或小批生产的铸件应检查全部铸件，成批或大量生产的铸件可按批或按周期抽样检查样本铸件。

（2）磁粉检测　磁粉检测是常用的检查铸钢、铸铁等铁磁性材料表面和近表面缺陷的无损检测方法。其原理是在强磁场中，缺陷与铁磁性材料基体的磁导率不同，在缺陷处产生漏磁场而吸附撒在材料表面的磁粉。通过观测和分析被吸附磁粉的形状、尺寸和分布，即可判断铁磁性材料表面和近表面缺陷的位置、类型和严重程度。

（3）渗透检测　渗透检测是检查铸件表面开口缺陷常用的无损检测方法，尤其适用于无法采用磁粉检测方法进行检测的不锈钢铸件和非铁合金铸件。

17.3.2　铸件内在质量检验

铸件内在质量包括：力学性能、内部缺陷、显微组织、化学成分和特殊性能。

普通铸件一般只要求室温常规力学性能；较重要的铸件应检验内部缺陷，并常需进行金相检验、化学分析和特殊性能检验；用于特殊工作条件的铸件应检验所要求的特殊性能，例如：高温性能、低温性能、断裂性能、疲劳性能、蠕变性能、压力密封性能、摩擦性能、耐磨性、耐蚀性、减振性能、防爆性能、电学性能、磁学性能，以及其他物理化学性能。

需要指出的是，铸件质量的终端检查只是防止不合格铸件出厂的最后一道关卡，保证铸件质量的关键在于加强铸件生产全过程的质量监督和管理，稳定生产工艺，组织文明生产，并应尽可能采用先进的生产工艺和设备，配备足够和有效的工艺质量和铸件质量检验手段。

1. 铸件力学性能检验

（1）常规力学性能检验　常规力学性能检验在室温进行，检验项目通常包括：抗拉强度、屈服强度、断后伸长率、断面收缩率、挠度、冲击吸收能量和硬度。抗拉强度、屈服强度、断后伸长率、断面收缩率用拉伸试验机测定；冲击吸收能量用冲击试验机测定；挠度和抗弯强度用横向弯曲试验方法测定；硬度用各种硬度计测定。

1）拉伸试验：灰铸铁的拉伸试样由圆柱形单铸试棒或附铸试棒机械加工而成。单铸试棒直径为ϕ30mm，在立浇干砂型中与铸件同批浇注。拉伸试样平行段直径为ϕ20mm±0.25mm。如用抗弯强度和挠度作为铸件力学性能验收条件时，可进行弯曲试验，弯曲试样直接用直径为ϕ30mm±1mm的铸态毛坯试棒。拉伸试样、弯曲试样、毛坯试棒的形状、尺寸和表面质量，拉伸试验和弯曲试验方法，对试验机的技术要求，以及测定结果的计算和处理，均应符合JB/T 7945—1999《灰铸铁力学性能试验方法》的规定。

其他铸造金属和合金的拉伸试样，其形状、尺寸和表面质量应符合GB/T 228.1—2010《金属材料　拉伸试验　第1部分：室温试验方法》的规定。试样不允许有机械损伤、裂纹、显著的横向刀痕、明显变形和其他肉眼可见的缺陷。试样表面的粘砂、飞翅、毛刺及其他多肉类缺陷和粘附物应予清除。拉伸试样可取自单铸试块、附铸试块或铸件本体。单铸试块和附铸试块的类型、形状和尺寸，拉伸试样的切取部位和方向，附铸试块与铸件本体的连接方式和连接部位，由供需双方根据相应铸件标准选取或商定。需热处理的铸件，单铸试块应与铸件同炉热处理，附铸试块应在热处理后割下。白口铸铁等脆硬材料的拉伸试样可采用不经机械加工的铸态圆棒试样，或采用退火后机械加工，再与铸件同炉热处理的拉伸试样。试样形状、尺寸、技术要求和热处理规范由供需双方商定。

2）冲击试验：冲击试验用于测定冲击试样在一次冲击载荷下折断时的冲击吸收能量（J）。冲击试验机应符合GB/T 3808—2002《摆锤式冲击试验机的检验》的要求，并应定期由国家计量部门进行检定。冲击试样分为V型缺口冲击试样、U型缺口冲击试样和无缺口冲击试样。

3）硬度试验：测定铸件硬度的常用方法有布氏硬度法和洛氏硬度法两种。硬而脆的铸造合金通常用洛氏硬度法测定其硬度，其他铸造合金一般用布氏硬度法测定其硬度。

（2）非常规力学性能检验　非常规力学件能包括：断裂韧度、疲劳性能、蠕变性能、高温力学性能、低温力学性能等。非常规力学性能试验应按有关标准的规定进行。

2. 铸件特殊性能检验

铸件的特殊性能包括耐热性、耐蚀性、耐磨性、摩擦性能、减振性、防爆性能、电学性能、磁学性能、热学性能、声学性能、压力密封性能，以及其他物理化学性能。要求进行特殊性能检验的铸件，其检验方法应符合有关检验仪器和方法标准的规定，或由供需双方商定。特殊性能的验收技术条件应符合相应铸件标准的规定，或由供需双方商定。

3. 铸件的化学分析

非铁合金铸件以及要求特殊性能的高合金铸件和特种铸铁件，常把化学成分作为铸件验收条件之一。即使对于化学成分不作为验收条件的铸件，为保证铸件质量，在生产过程中也要对化学成分进行检查和控制。

铸件的化学分析，一般分为炉前检验和成品铸件终端检验。炉前检验采用热分析、超声波法、光谱法、气体快速分析法等快速分析方法及相应仪器，可在数分钟内快速测定铸造合金液或试样中的主要成分元素的含量、金属液中溶解气体（氢、氧、氮等）的含量，或进行全元定量分析。例如，采用热分析法，可根据浇注的热分析试样的连续冷却曲线，测定铸铁中碳、硅含量和碳当量，判断铁液的孕育和球化处理效果；采用 X 射线荧光光谱分析法，可对试样的化学成分进行全元分析，整个过程，从浇注试样到打印结果，仅需几分钟；采用定氢（氧、氮）仪，可快速分析金属液中溶解的氢、氧、氮的含量。成品铸件的化学分析方法主要有：滴定法、分离法、分解法、容量法、重量法、电位法、电量法、电解法、比色法、发光分析法、光度法、分光光度法、光谱法、质谱法、色谱法、微探针分析、衍射分析、热分析和气体分析等。微探针分析和衍射分析可探测试样微区结构和成分的变化。

4. 铸件的金相组织检验

铸件标准或订货合同对铸件的金相组织有要求时，铸件在交付前应检查显微组织。在生产过程中，为控制铸件的成分和组织，可采用打断单铸试棒检查断口的方法来判断铸造合金的熔炼和处理（孕育、球化、变质处理等）质量及铸铁的铸态组织，也可采用热分析或超声波检验法在炉前快速判断铸造合金的熔炼、处理质量和铸件的铸态组织。

铸件的显微组织通常采用金相显微镜进行观测。金相试样可用已试验过的力学性能试样制取，也可由铸件本体、单铸或附铸试块切取，切取部位由供需双方商定。金相检验方法和显微组织的评级方法应符合有关标准的规定，检验结果应达到相应铸件标准规定的等级或由供需双方商定的验收标准。

5. 铸件内部缺陷的无损检测

铸件内部缺陷无损检测的主要检验方法有射线检测法和超声波检测法。射线检测能发现铸件内部的缩孔、缩松、疏松、夹杂物、气孔、裂纹等缺陷，确定缺陷平面投影的位置、大小和缺陷种类。超声波检测可发现形状简单、表面平整铸件内的缩孔、缩松、疏松、夹杂物、裂纹等缺陷，确定缺陷的位置和尺寸，但较难判定缺陷的种类。

参 考 文 献

[1] 全国铸造标准化技术委员会. 铸造标准应用手册：上册［M］. 北京：机械工业出版社，2012.

[2] 机械工业部科技与质量监督司. 机械工业质量检验和质量监督人员培训教材［M］. 3版. 北京：机械工业出版社，1999.

[3] 张晓萍，康进武，吕志刚. 材料加工企业管理信息系统［M］. 北京：机械工业出版社，2000.

[4] 温德成. 制造业质量效益管理［M］. 北京：中国计量出版社，2003.

[5] 陈国桢，肖柯则，姜不居. 铸件缺陷和对策手册［M］. 北京：机械工业出版社，2004.

[6] 樊自田，王从军，熊建钢，等. 先进材料成形技术与理论［M］. 北京：化学工业出版社，2006.

[7] 黄乃瑜，叶升平，樊自田. 消失模铸造原理及质量控制［M］. 武汉：华中科技大学出版社，2004.

[8] 樊自田. 材料成形装备及自动化［M］. 北京：机械工业出版社. 2006.

[9] 魏华胜. 铸造工程基础［M］. 北京：机械工业出版社. 2002.

[10] 赵书城. 型砂质量存在问题及改进措施［J］. 中国铸造装备与技术，2000（1）：34-38.

[11] 蒋智慧，韩振中. 铸铁件常用铸造缺陷的防止方法［J］. 铸造世界报，2006（1）：34-36.

[12] 金仲信. 湿型砂品质的控制要点［J］. 机械工人（热加工），2004（4）：69-71.

[13] Hattai T, et al. Influence of preparation method of test specimen green sand measurements［C］. Proceedings of the 65th World Foundry Congress. Korea：Gyeongju，2002.

[14] 龙威，樊自田，邹卫，等. 影响流水线生产黏土型砂性能的因素［J］. 铸造技术. 2006（11）：1154-1157.

[15] 龙威，樊自田，邹卫，等. 环境温度和旧砂温度对生产线用黏土型砂性能的影响［J］. 铸造. 2007（1）：75-78.

[16] 王文清，李魁盛. 铸造工艺学［M］. 北京：机械工业出版社，2005.

[17] 刘旭麟. 铸造缺陷分析专家系统的研究［J］. 特种铸造及有色合金. 2000（4）：34-36.

[18] 陈全芳. 型砂质量保证体系专家系统的研究［D］. 北京：清华大学，1989.

[19] James T, Krsh J R. Putting a computer system in your foundry［J］. Foundry Management & Technology，1998（5）：94-101.

[20] Ryan P, Mcdermott. Software solutions［J］. Foundry Management &Technology，1999（6）：28-40.

[21] 龙威. 黏土砂有效膨润土自动测定方法及质量控制系统研究［D］. 武汉：华中科技大学，2010.

[22] 柳百成，黄天佑. 中国材料工程大典：18 卷　材料铸造成形工程（上）［M］. 北京：

化学工业出版社，2006.
[23] 骆晓纲．酸自硬呋喃树脂砂的工艺要点及缺陷防止［J］．铸造设备研究，2006（5）：29-42.
[24] 石光玉，于洪照，相子强．解决铸钢件热裂缺陷的工艺方法分析和选择［J］．中国铸造装备与技术，2005（4）：8-11.
[25] 王文中，蒋传义，汤宏．酯硬化碱性酚醛树脂砂在铸钢件中的应用［J］．山东机械，2001（6）：45-48.
[26] 陈晓霞，王力．铸造用酚醛树脂黏结剂研究的进展［J］．铸造，2005（4）：320-324.
[27] 米国发，浮红霞，刘彦磊．酚醛树脂砂性能及其影响因素的研究［J］．航天制造技术，2008（1）：14-17.
[28] 米国发，王宏伟，曾松岩．冷硬树脂砂铝铸件表面粗糙度影响因素的研究［J］．铸造技术，2006，27（7）：9-13.
[29] 米国发，王宏伟，曾松岩．冷硬树脂砂性能及其影响因素研究［J］．航天制造技术，2004（6）：8-11.
[30] 姚青，陈文斌，李俊峰．呋喃树脂砂在铸造生产中的应用及质量控制［J］．铸造，2007（2）：206-210.
[31] 樊自田，董选普，陆浔．水玻璃砂工艺原理及应用技术［M］．北京：机械工业出版社，2004.
[32] 朱纯熙，卢晨，季敦生．水玻璃砂基础理论［M］．上海：上海交通大学出版社，2000.
[33] 黄天佑，黄乃瑜，吕志刚．消失模铸造技术［M］．北京：机械工业出版社，2004.
[34] 章舟．消失模铸造生产及应用实例［M］．北京：化学工业出版社，2007.
[35] 崔春芳，邓宏运，赵琦．消失模铸造技术及应用实例［M］．北京：机械工业出版社，2007.
[36] 陈琦，陈兆弟．铸造技术问题对策［M］．2版．北京：机械工业出版社，2008.
[37] 李魁盛，马顺龙，王怀林．典型铸件工艺设计实例［M］．北京：机械工业出版社，2008.
[38] 董秀奇，低压铸造原理［M］．北京：机械工业出版社，2002.
[39] 赵浩峰．现代压力铸造技术［M］．北京：中国标准出版社，2003.
[40] 李魁盛，马顺龙，王怀林．典型铸件工艺设计实例［M］．北京：机械工业出版社，2008.
[41] 章舟．熔模精密铸造技术问答［M］．北京：化学工业出版社，2008.
[42] 张立同，曹腊梅，刘国利．近净形熔模精密铸造理论与实践［M］．北京：国防工业出版社，2007.
[43] 姜不居．模精密铸造［M］．北京：机械工业出版社，2004.
[44] 陈琦．铸造质量检测手册［M］．北京：机械工业出版社，2009.
[45] 李长龙，赵忠魁，王吉岱．铸铁［M］．北京：化学工业出版社，2007.
[46] 崔更生．现代铸钢件冶金质量控制技术［M］．北京：冶金工业出版社，2007.
[47] 耿浩然，章希胜，陈俊华．铸钢［M］．北京：化学工业出版社，2007.

[48] 中国机械工程学会铸造分会. 铸造手册：第1卷 铸铁［M］. 3版. 北京：机械工业出版社，2012.
[49] 中国机械工程学会铸造分会. 铸造手册：第2卷 铸钢［M］. 3版. 北京：机械工业出版社，2012.
[50] 中国机械工程学会铸造分会. 铸造手册：第3卷 铸造非铁合金［M］. 3版. 北京：机械工业出版社，2012.
[51] 中国机械工程学会铸造分会. 铸造手册：第4卷 造型材料［M］. 3版. 北京：机械工业出版社，2012.
[52] 中国机械工程学会铸造分会. 铸造手册：第5卷 铸造工艺［M］. 3版. 北京：机械工业出版社，2012.
[53] 中国机械工程学会铸造分会. 铸造手册：第6卷 特种铸造［M］. 3版. 北京：机械工业出版社，2012.
[54] 田荣璋. 铸造铝合金［M］. 北京：化学工业出版社，2005.
[55] 侯占山，王振良，丁合亭. 有色金属铸件生产指南［M］. 北京：化学工业出版社，2008.
[56] 赵书城. 铸件清理技术改进［J］. 铸造设备研究，2004（3）：46-48.
[57] Bill Raby. 如何选择合适的铸件清理设备［J］. 中国铸造装备与技术，2007（6）：49-50.
[58] 张云新，马敏，王国柱，等. Q588抛丸清理机振动筛的改进［J］. 中国铸造装备与技术，2002（6）：57-58.
[59] Pan Zengxi，Zhang Hui，Zhu Zhenqi，et al. Chatter analysis of robotic machining process［J］. Journal of Materials Processing Technology，2006，173（3）：301-309.
[60] 王宏昌. Q3110型抛丸清理机的改进［J］. 铸造设备研究，2002（4）：40-41.
[61] 盛振东. QL2系列双工位鼠笼抛丸清理机［J］. 中国铸造装备与技术，2002（2）：51-52.
[62] 钱定宙. 电化学清砂在液压件铸件清理中的应用［J］. 中国铸造装备与技术，2000（6）：32-33.
[63] 杨清林，武炳焕，刘永安. 钢丸粒度对铸件抛丸清理效率和表面粗糙度的影响［J］. 中国铸造装备与技术，2002（6）：10-13.
[64] 陈冰. 高压水清砂和化学清理——国外精铸技术进展述评［J］. 特种铸造及有色合金，2005，25（9）：552-555.
[65] 金永锡. 合金铸铁轿车铸件切削加工性能探讨［J］. 现代铸铁，2004（6）：1-8.
[66] Kumar Balan. 混合型清理／强化设备［J］. 中国铸造装备与技术，2008（1）：53-54.
[67] 张万钧，李荣弟. 落砂清理设备的发展趋势［J］. 中国铸造装备与技术，1999（4）：3-6.
[68] 金孟俊. 喷抛丸清理设备的设计改进经验［J］. 中国铸造装备与技术，1999（4）：34-36.
[69] 徐金鸿. 抛丸新技术—转子履带式抛丸机介绍［J］. 中国铸造装备与技术，2002（3）：57-58.

[70] 荆剑. 强化生产过程控制提高精铸件质量 [J]. 特种铸造及有色合金，2007，27 (3)：209-212.

[71] 薛万龙，刘复荣. 双行程连续式抛丸清理机的更新改造 [J]. 中国铸造装备与技术，2007 (5)：47-48.

[72] 孙桂平，李睿敏，吴寿喜. 智能全自动发动机缸体抛丸清理系统 [J]. 青岛理工大学学报，2007，28 (4)：87-89.

[73] 阎荫槐. 铸件落砂清理技术设备的发展与展望 [J]. 铸造设备研究，2000 (2)：1-8.

[74] 刘小龙. 用液压机清理铸件飞边毛刺 [J]. 中国铸造装备与技术，2003 (2)：54-55.

[75] 代兰清. 超大型抛丸清理室的设计与应用 [J]. 中国铸造装备与技术，2003 (2)：50-51.

[76] 崔永瑞. 几种国外连续抛丸清理机 [J]. 中国铸造装备与技术，2000 (1)：17-19.

[77] 权炳盛. 抛喷丸清理室台车改进 [J]. 中国铸造装备与技术，2006 (4)：62-64.

[78] 王章忠. 机械工程材料 [M]. 北京：机械工业出版社，2001.

[79] 周建方. 材料力学 [M]. 北京：机械工业出版社，2001.

[80] Joe T. Introduction to Primary And Secondary Operation Cleaning Methods Using High-Pressure Water Jets [J]. Incast，1997 (8)：16-19.

[81] James L. W. A Primer on Cleaning Investment Cast Parts [J]. Incast，2000 (7)：16-17.

[82] 黄天佑，范琦，张立波，等. 中国铸造行业节能减排政策研究 [J]. 铸造技术，2009，30 (3)：399-406.

[83] 童思艺. 铸造全过程质量管理实践要点 [J]. 铸造，2009 (11)：1183~1187.

[84] 李元元，陈维平，黄丹，等. 铸造行业的节能减排现状及对策分析 [J]. 铸造，2010，59 (11)：1141-1150.

[85] 樊自田，龙威. 从典型砂型铸造方法的环境特征看铸造黏结剂的发展趋势 [J]. 金属加工，2014 (9)：16-19.

[86] 张国俊，孙志平，邹丽艳. 铸造过程数值模拟的应用与展望 [J]. 热加工工艺，2010 (11)：61-64.

[87] 樊自田，吴和保，张大付，等. 镁合金真空低压消失模铸造新技术 [J]. 中国机械工程，2004，15 (16)：1493-1496.

[88] 樊自田，董选普，黄乃瑜，等. 镁 (铝) 合金反重力真空消失模铸造方法及其设备：中国，02115638. 7 [P]. 2005-02-23.

[89] 唐波，樊自田，赵忠，等. 压力场对 ZL101 铝合金消失模铸造性能的影响 [J]. 特种铸造及有色合金，2009，29 (7)：638-641.

[90] Li J Q，Fan Z T，Wang Y Q，et al. Effects of vibration and alloying on microstructure and properties of AZ91D magnesium alloy via LFC [J]. Chinese J. Non. Metals，2007 (17)：1838.

[91] 潘迪，樊自田，赵忠，等. 机械振动对 ZL101 消失模铸造组织及性能的影响 [J]. 特种铸造及有色合金，2009 (3)：290-292.

[92] Jiang W M，Fan Z T，Liao D F，et al. A new shell casting process based on expendable pattern with vacuum and low-pressure casting for aluminum and magnesium alloys [J]. Interna-

tional Journal of Advanced Manufacturing Technology, 2010, 51 (1-4): 25-34.

[93] 万里，赵云云，潘欢，等. 铝合金高真空压铸技术开发及应用 [J]. 特种铸造及有色合金, 2008 (11): 858 ~ 861.

[94] 《铸造工程师手册》编写组. 铸造工程师手册 [M]. 北京: 机械工业出版社, 2003.

[95] 陆文华. 铸造合金及其熔炼 [M]. 北京: 机械工业出版社, 2006.

[96] 汪永泉. 铸件的矫正. 机械工人（热加工）[J], 2004 (6): 52-53.

[97] 罗启全. 非铁合金铸造用熔剂和中间合金 [M]. 北京: 机械工业出版社, 2013.

[98] 田荣璋. 铸造铝合金 [M]. 北京: 化学工业出版社, 2005.

[99] 侯占山，王振良，丁合亭. 有色金属铸件生产指南 [M]. 北京: 化学工业出版社, 2008.

[100] 《袖珍世界钢号手册》编写组. 铸钢和铸铁 [M]. 北京: 机械工业出版社, 2010.